U0193321

岩石圈探测与地球动力学论文集

上 册

高锐 主编

中山大学出版社
SUN YAT-SEN UNIVERSITY PRESS

·广州·

图书在版编目（CIP）数据

岩石圈探测与地球动力学论文集：全二册/高锐主编．—广州：中山大学出版社，2021.8

ISBN 978 - 7 - 306 - 06999 - 3

Ⅰ．①岩…　Ⅱ．①高…　Ⅲ．①岩石圈—探测—文集 ②地球动力学—文集　Ⅳ．①P31 - 53 ②P541 - 53

中国版本图书馆 CIP 数据核字（2020）第 202026 号

YANSHIQUAN TANCE YU DIQIU DONGLIXUE LUNWENJI SHANGCE

出 版 人：	王天琪
策划编辑：	嵇春霞　李海东
责任编辑：	姜星宇
封面设计：	刘　犇
责任校对：	罗永梅
责任技编：	靳晓虹
出版发行：	中山大学出版社
电　　话：	编辑部 020 - 84111946，84110283，84113349，84110779
	发行部 020 - 84111998，84111981，84111160
地　　址：	广州市新港西路 135 号
邮　　编：	510275　传　真：020 - 84036565
网　　址：	http://www.zsup.com.cn　E-mail:zdcbs@mail.sysu.edu.cn
印 刷 者：	恒美印务（广州）有限公司
规　　格：	787mm×1092mm　　1/16
总 印 张：	59 印张
总 字 数：	1375 千字
版次印次：	2021 年 8 月第 1 版　　2021 年 8 月第 1 次印刷
总 定 价：	268.00 元（全二册）

序
XU

地球是人类居住的唯一场所，它不仅为人类提供了生产生活必需的能源和矿产资源，同时也带来了火山、地震、海啸等灾难。由于地球结构的复杂性，人类对赖以生存的地球内部特别是地球的深部结构和地球生长、发展的动力学过程知之甚少，从而在一定程度上影响了人类探求自然奥秘、获取自然资源、研究地质灾害的进程。世界各国近百年地球科学观测实践表明，要想揭开大陆地壳演化的奥秘，更加有效地寻找资源、保护环境、减轻灾害，必须进行地球的深部探测。

地球物理方法是获得地球深部的结构图像、了解地球内部结构行之有效的方法之一。高锐院士的研究团队基于野外观测实验，发展了以地震学为核心，地震、大地电磁、重磁等综合地球物理观测的技术体系。对中国大陆开展了地壳、地幔多圈层立体探测，获得了大批基于观测数据的科学认识，取得了一批国际一流的科研成果，在世界地球科学界发出了深部探测的中国声音。

《岩石圈探测与地球动力学论文集》集中了中国深部探测的优秀研究成果，研究区域从青藏高原、松辽盆地、华北克拉通到华南陆块，涵盖了主动源地震、被动源地震、大地电磁、MT 等主流的地球物理手段，同时还包括了数据处理、信息识别等先进的技术方法。该论文集的出版必将有助于推动对地球精细结构的探测，推动解决地球动力学领域的关键问题。

习近平总书记指示，"向地球深部进军是我们必须解决的战略科技问题"。在当前"深地""深海"和"深空"全面探测的科技战略指导下，我相信，通过不断采取多学科、多方法协同创新，中国地球物理学家肩负"向地球深部进军"的历史使命，必将获得系列原创性、开拓性的研究成果。

李廷栋

中国科学院院士

2021 年 7 月 28 日于北京

目 录
M U L U

第三编　研究方法的探索

第一编

DIYI BIAN
QINGZANG GAOYUAN DE YANJIU

青藏高原的研究

深地震反射剖面揭露大陆岩石圈结构与深部过程

王海燕[1,3]，高　锐[*2]，李洪强[4]，卢占武[1,3]，侯贺晟[4]，

李文辉[1,3]，熊小松[4]，王光文[1,3]，酆少英[5]

◆ 0 引　言

深地震反射剖面探测技术被国际地学界公认为探测岩石圈精细结构的高技术。其与石油反射勘探原理相同，都是利用不同物性界面产生弹性波反射构成的反射同相轴来描述地质构造特征。但深地震反射剖面和石油反射剖面探测目的和施工条件不同，两者存在差异，具体表现为前者震源的药量大、记录长度长、大偏移距、弯线施工、地表条件复杂、数据处理难点多等方面。

由于深地震反射剖面的目的是获取整个地壳、莫霍面（Moho）乃至上地幔的反射图像，因此要求大药量、大偏移距、长记录长度。①大药量。震源能量足够大，才能够在地表记录到来自上地幔的有效反射信息。在以往的深地震反射剖面的野外数据采集中，大炮的最大炸药量达到 2000 kg，最小炸药量为 100 kg。②大偏移距。从理论上讲，所探测到的目的层深度与排列长度相当，因此若要记录到来自深层反射界面（如 Moho）的反射，排列长度应与该地区 Moho 的深度大体一致。虽然在实际工作中，由于能量和经费问题，排列不会太长，但与石油地震勘探相比会出现大偏移距的问题。③长记录长度。Moho 埋深最浅一般在 20 ～ 30 km，最深一般在 80 ～ 90 km，因此，要得到 Moho 乃至上地幔的反射信息，一般记录长度需在 15 s 以上。

由于目前深地震反射方法主要用于研究构造带岩石圈内部构造特征，工区一般都在地表地形条件复杂的山区，很难部署直测线完成施工任务，只能部署弯测线来开展野外数据采集工作；由于地表地形起伏剧烈、地质构造复杂，后续的反射数据处理有很多的难点需要不断攻克。

以深地震反射技术为主要手段研究板内造山带的构造格局和岩石圈的精细结构，结

1 中国地质科学院地质研究所岩石圈中心，北京，100037；2 中山大学地球科学和地质工程学院，广州，510275；3 深地动力学重点实验室（自然资源部），北京，100037；4 中国地质科学院，北京，100037；5 中国地震局地球物理勘探中心，郑州，450002。

基金项目：本文为国家自然科学基金面上项目（41574094）、国家重点研发计划（2017YFC0601301）和中国国家专项项目"深部探测技术实验与集成"（SinoProbe - 02）联合资助成果。

合表壳岩石变形和构造形迹、区内主要构造事件时代的沿线详细地质填图，综合考虑区域地球物理场特征和全球构造背景，探索陆内变形的形成机制，可以为矿产资源调查、地质灾害防护和社会经济发展等提供重要的基础地质资料。深地震反射剖面探测技术在揭示岩石圈结构、解决深部地质构造问题方面扮演了其他方法所不可替代的角色。

◆ 1 国外深地震反射剖面探测概况

美国是对大陆地壳和壳下岩石圈进行地震学研究最早的国家，利用深部地震反射方法来研究地壳结构深部构造问题始于20世纪70年代中期。美国首先建立了"大陆反射剖面协会"（COCORP），并取得了丰硕成果。继COCORP取得成功后，西方各个国家与地区纷纷提出和建立了类似的机构，利用深地震反射技术开展了第一轮的深部探测计划，如加拿大的岩石圈探测计划LITHOPROBE和COCRUDST、英国的BIRPS计划、德国的DEKORP计划、法国的ECORS计划、澳大利亚的ACORP计划、意大利的CROP计划、俄罗斯的URSEIS项目及南美洲的ANDES项目等（梁慧云、张先康，1996）。此外，比利时、瑞典、挪威、瑞士（NFP）等国也开展了相应的深地震反射研究，这些计划的实施获得了极为重要的成果，提供了地壳乃至上地幔的界面特征，使得对岩石圈结构有了一个全新的认识。这对于岩石圈的形成和演化、地球动力学过程、深浅构造关系及其地震灾害预测、矿产资源勘查等研究有着重要的意义。这些发达国家不但快速掌握了深地震反射剖面技术，而且部分超过了美国。特别是以德国为首的欧洲学者，联合其他国家在欧洲乌拉尔造山带和南美安第斯山等地区进行深地震探测，不仅将技术发展到全球，揭露板块边界的精细结构，取得许多重要地质发现，而且建立起完整的数据平台，并向全球开放共享成果。

进入21世纪，美国"地球探测计划"（EarthScope）、澳大利亚"玻璃地球"（GlassEarth）和"深部探测计划"（AuScope）等一系列新的探测行动开启了新一轮的地球深部探测计划。

1.1 美国COCORP计划

美国是开展大陆地壳和壳下岩石圈地震学研究最早的国家。康奈尔大学的奥利弗教授在20世纪70年代初首先提出了利用深地震反射研究大陆地壳基底的可行性项目，获得了美国国家自然科学基金委的资助，从而在康奈尔大学成立了"大陆反射剖面协会"，以解决造山带、裂谷带、板块缝合带等地区的大地构造问题，如大陆碰撞形成的缝合线遗迹、切穿地壳的深断裂带的性质等（Brown et al.，1986）。到20世纪末，COCORP完成横过北美中部大陆地壳的深地震反射剖面探测，剖面分布于美国大陆的东、西、中部，累计长度超过20 000 km（查阅文献报道），可能达到60 000 km之多（Larry Brown教授面告），取得许多意想不到的发现（Brown et al.，1987）。其中提出的薄皮构造说不仅发展了地学理论，而且促进了造山带前陆深部能源资源的发现，轰动了全球（Oliver，1993）。

1.2　法国 ECORS 计划

法国 ECORS 计划于 1982 年开始实施，用了 5 年时间很快完成近 4000 km 深地震反射剖面，主要研究地壳的厚度变化、内部结构及其属性和演化等。该计划采用了深地震宽角反射/折射技术与深地震反射技术相结合的方法，克服了 COCORP 技术的不足。其主要研究目标是根据地壳的地球物理信息弄清法国的地球动力学机制，同时改善野外观测和资料处理的地震学方法（梁慧云，1990；Bois，1990）。

1.3　德国 DEKORP 计划

德国 DEKORP 计划于 1983 年开始实施，其目标是研究阿尔卑斯山前缘地带及北德平原低地间的基底构造，它的显著特点是与该国的大陆深钻计划（KTB，German continental deep-drilling problem）紧密相连。该计划在 1983—1999 年完成了 27 条总长近 6000 km 的深地震反射剖面（Brun et al.，1992）。于 1994 年，该计划被 GFZ（GeoForschungsZentrum Potsdam）接管，融合了更多的学科，并与多个国家合作，进行汇聚板块边界带的活动变形研究。

1.4　英国 BIRPS 计划

英国 BIRPS 计划在自然环境研究协会（Natural Environment Research Council）等组织的资助下于 1981 年开始实施。用了 18 年（1981—1998 年）完成了超过 20 000 km 的深地震反射剖面，取得了一系列的认识：发现了地幔的不连续反射，成像研究了造山后期的盆地，揭示出了古老构造再活动的证据，并得到了元古代（1900 Ma 前）时期板块边界的深部图像，以及展示出地球物理对地壳上地幔研究的作用（Chadwick et al.，1998）。

1.5　意大利 CROP 计划

意大利 CROP 计划得到意大利国际研究理事会（CNR）、阿吉普（AGIP）石油公司和国家电力公司的支持，主要通过近垂直反射波场来进行壳幔结构的深部探测与研究（Finetti et al.，2001；Finetti，2004）。经过 3 年（1985—1988 年）的前期试验，用 10 年时间（1989—1999 年）围绕本土和邻海完成了 40 000 km 深地震反射剖面，并于 2000 年建设、完善反射地震数据库，2004 年开始向公众开放，出版图册。

1.6　加拿大 LITHOPROBE 计划

特别值得指出的是加拿大，虽然启动深部地震反射探测晚于美国和西欧，但实施的国家岩石圈探测计划（LITHOPROBE）持续时间长且工作程度更为详细，以 10 条地学断面研究形式将北美北部大陆重新揭露。该计划是加拿大为了全面了解北美大陆演化过程而设立的国家级地球科学研究合作项目（1984—2003 年）（Clowes，1992），由加拿大地调局（GSC）与自然科学和工程研究理事会（NSERC）共同赞助，主要以深地震反射技术为先锋，以地质、地球化学、地球物理等多学科综合手段调查加拿大大陆和大陆边缘演化的三维结构（http://www.lithoprobe.ca），从而把现代地球物理、地质和地球化学等学科的概念、方法和技术扩展到各种不同性质的主要研究区岩石圈的深部构造解释上。LITHOPROBE 取得的研究成果大大超过了某一单一学科所取得的成就（Clowes et al.，1999），参与该研究的学者、科学家达 900 多人，主要来自大学、加拿大地调局、各省地质部门及矿业和石油工业部门。该计划选择了 10 个典型剖面：南科迪勒拉、卡普斯卡辛构造带剖面、大湖国际多学科地壳研究计划剖面、LITHOPROBE 的东部剖面、阿伯蒂比—哥伦威尔测线、特朗斯—北科迪勒拉剖面、艾伯塔基底剖面、加拿大地盾海岸—向海测线、斯拉夫—北科迪勒拉剖面和西苏必利尔剖面（Clowes et al.，2002）。这些剖面空间上遍及加拿大全国，从温哥华岛到纽芬兰，从美国边界至育空（Yukon）和北西部边界，每个断面或研究区都不同程度地代表了加拿大典型意义的地质特征或全球意义的重要构造过程（Cook et al.，2002），地质演化时间跨越 40 多亿年的地质时代。该计划共分为 5 个阶段，从 1984 年第一阶段开始到 2000 年，总计完成深地震反射剖面 169 条，总长约14 338.7 km。结合各种技术方法制作了 3 条地质剖面，最长一条跨越加拿大东西，总长 6000 km，其次是 2000 km 和 1600 km，分别处于加拿大的西北和东北。

1.7　俄罗斯深反射剖面探测计划

苏联（1991 年后称为俄罗斯）正式开展深部探测是在 20 世纪 50 年代，完成深部地震探测剖面 200 多条，总长达 150 000 km（王海燕 等，2010）。苏联科学院甘布尔采夫院士是苏联现代地震勘探方法的奠基人之一，开创了利用深地震测深法、折射波地震测深法和地震转换波法研究地壳与上地幔结构及横向非均匀结构的技术，为深部探测的发展做出了卓越贡献（梁慧云、张先康，2004）。与世界其他国家相比，苏联进行深地震测深研究的特点在于测线大都是几千千米的剖面。近年来，俄罗斯改变了以前主要靠折射地震方法进行深部探测的传统，在东欧地台和远东地区试验实施了超长（长度数千千米）的深地震反射剖面探测，取得了意想不到的成功，揭露出矿产资源富集区下近乎透明的反射和 Moho 错断，反映了地幔流体上涌通道，这些发现为未来勘探资源指出了远景目标。20 世纪 80 年代末至 90 年代初，苏联的学者对 COCORP 运用深地震反射剖面技术探测地壳结构还存在争议，最初仅开始试制大功率可控震源；21 世纪初（2001年）俄罗斯学者广泛实施深地震反射剖面探测地壳精细结构，成功地解释了岩石圈演化，仅用 10 年时间（1992—2001 年），完成深地震反射剖面超过 10 000 km，赶上了西方；跨出国门，与邻国合作，用反射地震剖面开展横贯欧洲的地学大断面研究；近来又提出跨越欧亚大陆进行地学大断面合作研究。

1.8　澳大利亚深反射剖面探测计划

澳大利亚于 1980 年开始实施第一轮的深反射剖面探测工作，由澳大利亚矿产资源局（BMR）负责澳大利亚大陆反射剖面计划（ACORP）。该计划作为国际岩石圈计划的组成部分，是澳大利亚大陆岩石圈断面计划（LITSAC）大型研究项目的重点。2006 年11 月又启动了"澳洲探测计划"（AuScope），投资超过 1 亿美元，进行深部探测，试图在全球尺度上建立从表层到核部表征澳洲大陆的结构和演化的时空构架，从而更好地了解它们对自然资源、灾害和环境的影响，以致力于澳大利亚社会未来的繁荣、安全和持续发展。计划实施的第一年（2007）就完成了 1400 km 的深地震反射剖面数据（Goleby et al.，2006）。澳大利亚拥有超过 40 年的陆地地震调查经验，获得了超过 15 000 km 的深部地震反射剖面，其中许多剖面跨越了澳大利亚的主要矿产省份及重要矿床（刘子龙等，2019）。

1.9　近年来国外深部探测概况

2008 年在挪威奥斯陆召开的国际第三十三届地质大会和 2012 年在澳大利亚布里斯班的国际第三十四届地质大会，会议举办国都展示了深部探测成果（滕吉文，2005）。挪威以"DEEP EARTH"为本国展台的主题，从一个侧面反映了深部探测的国际发展新趋势。欧洲大陆及近海的深部探测发展快速，且广泛应用了在基础地质研究中已经普遍采用的深地震反射技术，还使用可视化动画技术连续演示深部探测成果，显示出一流的技术和超前的水平。特别值得学习的是，他们将开发资源与环境保护作为必须进行深部探测的目标。澳大利亚围绕国土腹地与近海布设了深地震反射剖面测网，为资源开发和保护环境、地下水安全利用提供精细探测依据。

他们突出新的目标"LINKING TOP AND DEEP"，即通过深部探测连接地球深部和表面。使用的深部技术仍是以深地震反射为先锋，折射地震与宽频地震为骨干，取得了大量的实际研究成果，展示的深地震反射剖面不可胜数。特别令人吃惊的是，俄罗斯学者运用深地震反射剖面方法进行深部探测的研究成果不仅数量多、剖面长（有的剖面长达几千米），而且研究水平已经与北美学者相当，研究领域包括了地球基础科学和资源环境。例如，使用上千千米的反射剖面编制地学断面，研究矿集区的深部成矿背景。研究地域跨越欧洲和亚洲，提出运用反射地震剖面技术探测地壳结构，编制洲际地学大断面。

近几年，国际深地震反射主要侧重于已采集数据的重新处理、解释及部分区域数据的补充采集。如 Mi-Kyung Yoon 运用反射面元叠加技术对德国（DECORP）北德盆地的深地震反射资料进行处理，深部成像有了显著改善，获得了高信噪比的下地壳和深部结构（Yoon et al.，2009）。P. R. Reddy 运用已采集的深地震反射数据对印度地盾深部结构进行研究（Reddy et al.，2013）。近期，在借助 LITHOPROBE、Sinprobe 和 UNCOVER – Australia 成功经验的基础上，印度正在开展 UNCOVER – India（Indi-Probe）计划，对深部构造和深部矿产资源开展研究。Siddique Akhtar Ehsan 对以伊比利亚半岛（Iberian Peninsula）的深地震反射资料重新处理，获得了该区地壳变形样式的新认识（Ehsan et al.，2014）。Stern（2015）等在新西兰北岛利用深地震反射技术捕捉到高分辨率的 Moho 和 LAB（lithosphere – asthenosphere boundary）反射；M. Malinowski 运用扩展相关技术对波兰（PolandSPAN™ survey）东南部 156 km 的深地震反射数据进行了重新处理和解释，认为 Izbica – Zamość 和 Wilczopole 断裂源与地壳深部结构有关（Malinowski，2016）。B. L. N. Kennett 利用 AuScope 深地震反射数据和近期补充探测的深地震反射数据对澳大利亚的 Moho 结构和特性展开了研究（Kennett et al.，2015）。

✕◆ 2 国内研究现状

2.1 中国深地震反射剖面探测概况

我国从 20 世纪 50 年代后期即开始在柴达木盆地进行地震反射探测实验（曾融生 等，1961，1964；滕吉文 等，1974）。深地震反射剖面探测工作以 2008 年为界分为两个阶段：2008 年以前，全国范围内累计完成的深地震反射剖面约 4900 km；2008 年以后，随着 SinoProbe 项目、中国地质调查项目、中国地震局的活断层探测项目以及后续国家重点研发计划等的实施，完成了大量的深地震反射剖面探测工作，剖面总长度约 12 000 km。下面分两个阶段简述我国深反射剖面探测研究现状。

2.1.1 截至 2008 年中国深地震反射剖面探测概况

20 世纪 80 年代在唐山震区和下扬子含油气盆地实验了高次叠加深地震反射剖面技术（曾融生，1988；陈沪生，1988）。90 年代开始应用高次叠加深地震反射剖面来研究造山带和盆地形成机制和演化（王椿镛 等，1993；Zhao et al.，1993；袁学诚 等，1994；张先康 等，1996；高锐 等，1995；杨文采 等，1999；杨宝俊 等，1996；傅维洲 等，1998）。截至 2008 年，多数剖面由国土资源部（包括原地矿部，现已整合为自然资源部）和中国地震局完成，工作中得到国家科技部、国家自然科学基金委资助，石油部门也在油田区实验完成部分剖面，剖面总长度约 4900 km。

2.1.2 2008 年以来中国深地震反射剖面探测概况

与西方国家相比，中国的深部探测远远落后。中国目前正面临着资源、灾害和环境多重压力，能源与矿产资源供需矛盾日益突出，成为制约经济与社会发展的首要因素，迫切需要开辟能源与矿产资源战略新区和接替基地。与发达国家相比，中国资源勘查程度低、深度浅，向深层次找油、找气、找矿成为必然。且中国地质灾害频发，人们越来越认识到减轻灾害、保护与利用环境对社会稳定与和谐发展的重要性，迫切需要了解地球内部结构、地壳现今活动规律和内动力过程，从而提高灾害预报预警水平，最大限度地减少损失。因此，中国地学家进军地球深部势在必行。

2008 年以后，中国深部探测研究进入突飞猛进的发展阶段，主要用于揭示关键构造带岩石圈精细结构与构造演化过程。中国相继开展了 SinoProbe 深部探测计划、国家重点研发计划、中国地质调查局深部探测计划以及国家地震局探测活断层计划，用了 10 年的时间完成了约 12 000 km 的深地震反射剖面，无论是采集观测技术还是数据处理技术均达到了世界领先水平。其中的深地震反射剖面探测工作主要由中国地质科学院承担的 SinoProbe 计划完成；部分由中国地质调查项目、国家自然科学基金项目和国家重点研发计划资助完成；另外一部分由中国地震局中国地震活动断层探查和城市活断层探测项目资助完成。截至 2019 年年底，中国完成的深地震反射剖面见图 1。需要说明的是，剖面位置参照了公开发表文献和各项目负责人提供的信息，且仅统计了记录长度超过 15 s 的剖面，可能有些资料未收集齐全，统计的结果难免不全面。

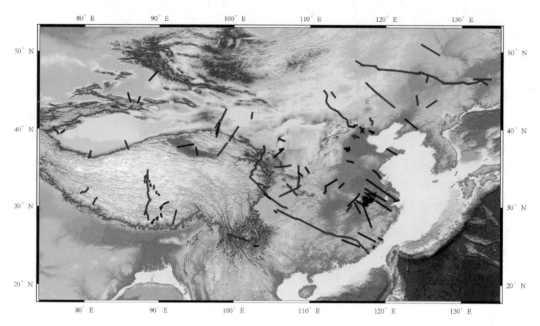

蓝色线：岩石圈团队完成的剖面；黑色线：其他多个团队完成的剖面。

图1 中国深地震反射剖面位置示意

2.2 岩石圈团队完成的深地震反射剖面探测概况

自岩石圈中心团队在20世纪90年代开展深地震反射剖面探测以来，累计共完成深地震反射剖面总长约10 050 km（位置见图1中蓝色线）。

截至2008年，岩石圈团队在国家自然科学基金项目和中国地质调查项目等的资助下累计完成约1750 km的深地震反射剖面探测工作。

2008年以来，岩石圈团队承担了SinoProbe深部探测计划、国家重点研发计划、中国地质调查局的深部探测计划，累计完成深地震反射剖面总长约8300 km。

2.2.1 SinoProbe 计划

为揭示地球深部结构与组成，减轻资源、环境和灾害的压力，适应国际地球科学发展趋势，国家启动了为期5年的中国"深部探测技术与实验研究专项"（SinoProbe）计划。其中，岩石圈团队承担了该专项的重要内容之一——"深地震反射剖面探测实验"（SinoProbe-02-01）项目。该项目主要目标是实验以深地震反射技术为主的深部探测方法技术，探测深部精细结构。SinoProbe-02-01项目组在2009—2014年期间，通过与国内相关部门和其他项目合作，共完成深地震反射剖面5510 km的采集实验工作和6366 km的处理实验工作。

2.2.2 中国地质调查项目

为了服务自然资源部中国地质调查局地质科技攻坚战，"点线面"结合，中国地质调查项目以深地震反射剖面为骨干，调查青藏高原岩石圈精细结构、城市地下空间结构以及重要盆地及周缘造山带浅深结构，获得基底埋深、变形样式及主控断裂发育样式和规模，揭示青藏高原隆升机制、盆山深部构造背景以及城市地下空间透明化，为进一步探讨高原的形成历史、重要盆地及周缘造山带深部结构对资源和能源分布的控制约束作用，研究灾害和环境问题、盆地深部及周缘能源赋存背景特征，拓宽研究区油气外围和深部资源潜力区，以及重新厘定盆地形成背景、成盆机制和盆山耦合关系有重大的理论与实践意义。2014—2019 年，在中国地质调查项目资助下，岩石圈中心团队完成深反射地震剖面总长约 2070 km。

2.2.3　国家重点研发计划

地球深部与人类生存发展息息相关。地球深部物质运动和能量转换是支撑地球系统和生命体系之根基，是人类生存发展所需资源之根本，也是重大自然灾害产生之根源。因此，向地球深部进军是必须解决的战略科技问题。国家于 2016 年相继开展了多个国家重点研发计划，岩石圈团队承担的国家重点研发计划累计完成深地震反射剖面总长655 km。

2.3　主要成果

近年来，中国完成的深地震反射剖面揭示了造山带、盆地、盆山构造带、地震区及活断层地区的岩石圈结构，获得了宝贵资料，取得了许多地质上的认识与新发现：揭示下扬子纵向分层、横向分块及储油构造的深部环境与储油前景（陈沪生，1998）；揭示出印度大陆板块向青藏高原下低角度俯冲的层位（Zhao et al., 1993）；发现了塔里木岩石圈与青藏高原西北缘岩石圈发生面对面汇聚碰撞的深地震证据（高锐 等，2000）；揭示出华北盆地中地壳内的滑脱构造对其演化过程的重要作用（王椿镛 等，1994）；探测出怀来地区"透明"的上上地壳及具有强烈反射性质的下地壳和平坦的 Moho（张先康等，2002）；提出了秦岭地区地壳构造模型（袁学诚 等，2002）；揭示了松辽盆地北缘以层状、似层状为主的 5 种地壳反射样式（杨宝俊，1996）；揭示了北祁连山与河西走廊之间的深部关系（Gao et al., 1999）；刻画出扬子板块俯冲并与大别山造山带碰撞的深部构造面貌（高锐 等，2004）；揭示了研究区清晰的地壳结构和壳内构造变形特征（董树文 等，2005）；揭露出北祁连山逆冲构造下隐伏保存的白垩纪半地堑盆地（高锐等，1995）；揭示出燕山地区与岩石圈流变分层有关的造山带垂向的复杂结构（高锐等，2002）；揭示出若尔盖盆地与西秦岭造山带岩石圈尺度的逆冲推覆构造关系（高锐 等，2006；王海燕 等，2007；Gao et al., 2014）；华北剖面揭示出华北克拉通地壳向北延伸，越过华北边界赤峰断裂的反射地震新图像，解释了古亚洲洋沿索伦缝合带关闭、陆－陆碰撞和碰撞后地壳增生的深部过程（Zhang et al., 2013）；青藏高原剖面清晰地揭示出印度地壳并没有大规模地越过雅鲁藏布江缝合带（Gao et al., 2016a, 2016b）；发现扬子块体地壳延伸到青藏高原东缘龙日坝断裂附近，建立了青藏高原东缘地壳块体侧向挤压高角度仰冲变形的动力学模型（郭晓玉 等，2014；Guo et al., 2014）；揭示出青藏高原东部的岷江断裂和虎牙断裂具有不同的构造性质，为高原东缘的生长、扩张样式提供了新的地震学证据（Xu et al., 2017）。在华南剖面上发现了四川盆地下古老的俯冲构造可能代表一个新元古代时期大洋板块的俯冲，四川盆地下地壳的古老俯冲构造和古老造山带结构组成了扬子克拉通基底（Gao et al., 2016a, 2016b; 熊小松 等, 2015; 王海燕 等, 2017）；江南隆起下可能叠置了扬子和华夏的双层基底结构；华南大陆呈现了以江南隆起为中心的相向汇聚的图像。祁连剖面揭示了中、南祁连之下具有北祁连洋板片向南俯冲的古俯冲带结构特征（熊小松 等, 2019; 陈宣华 等, 2019）；东北剖面揭示了索伦—西拉木伦—长春—延吉缝合带东段的浅深结构特征和构造样式；松科二井邻区的深部结构特征为进一步挖掘科钻工程获得的基础地质和深部油气线索提供了深部构造信息（符伟 等, 2019）；获得了古太平洋向欧亚大陆俯冲的前缘位置与深部构造样式，为研究古太平洋向欧亚大陆俯冲的过程以及那丹哈达岭的形成提供了重要的深部约束；等等。

3　深地震反射方法技术的应用

自利用深地震反射剖面技术来研究地壳深部构造以来，国内外均已取得了很多成果。例如，造山带与盆地的不同地壳结构（Klemperer et al., 1985; Weng et al., 1990; Meissner, Wever, 1996; 高锐 等, 2000, 2001, 2006; 王海燕 等, 2007; Gao et al., 2013, 2014, Guo et al., 2014）；碰撞带结构与地质意义（Vernicke, 1985; Sadowiak, Wever, & Meissner, 1991; Zhao et al., 1993; Frederick et al., 1999; Balling et al., 2000; 高锐 等, 2004; Yoon et al., 2009; Gao et al., 2016）；中、上部地壳的低速层与地震带问题（Wallace et al., 1990; 王椿镛 等, 1993; 杨卓欣 等, 2006; 刘保金 等, 2007）；陆缘带的构造特征，包括断裂系统、地震活动、盆地成因机制等（Weng et al., 1990; Dehler & Clowes, 1992; Holbrook et al., 1996; Fuis, 1998; 樊计昌 等, 2004; 师亚芹 等, 2008; 刘保金 等, 2011, 2012）；下部地壳结构和莫霍面反射特征与变化（Hale et al., 1982; Hammer et al., 1997; Chadwick et al., 1998; Cook et al., 2002; Frederick et al., 2002; 高锐 等, 2004; 李勤学 等, 2000; 杨宝俊 等, 2003; 李洪强 等, 2013, 2014; Gao et al., 2014; Wang et al., 2014; Li et al., 2017）；岩石圈地幔中的剪切带（Norris et al., 1990; Morgan et al., 1994; Warner et al., 1996; Abramoritz et al., 1998; Davey et al., 1998; 杨宝俊 等, 1996; 高锐 等, 2001）；矿产构造（吕庆田 等, 2004, 2010, 2015; 高锐 等, 2010; 董树文 等, 2010; Malehmir et al., 2012）；等等。为了方便叙述，本文分以下三大方面介绍一些实例。

3.1 在构造地质方面的应用

3.1.1 挤压构造

碰撞（陆－陆碰撞、洋－陆碰撞）与俯冲构造（盆山构造关系）是最重要的一种压缩构造类型（Dewey，1986），陆－陆碰撞过程对现今大陆的构造、变形和运动均有重要作用。多年来，深地震反射对碰撞与俯冲构造做了大量工作，其结果使碰撞与俯冲模型更加具体，地震反射剖面的结果主要可分为面对面碰撞、地壳增厚、单向俯冲、楔状挤入和岩石圈剪切。例如，加拿大 LITHOPROBE 计划中深地震反射剖面揭示了加拿大西海岸造山带与克拉通盆地挤压构造体系下的造山带俯冲盆地楔状挤入的构造关系（图2）；德国 DEKORP 计划中，穿过安第斯山中部的 ANCORP'96 深地震反射剖面（ANCORP working Group，2003）刻画了一个几乎完整的、洋－陆俯冲的地壳几何图式（图3），证实了大洋板块平俯冲模式的存在。中美合作的 INDEPTH 项目在喜马拉雅山区完成的第一条深地震反射剖面证实了印度大陆地壳整体或其下地壳俯冲到藏南特提斯喜马拉雅地壳之下并导致西藏南端地壳增厚的观点（图4）。西昆仑与塔里木深反射剖面揭示了西昆仑山下北倾与塔里木盆地南缘南倾的多组强反射，为塔里木盆地和西昆仑造山带陆－陆面对面碰撞提供了地震证据（图5）；合作—唐克深地震反射剖面揭示了若尔盖盆地和西秦岭造山带下地壳北倾的强反射特征（图6），获得了盆地与造山带为挤压环境下岩石圈尺度的俯冲和逆冲推覆构造关系的证据（高锐 等，2006；王海燕等，2007；Gao et al.，2014）。

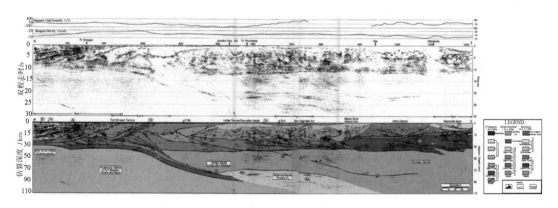

图2 横过加拿大西海岸造山带与克拉通盆地的深地震反射剖面（Cook et al.，1999）

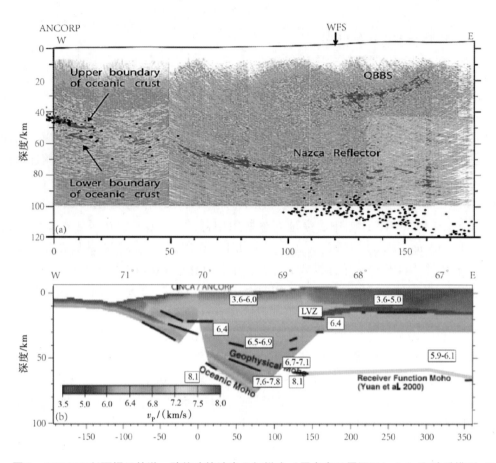

图3 ANCORP剖面揭示的洋–陆俯冲的地壳几何样式（黑点表示震源区）（a）和地质模型（b）
（ANCORP Working Group，2003）

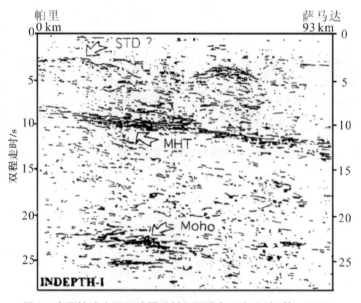

图4 喜马拉雅山区深地震反射剖面线条（赵文津 等，1996）

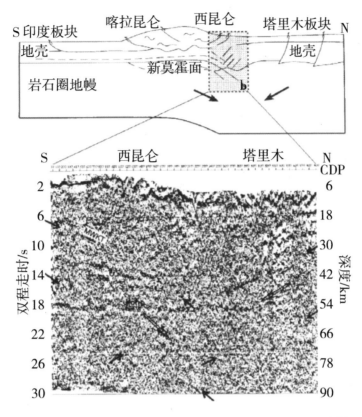

图5 跨越西昆仑—塔里木深地震反射剖面解释（Gao et al.，2000；高锐，2002）

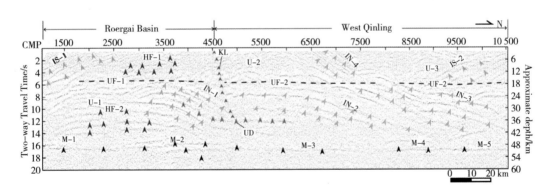

图6 深地震反射剖面揭示的若尔盖盆地与西秦岭造山带构造关系（Gao et al.，2014）

3.1.2 伸展构造

伸展构造是引张作用于地壳或岩石圈的结果，是以正断层为主的构造组合体。正断层的集合形态和组合的差异构成了类型繁多的伸展构造样式。我国东部大部分断陷盆地都是地壳伸展作用的结果。全球利用深地震反射剖面探测伸展构造的工作较多，通过揭示岩石圈精细结构，可以推断伸展构造的成因模式。如图7是莱茵地堑南段的地震反射剖面和复杂的盆地成因模式。该模型包括西东向的倾斜断块、共轭正断层和背斜构造。这与所观测到的控制着新生代地堑的西边界的陡倾的正断层相一致，与现今提出的盆地成因模式相似，是对盆地形成的剥离模式的极好证明（Brun et al.，1992）。

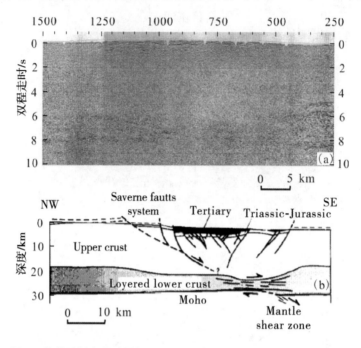

图7　莱茵地堑南段地震剖面（a）及解释（b）（Brun et al.，1992）

3.1.3　走滑构造

走滑构造是板块水平运动产生的三大构造体系之一，其中的伸展构造和挤压构造可以从变形岩石露头区进行直接观测和研究，但走滑构造体系需要依靠地球物理勘探来确定。例如，根据反射地震剖面中花状构造和Moho明显错断的解译，可以识别出走滑构造。我国大陆广泛发育的走滑断裂系，如郯庐断裂带、红河断裂带和阿尔金断裂带等，对中国大陆变形有着重要影响，对大陆裂谷作用和造山作用起了调节作用，同时伴生富含油气资源的走滑盆地，如渤海湾盆地和莺歌海盆地等（刘和甫 等，2004；Li et al.，2004）。同样，美国南加州的圣安德烈斯断裂在含油气盆地的形成与演化中起着举足轻重的作用，位于断裂带西南的洛杉矶盆地已成为美国西部油气主要产地（徐志琴 等，2004；Mcbride & Brown，1986；Lemiszki & Brown，1988）。

图8显示了圣安德烈斯断层带在深地震反射剖面上表现为一个近3 km宽的透明的反射区带将两边的反射截断且较深，揭示了圣安德烈斯断层穿透地壳，且为近垂直的特征。图9显示的阿尔金—塔里木深地震反射剖面（高锐 等，2001；Gao et al.，2001）展现出一系列南倾的强反射特征，揭示了阿尔金断裂系走滑-逆冲作用分离了塔里木地壳，吸收碰撞汇聚效应导致地壳缩短加厚，阿尔金主断裂的岩石圈尺度剪切-走滑作用限定了塔里木地壳向南向高原下的插入（图9）。图10显示的青藏高原东北缘剖面展示了左旋走滑的昆仑断裂带被埋深约30～40 km的一组壳内拆离层截断，拆离层之下有

莫霍面卷入的叠瓦逆冲推覆构造，这些信息表明青藏高原东北缘的地壳变形和岩石圈地幔变形是完全解耦的（高锐 等，2011；Gao et al.，2014）。

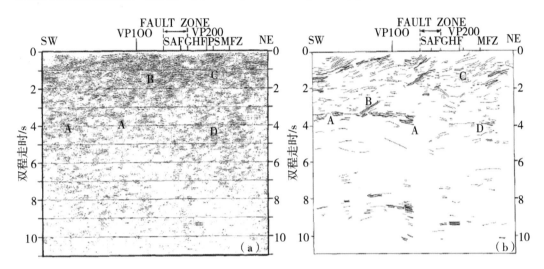

图8 跨越圣安德烈斯断层带的深地震反射剖面（a）和线条解释（b）（Mcbride & Brown，1986）

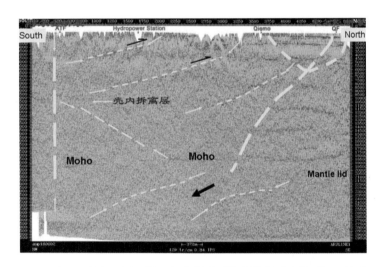

图9 地震反射剖面揭示的阿尔金断裂系构造样式（高锐 等，2001）

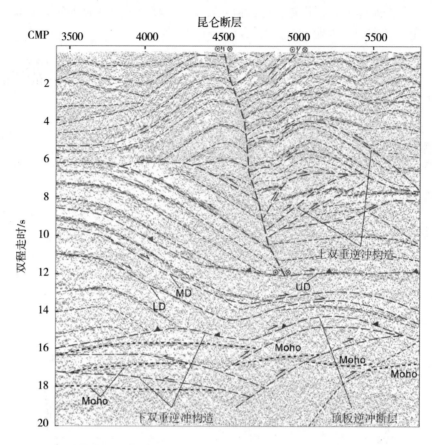

图 10　跨越昆仑左旋走滑断层的解释剖面（高锐 等，2011；Gao et al.，2014）

3.1.4　Moho 反射

Moho 构造特征记录了地壳在地质年代里的形成和改造过程，对探讨地壳的形成和演化过程有着重要意义。因此，Moho 深度与构造属性一直是颇受关注的问题。揭示 Moho 构造形态等特征属性是深地震反射剖面探测主要目的之一。Moho 是地震速度跃变边界或者速度转换带，通过了解 Moho 的信息，可以推断出大陆地壳形成过程和壳幔之间的物质转换，但这些通常需要依靠可靠的方法技术和高分辨率的地震剖面来获得（David et al.，2005）。大量的深反射成果表明：

（1）Moho 经常不是一个面，而是速度递变层，厚度可达 3～4 km 甚至更多（Hale，1982；Ross et al.，2004），如英国 BIRPS 计划实施的 WAM 剖面［图 11（b）］；在某些地区还有双层 Moho 出现，如在 INDEPTH Ⅲ段测线南部［图 11（a）］和若尔盖北部［图 11（c）］而某些地区 Moho 出现错断，如图 11（d）显示的大别山地区（高锐，2004）和图 11（e）显示的乌拉尔造山带地区（Steer et al.，1998）。

（2）不同大地构造背景的地区 Moho 发育程度不同。例如：俯冲板块的 Moho 反射强，甚至可以示踪到板块俯冲的痕迹［图 11（f）左部］；在板块碰撞弧后盆地，Moho 反射性较差，甚至出现透明反射特征［图 11（f）中部］；而在伸展构造区，Moho 较为

连续且具有良好的反射性，构成强反射的下地壳与弱的或透明的上地幔的分界
（Allmendinger et al., 1987），如西秦岭造山带地区［图11（c）右部］。

（3）在地球演化过程中，Moho 并不是一成不变的，而是具有时空动态演化的特点，
同时它还具有强烈的横向不均一型，构成反射性下地壳的底界（Nelson，1991；David &
Eaton，2005），如图11（f）的右部所示。

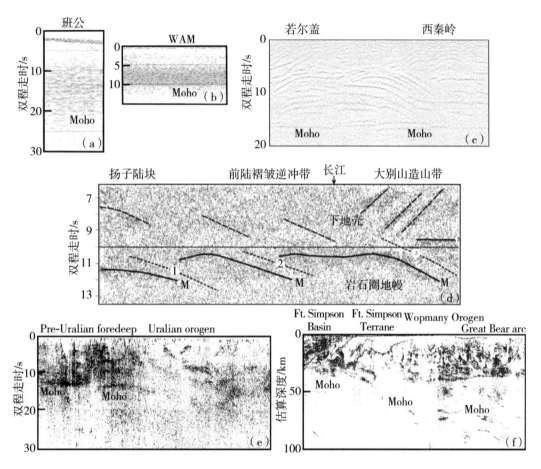

（a）INDEPTH Ⅲ剖面（Ross et al., 2004；Steer et al., 1998）；（b）英国的 WAM 剖面（Ross et al.,
2004）；（c）若尔盖和西秦岭剖面（Gao et al., 2014）；（d）大别山造山带剖面（高锐 等，2004）；（e）乌
拉尔造山带剖面（Steer et al., 1998）；（f）加拿大 LITHOPROBE 计划的 SNORCLE 剖面（David & Eaton，
2005）。

图11 不同地区深地震反射剖面揭示的 Moho 反射特征

3.1.5 地幔反射

在国内外许多深地震反射剖面上追踪到了地幔反射，如加拿大的反射剖面、欧洲和
中国均报道过地幔的反射（图12），结合研究区及其周边地区其他地球物理和地球化学
花岗岩同位素年龄等资料，推测这些倾斜地幔反射波组是古俯冲的遗迹。当然，古老俯
冲并不是对这种倾斜反射的唯一可能的解释。其中一些相同的地幔反射被认为是代表与

扩展、压缩或两者有关的地幔剪切带（Flack et al.，1990；Klemperer & Hurich，1990；Reston et al.，1990；Mona Lisa Working Group，1997；Snyder et al.，1997；Warner et al.，1996）。

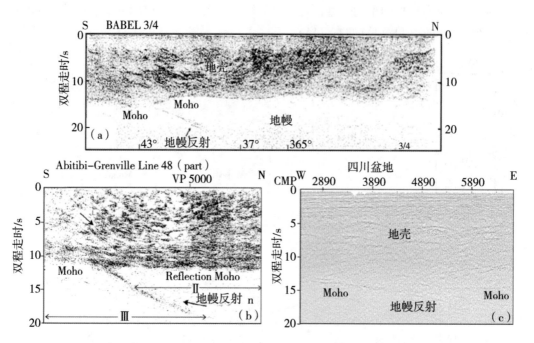

（a）BABEL 项目在欧洲西北部完成的剖面揭示的早元古代古俯冲（Balling，2000）；（b）LITHOPROBE计划在加拿大东部揭示的太古代古俯冲（Calvert et al.，1995）；（c）中国 SinoProbe 计划完成的四川盆地揭示的新元古代古俯冲遗迹（Gao et al.，2016a）。

图12　深地震反射剖面揭示的古俯冲实例

3.2　在成矿带和矿集区的应用

自 20 世纪 70 年代中期深地震反射计划实施以来，深地震反射技术主要集中在大陆岩石圈结构探测与演化研究中，而在大型成矿带、矿集区还不多见。近年来，随着地震技术的巨大进步及对成矿系统研究的深入，已将此技术广泛应用在金属矿勘查中。这方面，加拿大（LITHOPROBE）和澳大利亚（思维地球动力学计划，AGCRC）两个矿业大国做的工作比较多，将重要成矿带和大型矿集区的地球深部结构域成矿理论研究紧密结合，探索大型矿床、矿集区形成与演化的深部控制因素（刘子龙 等，2019），并逐渐形成了新的应用技术：①用于提供成矿带的区域构造框架和成矿系统的具体信息的深地壳反射技术，可以清楚地揭示出地壳内成矿流体的运移路径（Drummond et al.，1993，1997，2000）；②用于金属矿勘探的高分辨率地震反射技术对探测容矿构造和矿体周围的蚀变带效果更好（Spencer，1993；Verpaelst et al.，1995；Milkereit et al.，1996）；③可以直接给出矿体和容矿构造的空间形态的地震层析成像技术（Rowbotham & Goulty，1993）。

中国从 2009 年开始，在国家"深部探测技术与实验"（SinoProbe）等多个项目的支持下，在长江中下游成矿带及典型矿集区开展了以深地震反射剖面技术（Lü et al.，2013，2015）为先锋，结合宽角反射/折射、大地电磁探测、宽频地震观测等的大量综合地球物理探测，完成了"一网、两带、四区、多点"的多尺度综合地球物理探测研究工作（吕庆田 等，2015），取得了一系列重要发现和认识。

图 13 显示的澳大利亚南部深地震反射剖面揭示出 Cu－Au 矿成矿流体运移的通道和晚期成藏空间（Drummond et al.，2006）。俄罗斯在乌拉尔地带完成的长深地震反射剖面通过了该区的金属矿产富集区，对讨论成矿的深部背景意义重大。我国学者在 20世纪 80 年代就开始试验金属矿反射地震技术，试图进行直接找矿。

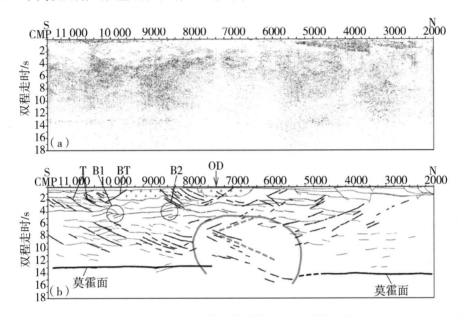

图 13　澳大利亚南部跨越 Cu－Au 矿的深反射地震剖面（a）与解释（b）（Drummond et al.，2006）

近年来，国内用于成矿背景的深地震反射技术实验也取得了成功的经验（吕庆田 等，2004，2010，2015；侯贺晟 等，2010）：铜陵矿集区深地震反射剖面（图 14）揭示了矿集区具有清晰的双层地壳特征，认为地壳中透明反射区应存在巨型基岩，莫霍面反射减弱可能是由混合岩化作用使物质趋于均匀所致（吕庆田 等，2010，2015）。庐枞矿集区深地震反射剖面（图 15）揭示了岩矿集区及其周缘的地壳结构和深部构造影像，获得了庐枞陆相火山岩火山盆地边界和底界轮廓、中上地壳密集反射、中下地壳界面强反射和下地壳弱反射特征、郯庐断裂带、罗河断裂以及清晰壳幔边界的 Moho 等全地壳反射影像（高锐 等，2010；董树文 等，2010；刘子龙 等，2019）。

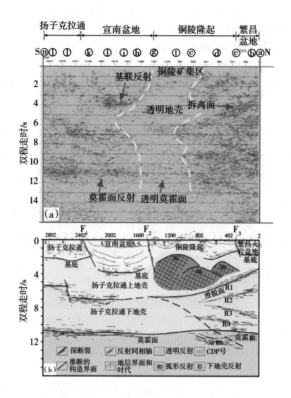

图 14　铜陵矿集区深地震反射剖面（a）与地质解释（b）（吕庆田 等，2003；Lü et al., 2004）

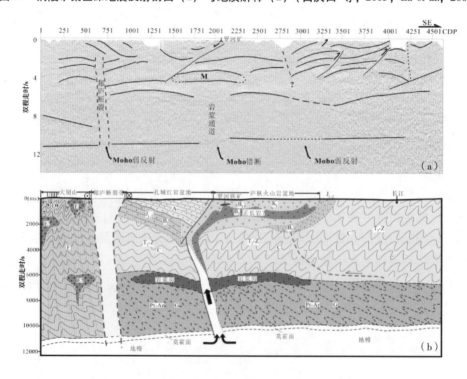

图 15　庐枞矿集区深地震反射剖面解释（a）与地质模型（b）（高锐 等，2010；董树文 等，2010）

3.3 在地震预报中的应用

近年来，世界上多个国家相继发生强烈地震，产生了一系列严重的地震灾害，引起社会各阶层的高度重视。人们发现地震的罪魁祸首是活动断层的突发错动。深地震反射方法和传统的地震宽角反射/折射方法联合应用，使人们对地壳乃至岩石圈结构和构造有了全新的认识，根据深地震反射资料，可以获得震区或活断层地区的地壳精细结构图像，了解壳幔结构，对于探讨震源区介质结构特征与地震孕育和发生的关系，以及认识大震孕育发生的深部构造条件极有意义（张先康、宋建立，1994；Finetti et al.，2001；杨卓欣 等，2006）。

图 16 为意大利 CROP – 03 解释剖面，Finetti 等根据深地震反射剖面解释了 Umbria – Marche 一系列浅层地震和深部地震的地震构造机制。他认为浅层地震（2 ～ 15 km）主要是由 GS – 1 平面上的简单的重力滑动引起的，或者是重力滑动和前期的与 GS – 1 面近垂直的西倾逆冲断层（例如断裂 4 – C、4 – B、4 – A）的再次运动综合作用引起的。历史上的深部地震（25 ～ 50 km）可以被解释为除了与沿逆冲带（IC）的蠕动有关外，也与沿着 AP – 5 断裂地壳缩短有关（Finetti et al.，2001）。

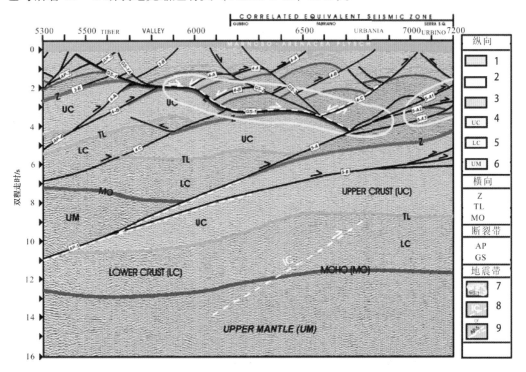

1：中生代末期以来（End Mesozoic to Recent）；2：强反射的中生代地层（白垩系—侏罗系）[Well Reflecting Mesozoic interval（Cretaceous – Jurassic）]；3：三叠系地层（Triassic）；4：上地壳（Upper Crust）；5：下地壳（Lower Crust）；6：上地幔（Upper Mantle）；7：浅层地震事件（2 ～ 15 km）[Shallow Events（2 ～15 km）]；8、9：深部地震事件（25 ～ 50 km）[Deep Events（25 ～ 50 km）]。

Z：基底顶部（Top basement）；TL：下地壳顶部（Top Lower Crust）；MO：莫霍面（Moho）；AP：更新世晚期的逆冲断层（Thrust-Faults of the Tyrrhenian Stage）；GS：重力 – 滑塌断层（Gravity-Sliding Fault）。

图 16 意大利 CROP 计划深地震反射解释剖面揭示的天然地震构造机制（Finetti et al.，2001）

图17为郯庐断裂带深地震反射剖面解释图。郯庐断裂带是中国东部规模最大的构造活动带，有着复杂的形成演化历史，对中国东部的区域构造、岩浆活动、矿产资源的形成和分布以及现代地震活动都有重要控制作用。刘保金等（2015）利用深地震反射探测方法揭示郯庐断裂带及其两侧地块的岩石圈结构。结果表明，该区莫霍面和岩石圈底界均向西倾，且岩石圈厚度在郯庐断裂带下方出现突变。郯庐断裂带在剖面上表现为由多条主干断裂组成的花状构造，其内部发育有断陷盆地和挤压褶皱，具有伸展、挤压和走滑并存的构造形迹，暗示郯庐断裂带的形成和演化经历了多期复杂的构造活动。

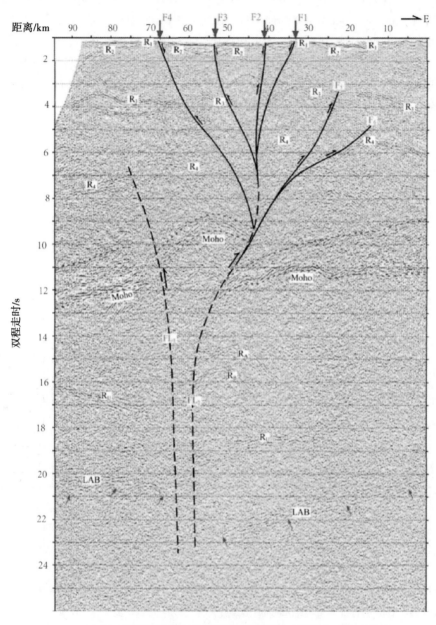

图17　郯庐断裂带深地震反射剖面解释（刘保金 等，2015）

◆4 结 束 语

深地震反射技术是研究深部地质构造的一种行之有效的方法，它提供了其他地球物理方法无法得到的地壳和上地幔的精细构造，分辨能力从浅部几十米到深部几百米。该技术已经被广泛应用于揭露盆地、造山带岩石圈的形成和演化、地球动力学过程，以及地震孕育和发生等地质灾害的深部构造环境，并在油气资源远景评价和矿产资源勘察等方面发挥着重要作用，取得了重要成果。

我国近十几年的深地震反射剖面实验研究过程取得了一些成果，从一个侧面说明深部探测是获取科学发现，认知地球，揭示地球资源、环境、灾害等地质过程的必经途径，一旦实施就会获得意想不到的发现；深部探测专项已经初步建立了适应我国地质地貌条件的以深地震反射/折射剖面为先锋的深部探测技术方法体系，储备了技术，培养了人才，缩短了与世界先进国家的差距；全球主要发达国家均已经完成本国陆海地壳骨架的深部探测，我国应继续运用实验已取得效果的技术，将地表地质调查向深部延伸，揭示精细结构，建立大陆与海域地壳骨架，在国际深部调查大趋势中发展我国实力，走向地质强国。

本文试图通过介绍国内外深地震反射剖面的研究现状，以及该方法在各个领域中应用的成功实例，来促进深地震反射剖面在我国的大力发展。在国内外应用该方法取得成功的例子很多，由于篇幅有限，不能一一列举，本文仅展示了部分笔者认为相对典型的例子，供大家参考。

◆致 谢

本文属于综述性文章，在收集中国已经完成的深地震反射剖面资料中得到了中国科学院地质与地球物理所徐涛研究员和赵连峰研究员、中国地质科学院吕庆田研究员团队以及中国地震局地球物理勘探中心的帮助与支持；同时在收集国内外资料时，得到了岩石圈团队所有人员的支持与帮助，在此表示感谢。

◆参 考 文 献

Abramoritz T, Thybo H, MONALISA Working Group, 1998. Seismic structure across the Caledonian Deformation Front along MONAL-ISA profile 1 in southeastern North Sea. Tectonophysics, 288: 153 – 176.

Allmendinger R W, Nelson K D, Potter C J, et al., 1987. Deep seismic reflection characteristics of the continental crust. Geology, 15: 304 – 310.

ANCORP Working Group, 2003. Seismic imaging of a convergent continental margin and plateau in the central Andes [Andean Continental Research Project 1996 (ANCORP' 96)]. Journal of Geophysical Research, 8 (B7): 2328. DOI: 10.1029/2002JB001771.

Balling N, 2000. Deep seismic refection evidence for ancient subduction and collision zones within the continental lithosphere of northwestern Europe. Tectonophysics, 329 (1): 269 – 300.

Bois C, ECORS Scientific Party, 1990. Major geodynamic processes studies from the ECORS deep seismic profiles in France and adjacent areas. Tectonophysics, 173: 397 – 410.

Brown L D, Wille D M, et al., 1987. COCORP: New perspectives on the deep crust. Geophysical Jounral International, 89 (1): 47 – 54.

Brun J P, Gustcher M A, DEKORP-ECORS teams, 1992. Deep crustal structure of the Rhine Graben from DECORP-ECORS seismic reflection data: A summary. Tectonophysics, 208 (1 – 3): 139 – 147.

Calvert A J, Sawyer E W, Davis W J, et al., 1995. Archaean subduction inferred from seismic images of a mantle suture in the Superior Province. Nature, 375: 670 – 674. DOI: 10.1038/375670a0.

Chadwick R A, Pharaoh T C, 1998. The seismic reflection Moho beneath the United Kingdom and adjacent areas. Tectonophysics, 299: 255 – 279.

Clowes R M, 1992. LITHOPROBE: An integrated approach to studies of crustal evolution. Geotimes, 8: 12 – 14.

Clowes R M, Buriyank M J, Gorman A R, et al., 2002. Crustal velocity structure from SAREX, the Southern Alberta Refraction Experiment. Canadian Journal of Earth Sciences, 39 (3): 351 – 373.

Clowes R M, et al., 1999. Canada's LITHOPROBE Project (Collaborative, multidisciplinary geoscience research leads to new understanding of continental evolution). Episodes, 22 (1): 3 – 20.

Cook F A, 2002. Fine structure of the continental reflection Moho. Geological Society of America Bulletin, 114: 64 – 79.

Cook F A, van der Velden A J, Hall K W, 1999. Frozen subduction in Canada's Northwest Territories: Lithoprobe deep lithospheric reflection profiling of the western Canadian Shield. Tectonics, 18 (1): 1 – 24.

Davey F J, Henyey T, et al., 1998. Preliminary results from a geophysical study across a modern, continent – continent collisional plate boundary—The Southern Alps, New Zealand. Tectonophysics, 288: 221 – 235.

Dehler S A, Clowes R M, 1992. Integrated geophysical modeling of terranes and other structural features along the western Canadian margin. Can. J. Earth Sci., 29 (7): 1492 – 1508.

Drummond B J, Goleby B R, 1993. Seismic reflection images of the major ore-controlling structures in the Eastern Goldfields Province, Western Australia. Expl. Geophys., 24 (4): 473 – 478.

Drummond B J, Goleby B R, Goncharov A G, et al., 1997. Crustal-scale structures in the Proterozoic Mount Isa inlier of north Australia: Their seismic response and influence on mineralisation. Tectonophysics, 288 (1 – 4): 43 – 56.

Drummond B J, Goleby B R, Owen A J, et al., 2000. Seismic reflection imaging of mineral systems: Three case histories. Geophysics, 65: 1852 – 1861.

Drummond B, Lyons P, et al., 2006. Constraining models of the tectonic setting of the giant Olympic Dam iron oxide-copper-gold deposit, South Australia, using deep seismic reflection data. Tectonophysics, 420: 91 – 103.

Eaton D W, 2005. Multi-genetic origin of the continental Moho: insights from LITHOPROBE. Terra Nova, 18 (1): 34 – 43.

Ehsana S A, Carbonella R, Ayarza P, et al., 2014. Crustal deformation styles along the reprocessed deep seismic reflection transect of the Central Iberian Zone (Iberian Peninsula). Tectonophysics, 621: 159 – 174.

Finetti I R, 2004. Innovative CROP seismic highlights on the Mediterranean region. Special Volume of the

Italian Geological Society for the IGC 32 Florence：131－140.

Finetti I R, 2004. Innovative CROP seismic highlights on the Mediterranean region//Crescenti U, D'Offizi S, Merlino S, et al. (eds.) Geology of Italy：Special Volume of the Italian Geological Society for the IGC 32 Florence－2004. Roma：Società geologica italiana：131－140.

Finetti I R, Boccaletti M, Bonini M, et al., 2001. Crustal section based on CROP seismic data across the North Tyrrhenian－Northern Apennines－Adriatic Sea. Tectonophysics, 343：135－163.

Flack, Catherine A, Klemperer, et al., 1990. Reflections from mantle fault zones around the British Isles. Geology, 18：528－532.

Fuis G S, 1998. West margin of North America—A synthesis of recent seismic transects. Tectonophysics, 288：262－292.

Gao R, Chen C, Wang H Y, et al., 2016a. SINOPROBE deep reflection profile reverals a Neo-proterozoic subduction zone beneath Sichuan basin. Earth and Planetary Science Letters, 454：86－91.

Gao R, Huang D D, Lu D Y, 1999. Deep seismic reflection profiles across contact zone of West Kunlun and Tarim basin along the Xinjiang Geotransect in NW China. Terra Nostra, 2 (99)：49－50.

Gao R, Huang D D, Lu D Y, et al., 2000. Deep seismic reflection profiles across juncture zone between Tarim basin and west Kunlun Mountain. Chinese Science Bulletin, 45 (17)：1874－1849.

Gao R, Li P W, Li Q S, et al., 2001. Deep process of the collision and deformation on the northern margin of the Tibetan plateau：Revelation from investigation of the deep seismic profiles. Science in China (Series D), 44：71－78.

Gao R, Lu Z W, Klemperer S L, et al., 2016b. Crustal-scale duplexing beneath the Yarlung Zangbo suture in the western Himalaya. Nature Geoscience, 9 (7)：555－560.

Gao R, Wang H Y, Yin A, et al., 2013. Tectonic Development of the northeastern Tibetan Plateau as Constrained by High-resolution deep seismic-reflection Data. Lithosphere, 5 (6)：555－574.

Gao R, Wang H Y, Zeng L S, et al., 2014. The crust structures and the connection of the Songpan block and West Qinling orogen revealed by the Hezuo－Tangke deep seismic reflection profiling. Tectonophysics, 634：227－236.

Goleby B R, Blewett R S, Fomin T, et al., 2006. An integrated multi-scale 3D seismic model of the Archaean Yilgarn Craton, Australia. Tectonophysics, 420 (1－2)：75－90.

Goulty N, 1993. Controlled-source tomography for mining and engineering application//Iyer H M, Hirahara K. Seismic tomography：Theory and practice. London：Chapman and Hall：797－813.

Guo X Y, Keller G R, Gao R, et al., 2014. Irregular western margin of the Yangtze block as a cause of variation intectonic activity along the Longmen Shan fault zone, eastern Tibet. International Geology Review, 56 (4)：473－480.

Hale L D, Thompson S A, 1982. The seismic reflection character of the continental Mohorovicic discontinuity. J. Geophys. Res, 87 (B6)：4625－4635.

Hammer P T C, Clowes R T, 1997. Moho reflectivity patterns—A comparison of Canadian LITHOPROBE Transects. Tectonophysics, 269：179－198.

Holbrook, Steven W, Brocher, et al., 1996. Crustal structure of a transform plate boundary：San Francisco Bay and the central California continental margin. J. Geophys. Res., 101：22311－22334.

Kennett B L N, Saygin E, 2015. The nature of the Moho in Australia from reflection profiling：A review. Geo. Res. J., 5：74－91.

Klemperer S L, Borwn L D, Oliver J E, et al., 1985. Some results of COCORP seismic reflection profiling in the Greenville-age Adiron-dack Mountains. J. Earth Sci., 22: 141 – 153.

Klemperer S L, Hurich C A, 1990. Lithospheric structure of the North Sea from deep seismic reflection profiling// Blundell D J, Gibbs A D (eds.). Tectonic Evolution of the North Sea Rifts. Oxford Science Publications: 37 – 63.

Lemiszki P J, Brown L D, 1988. Variable crustal structure of strike-slip fault zones as observed on deep seismic reflection profiles. Geological Society of America Bulletin, 100: 665 – 676.

Li H Q, Gao R, Xiong X S, et al., 2017. Moho fabrics of North Qinling belt, Weihe Graben and Ordos Block in China constrained from large dynamite shots. Geophysical Journal International, 209: 643 – 653.

Li Y H, Stephan A, Tilander N, 2004. Seismic reflection imaging of a major strike-slip fault zone in a rift system: Paleogene structure and evolution of the Tan – Lu fault system, Liaodong Bay, Bohai, offshore China. AAPG Bulletin, 88 (1): 71 – 97.

Lü Q T, Hou Z Q, Zhao J H, et al., 2004. Deep Seismic Reflection Profiling Revealing the Complex Crustal Structure of the Tongling Ore District. Science in China (Series D), 47 (3): 193 – 200.

Lü Q T, Shi D N, Liu Z D, et al., 2015. Crustal Structure and Geodynamics of the Middle and Lower Reaches of Yangtze Metallogenic Belt and Neighboring Areas: Insights from Deep Seismic Reflection Profiling. Journal of Asian Earth Sciences, 114: 704 – 716.

Lü Q T, Yan J Y, Shi D N, et al., 2013. Reflection Seismic Imaging of the Lujiang – Zongyang Volcanic Basin, Yangtze Metallogenic Belt: An Insight into the Crustal Structure and Geodynamics of an Ore District. Tectonophysics, 606: 60 – 77.

Malehmir A, Durrheim R, Bellefleur G, et al., 2012. Seismic Methods in Mineral Exploration and Mine Planning: A General Overview of Past and Present Case Histories and a Look into the Future. Geophysics, 77 (5): WC173 – WC190.

Malinowski M, 2016. Deep reflection seismic imaging in SE Poland using extended correlation method applied to PolandSPAN^{TM} data. Tectonophysics, 689: 107 – 114.

McBride J, Brown L, 1986. Reanalysis of the COCORP deep seismic reflection profile across the San Andreas Fault, Parkfield, California. Bull. Seismol. Soc. Am., 76 (6): 1668 – 1686.

Meissner R, Wever T, 1996. Nature and development of the crust according to deep reflection data from the German Variscides//Baragzigi M, Brown L D (eds.). Reflection Seismology: A Global Perspective, Volume 13. Washington, DC: American Geophysical Union: 31 – 42.

Milkereit B, Eaton D, Wu J, et al., 1996. Seismic imaging of massive sulphide deposits: Part II reflection seismic profiling. Economic Geology, 91 (5): 829 – 834.

MONA LISA Working Group. 1997. MONA LISA—Deep seismic investigations of the lithosphere in the southeastern North Sea. Tectonophysics, 269: 1 – 19.

Morgan J V, Hadwin M, Warner M R, et al., 1994. The polarity of deep seismic reflections from the lithosphere mantle: evidence for a relict seduction zone. Tectonophysics, 232: 319 – 328.

Nelson K D, 1991. A unified view of craton evolution motivated by recent deep seismic reflection and refraction results. Geophy. J. Int., 105: 25 – 35.

Norris R J, Koons P O, Cooper A L, 1990. The obliquely convergent plate boundary in the South Island of New Zealand in implications for ancient collision zones. J. Struct. Geol., 12: 715 – 725.

Oliver J, 1993. COCORP probes continental depths. Geotimes, 6: 21 – 22.

Reddy P R, Rao V V, 2013. Seismic images of the continental Moho of the Indian shield. Tectonophysics, 609: 217 – 233.

Reston T J, 1990a. The lower crust and the extension of the continental lithosphere: kinematic analysis of BIRPS deep seismic data. Tectonics, 9: 1235 – 1248.

Reston T J, 1990b. Mantle shear zones and the evolution of the northern North Sea basin. Geology, 18: 272 – 275.

Ross A R, Brown L D, Pananont P, et al., 2004. Deep reflection surveying in central Tibet: lower-crustal layering and crustal flow. Geophysical Journal International, 156 (1): 115 – 128.

Rowbotham P S, Goulty N R, 1993. Imaging capability of cross-hole seismic reflection surveys. Geophysical Prospecting, 41: 927 – 941.

Sadowiak P, Wever T, Meissner R, 1991. Deep seismic reflectivity patterns in specific tectonic units of western and central Europe. Geophy. J. Int., 105: 45 – 54.

Snyder D B, England R W, McBride J H, 1997. Linkage between mantle and crustal structures and its bearing on inherited structures in northwestern Scotland. J. Geol. Soc., 154: 79 – 83.

Spencer C, Thurlow G, Wright J, et al., 1993. A Vibroseis reflection seismic survey at the Buchans Mine in central Newfoundland. Geophysics, 58 (1): 154 – 166.

Steer D N, Knapp J H, Brown L D, et al., 1998. Deep structure of the continental lithosphere in an unextended orogen: An explosive-source seismic reflection profile in the Urals [Urals Seismic Experiment and Integrated Studies (URSEIS 1995)]. Tectonics, 17 (2): 143 – 157.

Vernicke B, 1985. Uniform sense simple shear of the continental lithosphere. Can. J. Earth Science, 22: 108 – 125.

Verpaelst P, Peloquin A S, Adam E, et al., 1995. Seismic reflection profiles across the "Mine Series" in the Noranda camp of the Abitibi belt, eastern Canada. Can. J. Earth Sciences, 32 (2): 167 – 176.

Wallace R E, 1990. The San Andreas fault system, California. Washington, DC: United states Government Printing Office.

Wang H Y, Gao R, Yin A, et al., 2014. Crustal structure and Moho geometry of the northeastern Tibetan plateau as revealed by SinoProbe – 02 deep seismic-reflection profiling. Tectonophysics, 636: 32 – 39.

Warner M, Morgan J, barton P, et al., 1996. Seismic reflections from the mantle represent relict subductionzoneswithin the continental lithosphere. Geology, 24: 39 – 42.

Weng S, Chen H, Zhou X, et al., 1990. Deep seismic probing of continental crust in the Lower Yangtze region, eastern China. Tectonophysics, 173: 297 – 305.

Xu X, Gao R, Dong S W, et al., 2017. Lateral extrusion of the northern Tibetan Plateau interpreted from seismic images, potential field data, and structural analysis of the eastern Kunlun fault. Tectonophysics, 696 – 697: 88 – 98.

Yoon M, Buske S, Shapiro S A, et al., 2009. Reflection Image Spectroscopy across the Andean subduction zone. Tectonophysics, 472: 51 – 61.

Yoon M-K, Baykulov M, Dvmmong S, et al., 2009. Reprocessing of deep seismic reflection data from the North German Basin with the Common Reflection Surface stack. Tectonophysics, 472: 273 – 283.

Zhang S H, Gao R, Li H, et al., 2013. Crustal structures revealed from a deep seismic reflection profile across the Solonker suture zone of the Central Asian Orogenic Belt, northern China: An integrated interpretation. Tectonophysics, 612 – 613: 26 – 39.

Zhao W J, Nelson K D Project Team, 1993. Deep seismic reflection evidence for continental underthrusting beneath southern Tibet. Nature, 366: 557 – 559.

陈沪生, 周雪涛, 1988. 下扬子地区 HQ – 13 浅地球物理 – 地质综合解释剖面. 地质论评, 34 (5): 483 – 484.

陈宣华, 邵兆刚, 熊小松, 等, 2019. 祁连山北缘早白垩世榆木山逆冲推覆构造与油气远景. 地球学报, 40 (3): 377 – 392.

陈宣华, 邵兆刚, 熊小松, 等, 2019. 祁连造山带断裂构造体系、深部结构与构造演化. 中国地质, 46 (5): 995 – 1020.

董树文, 高锐, 李秋生, 等, 2005. 大别山造山带前陆深地震反射剖面. 地质学报, 79 (5): 595 – 601.

董树文, 项怀顺, 高锐, 等, 2010. 长江中下游庐江—枞阳火山岩矿集区深部结构与成矿作用. 岩石学报, 26 (9): 2529 – 2542.

樊计昌, 李松林, 张先康, 等, 2004. 海原断裂在地壳深处的几何形态及其动力学意义. 地震学报, 26 (S1): 42 – 49.

符伟, 侯贺晟, 高锐, 等, 2019. "松科二井" 邻域岩石圈精细结构特征及动力学环境: 深地震反射剖面的揭示. 地球物理学报, 62 (4): 1349 – 1361.

傅维洲, 杨宝俊, 刘财, 1998. 中国满洲里—绥芬河地学断面地震学研究. 长春科技大学学报, 28 (2): 206 – 212.

高锐, 成湘洲, 丁谦, 1995. 格尔木—额济纳旗地学断面地球动力学模型初探. 地球物理学报, 38 (S2): 3 – 13.

高锐, 董树文, 贺日政, 等, 2004. 莫霍面地震反射图像揭露出扬子陆块俯冲过程. 地学前缘, 11 (3): 43 – 49.

高锐, 黄东定, 卢德源, 等, 2000. 横过西昆仑—塔里木结合带的深地震反射剖面. 科学通报, 45 (17): 1874 – 1879.

高锐, 李朋武, 李秋生, 等, 2001. 青藏高原北缘碰撞变形的深部过程: 深地震探测成果之启示. 中国科学 D 辑, 31 (S1): 66 – 71.

高锐, 李秋生, 赵越, 等, 2002. 燕山造山带深地震反射剖面启动探测研究. 地质通报, 21 (12): 905 – 906.

高锐, 卢占武, 刘金凯, 等, 2010. 庐—枞金属矿集区深地震反射剖面解释结果: 揭露地壳精细结构, 追踪成矿深部过程. 岩石学报, 26 (9): 2543 – 2552.

高锐, 马永生, 李秋生, 等, 2006. 松潘地块与西秦岭造山带下地壳的性质与关系: 深地震反射剖面的揭露. 地质通报, 25 (12): 1361 – 1367.

高锐, 王海燕, 马永生, 等, 2006. 松潘地块若尔盖盆地与西秦岭造山带岩石圈尺度的构造关系: 深地震反射剖面探测成果. 地球学报, 27 (5): 411 – 418.

高锐, 王海燕, 王成善, 等, 2011. 青藏高原东北缘岩石圈缩短变形: 深地震反射剖面再处理提供的证据. 地球学报, 32 (5): 513 – 520.

高锐, 吴功建, 1995. 青藏高原亚东—格尔木地学断面地球物理综合解释模型与现今地球物理动力学过程. 长春地质学院学报, 25 (3): 241 – 250.

高锐, 肖序常, 高弘, 等, 2002. 西昆仑—塔里木—天山岩石圈深地震探测. 地质通报, 21 (1): 11 – 18.

高锐, 肖序常, 刘训, 等, 2001. 新疆地学断面深地震反射剖面揭示的西昆仑—塔里木结合带岩石圈细结构. 地球学报, 22 (6): 547-552.

郭晓玉, 高锐, Keller G R, 等, 2014. 综合地球物理资料揭示青藏高原东缘龙日坝断裂带构造属性和大地构造意义. 地球物理学进展, 29 (5): 2004-2012.

侯贺晟, 高锐, 贺日政, 等, 2010. 盆山结合部近地表速度结构与静校正方法研究: 以西南天山与塔里木盆地结合带为例. 石油物探, 49 (1): 7-11, 15.

李洪强, 高锐, 王海燕, 等, 2013. 用近垂直方法提取莫霍面: 以六盘山深地震反射剖面为例. 地球物理学报, 56 (11): 3811-3818.

李洪强, 高锐, 王海燕, 等, 2014. 用深地震反射大炮对大巴山—秦岭结合部位的地壳下部和上地慢成像. 地球物理学进展, 29 (1): 102-109.

李勤学, 2000. 松辽盆地 (北) 范围内莫霍特征研究: 用近垂直地震反射资料. 长春: (原) 长春科技大学地球物理系.

梁慧云, 1990. 法国ECORS的主要科学成果及展望. 国际地震动态, 9: 26-28.

梁慧云, 张先康, 1996. 各国地壳上地慢深地震反射研究计划与进展. 地球物理学进展, 11 (1): 42-60.

梁慧云, 张先康, 2004. 俄罗斯的人工地震探测研究进展. 大地测量与地球动力学, 24 (4): 117-122.

刘保金, 酆少英, 姬计法, 等, 2015. 郯庐断裂带中南段的岩石圈精细结构. 地球物理学报, 58 (5): 1610-1621.

刘保金, 何宏林, 石金虎, 等, 2012. 太行山东缘汤阴地堑地壳结构和活动断裂探测. 地球物理学报, 55 (10): 3266-3276.

刘保金, 曲国胜, 孙铭心, 等, 2011. 唐山地震区地壳结构和构造: 深地震反射剖面结果. 地震地质, 33 (4): 901-912.

刘保金, 沈军, 张先康, 等, 2007. 深地震反射剖面揭示的天山北缘乌鲁木齐坳陷地壳结构和构造. 地球物理学报, 50 (5): 1464-1472.

刘和甫, 李晓清, 刘立群, 等, 2004. 走滑构造体系盆山耦合与区带分析. 现代地质, 18 (2): 139-150.

刘子龙, 卢占武, 贾君莲, 等, 2019. 利用深地震反射剖面开展矿集区深部结构的探测: 现状与实例. 地球科学, 44 (6): 2084-2105.

吕庆田, 董树文, 汤井田, 等, 2015. 多尺度综合地球物理探测: 揭示成矿系统、助力深部找矿: 长江中下游深部探测 (SinoProbe-03) 进展. 地球物理学报, 58 (12): 4319-4343.

吕庆田, 侯增谦, 史大年, 等, 2004. 铜陵狮子山金属矿地震反射结果及对区域找矿的意义. 矿床地质, 23 (4): 390-398.

吕庆田, 侯增谦, 杨竹森, 等, 2004. 长江中下游地区的底侵作用及动力学演化模式: 来自地球物理资料的约束. 中国科学 (D辑: 地球科学), 34 (9): 783-794.

吕庆田, 侯增谦, 赵金花, 2003. 深地震反射剖面揭示的铜陵矿集区复杂地壳结构形态. 中国科学 (D辑: 地球科学), 33 (5): 442-449.

吕庆田, 廉玉广, 赵金花, 2010. 反射地震技术在成矿地质背景与深部矿产勘查中的应用: 现状与前景. 地质学报, 84 (6): 771-787.

师亚芹, 冯希杰, 戴王强, 等, 2008. 临潼—长安断裂带的几何结构及形成机理. 地震学报, 30 (2): 1522-2164.

滕吉文, 1974. 柴达木盆地的深层地震反射波和地壳结构. 地球物理学报, 17 (2): 122-134.

滕吉文, 2005. 参加2004年第32届国际地质大会的点滴见闻与思考. 地球物理学进展, 20 (3): 577 - 583.

王椿镛, 王贵美, 林中洋, 等, 1993. 用深地震反射方法研究邢台地震区地壳细结构. 地球物理学报, 36 (4): 410 - 415.

王椿镛, 张先康, 林中洋, 等, 1994. 束鹿断陷盆地及其邻近的地壳结构特征. 地震学报, 16 (4): 472 - 479.

王椿镛, 张先康, 吴庆举, 1994. 冀中坳陷内深地震反射剖面揭示的滑脱构造. 科学通报, 7: 625 - 628.

王椿镛, 张先康, 吴庆举, 等, 1994. 华北盆地滑脱构造的地震学证据. 地球物理学报, 37 (5): 613 - 620.

王海燕, 高锐, 卢占武, 等, 2006. 地球深部探测的先锋: 深地震反射方法的发展与应用. 勘探地球物理进展, 29 (1): 7 - 13.

王海燕, 高锐, 卢占武, 等, 2010. 深地震反射剖面揭露大陆岩石圈精细结构. 地质学报, 84 (6): 818 - 839.

王海燕, 高锐, 卢占武, 等, 2017. 四川盆地深部地壳结构: 深地震反射剖面探测. 地球物理学报, 60 (8): 2913 - 2923.

王海燕, 高锐, 马永生, 等, 2007. 青藏高原东北缘盆山结合部位深地震反射资料处理方法与初步地质认识. 中国地质, 34 (1): 142 - 148.

王海燕, 高锐, 马永生, 等, 2007. 若尔盖和西秦岭结合部位深反射资料的静校正和去噪技术. 地球物理学进展, 22 (3): 743 - 749.

王海燕, 高锐, 马永生, 等, 2007. 若尔盖与西秦岭地震反射岩石圈结构和盆山耦合. 地球物理学报, 50 (2): 472 - 481.

熊小松, 高锐, 郫少英, 等, 2019. 榆木山构造带深部结构及隆升成因. 中国地质, 46 (5): 1039 - 1051.

熊小松, 高锐, 张季生, 等, 2015. 四川盆地东西陆块中下地壳结构存在差异. 地球物理学报, 58 (7): 2413 - 2423.

许志琴, 曾令森, 杨经绥, 等, 2004. 走滑断裂、"挤压性盆—山构造"与油气资源关系的探讨. 地球科学 (中国地质大学学报), 29 (6): 631 - 643.

杨宝俊, 李勤学, 唐建人, 等, 2003. 松辽盆地反射地震莫霍面的形态、三瞬处理结构及其地质解释. 地球物理学报, 46 (3): 398 - 402.

杨宝俊, 穆石敏, 金旭, 等, 1996. 中国满洲里—绥芬河地学断面地球物理综合研究. 地球物理学报, 39 (6): 772 - 782.

杨文采, 程振炎, 陈国九, 等, 1999. 苏鲁超高压变质带北部地球物理调查 (I): 深反射地震. 地球物理学报, 42 (1): 41 - 52.

杨文采, 胡振远, 程振炎, 等, 1999. 郯城—涟水综合地球物理剖面. 地球物理学报, 42 (2): 206 - 217.

杨卓欣, 张先康, 嘉世旭, 等, 2006. 伽师强震群区震源细结构的深地震反射探测研究. 地球物理学报, 49 (6): 1701 - 1708.

袁学诚, 任纪舜, 徐明才, 等, 2002. 东秦岭邓县—南漳反射地震剖面及其构造意义. 中国地质, 29 (1): 14 - 19.

袁学诚, 徐明才, 唐文榜, 等, 1994. 东秦岭陆壳反射地震剖面. 地球物理学报, 37 (6): 613 - 620.

曾融生, 1964. 莫霍面界面的性质. 地球物理学报, 13 (2): 180 – 188.

曾融生, 阚荣举, 1961. 柴达木盆地西部地壳深界面的反射波. 地球物理学报, 10 (2): 120 – 125.

曾融生, 陆涵行, 丁志峰, 1988. 从地震折射和反射剖面讨论唐山地震成因. 地球物理学报, 31 (4): 383 – 398.

张先康, 宋建立, 1994. 深部地球物理研究及其在地震预报中的作用. 地震学刊, 4: 36 – 40.

张先康, 王椿镛, 刘国栋, 等, 1996. 延庆—怀来地区地壳细结构: 利用深地震反射剖面. 地球物理学报, 39 (3): 350 – 356.

张先康, 赵金仁, 刘国华, 等, 2002. 三河—平谷 8.0 级大震区震源细结构的深地震反射探测研究. 中国地震, 18 (4): 326 – 336.

赵文津, Nelson K D, 车敬凯, 等, 1996. 深反射地震揭示喜马拉雅地区地壳上地幔的复杂结构. 地球物理学报, 39 (5): 615 – 628.

赵文津, Nelson K D, 纳尔逊, 1996. 印度板块俯冲到藏南之下的深反射证据. 地球学报, 17 (2): 131 – 137.

赵文津, 纳尔逊, 车敬凯, 等, 1996. 喜马拉雅地区深反射地震: 揭示印度大陆北缘岩石圈的复杂结构. 地球学报, 17 (2): 138 – 152.

深地震反射剖面揭露青藏高原陆－陆碰撞的深部过程

高　锐[1,2,3]，卢占武[2]，郭晓玉[1]，李文辉[2]，王海燕[2]，

李洪强[2]，熊小松[3]，黄兴福[1]，徐　啸[1]

◆ 0　引　言

喜马拉雅—青藏高原形成于新生代印度与亚洲两个大陆的碰撞（Argand，1924），是全球典型的陆－陆碰撞造山带（尹安 等，2003）。陆－陆碰撞过程是我们理解板块构造缺失的链条（John Kuo，1994），喜马拉雅—青藏高原是研究陆－陆碰撞过程的天然实验室，是揭示陆－陆碰撞奥秘的"罗斯塔石"（Brown，2013）。深地震反射剖面探测是破解这一科学奥秘的最佳途径。

全球探测实例表明，深地震反射剖面能够有效地揭露大陆地壳精细结构（王海燕 等，2010），追溯大陆的构造演化与地球动力学过程，丰富大陆造山带与盆地变形成因的构造理论，促进油气和矿产资源开发（Meissner & Brown，1991；Clowes，2010；Hammer et al.，2010）。

20 世纪 50 年代后期，我国学者就在青藏高原柴达木盆地进行了深地震反射试验（曾融生 等，1961）。1992 年国际合作计划（INDEPTH）在青藏高原南部试验多次覆盖深地震反射剖面探测技术（Zhao et al.，1993），试图获得青藏高原全球巨厚地壳的下地壳与 Moho（Nelson，1996；图 1 中位于藏南的黄线剖面）。与此同时（1993—2007 年），中国学者独立在青藏高原北部盆山结合地带和高原腹地陆续进行了深地震反射剖面探测试验（图 1 中的红线，剖面 1—7 及剖面 10），取得了重要发现，也积累了经验。2005年，笔者总结了我国学者在青藏高原进行地球物理探测的成就（Gao et al.，2005）。自2008 年启动的我国深部探测计划继续开展青藏高原深地震反射剖面探测研究，攻克了技术瓶颈，获得了高原巨厚的全地壳结构和 Moho 有效反射信息。目前，国家自然科学基金委、科技部、中国地质调查局和中国地震局等部门在青藏高原及其邻区延续开展深地震反射剖面探测工作。截至 2019 年年底，据不完全统计，经中外学者共同努力，在青藏高原已经完成深地震反射剖面累计约 5115 km（图 1），其中中国地质科学院（以岩

---

1 中山大学地球科学与工程学院，广州，510275；2 中国地质科学院地质研究所，北京，100037；3 中国地质科学院深部探测中心，北京，100037。

石圈团队为主）完成了 4650 km。本文简略综述运用深地震反射剖面探测青藏高原地壳结构及其揭露的陆－陆碰撞过程所取得的主要成果。

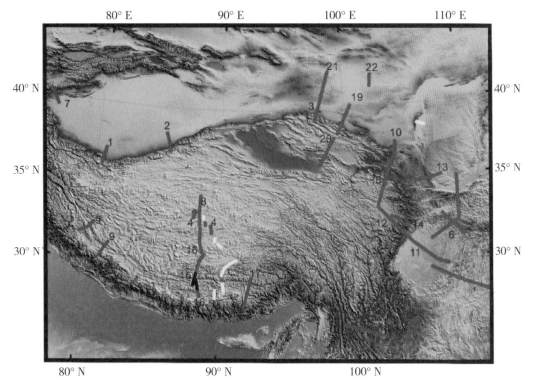

红线和黑线：主要由岩石圈团队完成。剖面编号与出处：1：Gao 等（1999，2000）；2：Gao 等（2001）；3：吴宣志等（1995）、Gao 等（1996，1999）、高锐等（1998）；4：卢占武等（2006，2009）；5：高锐等（2006）、王海燕等（2007）；6：李秋生等（2011）、Dong 等（2013）；7：侯贺晟等（2012）、Gao 等（2013a）；8：Gao 等（2013b）、Lu 等（2013）；9：Gao 等（2016）；10：Wang 等（2011）、王海燕等（2012）、Gao 等（2013c）；11：Gao 等（2016）、王海燕等（2017）；12：Guo 等（2013）；13：郭晓玉等（2017）；14：Xu 等（2017）；15：Guo 等（2017）；16：Shi 等（2019）；李文辉等（2019）；17：Dong 等（2020）；18：鄢少英等（2020）；19、20：陈宣华等（2019a）；熊小松等（2019）；21、22：未发表。黄线：由 INDEPTH 项目及中国地震局完成（Zhao et al.，1993；Nelson et al.，1996；Ross et al.，2004；鄢少英 等，2011）。

图 1 青藏高原深地震反射剖面探测工作程度（截至 2019 年年底）

✖◆ 1 印度地壳向喜马拉雅山下俯冲、阿拉善地块向祁连山下俯冲的深反射地震证据

1.1 印度地壳向喜马拉雅山下的俯冲

1992 年，中美合作的 INDEPTH 项目组在喜马拉雅北坡（帕里—萨玛达）完成了一条长约 100 km 的深地震反射剖面，在喜马拉雅造山带北坡地壳内发现了印度地壳沿主喜马拉雅逆冲断层（main Himalayan thrust，MHT；Zhao et al.，1993）向北俯冲的反射地震证据（图 2）。这是继阿尔冈（Argand，1924）推测印度板块与亚洲板块碰撞并向青藏高原下俯冲之后，数十年来全球学者一直探查，梦想得到的关键、可信服的证据。

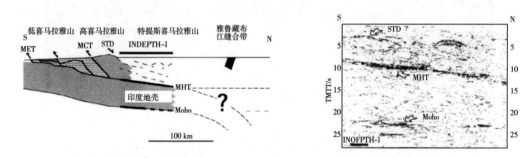

左图：构造解释卡通图；右图：未偏移的深地震反射时间剖面（Zhao et al.，1993），纵坐标为双程走时。MBT：主边界逆冲断裂；MCT：主中央逆冲断裂；STD：藏南拆离断层。剖面位置见图 1。

图 2　INDEPTH – Ⅰ 深地震反射剖面发现了印度地壳向喜马拉雅山下俯冲的证据

随后，追踪 MHT 向北如何延伸，即追踪印度板块向北继续俯冲前缘位置及与亚洲板块碰撞的变形行为就成为全球关注的一个重要科学问题：印度地壳是水平地俯冲进入青藏高原，还是高角度俯冲在雅鲁藏布江缝合带之下？然而，随后进行的 INDEPTH 深反射地震剖面探测在穿越雅鲁藏布江缝合带和怒江缝合带，以及进入青藏高原腹地的试验均遇到了挑战，难以得到下地壳和 Moho 的有效反射（Nelson et al.，1996；Alsdorf et al.，1998；Ross et al.，2004）。

1.2 阿拉善地块向祁连山下的俯冲

亚洲板块在青藏高原北缘的深部行为是整体研究高原隆升机制不可或缺的关键环节。然而，青藏高原北缘深部结构及其动力学状态鲜为人知，特别是亚洲大陆板块是否向青藏高原下俯冲是构建高原隆升之地球动力学模型必须了解的力学边界问题，却长期未能获得令人信服的有效证据。

1993 年，中国地质科学院格尔木—额济纳旗地学断面项目的地球物理课题组横过祁连山北部—河西走廊（吊大板—酒西盆地），完成了长度约 94 km 的深反射地震剖面探测（图 3，图 1 的 3 号剖面），揭示出河西走廊下一条被沉积物覆盖的南倾的地壳尺度逆冲断裂。因这条断裂的构造和动力学特性与青藏高原南缘主边界逆冲断裂（MBT）类似，故提出将其命名为北边界逆冲断裂（North Border Thrust，NBT），并解释沿 NBT，阿拉善地块向青藏高原之下俯冲（高锐 等，1998；Gao，1999；Gao et al.，1996，1999）。

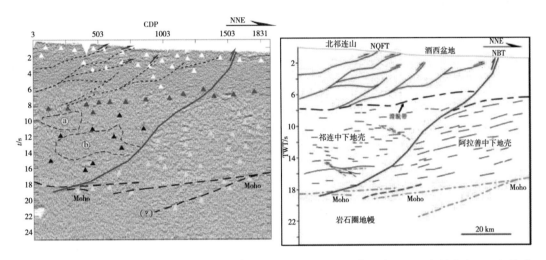

白色三角形：横向连续的强反射轴，代表浅部的沉积地层；红色三角形：一条横向上可以断续追踪的强反射轴，为壳内滑脱层的反射；黑色三角形：中下地壳内短的、近水平的反射轴；绿色三角形：中下地壳内向南倾斜的反射轴；蓝色三角形：强反射的 Moho；蓝色竖线：Moho 转换带；黑色点线：一系列截断主要反射轴的逆冲断层；黑色粗虚线：Moho；带字母的黄色圆圈：透明反射区；红色实线：北边界逆冲断裂（North Border Thrust，高锐 等，1998；Gao，1999；Gao et al.，1996，1999）。阿拉善地块地壳沿 NBT 向祁连山下俯冲，剖面位置见图 1 中 3 号剖面。

图 3　北祁连—河西走廊深地震反射剖面（左）和构造解释（右）（黄兴福 等，2018 年再解释）

NBT 的发现解决了青藏高原北侧大陆板块是否向青藏高原下俯冲的关键问题，据此发现，构建了青藏高原北部双向挤压地球动力学模型（高锐，1995；Gao，1999；Gao et al.，1999）。NBT 已经被国内外同行认可引用，成为国内外学者研究青藏高原北部深部过程的重要依据（Ivone et al.，2008；Wang et al.，2014；黄兴福 等，2018）。后续进行的宽频地震接收函数研究（SinoProbe－02）也发现了阿拉善地块岩石圈地幔俯冲在祁连山下的证据（Ye et al.，2015）。

❊❖2　青藏高原西北缘西昆仑造山带与塔里木地块面对面碰撞、高原东缘龙日坝断裂而不是龙门山断裂是扬子板块西缘边界的深反射地震证据

2.1　西昆仑与塔里木的面对面碰撞

西昆仑造山带位于青藏高原西北缘，呈现狭窄的板块碰撞强烈变形带（宽度仅为喜马拉雅的三分之一），被称为"第二喜马拉雅"，阿尔金断裂、昆仑断裂以及高原内部的板块缝合带延伸至此，因而西昆仑造山带逆冲变形的成因机制备受世人瞩目。已有的研究认为塔里木地块向南俯冲是导致西昆仑造山带逆冲变形的主因（Lyon – Caen & Molnar，1984）。

中国地质科学院岩石圈团队1997年首次在西昆仑山与塔里木结合地带实施了102 km深地震反射剖面（图4）和200 km宽频地震综合探测，获得岩石圈尺度的精细结构，为解决上述争议问题提供了关键的证据：揭示了塔里木岩石圈向南俯冲行为，而且发现了塔里木和西昆仑岩石圈相向俯冲碰撞的深部证据。依据这种南北相向倾斜相接的地震反射，提出并命名面对面（face to face）陆－陆碰撞新类型（Gao et al.，1999，2000）。这个新的发现发展了前人提出的塔里木板块单向俯冲导致西昆仑强烈变形的认识。宽频地震接收函数图像还表明，塔里木与西昆仑面对面碰撞发生在整个岩石圈尺度（Kao et al.，2001）。

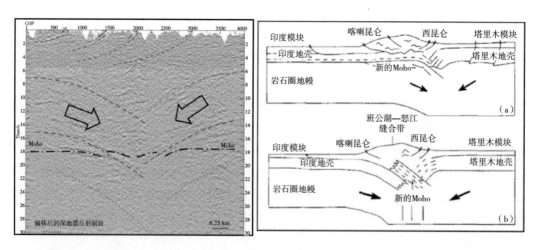

左图为偏移时间剖面（2015年再处理）。纵坐标为双程走时（s），横坐标为CDP编号，间距25 m；蓝色虚线描述了主要震相，显示出6 s之下西昆仑下地壳与塔里木下地壳发生面对面会聚。右图为构造解释的两种模型：（a）西昆仑的下地壳是俯冲印度板块下地壳的延伸，与塔里木发生碰撞；（b）西昆仑的下地壳是俯冲印度板块下地壳离回返部分，如同喜马拉雅西部深地震反射剖面发现的构造叠置作用（Duplexing）（Gao et al.，2016a），形成新的叠置的Moho，与塔里木碰撞。剖面位置见图1中1号剖面。

图4　西昆仑—塔里木深地震反射剖面（左）和面对面构造模型解释（右）（Gao et al.，2000）

2.2　龙日坝断裂是扬子地块西缘边界

青藏高原东缘龙门山造山带与四川盆地结合地带的深部状态与构造关系也是研究青藏高原大陆变形的一个关键问题。扬子地块西缘延伸到哪里？青藏高原向东挤出作用与扬子地块怎样相互作用？这些一直是我国地球科学界，特别是汶川地震发生后期亟待解决的疑难问题。2011 年，我们跨越龙门山，探测完成了一条 310 km 长的深地震反射剖面（图 5，图 1 的 12 号剖面）。出乎意料的是，龙门山反射剖面显示扬子基底一直西延到整个龙门山造山带下（图 5 上图；Guo et al.，2013），是龙日坝断裂而不是龙门山断裂，才是扬子地块西边界 [图 5 下图（a）；Guo et al.，2015]。龙门山反射剖面还显示出汶川—茂文断裂为一花状走滑构造 [图 5 下图（b）]，向下延伸切穿 Moho，反映出地震活动深部构造背景。同时发现青藏高原东缘地壳变形不同于青藏高原东北缘，基底的强烈错断和高角度断裂的斜向仰冲作用吸收了青藏高原物质的向东挤出，并受到四川盆地的坚硬阻挡，在这种独特的陆内造山环境下形成了龙门山（郭晓玉 等，2014）。

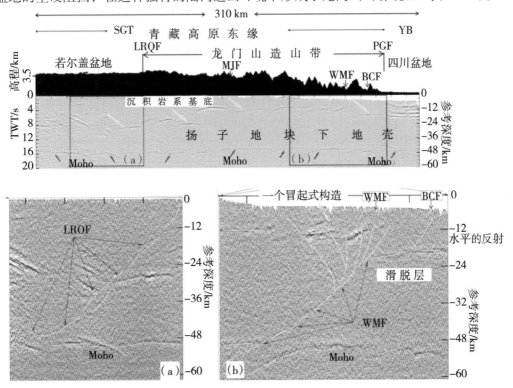

上图为深地震反射剖面线条图。纵坐标：左为双程走时，右为参考深度，采用地壳平均速度 6.00 km/s 换算。下图为上图中黑框（a）与黑框（b）的放大。反射剖面显示扬子下地壳自四川盆地穿越龙门山向西被龙日坝断裂带截切，如下图（a）所示；汶川—茂文断裂为一花状走滑构造，向下延伸切穿 Moho，如下图（b）所示。

SGT：松潘—甘孜地体；YB：扬子地块；LRQF：龙日曲断裂（龙日坝断裂带的右支）；PGF：彭冠断裂；MJF：岷江断裂；WMF：汶川—茂文断裂；BCF：北川断裂。

图 5　龙门山深地震反射剖面（若尔盖—四川盆地）（深地震反射剖面位置见图 1 中 12 号剖面）

✖◆ 3 青藏高原腹地的平 Moho 结构、班公湖—怒江缝合带（BNS）Moho 错断及昆仑走滑断裂席卷下地壳的深地震反射证据

3.1 青藏高原腹地平的 Moho

青藏高原腹地深部被认为是暗藏印度板块与亚洲板块岩石圈地幔相遇状态的宝库，金煜（Jin et al., 1996）根据弯曲重力模型推测印度地幔前缘隐伏在羌塘地体之下。然而，1998 年追踪印度板块向北踪迹的深地震反射剖面实验（拉萨地体北部—羌塘地体南部）没有取得下地壳和 Moho 的有效反射（Alsdorf et al., 1998；Ross et al., 2004）。

2009 年秋季至 2010 年春季，在 2004—2008 年多次实验的基础上，我们完成了南起拉萨地体的北部（色林错西缘），横过班公湖—怒江缝合带，北止羌塘地体北缘（多各错仁）的 310 km 深地震反射剖面（图6，图 1 中的 8 号剖面，简称羌塘剖面）。为了避开夏季雨多陷车，选择了冬季施工。使用高性能的钻机实现了震源深井爆破，成功运用了药量达 1000 kg 的大炮震源激发技术，首次获得高原腹地巨厚地壳和班公湖—怒江缝合带 Moho 清晰的反射震相（Gao et al., 2010）和揭示全地壳精细结构的偏移地震时间剖面（图6，Gao et al., 2013）。

羌塘剖面获得若干重要发现：横过怒江缝合带（BNS），Moho 发生错断，Moho 从拉萨地体北端的 75.10 km 抬升到羌塘地体最南端的 68.90 km，错断 6.20 km（Gao et al., 2013），Moho 错断规模小于地震扇形剖面给出的 20 km（Hirn et al., 1984）和接收函数的 10 km（Zeng et al., 1995）。Moho 错断可能是 BNS 古老缝合带复活的表现（Lu et al., 2015a, 2015b）；羌塘地体内部 Moho 平均深度 62.60 km，一般比周围地体减薄 8 ~10 km，近于平坦展布。平的、减薄的 Moho 反映了青藏高原腹地热的、正在垮塌的伸展构造环境（Meissner et al., 2004；Gao et al., 2013；Guo et al., 2018）；羌塘下地壳存在数条向北倾斜的连续反射，可能是 BNS 以及拉萨地壳向北俯冲的遗迹，前缘可到羌塘地体的中北部（Gao et al., 2013）。

3.2 昆仑断裂近垂直延伸到下地壳

昆仑断裂展布于青藏中北部，是一条活动的大型走滑断裂，走滑速率 12 mm/a（Van et al., 1998），呈 E—W 走向，西连阿尼玛卿—昆仑—木孜塔格缝合带，东接左行走滑的秦岭断裂，长约 1000 km，昆仑断裂可以作为一个转换断层连接它的北边和南边的 E—W 扩展构造（尹安，2001）。昆仑断裂也是分割青藏高原北部和中部岩石圈不同流变结构的边界大断层（张洪双 等，2013），更重要的是，该断裂的席卷深度是否限制下地壳流（Clark & Royden, 2000）向高原东北缘的流动，是一个检验的关键标志。

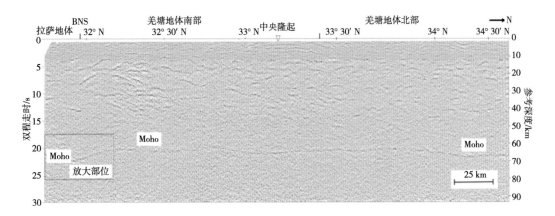

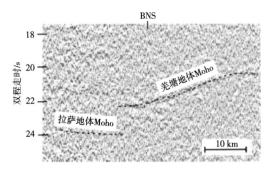

上图为反射剖面线条图。纵坐标：左为双程走时，右为参考深度；横坐标：纬度。下图为上图左下角黑框内班公湖—怒江缝合带 Moho 的局部放大地震图像，缝合带南侧拉萨地体最北部 Moho 出现在 24 s，缝合带北侧羌塘地体的 Moho 出现在 22 s；Moho 在缝合带南北两侧存在 2 s 的错断；越过 BNS 缝合带进入羌塘地体内部的 Moho 抬升到 20 ~ 21 s，近水平展布。

BNS：班公湖—怒江缝合带。

图 6 青藏高原腹地（拉萨地体北—BNS—羌塘地体）深地震反射剖面（位置见图 1 中 8 号剖面）

深地震反射剖面（图 7）揭示出昆仑走滑断裂的正花状结构，昆仑走滑断裂在上地壳分为南北两支，南支向深部近垂直延伸到下地壳，被下地壳底部略向北倾的近水平拆离断层系截切。紧靠昆仑断裂南支地壳中部（12 ～ 27 km）发育强烈挤压的上双重逆冲构造。昆仑断裂下 Moho 发生错断，经受强烈挤压发生下双重逆冲构造，示意了壳幔间的非耦合。昆仑断裂地壳内发育的上下双重逆冲构造叠置现象说明青藏高原东北缘岩石圈遭受强烈的挤压缩短。在上下双重逆冲构造之间的下地壳发育三组拆离断层，由南部的高位向北部的低位滑移，截切了昆仑断裂，这个现象表现了下地壳的剪切变形，与地壳流模型（Clark & Royden，2000）似乎不匹配。在连接昆仑断裂北侧的反射剖面中，我们继续讨论了这个问题（Gao et al.，2013c）。

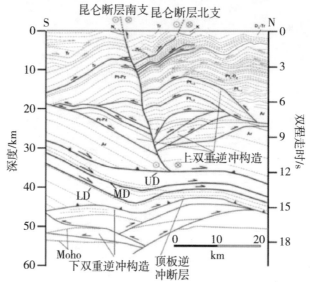

上图为未解释的深反射剖面线条图，跨越若尔盖盆地—西秦岭造山带—临夏盆地，全长 260 km（高锐 等，2011）。黑框为昆仑断裂部分，解释见下图。下图纵坐标右为双程走时，左为参考深度，以地壳平均速度 6.00 km/s 估算。

UD：上拆离断层；MD：中拆离断层；LD：下拆离断层。

图 7　横过昆仑断裂的深地震反射剖面（剖面位置见图 1 中 5 号剖面）

※◆ 4　雅鲁藏布江缝合带印度板块地壳俯冲及与亚洲板块地壳碰撞过程的深地震反射证据

雅鲁藏布江缝合带被公认为是新特提斯大洋消亡，印度与亚洲两个大陆于新生代碰撞衔接的标志（王成善、夏代祥，1999）。长久以来，人们渴望知道：两个大陆在缝合带之下是如何碰撞的？碰撞后印度地壳如何继续俯冲？是平俯冲在青藏高原地壳之下还是高角度俯冲在亚洲板块前缘冈底斯岩基下？INDEPTH 项目向北的继续探测受自然条件和当时设备限制，没能对雅鲁藏布江缝合带区段实施反射地震探测（Alsdorf et al.，1998）。虽然人们使用广角反射（Makovsky et al.，1999）、接收函数（Nabelek et al.，2009；Shi et al.，2015）等方法进行观测，但是受方法分辨率限制，难以得到人们想要的雅鲁藏布江缝合带地壳精细结构。

2010 年起，在上述羌塘剖面探测获得成功后，我们开始横过雅鲁藏布江缝合带实施深地震反射剖面探测。经过近 10 年的努力，自西向东已经完成了 5 条剖面（图 1，9

号剖面：喀喇昆仑剖面和普兰剖面；15号剖面：谢通门西剖面和谢通门东剖面；17号剖面：亚拉香波剖面）。这些剖面的南端均起于印度板块北缘特提斯喜马拉雅，横过雅鲁藏布江缝合带，北端跨过亚洲板块南缘的冈底斯岩基，每条剖面长度都大于100 km。其中15号谢通门剖面南端深入冈巴，靠近国境线，北端越过雅鲁藏布江缝合带后向北延伸跨越拉萨地体，与羌塘剖面衔接。每条剖面的探测均获得高分辨率的全地壳结构，揭示出印度板块与亚洲板块的碰撞行为。沿雅鲁藏布江缝合带走向既有相同的地壳结构，也有不同的俯冲样式（Gao et al.，2016；Guo et al.，2017，2018；Li et al.，2018；Dong et al.，2020）。限于篇幅，本文仅用横过雅鲁藏布江缝合带中部的谢通门剖面为例（图8、图9），进行下面的讨论。

4.1　大炮数据给出了雅鲁藏布江缝合带下印度板块与亚洲板块碰撞状态的深部框架

图8（a）给出了穿越雅鲁藏布江缝合带中部谢通门西剖面南北的两个大炮近垂直地震反射的单次剖面，为了保持数据的真实性，两炮重合覆盖区段的数据没有进行叠加，直接把单次剖面按CDP空间位置接合在一起。由于大炮近垂直反射特性，结合起来的大炮单次剖面精确地刻画了雅鲁藏布江缝合带下印度板块与亚洲板块碰撞状态的深部框架，显示出MHT之下印度地壳向北俯冲到冈底斯岩基下，与亚洲地壳碰撞，之后沉入地幔，没有继续俯冲进入拉萨地体。印度岩石圈地幔顶部与亚洲地幔相遇，缝合于冈底斯岩基下。

4.2　全地壳反射图像揭露出了印度大陆板块如何俯冲，两个大陆碰撞的深部行为

图8（b）是谢通门西剖面全部大中小炮数据的反射地震图像（棕色）。明显看出图中6～8 s（介于20～25 km）似乎存在一个壳内构造滑脱层或者拆离层，使上下地壳非耦合变形。

首先看下地壳，MHT之下的印度地壳俯冲过程较图8（a）的大炮剖面揭示得更为精细，更加准确地确定出印度地壳与亚洲地壳相遇的位置，即俯冲印度地壳前缘的位置。该位置投影至地表，直线距离雅鲁藏布江缝合带北界约45 km，深度约25.5 s（约80 km，按地壳平均速度6.30 km/s估算）。这时，减薄的印度地壳厚度不到6.5 km（仅2 s），虽然向下反射震相不是很清楚，但是我们相信印度地壳俯冲不会继续很远，会拆沉在冈底斯岩基之下（Guo et al.，2018）。

伴随俯冲过程，印度地壳不断减薄，地壳的一部分物质回返到MHT之上，形成地壳尺度的构造叠置（duplexing；Gao et al.，2016）。同时，这种地壳尺度的构造叠置作用也加厚了特提斯喜马拉雅的地壳。

冈底斯岩基的下地壳反射大部分近于透明的反射，反映出热的部分熔融状态（Nelson et al.，1996）。在岩基基底下面，仅靠壳内滑脱层出现强反射的亮点反射。反射地震的壳内亮点反射通常与流体或岩浆作用相关（Brown et al.，1996；卢占武 等，2014）。

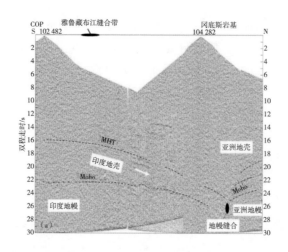

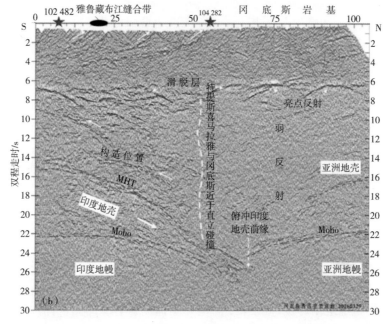

（a）显示印度地壳已经俯冲到冈底斯之下，与亚洲地壳碰撞，两个大陆地幔缝合。解释见正文。（b）是谢通门西剖面大中小炮全部数据的叠加剖面条图，黑色线是素描线，蓝色线是用于解释的框架线。横坐标使用距离（km）表示，以剖面南端起算全长105 km。在（a）和（b）中都示意标出了雅鲁藏布江缝合带和冈底斯岩基的位置。2个大炮位置用红五星表示，102482炮位于雅鲁藏布江缝合带南界10 km，特提斯喜马拉雅构造带内。104282炮位于雅鲁藏布江缝合带北界35 km，已经进入冈底斯岩基内部。

图8　横过雅鲁藏布江缝合带深地震反射剖面大炮单次剖面线条（a）与
特提斯喜马拉雅—雅鲁藏布江缝合带—冈底斯岩基的深地震反射剖面线条及其解释（b）

谢通门西剖面2个大炮（编号102482和104282，每个药量2000 kg）单炮数据衔接剖面的剖面位置见图1中的15号剖面（黑色段，见Guo et al., 2018）。纵坐标为双程走时，向下延伸至30 s（深度94.50 km，按地壳平均速度6.30 km/s估算）（Zhao et al., 2001）。横坐标按CDP排列方式标出了2个大炮位置。

再看上地壳，滑脱层之上的上地壳以向北的逆冲为主，叠置加厚，向北发展，席卷了 Kailash 前陆盆地，减弱地发展到冈底斯岩浆岩带。一个重要特征就是上地壳没有参与地壳向下俯冲。上地壳的逆冲叠置加厚连同下地壳构造叠置加厚导致青藏高原地壳发生上下双向增厚（高锐，1990）。俯冲过程上地壳加厚使下地壳与上地壳拆离，是使得下地壳能够在岩石圈地幔拖曳下向下俯冲的一个重要因素（齐蕊 等，2020）。

Moho，随着印度地壳向北俯冲，Moho 向北倾斜，与亚洲板块相遇后拖带亚洲地壳 Moho 略向下弯曲，但是没出现扇形地震剖面给出的约 20 km（Hirn et al.，1984）的大规模错断，更没有出现缝合带北侧亚洲板块 Moho 显著抬升的现象。在谢通门剖面没有发现印度板块向北平俯冲的结构，而显示印度地壳与亚洲地壳相向倾斜汇聚的状态。雅鲁藏布江缝合带两侧 Moho 基准深度约在 22 s（约 70 km，按地壳平均速度 6.30 km/s 估算），变化不大。

◆ 5 结 束 语

根据穿越青藏高原周缘及腹地，特别是横过雅鲁藏布江缝合带的多个深地震反射剖面探测获得的若干发现和关键证据，本文简述了印度板块与亚洲板块陆-陆碰撞地壳尺度的几何行为与深部过程，现将几个成果要点进一步总结如下。

5.1 东西异同的印度地壳俯冲过程与下地壳构造叠置加厚

沿雅鲁藏布江缝合带走向，从西（普兰剖面，81.5°E）到东（谢通门西剖面，88°E），印度地壳向北俯冲，俯冲的深部过程既有相同之处也有不同之处。相同之处是，伴随俯冲过程，印度地壳不断减薄，穿越雅鲁藏布江缝合带之后印度地壳厚度已经不足原来地壳厚度的一半，俯冲地壳一部分物质回返到 MHT 之上，形成地壳尺度多重的逆冲构造叠置。这种地壳尺度的构造叠置作用加厚了雅鲁藏布江缝合带以南的特提斯喜马拉雅下地壳。不同点是，在西边普兰剖面，减薄的印度地壳仅剩 14 km 厚，近水平向北俯冲。印度板块平俯冲模型可由地震应力解推测（Barazangi & Ni，1982），而在东边谢通门西剖面，印度地壳以较高角度俯冲到冈底斯南缘之下。这种不同也说明了在横向上从西到东，印度地壳俯冲角度是变化的（Guo et al.，2018）。这种变化会使俯冲的印度板块岩石圈沿横向发生垂向错落，为岩石圈发生撕裂（Chen et al.，2015；Hou et al.，2015）提供了条件。

5.2 俯冲印度地壳前缘位置与亚洲下地壳的碰撞及其地幔缝合

谢通门西剖面揭示了高角度俯冲的印度地壳前缘到达雅鲁藏布江缝合带以北 45 km（水平距离）的冈底斯岩基之下，并与亚洲下地壳碰撞，垂向深度到约 25.5 s（约 80 km），已经向下进入地幔约 10 km（按 Moho 平均深度 70 km 考虑，见前文），俯冲印度地壳前缘厚度不足 7 km，推测拆沉作用使俯冲前缘的印度地壳沉入地幔（Guo et al.，2018），印度岩石圈地幔顶部与亚洲地幔相遇，两个大陆的地幔缝合在冈底斯岩基下，其位置要比根据重力模型估计的（Jin et al., 1996）更靠近雅鲁藏布江缝合带。在雅鲁藏布江缝合带西部，沿普兰剖面揭示出俯冲的印度地壳向北倾斜，以比较低缓的角度进入冈底斯岩基之下，但是地壳厚度已经减薄，仅有 14 km（Gao et al., 2016），因此，减薄的印度地壳也不会大规模地向北俯冲很远。在更西边的西昆仑剖面（81.32°E），俯冲的印度地壳与塔里木地壳面对面碰撞在西昆仑山前（Gao et al., 2000）。

5.3 特提斯喜马拉雅与拉萨地体地壳尺度直立碰撞

雅鲁藏布江缝合带以南的特提斯喜马拉雅构造带和以北的拉萨地体南部的冈底斯岩基，地壳厚度至少达 70 km（＞22 s，按地壳平均速度 6.30 km/s 估算）。在特提斯喜马拉雅，MHT 出现在 15 s（约 47 km，按地壳平均速度 6.30 km/s 估算），MHT 之下俯冲印度地壳的仅是特提斯喜马拉雅下地壳底部的一部分。MHT 之上到壳内滑脱层（出现在 7 s 附近，约 22 km，按地壳平均速度 6.30 km/s 估算），是由于构造叠置加厚的特提斯喜马拉雅下地壳上部的一部分。与拉萨地体南部下地壳相比，特提斯喜马拉雅下地壳的上下两部分具有较强的反射。这与冈底斯岩基下地壳的弱反射形成鲜明的对比，两者接触面近于直立［图 8（b）中的白色垂直虚线］，说明特提斯喜马拉雅与拉萨地体南缘冈底斯地壳尺度的碰撞面近于直立。

5.4 亚洲板块向祁连山下的俯冲，祁连山地壳向外扩展

地处亚洲板块的阿拉善地块向祁连山下俯冲的认识已由地质学家提出（Tapponnier et al., 1990）。然而，确切的深部构造行为是在格尔木—额济纳旗地学断面研究期间（1991—1995 年；高锐 等，1995）根据深反射地震剖面提出（高锐 等，1998；Gao, 1999；Gao et al., 1996, 1999）和 SinoProbe-02 项目宽频地震接收函数剖面（Ye et al., 2015）揭露出来的，确认了阿拉善地壳向南俯冲、北祁连地壳向北逆冲的北边界逆冲断裂（NBT），以及阿拉善岩石圈地幔向南挤入到祁连山下，前缘位置到达西秦岭北边界断裂之下。这些证据已经被国内外学者较多引用（如 Ivone et al., 2008；Wang et al., 2014），并被后来在相同构造部位又实施的包括深反射地震剖面在内的地球物理探测剖面（陈宣华 等，2019a）和密集地震台阵观测证实（Shen et al., 2020）。一些学者进一步提出祁连山向北扩展的全地壳尺度变形样式（黄兴福 等，2018；熊小松 等，2019；陈宣华 等，2019b）。

◈致　谢

本文是在作者以往发表的论文基础上加以综述而成，也对原有的资料做了进一步的解释，特别是增加了对印度与亚洲两个大陆板块碰撞过程和青藏高原向北部扩展的理解。感谢中国科技部、原国土资源部（包括原地矿部及中国地质调查局，现已整合为自然资源部）、国家自然科学基金委等部门的长期资助，感谢西藏自治区、新疆维吾尔自治区政府，青海、四川、甘肃、云南省政府对野外工作的支持。感谢多年来与我们团队

一起奋战在青藏高原的中石化公司、中石油公司的地震队和一起攻克数据处理难题的地球物理公司。感谢几十年来参加野外工作和合作研究的国际学者、同事、学生以及后勤人员，人员很多，无法一一署名。特别感谢团队所在单位中国地质科学院地质所和中山大学地球科学与工程学院管理人员多年来的积极支持和后勤保障。正是上述部门和人员的通力合作，才能在青藏高原完成超过 5000 km 的深地震反射剖面，为切开全球巨厚地壳、打开地球科学奥秘提供了精准的基础数据。

本项研究得到国家自然科学基金项目（41430213、41574019、41590863）、国家重点研究和开发计划"西藏碰撞造山成矿系统的深部结构与成矿过程"项目、中国珠江人才计划项目（2117ZT07Z066）和中国原国土资源部深部探测项目（SinoProbe - 02 - 01）的联合资助。

◈ 参 考 文 献

Alsdorf D，Brown L D，Nelson K D，et al.，1998. Crustal deformation of the Lhasa terrane，Tibet Plateau，from Project INDEPTH deep seismic reflection profiles. Tectonics，17：501 – 519.

Argand E，1924. La Tectonique de l'Asie. Proceedings 13th International Geological Congress，Brussels，7：171 – 372.

Barazangi M，Ni J，1982. Velocities and propagation characteristics of Pn and Sn beneath the Himalayan Arc and Tibetan Plateau；possible evidence for underthrusting of Indian continental lithosphere beneath Tibet. Geology，10：179 – 185.

Brown L D，2013. Qiu Jane：China's exquisite look at Earth's rocky husk wins raves. Science，341（6141）：20.

Brown L D，Zhao W J，Nelson K D，et al.，1996. Bright Spots，Structure，and Magmatism in Southern Tibet from INDEPTH Seismic Reflection Profiling. Science，274：1688 – 1690.

Chen Y，Li W，Yuan X H，et al.，2015. Tearing of the Indian lithospheric slab beneath southern Tibet revealed by SKS-wave splitting measurements. Earth and Planetary Science Letters，413：13 – 24.

Clark M，Royden L，2000. Topographic ooze：building the eastern margin of Tibet by lower crustal flow. Geology，28：703 – 706.

Clowes R M，2010. Initiation，development，and benefits of Lithoprobe – Shaping the direction of Earth science research in Canada and beyond. Canadian Journal of Earth Sciences，47（4）：291 – 314.

Dong S W，Gao R，Yin A，et al.，2013. What drove continued continent – continent convergence after ocean closure？Insights from high-resolution seismic-reflection profiling across the Daba Shan in central China. Geology，41：671 – 674.

Dong X Y，Li W H，Lu Z W，et al.，2020. Seismic reflection imaging of crustal deformation within the eastern Yarlung – Zangbo suture zone. Tectonophysics，780：228 – 395.

Gao R，1999. Lithospheric structure and geodynamic model of the Golmud – Ejin transect in the northern Tibet. Special paper of the geological society of America，328：9 – 17.

Gao R，Chen C，Lu Z W，et al.，2013b. New constraints on crustal structure and Moho topography in Central Tibet revealed by SinoProbe deep seismic reflection profiling. Tectonophysics，606：160 – 170.

Gao R，Chen C，Wang H Y，et al.，2016b. SINOPROBE deep reflection profile reveals a Neo-Proterozoic subduction zone beneath Sichuan Basin. Earth and Planetary Science Letters, 454: 86 – 91.

Gao R, Hou H S, Cai X Y, et al., 2013a. Fine Crustal Structure beneath the Junction of the Southwest Tianshan and Tarim Basin, NW China. Lithosphere, 5 (4): 382 – 392.

Gao R, Huang D D, Lu D Y, et al., 2000. Deep seismic reflection profile across the juncture zone between the Tarim basin and the West Kunlun mountains. Chinese science bulletin, 45: 2281 – 2286.

Gao R, Li D X, Lu D Y, et al., 1999. Deep seismic reflection profiles across contact zone of West Kunlun and Tarim basin along the Xinjiang Geotransect in NW China. Terra Nostra, 99 (2): 49 – 50.

Gao R, Li P W, Li Q S, et al., 2001. Deep process of the collision and deformation on the northern margin of the Tibetan plateau: Revelation from investigation of the deep seismic profiles. Science in China (Series D), 44: 71 – 78.

Gao R, Lu Z W, Klemperer S L, et al., 2016a. Crustal-scale duplexing beneath the Yarlung Zangbo suture in the western Himalaya. Nature Geoscience, 9 (7): 555 – 560.

Gao R, Lu Z W, Li Q S, et al., 2005. Geophysical Probe and Geodynamic Study of the Crust and Upper Mantle in the Qinghai – Tibet Plateau. Episodes, 28 (4): 263 – 273.

Gao R, Lu Z W, Xiong X S, et al., 2010. SINOPROBE deep seismic reflection profiling across the Bangong – Nujiang Suture, Central Tibet//Leech M L, Klemperer S L, Mooneyeds W D (eds.). Proceedings for 25th Himalaya – Karakoram – Tibet Workshop. U. S. Geological Survey, Open-File Report 2010 – 1099.

Gao R, Wang H Y, Yin A, et al., 2013c. Tectonic Development of the Northeastern Tibetan Plateau: Constraints from High-resolution Deep Seismic-reflection Profiling. Lithosphere, 5 (6): 555 – 574.

Gao R, Wu G J, 1996. Lithosphere structure and geodynamics model of Golmud – Ejin Geoscience transect in north Tibet. Acta Geoscientic Sinica Bulletin of the CAGS, Special Issue: 36 – 40.

Guo X Y, Gao R, Keller G R, et al., 2013. Imaging the crustal structure beneath the eastern Tibetan Plateau and implications for the uplift of the Longmen Shan range. Earth and Planetary Science Letters, 379: 72 – 80.

Guo X Y, Gao R, Xu X, et al., 2015. Longriba fault zone in eastern Tibet: An important tectonic boundary marking the westernmost edge of the Yangtze block. Tectonics, 34 (5): 970 – 985. DOI: 10. 1002/2015 TC003880.

Guo X Y, Gao R, Zhao J M, et al., 2018. Deep seated lithospheric geometry in revealing collapse of the Tibetan Plateau. Earth – Science Reviews, 185: 751 – 762.

Guo X Y, Li W H, Gao R, et al., 2017. Nonuniform subduction of the Indian crust beneath the Himalayas. Scientific Reports, 7: 12497. DOI: 10. 1038/s41598 – 017 – 12908 – 0.

Hammer P T C, Clowes R M, Cook F A, et al., 2010. The Lithoprobe trans-continental lithospheric cross sections: imaging the internal structure of the North American continent. Can. J. Earth Sci., 47: 821 – 857.

Hirn A, Nercessian A, Sapin M, et al., 1984. Lhasa block and bordering sutures—a continuation of a 500 km Moho traverse through Tibet. Nature, 307: 25 – 27.

Hou Z Q, Duan L F, Lu Y J, et al., 2015. Lithospheric Architecture of the Lhasa Terrane and Its Control on Ore Deposits in the Himalayan – Tibetan Orogen. Economic Geology, 110: 1541 – 1575.

Ivone J M, Manel F, Jaume V, et al., 2008. Lithosphere structure underneath the Tibetan Plateau inferred from elevation, gravity and geoid anomalies. Earth and Planetary Science Letters, 267: 276 – 289.

Jin Y, McNutt M K, Zhu Y S, 1996. Mapping the descent of Indian and Eurasian plates beneath the Tibetan

Plateau from gravity anomalies. J. Geophys. Res., 101: 11275 – 11290.

John K, 1994. Scientists to get INDEPTH look at crust beneath the Himalayas. Stanford University News service, 03/31/94. http: //news. stanford. edu/pr/94/940331Arc4355. html.

Kao H, Gao R, et al., 2001. Seismic image of the Tarim basin and its collision with Tibet. Geology, 29 (7): 575 – 578.

Li H Q, Gao R, Li W H, et al., 2018. The Moho structure beneath the Yarlung Zangbo Suture and its implications: Evidence from large dynamite shots. Tectonophysics, 747 – 748: 390 – 401.

Lu Z W, Gao R, Li H Q, et al., 2015a. Variation of Moho Depth across Bangong – Nujiang Suture in Central Tibet—Results from Deep Seismic Reflection Data. International Journal of Geosciences, 6: 821 – 830.

Lu Z W, Gao R, Li H Q, et al., 2015b. Large explosive shot gathers along the SinoProbe deep seismic reflection profile and Moho depth beneath the Qiangtang terrane in central Tibet. Episodes, 38 (3): 169 – 171.

Lu Z W, Gao R, Li Y T, et al., 2013. The upper crustal structure of the Qiangtang Basin revealed by seismic reflection data. Tectonophysics, 606: 171 – 177.

Lyon-Caen H, Molnar P, 1984. Gravity anomalies and the structure of western Tibet and the southern Tarim Basin. Geophys. Res. Lett., 11: 1251 – 54.

Makovsky Y, Klemperer S L, Ratschbacher L, et al., 1999. Midcrustal reflector on INDEPTH wide-angle profiles: an ophiolitic slab beneath the India – Asia suture in southern Tibet?. Tectonics, 18 (5): 793 – 808.

Meissner R, Tilmann F, Haines S, 2004. About the lithospheric structure of central Tibet, based on seismic data from the INDEPTH Ⅲ profile. Tectonophysics, 380 (1 – 2): 1 – 25.

Nabelek J, Hentenyi G, Vergne J, et al., 2009. Underplating in the Himalaya – Tibet collision zone revealed by the Hi-CLIMB experiment. Science, 325: 1371 – 1374.

Nelson K D, Zhao W, Brown L D, et al., 1996. Partially molten middle crust beneath southern Tibet synthesis of Project INDEPTH results. Science, 274: 1684 – 168.

Ross A R, Brown L D, Passakorn P, et al., 2004. Deep reflection surveying in central Tibet: lower-crustal layering and crustal flow. Geophysical Journal International, 156 (1): 115 – 128.

Shen X Z, Li Y K, Gao R, et al., 2020. Lateral growth of NE Tibetan Plateau restricted by the Asian lithosphere: Results from a dense seismic profile. Gondwana Research, 87: 238 – 247.

Shi D N, Wu Z H, Simon L K, et al., 2015. Receiver function imaging of crustal suture, steep subduction, and mantle wedge in the eastern India – Tibet continental collision zone. Earth Planet. Sci. Lett., 414: 6 – 15.

Shi Z X, Gao R, Li Z W, Li H Q, 2020. Cenozoic crustal-scale duplexing and flat Moho in southern Tibet: Evidence from reflection seismology. Tectonophysics, 790: 228562.

Tapponnier P, Meyer B, Avouac J P, et al., 1990. Active thrusting and folding in the Qilian Shan, and decoupling between upper crust and mantle in northeastern Tibet. Earth and Planetary Science Letters, 97: 382 – 403.

van der Woerd J, Ryerson F J, Tapponnier P, et al., 1998. Holocene left-slip rate determined by cosmogenic surface dating on the Xidatan segment of the Kunlun fault (Qinghai, China). Geology, 26: 695 – 698.

Wang C S, Dai J G, Zhao X X, et al., 2014. Outward-growth of the Tibetan Plateau during the Cenozoic: A review. Tectonophysics, 621: 1 – 43.

Wang C S, Gao R, Yin A, et al., 2011. A mid-crustal strain transfer model for continental deformation: A new perspective from high-resolution deep seismic-reflection profiling across NE Tibet. Earth & Planetary Science Letters, 306 (3): 279 – 288.

Xu X, Gao R, Guo X Y, et al., 2017. Outlining tectonic inheritance and construction of the Min Shan region, eastern Tibet, using crustal geometry. Scientific Reports, 7 (1): 13798. DOI: 10.1038/s41598 – 017 – 14354 – 4.

Ye Z, Gao R, Li Q S, et al., 2015. Seismic evidence for the North China plate underthrusting beneath northeastern Tibet and its implications for plateau growth. Earth & Planetary Science Letters, 426: 109 – 117.

Zeng R S, Ding Z F, Wu Q J, 1995. A review on the lithospheric structures in Tibetan plateau and constraints for dynamics. Pure and Applied Geophysics, 145 (3): 425 – 443.

Zhao W J, Mechie J, Brown L D, et al., 2001. Crustal structure of central Tibet as derived from project INDEPTH wide-angle seismic data. Geophysical Journal International, 145: 486 – 498.

Zhao W J, Nelson K D, Project Team, 1993. Deep seismic reflection evidence for continental underthrusting beneath southern Tibet. Nature, 366: 557 – 559.

陈宣华, 邵兆刚, 熊小松, 等, 2019a. 祁连造山带断裂构造体系、深部结构与构造演化. 中国地质, 46 (5): 995 – 1020.

陈宣华, 邵兆刚, 熊小松, 等, 2019b. 祁连山北缘早白垩世榆木山逆冲推覆构造与油气远景. 地球学报, 40 (3): 377 – 392.

陈宣华, 邵兆刚, 熊小松, 等, 2019c. 祁连造山带断裂构造体系、深部结构与构造演化. 中国地质, 46 (5): 995 – 1020.

酆少英, 高锐, 龙长兴, 等, 2011. 银川地堑地壳挤压应力场: 深地震反射剖面. 地球物理学报, 54 (3): 692 – 697.

酆少英, 李秋生, 邓小娟, 等, 2020. 深反射大炮揭示的青藏高原侧向碰撞带地壳骨架结构. 地球物理学报, 63 (3): 828 – 839. DOI: 10.6038/cjg2020N0271.

高锐, 1990. 青藏高原岩石圈的变形与陆壳运动//中国地球物理学会. 中国地球物理学会年刊. 北京: 地震出版社: 121.

高锐, 成湘舟, 丁谦, 1995. 格尔木—额济纳旗地学断面地球动力学模型初探. 地球物理学报, 38 (S2): 3 – 14.

高锐, 李廷栋, 吴功建, 1998. 青藏高原岩石圈演化与地球动力学过程: 亚东—格尔木—额济纳旗地学断面的启示. 地质论评, 44 (4): 389 – 395.

高锐, 王海燕, 马永生, 等, 2006. 松潘地块若尔盖盆地与西秦岭造山带岩石圈尺度的构造关系: 深地震反射剖面探测成果. 地球学报, 27 (5): 411 – 418.

高锐, 王海燕, 王成善, 等, 2011. 青藏高原东北缘岩石圈缩短变形: 深地震反射剖面再处理提供的证据. 地球学报, 32 (5): 513 – 520.

郭晓玉, 高锐, 等, 2014. 龙门山断裂带隆起造山独特性探讨. 地质科学, 49 (4): 1337 – 1345.

郭晓玉, 高锐, 高建荣, 等, 2017. 综合数据分析青藏高原东北缘六盘山地区构造形变及其构造成因独特性探讨. 地球物理学报, 60 (6): 2058 – 2067.

侯贺晟, 高锐, 贺日政, 等, 2012. 西南天山—塔里木盆地结合带浅 – 深构造关系: 深地震反射剖面的初步揭露. 地球物理学报, 55 (12): 4116 – 4125.

黄兴富, 高锐, 郭晓玉, 等, 2018. 青藏高原东北缘祁连山与酒西盆地结合部深部地壳结构及其构造意义. 地球物理学报, 61 (9): 3640 - 3650. DOI: 10.6038/cjg2018L0632.

李秋生, 高锐, 王海燕, 等, 2011. 川东北—大巴山盆山体系岩石圈结构及浅深变形耦合. 岩石学报, 27 (3): 612 - 620.

李文辉, 高锐, 王海燕, 等, 2017. 六盘山断裂带及其邻区地壳结构. 地球物理学报, 60 (6): 2265 - 2278.

李文辉, 卢占武, 高锐, 等, 2019. 深地震反射数据揭示拉萨地体地壳内部精细结构//中国地球科学联合学术年会. 专题五: 陆陆碰撞带深部结构和动力学意义: 153.

卢占武, 高锐, 李秋生, 等, 2009. 横过青藏高原羌塘地体中央隆起区的深反射地震试验剖面. 地球物理学报, 52 (8): 2008 - 2014.

卢占武, 高锐, 王海燕, 等, 2014. 深地震反射剖面上的"亮点"构造. 地球物理学进展, 29 (6): 2518 - 2525.

卢占武, 高锐, 薛爱民, 等, 2006. 羌塘盆地石油地震反射新剖面及基底构造浅析. 中国地质, 33 (2): 286 - 289.

齐蕊, 高锐, 王海燕, 2020. 壳内解耦对大陆拆沉、俯冲的影响作用: 二维动力学数值模拟//岩石圈探测与动力学. 广州: 中山大学出版社: 333.

王成善, 夏代祥, 1999. 雅鲁藏布江缝合带. 北京: 地质出版社.

王海燕, 高锐, 卢占武, 等, 2010. 深地震反射剖面揭露大陆岩石圈精细结构. 地质学报, 84 (6): 818 - 839.

王海燕, 高锐, 卢占武, 等, 2017. 四川盆地深部地壳结构: 深地震反射剖面探测. 地球物理学报, 60 (8): 2913 - 2923. DOI: 10.6038/cjg20170801.

王海燕, 高锐, 马永生, 等, 2007. 若尔盖与西秦岭地震反射岩石圈结构和盆山耦合. 地球物理学报, 50 (2): 472 - 481.

王海燕, 高锐, 尹安, 等, 2012. 深地震反射剖面揭示的海原断裂带深部几何形态与地壳形变. 地球物理学报, 55 (12): 3902 - 3909.

吴宣志, 吴春玲, 卢杰, 等, 1995. 利用深地震反射剖面研究北祁连—河西走廊地壳细结构. 地球物理学报, 38 (S2): 29 - 35.

熊小松, 高锐, 酆少英, 等, 2019. 榆木山构造带深部结构及隆升成因. 中国地质, 46 (5): 1039 - 1051.

尹安, 2001. 喜马拉雅—青藏高原造山带地质演化: 显生宙亚洲大陆生长. 地球学报, (3): 2 - 39.

曾融生, 丁志峰, 吴庆举, 1994. 青藏高原岩石圈构造及动力学过程研究. 地球物理学报, 37 (S2): 99 - 116.

曾融生, 阚荣举, 1961. 柴达木盆地西部地壳深界面的反射波. 地球物理学报, 10 (1): 120 - 125.

张洪双, 滕吉文, 田小波, 等, 2013. 青藏高原东北缘岩石圈厚度与上地幔各向异性. 地球物理学报, 56: 459 - 471.

喜马拉雅西部雅鲁藏布江缝合带地壳尺度的构造叠置

高　锐[1,2]，卢占武[2]，Simon Klemperer[3]，王海燕[2]，董树文[4]，

李文辉[2]，李洪强[4]

❖0　引　言

自印度大陆与亚洲于 57 Ma 前初始碰撞以来（Leech et al.，2005），>2000 km 的印度大陆向北运动已经被喜马拉雅造山带和青藏高原吸收（Willett et al.，1994）。地震数据已经被用于研究发生在青藏高原南部和北部边缘的碰撞过程（Nelson et al.，1996；Gao et al.，1999；Ye et al.，2015），以及在高原内部由于地壳增厚、地壳流，或是地壳逃逸等引起的质量平衡（Klemperer et al.，2006）。喜马拉雅造山带内部的活动过程可能包括俯冲作用导致的印度地壳的消失（Capitanio et al.，2010），或是由上地幔地震波速确定的镁铁质地壳转换为榴辉岩（Le Pichon et al.，1992；Sapin & Hirn，1997），并且印度地壳物质可以通过部分熔融的通道回流（Nelson et al.，1996；Sapin et al.，1997；Beaumont et al.，2001），或通过地壳尺度的逆冲双重构造作用（Avouac，2007；Herman et al.，2010；Kohn，2014）转移到喜马拉雅逆冲席。印度地壳进入到造山带已经被广角折射地震剖面（Wu et al.，1991；Makovsky et al.，1999）、近垂直反射地震剖面（Nelson et al.，1996；Zhao et al.，1993；Alsdorf，et al.，1998；Gao et al.，1999；Rajendra Prasad et al.，2011）和被动源地震接收函数剖面追踪（Caldwell et al.，2013；Nabelek et al.，2009；Schulte-Pelkum et al.，2005）。

然而，雅鲁藏布江缝合带下低分辨率被动源地震资料对整个地壳的成像（Nabelek et al.，2009；Schulte-Pelkum et al.，2005；Kind et al.，2002；Shi et al.，2015）难以回答，如印度地壳有多少向北底垫在西藏之下，或俯冲进入地幔，或向南返回喜马拉雅造山带内等最具争议的至关重要的问题（Avouace，2007；Klemperer et al.，2013）。

为了解决上述争议，SinoProbe-02 深地震反射课题组在喜马拉雅造山带西部采集了一个南北向深地震反射剖面，即 HKT-B 剖面（剖面位置见图 1）。这个剖面南部切过特提斯喜马拉雅的普兰裂谷，并以 NNE 方向斜过玛旁雍错，最后穿过雅鲁藏布江缝

1 中山大学地球科学与工程学院，广州，510275；2 中国地质科学院地质研究所，北京，100037；3 斯坦福大学地球物理系，加州斯坦福，94305-2215；4 中国地质科学院，北京，100037。

合带内宽阔的 NWW 向延伸的峡谷，进入拉萨地体南缘（也是亚洲板块南缘，图 1）。在研究区域内，特提斯喜马拉雅由大于 9 km 厚的前寒武—白垩纪海相沉积褶皱带组成，其中包括拉昂错蛇绿岩，其上覆有大约 500 m 的沉积岩。藏南拆离断层（STD）或者纳木那尼拆离断层（GMD）将特提斯喜马拉雅与高喜马拉雅结晶岩体分离开来（Murphy et al.，2002）。纳木那尼杂岩体大约在 9 Ma 前从大约 20 km 的地壳深度涌出地表（Murphy et al.，2002）。我们的深地震反射剖面穿过雅鲁藏布江缝合带和喀喇昆仑断裂带，并靠近纳木那尼杂岩体的东南边界（图 1）。喀喇昆仑断裂带地表出露明显，北西走向大约延伸 1000 km，表现为一条右旋走滑拉张断裂带，向东南可直接与纳木那尼杂岩体相接（Murphy et al.，2002）。同时，雅鲁藏布江缝合带被其北部的大反向逆冲断层（Great Counter Thrust，GCT）所截。这条大反向冲断层倾向南，表现为向北的背冲断层。GCT 将特提斯沉积物与北侧的拉萨地体内部第三系砾岩和安第斯类型的冈底斯火山岩基及其上的火山岩体分离开来（Murphy & Yin，2003）。

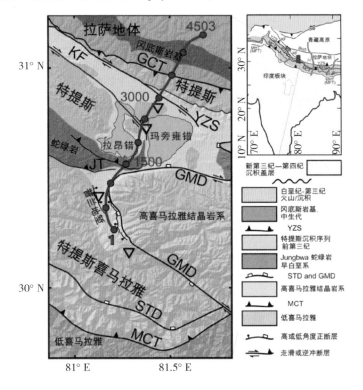

三角形：宽带地震台（Gilligan et al.，2015）；YZS：Yarlung Zangbo suture，这里被 Great Counter Thrust（GCT）切断；KF：喀喇昆仑断层（两支）；JT：Jungbwa 逆冲断层；STD：藏南拆离断层，与纳木那尼拆离断层（GMD）相连；MCT：主中央逆冲断层。

图 1　反射剖面 HKT－B 的地质背景

地震反射剖面中点位置（红线）叠加在简化地质图（Murphy et al.，2002，2003；Pullen et al.，2011）和阴影地形起伏上。索引图显示了青藏高原以及 Garhwal（G）、Hi-CLIMB（H）和 INDEPTH（I）地震剖面的位置（Nelson et al.，1996；Makovsky et al.，1999；Zhao et al.，1993；Alsdorft et al.，1998；Caldwell et al.，2013；Nabelek et al.，2009；Kind et al.，2002）。

✕◆ 1　跨越雅鲁藏布江缝合带（YZS）新的深地震反射数据

深地震反射剖面数据采集时使用了 3 种尺度药量的炸药震源，以便获得包括此地壳在内的全地壳反射［图 2（a）］。其中有 30 kg 的小炮，炮间距 250 m；200 kg 的中炮，炮间距 1 km；1000 kg 的大炮，炮间距 50 km。地震数据记录时长 30 s（双程走时，简写 TWT），720 道接收，中小炮中间放炮，每个共中心叠加点间隔 25 m，72 次叠加。在处理过程中，引入了柯希霍夫叠前时间偏移，并进行最后的叠加。

浅层反射特征结构与前人所做的地表地质结构研究结果相一致（Murphy et al.，2002；Murphy & Yin，2003）。浅层深度（3 s，约 7 km 深）内，在雅鲁藏布江缝合带周边的特提斯沉积系内，反射断点位置相连，整体上表现为向斜的几何结构［图 2（b）］。向斜构造的南侧以北倾的拉昂错蛇绿岩逆冲断裂为界，北侧以南倾的 GCT 为界［图 2（b）］。在这个特提斯向斜区域内，喀喇昆仑断裂带与 15 km 深度内所发现的反射断点位置相对应。所以，在喀喇昆仑断裂带的东南端点位置内，它只表现为一上地壳尺度的断裂带，与纳木那尼滑脱层（GMD）相接（Murphy et al.，2014）。在剖面的北部，以前人所做的地表构造剖面为引导（Murphy & Yin，2003），我们很清楚地识别出了冈底斯火山岩基与特提斯沉积系，以及特提斯沉积系与高喜马拉雅结晶体之间的构造边界。在缝合带以南所识别出的浅层反射层（约 1 s）可能代表了新近纪普兰盆地和特提斯沉积体系的底端。但在约 2 s（<5 km）的深度，在南北向延伸的 GMD 以下，我们发现了不连续波状分布的反射层。这些不连续分布的波状反射层和前人发现的变速体（Makovsky et al.，1999）代表了高喜马拉雅结晶体以及波状滑脱层所代表的倾斜反射。

基于前人研究所获得的低分辨率研究结果，我们在这个反射剖面的底部识别出了许多重要的构造单元，包括莫霍面和 MHT。莫霍面的识别我们是基于前人接收函数研究所获得的 60 ～ 70 km 莫霍面深度研究（Gilligan et al.，2015）。在我们的研究剖面中，莫霍面则对应于 23 ～ 24 s 的一组线性强振幅反射层，在未叠加剖面中表现得更明显。在反射剖面的南段可见 MHT 埋深一般在 25 ～ 30 km 范围内，倾角 5°左右，主中央逆冲断层（MCT）倾角一般在 15°～ 20°范围内，其底部被 MHT 所截。这一认识与前人在同一研究区域附近所做的地表结构剖面（Murphy & Yin，2003）和印度西北部在本剖面以西大约 100 km 沿 Garwhal 剖面所获得的接收函数图像观测的结构（Caldwell et al.，2013）相对应。同时，在剖面最南端 6 ～ 10 s 深度内，我们观察到了低角度反射层，可能代表了这一深度范围内低角度的 MHT 以及其上部的耦合变形结构体。然而，沿侧向向北，我们发现了更复杂的反射层，可能代表了逆冲叠合带或者被叠合的断裂带所围的岩体。所有这些叠合的上凸结构北翼倾向 NNE20°，并于底部被一组倾斜的、纵向从约 5 s 深度至剖面底部，横向自 CMP 号 500 至 CMP 号 3500 的线性强反射所截，尽管这一线性强反射振幅会随着深度的增加而变得越来越模糊。我们将这一组线性强反射振幅解释为 MHT，倾角 20°。所发现的这一倾角明显比以前所认为的 MHT 倾角要大许多，而且形成了一地壳尺度的斜坡。同时，MHT 所具有的 20°的倾角没有办法让我们继续认为

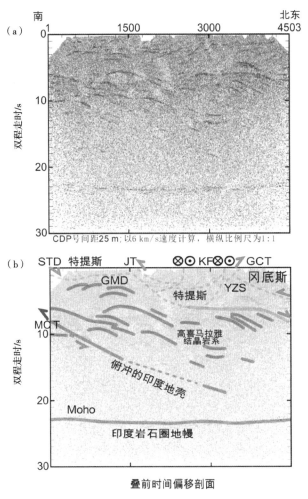

解释实线叠加在反射剖面上，蓝色的虚线是从地表地质或反射特征推断的断层。

蓝色：STD 及以上的主要结构；红色：莫霍面、MCT 和结晶基底的弧形反射。缩写同图 1。

图 2　HKT－B 的叠前偏移时间剖面无解释的（a）和有解释的（b）

在印度地壳俯冲的最前端，MHT 是以低角度向北延伸的（Murphy & Yin, 2003）。P 波层析成像已经在我们剖面附近明显地识别出一 30°NE 倾向的速度层（Razi et al., 2014）。同时，Hi-CLIMB 接收函数剖面（Nabelek et al., 2009）识别出 MHT 倾斜 15°。这样，我们更有理由认为 MHT 实际上会比地表地质所揭示的 MHT 角度更加陡。不丹以西的大地测量反演剥蚀数据的研究已经认为在 STD 以北存在一 40°的陡坡（Le Roux-Mallouf et al., 2015），这与我们剖面所揭示的倾斜结构相吻合。遗憾的是，尽管在地壳更深的地方我们发现了代表莫霍面的水平强反射层（Lynn & Deregowski, 1981），但在 20 s 深度以下，我们没有办法再追踪到 MHT 反射，而且从 MHT 反射特征消失到我们剖面的最北段，这一小段反射剖面也限制了我们对于 MHT 的追踪。但是，没有见到反射也不能说在这一深度内就确实不存在 MHT 倾向 NNE20°的反射。我们只能说 MHT 反射至少可以连续追踪至 20 s 深度，即莫霍面以上约 14 km 处。

◆ 2　适应喜马拉雅汇聚的模型

如果我们所解释的，MHT 以倾角 NNE20°向纵深是合理的，那么，印度俯冲地壳就从喜马拉雅山前以南的 40 ～42 km 厚（Caldwell et al.，2013）减薄至雅鲁藏布江缝合带以下的 <15 km 厚。整个印度地壳逐步减薄的过程以及 Moho 和 MHT 所表现出的反射特征，可以很好地帮助我们了解雅鲁藏布江缝合带附近碰撞过程所造成的地壳尺度的活动构造（图 3）。为此，我们以 Moho 和 MHT 为主要框架，构建了一个简单的几何模型，这一模型既融合了纵穿低喜马拉雅和高喜马拉雅的地震接收函数剖面数据（Galdwell et al.，2013），也融入了我们这个垂直切过特提斯喜马拉雅和雅鲁藏布江缝合带的阿里/普兰深反射地震剖面的数据。基于上述数据，我们构建了一个横跨喜马拉雅造山带完整的大剖面。这个剖面不是理想中的南北直线，而在藏南拆离系附近顺纳木那尼穹窿地质走向，向北西—南东偏移了大约 130 km。在此剖面上，主前缘逆冲带（MFT）附近 MHT 以下，印度地壳厚度大约 34 km。在低喜马拉雅 16°斜坡以下，俯冲的印度板块厚度由于逆冲双重构造的存在而被减薄至 30 km（Bollinger et al.，2006；Avouac，2007）［图 3（a）］。这大约 30 km 厚的印度俯冲地壳以 NNE 向持续延伸至地震反射剖面所观察到的 MHT 的最北端。在本文，我们将 MHT 命名为高喜马拉雅斜坡带。在雅鲁藏布江缝合带和特提斯喜马拉雅附近，MHT 与其下的莫霍面间距由南侧的 30 km 缩小至 <15 km。

在本文中，深地震反射剖面所得出的地壳结构可以用来检测 4 种前人所提出的有关喜马拉雅碰撞造山的机制模型。在"榴辉岩化"和"拆沉"模型中［图 3（c）—（d）］，印度地壳已经完全俯冲平铺在青藏高原之下。同时，MHT 的上段被动地逆冲出地表，地壳内部并不存在增厚的情况。有研究认为，倾斜的 MHT 和平直的 Moho 的几何结构表明 Moho 可能代表了印度地壳 20°NNE 向俯冲过程中，下地壳榴辉岩化的一个变质相转换的界面（Le Pichon et al.，1992；Sapin & Hirn，1997）。然而，如果 Moho 仅仅是代表的一个相变界面，那么印度地壳在碰撞带区域物质则是不守恒的，或许存在：①印度地壳物质在 Moho 以下还存在；②部分印度地壳物质逆冲至雅鲁藏布江缝合带以北；③沿 MHT 向南折返（如 Avouac，2007）。Moho 1 s 的厚度可能是由在均衡物质成分条件下辉长岩—榴辉岩相变所造成的（Klemperer et al.，1986）。然而，在这个第一次清晰地识别出雅鲁藏布江缝合带下地壳精细结构的深反射地震剖面中，我们发现 Moho 比较薄，并且存在高频的反射特征（图 2）。所以，这种现象没有办法支持印度下地壳存在逐渐相变至榴辉岩的观点，同时，榴辉岩化的印度地壳也不可能存在至 Moho 以下。图 3（c）所显示的几何结构需要这个代表相变边界的 Moho 贯穿整个印度地壳，从 MFT 以下 42 km 深度处的岩相 Moho 延伸至 12 km 深度的中地壳。如果这样，物质成分就不均衡了。另外，如果我们今天所见到的结构与 17 Ma 前（Miller et al.，1999）玛旁雍错基底熔融时的结构一致，那么从埃达克岩存在而识别出的印度俯冲下地壳榴辉岩化一定发生在 Moho 之上（Chung et al.，2003）。

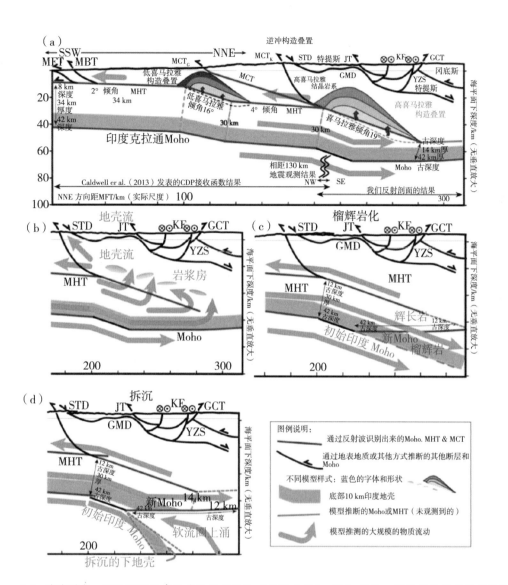

（a）首选模式：YZS 下的地壳尺度的双重构造（构造叠置）；（b）备选：高喜马拉雅斜坡下的地壳厚度因通道流而减少。（c）备选：整个印度岩石圈以约 19°消减，地震莫霍面是一种辉长岩—榴辉岩相变。（d）备选：印度岩石圈地幔和整个 14 km 的印度地壳一起以 >19°消减，地震莫霍面是一个剪切带。

MCT_G：喜马拉雅 Garhwal 分区的 MCT；MCT_K：喜马拉雅 Karnali/Burang 分区的 MCT。

图 3　雅鲁藏布江缝合带（YZS）下的俯冲/增生样式

受 HKT‐B（图 2）和 Garhwal 宽频地震剖面约束的真实尺度截面。缩写同图 1 和图 2。

第二个地壳拆离假说也支持印度岩石圈地幔存在倾角 20°的俯冲。拆离说认为俯冲的印度岩石圈发生了大部分的向下拆离（Shi et al.，2015）［图 3（d）］，存留的岩石圈继续俯冲。向下拆离的岩石圈与存留的岩石圈之间所产生的空间由软流圈物质的向南的上涌填补。然而，大约 80 km 深度处所观察到的 ≥8 km/s 的 P 波速度（Razi et al.，2014）和≥4.5 km/s 的 S 波速度（Gilligan et al.，2015）排除了软流圈熔融物质上涌的可能。拆沉过程一般发生在物质成分和硬度存在差异的地方，比如莫霍面（如 Shi et al.，2015）。同时，如我们前面针对莫霍面为一相变界面所述，图 3（d）显示的几何结构需要莫霍面拆沉过程横向贯穿整个岩石圈，甚至到达印度的上地壳位置。所以，我们认为高喜马拉雅斜坡是由莫霍面以下的俯冲所造成的榴辉岩观点和拆离观点都不准确[图 3（c）和（d）]。

实际上，印度俯冲地壳的减薄可能暗含印度俯冲上地壳长英质物质的脱离，并存在脱离的上地壳逐渐向上运移的一个过程。在这里，我们考虑了两种模型，一种是"逆冲叠置"，另一种是"管道流"。"管道流"模型[图 3（b）]指出雅鲁藏布江缝合带之下的印度地壳物质由于内部存在放射性热源而发生熔融，从而上涌形成高喜马拉雅结晶体（Nelson et al.，1996；Beaumont et al.，2001）。喜马拉雅"管道流"模型作为一个比较热门的观点来解释 MCT 和 STD 之间存在的高喜马拉雅结晶体于中中新世的变形（Beaumont et al.，2001）。高喜马拉雅结晶体也包括其北侧的纳木那尼杂岩体（Murphy et al.，2002），形成于 19 Ma 前（Pullen et al.，2011）的浅色花岗岩岩脉大约占了 10%～20% 的纳木那尼杂岩体的体积，而纳木那尼杂岩体滑脱出露地表的过程大约发生在 9 Ma 前（Murphy et al.，2002）。所以，岩体是在管道流的早期就发生过变形而不是在出露地表之后。同时，如果发生在今天的管道流通过熔融的方式帮助俯冲印度地壳物质上涌，那么在熔融物质内部，我们不会看到一很明显的强反射层。另外，管道流只影响了剖面北侧以及剖面以外更北侧 14 km 深的印度地壳，那么，我们还需要额外的模型来解释为什么高喜马拉雅结晶岩体斜坡以下的地壳减薄。

在我们的模型中，我们认为地壳底部至上部物质的增生主要是通过一系列逆冲断裂带和构造叠置完成的。叠合过程已经广泛地应用在解释低喜马拉雅背斜的形成，即是由MHT 以上，低喜马拉雅斜坡的上地壳物质所代表的 MCT 的下盘拼贴而形成的（Bollinger et al.，2006；Avouac，2007）。我们认为同样的过程也发生在高喜马拉雅斜坡带。这个过程从 10 s 处向下延伸至 ≥20 s 处，垂向分布大于 30 km[图 3（a）]。GMD和 MHT 主要表现为北倾，所以我们解释此处主要是向南的逆冲席。相对于前面所描述的构造叠置在地震剖面的反射振幅，MHT 的反射强度表现得更为弱一些。一方面可能由于其位于地壳较深的位置，另一方面则可能是由于 MHT 目前还没有积累大量的地壳错断，而较浅深度所发现的双重构造在底部均被 MHT 断裂带所截。在这些地方，MHT逆冲断裂带则可能存在较大的位移量，所以反射特征也就更明显一些（Kohn，2014）。

◢◤ 3 喜马拉雅逆冲带内的斜坡与双重构造

低喜马拉雅斜坡和叠置结构在地表构造填图中表现得很明显（如 Murphy & Yin，2003；Kohn，2014），与从地球物理剖面推断的双重构造尺度相称（Caldwell et al.，2013）。然而，高喜马拉雅斜坡带的双重构造目前还没有进行过深入探讨，尽管已经有模型显示低喜马拉雅双重构造带以北的 MHT 是以大约 10° 的角度倾斜（Bollinger et al.，2006）。这个值也正好介于我们所展示的低喜马拉雅双重构造中 4° 的断坪和 19° 的断坡之间。前人根据尼泊尔中心地带获取的热年代学数据和温压数据揭示了一个倾角≥15°，延伸范围＞100 km，延伸深度在30km 的大倾斜断层的存在（Herman et al.，2010）。这个数值远远大于前人研究所得出的低喜马拉雅双重构造形成所需要的主逆冲断层的尺度，但是，可以与我们在本次研究中所建议的高喜马拉雅双重构造形成所需要的主逆冲断层尺度相对比。值得一提的是，低喜马拉雅4°的断坪和高喜马拉雅19°的断坡位于MCT 和MHT 之间的分支断裂带上，表明除了主要的逆冲断裂带之外，可能在MCT 或者MCT 附近还有其他的断裂活动伴随高喜马拉雅的抬升（Wobus et al.，2005）。垂向上，高喜马拉雅斜坡正好位于纳木那尼杂岩体的底部，因此，可能与片麻岩穹窿的形成有关。同样的斜坡构造也形成了北喜马拉雅穹窿的背斜构造（Beaumont et al.，2001），包括青藏高原东缘沿 INDEPTH 剖面所发现的结构（Nelson et al.，1996）。

我们所解释的高喜马拉雅斜坡带以北出现较平坦的 MHT 结构与前人所做的接收函数研究所获得的雅鲁藏布江缝合带底部40～60 km 深处 MHT 的平坦结构一致（Kind et al.，2002；Schulte-Pelkum et al.，2005；Nabelek et al.，2009；Shi et al.，2015）。由此，我们认为，印度地壳最深的部分已经俯冲到了雅鲁藏布江缝合带以北地区，尽管我们并没有观察到相关的反射特征，但这可能是俯冲地壳的前缘比较宽，从而产生高频而降低了反射强度，或者是由于上伏地壳的振幅衰减。

切过特提斯喜马拉雅造山带的首个深反射地震剖面（Zhao et al.，1993）指出 MHT 以下的大陆俯冲，但是，随后的探测剖面中并没有在中地壳以下观测到 MHT（Ross et al.，2004）。根据反射剖面和地表结构（Nelson et al.，1996）推测，在北喜马拉雅穹窿之下存在一倾斜的逆冲断层，但却没有办法去描绘这个倾斜断层的伸展以及缝合带区域内的莫霍面的伸展情况。也有许多的低分辨率接收函数研究将 MHT 解释为一条缝合带附近平行于莫霍面的大断层（Kind et al.，2002；Schulte-Pelkum et al.，2005；Nabelek et al.，2009）。我们的研究在中地壳深度范围内发现了这个倾斜角度达到20°的 MHT 断层。MHT 可以向下连续追踪，直到遇见雅鲁藏布江缝合带底部更平滑且也可连续追踪的 Moho 强反射。这种现象表明，印度俯冲地壳的一大部分已经在缝合带附近被推挤，顺MHT 从俯冲地壳主体滑脱并进入其上伏造山楔内。而余下的一小部分印度板块下地壳继续向北俯冲到亚洲板块前缘之下。

◆致　　谢

本研究得到原国土资源部深部探测项目（SinoProbe－02－01）、中国国家自然科学基金项目（41574019、41590863、41430213）、中国国家重点研究和开发计划"西藏碰撞造山成矿系统的深部结构与成矿过程"项目的联合资助。我们感谢中石化西南石油局第五物探大队与北京派特森科技发展有限公司在获取和处理地震数据方面所起的作用。

✕◆ 参 考 文 献

Alsdorf D, Brown L, Nelson K D, et al., 1998. Crustal deformation of the Lhasa terrane, Tibet plateau from Project INDEPTH deep seismic reflection profiles. Tectonics, 17: 501 – 519.

Avouac J-P, 2007. Mountain building: from earthquakes to geological deformation. Dynamic processes in extensional and compressional settings. Treatise Geophys., 6: 377 – 439.

Beaumont C, Jamieson R A, Nguyen M H, et al., 2001. Himalayan tectonics explained by extrusion of a low-viscosity crustal channel coupled to focused surface denudation. Nature, 414: 738 – 742.

Bollinger L, Henry P, Avouac J, 2006. Mountain building in the Nepal Himalaya: thermal and kinematic model. Earth Planet. Sci. Lett., 244: 58 – 71.

Caldwell W B, Klemperer S L, Lawrence J F, et al., 2013. Characterizing the Main Himalayan Thrust in the Garhwal Himalaya, India with receiver function CCP stacking. Earth Planet. Sci. Lett., 367: 15 – 27.

Capitanio F A, Morra G, Goes S, et al., 2010. India – Asia convergence driven by the subduction of the Greater Indian continent. Nature Geosci., 3: 136 – 139.

Chung S L, Liu D Y, Ji J Q, et al., 2003. Adakites from continental collision zones: melting of thickened lower crust beneath southern Tibet. Geology, 31: 1021 – 1024.

Gao R, Cheng X, Wu G, 1999. Lithospheric structure and geodynamic model of the Golmud – Ejin transect in the northern Tibet. Geol. Soc. Am. Spec. Pap., 328: 9 – 17.

Gilligan A, Priestley K F, Roecker S W, et al., 2015. The crustal structure of the western Himalayas and Tibet. J. Geophys. Res., 20: 3946 – 3964.

Herman F, Copeland P, Avouac J-P, et al., 2010. Exhumation, crustal deformation, and thermal structure of the Nepal Himalaya derived from inversion of thermochronological and thermobarometric data and modeling of the topography. J. Geophys. Res., 115: B06407.

Kind R, Yuan X, Saul J, et al., 2002. Seismic images of crust and upper mantle beneath Tibet: evidence for Eurasian plate subduction. Science, 298: 1219 – 1221.

Klemperer S L, 2006. Crustal flow in Tibet: geophysical evidence for the physical state of Tibetan lithosphere, and inferred patterns of active flow// Law R D, Searle M P, Godin L (eds.). Channel flow, ductile extrusion and exhumation in continental collision zones. Geological Society of London, Special Publications.

Klemperer S L, Hauge T A, Hauser E C, et al., 1986. The Moho in the northern Basin and Range province, Nevada, along the COCORP 40° seismic reflection transect. Geol. Soc. Am. Bull., 97: 603 – 618.

Klemperer S L, Kennedy B M, Sastry S R, et al., 2013. Mantle fluids in the Karakoram fault: helium isotope evidence. Earth Planet. Sci. Lett., 366: 59 – 70.

Kohn M J, 2014. Himalayan metamorphism and its tectonic implications. Annu. Rev. Earth Planet. Sci., 42: 381 – 419.

Le Pichon X, Fournier M, Jolivet L, 1992. Kinematics, topography, shortening, and extrusion in the India – Eurasia collision. Tectonics, 11 (6): 1085 – 1098.

Le Roux-Mallouf R, Godard V, Cattin R, et al., 2015. Evidence for a wide and gently dipping Main Himalayan Thrust in western Bhutan. Geophys. Res. Lett., 42: 3257 – 3265.

Leech M L, Singh S, Jain A, et al., 2005. The onset of India – Asia continental collision: early, steep subduction required by the timing of UHP metamorphism in the western Himalaya. Earth Planet. Sci. Lett., 234: 83 – 97.

Lynn H B, Deregowski S, 1981. Dip limitations on migrated sections as a function of line length and recording time. Geophysics, 46 (10): 1392 – 1397.

Makovsky Y, Klemperer S L, Ratschbacher L, et al., 1999. Midcrustal reflector on INDEPTH wide-angle profiles: an ophiolitic slab beneath the India – Asia suture in southern Tibet?. Tectonics, 18: 793 – 808.

Miller C, Schuster R, Klötzli U, et al., 1999. Post-collisional potassic and ultrapotassic magmatism in SW Tibet: geochemical and Sr – Nd – Pb – O isotopic constraints for mantle source characteristics and petrogenesis. J. Petrol., 40 (9): 1399 – 1424.

Murphy M A, Taylor M H, Gosse J, et al., 2014. Limit of strain partitioning in the Himalaya marked by large earthquakes in western Nepal. Nature Geosci., 7: 38 – 42.

Murphy M A, Yin A, 2003. Structural evolution and sequence of thrusting in the Tethyan fold-thrust belt and Indus – Yalu suture zone, southwest Tibet. Geol. Soc. Am. Bull., 115: 21 – 34.

Murphy M A, Yin A, Kapp P, et al., 2002. Structural evolution of the Gurla Mandhata detachment system, southwest Tibet: Implications for the eastward extent of the Karakoram fault system. Geol. Soc. Am. Bull., 114 (4): 428 – 447.

Nabelek J, Hetényi G, Vergne J, et al., 2009. Underplating in the Himalaya – Tibet collision zone revealed by the Hi-CLIMB experiment. Science, 325: 1371 – 1374.

Nelson K D, Zhao W J, Brown L D, et al., 1996. Partially molten middle crust beneath southern Tibet: Synthesis of Project INDEPTH results. Science, 274 (5293): 1684 – 1688.

Pullen A, Kapp P, DeCelles P G, et al., 2011. Cenozoic anatexis and exhumation of Tethyan sequence rocks in the Xiao Gurla Range, Southwest Tibet. Tectonophysics, 501: 28 – 40.

Rajendra Prasad B, Klemperer S L, Rao V V, et al., 2011. Crustal structure beneath the Sub-Himalayan fold-thrust belt, Kangra recess, northwest India, from seismic reflection profiling: Implications for Late Paleoproterozoic orogenesis and modern earthquake hazard. Earth Planet. Sci. Lett., 308 (1 – 2): 218 – 228.

Razi A S, Levin V, Roecker S W, et al., 2014. Crustal and uppermost mantle structure beneath western Tibet using seismic traveltime tomography. Geochem. Geophys. Geosyst., 15: 434 – 452.

Ross A R, Brown L D, Pananont P, et al., 2004. Deep reflection surveying in central Tibet: Lower-crustal layering and crustal flow. Geophysical Journal International, 156 (1): 115 – 128.

Sapin M, Hirn A, 1997. Seismic structure and evidence for eclogitization during the Himalayan convergence. Tectonophysics, 273 (1 – 2): 1 – 16.

Schulte-Pelkum V, Monsalve G, Sheehan A, et al., 2005. Imaging the Indian subcontinent beneath the Himalaya. Nature, 435: 1222 – 1225.

Shi D, Wu Z H, Klemperer S L, et al., 2015. Receiver function imaging of crustal suture, steep subduction, and mantle wedge in the eastern India – Tibet continental collision zone. Earth Planet. Sci. Lett., 414: 6 – 15.

Willett S D, Beaumont C, 1994. Subduction of Asian lithospheric mantle beneath Tibet inferred from models of continental collision. Nature, 369: 642 – 645.

Wobus C, Heimsath A, Whipple K, et al., 2005. Active out-of-sequence thrust faulting in the central Nepalese Himalaya. Nature, 434: 1008 – 1011.

Wu G J, Xiao X C, Li T D, et al., 1991. Yadong – Golmud Geoscience Transect//China Global Geoscience Transect No. 3. Inter-Union Commission on the Lithosphere and American Geophysical Union. Washington, DC: 32.

Ye Z, Gao R, Li Q S, et al., 2015. Seismic evidence for the North China plate underthrusting beneath northeastern Tibet and its implications for plateau growth. Earth Planet. Sci. Lett., 426: 109 – 117.

Zhao W, Nelson K D, Project INDEPTH Team, 1993. Deep seismic reflection evidence for continental underthrusting beneath southern Tibet. Nature, 366: 557 – 559.

连线处理反射地震剖面揭示的羌塘盆地浅层地壳结构

卢占武[1]，高 锐[1,2]，李永铁[3]，薛爱民[4]，李秋生[1]，

王海燕[1]，匡朝阳[5]，李文辉[1]，熊小松[6]，李洪强[6]

◈ 0 引 言

青藏高原中部的羌塘盆地在构造位置上位于全球著名的产油构造带——特提斯构造带东段（叶和飞 等，2000；赵政璋 等，2001），它是以中生界海相沉积为主体的一个残留盆地，目前已查明侏罗系是盆地内发育最全、分布最广泛的海相沉积层系，沉积厚度巨大（Wang et al.，1997；王成善 等，2001；王剑 等，2004；伍新和 等，2008）。已有研究表明羌塘盆地具有很好的生烃环境（陈兰 等，2003；秦建中，2006；丁文龙 等，2011），是目前中国陆内尚未取得石油勘探突破的最大的海相盆地。

从构造上来看，羌塘盆地夹持于金沙江缝合带和怒江缝合带之间，总体呈现"两坳夹一隆"的构造格局（Yin & Harrison，2000；Kapp et al.，2003）。中、新生代以来，欧亚板块与印度板块的汇聚作用使盆地发生多种形式的地壳运动（Shi et al.，2004；Pullen et al.，2008），对油气资源的形成和保存影响很大。

为了揭示羌塘盆地的地下构造和油气远景，20 世纪 90 年代，中国石油工业部门开始在羌塘盆地内进行石油地震勘探试验（赵政璋 等，2001）。2004 年以来，中国国土资源部（现自然自源部）推动青藏高原的油气战略选区调查研究，在羌塘盆地继续进行石油地震反射剖面探测实验，已经取得一些新资料和新认识（卢占武 等，2006a，2006b，2009；Lu et al.，2009）。

2009 年，SinoProbe 专项在羌塘盆地实施了一条南北向的地震反射剖面，大部分测线位置与先前完成的石油反射地震剖面重合，在原有基础上，采用深井、大药量激发参数，增加了记录长度，提高了覆盖次数。新采集的数据和原有石油反射地震数据经过拼

1 中国地质科学院地质研究所，北京，100037；2 中山大学，广州，510275；3 中国石油勘探开发研究院，北京，100083；4 北京派特森科技发展有限公司，北京，100016；5 中石化石油工程地球物理有限公司华东分公司，南京，210007；6 中国地质科学院，北京，100037。

基金项目：深部探测专项项目（SinoProbe - 02），中国地质调查项目（DD20190016）和深地动力学重点实验室自主研究课题（1901 - 3）联合资助。

接、重新处理形成一条南北向跨越羌塘盆地的长剖面，为揭示羌塘盆地的浅部地壳结构、构造及其沿剖面南北向的变化规律提供了可靠数据。

◆ 1 剖面位置与数据采集

本文中使用的羌塘盆地反射地震数据分别由 SinoProbe 专项在 2009 年、原国土资源部在 2007—2008 年，以及石油工业部门在 1996—1997 年采集的数据组成（图1）。图1的 1～11 号地震测线分段沿着 88.5°E 近南北向展布，表1给出了图1中各条剖面采集的基本参数。

SinoProbe 反射地震剖面分成 11 条短剖面完成。其中最南边两段（剖面1和剖面2）采用多种级别药量激发获得：小炮，30 m 井深，50 kg 药量，炮间距 250 m；中炮，50 m 井深，两口井组合，200 kg 药量，炮间距 1000 m。道间距 50 m，中间放炮，720 道接收。北边剖面（剖面3～剖面11）与已有的剖面位置重合，因此只激发中炮，炮间距为 500 m，其余参数与剖面1和剖面2完全相同。另外，在 SinoProbe 新采集的剖面上，每间隔 50 km，还施放 1000 kg 的大炮，10 口井组合，每口井 50 m 井深，100 kg 药量，单边 960 道，接收排列长度达到 48 km。

从表1可以看出，在 SinoProbe 的 11 段剖面中，南边两段（剖面1和剖面2）是全新采集数据，覆盖次数 72 次，其余 9 段与已有的反射剖面位置完全相同，数据叠加后，浅层覆盖次数可以达到 96 次。将所有数据拼接连成了横过班公—怒江缝合带、南羌塘盆地、中央隆起、北羌塘盆地至金沙江缝合带南部的一条长达约 350 km 反射地震长剖面（简称 BNS - QT 剖面），并据此研究羌塘盆地的基底及其上部地壳构造与南北向的变化规律。

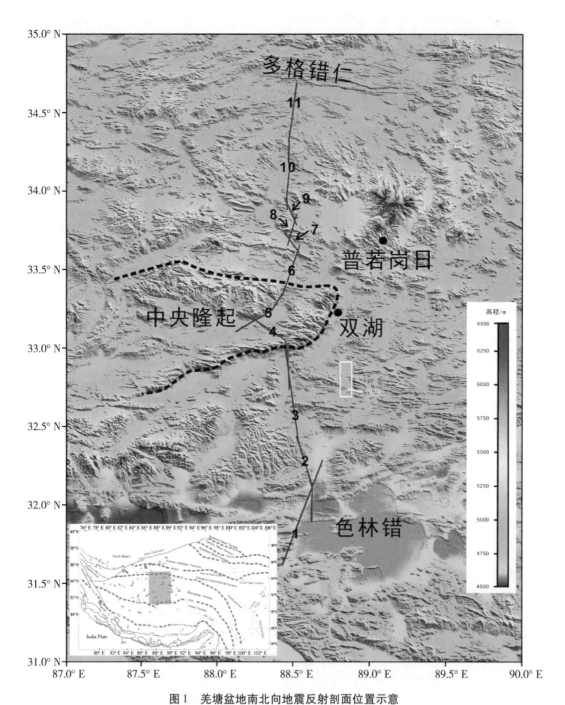

图1　羌塘盆地南北向地震反射剖面位置示意

1～11为剖面编号；底图为地势图，由http://www.globalmapper.com/网站下载。

表1 与图1对应的各测线

图1中编号	排列方式	井深／药量	炮点距／道间距/m	叠加次数	采集年份
1	17975－225－50－225－17975	50 m/100 kg（Small shot）	250/50（Small shot）	72	2009
		2×50 m/200 kg（Middle shot）	1000/50（Middle shot）		
2	17975－225－50－225－17975	50 m/100 kg（Small shot）	250/50（Small shot）	72	2009
		2×50 m/200 kg（Middle shot）	1000/50（Middle shot）		
3	4980－220－40－220－4980	12 m/6 kg	80/40	60	1997
	17975－225－50－225－17975	2×50 m/200 kg	500/50	36	2009
4	9580－20－40－20－9580	18 m/18 kg	120/40	80	2008
	17975－225－50－225－17975	2×50 m/200 kg	500/50	36	2009
5	23980－20－40（20）－20－23980	18 m/18 kg	100/20；160/40	60～96	2007
	17975－225－50－225－17975	2×50 m/200 kg	500/50	36	2009
6—10	4980－220－40－220－4980	12 m/6 kg	80/40	60	1997
	17975－225－50－225－17975	2×50 m/200 kg	500/50	36	2009
11	6075－125－50－125－6075	可控震源	100/50	60	1996
	17975－225－50－225－17975	2×50 m/200 kg	500/50	36	2009

◆2 数 据 处 理

针对原始数据分散、信噪比较低、地质构造复杂多变的特点，主要采取了叠前拼接、振幅补偿、叠前干扰压制、叠前反褶积、速度分析与动校正、静校正、偏移等技术进行处理，获得了羌塘盆地南北向反射地震长剖面。

2.1 数据拼接

因为不同的剖面采集的参数不同、时间不同，所以需要在叠加之前对数据进行统一的拼接处理。在叠前道集上来进行拼接不仅可以提高资料的叠加次数，而且可以把拼接后的资料作为一个整体来进行振幅、相位和信噪比的处理。处理中采用在叠前道集上根据CMP的实际坐标来进行拼接，保证了拼接处理资料的整体性和一致性。

2.2 地表一致性振幅补偿

为了消除地震波在传播过程中波前扩散和吸收因素的影响，以及地表条件的变化引起的振幅的变化，在处理中采用地表一致性振幅补偿的方法，使横向和浅中深层能量变化合理，真实反映地下岩性变化。

地表一致性振幅补偿采用能量分解模型，对所有的单炮进行统计，对每道计算其自相关函数，分别计算炮点、检波点、共偏移距、共 CDP 域的平均能量，再用这些参数计算补偿因子，并作用于该道。这种方式可以消除震源能量差异、检波器耦合差异及能量衰减对反射波振幅的影响，有利于提高振幅保真度，使叠加剖面能量分布均匀，参见图 2。

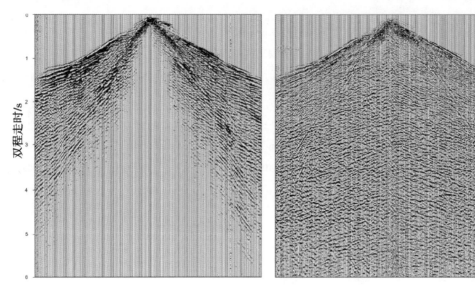

图 2　地表一致性振幅处理前后单炮真振幅显示（左图为处理前，右图为处理后）

2.3　静校正技术

主要采用无射线层析静校正技术和多反射界面剩余静校正相组合，取得最佳静校正结果（图 3）。首先采用无射线层析静校正技术，此次拼接处理的剖面较长，所经地区地表起伏较大，并且地表结构复杂，风化层厚度、速度横向变化较大，有些地方甚至缺失风化层，静校正问题非常复杂。使用高程静校正可以解决掉部分因地表起伏引起的静校正问题，但是解决不了因低、降速带厚度以及速度不均匀引起的长波长静校正问题。无射线层析成像静校正方法是应用层析静校正方法原理，反演得到浅地表速度结构，人工交互拾取一个稳定速度面，从该速度面向地表面做静校正时差计算得到静校正量，其特点是应用有限差分方法正演模拟地震波的首波初至，通过多次迭代反演获得近地表速度结构，从而进一步计算静校正量。其优点在于避开了近地表速度横向变化大而造成的射线阴影区的问题，使得计算得到的静校正量更加准确。

多反射界面剩余静校正是沿着两个或多个反射界面求取"剩余静校正量"的方法。在复杂地区，所求取的数值中不仅包含静校正量，还包含剩余动校正量、岩石速度横向变化引起的时间差、速度各向异性引起的时间差。求取"剩余静校正量"的相同部分和差异部分，相同部分代表真正的静校正量变化，差异部分代表其他因素的影响。用所求取的真正的静校正量进行静校正会避免其他因素的影响。该技术与速度分析结合经多次应用之后，叠加质量有明显改善，通过剩余静校正处理，剖面成像质量有明显的提高（图 4）。

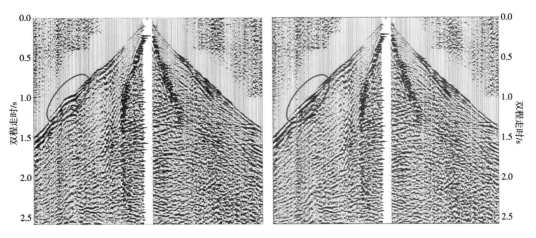

图 3 折射静校正（左）与无射线层析静校正（右）单炮对比

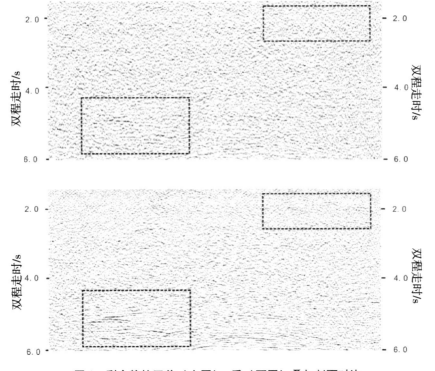

图 4 剩余静校正前（上图）、后（下图）叠加剖面对比

2.4 叠前多域组合去噪技术

（1）面波的去除：本区的面波干扰均较为严重，速度在 800 ～ 1650 m/s 之间，频率在 5 ～ 15 Hz 之间，主要能量集中在 15 Hz 以内。在处理过程中采用自适应面波衰减技术或区域滤波技术对面波进行消除和衰减。

（2）线性干扰滤除：根据线性干扰波与有效波之间在视速度、位置和能量上的差异，在 T – X 域采用倾斜叠加的方法确定线性干扰的视速度、分布范围及规律，将识别出的线性干扰从原始数据中减去，实现线性干扰的滤除。

（3）高能干扰波的分频压制：高能干扰的分频压制技术是根据"多道识别，单道去噪"的思想，在不同的频带内自动识别地震记录中存在的强能量干扰，确定出噪声出现的空间位置，根据定义的门槛值和衰减系数，采用时变、空变的方式予以压制。计算中使用的识别参量为数据包络的横向加权中值，这种分频处理方法可以提高去噪的保真程度。

（4）叠前随机噪声衰减：在剔除规则噪声之后，在低信噪比区段仍然存在很强的随机噪声。为进一步提高资料的信噪比，叠前在 SHOT – OFFSET – TIME 域内做区域随机噪声衰减处理（图 5）。

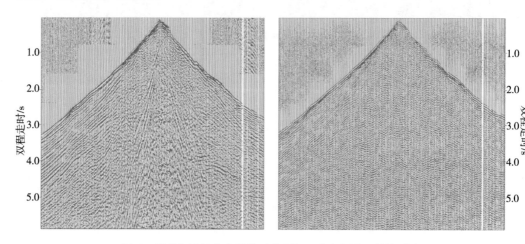

图 5　叠前多域组合去噪前（左图）、后（右图）单炮对比

2.5　地表一致性反褶积技术

地表一致性反褶积是分别在炮点、检波点和偏移距域进行子波统计，求取 1 个最优的归一化的反算子应用于叠前数据，进行反褶积处理，该方法也可以说是一种特殊的多道反褶积方法。该方法具有子波稳定、横向一致性好、抗噪能力强的优点，是地震资料处理常用的反褶积模块。

在以往的地震资料处理中，为提高效率，通常都尽量采用较多的统计道数，这在地表条件简单的情况下是可取的。但是由于羌塘地质结构横向多变，在统计反褶积算子时，如果采用的道数较多，不仅达不到好的反褶积效果，反而会降低资料的信噪比。本次处理中，采用较少的统计道数（11 道）来求取反褶积算子（表 2）。

从多道反褶积和单道反褶积叠加效果对比（图 6）中可看出，在多道反褶积后叠加剖面中，350 ms 和 650 ms 处反射同相轴连续性好于单道反褶积。

表2 地表一致性预测反褶积试验参数

试验内容	试验参数	最佳参数
预测步长	8 ms 16 ms 24 ms 28 ms 32 ms 48 ms	24 ms
算子长度	160 ms 200 ms 240 ms	160 ms 200 ms
白噪系数	0.1% 0.2% 0.3%	0.1%
统计域	共炮域、共检波点域、共偏移距域	共炮点域

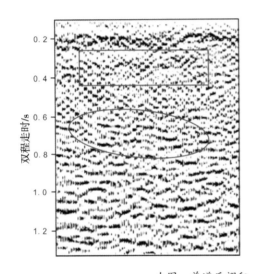
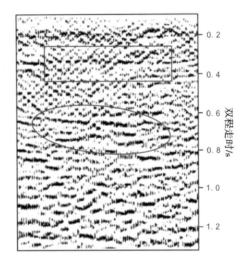

左图：单道反褶积；右图：多道反褶积。

图6 多道反褶积和单道反褶积效果对比

2.6 速度分析

速度是反射地震资料处理中一个十分重要的参数，准确求取反射波的叠加速度以达到同相叠加是提高剖面信噪比的关键。为了获得精度较高的动校正（NMO）速度参数，数据处理中实验了不同间隔速度分析结果（图7），图中左图为 80 个 CDP 间隔所做的速度分析，右图为 20 个 CDP 间隔所做的速度分析，由图可见小间隔速度分析得到的剖面在 600 ms 和 1200 ms 处，同相轴成像效果较好，能量较强，连续性较好。在具体处理中，采取小间隔道集（每 20 个 CDP 道集做 1 个速度谱）进行速度分析，参考速度扫描，求取 1 个初始的叠加速度；然后根据初选的 NMO 速度对 CDP 道集进行动校正和剩余静校正处理，并将其结果应用于原始 CDP 道集；在剩余静校正后的 CDP 道集上，进行第二次速度分析，以获得更为精确的叠加速度。

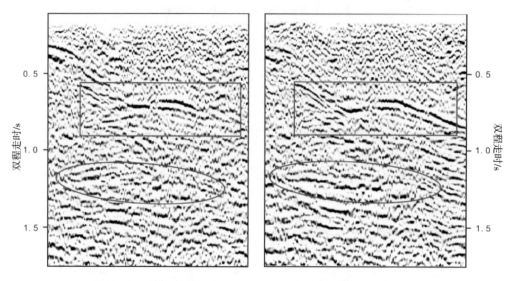

左图：速度分析间隔 80 个 CDP；右图：速度分析间隔 20 个 CDP。

图7　不同速度分析间隔叠加剖面对比

2.7　叠前时间偏移

常规叠前偏移模块是建立在水平地表假设基础上的，对于山区资料来说，会造成偏移成像不准或根本不能成像等问题。基于起伏地表的 Kirchhoff 叠前时间偏移方法（PSG_MIG）的基本原理是单地震道数据在原来常规 Kirchhoff 叠前时间偏移坐标的基础上进行几何旋转后再进行偏移，其偏移条件是建立在起伏地表基础上的，更适合复杂地表地形条件的数据成像。

在数据偏移处理中，重点测试了偏移孔径、偏移距组合、反假频距离和反假频频率等参数（表3）。

表3　基于起伏地表叠前时间偏移参数

项目	试验参数	选取的最佳参数
偏移孔径/m	5000, 8000, 9000, 10 000, 12 000, 14 000	10000
偏移距组合/m	80, 160, 240	160
反假频距离/m	20, 25, 30, 35, 40, 45	25 ～ 50
反假频频率/Hz	30, 50, 70, 90	50

图 8　基于起伏地表的 Kirchhoff 叠前时间偏移剖面

从图 8 中可见，基于起伏地表的 Kirchhoff 叠前时间偏移能够做到更好地使绕射波收敛，同相轴更加聚焦，断层更清楚，断点更干脆。

3　羌塘盆地基底结构与南北变化

3.1　盆地的基底结构

含油气盆地基底结构影响着盆地的构造格局，制约着含油气建造的展布规律、厚度变化以及宏观控油构造。由于羌塘盆地经受了青藏高原隆升等强烈的后期改造作用，盆地是否具有刚性基底，对于评价油气的保存条件至关重要。因此，盆地基底的研究显得至关重要。

羌塘盆地是否具有前寒武纪基底，是一个长期争论的问题。王成善等（2001）和黄继钧等（2001）认为羌塘盆地具有双重基底，即早元古代的结晶基底和中－晚元古代的褶皱基底，它们具有完全不同的岩石组合、物性特征和变质变形特征，结晶基底与褶皱基底之间存在着明显的变质间断面。

鲁兵等（2001）认为羌塘盆地只有结晶基底，由早－中元古代的戈木日组与阿木岗组组成，所谓的褶皱基底可能仅是结晶基底后期隆升的产物，只发育在双湖—鲁谷一带。谭富文等（2009）通过锆石 SHRIMP 年龄研究认为羌塘盆地具有前寒武纪结晶基底，形成时期可能在 1780—1666 Ma 前。李才（2003）则认为羌塘地区尚无可靠的结晶基底或古老基底存在的同位素年代学证据。

反射地震剖面的实施，为羌塘盆地基底结构的研究提供了有力的证据。笔者曾经利用 2004 年采集的一条反射地震剖面解释了羌塘盆地的基底构造特征（卢占武 等，2006a）。如图 9 标注的剖面上两个强反射层位，强反射 A 在双程走时 2.1～3 s 之间，强反射 B 在双程走时 4.2～5.5 s 之间，振幅分析的结果可见这两组强反射的顶端对应的振幅能量明显增强，说明二者与其上、下地层的反射明显不同，这两组强反射都可以作为一个界面来认识。

从整体剖面上看，地层浅部的变形主要都集中在强反射 A 之上，其下地层舒缓。考虑羌塘盆地地层、地质情况，发生于强反射 A 之上的众多隆起反射，可能代表了中生代地层是在高原强烈挤压褶皱作用下形成的。作为大部分构造变形的底部的强反射 A，我们认为它应是羌塘盆地的中生代地层的底界面，可称之为羌塘盆地的"前中生代基底"。强反射界面 B 的顶部位于 4.2 s 处，同相轴连续性好、能量集中、稍向南倾，最深可延伸到近 5 s 处，被认为是古生代与元古代地层的分界面，推测可能是羌塘盆地元古代基底所在。

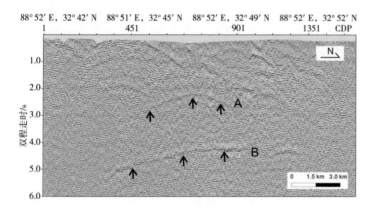
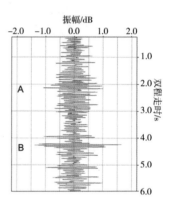

左图：叠加剖面；右图：振幅曲线分析。

A：前中生代基底反射；B：元古代基底反射。

图 9　南羌塘盆地地震剖面上显示的基底反射特征及振幅曲线分析

按照此基底反射特征的提示，我们分析了拼接再处理得到的 BNS – QT 长剖面（图 10）。图中橙色和红色虚线分别标注出了可能是羌塘盆地前中生代基底和元古代基底反射的位置。由南向北，羌塘盆地前中生代基底呈现出中部浅、两端深的特征。在拉萨地体至南羌塘盆地内出现在 3.5 s，在中央隆起南缘加深到 4 s，在中央隆起主体位置，变浅至 2 s，随后进入到北羌塘盆地继续加深，在北羌塘盆地内部变化不大，深度约为 3 s。而元古代基底呈断续分布，在南羌塘盆地内较深，出现在 5.0 s，中央隆起下方元古代基底也表现为隆起形态，顶部抬升到 3.5 s，到北羌塘盆地出现在 4.5 s 左右。

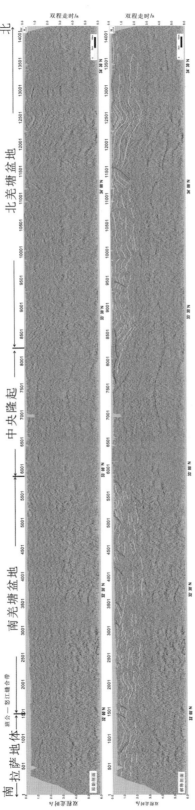

图10 连线处理的羌塘盆地南北向长剖面解释

3.2 羌塘盆地地壳浅部结构的变化

我们将连线处理后的 CDP 绘制到地质图上（图 11），以便可以更加合理地对反射剖面的构造和地层信息进行解释。

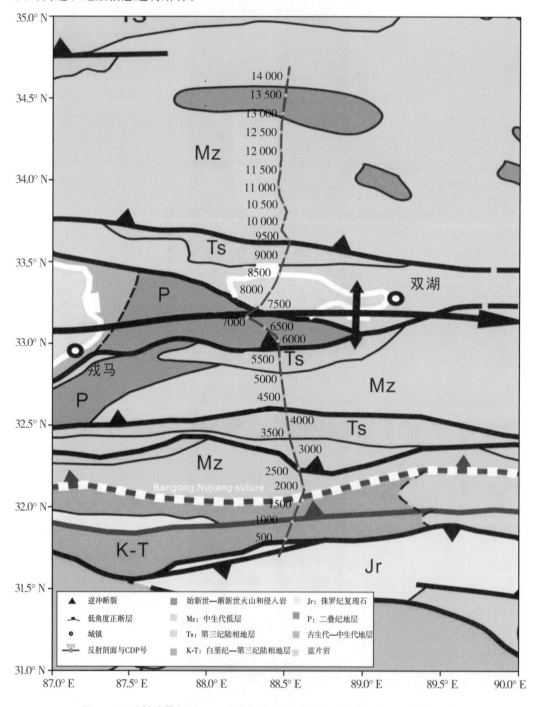

图 11　深反射地震剖面 CDP 分布与区域地质（地质图据 Kapp et al., 2005）

图 10（a）和图 10（b）分别是拼接处理后的长剖面和解释的结果。从拼接处理的剖面可见羌塘盆地浅部结构的南北向差异较大。南羌塘盆地与北羌塘盆地的浅层结构（前中生代基底之上地层）在构造变形样式和变形幅度上均有明显差异。在北羌塘盆地，存在规模较大的凹陷和隆起构造相间的格局，且表层变形较弱，连续沉积地层较多；而南羌塘盆地几乎没有类似于北羌塘的大凹陷构造，多呈现短轴的连续性较差的反射轴。

位于前中生代基底之上的中生代地层反射能量较强，同相位反射波组连续性较好，多数可连续追踪。反射信息丰富揭示出构造样式的变化多样，隆起、凹陷、断裂等构造要素反映清楚。在此之下反射能量较弱，少见可连续追踪的反射同相轴。我们推测在羌塘盆地的上地壳中，前中生代基底与下覆地层间可能存在一种构造滑脱的作用，由于它的存在才导致其上、下地层在变形程度上的不一致。

中央隆起北缘发育有一个规模较大到深地堑，剖面上横向跨度为 20 km，最深处可达 2.8 s，接近 8 km，北侧为断面较陡的断层，南侧呈一斜坡，凹陷内反射地层结构非常清楚。该凹陷主要为侏罗系地层，包括那底岗日组、雀莫错组和布曲组，底部为上三叠统肖茶卡组。凹陷内的反射层彼此之间互相平行，褶皱变形不明显，断层也不太发育，说明新生代改造强度不大。由于其距离物源区较近，粗碎屑物质能够容易地沉积在南侧斜坡上，可作为储层；最深处应当沉积细粒物质，可作为生油层；该区中、上侏罗统与古近系中均发育有膏盐沉积物，是良好的盖层，因此这种半地堑结构形式的凹陷可能是一个有利的油气聚集单元。

4 结 论

通过对 BNS – QT 长剖面的研究发现，羌塘盆地具有前中生代基底和元古代的基底。前中生代基底表现为一套连续强反射地层，主要的地壳浅部的变形均发生在该反射层之上。其埋深呈中央隆起浅、南北两侧深的特点。元古代基底断续出现，在南羌塘盆地较深，出现在 5.0 s TWT，中央隆起下方元古代基底也表现为隆起形态且在 3.5 s TWT，北羌塘盆地内元古代稳定基底出现在 4.5 s TWT 左右。

北羌塘盆地，中生代以上地层存在规模较大的隆凹相间的构造格局，而南羌塘盆地多表现为连续性较差的平缓短轴的反射。中央隆起北缘发育有一个规模较大的半地堑构造，可能是羌塘盆地中有利的油气聚集保存单元。

致 谢

感谢中石化石油工程地球物理有限公司西南分公司第五物探大队的优秀的数据采集工作。

❈◆ 说　　明

此文主体部分已随以下两篇文章发表：

Lu Z W, Gao R, Li Y T, et al., 2013. The upper crustal structure of the Qiangtang Basin revealed by seismic reflection data. Tectonophysics, 606：171 – 177.

卢占武，高锐，李永铁，等，2011. 青藏高原羌塘盆地基底结构与南北向变化：基于一条 270 km 反射地震剖面的认识. 岩石学报，21 (11)：3319 – 3327.

❈◆ 参 考 文 献

Kapp P, Yin A, Manning E C, et al., 2003. Tectonic evolution of the early Mesozoic blueschist-bearing Qiangtang metamorphic belt, central Tibet. Tectonics, 22 (4)：1043. DOI：10.1029/2002TC001383.

Lu Z W, Gao R, Li Q S, et al., 2009. Test of deep seismic reflection profiling across central uplift of Qiangtang terrene in Tibetan plateau. Journal of Earth Science, 20：438 – 447.

Pullen A, Kapp P, Gehrels G E, et al., 2008. Triassic continental subduction in central Tibet and Mediterranean-style closure of the Paleo – Tethys oceans. Geology, 36：351 – 354.

Shi D N, Zhao W J, Brown L, et al., 2004. Detection of southward intracontinental subduction of Tibetan lithosphere along the Bangong – Nujiang suture by P-to-S converted waves. Geology, 32：209 – 212.

Wang C S, Chang E Z, Zhang S N, 1997. Potential oil and gas-bearing basins of the Qinghai – Tibetan plateau, China. International Geology Review, 39：876 – 890.

Yin A, Harrison T M, 2000. Geologic evolution of the Himalayan – Tibetan orogen. Ann. Rev. Earth Planet. Sci., 28：211 – 280.

陈兰，伊海生，胡瑞忠，2003. 藏北羌塘地区侏罗纪颗石藻化石的发现及其意义. 地学前缘，10 (4)：613 – 618.

丁文龙，李超，苏爱国，等，2011. 西藏羌塘盆地中生界海相烃源岩综合地球化学剖面研究及有利生烃区预测. 岩石学报，27 (3)：878 – 896.

黄继钧，2001. 羌塘盆地基底构造特征. 地质学报，75 (3)：333 – 337.

李才，2003. 羌塘基底质疑. 地质论评，49 (1)：4 – 9.

鲁兵，刘池阳，刘忠，等，2001. 羌塘盆地的基底组成、结构特征及其意义. 地震地质，23 (4)：581 – 587.

卢占武，高锐，匡朝阳，等，2006b. 青藏高原羌塘盆地二维地震数据采集方法试验研究. 地学前缘，13 (5)：382 – 390.

卢占武，高锐，李秋生，等，2009. 藏北羌塘盆地反射地震剖面与叠加速度研究. 中国地质，36 (3)：377 – 681.

卢占武，高锐，薛爱民，等，2006a. 羌塘盆地石油地震反射新剖面及基底构造浅析. 中国地质，33 (2)：286 – 289.

秦建中，2006. 青藏高原羌塘盆地中生界主要烃源层分布特征. 石油实验地质，28 (2)：134 – 146.

谭富文，王剑，付修根，等，2009. 藏北羌塘盆地基底变质岩的锆石 SHRIMP 年龄及其地质意义. 岩石学报，25 (1)：139 – 146.

王成善，伊海生，李勇，等，2001. 羌塘盆地地质演化与油气远景评价. 北京：地质出版社.

王剑，谭富文，王小龙，等，2004. 藏北羌塘盆地早侏罗世—中侏罗世早期沉积构造特征. 沉积学报，22（2）：198-205.

伍新和，张丽，王成善，等，2008. 西藏羌塘盆地中生界海相烃源岩特征. 石油与天然气地质，29（3）：348-354.

叶和飞，罗建宁，李永铁，等，2000. 特提斯构造域与油气勘探. 沉积与特提斯地质，20（1）：1-27.

赵政璋，李永铁，叶和飞，等，2001. 青藏高原羌塘盆地石油地质. 北京：科学出版社.

雅鲁藏布江缝合带的莫霍面结构及其构造启示

——来自深地震反射大炮的证据

李洪强[1,2]，高　锐[2,3]，李文辉[1]，卢占武[1]

◆ 0　引　言

　　雅鲁藏布江缝合带作为印度板块与亚洲板块碰撞的前缘结合处，其深部结构记录了两大板块碰撞深部过程，因而吸引了全世界学者的长期关注。其特殊的构造部位以及其形成时间较新，使其被誉为研究正在进行的陆－陆碰撞过程的天然实验室。因此，探测和研究雅鲁藏布江缝合带及其两侧深部结构对了解整个青藏高原的隆升、喜马拉雅山脉的形成、岩石圈演化的深部过程等具有重要的科学意义（肖序常 等，1988；滕吉文等，1999；莫宣学，2010；许志琴 等，2012）。雅鲁藏布江缝合带在我国境内东西跨越长达 2000 km，它由蛇绿岩、混杂岩、兰片岩、高压变质带和一套深海沉积层组成，标志着它是特提斯洋壳在消亡过程中经构造变形后残存下来的遗迹，是印度板块与亚洲板块最新碰撞的部位。已有的深地震反射剖面（Gao et al.，2016）、深地震测深（Hirn et al.，1984；滕吉文 等，1985；liu et al.，2001）、宽频地震观测（Kind et al.，2002）等研究结果揭示的雅鲁藏布江缝合带及其两侧的下地壳、Moho 结构存在显著差异（Gao et al.，2005；Shi et al.，2016）。显然，这些结果的差异严重阻碍人们理解印度板块与亚洲板块如何碰撞，以及对碰撞后印度板块是否能够继续俯冲等构造行为的追踪，进而阻碍人们理解陆－陆碰撞过程这一重大的板块构造问题。

　　高锐等通过深地震反射剖面发现横过雅鲁藏布江缝合带西段 Moho 深度并没有显著变化（Gao et al.，2016）；Hirn 等（1984）根据中法合作完成的扇形宽角地震剖面，认为雅鲁藏布江缝合带下 Moho 错断大于 15 km；熊绍柏等（1985）通过东西向长剖面和非纵测线的结果得到雅鲁藏布江缝合带 Moho 错断 6～8 km；Kind（2002）通过宽频地震数据接收函数反演认为在雅鲁藏布江缝合带之下不存在 Moho 错断。同样是宽频地震观测，王卫民等（2008）认为雅鲁藏布江缝合带 Moho 存在 6 km 的错断；姜枚等（2008）认为存在 20 km 的错断；Zhao 等（2010）通过对多个跨越雅鲁藏布江缝合带的

　　1 中国地质科学院，北京，100037；2 中国地质科学院地质研究所，北京，100037；3 中山大学地球科学与工程学院，广州，510275。

宽频地震剖面进行分析，认为在雅鲁藏布江缝合带之下不存在 Moho 错断。显然，不同的探测结果导致了对印度板块俯冲－碰撞行为的不同理解。Owens 和 Zandt（1997）通过宽频地震数据研究，提出印度板块高速下地壳已经越过雅鲁藏布江缝合带到达班公湖—怒江缝合带；Kosarev 等（1999）利用横过冈底斯带的宽频地震观测，提供了印度板块地壳与岩石圈拆离，印度地壳没有过雅鲁藏布江缝合带，岩石圈地幔向拉萨地体下俯冲的图像；Zurek（2008）通过对雅鲁藏布江缝合带东段宽频带地震进行观测，认为印度板块下地壳到达嘉黎断裂；印度—尼泊尔—西藏西部一线实施的 Hi-CLIMB 计划，利用宽频地震接收函数方法获取了叠加偏移剖面，解释认为印度板块地壳没有被雅鲁藏布江缝合带限制，近水平地俯冲进入到拉萨地体地壳；Shi 等（2015）对跨越雅鲁藏布江缝合带东段的宽频带剖面分析，认为印度地壳已经越过雅鲁藏布江缝合带，但没有大规模进入拉萨地体；Gao 和 Lu 等（2016）发表的横过雅鲁藏布江缝合带西段的深地震反射剖面显示，印度地壳没有大规模越过缝合带，中下地壳的多重构造叠置（duplexing）是使喜马拉雅地壳加厚的重要机制。上述情况表明，同样的地震观测也会得出不同的结果。因此，横过雅鲁藏布江缝合带 Moho 是否存在错断，印度下地壳是否大规模越过雅鲁藏布江缝合带进入拉萨地体还需要进一步研究。同时也说明，雅鲁藏布江缝合带下地壳和 Moho 结构复杂，不仅缝合带两侧可能存在变化，而且沿缝合带东西方向也存在差异。已有的深部地球物理探测剖面主要是沿南北向布设的，南北向的观测对于探讨印度岩石圈板片俯冲的前沿位置和俯冲角度等基本科学问题是必要的，但不足以研究雅鲁藏布江缝合带下地壳和 Moho 东西向的变化。再者，由于高精度地球物理探测数据的不足，也导致上述争议的问题不能得到很好的解决。解决问题的途径是提高观测精度，用精细的结果获取可靠的深部证据。

深地震反射剖面探测技术的快速发展，为解决这一问题提供了契机。在国家深部专项项目"SinoProbe－02"和地质大调查项目支持下，中国地质科学院地质所已经完成了两个跨越雅鲁藏布江缝合带的深地震反射剖面，一个位于西段（剖面位置如图 1 中 YZS－A 线所示）、另一个位于中段（剖面位置如图 1 中 YZS－B 测线所示）；特别是为了获得高信噪比的地壳深部信息，施放了药量在 500 ～ 2000 kg 的反射大炮。这些大炮资料的采集很成功，单炮数据显示了清晰的下地壳和 Moho 结构。本文拟通过这些剖面高质量的深地震反射大炮数据的处理和分析，重点开展对雅鲁藏布江缝合带及其两侧的下地壳和 Moho 成像研究。连接这些大炮的单次近垂直反射地震剖面，可获得高精度的雅鲁藏布江缝合带及两侧的 Moho 图像。

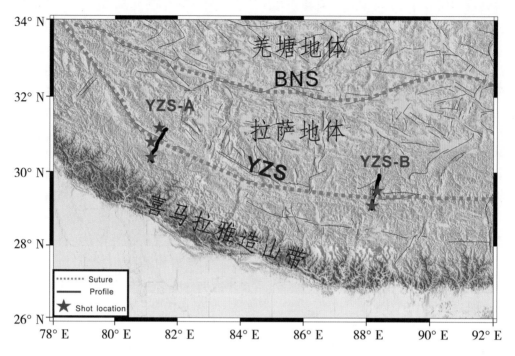

YZS：雅鲁藏布江缝合带；BNS：班公湖—怒江缝合带；蓝色点线：缝合带位置；红色星号：炮点位置。

图1 深地震反射测线和大炮位置

1 数据及分析

　　为了获得高分辨率深地震反射资料，针对雅鲁藏布江不同区域地震地质条件特点，野外采用不同井深、不同药量组合激发、长排列接收技术。跨越雅鲁藏布江缝合带的两个深地震反射剖面（如图1中 YZS – A、YZS – B）分别采集于 2011 年和 2015 年。主要穿过高山、草原等复杂地形。跨越花岗片麻岩、砂岩、砾石层、堆积物。针对研究区的特点通过试验获取了合理的采集参数，采用多种药量的爆炸震源进行激发。使用法国产的 428XL 型 24 位地震仪，数据采集参数见表1，为了获得来自巨厚地壳的深部反射有效反射信息，共布设了 5 个深地震反射大炮。大炮数据的采集参数见表2，每个大炮由 10 ～ 20 个 50 ～ 70 m 的激发孔组成，每个激发孔装载 100 kg 药量。图2 为位于测线 YZS – B 采集的经过处理后的大炮记录。单炮在浅层和深部有几组高信噪比的反射层，但是来自深部的 Moho 反射不能被连续追踪，因此，如何识别深部的反射信息，是深地震反射大炮资料处理的关键。

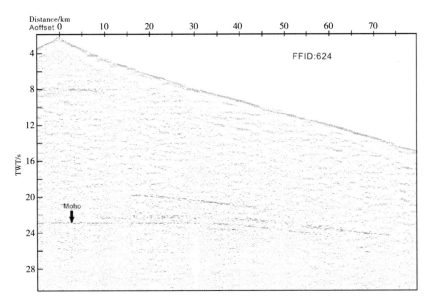

图2　YZS - B 测线经过处理后的深地震反射大炮记录

表1　深地震反射大炮数据采集参数

数据类型	参　　　数	
药量	1000 kg	2000 kg
炮间距	30 ～ 50 km	47. 5 km
井深	50 m × 10	50 m × 20
排列	End - on	End - on
最小偏移距	100 m	50 m
最大偏移距	55 km	80 km
采样率	4 ms	4 ms
记录长度	60 s	60 s
检波点数	>900（cable）	>1000（cable）
检波点距离	50 m	50 m
检波器类型	SM24 - 10 Hz	—

表 2　大炮数据数详细参数

采集年份	文件号	桩号	纬度	经度	高程	药量	剖面
2011	699	20800	30.37° N	81.14° E	4269.5 m		
2011	851	22615	31.07° N	81.14° E	5122.6 m	1000 kg	YZS – A
2011	961	21894	30.80° N	81.14° E	4722.2 m		
2015	624	4380	29.09° N	88.16° E	4565.6 m	2000 kg	YZS – B
2015	628	5330	29.49° N	88.33° E	4425.7 m		

　　同常规的小药量单炮数据相比，大炮数据具有更高的信噪比、更宽的频带、相对简单的激发子波（Jarchow, Goodwin, & Catchings, 1990），大炮数据可以用于识别下地壳和 Moho 的反射，甚至来自岩石圈底界面的反射（Stern et al., 2015）。地震学上通常将地震波速度从地壳速度（<7.2 km/s）增加到地幔速度（>8.0 km/s）的一级速度界面定义为 Moho（或者为 6.5 ～ 7.1 km/s）（Holbrook et al., 1992; Rohr, Milkereit, & Yorath, 1988），这个显著的阻抗界面使其在深地震反射中容易被捕捉到。深地震反射中的 Moho 通常被定义为深度最深的密集反射底部，且在横向有一定的连续性（Carbonell et al., 2013; Cook et al., 2010; Hammer & Clowes, 1997）。由于下地壳和地幔间强的阻抗差，Moho 反射信息表现为强烈振幅变化（横向/垂向）。通过对近垂直反射的振幅变化进行分析，可近似地识别 Moho（图 3）。不同频率的分析表明：YZS – A 的 Moho 反射在 22.5 ～ 24 s，YZS – B 的反射位于 21 ～ 24 s。按照平均地壳速度 6.0 km/s 计算，Moho 深度位于 67.5 ～ 72 km。每个单炮 Moho 的有效频率、双程走时见表 3。

表 3　单炮近垂直反射区的莫霍面识别信息

文件号	频率	双程走时/s	深度/km	剖面
699	7 ～ 15	23.2	69.6	YZS – A
851	7 ～ 28	23.1	69.3	YZS – A
961	7 ～ 15 & 24 ～ 28	23.0	69.0	YZS – A
624	7 ～ 15	23.6	70.8	YZS – B
628	7 ～ 15	23.2	68.6	YZS – B

　　多次覆盖技术是对地下反射点重复多次进行观测，目的是削弱或压制各种干扰波，提高反射信噪比；深地震大炮深部反射能量强、信噪比高，中、小炮深部反射能量弱、抗干扰能力低、连续性差。当前深地震反射数据处理通常只考虑大、中、小炮的共性，忽略大、中、小炮的资料品质差异。用统一的流程、参数无差别地处理大、中、小炮，对于中、浅层可能是合适的；对深层，没有考虑大、中、小炮能量、频率、相位的差异，常导致一些大炮上的高信噪比、连续性好的深部反射在常规处理剖面上不能恰当地

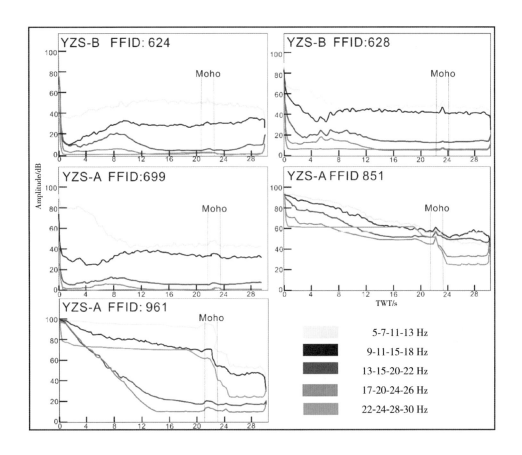

图3 在近垂直反射区不同频率段的振幅衰减曲线

体现。尤其是 Moho，它并不是一个简单的阻抗界面，而是具有一定厚度的物性参数变化带；受上覆地层的横向和纵向物性变化的影响，很难求出深部反射的准确速度进行校正，影响处理的精度和结果的可靠性。而深地震反射大炮的深部资料信噪比较高，经时差校正后可较好地反映深部的构造形态和样式；大炮浅层激发能量大，会引起浅层反射模糊、炮点偏离测线使地震波走时扭曲、处理中的动校正拉伸切除等作用，使大炮浅层很难形成信噪比较高的单次连续剖面。大炮数据的大干扰噪声严重制约了深部资料的信噪比的提高，解决大炮资料噪声压制是形成单次剖面的关键。对深地震测线的 5 个反射大炮进行针对性地去噪、速度求取、共反射点面元排布，以获得沿测线的反映深部构造特征的单次覆盖图像。

反射测线经过区域，地形、地貌差异大，单炮记录上的各种干扰波和有效信号相互叠加，影响了有效信号的识别和提取；单次覆盖剖面由于没经过叠加处理，资料的抗干扰能力弱，单炮数据上的干扰噪声可能引起单次剖面的地质假象并降低剖面的品质，大炮资料的干扰必须认真细致地压制。原始大炮上的干扰波主要为低频干扰（1 ～ 2 Hz）、异常振幅、面波、线性干扰、50 Hz 工业干扰；深层有效反射的主频在 6 ～ 15 Hz，和面波主频有重叠。对单炮数据进行异常振幅分频以压制大值，自适面波衰减来压制面波；

对线性干扰，根据干扰波和有效波在视速度、位置、能量上的差异，在 $T-X$ 域运用倾斜叠加的方法向前、向后线性叠加以确定线性干扰的视速度范围，将其识别出的线性干扰从原始数据中减去；对低频和 50 Hz 工业干扰，通过低截频和高截频滤波进行消除；电磁感应噪声在单炮上表现为宽频带、强振幅、尖脉冲、水平分布的特点，很难通过频率等其他域去噪方法压制，故通过手工编辑的方式剔除。深部有效反射信号凸显出来，信噪比有了显著的提高。考虑到大炮的共反射点面元的覆盖次数较低，不能通过反射点面元内道相关速度谱求得均方根速度，运用小炮求取的叠加速度按一定的速度间隔（50 m/s）对反射点面元动校正，按照共反射点面元位置排布，拾取连续性最好的速度定义该空间位置的速度。将获得的速度在时间、空间域进行内插，应用该速度对研究区的大炮数据进行动校正，获得该反射点自激自收的用于描述该反射点深部反射信息的记录（处理前后单炮记录如图 4）；对 CDP 面元选取离炮点最近的地震道，对动校正后的 CDP 面元按空间位置进行排序，形成反映测线深部构造特征的单次覆盖剖面。为了进一步突出深部的有效反射和 Moho 主要轮廓，对单次覆盖剖面进行中值滤波、叠后随机噪声衰减、能量动平衡处理，获得的单次覆盖剖面如图 5 所示。

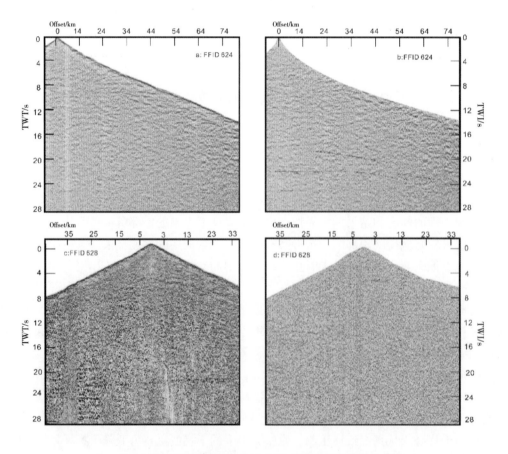

a 和 c 为 agc 和滤波后单炮；b 和 d 为对应的去噪后的显示单炮。

图 4　YZS - B 反射测线处理前后的深地震反射大炮

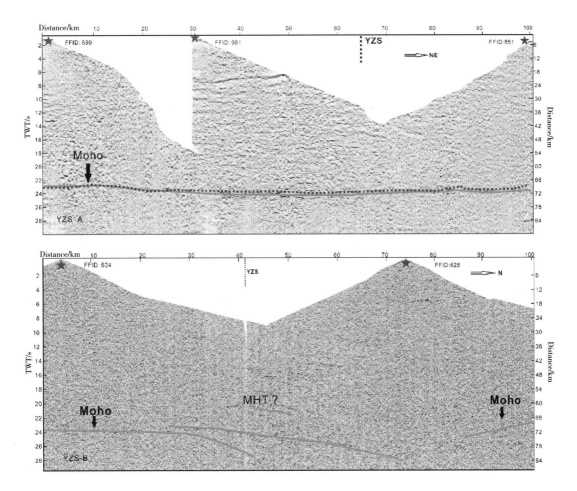

红星：大炮炮点位置；红色线段：Moho 结构。

图 5 大炮单次覆盖剖面

近似深度基于平均地壳速度 6.0 km/s。来自 Gao 等（2017）。

◆2 结果与讨论

　　Moho 是深地震反射剖面在岩石圈内可识别的最重要的边界（Cook，2010），在大炮单次剖面上面以最深、能量高连续的反射为主要特征。过雅鲁藏布江的两个深地震反射大炮剖面清晰地揭示了其下方存在差异的 Moho 深度和结构，在 YZS – A 剖面揭示 Moho 深度在 66～72 km，Moho 的厚度小于 0.4 s，且 Moho 连续，这和通过全部反射数据（大、中、小炮）揭示的 Moho 的结构和深度一致（Gao et al.，2016）。而在 YZS – B 最南端揭示的 Moho 深度和 INDEPTH 反射剖面的深度一致（Zhao et al.，1993）。来自 Moho 反射的信噪比较高，Moho 反射介于 21～25 s 之间，反射带比较窄，小于0.3 s，按照地壳平均速度估算，Moho 的深度介于 63～75 km 之间，在剖面的北侧，明显地存在 Moho 的错段，距离小于 6 km，且 Moho 结构存在叠置（图6）。

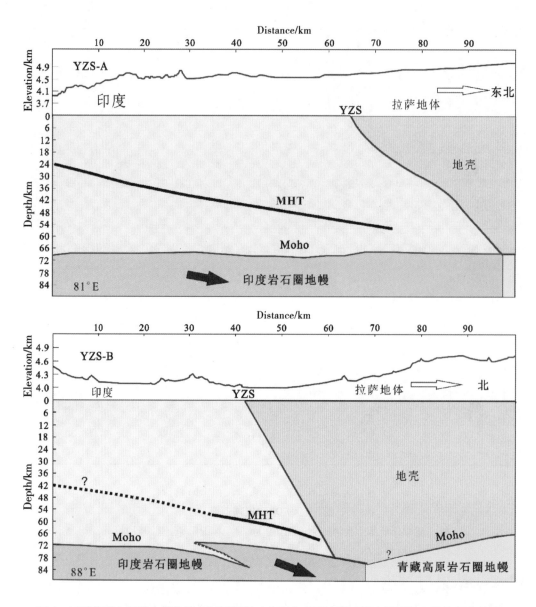

图 6　过雅鲁藏布江缝合带的单次剖面解释（主要参考深地震反射大炮数据和其他相关数据）

Moho 结构东西向的差异是如何形成的呢？长达 2000 km 的喜马拉雅—青藏高原造山带主要由 6 个块体组成，通过地质填图表明，喜马拉雅造山带在新生代南北方向至少存在数百千米的缩短，且东西向存在差异（Yin et al.，2000），这些变形也被 GPS 数据所证实（Zhang et al.，2004）。很少有地球物理观测涉及沿着雅鲁藏布江缝合带 Moho 存在深度和几何结构差异。这两个深地震反射大炮剖面表明：在雅鲁藏布江缝合带下方 Moho 的深度和几何形态横向存在显著的差异。大量的地球物理观测表明，俯冲的印度岩石圈地幔在东西方向的角度存在变化，可能存在板片撕裂。因此，我们认为由于印度岩石圈不同的俯冲角度引起了上部 Moho 结构的变化差异。

❖ 3 结　论

通过对沿着雅鲁藏布江缝合带两个深地震反射侧向上的五个深地震反射大炮的处理，获得两个过雅鲁藏布江缝合带的 Moho 反射结构，主要得出如下结论：

（1）在青藏高原地区，Moho 反射很难从大炮上直接识别和连续追踪，运用不同频段的振幅曲线是有效识别 Moho 反射的一种方法，在炮域按偏移距分段叠加可提高莫霍面有效反射的信噪比，为在单炮记录上连续追踪 Moho 反射提供有效手段。

（2）两个大炮单次覆盖剖面都显示了该区域地壳的厚度是大陆平均地壳厚度的两倍左右，西部剖面显示了一个相对变化较小的 Moho 结构，Moho 反射可以被连续追踪，而东部剖面 Moho 结构存在不连续和叠置结构。

（3）沿着雅鲁藏布江缝合带 Moho 结构的变化可能是印度岩石圈向青藏高原自西向东不同的俯冲角度引起的。

❖ 致　谢

本研究得到原国土资源部深部探测项目（SinoProbe－02－01）、中国国家自然科学基金项目（41704089、41574019、41590863、41430213）、中国国家重点研究和开发计划"西藏碰撞造山成矿系统的深部结构与成矿过程"项目的联合资助。本论文成果已经发表在国际地学期刊 *Tectonophysics*，2018：747－748. https：//doi. org/10. 1016/j. tecto. 2018. 10. 003.

❖ 参考文献

Carbonell R, Levander A, Kind R, 2013. The Mohorovičić discontinuity beneath the continental crust：A overview of seismic constraints. Tectonophysics, 609：353－376.

Cook F A, White D J, Jones A G, et al., 2010. How the crust meets the mantle：Lithoprobe perspectives on the Mohorovičić discontinuity and crust－mantle transition. Canadian Journal of Earth Sciences, 47（4）：315－351.

Gao R, Lu Z W, Klemperer S L, et al., 2016. Crustal-scale duplexing beneath the Yarlung Zangbo suture in the western Himalaya. Nature Geoscience, 9：555－560.

Gao Rui, Lu Z W, Li Q S, et al., 2005. Geophysical survey and geodynamic study of crust and upper mantle in the Qinghai－Tibet Plateau. Episodes, 28（4）：263－273.

Hammer P, Clowes R, 1997. Moho reflectivity patterns—a comparison of Canadian lithoprobe transects. Tectonophysics, 269：179－198.

Hirn A, Lepine J-C, Jobert G, et al., 1984. Crustal structure and variability of the Himalayan border of Tibet. Nature, 307（5）：23－25.

Holbrook W S, Reiter E C, Purday G M, et al., 1992. Image of the Moho across the continent－ocean transition, United States east-coast. Geology, 20（3）：203－206.

Jarchow C M, Goodwin E B, Catchings R D, 1990. Are large explosive sources applicable to resource exploration?. Leading Edge, 9: 12 – 17.

Kind R, Yuan X, Saul J, Nelson D, et al., 2002. Seismic Images of Crust and Upper Mantle Beneath Tibet: Evidence for Eurasian Plate Subduction. Science, 298 (5596): 1219 – 1221.

Kosarev G, Kind R, Sobolev S V, et al., 1999. Seismic Evidence for a Detached Indian Lithosperic Mantle Beneath Tibet. Science, 283 (5406): 1306 – 1309.

Liu H B, Kong X G, Ma X B, et al., 2001. Physical structure features of the crust at southeast region of Tibetan Plateau. Science in China Series D: Earth Sciences, 44: 64 – 70.

Owens T G, Zandt G, 1997. Implications of crustal property variations for, models of Tibetan plateau evolution. Nature, 387 (6628): 37 – 43.

Rohr K M M, Milkereit B, Yorath C J, 1988. Asymmetric deep crustal structure across the Juan de Fuca Ridge. Geology, 16 (6): 533 – 537.

Shi D, Zhao W, Klemperer S L, et al., 2016. West – east transition from underplating to steep subduction in the India – Tibet collision zone revealed by receiver-function profiles. Earth & Planetary Science Letters, 452: 171 – 177.

Stern T A, Henrys S A, Okaya D, et al., 2015. A seismic reflection image for the base of a tectonic plate. Nature, 518: 85 – 88.

Yin A, Harrison TM, 2000. Geologic Evolution of the Himalayan – Tibetan Orogen. Annual Review of Earth and Planetary Sciences, 28: 211 – 280.

Zhang P Z, Shen Z K, Wang M, et al., 2004. Continuous deformation of the Tibetan Plateau from global positioning system data. Geology, 32 (9): 809 – 812.

Zhao W, Mechie J, Browm L D, et al., 2001. Crustal structure of central Tibet as derived from project INDEPTH wide-angle seismic data. Geophysical Journal International, 145 (2): 486 – 498.

Zhao W J, Nelson K D, Che J, et al., 1993. Deep seismic reflection evidence for continental underthrusting beneath southern Tibet. Nature, 366: 557 – 559.

Zhao W J, Nelson K D, Proiect Team, 1993. Deep seismic reflection evidence for continental underthrusting beneath southern Tibet. Nature, 366: 557 – 559.

Zurek B, 2008. The evolution and modification of continental lithosphere, dynamics of "indentor corners" and imaging the lithosphere across the eastern syntaxis of Tibet. Bethlehem: Lehigh University.

姜枚, 吕庆田, 薛光琦, 1994. 中、法两国联合进行青藏高原天然地震探测地壳结构的研究. 地球物理学报, 37 (3): 412 – 413.

姜枚, 王有学, Nabelek J, 等, 2008. 喜马拉雅造山带的地壳上地慢结构: 近震反射观测结果. 岩石学报, 24 (7): 1509 – 1516.

莫宣学. 2010. 青藏高原地质研究的回顾与展望. 中国地质, 2010, 37 (4): 841 – 853.

滕吉文, 1974. 柴达木东盆地的深层地震反射波和地壳结构. 地球物理学报, 17: 122 – 134.

滕吉文, 熊绍柏, 尹周勋, 等, 1983. 喜马拉雅北部地区地壳结构模型和速度分布特征. 地球物理学报, 26 (6): 525 – 540.

滕吉文, 尹周勋, 熊绍柏, 1985. 西藏高原北部地区色林错—蓬错—那曲—索县地带地壳结构与速度分布. 地球物理学报, 28 (2): 28 – 42.

滕吉文, 张中杰, 王光杰, 等, 1999. 喜马拉雅碰撞造山带的深层动力学过程与陆－陆碰撞新模型. 地球物理学报, 42 (4): 481 – 494.

王卫民, 苏有亮, 高星, 等, 2008. 用转换函数方法研究喜马拉雅地区速度结构. 地球物理学报,

51（6）：1735－1744.

肖序常，李廷栋，李光岑，1988. 喜马拉雅岩石圈构造演化. 北京，地质出版社.

熊绍柏，刘宏兵，1997. 青藏高原西部的地壳结构. 科学通报，42（12）：1309－1312.

熊绍柏，滕吉文，尹周勋，1985. 西藏地区的地壳厚度和莫霍面的起伏. 地球物理学报，28（S1）：
　　16－27.

许志琴，杨经绥，李文昌，等，2012. 青藏高原南部与东南部重要成矿带的大地构造定格与找矿前景.
　　地质学报，86（12）：1857－1868.

张中杰，滕吉文，杨立强，等，2002. 藏南地壳速度结构与地壳物质东西向"逃逸"：以佩枯错—普莫
　　雍错宽角反射剖面为例. 中国科学（D 辑：地球科学），32（10）：793－798.

赵文津，吴珍汉，史大年，等，2008. 国际合作 INDEPTH 项目横穿青藏高原的深部探测与综合研究.
　　地球学报，29（3）：328－342.

中国科学院地球物理研究所，1981. 西藏高原当雄—业东地带地壳与上地幔结构和速度分布的爆炸地
　　震研究. 地球物理学报，24（2）：155－170.

青藏高原向东挤出与向北扩展

——高原隆升深部过程之探讨

叶　卓[1,2]，高　锐[2,3]，李秋生[2]，徐　啸[3]，黄兴富[3]，熊小松[1,2]，李文辉[2]

❖ 0 引　言

20 世纪 60 年代以来实施的一系列深部地球物理探测揭示了青藏高原的地壳增厚具有低 P 波速度、低电阻率和高热流值的特点，且发现了其中下地壳的低剪切波速度（王椿镛 等，2016）。确实，大量的地球物理学观测发现了青藏高原中东部下方中下地壳中广泛存在着大片的高导低速（$v_s < 3.3$ km/s）区域（Bai et al.，2010；Unsworth et al.，2004；Bao et al.，2015；Li et al.，2014；Liu et al.，2014；王椿镛 等，2003；嘉世旭 等，2014），这些观测指示了这些区域的中下地壳中的物质在物理属性上是软弱的并可能发生互相连通的塑性流动。为此地质学家提出了下地壳管道流（lower crustal channel flow）模型来解释青藏高原东部的地形变化，并获得了较好的效果（Clark & Royden，2000；Royden et al.，2008）。这个模型预测青藏高原中部地壳被增厚抬升后，深部地壳软弱物质向东逃逸流出，在刚性四川盆地的阻挡下被分成两支，分别流向四川盆地的东南和东北。近年来，较多的地球物理调查发现东南支的下地壳流以管道（channel）的形式向川滇地块和印支地块挤出（Bai et al.，2010；Liu et al.，2014；Bao et al.，2015）；而另一支向东北的流动可能以秦岭作为一个挤出的通道（Clark & Royden，2000；Royden et al.，2008），但对其观测程度相对不足。

地震学观测指出青藏高原中北部相对较热、较软的地幔物质在印度和欧亚大陆汇聚的挤压和剪切作用下（Liang et al.，2012）也可能以地幔流（mantle flow）的形式发生向东的挤出（Hirn et al.，1995；Huang et al.，2000），而这一地幔流也可能绕过刚性四川盆地向东流动，其中秦岭可作为一个地幔物质挤出的通道。地震层析成像和各向异性观测显示地幔流发生的深度应在软流圈（Huang et al.，2008；Liu et al.，2004；Yu & Chen，2016；Zhang et al.，2011），其中，Zhang 等（2011）观测到了从青藏高原东缘至秦岭造山带下方 125～200 km 深度上的一个连通的低速带，认为它可能指示了青藏高

1 中国地质科学院地球深部探测中心，北京，100037；2 中国地质科学院地质研究所，自然资源部深地动力学重点实验室，北京，100037；3 中山大学地球科学与工程学院，广州，510275。

原下方软流圈地幔流向东流出的一个通道。但是，其他一些学者通过远震 SKS 波分裂和地表变形数据的联合分析指出，青藏高原内部（即中东部青藏高原）的软弱岩石圈被挤压增厚，在重力的驱动下向东部坍塌（Flesch et al.，2005；Wang et al.，2008），他们观测到的这种地震各向异性模式实际上代表了一种青藏高原岩石圈挤出（而不是软流圈）的方案。

中国地质科学院地质研究所岩石圈研究中心于 2015 年 6 月完成布设一条从青藏高原东缘松潘—甘孜地块至秦岭造山带的宽频地震密集台站剖面（图 1），总共 30 个台站，平均台间距约 15 km。连续观测约一年时间，此台站剖面提供出一条切过青藏高原—秦岭构造转换带的地壳和上地幔顶部的速度结构断面，在比以往更高的分辨率上揭示了沿此断面从青藏高原到秦岭的地壳和上地幔顶部结构，以及物质流变属性的过渡特征。本文基于此条剖面台站的地震接收函数与面波（包括环境噪声）的联合反演结果，并综合前人研究成果，特别是 Liu 等（2014）实施的川西流动地震台阵在青藏高原东缘的观测，进行细致对比，来探讨青藏高原下方软弱物质向东的挤出，揭示其在何深度上可能发生向位于相对刚性的四川盆地与鄂尔多斯盆地之间的秦岭造山带（作为一个可能的物质流出通道）下方的流动，进而探讨上述地球动力学过程如何影响青藏高原东缘的隆升和扩展。同时，对比青藏高原东缘和北缘的地壳变形增厚机制以及地幔岩石圈行为模式，以探讨青藏高原物质向东挤出与向北扩展的深部过程之差异。

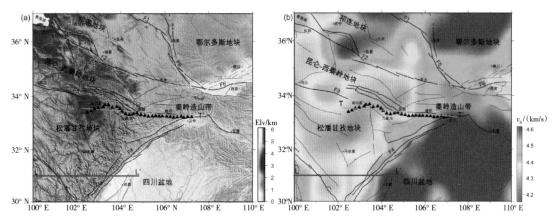

黑色三角：宽频地震密集台站；浅蓝色实线：剖面 TT′；红色实线：前人川西流动地震台阵观测剖面 LL′；黑色实线：主要断裂带。F1：海原断裂；F2：西秦岭断裂；F3：昆仑断裂；F4：龙门山断裂；F5：六盘山断裂；F6：灵宝—鲁山—舞阳断裂。

图 1　宽频地震密集台站剖面 TT′和前人川西流动地震台站观测剖面 LL′叠合地形（a）和 95 km 深度剪切波速度分布（b）（取自 Bao et al.，2015）

❖ 1 地震接收函数与面波频散联合反演图像

用于联合反演的原始数据集如图2（a）和图2（b）所示，分别为剖面 TT′ 台站收集得到的地震接收函数和每个台站位置的群速度和相速度频散数据，利用上述两种类型的地震数据联合反演能够大大地减少反演的不确定性（Özalaybey et al.，1997；Juliǎ et al.，2000）（详细的数据处理见 Ye et al.，2017），联合反演结果如图3（a）所示。这里作为比较，我们将 Liu 等（2014）实施的川西流动地震台阵观测切出的一条跨青藏高原—四川盆地构造转换带的地壳和上地幔顶部 v_S 结构断面 LL′，与我们的剖面 TT′ 结果画在一起［统一比例尺下，图3（b）］。跨青藏高原东缘的上述两条联合反演剖面图像显示出最明显的特征是青藏高原与其东部相邻的秦岭块体/四川盆地截然不同的结构，地壳结构和上地幔顶部结构从青藏高原到秦岭/四川盆地皆出现明显的突变，其突变的边界与地表地形显示的高原与秦岭/四川盆地的边界基本对应一致（图3，在我们的剖面 TT′ 的纬度上处于 104.5°E—105°E，而在剖面 LL′，此边界基本与龙门山断裂带一致）。我们发现，青藏高原的康定和松潘—甘孜地块下方的中下地壳被一个显著的低速带（LVZ）所占据，其剪切波速度 $v_s < 3.4$ km/s。在我们的剖面 TT′ 位置，这一壳内低速带呈锥形向东逐渐变薄并且基本终止在青藏高原与秦岭的边界上，而剖面 LL′ 显示，该壳内低速带受块体的控制并也有向东逐渐减弱的趋势（图3）。从上述两条剖面图像还观测到，在青藏高原东缘下方Moho界面以下，存在一个显著的上地幔顶部低速带（$v_s < 4.2$ km/s），前人在松潘—甘孜地块东部开展的 S 波接收函数观测显示，在约 70～100 km

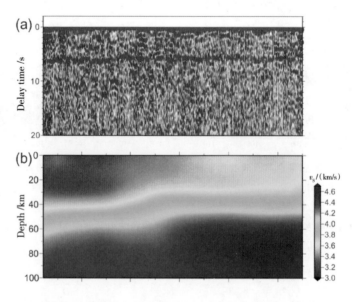

（a）沿剖面 TT′ 的地震接收函数总共1681条；（b）面波频散数据（10～70 s）提取自 Bao 等（2015）的环境噪声和地震面波成像结果，这里展示的是 Rayleigh 面波频散反演得到的相应 v_S 剖面。

图2　联合反演原始数据集

深度上出现一个明显的负震相（Zhang Z et al., 2010；Zhang H et al., 2012；Hu et al., 2015；Ye et al., 2015），与上述联合反演观测结果一致。而相邻的秦岭/四川盆地块体下方具有完全不同的地壳和上地幔结构特征，其下地壳剪切波速 v_s 约为 $3.6 \sim 4.0$ km/s，而它们的上地幔顶部总体呈现一个正常的剪切波速，整体来看，相对于西部的青藏高原，秦岭/四川盆地的地壳和上地幔顶部具有明显较高的速度（图3）。值得注意的是，秦岭地块的上地幔顶部西侧靠近青藏高原部分（剖面 TT′，约105°E—106°E）相对于其东侧部分，显示了相对较低的剪切波速（$v_s < 4.4$ km/s）［图3（a）］，可能指示了在西部青藏高原低速（较热）地幔物质的作用下，与其接触的秦岭岩石圈地幔发生了一定程度的岩石圈活化（lithospheric reworking）（图4）。

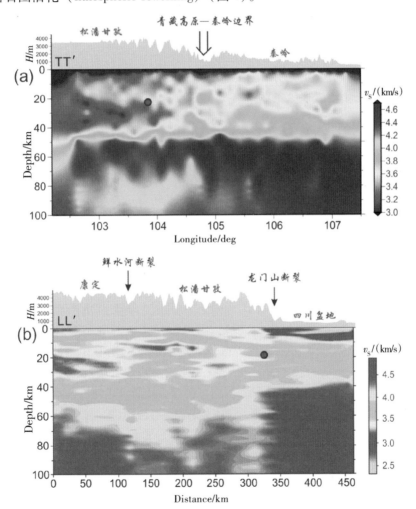

（a）前人川西流动地震台阵联合反演观测剖面 LL′ 剪切波速度结构断面图像（统一比例尺下，修改自 Liu et al., 2014）；（b）剖面位置见图1，红色圆点分别表示2017九寨沟 M_S 7.0 级地震和2008汶川 M_S 8.0 级地震。

图3 剖面 TT′ 联合反演得到的剪切波速度结构断面图像

✖◆ 2　青藏高原物质向东挤出和高原隆升模式探讨

　　我们对剖面 TT′联合反演图像的解释如图 4 所示。青藏高原与秦岭地块之间截然不同的地壳和上地幔顶部结构说明当今的秦岭地块尚未像高原北缘的祁连山一样被卷入青藏高原的地壳变形。剖面 TT′和 LL′所观测到的青藏高原东部康定地块和松潘—甘孜地块下方中下地壳中发育的，向东部秦岭/四川盆地延伸并逐渐减弱的壳内低速带，似乎展现了青藏高原的壳内软弱物质向东部挤出的行为特征，这一结构特征与下地壳管道流模型模拟的地壳结构相似（Royden et al.，2008）。基于剖面 TT′和 LL′的联合反演观测图像，康定地块和松潘—甘孜地块下方低黏度的中下地壳低速物质的挤出可能是造成青藏高原—秦岭和青藏高原—四川盆地这两个高原东缘构造边界带上地表隆升的一个非常重要的驱动力。但是，我们也发现壳内低速带的分布和产状明显受块体的控制和断裂带的截切（图 3、图 4）。剖面 LL′显示鲜水河断裂带明显控制了青藏高原东部壳内低速带的分布，其西侧的康定地块和东侧的松潘—甘孜地块壳内低速带无论在强度和规模上都存在很大差别，分布深度也不一致（Liu et al.，2014）［图 3（b）］；而剖面 TT′显示邻近秦岭的松潘—甘孜地块下方中下地壳低速带的顶界面产状被断裂带截切［图 3（a）和图 4］，说明此区在昆仑断裂带的左旋走滑体制下发育的一系列 NW—SE 或 N—S 走向次级断裂［如塔藏断裂和岷江断裂（Xu et al.，2017；Liu et al.，2017）］的走滑和逆冲作用，也可能促使了这一边界带上的地形抬升。事实上，Liu 等（2017）通过一条高密度（500 m 点距）、短周期地震台站剖面观测发现，若尔盖盆地东部和岷山下方存在地壳规模的逆冲推覆构造，在挤压应力作用下造成上地壳向东的仰冲以及地壳缩短，吸收了塔藏断裂和昆仑断裂的走滑，造成了青藏高原东缘的抬升。张乐天等（2012）利用大地电磁测深剖面发现了松潘—甘孜地块东部的若尔盖盆地下方的中下地壳存在大规模显著的高导区域（电阻率普遍不超过 10 Ω·m），且其分布受大型走滑断裂带的控制；松潘—甘孜东部的重磁异常也显示出与此区大型断裂带相关的分布模式特征（Xu et al.，2017）。总结上述讨论，我们推测，伴随区域大型断裂带的走滑和逆冲作用所控制的壳内低速（低黏度）物质的挤出，导致了青藏高原—秦岭和青藏高原—四川盆地构造转换带上的高原隆升和扩展［图 4、图 6（b）］。另外，剖面 TT′经过九寨沟地区，将 2017 年九寨沟 M_S 7.0 级地震震源位置投影至我们的速度结构图像，刚好位于锥形壳内低速带上表面被断裂带截切位置附近［图 3（a）、图 4］；剖面 LL′经过 2008 年汶川 M_S 8.0 级地震震中区域，汶川地震震源位置投影与壳内低速带和龙门山断裂带交切部位对应［图 3（b）］，说明上述区域大型断裂带与壳内低速物质挤出的共同作用机制可能也是青藏高原东缘边界带上大地震发生的一个重要深部孕震机制（Liu et al.，2014；王帅军等，2015；张新彦 等，2017）。

　　除了壳内低速带的挤出作用，我们这里所观测到的最东缘松潘—甘孜地块下方紧邻秦岭地块的上地幔顶部低速带可能是影响高原隆升的另一个不可或缺的重要因素，它可能在均衡作用下对这一边界带上的地表抬升做出贡献。从沿剖面 TT′的简单布格重力异常曲线变化可看出，重力异常低值区与我们的地震学观测图像显示的上地幔顶部低速带

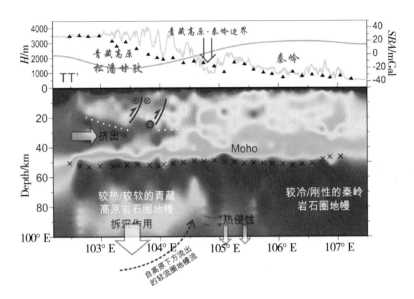

红色圆点：2017 九寨沟 M_S 7.0 级地震；×号：接收函数 $H-\kappa$ 扫描得到的地壳厚度；顶部灰色实线：延剖面 TT′ 的地形线；浅蓝色实线：延剖面 TT′ 的简单布格重力异常变化（重力数据来自 International Center for Global Earth Models，http：//icgem. gfz-potsdam. de/ICGEM/）；黑色三角：地震台站。

图 4　青藏高原—秦岭构造转换带地壳和上地幔顶部速度结构图像之地球动力学解释

位置具有很好的对应性（图 4）。剖面 TT′ 和 LL′ 所观测到的上地幔顶部低速带与前人利用 S 波接收函数在龙门山附近的松潘—甘孜区域下方所观测到的异常浅的岩石圈—软流圈界面 LAB（< 100 km）（Zhang Z et al.，2010；Hu et al.，2015）具有一致性，结合前人在青藏高原东缘的地震层析成像和接收函数观测研究成果（Zhang Z et al.，2010；Hu et al.，2015；Lei & Zhao，2016），我们认为这里所观测到的上地幔顶部低速带是由从青藏高原北部和东部挤出逃逸而来的较热的软流圈地幔流触发岩石圈底部的拆沉或热侵蚀作用的结果［图 4、图 6（b）］。前人对藏北地区（羌塘和松潘—甘孜地块）大面积出露的新生代含钾火山岩（图 5）所做的地质和地球物理观测指出了此区经历了强烈的岩浆活动，推测可能与软流圈地幔流的上涌和流动对藏北高原岩石圈底部的破坏作用相关（罗照华 等，2006；吴福元 等，2008）。地震层析成像观测（Bao et al.，2015；Liang et al.，2012；Liu et al.，2004；Li & van der Hilst，et al.，2010）也发现了在上地幔顶部深度存在大面积的一条上地幔低速带连续地从青藏高原中北部延伸到高原的东部地区（图 5），这一现象可能也指示了上述青藏高原下方的软流圈地幔流（可能包括青藏高原本身较热、较软的岩石圈地幔）在印度—欧亚大陆的板块汇聚挤压下向东的逃逸挤出，前人对青藏高原中北部和东部地区开展的 SKS 波各向异性观测和分析同样也支持这一软流圈地幔流挤出的动力学模型（León Soto et al.，2012）。Mo 等（2006，2007）对青藏高原新生代钾质火山活动时空迁移规律的研究为上述地球动力学模型提供了很好的地表岩石学和地球化学证据的约束，他们的研究发现印度—亚洲大陆碰撞以来，青藏高原火山岩的时空分布显示了一种醒目的分三阶段（65—40 Ma 前、45—6 Ma 前、6 Ma 前—近代）从高原腹地向周缘迁移的趋势特征，他们将其解释为上述印亚板块汇聚诱发的软流

圈地幔流向周缘区域流动的地表响应，其中高原东北部西秦岭礼县—宕昌地区出露的含有地幔包体的钾质基性火山岩（时代为23—7 Ma 前）可能指示了青藏高原下方流向秦岭的地幔流通道（图5）与中国东部亏损地幔的相互作用（莫宣学 等，2007）。向东流动的软流圈地幔流与周缘刚性块体（如高原东部的四川盆地和秦岭地块）发生碰撞，致使地幔流发生局部扰动，从而触发和加速了青藏高原—四川盆地和青藏高原—秦岭边界带下方的岩石圈地幔拆沉和热侵蚀过程，形成了这些边界带下方较薄的岩石圈和上地幔顶部低速带［图4、图6（b）］。Bao 等（2014）利用面波成像在毗邻北美克拉通的加拿大 Cordillera 高原也观测到了相似的现象，他们的观测结果显示沿着北美克拉通大陆岩石圈边缘发生的软流圈物质扰动上涌触发了加拿大西部 Cordillera 高原整个岩石圈地幔的拆沉，从而使得软流圈直接处于 Cordillera 高原的地壳之下。剖面 TT′的地震学图像（图4）和前人三维地震台阵观测图像（Guo & Chen，2017；Bao et al.，2013）都显示秦岭地块下方除了其西部岩石圈地幔在青藏高原较热的地幔物质侵蚀下发生了一定程度的岩石圈活化，总体保持了一个刚性的岩石圈［图1（b）、图4］，所以青藏高原黏塑性地幔物质向秦岭挤出的通道只可能发生在秦岭岩石圈之下的深度（至少100 km 以下深度的软流圈）。

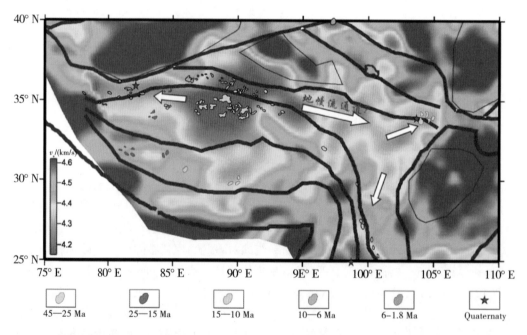

图5　青藏高原及其邻区新生代火山岩的时空分布叠合于95 km 深度剪切波速度分布［据 Bao 等（2015）和 Mo 等（2006）修改］

✕◆ 3　与青藏高原北缘的比较

总结我们近年来在高原东缘和北缘地区开展的地球物理探测成果，并紧密结合前人资料成果，我们对青藏高原东缘和北缘的地壳变形增厚机制以及地幔岩石圈行为模式进行对比，力求揭示这两个边界区域在高原隆升和扩展模式的深部机制上的差异（图 6）。在青藏高原北缘的祁连造山带，近年来开展的地球物理学观测发现其上地壳底部也存在一个壳内低速带，并且被解释为与地壳内的部分熔融或流体有关（Li et al.，2014；Ye et al.，2015；Zhang Z et al.，2013；Bao et al.，2013），这个低速带可能成为祁连造山带下方地壳中的一个物理软弱层（Bao et al.，2013）。虽然这一中下地壳低速带表现出显著的地壳各向异性（Shen et al.，2015），但它的厚度（一般在 10～15 km）和规模远不及青藏高原内部块体（如松潘—甘孜地块），并且具有较高的剪切波速度（3.3～3.5 km/s）（Li Y et al.，2017；Deng et al.，2018），因而可能有更高的黏度（Li et al.，2014；Bao et al.，2013），所以这里我们认为它不能被视为地壳流存在于祁连造山带下方的明确证据，它在机制上更可能作为一个壳内滑脱层使上地壳变形与下伏的岩石圈变形发生解耦（Gao et al.，2013；Wang H et al.，2014；Guo X et al.，2015，2016）。前人于 20 世纪 90 年代对格尔木—额济纳旗地学断面开展的综合地球物理调查（包括深地震反射剖面探测、深地震测深、大地电磁探测、重磁测量、热流测量等）提供的地壳和上地幔深部信息指示了青藏高原北缘也正在发生大陆岩石圈的汇聚碰撞作用（高锐 等，1995，2001；Gao et al.，1999），在不同经度区域上穿越祁连山的深反射地震剖面（Gao et al.，1999，2013；Wang H et al.，2014；Wang W et al.，2013）揭示了地壳逆冲构造越过了海原断裂和北祁连山前断裂，向北扩展，并在河西走廊盆地下发现了隐伏的青藏高原北边界逆冲断裂（North Border Thrust，NBT）（高锐 等，1995，2001；Gao et al.，1999），这似乎说明在壳内滑脱构造的控制下，高原正通过上地壳逆冲作用向北扩展。对于更深部的地幔岩石圈的变形行为，近年来大规模实施的宽频地震流动台阵（如中国地震局组织实施的"喜马拉雅"项目二期）大大提升了对青藏高原北缘地区岩石圈深部结构的观测程度（Li et al.，2017；Yue et al.，2012；Shen et al.，2015，2017；Chang et al.，2017；Wang et al.，2017；郭慧丽 等，2017）。但由于不同观测方法、台站分辨率以及结合地球物理观测资料与区域地质构造演化的理解等方面的差异，关于青藏高原北缘的岩石圈深部结构及变形机制，尚未形成统一的地球动力学认识（王椿镛 等，2016）。如 Li 等（2017）利用"喜马拉雅"二期数据开展的面波成像研究，他们观测到了阿拉善地块与祁连造山带的岩石圈剪切波速度的差异，认为华北板块西缘的阿拉善地块并没有俯冲到祁连山下方。我们仔细观察青藏高原北缘的面波成像（包括与体波接收函数的联合反演）结果（Bao et al.，2015；Li et al.，2017；Wang et al.，2017），可以发现虽然祁连造山带的地壳和上地幔顶部（90 km 以上）相对于其两侧块体具有更低的剪切波速度，指示了新生代活化的祁连造山带具有较软弱的地壳和上地幔顶部岩石圈，在两侧更具刚性的块体（南部柴达木盆地和北部阿拉善地块）的挤压下发生了缩短变形；但在 90 km 以下的岩石圈下部，剪切波低速区域基本沿着北祁连缝合带出现（如图 5），而整个祁连造山带的岩石圈下部基本表现为剪切波高速特征，与北部阿拉善地块保持一致，这种高速特征可能指示了青藏高原北缘下方下伏着一个稳定的欧亚岩石圈，也可能与小尺度的欧亚大陆岩石圈俯冲有关（王椿镛 等，2016；Ye et al.，2016），而观测到的沿北祁连缝合带的剪切波低速异常可能与后期缝合带活化后的走滑－剪切作用有关。近期科研人员在高原北缘祁连山地区也开展了一系列穿过高原边界的宽频地震密集台站剖面观测，这种针对性的重点观测获得了切过高原北缘边界的较高分辨率的地壳和上地幔结构断面

（Ye et al., 2015；Shi et al., 2017；Feng et al., 2014），观测结果指示祁连造山带在南北两侧刚性块体（柴达木盆地和北部阿拉善地块）的挤压下（Shi et al., 2017），作为亚洲板块一部分的华北板块岩石圈地幔有可能部分俯冲楔入祁连山之下（Zhang H et al., 2012；Ye et al., 2015, 2016；Feng et al., 2014；Replumaz et al., 2013；Guo B et al., 2016；Huang et al., 2017），Guo 等（2016）同样利用"喜马拉雅"二期数据开展的多尺度地震层析成像观测到了相似的现象。事实上，构造地质学家通过构造平衡剖面恢复指出了华北板块岩石圈地幔俯冲楔入祁连山下的模型能够合理地解释青藏高原北缘新生代发生的大规模地表缩短应变量（Zuza et al., 2016, 2017），地幔的楔入促使了高原在一系列走滑－逆冲断裂带（如海原断裂带、天景山断裂带、北边界逆冲断裂带）的控制下以地壳逆冲（主要以上地壳在壳内滑脱层之上的逆冲扩展）的形式向外扩张和生长［图6（a）］。而在青藏高原东缘地区，我们的剖面 TT′所观测到的青藏高原—秦岭构造转换带区域的高原隆升机制与前人在青藏高原—四川盆地构造转换带的龙门山区域观测到的现象（剖面 LL′）具有相似性（图3、图4），即受区域大型走滑－逆冲断裂带控制的中下地壳软弱物质挤出和由软流圈地幔流触发的岩石圈底部拆沉导致的重力均衡，共同作用于青藏高原东缘的高原隆升和扩展［图6（b）］。显然，以上论述的青藏高原北缘的隆升与扩展机制与青藏高原东缘存在明显差异。造成青藏高原北缘与东缘差异隆升模式的根本动力学原因可能是从青藏高原中东部（青藏高原内部）到高原北缘岩石圈性质的横向变化，Ye 等（2016）开展对青藏高原东北部的地震各向异性体制研究，并结合前人研究成果指出，在宏观上以昆仑—西秦岭一线为界，青藏高原北缘的柴达木和祁连地块（以及北邻的阿拉善地块）下方下伏着一个相对较冷/刚性的亚洲岩石圈，而青藏高原中东部的松潘—甘孜和羌塘地块下方下伏着一个相对较热/软弱的青藏高原岩石圈，正是这种岩石圈性质的差异造成了高原北缘和东缘岩石圈变形方式的差异。

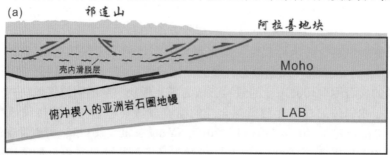

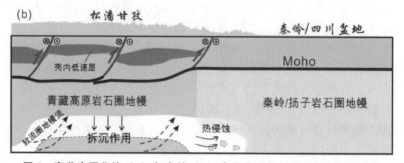

图6 青藏高原北缘（a）与东缘（b）高原隆升与扩展深部机制之比较

4　结　　论

综上所述，基于我们的地震学观测图像，紧密结合前人的地质和地球物理学研究成果，我们认为，伴随区域大型断裂带的走滑和逆冲作用所控制的中下地壳流有可能在青藏高原东缘下方发生，并且可能是青藏高原东缘边界带上大地震发生的一个重要深部孕震机制，但并没有大规模挤出越过青藏高原—秦岭边界带，进入秦岭的下地壳。同时，青藏高原下方的软流圈地幔流在印度—欧亚大陆的板块的汇聚挤压下可能发生向东的逃逸挤出，并向秦岭下方流动，触发和加速青藏高原—秦岭/四川盆地边界带下方的岩石圈地幔底部的拆沉和热侵蚀作用。青藏高原东缘地区的高原隆升机制受上述两个机制的共同作用，即受区域大型走滑 - 逆冲断裂带控制的中下地壳软弱物质挤出和由软流圈地幔流触发的岩石圈底部拆沉导致的重力均衡，共同作用于青藏高原东缘（包括青藏高原—秦岭/四川盆地构造转换带区域）的高原隆升和扩展；上述机制与处于青藏高原北缘的青藏高原—阿拉善构造转换带区域的高原向北扩展之深部机制存在差异，而造成高原北缘与东缘差异隆升模式的根本动力学原因可能是从青藏高原中东部（青藏高原内部）到高原北缘岩石圈性质的横向变化。

致　　谢

感谢伊利诺伊大学香槟分校宋晓东教授和李江涛博士在前期联合反演方法方面给予的指导；三位审稿专家提出的建设性意见极大地提升了本文的质量，在此表示感谢；感谢 Esri 中国公司王彤工程师在 GIS 作图方面提供的帮助。

参 考 文 献

Bai D, Unsworth M J, Meju M A, et al., 2010. Crustal deformation of the eastern Tibetan plateau revealed by magnetotelluric imaging. Nat. Geosci., 3：358 – 362.

Bao X, Eaton D W, Guest B, 2014. Plateau uplift in western Canada caused by lithospheric delamination along a craton edge. Nat. Geosci., 7：830 – 833.

Bao X, Song X, Li J, 2015. High-resolution lithospheric structure beneath Mainland China from ambient noise and earthquake surface-wave tomography. Earth Planet. Sci. Lett., 417：132 – 141.

Bao X, Song X, Xu M, et al., 2013. Crust and upper mantle structure of the North China Craton and the NE Tibetan Plateau and its tectonic implications. Earth Planet. Sci. Lett., 369：129 – 137.

Bao X, Sun X, Xu M, et al., 2015. Two crustal low-velocity channels beneath SE Tibet revealed by joint inversion of Rayleigh wave dispersion and receiver functions. Earth Planet. Sci. Lett., 415：16 – 24.

Chang L, Ding Z, Wang C, et al., 2017. Vertical coherence of deformation in lithosphere in the NE margin of the Tibetan Plateau using GPS and shear-wave splitting data. Tectonophysics, 699：93 – 101.

Chang L, Flesch L M, Wang C Y, et al., 2015. Vertical coherence of deformation in lithosphere in the eastern Himalayan syntaxis using GPS, Quaternary fault slip rates, and shear wave splitting data. Geophys. Res. Lett., 42：5813 – 5819. DOI：10.1002/2015GL064568.

Chen M, Niu F, Tromp J, et al., 2017. Lithospheric foundering and underthrusting imaged beneath Tibet. Nat. commun., 8：15659.

Chung S L, Chu M F, Zhang Y, et al., 2005. Tibetan tectonic evolution inferred from spatial and temporal variations in post-collisional magmatism. Earth – Sci. Rev., 68：173 – 196.

Clark M K, Royden L H, 2000. Topographic ooze：building the eastern margin of Tibet by lower crustal flow. Geology., 28：703 – 706.

Deng Y, Li J, Song X, et al., 2018. Joint inversion for lithospheric structures：Implications for the growth and deformation in Northeastern Tibetan Plateau. Geophys. Res. Lett., 45 (9)：3951 – 3958.

Feng M, Kumar P, Mechie J, et al., 2014. Structure of the crust and mantle down to 700 km depth beneath the East Qaidam basin and Qilian Shan from P and S receiver functions. Geophys. J. Int., 199：1416 – 1429.

Flesch L M, Holt W E, Silver P G, et al., 2005. Constraining the extent of crust – mantle coupling in Central Asia using GPS, geologic, and shear-wave splitting data. Earth Planet. Sci. Lett., 238：248 – 268. DOI：10. 1016/j. epsl. 2005. 06. 023.

Gao R, Cheng X, Wu G, 1999. Lithospheric structure and geodynamic model of the Golmud – Ejin transect in northern Tibet//Macfarlane A, Sorkhabi R B, Quade J. Himalaya and Tibet：Mountain Roots to Mountain Tops. Geol. Soc. Am. Spec. Pap., 328：9 – 17.

Gao R, Cheng X Z, Ding Q, 1995. Preliminary geodynamic model of Golmud – Ejin Qi Geoscience transect. Acta Geophys. Sin., 38 (S2)：3 – 14. ［高锐，成湘洲，丁谦，1995. 格尔木—额济纳旗地学断面地球动力学模型初探. 地球物理学报，38 (S2)：3 – 14.］

Gao R, Li P W, Li Q S, et al., 2001. Deep process of the collision and deformation on the northern margin of the Tibetan Plateau：Revelation from investigation of the deep seismic profiles. Sci. China Ser. D：Earth Sci., 44 (1)：71 – 78. ［高锐，李朋武，李秋生，等. 2001. 青藏高原北缘碰撞变形的深部过程：深地震探测成果之启示. 中国科学：D 辑，31 (B12)：66 – 71.］

Gao R, Wang H, Yin A, et al., 2013. Tectonic development of the northeastern Tibetan Plateau as constrained by high-resolution deep seismic-reflection data. Lithosphere，5：555 – 574.

Guo B, Gao X, Chen J H, et al., 2016. High resolution P-wave velocity structure beneath Northeastern Tibet from multiscale seismic tomography//AGU Fall Meeting Abstracts.

Guo H L, Ding Z F, Xu X M, 2017. Upper mantle structure beneath the northern South – North Seismic Zone from teleseismic traveltime data (in Chinese). Chin. J. Geophys., 60 (1)：86 – 97. ［郭慧丽，丁志峰，徐小明，2017. 南北地震带北段的远震 P 波层析成像研究. 地球物理学报，60 (1)：86 – 97.］

Guo X, Gao R, Li S, et al., 2016. Lithospheric architecture and deformation of NE Tibet：New insights on the interplay of regional tectonic processes. Earth Planet. Sci. Lett., 449：89 – 95.

Guo X, Gao R, Wang H, et al., 2015. Crustal architecture beneath the Tibet – Ordos transition zone, NE Tibet, and the implications for plateau expansion. Geophys. Res. Lett., 42 (24)：10631 – 10639. DOI：10. 1002/2015GL066668.

Guo Z, Chen Y J, 2017. Mountain building at northeastern boundary of Tibetan Plateau and craton reworking at Ordos block from joint inversion of ambient noise tomography and receiver functions. Earth Planet. Sci. Lett., 463：232 – 242.

He R, Liu G, Golos E, et al., 2014. Isostatic gravity anomaly, lithospheric scale density structure of the northern Tibetan plateau and geodynamic causes for potassic lava eruption in Neogene. Tectonophysics, 628：218 – 227.

Hirn A, Jiang M, Sapin M, et al., 1995. Seismic anisotropy as an indicator of mantle flow beneath the

Himalayas and Tibet. Nature, 375: 571 – 574.

Hu J, Yang H, Li G, et al., 2015. Seismic upper mantle discontinuities beneath Southeast Tibet and geodynamic implications. Gondwana Res., 28: 1032 – 1047.

Huang W C, Ni J F, Tilmann F, et al., 2000. Seismic polarization anisotropy beneath the central Tibetan Plateau. J. Geophys. Res., 105 (B12): 27 – 979.

Huang Z, Tilmann F, Xu M, et al., 2017. Insight into NE Tibetan Plateau expansion from crustal and upper mantle anisotropy revealed by shear-wave splitting. Earth Planet. Sci. Lett., 478: 66 – 75.

Huang Z, Xu M, Wang L, et al., 2008. Shear wave splitting in the southern margin of the Ordos Block, north China. Geophys. Res. Lett., 35: L19301. DOI:10.1029/2008GL035188.

Jia S X, Liu B J, Xu Z F, et al., 2014. The crustal structures of the central Longmenshan along and its margins as related to the seismotectonics of the 2008 Wenchuan Earthquake. Sci. China: Earth Sci., 57 (4): 777 – 790. [嘉世旭, 刘保金, 徐朝繁, 等, 2014. 龙门山中段及两侧地壳结构与汶川地震构造. 中国科学: 地球科学, 44: 497 – 509.]

Julià J, Ammon C J, Herrmann R B, et al., 2000. Joint inversion of receiver function and surface wave dispersion observations. Geophys. J. Int., 143: 1 – 19.

Lei J, Zhao D, 2016. Teleseismic P-wave tomography and mantle dynamics beneath Eastern Tibet. Geochem. Geophy. Geosy., 17: 1861 – 1884.

León Soto G, Sandvol E, Ni J F, et al., 2012. Significant and vertically coherent seismic anisotropy beneath eastern Tibet. J. Geophys. Res., 117: B05308. DOI:10.1029/2011JB008919.

Li C, van der Hilst R D, 2010. Structure of the upper mantle and transition zone beneath Southeast Asia from traveltime tomography. J. Geophys. Res., 115: B07308. DOI:10.1029/2009JB006882.

Li H, Shen Y, Huang Z, et al., 2014. The distribution of the mid-to-lower crustal low-velocity zone beneath the northeastern Tibetan Plateau revealed from ambient noise tomography. J. Geophys. Res., 119 (3): 1954 – 1970. DOI:10.1002/2013JB010374.

Li Y, Pan J, Wu Q, et al., 2017. Lithospheric structure beneath the northeastern Tibetan Plateau and the western Sino – Korea Craton revealed by Rayleigh wave tomography. Geophys. J. Int., 210 (2): 570 – 584.

Liang X, Sandvol E, Chen Y J, et al., 2012. A complex Tibetan upper mantle: A fragmented Indian slab and no south-verging subduction of Eurasian lithosphere. Earth Planet. Sci. Lett., 333: 101 – 111.

Liu M, Cui X, Liu F, 2004. Cenozoic rifting and volcanism in eastern China: A mantle dynamic link to the Indo – Asian collision?. Tectonophysics, 393: 29 – 42.

Liu Q Y, van der Hilst R D, Li Y H, et al., 2014. Eastward expansion of the Tibetan Plateau by crustal flow and strain partitioning across faults. Nat. Geosci., 7: 361 – 365.

Liu Z, Tian X, Gao R, et al., 2017. New images of the crustal structure beneath eastern Tibet from a high-density seismic array. Earth Planet. Sci. Lett., 480: 33 – 41.

Luo Z H, Mo X X, Hou Z Q, et al., 2006. An integrated model for the Cenozoic evolution of the Tibetan plateau: constraints from igneous rocks (in Chinese). Earth Sci. Front., 13 (4): 196 – 211. [罗照华, 莫宣学, 侯增谦, 等, 2006. 青藏高原新生代形成演化的整合模型: 来自火成岩的约束. 地学前缘, 13 (4): 196 – 211.]

Mo X, Zhao Z, Deng J, et al., 2006. Petrology and geochemistry of postcollisional volcanic rocks from the Tibetan plateau: Implications for lithosphere heterogeneity and collision-induced asthenospheric mantle flow//Dilek Y, Pavlides S. Postcollisional tectonics and magmatism in the Mediterranean region and Asia. Geological Society of America Special Paper, volume 409: 507 – 530. DOI:10.1130/2006.2409(24).

Mo X, Zhao Z, Deng J, et al., 2007. Migration of the Tibetan Cenozoic potassic volcanism and its transition to eastern basaltic province: implications for crustal and mantle flow (in Chinese). Geoscience, 21 (2): 255 – 264. [莫宣学, 赵志丹, 邓晋福, 等, 2007. 青藏新生代钾质火山活动的时空迁移及向东部玄武岩省的过渡: 壳幔深部物质流的暗示. 现代地质, 21 (2): 255 – 264.]

Özalaybey S, Savage M K, Sheehan A F, et al., 1997. Shear-wave velocity structure in the northern Basin and Range province from the combined analysis of receiver functions and surface waves. Bull Seism. Soc. Am., 87: 183 – 199.

Replumaz A, Guillot S, Villaseñor A, et al., 2013. Amount of Asian lithospheric mantle subducted during the India/Asia collision. Gondwana Res., 24 (3 – 4): 936 – 945.

Royden L H, Burchfiel B C, van der Hilst R D, 2008. The geological evolution of the Tibetan Plateau. Science, 321: 1054 – 1058.

Shen X, Liu M, Gao Y, et al., 2017. Lithospheric structure across the northeastern margin of the Tibetan Plateau: Implications for the plateau's lateral growth. Earth Planet. Sci. Lett., 459: 80 – 92.

Shen X, Yuan X, Liu M, 2015. Is the Asian lithosphere underthrusting beneath northeastern Tibetan Plateau? Insights from seismic receiver functions. Earth Planet. Sci. Lett., 428: 172 – 180.

Shen X, Yuan X, Ren J, 2015. Anisotropic low-velocity lower crust beneath the northeastern margin of Tibetan Plateau: Evidence for crustal channel flow. Geochem. Geophy. Geosy., 16 (12): 4223 – 4236.

Shi J, Shi D, Shen Y, et al., 2017. Growth of the northeastern margin of the Tibetan Plateau by squeezing up of the crust at the boundaries. Sci. Rep., 7 (1): 10591. DOI: 10. 1038/s41598 – 017 – 09640 – 0.

Unsworth M, Wei W, Jones A G, et al., 2004. Crustal and upper mantle structure of northern Tibet imaged with magnetotelluric data. J. Geophys. Res., 109: B02403. DOI:10. 1029/2002JB002305.

Wang C, Flesch L, Silver P, et al., 2008. Evidence for mechanically coupled lithosphere in Central Asia and resulting implications. Geology, 36: 363 – 366.

Wang C Y, Li Y H, Lou H, 2016. Issues on crustal and upper-mantle structures associated with geodynamics in the northeastern Tibetan Plateau (in Chinese). Chin. Sci. Bull., 61: 2239 – 2263. DOI:10. 1360/N972016 – 00160. [王椿镛, 李永华, 楼海, 2016. 与青藏高原东北部地球动力学相关的深部构造问题. 科学通报, 61: 2239 – 2263.]

Wang C Y, Wu J P, Lou H, et al., 2003. P-wave crustal velocity structure in the western Sichuan and eastern Tibetan region (in Chinese). Sci. China Ser. D: Earth Sci., 33 (S1): 181 – 189. [王椿镛, 吴建平, 楼海, 等, 2003. 川西藏东地区的地壳 P 波速度结构. 中国科学 D 辑: 地球科学, 33 (S1): 181 – 189.]

Wang H, Gao R, Zeng L, et al., 2014. Crustal structure and Moho geometry of the northeastern Tibetan plateau as revealed by SinoProbe – 02 deep seismic-reflection profiling. Tectonophysics, 636: 32 – 39.

Wang S J, Wang F Y, Zhang J S, et al., 2015. The deep seismogenic environment of Lushan M_S 7. 0 earthquake zone revealed by a wide-angle relection/refraction seismic profile (in Chinese). Chin. J. Geophys., 58 (9): 3193 – 3204. [王帅军, 王夫运, 张建狮, 等. 2015. 利用宽角反射/折射地震剖面揭示芦山 M_S 7. 0 地震震区深部孕震环境. 地球物理学报, 58 (9): 3193 – 3204.]

Wang W, Kirby E, Zhang P, et al., 2013. Tertiary basin evolution along the northeastern margin of the Tibetan Plateau: evidence for basin formation during Oligocene transtension. Geol. Soc. Am. Bull., 125: 377 – 400.

Wang X, Li Y, Ding Z, et al., 2017. Three-dimensional lithospheric S wave velocity model of the NE Tibetan Plateau and western North China Craton. J. Geophys. Res., 122 (8): 6703 – 6720.

Wu F Y, Huang B C, Ye K, et al., 2008. Collapsed Himalayan – Tibetan orogen and the rising Tibetan

Plateau (in Chinese). Acta. Petrol. Sin., 24 (1): 1 – 30. ［吴福元，黄宝春，叶凯，等，2008. 青藏高原造山带的垮塌与高原隆升. 岩石学报，24 (1): 1 – 30.］

Xu X, Gao R, Dong S, et al., 2017. Lateral extrusion of the northern Tibetan Plateau interpreted from seismic images, potential field data, and structural analysis of the eastern Kunlun fault. Tectonophysics, 696: 88 – 98.

Ye Z, Gao R, Li Q S, et al., 2015. Seismic evidence for the North China plate underthrusting beneath northeastern Tibet and its implications for plateau growth. Earth Planet. Sci. Lett., 426: 109 – 117.

Ye Z, Li J, Gao R, et al., 2017. Crustal and uppermost mantle structure across the Tibet – Qinling transition zone in NE Tibet: Implications for material extrusion beneath the Tibetan Plateau. Geophys. Res. Lett., 44: 10316 – 10323. DOI:10.1002/2017GL075141.

Ye Z, Li Q, Gao R, et al., 2016. Anisotropic regime across northeastern Tibet and its geodynamic implications. Tectonophysics, 671: 1 – 8.

Yu Y, Chen Y J, 2016. Seismic anisotropy beneath the southern Ordos block and the Qinling – Dabie orogen, China: Eastward Tibetan asthenospheric flow around the southern Ordos. Earth Planet. Sci. Lett., 455: 1 – 6.

Yue H, Chen Y J, Sandvol E, et al., 2012. Lithospheric and upper mantle structure of the northeastern Tibetan Plateau. J. Geophys. Res., 117: B05307. DOI:10.1029/2011JB008545.

Zhang H, Teng J, Tian X, et al., 2012. Lithospheric thickness and upper mantle deformation beneath the NE Tibetan plateau inferred from S receiver functions and SKS splitting measurements. Geophys. J. Int., 191: 1285 – 1294.

Zhang L T, Jin S, Wei W B, et al., 2012. Electrical structure of crust and upper mantle beneath the eastern margin of the Tibetan plateau and the Sichuan basin (in Chinese). Chin. J. Geophys., 55 (12): 4126 – 4137. ［张乐天，金胜，魏文博，等，2012. 青藏高原东缘及四川盆地的壳幔导电性结构研究. 地球物理学报，55 (12): 4126 – 4137.］

Zhang Q, Sandvol E, Ni J, et al., 2011. Rayleigh wave tomography of the northeastern margin of the Tibetan Plateau. Earth Planet. Sci. Lett., 304: 103 – 112.

Zhang X Y, Gao R, Bai Z M, et al., 2017. Crustal structure beneath the Longmenshan area in eastern Tibet: new constrains from reprocessing wide-angle seismic data of the Aba – Longmenshan – Suining profile (in Chinese). Chin J Geophys, 60 (6): 2200 – 2212. ［张新彦，高锐，白志明，等，2017. 阿坝—遂宁宽角地震剖面重建藏东缘龙门山地区地壳速度结构. 地球物理学报，60 (6): 2200 – 2212.］

Zhang Z, Bai Z, Klemperer S L, et al., 2013. Crustal structure across northeastern Tibet from wide-angle seismic profiling: Constraints on the Caledonian Qilian orogeny and its reactivation. Tectonophysics, 606: 140 – 159.

Zhang Z, Yuan X, Chen Y, et al., 2010. Seismic signature of the collision between the east Tibetan escape flow and the Sichuan Basin. Earth Planet. Sci. Lett., 292: 254 – 264.

Zuza A V, Cheng X, Yin A, 2016. Testing models of Tibetan Plateau formation with Cenozoic shortening estimates across the Qilian Shan – Nan Shan thrust belt. Geosphere, 12 (2): 501 – 532.

Zuza A V, Wu C, Reith R C, et al., 2017. Tectonic evolution of the Qilian Shan: An early Paleozoic orogen reactivated in the Cenozoic. Geol. Soc. Am. Bull., 130 (5 – 6): 881 – 925. DOI:10.1130/B31721.1.

青藏高原东北缘祁连山新生代地壳三维变形定量重建

郭召杰[1]，程　丰[1]

✖◆ 0 引　言

祁连山造山带位于青藏高原东北缘，是发育于早古生代造山带上的变形强烈的构造单元（图1），由北向南可以分为北祁连、中祁连、南祁连3个NW向展布的构造单元（Yin et al.，2007；Zuza et al.，2016）。该地区发育一系列NW—SE走向逆冲断层。由于祁连山地区构造变形强烈，该地区新生代构造演化恢复的研究存在巨大的挑战性。对于祁连山地区新生代以来的初始变形时间限定，前人已经做了许多工作，并达成了一些共识。Yin等（2008a，2008b）通过对柴达木盆地北缘、祁连山山前地震剖面分析，认为祁连山南缘（柴北缘地区）新生代发育一系列向南逆冲推覆的断裂带，其变形时间为古新世至早始新世。Zhuang等（2011）通过综合分析柴达木盆地北缘发育的古近纪同构造砾岩、古水流方向、岩性特征，认为在始新世时期柴北缘和南祁连地区发生强烈构造变形，并推测该构造事件是印度—欧亚板块碰撞在青藏高原北缘地区的构造变形响应。

相对于确定祁连山地区新生代变形的初始时限，如何恢复祁连山及柴北缘地区新生代变形过程，对于研究大陆地壳变形生长方式、查明青藏高原北缘地区下地壳流是否存在（Lease et al.，2012）、约束阿尔金断裂新生代以来的左行走滑位移量（Yin & Harrison，2000）等诸多方面具有重要的指导意义。近年来，祁连山及柴北缘地区新生代以来地壳挤压缩短量、地壳缩短率的定量化或半定量化研究工作一直如火如荼地进行着。通过综合分析柴达木盆地和河西走廊地区地形地貌特征、地震剖面和录井资料，Bally等（1986）、Meyer等（1998）认为祁连山逆冲褶皱带在新近纪之后存在约26%～30%的地壳缩短率，并提出140～190 km的总体地壳缩短量。通过对柴达木盆地、南祁连山前地区更加准确的13个NE—SW向的地震剖面的平衡剖面分析，Yin等（2008b）认为柴达木盆地（包括柴北缘地区）自始新世以来发生过20%～60%地壳缩短率，地壳缩短率在平面上自西向东（远离阿尔金断裂的方向）逐渐减小。另外，通过分析祁连山现今发育的一系列平面上呈不规则状的排水系统地形地貌特征，Zhang等（2014）认为祁连山西部中新世以来存在约66 km的地壳缩短量，地壳缩短率约为39%。但是基

---

1 北京大学地球与空间科学学院，北京，100871。

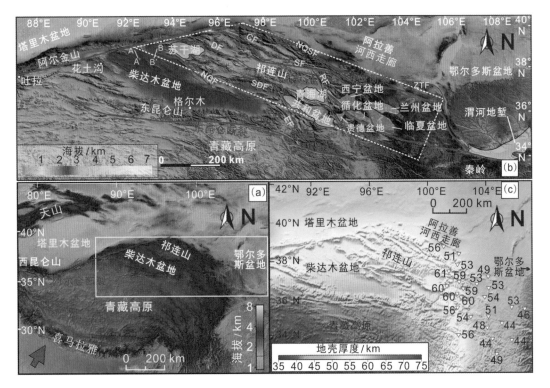

（a）青藏高原及周缘地区地形地貌；（b）柴达木盆地及周缘地区地形地貌及主干断裂；（c）柴达木盆地及周缘地区地壳厚度。

NQSF：祁连山北缘断裂，NQF：柴北缘断裂系，SDF：赛什腾山—达肯达坂断裂，EF：鄂拉山断裂，RF：日月山断裂，SF：疏勒河—南山断裂，CF：昌马断裂，DF：党河—南山断裂，ZTF：中卫—同心断裂。据 Li 等（2014）修改。

图 1　祁连山及图像地区构造 - 地貌图

于对祁连山西南部地区的平衡剖面恢复，Lease 等（2012）则认为祁连山地区自中新世中期以来分别存在约 11% 的 E—W 向和约 9% 的 NNE—SSW 向地壳缩短。Zuza 等（2016）则基于野外地质调查、地震剖面解释并结合区域地质演化历史，提出祁连山造山带新生代的地壳缩短率大于 53%，并且指出祁连山地区、柴北缘以及柴达木盆地新生代以来总体调节了大约 250 ～ 350 km 的地壳缩短量。

上述不同地壳缩短量和地壳缩短率的评估直接影响着研究者对青藏高原生长机制的认识，如地壳分布式缩短变形、下地壳流动模型、板块俯冲模型以及陆内分布式逆冲兼块体侧向挤出模型等（Dewey & Bird，1970；England & Houseman，1986；Royden et al.，1997；Meyer et al.，1998；Clark & Royden，2000；Tapponnier et al.，2001；DeCelles et al.，2002；van Hinsbergen et al.，2011；Lease et al.，2012；Ye et al.，2015；Zuza et al.，2016）。因此，如何准确地定量评价祁连山地区地壳缩短量显得尤为关键。

✕◆ 1 地质背景

祁连山—柴北缘作为柴达木盆地以及青藏高原的东北部边界，发育了一系列 NWW 走向的逆冲断裂系，如柴北缘逆冲断裂系、党河—南山断裂系等（图1；李海兵 等，2006；Yin et al.，2007a）。其中，柴北缘逆冲断裂系平面上呈 NWW—SEE 向展布。柴北缘地区地震剖面资料显示，该断裂构造系在剖面上断面呈北倾，多具有由祁连山向盆地方向逆冲推覆特征，部分断裂存在一定规模的走滑分量（魏国齐 等，2005；王桂宏 等，2011）。地震剖面资料同时显示，这些断裂的逆冲推覆作用开始于始新世并持续活动至今（Yin et al.，2008a）。祁连山位于青藏高原北缘，是发育于早古生代造山带上变形强烈的构造单元，由北向南可以分为北祁连、中祁连、南祁连三个 NW 向展布的构造单元。该地区发育一系列 NW 逆冲断层。由于祁连山地区构造变形强烈，对该地区新生代构造演化恢复的研究一直存在挑战性。Yin 等（2008b）通过对柴达木盆地北缘、祁连山山前地震剖面分析，认为南祁连山（柴北缘地区）新生代发育一系列南柴达木盆地逆冲推覆的断裂带，其变形时间为古新世至早始新世。Zhuang 等（2011）通过对柴北缘地区新生代地层野外地质调查，发现柴达木盆地北缘发育的新生代早期同构造变形，并结合古流向、岩性等特征认为在始新世时期柴北缘和祁连山地区发生过强烈构造变形。由此可见，自印度—欧亚板块碰撞以来，柴北缘—祁连山地区地壳变形开始于始新世路乐河期（Yin et al.，2008a；Zhuang et al.，2011），并伴随20%～50%的 NE—SW 向地壳缩短（Bally，1986；Meyer et al.，1998；Yin et al.，2008a，2008b；Zhang et al.，2014a；Zuza et al.，2016）。基于全盆地范围新生代地层的磁组构研究，Yu 等（2015a）认为自古近纪开始，柴北缘地区受 N—S 向挤压应力，柴西南地区则处于松弛状态，挤压应力不明显；自新近纪开始，柴北缘地区遭受 NE—SW 向挤压，柴西地区亦出现 NE—SW 的挤压应力。

祁连山地区除了发育大量 NWW 走向的挤压断裂，也发育大量的走滑断裂，如海原左行走滑断裂、鄂拉山右行走滑断裂、日月山右行走滑断裂等（Zhang et al.，1988；Yuan et al.，2013）。野外地质调查并且结合低温热年代学研究资料表明，海原断裂西段初始左行走滑时限为 17—12 Ma（Duvall et al.，2013），中段与东段开始左行走滑时间为 10—8 Ma（Zheng et al.，2013）。鄂拉山走滑断裂开始活动于 12—6 Ma，日月山断裂走滑活动则开始于 13—7 Ma（Yuan et al.，2011）。这些大型走滑断裂新生代的构造活动在一定程度上调节了新生代以来青藏高原北缘地区的地壳变形（Zhang et al.，1988；Meyer et al.，1998；Yin & Harrison，2000；Tapponnier et al.，2001；Yuan et al.，2011；Zheng et al.，2013）。

✖◆2 阿尔金左行走滑断裂、柴达木盆地和祁连山—柴北缘变形带构造关系

基于野外地质调查，Guo 等（1998）发现柴达木盆地西部吐拉盆地中发育巨厚的侏罗系，其中含大量沥青脉，吐拉地区侏罗系油砂和沥青与柴达木盆地西部花土沟、冷湖地区的侏罗系原油的地球化学特征有可对比性。Wang 等（2006）通过对沿着阿尔金左行断裂发育的新生代地层沉积学特征的系统分析，结合低温年代学裂变径迹分析，认为柴达木盆地可能起源于吐拉盆地地区，并由于阿尔金断裂的左行走滑运动，沿着阿尔金断裂向 NEE 向发生过大规模迁移。另外，基于对柴达木盆地地区新生代地层的古地磁学研究，Dupont-Nivet 等（2002）、Yu 等（2014）先后报道了柴达木盆地在新生代没有发生过大规模的垂向轴旋转。由此可见，柴达木盆地在新生代可能大致地保持着现今的形态沿着阿尔金左行断裂向 NEE 向逐渐迁移，迁移量与阿尔金断裂新生代的左行位移量相当。

通过对柴达木盆地和吐拉盆地的 4 个沉积剖面展开研究，Cheng 等（2015，2016）确定了两组地层参考点，即吐拉—花土沟剖面、安西—鄂博梁剖面，提出阿尔金左行走滑断裂新生代以来产生了（360±40）km 左行走滑位移量。这一认识与前人对于阿尔金新生代的位移量评估总体一致（图 2）。

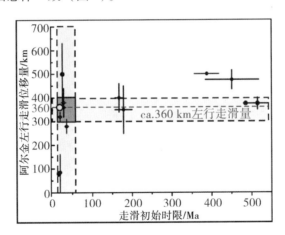

图 2　阿尔金断裂左行走滑位移量与初始走滑时限 [据 Searle 等（2011）修改]

基于柴达木盆地新生代地层沉积学、地震剖面解释等盆地分析手段，Cheng 等（2015，2016，2019a）认为阿尔金断裂新生代左行走滑断裂始于古新世—始新世。Yin 等（2002）通过对沿阿尔金断裂发育的新生代地层的磁性地层学、低温年代学裂变径迹研究，认为阿尔金断裂左行走滑运动开始于始新世（约 49 Ma 前）。Yin 等（2008b）通过对柴达木盆地北缘、祁连山山前地震剖面分析，认为南祁连山（柴北缘地区）新生代发育一系列南柴达木盆地逆冲推覆的断裂的新生代变形时间为古新世至早始新世。Zhuang 等（2011）通过综合分析柴达木盆地北缘发育的早第三系同构造砾岩以及古流向、岩性特征，提出在始新世时期柴北缘和南祁连地区开始发生强烈构造变形。另外，

近年来地质工作者陆续报道了青藏高原北缘祁连山、西秦岭等地区存在古新世—始新世构造变形（Jolivet et al., 2001; Clark et al., 2010; Duvall et al., 2011）。本研究通过对比柴达木盆地内部垂直于阿尔金断裂的与垂直于祁连山—柴北缘的地震剖面（图3），认为自路乐河组地层沉积开始，阿尔金左行走滑断裂与祁连山—柴北缘逆冲断裂均开始活动，并在整个新生代持续活动。换而言之，阿尔金断裂的左行走滑运动与祁连山—柴北缘地区的逆冲断裂的活动具有同时性。

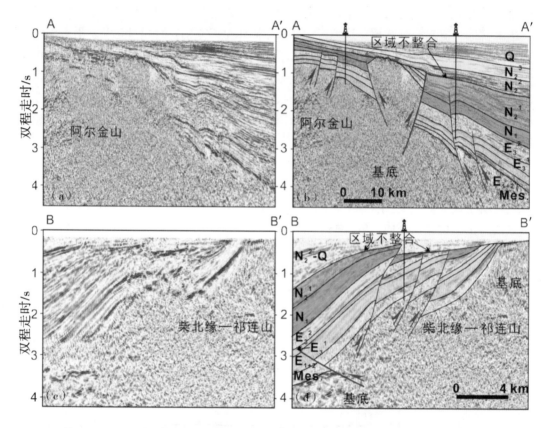

Q：第四纪沉积物；N_2^3：狮子沟组地层；N_2^2：上油砂山组地层；N_2^1：下油砂山组地层；N_1：上干柴沟组地层；E_3^2：下干柴沟组上段地层；E_3^1：下干柴沟组下段地层；E_{1+2}：路乐河组地层；Mes.：中生代地层。

图3 阿尔金山—祁连山山前典型地震剖面 [剖面位置见图1（b）]

综合上述分析，本研究认为柴达木盆地始于吐拉盆地，阿尔金走滑断裂带自古新世—始新世起开始发生左行走滑运动，柴达木盆地逐渐沿着阿尔金断裂向 NEE 方向迁移，迁移过程中造成了祁连山—柴北缘地区的地壳缩短。阿尔金断裂新生代的左行走滑位移总量为（360±40）km，巨大的位移量全部被祁连山—柴北缘地区地壳变形所吸收。

✖◆ 3   祁连山地区新生代地壳三维变形模型

前人对于祁连山地区的新生代的地壳变形（地壳缩短）评估多基于祁连山地区的地质特征而进行平衡剖面恢复（Meyer et al.，1998；Yin et al.，2008b；Lease et al.，2012；Zuza et al.，2016）。然而由于祁连山地区构造复杂，发育大量的 NWW 向断裂，这些断裂多数具有走滑运动的性质，给地质工作者准确定性评估该地区的地壳变形制造了障碍，并进一步妨碍了人们对青藏高原生长方式的认识。

基于前文分析，本论文认为柴达木盆地新生代以来沿着阿尔金左行走滑断裂向 NEE 向运动了（360±40）km，如此大规模的左行位移量在祁连山地壳通过构造变形被吸收和调节。因此，本论文建立了祁连山地区新生代地壳变形三维模型，即柴达木盆地沿着阿尔金断裂向北的迁移，造成了祁连山地壳在三维尺度上的变形，包括平面上 N 20°E 向缩短与地壳 N 110°E 向挤出，模型如图 4 所示。

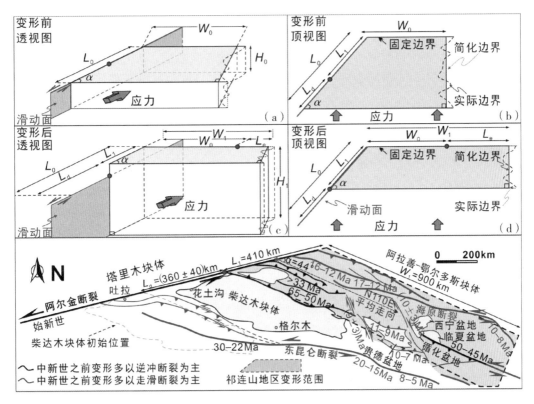

图 4   柴达木盆地向北迁移—祁连山地壳等体积变形三维模型（断裂活动时间引自 Duvall et al.，2013）

van Hinsbergen 等（2011）基于青藏高原各个地体纬度的变化，在二维尺度上评价了青藏高原内部的后碰撞地壳缩短量。本次研究在该二维地壳变形理论模型上加入了垂向上地壳的加厚，建立了更为精确的三维等质量变形模型。Yakovlev 和 Clark（2014）在对青藏高原新生代地壳变形的评估过程中，认为忽略上地壳与下地壳密度间的差异不会影响对青藏高原造山带地壳变形的计算结果。另外，青藏高原北缘地区未发现新生代的火山岩，暗示青藏高原北缘祁连山地区新生代的壳幔物质对流不强烈。Lease 等（2012）与 Li 等（2014）先后指出青藏高原北缘新生代可能不存在下地壳流动层。因此，本研究将祁连山地区三维等质量变形模型简化为三维等体积变形模型。

前文已述，虽然柴达木盆地在基底组成上存在一定成分的古生代—中生代的花岗岩侵入体，但有效弹性厚度计算表明，柴达木盆地与周缘相对塑性的造山带相比是一个刚性的地块（Braitenberg et al.，2003）。这一认识得到了来自柴达木盆地基底研究结果的支持（Cheng et al.，2017）。另外，青藏高原内部二维各向异性地球物理剖面同样显示，柴达木盆地比周缘造山带具有更强的力学属性（Le Pape et al.，2009）。虽然，柴达木盆地内部平衡剖面恢复显示，盆地内部可能存在约 10% 的 NE—SW 向地壳缩短（Zhou et al.，2006）。Yin 等（2008）同样基于盆地内部二维地震剖面的平衡剖面恢复，提出了柴达木盆地 NE—SW 向的平均地壳缩短率约 35%。但柴达木盆地西南部地区的断裂多具有走滑属性（Cheng et al.，2014），因此 NE—SW 向的平衡剖面可能无法得到柴达木盆地西部地区真实的地壳缩短量。另外，上述平衡剖面恢复多基于盆地内部早期的二维地震剖面，由于二维地震剖面品质较三维地震剖面差，地震剖面解释方案可能存在一定的分歧。因此，本研究暂时不考虑柴达木盆地内部地壳缩短量，认为柴达木盆地新生代沿着阿尔金断裂左行走滑断裂向 NEE 向的（360±40）km 位移量全部传递到祁连山地壳之中。

前人对于阿尔金断裂的东北部边界还存在一定争议，多数研究者基于遥感影像资料、野外地质调查以及地震剖面资料，认为阿尔金断裂止于祁连山地区（Burchfiel et al.，1989；Meyer et al.，1998；Wittlinger et al.，1998；Tapponnier et al.，2001；Yin & Harrison，2000；Jolivet et al.，2001；Yin et al.，2002；Cowgill et al.，2003；Dupont-Nivet et al.，2004；Wang et al.，2006）。然而 Darby 等（2005）认为阿尔金断裂东部边界可能超越了祁连山北部地区，并有可能一直向 NEE 向延伸至阿拉善块体甚至更北地区。另外，在祁连山北缘地区最近获得的大地电磁剖面显示阿尔金断裂可能止于祁连山及其北缘地区（Xiao et al.，2015）。最新的基于沉积学、物源分析的结果也证实阿尔金走滑断裂新生代的左行活动仅限于玉门盆地以西地区（Cheng et al.，2019b）。因此，本研究中认为阿尔金断裂东端止于祁连山地区。

本次三维等体积变形模型中的另一个重要的参数是祁连山地区在新生代变形之前的地壳厚度。前人对祁连山地区的新生代初始地壳厚度的研究较少。Wang 和 Coward（1993）根据祁连山周缘地区发育的巨厚的侏罗系和白垩系同造山砾岩，认为祁连山山前在侏罗纪和白垩纪时期已经存在地壳负载。基于青藏高原北缘地区地质背景进行综合分析，Meyer 等（1998）认为青藏高原北缘地区在新生代变形之前的地壳厚度为（47.5±5）km。基于祁连山地区基底岩石的裂变径迹研究和剖面平衡剖面恢复，Lease 等（2012）提出祁连山地区地壳初始厚度为（45±5）km。基于上述资料，本研究认为祁连山地区地壳初始厚度大约为 45 km。为了更好地评估祁连山地区新生代的地壳变形，本论文对这一参数分别选取不同值进行计算（35 km、40 km、45 km、50 km 以及

55 km，图5）。

作为刚性的前寒武纪块体，阿拉善地块限定了祁连山的北部边界。本研究基于前人的 GPS 研究成果（Zhang et al.，2004），认为阿拉善板块作为稳定欧亚大陆的一部分相对固定。因此，柴达木盆地沿着阿尔金断裂向东北迁移产生的位移量被祁连山地壳变形完全吸收。为进一步简化三维评估模型，本研究基于平面形态将祁连山地壳限定为一个横截面为直角梯形的柱状体。平面上，阿拉善块体为北边界，阿尔金左行走滑断裂为西边界，以柴北缘为南边界，东边界为开放边界。

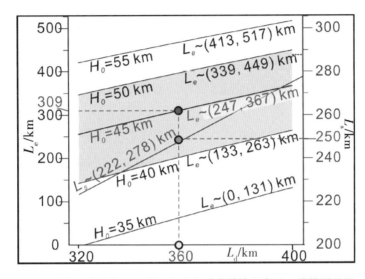

图5　柴达木盆地向北迁移 – 祁连山地壳等体积变形三维模型结果

基于地壳三维等体积变形模型，本研究可以得到以下关系：

$$L_s = L_d \sin \alpha \tag{1}$$

$$R_s = \frac{L_d \sin \alpha}{L_0 \sin \alpha} = \frac{L_d \sin \alpha}{(L_d + L_1) \sin \alpha} = \frac{L_d}{L_d + L_1} \tag{2}$$

$$V_0 = \frac{1}{2} \left[2(W_1 - L_e) + (L_d + L_1) \cos \alpha \right] (L_d + L_1) H_0 \sin \alpha$$

$$= V_1 = \frac{1}{2} (2W_1 + L_1 \cos \alpha) L_1 H_1 \sin \alpha \tag{3}$$

其中，α 代表平面上阿尔金左行走滑断裂走向与祁连山构造线平均走向之间的锐角夹角，为 44°（图4）。L_d 代表阿尔金左行走滑断裂自开始活动以来的位移量。L_0 和 L_1 分别代表平面上祁连山西边界变形前和现今的长度。L_s 和 R_s 分别代表自阿尔金断裂左行走滑以来的地壳缩短量与缩短率。另外，V_0 和 V_1 分别代表变形前后祁连山地壳的体积，为固定常量。W_0 和 W_1 分别代表变形前后祁连山北边界平面上的长度。V_0 和 V_1 分别代表变形前后祁连山地壳的厚度。L_e 则代表祁连山地区自阿尔金左行走滑断裂活动以来祁连山地壳的挤出量。基于 Google Earth 软件测量，W_1 和 L_1 的长度分别为 900 km 和 410 km（图4）。基于祁连山地区的基底岩石裂变径迹的研究，Jolivet 等（2001）认为祁连山地区新生代的剥蚀量不超过 6 km。Li 等（2014）基于青藏高原东北地区噪声面波层析成像所揭示的地壳速度结构，认为祁连山地区的现今海平面之下地壳厚度介于 55 ～ 65 km 之间。另外，祁连山地区现今平均海拔约 4 km。基于上述分析，本研究认为现今祁连山地区的平均地壳厚度、新生代的剥蚀量总量，即 H_1 为 70 km。具体表达式、边界条件以及参数取值见式（1）、式（2）、式（3）及表 1。

表 1　柴达木盆地向北迁移 – 祁连山地壳等体积变形三维模型相关参数

参　数	取值	数据来源
新生代阿尔金断裂左行走滑位移量（L_d）	300 ～ 400 km，平均（360 ± 40）km	Yue & Liou, 1999；Ritts & Biffi, 2000；Yin & Harrison, 2000；Sobel et al., 2001；Yue et al., 2001；Yue et al., 2005；Gehrels et al., 2003；Searle et al., 2011
现今祁连山西边界（沿阿尔金断裂）长度（L_1）	410 km	来自 Google Earth 测量
现今祁连山北边界长度（W_1）	900 km	来自 Google Earth 测量
祁连山新生代平均剥蚀量（H_e）	约 6 km	Jolivet et al., 2001；Yin et al., 2002；Zheng et al., 2010
现今祁连山平均海拔（H_a）	约 4 km	来自 Google Earth 测量
现今祁连山地区海平面以下平均地壳厚度（H_b）	约 60 km	Tian et al., 2011, 2013, 2014；Li et al., 2014
现今祁连山地区地壳厚度总量，包括剥蚀量（H_1）	约 70 km	$H_1 = H_e + H_a + H_b$
变形前祁连山地壳厚度总量（H_0）	40 ～ 55 km 最可能取值 45 km	Meyer et al., 1998；Tian et al., 2011；Lease et al., 2012；Tian et al., 2013, 2014
阿尔金左行走滑断裂走向与祁连山构造线平均走向之间的锐角夹角（α）	44°	来自 Google Earth 测量
祁连山地区 N 110°E 向地壳挤出量（L_e）	$L_e = W_1 + 1/2\,(L_1 + L_d)\,\cos\alpha - 1/2\,(2W_1 + L_1\cos\alpha)\,[L_1/\,(L_1 + L_d)]\,(H_1/H_0)$	
祁连山地区 N 20°E 向地壳缩短量（L_s）	$L_s = L_1\sin\alpha$	

基于祁连山地区地壳三维恢复，本研究得出新生代自阿尔金断裂左行走滑以来，祁连山地区垂直于造山带走向（N 20°E 向）地壳缩短量为（250 ± 28）km，产生 43.8% ～ 49.4% 的地壳缩短率；祁连山地区平行于造山带走向（N 110°E 向）地壳存在约 250 ～ 370 km 的地壳挤出量。具体结论见图 5 和表 2。

表2 柴达木盆地向北迁移 - 祁连山地壳等体积变形三维模型结果

祁连山地壳新生代变形前厚度 H_0/km	阿尔金断裂左行走滑量 L_d/km（>0）		祁连山地壳向东挤出量 L_e/km（>0）	祁连山地壳 N20°E 缩短量 L_s/km（>0）	祁连山地壳 N20°E 缩短率 R_s/%
祁连山地壳现今变形后总厚度（包括剥蚀量）　$H_1 = 70$ km					
35	最大值	400	131	278	49.4
	最小值	320	14	222	43.8
40	最大值	400	263	278	49.4
	最小值	320	133	222	43.8
45	最大值	400	367	278	49.4
	最小值	320	247	222	43.8
50	最大值	400	449	278	49.4
	最小值	320	339	222	43.8
55	最大值	400	517	278	49.4
	最小值	320	413	222	43.8
45	最可能值	360	309	250	46.8

◆ 4　祁连山地壳变形对青藏高原生长的意义

现今祁连山地区的 GPS 速度矢量分布图表明，GPS 速度矢量在 N 20°E 向的分量自柴达木北缘向祁连山北缘逐渐减小，暗示祁连山地区 SE—NW 向构造新生代通过地壳缩短的方式调节了新生代高原北部的地壳变形（图6；Zhang et al., 2004；Duvall & Clark, 2010）。通过对祁连山地区地形地貌与地质特征以及柴达木盆地与祁连山北缘河西走廊的地震剖面资料分析，Bally 等（1986）与 Meyer 等（1998）认为新近纪以来该地区产生了约30%～50%的地壳缩短量。基于祁连山地区现今的排水盆地的地貌特征，Zhang 等（2014）提出了约39%的地壳缩短量。另外，基于祁连山地区的长观测距深地震测深剖面的分析，Tian 等（2014）认为祁连山地区新生代以来产生了 N 30°E 向250～350 km 的地壳缩短量。本次研究所得出祁连山地区新生代地壳缩短的评估结果，即（250±28）km 的地壳缩短量和43.8%～49.4%的地壳缩短率，与部分前人的研究结果一致。

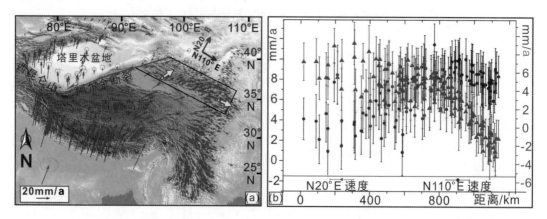

（a）青藏高原及周缘地区地壳 GPS 速度矢量图，据 Zhang 等（2004），祁连山地区地壳运动方向自西向东由 NE 向转向 SE 向；（b）祁连山地区地壳 GPS 速度矢量分解图（N20°E 向和 N110°E 向），GPS 数据引自 Gan 等（2007），GPS 站范围取自（a）内直角梯形的范围。

图6 青藏高原及周缘地区地壳 GPS 速度矢量图及其分解

本研究 GPS 的投影方式基本依据 Duvall 和 Clark（2010）所阐述的方法。数据来源于 Gan 等（2007）。本研究将祁连山地区的 GPS 矢量进行 N 110°E 和 N 20°E 两个方向的分解。本研究将所有分解得到的 GPS 矢量分量投影到一条总体走向为 N 110°E 的直线上，该线的起点位于祁连山西边界，横坐标代表着 GPS 观测站到起点沿着 N 110°E 向的距离。

另一方面，本研究利用祁连山地区地壳三维等体积变形模型对祁连山地区新生代地壳向东的挤出量进行了定量评估，提出了新生代以来祁连山地壳向东挤出了 250～370 km 的地壳以调节青藏高原内部地地壳变形（图5）。地质工作者虽然已经发现祁连山地区地壳 GPS 矢量速度由西向东逐渐减小，祁连山地区大量的左行走滑断裂活动，具有左行走滑震源机制解的地震，以及青藏高原东北缘地区地壳和上地幔 WNW—ESE 向与 NW—SE 向的各向异性结构，逐渐认识到青藏高原北缘地区向东的地壳生长这一现象（Lasserre et al.，1999；Zhang et al.，2004；Li et al.，2011），但前人对该地区地壳向东的挤出量无法做出定量评估。本研究是首次对青藏高原东北缘地壳向东的挤出量进行定量化评估。

本研究进一步认为，祁连山地区超过 250 km 的地壳挤出量主要通过祁连山地区内部的 NWW—SEE 向左行走滑断裂的活动所调节，具体断裂参数见图1 和表3。另外，本研究进一步推测，祁连山地区地壳向东的大规模挤出造成了秦岭造山带 9—4 Ma 以来的地壳加厚（图7；Enkelmann et al.，2006），可能也驱动了海原断裂与西秦岭断裂新生代的左行走滑作用（Burchfiel et al.，1991；Duvall et al.，2011）。此外，祁连山地区这一大规模的向东的地壳挤出可能也促进了鄂尔多斯块体的逆时针垂直轴旋转，并可能加剧了渭河地堑张开以及华北地区其他伸展构造的新生代活动（图7；Zhang et al.，1998；Mercier et al.，2013）。

表3 祁连山地区走滑断裂属性

走滑断裂 构造名称	左行走滑初始 活动时限/Ma	走滑速率/ （mm/a）	左行走滑位移量/ km
海原断裂	17—12（Duvall et al., 2013）	4～6（Zhang et al., 1988；Gaudemer et al., 1995；Li et al., 2009；Zheng et al., 2013）	60～90（Gaudemer et al., 1995；Ding et al., 2004）
疏勒南山断裂	23（Ding et al., 2004）	6.5（Ding et al., 2004）	约150（Ding et al., 2004）
中卫—同心断裂	5.3—3.4（Ding et al., 2004）	4～7（Ding et al., 2004）	20～25（Ding et al., 2004）
西秦岭断裂	16（Wang et al., 2012）	2（Li et al., 2005）	≥25（Ratschbacher et al., 2003）
祁连山北缘断裂	10（Zheng et al., 2010）	约1（Zheng et al., 2010）	约10（Zheng et al., 2010）
鄂拉山断裂	9±3（Yuan et al., 2011）	1.1±0.3（Yuan et al., 2013）	9～12（Yuan et al., 2011）
日月山断裂	10±3（Yuan et al., 2011）	1.2±0.4（Yuan et al., 2013）	6～12（Yuan et al., 2011）
昌马断裂	≤23 渐新世（Kang et al., 1986）	1～5（Peltzer et al., 1988；Zheng et al., 2013）	20～120

◆ 5 总 结

基于前人对相对刚性的柴达木盆地新生代整体沿着阿尔金左行走滑断裂向北（未发生垂向轴旋转）移动的认识（Dupont-Nivet et al., 2002；Wang et al., 2006；Yu et al., 2014），本研究构建了相对刚性的柴达木盆地块体向北迁移导致祁连山地壳发生三维尺度等体积变形的构造模型。基于此理论模型，本研究对祁连山地区新生代以来垂直于造山带走向（N 20°E 向）的地壳缩短量以及平行于造山带走向（N 110°E 向）的地壳挤出量进行了定量化评估，探讨了新生代以来祁连山地区的构造变形过程。本研究所得出祁连山地区新生代地壳缩短的评估结果，即（250±28）km 的地壳缩短量与 43.8%～

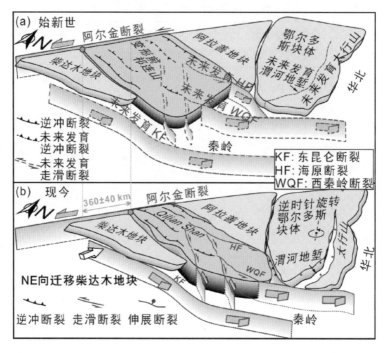

图7 柴达木盆地沿阿尔金断裂向北东方向迁移－祁连山地壳三维变形模型

49.4%的地壳缩短率，与前人的研究结果一致。本研究首次对青藏高原东北缘地壳向东的挤出量进行定量化评估，并提出祁连山地区地壳新生代约250～370 km的向东挤出量，如此巨大的挤出量主要通过祁连山地区内部的 NWW—SEE 向左行走滑断裂的活动所调节，驱动了海原断裂与西秦岭断裂新生代的左行走滑作用，并进一步引起了秦岭造山带的地壳加厚，引起了鄂尔多斯块体的逆时针垂直轴旋转，并可能加剧了渭河地堑张开以及华北地区其他伸展构造的新生代活动。这一现象从侧面也反映了岩石圈尺度的阿尔金左行走滑断裂与青藏高原北缘新生代生长紧密相关。

◈ 致　　谢

感谢评审专家为本文提出的宝贵修改意见。感谢高锐院士的一贯支持。

◈ 说　　明

本文英文版已发表在 *Terra Nova* 期刊：Cheng F，Jolivet M，Dupont－Nivet G，et al.，2015. Lateral extrusion along the Altyn Tagh Fault，Qilian Shan（NETibet）：insight from a 3D crustal budget. Terra Nova，27（6）：416－425.

◆ 参 考 文 献

Bally A, Chou IM, Clayton R, et al., 1986. Notes on sedimentary basins in China: report of the American Sedimentary Basins Delegation to the People's Republic of China. US Geological Survey.

Braitenberg C, Wang Y, Fang J, et al., 2003. Spatial variations of flexure parameters over the Tibet – Quinghai plateau. Earth and Planetary Science Letters, 205 (3 – 4): 211 – 224.

Burchfiel B C, Deng Q D, Molnar P, et al., 1989. Intracrustal detachment within zones of continental deformation. Geology, 17 (8): 748 – 752.

Burchfiel B, Zhang P, Wang Y, et al., 1991. Geology of the Haiyuan fault zone, Ningxia – Hui Autonomous Region, China, and its relation to the evolution of the northeastern margin of the Tibetan Plateau. Tectonics, 10 (6): 1091 – 1110.

Cheng F, Garzione C, Jolivet M, et al., 2019a. Initial Deformation of the Northern Tibetan Plateau: Insights From Deposition of the Lulehe Formation in the Qaidam Basin. Tectonics, 38 (2): 741 – 766.

Cheng F, Garzione C, Jolivet M, et al., 2019b. Provenance analysis of the Yumen Basin and northern Qilian Shan: Implications for the pre-collisional paleogeography in the NE Tibetan plateau and eastern termination of Altyn Tagh fault. Gondwana Research, 65: 156 – 171.

Cheng F, Guo Z, Jenkins H S, et al., 2015. Initial rupture and displacement on the Altyn Tagh fault, northern Tibetan Plateau: Constraints based on residual Mesozoic to Cenozoic strata in the western Qaidam Basin. Geosphere, 11 (3): 921 – 942.

Cheng F, Jolivet M, Fu S, et al., 2014. Northward growth of the Qimen Tagh Range: A new model accounting for the Late Neogene strike-slip deformation of the SW Qaidam Basin. Tectonophysics, 632: 32 – 47.

Cheng F, Jolivet M, Fu S, et al., 2016. Large-scale displacement along the Altyn Tagh Fault (North Tibet) since its Eocene initiation: Insight from detrital zircon U – Pb geochronology and subsurface data. Tectonophysics, 677 – 678: 261 – 279.

Cheng F, Jolivet M, Hallot E, et al., 2017. Tectono-magmatic rejuvenation of the Qaidam craton, northern Tibet. Gondwana Research, 49: 248 – 263.

Clark M, Farley K, Zheng D, et al., 2010. Early Cenozoic faulting of the northern Tibetan Plateau margin from apatite (U – Th)/He ages. Earth and Planetary Science Letters, 296 (1): 78 – 88.

Clark M K, Royden L H, 2000. Topographic ooze: Building the eastern margin of Tibet by lower crustal flow. Geology, 28 (8): 703 – 706.

Cowgill E, Yin A, Harrison T M, et al., 2003. Reconstruction of the Altyn Tagh fault based on U – Pb geochronology: Role of back thrusts, mantle sutures, and heterogeneous crustal strength in forming the Tibetan Plateau. Journal of Geophysical Research, 108 (B7): 2346.

Darby B J, Ritts B D, Yue Y, et al., 2005. Did the Altyn Tagh fault extend beyond the Tibetan Plateau?. Earth and Planetary Science Letters, 240 (2): 425 – 435.

DeCelles P G, Robinson D M, Zandt G, 2002. Implications of shortening in the Himalayan fold-thrust belt for uplift of the Tibetan Plateau. Tectonics, 21 (6): 12-1 – 12-25.

Dewey J F, Bird J M, 1970. Mountain belts and the new global tectonics. Journal of Geophysical Research, 75 (14): 2625 – 2647.

Ding G, Chen J, Tian Q, et al., 2004. Active faults and magnitudes of left-lateral displacement along the northern margin of the Tibetan Plateau. Tectonophysics, 380 (3 – 4): 243 – 260.

Dupont-Nivet G, Butler R F, Yin A, et al., 2002. Paleomagnetism indicates no Neogene rotation of the Qaidam Basin in northern Tibet during Indo – Asian collision. Geology, 30 (3): 263 – 266.

Dupont-Nivet G, Horton B, Butler R, et al., 2004. Paleogene clockwise tectonic rotation of the Xining – Lanzhou region, northeastern Tibetan Plateau. J. Geophys. Res., 109: B04401.

Duvall A R, Clark M K, 2010. Dissipation of fast strike-slip faulting within and beyond northeastern Tibet. Geology, 38 (3): 223 – 226.

Duvall A R, Clark M K, Kirby E, et al., 2011. Low-temperature thermochronometry along the Kunlun and Haiyuan Faults, NE Tibetan Plateau: Evidence for kinematic change during late-stage orogenesis. Tectonics, 32 (5): 1190 – 1211.

Duvall A R, Clark M K, van der Pluijm B A, et al., 2011. Direct dating of Eocene reverse faulting in northeastern Tibet using Ar-dating of fault clays and low-temperature thermochronometry. Earth and Planetary Science Letters, 304 (3 – 4): 520 – 526.

England P, Houseman G, 1986. Finite strain calculations of continental deformation: 2. Comparison with the India – Asia collision zone. Journal of Geophysical Research: Solid Earth, 91 (B3): 3664 – 3676.

Enkelmann E, Ratschbacher L, Jonckheere R, et al., 2006. Cenozoic exhumation and deformation of northeastern Tibet and the Qinling: Is Tibetan lower crustal flow diverging around the Sichuan Basin?. Geological Society of America Bulletin, 118 (5 – 6): 651 – 671.

Gan W, Zhang P, Shen Z K, et al., 2007. Present-day crustal motion within the Tibetan Plateau inferred from GPS measurements. Journal of Geophysical Research: Solid Earth, 112 (B8): B08416.

Gaudemer Y, Tapponnier P, Meyer B, et al., 1995. Partitioning of crustal slip between linked, active faults in the eastern Qilian Shan, and evidence for a major seismic gap, the 'Tianzhu gap', on the western Haiyuan Fault, Gansu (China). Geophysical Journal International, 120 (3): 599 – 645.

Gehrels G E, Yin A, Wang X F, 2003. Magmatic history of the northeastern Tibetan Plateau. Journal of Geophysical Research, 108 (B9): 2423.

Guo Z J, Zhang Z C, Zeng F G, 1998. Discovery of mega-thick oil sandstone and asphalt in the Jurassic System in the Tula Basin and its significance. Chinese Science Bulletin, 43 (22): 1898 – 1901.

Jolivet M, Brunel M, Seward D, et al., 2001. Mesozoic and Cenozoic tectonics of the northern edge of the Tibetan plateau: fission-track constraints. Tectonophysics, 343 (1 – 2): 111 – 134.

Lasserre C, Morel P H, Gaudemer Y, et al., 1999. Postglacial left slip rate and past occurrence of $M \geqslant 8$ earthquakes on the western Haiyuan fault, Gansu, China. Journal of Geophysical Research: Solid Earth (1978 – 2012), 104 (B8): 17633 – 17651.

Le Pape F, Jones A G, Vozar J, et al., 2012. Penetration of crustal melt beyond the Kunlun Fault into northern Tibet. Nature Geoscience, 5 (5): 330 – 335.

Lease R O, Burbank D W, Zhang H, et al., 2012. Cenozoic shortening budget for the northeastern edge of the Tibetan Plateau: Is lower crustal flow necessary?. Tectonics, 31 (3): TC3011.

Li J, Wang X, Niu F, 2011. Seismic anisotropy and implications for mantle deformation beneath the NE margin of the Tibet plateau and Ordos plateau. Physics of the Earth and Planetary Interiors, 189 (3): 157 – 170.

Li X, Li H, Shen Y, et al., 2014. Crustal Velocity Structure of the Northeastern Tibetan Plateau from

Ambient Noise Surface-Wave Tomography and Its Tectonic Implications. Bulletin of the Seismological Society of America, 104 (3): 1045 – 1055.

Mercier J L, Vergely P, Zhang Y Q, et al., 2013. Structural records of the Late Cretaceous – Cenozoic extension in Eastern China and the kinematics of the Southern Tan – Lu and Qinling Fault Zone (Anhui and Shaanxi provinces, PR China). Tectonophysics, 582: 50 – 75.

Meyer B, Tapponnier P, Bourjot L, et al., 1998. Crustal thickening in Gansu – Qinghai, lithospheric mantle subduction, and oblique, strike-slip controlled growth of the Tibet plateau. Geophysical Journal International, 135 (1): 1 – 47.

Peltzer G, Tapponnier P, 1988. Formation and evolution of strike-slip faults, rifts, and basins during the India – Asia collision: An experimental approach. Journal of Geophysical Research: Solid Earth, 93 (B12): 15085 – 15117.

Ratschbacher L, Hacker B R, Calvert A, et al., 2003. Tectonics of the Qinling (Central China): tectonostratigraphy, geochronology, and deformation history. Tectonophysics, 366 (1 – 2): 1 – 53.

Ritts B D, Biffi U, 2000. Magnitude of post-Middle Jurassic (Bajocian) displacement on the central Altyn Tagh fault system, northwest China. Geological Society of America Bulletin, 112 (1 – 2): 61 – 74.

Royden L H, Burchfiel B C, King R W, et al., 1997. Surface deformation and lower crustal flow in eastern Tibet. Science, 276 (5313): 788 – 790.

Searle M, Elliott J, Phillips R, et al., 2011. Crustal-lithospheric structure and continental extrusion of Tibet. Journal of the Geological Society, 168 (3): 633 – 672.

Sobel E R, Arnaud N, Jolivet M, et al., 2001. Jurassic to Cenozoic exhumation history of the Altyn Tagh range, northwest China, constrained by ^{40}Ar/^{39}Ar and apatite fission track thermochronology// Hendrix M S, Davis G A (eds.). Paleozoic and Mesozoic Tectonic Evolution of Central and Eastern Asia: From Continental Assembly to Intracontinental Deformation. Geological Society of America, volume 194: 247 – 267.

Tapponnier P, Xu Z Q, Roger F, et al., 2001. Oblique stepwise rise and growth of the Tibet Plateau. Science, 294 (5547): 1671 – 1677.

Tian X, Liu Z, Si S, et al., 2014. The crustal thickness of NE Tibet and its implication for crustal shortening. Tectonophysics, 634: 198 – 207.

Tian X, Zhang Z, 2013. Bulk crustal properties in NE Tibet and their implications for deformation model. Gondwana Research, 24 (2): 548 – 559.

van Hinsbergen D J, Kapp P, Dupont-Nivet G, et al., 2011. Restoration of Cenozoic deformation in Asia and the size of Greater India. Tectonics, 30 (5): TC5003.

Wang E, Xu F Y, Zhou J X, et al., 2006. Eastward migration of the Qaidam basin and its implications for Cenozoic evolution of the Altyn Tagh fault and associated river systems. Geological Society of America Bulletin, 118 (3 – 4): 349 – 365.

Wang Q, Coward M, 1993. The Jiuxi basin, Hexi corridor, NW China: Foreland structural features and hydrocarbon potential. Journal of Petroleum Geology, 16 (2): 169 – 182.

Wang Z, Zhang P, Garzione C N, et al., 2012. Magnetostratigraphy and depositional history of the Miocene Wushan basin on the NE Tibetan plateau, China: implications for middle Miocene tectonics of the West Qinling fault zone. Journal of Asian Earth Sciences, 44: 189 – 202.

Wittlinger G, Tapponnier P, Poupinet G, et al., 1998. Tomographic evidence for localized lithospheric shear along the Altyn Tagh fault. Science, 282 (5386): 74 – 76.

Xiao Q B, Shao G H, Liu-Zeng J, et al., 2015. Eastern termination of the Altyn Tagh Fault, western China: Constraints from a magnetotelluric survey. Journal of Geophysical Research: Solid Earth, 120 (5): 2838 – 2858.

Yakovlev P V, Clark M K, 2014. Conservation and redistribution of crust during the Indo – Asian collision. Tectonics, 33 (6): 1016 – 1027.

Ye Z, Gao R, Li Q, et al., 2015. Seismic evidence for the North China plate underthrusting beneath northeastern Tibet and its implications for plateau growth. Earth and Planetary Science Letters, 426: 109 – 117.

Yin A, Dang Y Q, Wang L C, et al., 2008a. Cenozoic tectonic evolution of Qaidam basin and its surrounding regions (Part 1): The southern Qilian Shan – Nan Shan thrust belt and northern Qaidam basin. Geological Society of America Bulletin, 120 (7 – 8): 813 – 846.

Yin A, Dang Y Q, Zhang M, et al., 2008b. Cenozoic tectonic evolution of the Qaidam basin and its surrounding regions (Part 3): Structural geology, sedimentation, and regional tectonic reconstruction. Geological Society of America Bulletin, 120 (7 – 8): 847 – 876.

Yin A, Harrison T M, 2000. Geologic evolution of the Himalayan – Tibetan orogen. Annual Review of Earth and Planetary Sciences, 28 (1): 211 – 280.

Yin A, Manning C E, Lovera O, et al., 2007. Early Paleozoic tectonic and thermomechanical evolution of ultrahigh-pressure (UHP) metamorphic rocks in the northern Tibetan Plateau, northwest China. International Geology Review, 49 (8): 681 – 716.

Yin A, Rumelhart P, Butler R, et al., 2002. Tectonic history of the Altyn Tagh fault system in northern Tibet inferred from Cenozoic sedimentation. Geological Society of America Bulletin, 114 (10): 1257 – 1295.

Yu X J, Fu S T, Guan S W, et al., 2014. Paleomagnetism of Eocene and Miocene sediments from the Qaidam basin: Implication for no integral rotation since the Eocene and a rigid Qaidam block. Geochemistry, Geophysics, Geosystems, 15 (6): 210 – 2127.

Yuan D Y, Champagnac J D, Ge W P, et al., 2011. Late Quaternary right-lateral slip rates of faults adjacent to the lake Qinghai, northeastern margin of the Tibetan Plateau. Geological Society of America Bulletin, 123 (9 – 10): 2016 – 2030.

Yue Y J, Graham S A, Ritts B D, et al., 2005. Detrital zircon provenance evidence for large-scale extrusion along the Altyn Tagh fault. Tectonophysics, 406 (3): 165 – 178.

Yue Y J, Ritts B D, Graham S A. 2001. Initiation and long-term slip history of the Altyn Tagh Fault. International Geology Review, 43 (12): 1087 – 1093.

Yue Y, Liou J, 1999. Two-stage evolution model for the Altyn Tagh fault, China. Geology, 27 (3): 227 – 230.

Zhang H P, Zhang P Z, Zheng D W, et al., 2014. Transforming the Miocene Altyn Tagh fault slip into shortening of the north-western Qilian Shan: insights from the drainage basin geometry. Terra Nova, 26 (3): 216 – 221.

Zhang P Z, Shen Z, Wang M, et al., 2004. Continuous deformation of the Tibetan Plateau from global positioning system data. Geology, 32 (9): 809 – 812.

Zhang P, Molnar P, Burchfiel B, et al., 1988. Bounds on the Holocene slip rate of the Haiyuan fault, north-central China. Quaternary Research, 30 (2): 151 – 164.

Zheng D, Clark M K, Zhang P, et al., 2010. Erosion, fault initiation and topographic growth of the North

Qilian Shan（northern Tibetan Plateau）. Geosphere，6（6）：937 – 941.

Zheng W，Zhang P，He W，et al.，2013. Transformation of displacement between strike-slip and crustal shortening in the northern margin of the Tibetan Plateau：Evidence from decadal GPS measurements and late Quaternary slip rates on faults. Tectonophysics，584：267 – 280.

Zhou J X，Xu F Y，Wang T C，et al.，2006. Cenozoic deformation history of the Qaidam Basin，NW China：Results from cross-section restoration and implications for Qinghai – Tibet Plateau tectonics. Earth and Planetary Science Letters，243（1 – 2）：195 – 210.

Zhuang G，Hourigan J K，Ritts B D，et al.，2011. Cenozoic multiple-phase tectonic evolution of the northern Tibetan Plateau：Constraints from sedimentary records from Qaidam basin，Hexi Corridor，and Subei basin，northwest China. American Journal of Science，311（2）：116 – 152.

Zuza A V，Yin A，2016. Continental deformation accommodated by non-rigid passive bookshelf faulting：An example from the Cenozoic tectonic development of northern Tibet. Tectonophysics，677：227 – 240.

康来讯，1986. 昌马断裂带古地震的探讨. 地震学刊，4：16 – 22.

李传友，2005. 青藏高原东北部几条主要断裂带的定量研究. 北京：中国地震局地质研究所.

李海兵，杨经绥，许志琴，2006. 阿尔金断裂带对青藏高原北部生长，隆升的制约. 地学前缘，13（4）：59 – 78.

王桂宏，马达德，周川闽，等，2011. 柴达木盆地北缘走滑断层地震剖面解释及形成机理分析. 地球学报，32（2）：204 – 210.

魏国齐，李本亮，肖安成，等，2005. 柴达木盆地北缘走滑 – 冲断构造特征及其油气勘探思路. 地学前缘，12（4）：397 – 402.

印度板块岩石圈地幔向北俯冲到羌塘地体之下的远震 P 波层析成像证据

郑洪伟[1,2,3]，李廷栋[4,5]，高　锐[*2]，赵大鹏[3]，贺日政[2,3]

❖ 0　引　言

印度板块与欧亚板块约 70 Ma 前开始的碰撞（尹安，2001），造就了青藏高原的隆升。印度板块的向北俯冲已被人们广泛接受，而印度板块俯冲过程一直是青藏高原研究的热点问题。印度板块俯冲前缘在哪里？是高角度俯冲还是低角度俯冲？在过去的数十年里，围绕这些问题，在青藏高原地区进行过多种地球物理方法的探测，但仍然存在着许多不同的观点。

一种观点认为印度板块俯冲到整个青藏高原之下。Ni 等（1984）发现西藏大部分地区 P_n 波和 S_n 波沿地幔顶部传播时表现出低温的地盾速度特征，进而推测印度板块已经俯冲到了整个西藏之下。Zhou 等（2005）的全球层析成像研究结果表明，印度岩石圈板块近水平地俯冲下插到几乎整个青藏高原之下，深达 165 ～ 260 km。朱介寿等（2006）由地震面波层析成像给出了印度板块岩石圈地幔拆沉俯冲至青藏高原深部的位置，76°E 一线在 41°N 与亚洲板块岩石圈地幔碰撞，86°E 一线在 36°N 碰撞，90°E 一线在 34°N 碰撞，这表明印度大陆岩石圈地幔已俯冲到青藏高原内部金沙江缝合线一带。另一种观点认为印度板块俯冲到了羌塘地体之下。Jin 等（1996）应用布格重力异常资料研究发现，印度板块前缘在地表的对应位置是班公—怒江缝合带附近，而且在东西方向上略有差异，西部向北俯冲距离大于东部。Tilmann 等（2003）沿有限长度的 INDEPTH - Ⅲ 测线（德庆—龙尾错剖面）的远震 P 波层析成像研究认为，俯冲的印度岩石圈北缘到达班公—怒江缝合带。岩浆岩探针研究（Chung et al.，2005）支持印度板块俯冲到达羌塘地体之下的见解。Kosarev 等（1999）通过对接收函数进行研究，认为印度岩石圈地幔俯冲到羌塘地体之下。Kind 等（2002）用同样的方法研究却否定了这一观点，认为印度岩石圈地幔并未俯冲，并更倾向于认为是地壳的多次反射。魏文博等

1 北京大学地球物理系，北京，100871；2 中国地质科学院地质所岩石圈中心，北京，100037；3 爱媛大学地球动力学研究中心，松山，790 - 8577，日本；4 中国地质科学院，北京，100037；5 国土资源部咨询研究中心，北京，100035。

基金项目：国家自然科学基金（40404011、40334035）资助。

（1997）根据 INDEPTH－MT 研究结果推测，由于熔融及底熔现象，印度板块俯冲的地壳可能逐渐消减，并向北迅速减薄，估计印度板块俯冲的前缘已越过雅鲁藏布江缝合带，但不会超过当雄。还有一种观点则支持印度板块只俯冲到了雅鲁藏布江缝合带附近。丁志峰等（1992）和吴建平等（1998）认为，青藏高原下 P_n 波速度与正常的大陆上地幔顶部的速度没有明显差异，否定了印度岩石圈俯冲到整个青藏高原地壳之下的推论，认为印度板块俯冲前缘只到雅鲁藏布江附近。吕庆田等（1998）根据地震层析成像结果认为，印度板块大角度向北俯冲，前缘没有超越雅鲁藏布江缝合带。Nelson 等（1996）通过深反射发现了印度板块俯冲到喜马拉雅之下的滑脱层，向北只延伸到康马，再往北延伸的情况不清楚。Unsworth 等（2005）推测印度板块最北部边缘位于雅鲁藏布江缝合带以南 50～100 km 处。侯增谦等（2004）根据藏南地区活动热泉的氦同位素分析认为，印度板块的俯冲以 89°E 为界：以西俯冲角度较缓，可能已越过雅鲁藏布江缝合带；以东则高角度俯冲，未越过雅鲁藏布缝合带。

综上所述，印度板块究竟俯冲到青藏高原之下多远，俯冲角度如何？这是一个非常重要但一直没有直接证据来解决的问题。因此，本文运用赵大鹏的层析成像方法（Zhao，Hasegawa，& Horiuchi，1992；Zhao，Hasegawa，& Kanamori，1994），利用在青藏高原内部及其周缘开展的流动台网和固定台站记录到的十多万个远震 P 波初至时，对自印度地盾到青藏高原内部进行三维层析成像研究，以确定印度岩石圈地幔向北俯冲形态。

◆ 1 数据和方法

本次研究所使用的数据包括七部分：①1991 年 7 月—1992 年 7 月，中美合作沿青海格尔木—西藏日喀则布设的 11 个 PASSCAL 台站记录的到时数据；②1994 年 5—10 月，中、美等国合作的 INDEPTH－Ⅱ阶段在西藏萨马达—纳木错布置的 9 台宽频地震仪获得的宽频数据；③1998 年 7 月—1999 年 7 月，中、美等国合作的 INDEPTH－Ⅲ阶段在西藏德庆—龙尾错布置的 78 台宽频地震仪获得的宽频数据；④1998 年 8—9 月，中国新疆地学断面项目实施期间，中国地质科学院与台湾地区高弘研究员共同在西昆仑—塔里木地区布设的 14 台 STS－Ⅱ宽频地震仪接收的数据（WKL）；⑤2001—2002 年，中美合作沿喜马拉雅—尼泊尔布置的 29 台宽频带地震台阵探测的走时资料（HIMNT）；⑥2001—2002 年，中国科学院与中国地质科学院沿措勤—聂拉木布设的 16 台宽频地震仪接收的数据（973 项目）；⑦国际地震中心 1990 年 1 月—2004 年 2 月的震相报告中远震 P 波到时数据。

从上述资料中收集了共 305 个地震台站（图 1）记录的多达 9649 个远震事件（图 2），这些地震事件满足震级不小于 4.0 Mb，每个地震至少被 5 个台站接收。共挑选出 139 021 条远震 P 波到时数据（图 3），其中流动台网接收的 P 波到时数据全部由手动拾取，精度可以达到 0.1～0.2 s。

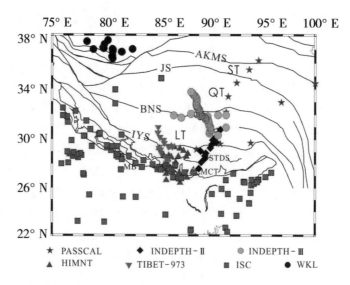

IYS：雅鲁藏布缝合带；BNS：班公—怒江缝合带；JS：金沙江缝合带；AKMS：阿尼玛卿—昆仑—木孜塔格缝合带；MBT：主边界逆冲断层；MCT：主中央逆冲断层；STDS：藏南拆离系；LT：拉萨地体；QT：羌塘地体；ST：松潘—甘孜地体。

图 1　地震台站分布及青藏高原大地构造（据尹安，2001 修改）

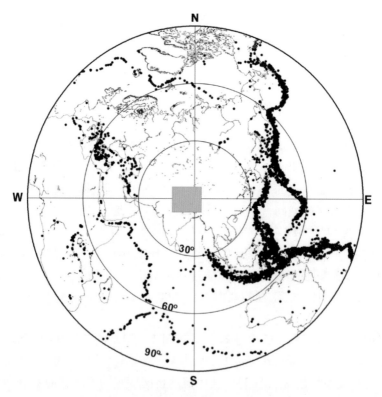

黑点：地震事件；中心灰色方框：研究区域；同心圆：分别代表震中距为 30°、60° 和 90°。

图 2　所使用的地震事件分布

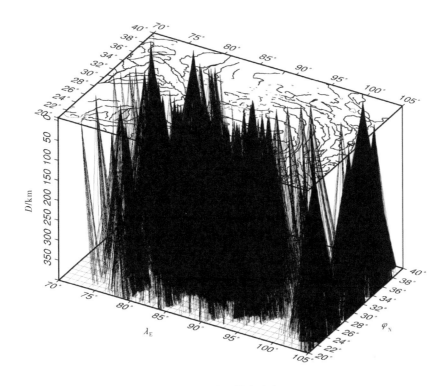

图 3 地震射线分布

从台站和射线的分布来看,数据覆盖范围从印度板块内部的恒河平原一直到达欧亚板块的塔里木盆地和柴达木盆地,具备了完整追踪印度板块俯冲形态的条件,并且能够为进一步研究青藏高原的隆升机制提供新的重要信息。

本文采用了赵大鹏的地震层析成像方法及程序（Zhao, Hasegawa, & Horiuchi, 1992；Zhao, Hasegawa, & Kanamori, 1994）。此方法采用三维格点来表示模型地下空间的速度分布,即模型内任意一点的速度都通过该点周围的八个节点值做线性插值获得。允许模型中存在具有复杂形状的不连续面,如 Conrad 界面、Moho 等。对于射线追踪,使用了近似射线弯曲法（Um & Thurber, 1987）和 Snell 定律相结合的方法,从而解决了射线在含有复杂速度界面介质中的传播路径和走时计算。采用 Paige 和 Saunders（1982）提出的一种共轭梯度型的 LSQR（最小二乘解）法来求解观测方程组的大型稀疏矩阵。主要应用远震 P 波相对走时残差进行层析成像反演。

◆2 反演计算

初始模型格点的设置对反演的结果有较大影响。格点的设置需要考虑研究区域内地震射线的空间分布。本次反演模型的格点设置采用在中心区域为 1°×1° 的网格,而其周缘地区地震台站相对较少,采用 2°×2° 的间距,深度上网格间距的划分是 25 ~50 km 之间。如图 4 所示。

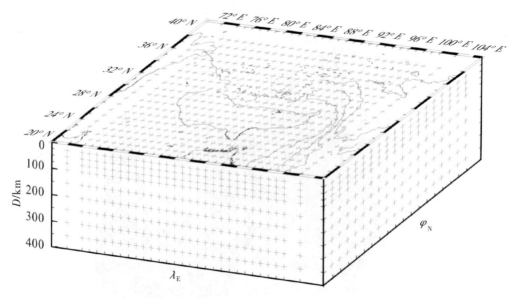

图4　模型的三维格点空间分布（十字代表格点位置）

计算过程中，我们对阻尼参数和光滑因子的选取都做了大量的试验。阻尼参数是使三维速度模型中总的走时残差的减少量与三维模型粗糙度之间达到平衡的最佳值。经多次试验，最佳的阻尼参数选取了 25.0。反演图像中通常存在相邻格点间速度扰动值变化很大的区域，对此我们做了光滑处理。光滑处理就是用某一个格点相邻的八个格点来控制内部速度扰动的程度，使该格点的速度扰动值在一定的范围内变化。经反复试验，水平和垂直方向光滑因子分别取 0.001 和 0.005。

❌◆ 3　结果与讨论

我们沿南北向切了两条剖面，分别为 AB（沿 88°E）和 CD（24°N，86°E；37°N，95°E），如图 5 和图 6 所示。图 5 最显著的特征之一是，恒河平原之下约 200 km 厚的高速异常体从南向北一直俯冲到青藏高原之下。该高速体在主边界逆冲断裂（MBT）之下 100 km 深度处，厚度变为 100 ～ 160 km，并以约 22°角开始向北俯冲，其前缘到达羌塘地体的中部地区，约 34°N，进入上地幔深处。显然，图 5 中印度恒河盆地下面厚约 200 km 的高速体应为冷的印度岩石圈（Dewey et al.，1988；Molnar，1988；赵文津 等，2004），向北俯冲的高速异常体是印度岩石圈地幔主体部分（约 100 km 厚），即点线图刻画的区域。图 6 中层析成像的结果则显示，印度地幔从恒河平原 100 km 深度处几乎水平地插入青藏高原之下，向北越过班公—怒江缝合带，到达 33°N 附近，然后以大角度近乎垂直地向下俯冲断离。整体形态类似于 Owens 等（1997）的印度板块俯冲模型。这两条剖面的结果表明，印度岩石圈地幔在不同的位置向北俯冲的形态不同，但俯冲前缘都到达羌塘地体之下。

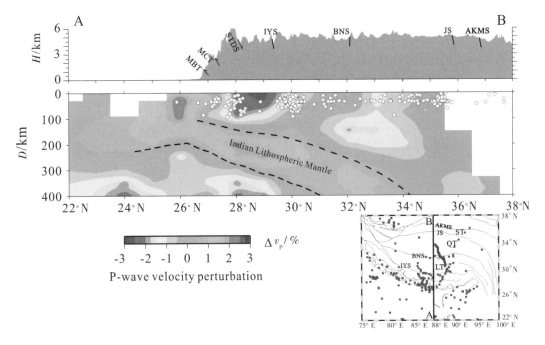

上图：地形图，构造线说明见图1；中图：层析成像结果图，图中白圈为地震震中分布，黑色点线代表了推测的俯冲印度岩石圈地幔的上下边界；左下图：P波速度扰动的色标；右下图：沿88°E的AB剖面所在位置。

图5 沿AB剖面的印度岩石圈地幔俯冲

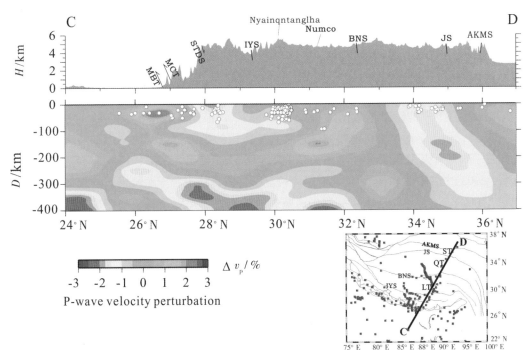

图6 沿CD剖面的印度岩石圈地幔俯冲（图例同图5）

Zhou 和 Murphy（2005）大尺度全球层析成像研究结果显示，印度岩石圈板块近水平地俯冲，下插到几乎整个青藏高原之下，深达 165～260 km。由于使用的台站在高原内部的分布非常稀疏，因此获得的图像分辨率不高。吕庆田等（1998）沿定日—唐古拉山口，应用 ACH 层析成像方法得到印度板块俯冲角度较大，前缘只到雅鲁藏布缝合带附近的结果。由于研究区域较小，所得结果没有向南和向北追踪印度岩石圈地幔，因此只能是根据图像进行推测。同以往青藏高原地区层析成像研究比较，本次研究使用的数据量大、数据的覆盖范围广，反演的结果不仅证实了喜马拉雅山下向北俯冲的高速体来自印度岩石圈地幔的猜想（吕庆田 等，1998；赵文津 等，2004），而且显示了印度岩石圈地幔向北俯冲，及其前缘已经到达羌塘地体中部的清晰图像。

在图 5 和图 6 中，100 km 深度以上的特提斯喜马拉雅构造带内都具有明显的低速异常。这个大规模的低速异常在大地电磁（Unsworth et al.，2005；谭捍东 等，2004）和远震层析成像（薛光琦 等，2006）研究中被提到，数值模拟（Beaumont et al.，2001）也证实藏南存在中下地壳低速体。中法合作在藏南实施的宽角反射地震剖面曾给出下地壳低速的特征（崔作舟 等，1990）。地震事件多集中发生在该低速体周围，进一步证明了该区是低速区与高速区的转换边界。该低速体的产生可能是由于印度板块与欧亚板块的碰撞，使得地壳缩短增厚并且产生大范围局部熔融的结果。受远震 P 波层析成像方法所限，对于更精细的地壳浅部结构的层析成像结果还有待进一步研究。

图 5 中，羌塘地体之下，存在一个大范围北倾的低速体。它向上伸展到地壳内，向下延伸到约 250 km。在该低速体的北部下方 300 km 深度以下，存在另一个低速体。两者共同构成羌塘地体内部来自地幔深处的大范围低速带，图 6 中这个低速带更加显著。如此大范围的低速带，与 Wittlinger 等（1996）、赵文津等（2004）提到的向下可以伸展到 400 km 以下的巨型低速带一致。周华伟等（2002）人的层析成像结果也显示，在印度—雅鲁藏布缝合带以北 85°E—93°E 之间有一个极大的低波速异常区，从地壳向下一直延伸到至少 310 km 深度。

羌塘地体的上地幔 Q 值较低（Molnar，1988）、P_n 波速较低和 S_n 波缺失（McNamara et al.，1995），可能是这个来自地幔的低速带直接作用的结果。羌塘块体内部有大量的新生代钾质 – 超钾质火山岩体出露（尹安，2001；Tilmann et al.，2003；Ding et al.，2003；邓万明，2003）等现象，它们可能起源于壳幔混合带或直接来源于地幔岩石的局部熔融（赖绍聪，2000）。其成因不能由单一的走滑断裂的剪切生热作用及断裂两侧局部应力不一致造成的岩石圈根部垮塌促使软流圈物质上涌来解释（罗照华 等，2003）。图 6 中羌塘地体中的大规模低速带位于印度岩石圈地幔的俯冲前缘，因此，不得不考虑印度板块俯冲的影响。可以认为，在印度岩石圈地幔俯冲过程中，其前缘引起地幔热物质上涌，致使青藏高原岩石圈受热发生部分熔融（Kosarev et al.，1999；Owens & Zandt，1997；崔作舟 等，1990）。

从图 1 和图 3 的台站分布及射线交叉情况来看，本次反演所使用的数据质量能够满足层析成像反演的需求。为了进一步检测反演结果的可靠性，限于篇幅，我们仅对图 5 的结果使用棋盘格（checkerboard）测试方法（Zhao et al.，1992；Humphreys & Clayton，1998）和恢复分辨率测试的方法（Zhao，Hasegawa，& Horiuchi，1992；Zhao，

Hasegawa，& Kanamori，1994）对速度异常的恢复和层析成像结果的分辨率进行分析。根据 checkerboard 测试的原理（Zhao et al.，1992；Humphreys & Clayton，1998），在初始速度模型中加入 ±3 % 的正负相间的扰动量，对测试结果进行直观的判别。结果 [图7（a）] 显示深度在 50～400 km 之间青藏高原深部的异常被很好地检测出来。恢复分辨率测试（the restoring resolution test）（侯增谦，2004；Zhao，1992）[图7（b）] 是将反演获得的实际结果作为合成的速度扰动模型，再计算理论走时，将残差作为数据进行反演，看是否能将输入的模型恢复出来。这种检测方法比使用单一模型的 checkerboard 检测板的检测更实用（齐诚，2006）。因为它可以更清晰地给出复杂结构如俯冲板片、火山岩体等特征的分辨效果。在恢复分辨率测试的结果中，印度岩石圈地幔部分、羌塘地体之下的低速体及喜马拉雅地体之下的低速体都清楚地被刻画出来。两种检测结果都表明我们层析成像结果中的主要特征都是叫信的。

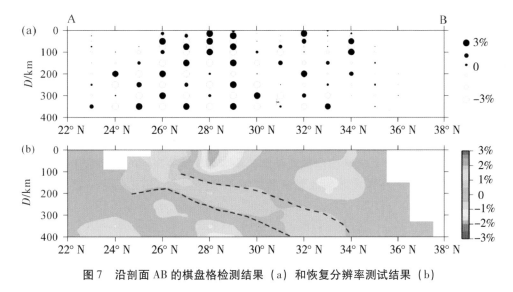

图7 沿剖面 AB 的棋盘格检测结果（a）和恢复分辨率测试结果（b）

另外，岩浆作用对俯冲带结构有重要的指示作用（Zhao et al.，2003）。印度板块与欧亚板块碰撞后，在雅鲁藏布缝合带以北的广大地区都出现了碰撞后岩浆作用，尤其以青藏高原北部新生代火山活动最为强烈。岩浆作用在空间上总体平行喜马拉雅带分布（Tapponnier et al.，2001），在时间上越往北生成年代越新（Chung et al.，1999；Ding et al.，2003），进一步说明岩浆作用可能与印度岩石圈的持续向北俯冲有关（Tapponnier et al.，2001），并且俯冲前缘可能已经到达羌塘地体之下（Chung et al.，1999）。

4 结 论

本文通过对青藏高原及其周缘地区的层析成像反演，发现印度岩石圈地幔在不同的位置向北俯冲的形态不同，但俯冲前缘都到达羌塘地体之下。沿 88°E 剖面显示，厚约 100 km 的印度岩石圈地幔从南部的恒河平原向北一直俯冲到青藏高原之下。在主边界逆冲断裂之下 100 km 深度处以约 22°开始向北俯冲，俯冲最前缘到达羌塘地体的中部地区约 34°N，之后进入上地幔深处。而沿北东方向的剖面则显示，印度岩石圈地幔以近水平的角度俯冲到青藏高原之下，向北越过班公—怒江缝合带，到达 33°N 附近，然后以大角度近乎垂直地向下俯冲断离。

在 100 km 深度以上的特提斯喜马拉雅构造带内具有明显的低速异常。该低速体的产生，可能是由于受印度板块与欧亚板块碰撞、挤压，地壳缩短增厚而在壳内产生大范围局部熔融的结果。至于更精细的地壳结构的层析成像结果，还有待今后进一步的工作。

在羌塘地体之下，存在一个北倾的来自地幔的大范围低速带。其成因可能是印度岩石圈地幔俯冲，在其前缘引起地幔热物质上涌，致使青藏高原岩石圈受热并发生部分熔融。羌塘地体的上地幔 Q 值较低、P_n 波速较低和 S_n 波缺失，羌塘地体内部有大量的新生代钾质-超钾质火山岩体出露等现象，都可能是这个来自地幔的低速带直接作用的结果。

✕◆致　　谢

感谢野外工作者所提供的大量数据，感谢日本爱媛大学地球动力学研究中心地震学研究室的所有成员对作者的帮助，感谢中国地震局地震预测所的郑斯华研究员在到时数据读取上给予的悉心指导，同时感谢中国科学院地质与地球物理研究所艾印双研究员和齐诚博士的无私帮助。

✕◆说　　明

文中图件都是用 GMT 软件包（Wessel & Smith，1995）制作而成。

文章发表信息：郑洪伟，李廷栋，高锐，贺日政，2007. 印度板块岩石圈地幔向北俯冲到羌塘地体之下的远震 P 波层析成像证据. 地球物理学报，50（5）：1418 - 1426.

✕◆参 考 文 献

Beaumont C, Jamieson R A, Nguyen M H, et al., 2001. Himalayan tectonics explained by extrusion of a low-viscosity crustal channel coupled to focused surface denudation. Nature, 414: 738 - 742.

Chung S L, Chu M F, Zhang Y, et al., 2005. Tibetan tectonic evolution inferred from spatial and temporal variations in post-collisional magmatism. Earth - Science Reviews, 68: 173 - 196.

Dewey J F, Shackleton R M, Chang C F, et al., 1988. The tectonic evolution of the Tibetan. Phil. Trans. R. Soc. Lond., 327: 379 - 413.

Ding L, Kapp P, Zhong D L, et al., 2003. Cenozoic volcanism in Tibet: evidence for a transition form oceanic to continental subduction. J. Petrol., 44 (10): 1833 - 1865.

Humphreys E R, Clayton R W, 1988. Adaptation of back projection tomography to seismic travel time problems. J. Geophys. Res., 93: 1073 – 1085.

Jin Y, Mcnutt M K, Zhu Y, 1996. Mapping the descent of Indian and Eurasian plates beneath the Tibetan plateau from gravity anomalies. J. Geophys. Res., 101 (B5): 11275 – 11290.

Kind R, Yuan X, Saul J, et al., 2002. Seismic Images of Crust and Upper Mantle Beneath Tibet: Evidence for Eurasian Plate Subduction. Science, 298: 1219 – 1221.

Kosarev G, Kind R, Sobolev S V, et al., 1999. Seismic evidence for a detached Indian lithospheric mantle beneath Tibet. Science, 283: 13061309.

McNamara D E, Owens T J, Walter W R, 1995. Observations of the regional phase propagation in the Tibetan plateau. J. Geophys. Res., 100: 22215 – 22229.

Molnar P, 1988. A review of geophysical constraints on the deep structure of the Tibetan plateau, the Himalaya and the Karakoram, and their tectonic implications. Phil. Trans. R. Soc. Lond., 326 (1589): 33 – 88.

Nelson K D, Zhao W J, Brown L D, et al., 1996. Partially molten middle crust beneath southern Tibet: synthesis of project INDEPTH results. Science, 274: 1684 – 1687.

Ni J, Barazangi M, 1984. Seismotectonics of the Himalayan collision zone: Geometry of the underthrusting Indian plate beneath the Himalayan. J. Geophys. Res., 89: 1147 – 1163.

Owens T J, Zandt G, 1997. Implications of crustal property variations for models of Tibetan plateau evolution. Nature, 387: 37 – 43.

Paige C C, Saunders M A, 1982. LSQR: An algorithm for sparse linear equations and sparse least squares. Assoc. Comput. Mach. Trans. Math. Soferware, 8 (1): 43 – 71.

Tapponnier P, Xu Z Q, Roger F, et al., 2001. Oblique stepwise rise and growth of the Tibet plateau. Science, 294: 1671 – 1677.

Tilmann F, Ni J, INDEPTH – Ⅲ Seismic Team, 2003. Seismic imaging of the downwelling Indian lithosphere beneath central Tibet. Science, 300: 1424 – 1427.

Um J, Thurber C H, 1987. A fast algorithm for two-point seismic ray tracing. Bull. Seismol. Soc. Am., 77 (3): 972 – 986.

Unsworth M J, Jones A G, Wei W, et al., 2005. Crustal rheology of the Himalaya and southern Tibet inferred from magnetotelluric data. Nature, 438 (3): 78 – 81.

Wessel P, Smith W, 1995. New version of the generic mapping tools (GMT) version 3.0 released. EOS Trans. AGU, 76: 329.

Wittlinger G, Masson F, Poupinet G, et al., 1996. Seismic tomography of northen Tibet and Kunlun: Evidence for crustal blocks and mantle velocity contrasts. Earth Planet. Sci. Lett., 139: 263 – 276.

Zhao D, Hasegawa A, Horiuchi S, 1992. Tomographic imaging of P and S wave velocity structure beneath northeastern Japan. J. Geophys. Res., 97: 19909 – 19928.

Zhao D, Hasegawa A, Kanamori H, 1994. Deep structure of Japan subduction zone as derived from local, regional, and teleseismic events. J. Geophys. Res., 99 (B11): 22313 – 22329.

Zhao Z, Mo X, Depaolo D J, et al., 2003. Postcollisional potassic and ultrapotassic volcanic rocks in southern Tibet: Geochemistry and implications for the subduction of Indian plate//Abstract Volume of the 18th Himalaya – Karakoram – Tibet Workshop (HKTW): 136.

Zhou H, Murphy M A, 2005. Tomographic evidence for wholesale underthrusting of India beneath the entire Tibetan plateau. J. Asian Earth Sci., 25: 445 – 457.

崔作舟, 尹周勋, 高恩元, 等, 1990. 青藏高原地壳结构及其与地震的关系. 中国地质科学院院报,

21：215 – 225.

邓万明，2003. 青藏及邻区新生代火山活动及构造演化. 地震地质，25（S1）：51 – 61.

丁志峰，曾融生，吴大铭，1992. 青藏高原的 P_n 波速度和 Moho 面的起伏. 地震学报，14（S1）：592 – 599.

侯增谦，李振清，2004. 印度大陆俯冲前缘的可能位置：来自藏南和藏东活动热泉气体 He 同位素约束. 地质学报，4：482 – 493.

赖绍聪，2000. 青藏高原新生代三阶段造山隆升模式：火成岩岩石学约束. 矿物学报，20（2）：182 – 190.

罗照华，肖序常，曹永清，等，2003. 青藏高原北缘新生代慢源岩浆活动及构造运动性质. 中国科学（D 辑：地球科学），31（S1）：8 – 13.

吕庆田，姜枚，许志琴，等，1998. 印度板块俯冲仅到特提斯喜马拉雅之下的地震层析证据. 科学通报，43（12）：1308 – 1311.

齐诚，2006. 中国首都圈和美国阿拉斯加地区的地震层析成像研究. 北京：中国科学院研究生院.

谭捍东，魏文博，Unsworth M J，等，2004. 西藏高原南部雅鲁藏布江缝合带地区地壳电性结构研究. 地球物理学报，47（4）：685 – 690.

魏文博，陈乐寿，谭捍东，等，1997. 关于印度板块俯冲的探讨：据 INDEPTH – MT 研究结果. 现代地质，11（3）：379 – 386.

吴建平，明跃红，叶太兰，等，1998. 体波波形反演对青藏高原上地幔速度结构的研究. 地球物理学报，41（S1）：15 – 25.

薛光琦，宿和平，钱辉，等，2006. 地震层析对印度板块向北俯冲的认识. 地质学报，80（8）：1156 – 1160.

尹安，2001. 喜马拉雅—青藏高原造山带地质演化：显生宙亚洲大陆生长. 地球学报，22（3）：193 – 230.

赵文津，薛光琦，吴珍汉，等，2004. 西藏高原上地幔的精细结构与构造：地震层析成像给出的启示. 地球物理学报，47（3）：449 – 458.

周华伟，Murphy A M，林清良，2002. 西藏及其周围地区地壳、地幔层析成像：印度板块大规模俯冲于西藏高原之下的证据. 地学前缘，9（4）：285 – 292.

朱介寿，蔡学林，曹家敏，等，2006. 中国及相邻区域岩石圈结构及动力学意义. 中国地质，33（4）：793 – 803.

青藏高原东缘垂直地壳运动

——地震成像证据

张新彦[1]，王仰华[2]，高 锐[3]，徐 涛[4]，白志明[4]，田小波[4]，李秋生[1]

◆ 0 引 言

印度板块和欧亚板块于 50 Ma 前开始碰撞，持续的汇聚导致青藏高原的隆升和中下地壳的增厚（Molnar & Tapponnier，1975；Houseman & England，1993；Royden et al.，2008）。龙门山所在的青藏高原东缘具有高原周缘最大的地形梯度，其在几十公里的水平距离内，相对四川盆地抬升了近 4 km。GPS 观测（Chen et al.，2000；Meade et al.，2007）和 SKS 各向异性测量（Wang et al.，2008）显示，地壳尺度（或者是岩石圈和软流圈尺度）物质向东运移，但地壳变形速率很小（< 3 mm/a）。2008 年 5 月 12 日的汶川 7.9 级地震却恰恰发生在这种似乎稳定的构造背景下（Wang & Meng，2009），引发了大量关于龙门山抬升机制的研究和争论。

目前，关于龙门山抬升机制存在许多争议，主要概括为以下两种模型（Hubbard and Shaw，2009）：脆性地壳增厚模型（Tapponnier et al.，2001）和下地壳流模型（Royden et al.，1997；Clark & Royden，2000；Zhang et al.，2009；Bai et al.，2010；王椿镛 等，2006）。前者认为岩石圈尺度内伴随大规模走滑的逆冲断裂，导致了龙门山的抬升；后者认为来自青藏高原中部的低黏度下地壳物质向外流动，受到坚硬四川盆地的阻挡，推升其上的地壳，进而形成陡峭的龙门山。

目前各种观点莫衷一是，存在争议的根源之一在于对青藏高原东缘龙门山断裂带缺乏精细可靠的地壳结构约束，各种构造和物性因素缺乏统一分析。Jia 等（2014）利用近垂直穿越龙门山中段的宽角反射/折射地震数据，获得了该区二维地壳速度结构，揭示了不同构造单元间的地壳结构差异及介质由上到下的岩性变化。本文拟利用新发展的起伏地形下高精度走时反演方法，对该剖面数据重新处理解释，以期得到更精确可靠的地壳速度结构，深化认识该区的构造演化动力学过程和强震机制。

---

1 中国地质科学院地质研究所自然资源部深地动力学重点实验室，北京，100037；2 地球科学与工程系，帝国理工大学，伦敦，英国，SW7 2BP；3 中山大学地球科学与工程学院，广州，510275；4 中国科学院地质与地球物理研究所，岩石圈演化国家重点实验室，北京，100029。

◆ 1　区域构造背景及地球物理研究现状

龙门山断裂带位于青藏高原东缘，处于青藏高原和扬子块体对接的关键部位，西倚松潘—甘孜块体，东连四川盆地（图1）。在该区域，自西北向东南依次分布有龙日坝断裂、龙门山断裂和龙泉山断裂等断裂构造。

青藏高原东缘在中生代和晚新生代经历了强烈的构造变形，急剧抬升。由于青藏高原的隆升及其地壳物质向东运移过程中受到坚硬的四川盆地阻挡，导致松潘—甘孜块体及其上覆复理石沉积层被挤压，形成了一系列叠瓦状构造的逆冲推覆构造带（Chen & Wilson，1996）。扬子块体自晚古生代以来沉积环境比较稳定，具有较厚的未变质沉积盖层。在始新世和渐新世期间，才出现了不同程度的褶皱运动（Ren et al.，1999）。四川盆地出现龙门山推覆构造带的最新前陆盆地，盆地中部的龙泉山构造带则是这一前陆盆地的东缘边界构造带（邓起东 等，1994）。龙门山断裂带地表地质特征主要是广泛分布的前寒武变质岩带，东北向西南依次分布有彭灌杂岩、宝兴杂岩及康定杂岩三个主要杂岩带（Xu et al.，2008）。

深部地球物理探测是获得研究区域深部构造环境和孕震环境的根本手段。龙门山断裂带处于青藏高原东缘，是研究青藏高原隆升和扩展动力学过程的重要窗口。尤其汶川地震后，国内外众多学者在该区域开展了大量的地震勘探工作，其中 Liu 等（2014）利用接收函数和面波联合反演的方法获得了该区域 S 波速度结构，给出了松甘块体和四川盆地的碰撞变形关系和速度结构差异。Zhang 等（2009）利用接收函数法获得了跨越龙门山的地壳厚度变化和壳内间断面的横向变化特征。Bai 等（2011）、Lei 等（2009）和 Xu 等（2009）利用天然地震层析成像方法获得了该区 P 波和 S 波速度结构。

本文利用地震走时层析方法，重新解释了一条垂直穿过龙门山造山带的 500 km 长的深地震测深（deep seismic sounding，DSS）剖面（Jia et al.，2014）。在重建具有如此陡峭地形的速度模型的层析成像中，我们采用了与地形相关的方案（Lan & Zhang，2013），该方案在成像区域内产生了均匀的射线路径分布，因此可以很好地约束上地壳速度模型。利用该速度模型进行地球动力学解释，不仅可以揭示青藏高原与四川盆地在龙门山造山带下方的相互作用，而且也可能会指示出龙门山断裂带下方的孕震机制。

◆ 2　阿坝—龙门山—遂宁宽角地震数据

2.1　地震数据采集

2010 年中国地震局地球物理勘探中心开展了阿坝—龙门山—遂宁人工源宽角反射/折射地震探测试验。剖面长度为 500 km，沿剖面实施了 12 次爆破，单炮药量为 2 t 左右，炮间距 7.2 ～ 129 km 不等。沿剖面分布有 450 台 DAS – 1（2）、PDS – 1（2）型便携式三分量数字地震仪器固定观测，观测点距一般为 0.4 ～ 2.5 km。在高分辨探测区段

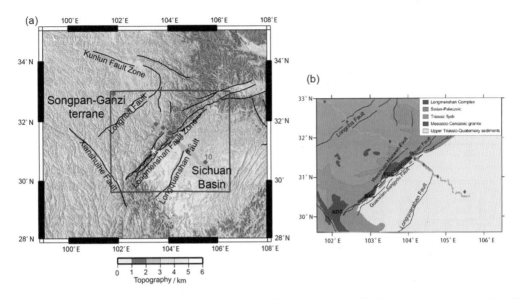

（a）藏东缘深地震测深剖面构造背景图。红色菱形：炮点位置（数字1，2，…，10）；绿点：检波器位置；黄色星形：汶川地震的震中位置；蓝色矩形框：（b）中所示地质图的范围。（b）研究区地质图。从东北到西南有三个前寒武纪变质杂岩体：彭灌杂岩（PGC）、宝兴杂岩（BXC）和康定杂岩（KDC）。

图1　区域构造与地质

地图是使用 GMT（通用地图工具，http://GMT. soest. hawaii. edu/）软件创建的。

（龙门山断裂带附近）的炮点和观测点间距较小，最小分别可达 7.2 km 和 0.4 km。在数据采集前，所有地震仪均进行了一致性测试。在数据采集过程中，所有震源和地震仪的时间都与 GPS 同步。采样率为 5 ms，因此所有地震仪之间的时间误差均小于 5 ms。

数据处理过程中，我们选择记录良好的 10 炮地震数据，沿测线自西向东分别标记为 Sp1，Sp2，…，Sp10（图2）。表1列出了这 10 炮的详细坐标、高程等信息。

表1　10 个炮点的详细坐标、高程等信息

Shot Number	Longitude（E）	Latitude（N）	Elevation/m	Shot charge/kg	Number of wells	Depth of well/m
1	101°48. 8226′	32°55. 1377′	3468	2814	1	42. 5
2	102°24. 3220′	32°24. 7443′	3596	2688	3	20. 8
3	103°48. 1650′	31°47. 4255′	1712	600	2	26. 5
4	104°03. 2060′	31°35. 8650′	1310	1000	1	10
5	104°10. 3488′	31°27. 6445′	688	600	1	35
6	104°18. 4311′	31°23. 2383′	486	800	2	20
7	104°24. 2546′	31°18. 9301′	530	1000	1	47. 5
8	104°33. 0524′	31°11. 0742′	465	500	1	49
9	104°46. 7510′	31°00. 6347′	419	800	1	58
10	105°30. 0357′	30°36. 8452′	280	1800	1	61

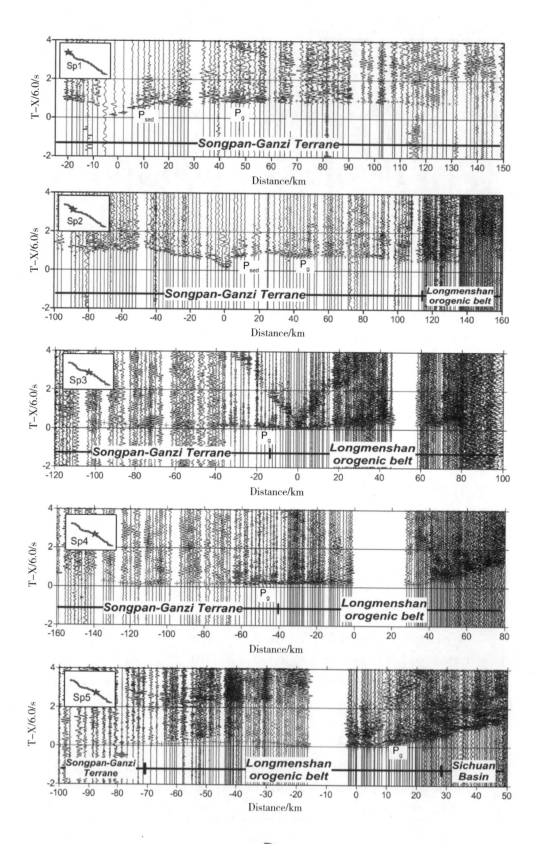

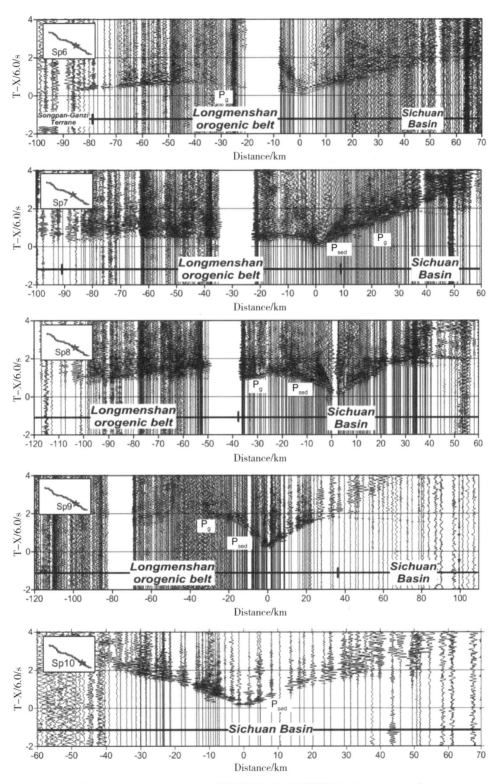

图 2 Sp1，Sp2，…，Sp10 单炮地震记录［带通滤波（1 ～ 10 Hz）］

2.2 震相分析

从这 10 炮地震记录中，我们共拾取了 569 个初至波走时，它们在上地壳传播，传播最大偏移距为 140 km。各单炮记录及拾取的初至波走时见图 2。图 3 以黑色十字表示了这些初至波的时距关系，总结如下：

首先，在西北部松潘—甘孜块体（剖面距离 0 ～230 km 段），在小于 20 km 的偏移距范围内，来自沉积盖层的折射波 P_{sed} 清晰地呈现出来。P_{sed} 的视速度约为 4.0 ～5.3 km/s，折合走时为 0 ～0.8 s。来自结晶基地的折射波 P_g 跟随 P_{sed} 并在偏移距为 20 ～140 km 处出现。长偏移距（约 140 km）表明上地壳中没有低速层。P_g 的视速度约为 5.8 ～6.3 km/s，折合走时为 0.8 ～1.0 s。由于长偏移距上信噪比很低，很难识别上地幔中的回折波 P_n。

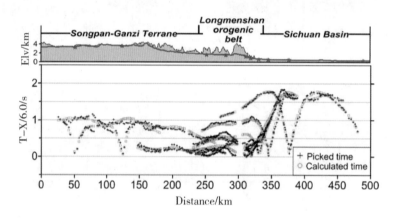

上图：测线高程及各构造单元，蓝线和红星分别表示检波器和炮点位置。
黑色十字：从地震记录中拾取的走时；棕色圆圈：最终反演模型上的计算走时（折合速度为 6 km/s）。

图 3　初至波走时分布

其次，在测线东南段的四川盆地（剖面距离 330 ～500 km 段），P_{sed} 最远可在 50 km 的偏移距观测到，这大于松潘—甘孜块体的最大偏移距量。P_{sed} 的视速度为 3.5 ～5.2 km/s，折合走时为 0 ～1.8 s。P_g 可从 50 km 的偏移距追踪到 100 km。尽管 P_g 的视速度与松潘—甘孜块体大致相同，但折合走时为 1.5 ～1.8 s。这表明结晶基底顶部存在相对较厚的沉积层。

最后，在构造转换带的龙门山造山带（剖面距离 230 ～330 km 段）没有 P_{sed}，但观察到了明显的 P_g。P_g 的视速度与邻近地区相同，但折合走时最低，为 0 ～0.7 s。

总的来说，这些折射波特征清晰地表明了近地表地质特征的存在：松潘—甘孜块体有沉积盖层；龙门山造山带有高速地表岩性，无沉积盖层；四川盆地沉积较厚。

2.3 计算方法

地壳浅层初至波震相清晰，可准确反演地表浅层速度结构。沿着测线存在较大的海拔高程变化（约 4.3 km），因此浅层结构反演中起伏地表的处理直接影响反演结果的精度及可靠性。本文上地壳结构反演时，采用新发展的起伏地形下高精度有限差分走时反演方法（Hole，1992；Ma & Zhang，2014；张新彦 等，2017），模型参数化采用与地表起伏变化相一致的贴体网格划分模型。该方法将直角坐标系下的不规则模型转换为曲线坐标系下的规则模型，两个坐标系之间的转换遵循泊松方程（Thomas & Middlecoeff，1980；Thompson et al.，1985）。将走时方程，即程函方程，转化到曲线坐标，计算出初至走时场（Lan & Zhang，2013）。由初至走时场，计算走时梯度，并沿走时梯度最陡下降方向追踪射线路径。反演采用反投影算法，即沿射线路径均匀分布走时残差。反演过程通过一个平滑运算来稳定，该运算控制模型更新的幅度，并将单个射线路径的时间残差扩散到光束上（Wang & Rao，2006）。

该方法严格考虑了起伏地形对射线分布及反演结果的影响，因此反演结果具有更高的精度。正演过程采用 0.5 km × 0.5 km 的网格单元剖分模型。反演时采用反投影的反演方法，重新抽样（网格化）因子为（8，4），滑动平均滤波器为（7，3），以对反演模型进行平滑。

◈ 3　阿坝—龙门山—遂宁剖面上地壳速度结构

3.1　上地壳速度结构

在 10 炮地震记录上拾取了 569 个初至走时用于起伏地表走时反演。初始模型从地表到深度 15 km 处，速度由 4.0 km/s 线性增加到 6.5 km/s。经 19 次迭代后，走时残差由 1.1 s 收敛到 0.09 s 后保持稳定。图 4 为反演获得的上地壳速度结构及相应射线分布

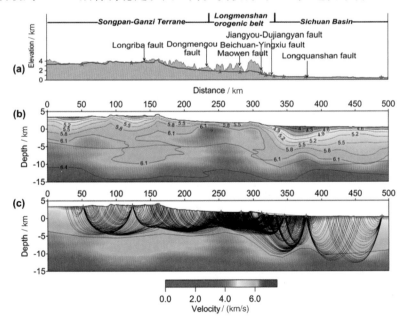

蓝线：检波点；红色五角星：炮点。

图 4　测线高程（a）、初至波有限差分走时反演获得的地壳上部速度结构（b）以及射线路径（c）

图。测线上除龙门山断裂带下方射线穿透深度较浅（约 5 km）外，初至波穿透深度大部分区域能达到 10 km（单元内射线覆盖数 > 10），因此反演结果的可信度较高。与前人反演结果相比，除构造单元间的速度差异外，各构造单元内也呈现出更为详细的速度变化形态。

3.2 检测板测试

采用检测板分析模型的纵横向分辨率。在得到的层析速度模型上加入交替的高、低速异常。速度（km/s）异常用公式 $0.3 \times \sin x \times \sin z$ 描述，空间尺度为 30 km（水平）× 15 km（垂直）。在反演由检测板模型计算的合成数据时，采用层析成像模型 [图 4（a）] 作为初始模型。理论速度异常与反演速度异常的对比见图 5。检测板模型沿测线恢复良好，说明了数据和方法的高分辨率。

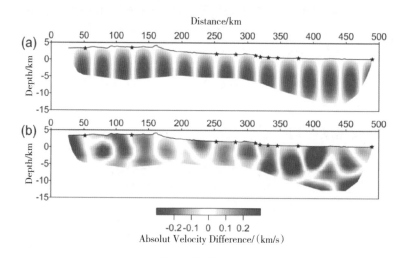

图 5　检测板测试

速度扰动的空间尺度为 30 km × 15 km。地表上的黑色星星表示炮点位置。

3.3 速度结构分析

松潘—甘孜块体下方，初至波穿透深度达 9 km（深度从 4 km 到 5 km）。在龙门山造山带下方，穿透深度要浅得多（约 6 km 厚，深度从 2 km 到 4 km），显示了龙门山上地壳的高速。然而，在四川盆地下方，初至波穿透深度达到 12～15 km（深度从 +1 km 到 −14 km）[图 6（b）]。

松潘—甘孜块体三叠纪复理石沉积在图 6（b）中清晰可见，西端厚度为 8～9 km。该沉积盖层厚度总体上由西向东减小，低速层的起伏底界面可能是上地壳挤压逆冲而引起的褶皱变形（Chen & Wilson，1996）。

四川中 - 新生代前陆盆地属于扬子块体的一部分，广泛分布的沉积岩层呈近水平分布。盆地内的龙泉山断裂是龙门山前陆盆地的东缘边界构造带（邓起东 等，1994）。若以 5.8 km/s 为界，浅部的低速沉积层厚度约为 11 km，并以龙泉山断裂为界，表现为西厚东薄的特点。另外，盆地西侧表现为清晰的压扭形态［图4（a）］，这与青藏高原东缘的逆冲推覆作用和该区所经受的剥蚀作用有关（Meng et al.，2006；Jing et al.，2011）。青藏高原东部降雨充沛，高陡地形条件下剥蚀作用加剧，加之被逆冲抬升的龙门山的重力作用，断裂带与四川盆地的接触带呈现清晰的压扭形态。

相对于四川盆地和松甘块体，龙门山断裂带没有沉积盖层，在地表即呈现明显高速，地表速度达5.5 km/s，与地表分布的彭灌杂岩带相一致。表明结晶基底隆起，随后剥蚀。

在龙门山造山带的隆升过程中，断层错动反复发生，诱发大量地震。在图6（b）中，±0.5°范围内的地震被投射到上地壳结构模型（中国地震数据中心）。在龙门山造山带下方，水平方向上速度变化很快，这种快速变化很好地对应了该带内密集的地震分布。

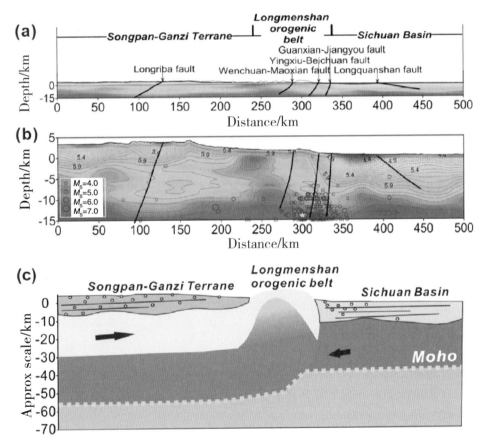

（a）根据地表附近的褶皱构造推断出一系列具有相对真实倾角的陡倾断层。（b）高分辨率速度结构模型。红色圆圈：自1978年以来沿剖面发生的地震震中位置，圈圈大小表示震级；黄星：汶川地震的震中位置。（c）由上地壳模型推断的青藏高原东缘构造模型。箭头：构造单元的相对运动。龙门山断裂带下方的高速柱状体显示了下地壳的挤出过程，有助于龙门山的抬升。

图6　速度结构与构造模式

4 构造含义讨论

构造研究认为，地壳增厚导致青藏高原中下地壳向东通道流动，并受到四川盆地岩石圈的阻挡（Clark & Royden，2000；Beaumont et al.，2001；Meng et al.，2006；Bird，1991）。地球物理观测证实了这一假设（Zhang et al.，2009；Bai et al.，2010）。热变形和力学数值模拟表明，青藏高原东缘下地壳向上挤出进入龙门山造山带，并伴有侵蚀作用（Beaumont et al.，2004；Rey，Teyssier，& Whitney，2010；Cook & Royden，2008）。我们的高分辨率速度结构（图4、图5）有力地证实了这些推测和龙门山造山带下地壳挤压的数值模拟。在本文中，我们构建了一个构造模型 [图6（c）]，其中我们将龙门山造山带下的高速柱状体解释为下地壳喷发的指示。这种挤压作用对龙门山造山带的隆升起到了补充或主导作用。我们还认为，坚硬四川盆地的阻挡引起的中上地壳褶皱是2008年汶川大地震的主要原因。

5 结 论

与地形相关的地震层析成像方法获得了青藏高原东缘上地壳结构的高分辨图像。图像显示，青藏高原与四川盆地的碰撞沿剖面挤压上地壳，龙门山造山带抬升向西倾斜，导致松潘—甘孜块体复理石沉积由东南向西北增厚。松潘—甘孜块体的沉积盖层是褶皱的，而四川盆地的沉积则明显表现出一种压扭形态。在龙门山造山带下方，中下地壳被挤压并向上挤出，形成了高速柱状体。这一解释支持了藏东缘中下地壳流的概念。图像还显示，汶川地震的破裂位置正好位于西藏东部和四川盆地之间的上地壳速度结构不连续处。因此，高分辨率的上地壳结构图像揭示了青藏高原东部的地表观测和地球动力学推测。

致 谢

感谢中国地震局地球物理勘探中心2010年的数据采集，感谢中国地震局公益性行业科研专项（201408023）和国家自然科学基金（41604075、41574092、41430213、41474111和41374062）对这项工作的支持。

说 明

文章原发表信息：Zhang X Y，Wang Y H，Gao R，et al.，2017. Vertical crustal motions across eastern Tibet revealed by topography-dependent seismic tomography. Scientific Reports，7：3243. DOI：10. 1038/s41598－017－03578－z.

✕◆参 考 文 献

Bai D H, Unsworth M J, Meju M A, et al., 2010. Crustal deformation of the eastern Tibetan plateau revealed by magnetotelluric imaging. Nat. Geosci., 3: 358 – 362.

Bai Z M, Tian X B, Tian Y, 2011. Upper mantle P-wave tomography across the Longmenshan fault belt from passive-source seismic observations along Aba – Longquanshan profile. Journal of Asian Earth Sciences, 40: 873 – 882.

Beaumont C, Jamieson R A, Nguyen M H, et al., 2001. Himalayan tectonics explained by extrusion of a low-viscosity crustal channel coupled to focused surface denudation. Nature, 414: 738 – 742.

Beaumont C, Jamieson R A, Nguyen M H, et al., 2004. Crustal channel flows: 1. Numerical models with applications to the tectonics of the Himalayan – Tibetan orogeny. Journal of Geophysical Research, 109: B06406.

Bird P, 1991. Lateral extrusion of lower crust from under high topography in the isostatic limit. Journal of Geophysical Research, 96: 10275 – 10286.

Bruguier O, Lancelot J R, Malavieille J, 1997. U – Pb dating on single detrital zircon grains from the Triassic Songpan – Ganze flysch (Central China): provenance and tectonic correlations. Earth and Planetary Science Letters, 152 (1 – 4): 217 – 231.

Chen S F, Wilson C J L, 1996. Emplacement of the Longmen Shan thrust – nappe belt along the eastern margin of the Tibetan Plateau. J. Struct. Geol. 18: 413 – 430.

Chen Z, Burchfiel B C, Liu Y, et al., 2000. Global positioning system measurements from eastern Tibet and their implications for Indian/Eurasia intercontinental deformation. J. Geophys. Res., 105: 16215 – 16227.

Clark M K, Royden L H, 2000. Topographic ooze: Building the eastern margin of Tibet by lower crustal flow. Geology, 28 (8): 703 – 706.

Cook K L, Royden L H, 2008. The role of crustal strength variations in shaping orogenic plateaus, with application to Tibet. Journal of Geophysical Research, 113: B08407.

Cui Z Z, Chen J P, Wu L, 1996. Deep Crustal Structure and Tectonics in Huashixia – Shaoyang Profile (in Chinese). Beijing: Geol. Press: 156 – 168.

Deng Q D, Chen S F, Zhao X L, 1994. Tectonics, seismicity and dynamics of Longmenshan mountains and its adjacent regions. Seismology and Geology (in Chinese), 16 (4): 389 – 403.

Guo X, Gao R, Keller F R, et al., 2013. Imaging the crustal structure beneath the eastern Tibetan Plateau and implications for the uplift of the Longmen Shan range. Earth and Planetary Science Letters, 379: 72 – 80.

Harrowfield M J, Wilson C J L, 2005. Indosinian deformation of the Songpan Garzê Fold Belt, northeast Tibetan Plateau. J. Struct. Geol, 27 (1): 101 – 117.

Hole J, 1992. Nonlinear high-resolution three-dimensional seismic travel time tomography. J. Geophys. Res., 97 (B5): 6553 – 6562.

Houseman G, England P, 1993. Crustal thickening versus lateral expulsion in the Indian – Asian continental collision. J. Geophys. Res., 98: 12233 – 12249. DOI:10.1029/93JB00443.

Hubbard J, Shaw J, 2009. Uplift of the Longmen Shan and Tibetan plateau, and the 2008 Wenchuan ($M = 7.9$) earthquake. Nature, 458: 194 – 197.

Jia D, Li Y Q, Lin A M, et al., 2010. Structural model of 2008 M_W 7. 9 Wenchuan earthquake in the rejuvenated Longmen Shan thrust belt, China. Tectonophysics, 491: 174 – 184.

Jia S X, Liu B J, Xu Z F, et al., 2014. The crustal structures of the central Longmenshan along and its margins as related to the seismotectonics of the 2008 Wenchuan Earthquake. Science China Earth Science, 57 (4): 1 – 14.

Jing L, Li W, Oskin M, et al., 2011. Focused modern denudation of the Longmen Shan margin, eastern Tibetan Plateau. Geochemistry Geophysics Geosystems, 12: Q11007.

Lan H, Zhang Z, 2013. Topography-dependent eikonal equation and its solver for calculating first-arrival traveltimes with an irregular surface. Geophysical Journal International, 193: 1010 – 1026.

Lei J S, Zhao D P, 2009. Structural heterogeneity of the Longmenshan fault zone and the mechanism of the 2008 Wenchuan earthquake (M_S 8. 0). Geochemistry Geophysics Geosystems, 10 (10): G614 – 21.

Li Q S, Gao R, Wang H Y, et al., 2009. Deep background of Wenchuan earthquake and the upper crust structure beneath the Longmen Shan and adjacent areas. Acta Geologica sinica, 83 (4): 733 – 739.

Li Z, Jia D, Chen W, 2013. Structural geometry and deformation mechanism of the Longquan anticline in the Longmen Shan fold-and-thrust belt, eastern Tibet. Journal of Asian Earth Sciences, 64: 223 – 234.

Liu Q Y, van der Hilst R D, Li Y, et al., 2014. Eastward expansion of the Tibetan Plateau by crustal flow and strain partitioning across faults. Nature Geoscience, 7: 361 – 365. DOI:10. 1038/ngeo2130.

Ma T, Zhang Z J, 2014. Calculating ray paths for first-arrival travel times using a topography-dependent eikonal equation solver. Bulletin of the Seismological Society of America. 104 (3): 1501 – 1517. DOI: 10. 1785/0120130172.

Meade B J, 2007. Present-day kinematics at the India – Asia collision zone. Geology, 35: 81 – 84.

Meng Q, Hu J, Wang E, et al., 2006. Late Cenozoic denudation by large magnitude landslides in eastern edge of Tibetan Plateau. Earth and Planetary Science Letters, 243: 252 – 267.

Molnar P, Tapponnier P, 1975. Tectonics in Asia: Consequences and implications of a continental collision. Science, 189: 419 – 426. DOI: 10. 1126/science. 189. 4201. 419.

Ren J X, Wang Z X, Chen B W, 1999. Tectonic Maps of China and Its Surrounding Region (in Chinese). Beijing: Geol. Press.

Rey P F, Teyssier C, Whitney D L, 2010. Limit of channel flow in orogenic plateaux. Lithosphere, 2 (5): 328 – 332.

Royden L H, Burchfiel B C, King R W, et al., 1997. Surface deformation and lower crustal flow in eastern Tibet. Science, 276: 788 – 790.

Royden L H, Burchfiel B C, van der Hilst R D, 2008. The geological evolution of the Tibetan plateau. Science, 321: 1054 – 1058. DOI:10. 1126/science. 1155371.

Tapponnier P, Xu Z, Roger F, et al., 2001. Oblique stepwise rise and growth of the Tibet Plateau. Science, 294 (5547): 1671 – 1677.

Thomas P D, Middlecoeff J F, 1980. Direct control of the grid point distribution in meshes generated by elliptic equations. AIAA Journal, 18: 652 – 656.

Thompson J, Warsi Z, Mastin C, 1985. Numerical Grid Generation: Foundations and Applications. New York: Elsevier North-Holland.

Wang C Y, Han W B, Wu J P, et al., 2003. Crustal structure beneath the Songpan – Garze orogenic belt. Acta Seismologic Sinica (in Chinese), 25 (3): 229 – 241.

Wang C Y, Han W B, Wu J P, et al., 2007. Crustal structure beneath the eastern margin of the Tibetan Plateau and its tectonic implications. J. Geophys. Res., 112：B07307.

Wang C Y, Lucy M, Paul G, et al., 2008. Evidence for mechanically coupled lithosphere in central Asia and resulting implications. Geology, 36：363 – 366. DOI：10. 1130/G24450A. 1.

Wang C Y, Wang X L, Shu W, et al., 2006. Seismological evidence of the crust flowing under the eastern boundary part of Qinghai – Tibet Plateau. Earthquake Research in Sichuan（in Chinese）, 4：1 – 4.

Wang E C, Meng Q R, 2009. Mesozoic and Cenozoic tectonic evolution of the Longmenshan fault belt. Science in China Series D：Earth Sciences, 52（5）：579 – 592.

Wang X B, Zhu Y T, Zhao X K, et al., 2009. Deep conductivity characteristics of the Longmen Shan, Eastern Qinghai – Tibet Plateau. Chinese J. Geophys（in Chinese）, 52（2）：564 – 571.

Wang Y, Rao Y, 2006. Crosshole seismic waveform tomography – I：Strategy for real data application. Geophysical Journal International, 166（3）：1224 – 1236.

Wang Y X, Mooney W D, Han G H, et al., 2005. Crustal P-wave velocity structure from Altyn Tagh to Longmen mountains along the Taiwan – Altay geoscience transect. Chinese J. Geophys（in Chinese）, 48（1）：98 – 106.

Xu Y, Li Z W, Huang R Q, et al., 2010. Seismic structure of the Longmen Shan region from S-wave tomography and its relationship with the Wenchuan M_S 8. 0 earthquake on 12 May 2008, southwestern China. Geophysical Research Letters, 37：L02304.

Xu Z Q, Ji S C, Li H B, et al., 2008. Uplift of the Longmen Shan range and the Wenchuan earthquake. Episodes, 31（3）：291 – 301.

Zhang X Y, Xu T, Bai Z M, et al., 2017 High-precision reflection traveltime tomography for velocity structure with an irregular surface. Chinese J. Geophys（in Chinese）, 60（2）：541 – 553.

Zhang Z J, Wang Y H, Chen Y, et al., 2009. Crustal structure across Longmenshan fault belt from passive source seismic profiling. Geophys Researcher Letters, 36：L17310. DOI：10. 1029/2009GL039580.

邓起东, 陈社发, 赵小麟, 1994. 龙门山及其邻区的构造和地震活动及动力学. 地震地质, 16（4）：389 – 403.

王椿镛, 韩渭宾, 吴建平, 等, 2003. 松潘—甘孜造山带地壳速度结构. 地震学报, 25（3）：229 – 241.

王椿镛, 王溪莉, 苏伟, 等, 2006. 青藏高原东缘下地壳流动的地震学证据. 四川地震, 4：1 – 4.

张新彦, 徐涛, 白志明, 等, 2017. 起伏地形下的高精度反射波走时层析成像方法. 地球物理学报, 60（2）：541 – 553.

利用 P 波地震成像研究青藏高原西部地壳和上地幔结构及其地球动力学意义

赵俊猛[1]，赵大鹏[2]，张　衡[1]，刘红兵[1]，邓　攻[1]，黄　英[1]，程宏刚[1]，王　伟[1]

◆ 0　引　言

青藏高原是世界上海拔最高（Fielding et al.，1994）和地壳最厚的地区（Argand，1924；Royden et al.，2008），它由中生代早期以来逐渐增生到稳定的欧亚板块的几种地体组成（Dewey et al.，1988）。清楚认识青藏高原的起源对地学界具有重要意义。Argand（1924）首先提出印度次大陆与欧亚大陆的交汇导致了高原的形成。随后，几种模型被相继用于解释青藏高原隆升的详细起源机制和变形模式（如 Zhao & Morgan，1987；Tapponnier et al.，2001；Maheo et al.，2002）。虽然每一个模型都是基于对青藏高原不同的地质、地球物理和地形的观测，但毫无疑问，研究印度板块和欧亚板块之间的陆－陆碰撞模式对进一步探查青藏高原的形成和演化是不可或缺的。

在过去的二十年里，人们做了许多研究来追踪青藏高原之下的印度和欧亚板块，但仍存在一些争议问题。对 S－P 转换震相的分析表明，印度岩石圈从喜马拉雅山脉下160 km 的深度向北倾斜，到西藏中部的班公—怒江缝合带（BNS）以南220 km 的深度（Kumar et al.，2006），而走时和表面波层析成像研究表明，印度岩石圈板块已经俯冲到几乎整个青藏高原下方的165 ～ 260 km。体波层析成像（Li et al.，2008）和接收函数图像（Zhao et al.，2010）显示，印度板块的北部边界从西至东递减。相反，走时成像结果显示，印度板块在雅江缝合带（ITS）以北较远处没有明显的大角度俯冲（Replumaz et al.，2004）。除了印度板块向北俯冲，亚洲板块也可能向南俯冲到西藏之下（e. g. Kind et al.，2002；Kumar et al.，2006；Zhao et al.，2010），但地震层析成像仍没有得到清晰的图像。

地壳流模型，包括下部地壳流模型（Bird，1991；Royden et al.，1997）和中地壳通道流模型（Beaumont et al.，2001），常被用来解释青藏高原的变形模式。地球物理和地质研究为这些模型提供了许多重要的证据，如 GPS 测量表明下地壳与上地壳和上地幔解耦（Royden et al.，1997），西藏东南部地幔地震各向异性（Sol et al.，2007），新生代

1 中国科学院青藏高原研究所大陆碰撞与高原隆升重点实验室，北京，100101；2 日本东北大学地球物理系，仙台，980－8578。

广泛的火山活动（Chung et al., 2005），强烈的地壳衰减（Levshin et al., 2010；Bao et al., 2011），中下地壳低电阻率（Bai et al., 2010；Wei et al., 2010），地壳中普遍存在低速带（LVZ）（Yao et al., 2008；Acton et al., 2010；Liang et al., 2011；Zhang et al., 2011），P－T约束与变质岩 U－Pb 定年（Searle et al., 2003；Law et al., 2004, Seyferth & Henk, 2004）。然而，这些研究大多集中在西藏中部和东部的中下地壳。

藏北和藏南的研究存在明显差异，例如：①西藏北部的新第三纪超钾化岩浆活动与西藏南部有显著差异（Maheo et al., 2002）；②西藏北部上地幔地震波速度较慢而南部则较快（Liang & Song, 2006；Li et al., 2008；Liang et al., 2012）；③高频 S_n 波在青藏高原北部普遍缺失（Barron & Priestley, 2009）；④北部剪切波分裂较强，南部剪切波分裂较弱（甚至为零）（Huang et al., 2000；Chen et al., 2010）。

前人对西藏下地壳和上地幔结构的研究较多（如 Owens & Zandt, 1997；Kosarev et al., 1999；Kind et al., 2002, Pei et al., 2007, Nabelek et al., 2009, Chen et al., 2010, Hung et al., 2011；Pei et al., 2011, Xu et al., 2011），然而这些研究使用的地震台站大多位于青藏高原中部和东部。因此，以往的地震成像结果在西藏西部的分辨率相对较低。本文分析了青藏高原国际岩石圈探测研究网络计划——"羚羊计划"（ANTILOPE）所记录的大量高质量地震资料，使我们能够比以往的研究更准确地实施西藏西部地区的高分辨率 P 波层析成像。我们的结果表明，印度岩石圈地幔近水平向北俯冲，其前沿延伸至金沙江缝合带附近。在更靠北的地方似乎显示出亚洲岩石圈地幔正在向高原之下俯冲，并且存在一个印度和亚洲岩石圈之间约 100 km 的间隔。

◆ 1 数据与方法

我们使用了羚羊－Ⅰ剖面的 68 个地震台站在 2006 年 10 月至 2007 年 11 月记录的高质量地方、区域和远震事件的走时数据（图1）。我们手动拾取了 P 波到达时间（包括 P_g、P_n 和 P 相），它们具有明显的起跳点，其拾取精度大约为 0.2 ～ 0.3 s。

远震事件的震源参数是由美国地质调查局（United States Geological Survey，USGS）确定，而地方和区域事件的震源参数由中国地震台网中心（China Earthquake Networks Center，CENC）提供。对于地方和区域地震，我们只使用大于 3.0 级的地震事件，并且剔除了定位精度较差的地震事件。因为西藏地壳非常厚，所以我们将 P_n 波的震中距设置为 3°，以保证 P_n 震相和 P_g 震相能够被清晰区分。

对每个选用的事件，我们的要求是至少拾取到 8 个 P 波到达。需要注意，P_n 波主要在上地幔顶部 Moho 的下方传播，这不同于 P_g 和远震 P 波的传播路径。因此，P_n 波的传播时间受到上地幔顶部 Moho 深度变化和三维速度变化的强烈影响。这种变化在西藏地震台站的地震记录中非常明显（图1）。其中，地方和远震 P 到达时间普遍晚于一维 iasp91 地球模型（Kennett & Engdahl, 1991）。然而，某些台站的 P_n 波到达时间比预计的要早，而其他站的 P_n 波到达时间较预计的要晚。因此，我们的数据集包括 1052 个地方和区域地震的 20 506 次 P 波到时（图1）和来自 748 个远震事件的 14 609 个 P 波到时（图2）。除了研究的边缘地区，在400 km深度上这些射线在水平和垂直方向上的交叉都很好（图4）。我们采用Zhao等（1992，1994）的层析成像方法来确定西藏西部三维P波速度结构。

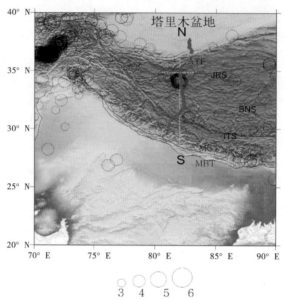

蓝色的三角形：沿羚羊－I便携式地震台站；空心圆圈：本研究中使用的地方和区域地震，地震震级显示在底部；绿线（S－N）：图7中剖面位置；黄色虚线：俯冲的印度板块北部边界；黑线：该地区的构造块体边界。

MBT：主边界逆冲断裂；MCT：主中央逆冲断裂；ITS：雅鲁藏布缝合带；BNS：班公——怒江缝合带；JRS：金沙江缝合带；ATF：阿尔金断裂；TB：塔里木盆地。

图1　青藏高原研究区位置

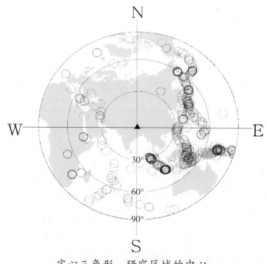

实心三角形：研究区域的中心。

图2　研究中使用的748个远震事件（空心圈）的分布

震中距离为30°～90°。

层析成像反演采用的是绝对值小于 3.0 s 的走时残差。计算理论走时和射线路径采用三维射线追踪技术（Zhao et al.，1992）。三维反演的一维初始模型是上地幔的 iasp91 地球模型和地壳 2.0 模型（Bassin et al.，2000）（图 5）。在模型空间中建立三维网格（图 3）。

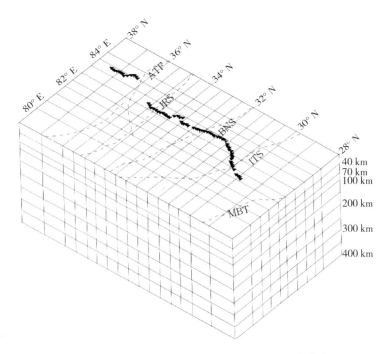

虚线：构造块边界（详见图 1）；三角形：使用的地震台站。

图 3　层析成像采用的三维网格模型

一维初始速度模型网格节点处的 P 波速度扰动被设置为未知参数。模型中任意一点的速度扰动是通过对该点周围 8 个网格点的速度扰动进行线性插值来计算的。经过多次测试，我们发现数据集的最佳横向网格间隔是 0.5°（模型边缘为 1°），垂向网格间距为 30 ～ 50 km。周边区域下的 Moho 深度是由接收函数研究（如 Wittlinger et al.，2004；Zhao et al.，2010）结果给出的。Moho 的深度在台站下面是可靠的，我们假定 Moho 深度在邻近地区不会发生剧烈变化。Moho 几何形态在反演过程中保持不变，不参与反演。我们采用带阻尼和平滑正则化（Zhao et al.，1994，2012）的 LSQR 算法（Paige & Saunders，1982）进行反演（图 6）。

在海平面以上，我们增加了一层来模拟西藏海拔（台站高程），很容易计算出地震波在这一层的走时。假设射线路径在海平面以上是一条直线，因为在该层传播距离很短（通常小于 6 km）。在三维网格模型中考虑了台站高程、Moho 深度和地表地形，并将其全部包含在射线追踪中。

研究区域的地下介质被 Moho 分为两层。Moho 之上的介质采用地壳速度，其下的介质则使用上地幔速度。因此，在初始速度模型中，即使在同一深度，由于 Moho 的深度不同，其地震波速度也是不同的。

2 分辨率测试及结果

检测板分辨率测试（Humphreys & Clayton，1988；Zhao et al.，1992）是一种流行的、方便的层析模型分辨率和可靠性评价技术。为了进行测试，我们将速度扰动分为负扰动和正扰动（±3%），计算输入检测板模型后的地震波合成走时。随机噪声（-0.5～+0.5 s）被加入合成的走时残差中，来模拟观测数据中的拾取误差。然后，使用与观测数据集相同的算法对合成数据进行反演。如果输入检测板模型得到很好的重建，那么认为该地区的分辨率较好。综合测试结果表明，研究区中心部分的分辨率较好，而边缘部分的分辨率较低（图4、图5）。

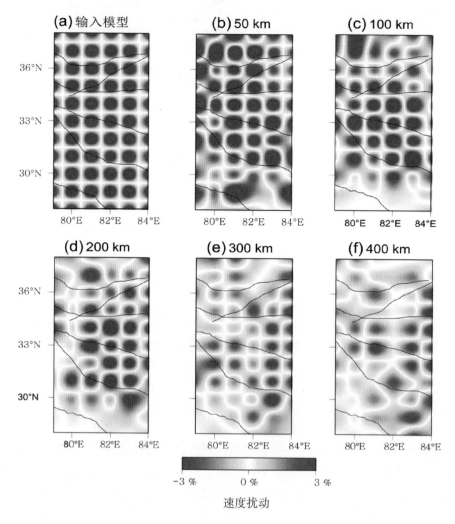

红色和蓝色分别表示低速和高速扰动；速度扰动标度如图所示；层的深度显示在每个图的顶部；黑线表示该地区的构造块边界。

图4　检测板分辨率测试的输入模型（a）和反演结果（b～f）

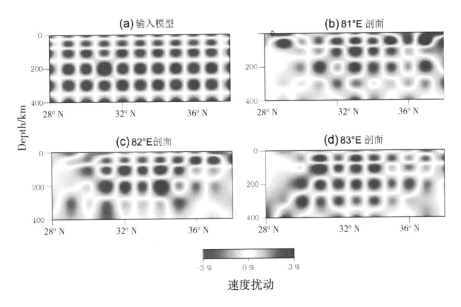

图 5　沿 81°E（b）、82°E（c）、83°E（d）0 ～ 400 km 深度纵向剖面

图 6 为获得的西藏 P 波层析图像。在深度 40 km 处，藏西下方可见低速（低 v）区，塔里木盆地（TB）下方可见高速（高 v）区，这与最近的一次面波层析成像相一致（Yang et al.，2012）。此外，青藏高原南部和阿尔金断层北部的台站大量地震波的早期到达也反映了这些地区之下的高速异常特征（图 7）。

在研究区域中心下方 40 ～ 70 km 处可见明显的高速异常 ［图 6（a）（b）］，这可能表明了局部榴辉岩化的存在（Schulte-Pelkum et al.，2005）。100 km 深度的主要特征与 70 km 深度的相似 ［图 6（c）］。在塔里木盆地之下，高速区向下延伸至 100 km，与之前的层析结果一致（如黄和赵，2006；梁和宋，2006）。在深度 200 km 处的层析图像 ［图 6（d）］ 显示的模式与较浅和较深处的非常不同。研究区中部自金沙江缝合带（JRS）至雅鲁藏布缝合带（ITS）存在明显的高速异常，而低速异常出现在北部和南部 ［图 6（d）］。在 300 km 和 400 km 深处，低速异常普遍存在，只有一些局部的高速区 ［图 6（e）（f）］。

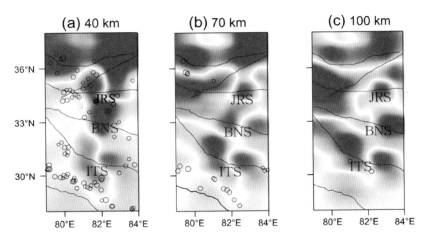

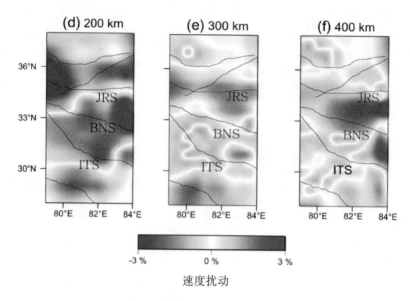

图6　获得的P波层析成像结果

层的深度表示在每个图的顶部；红色和蓝色分别表示低速和高速；速度扰动标度如图所示；黑线表示该地区的构造块体边界。

　　考虑到"羚羊计划"地震台站的近N—S分布以及印度和欧亚板块之间的汇聚，由于层析模型在这个剖面上具有最佳的分辨率，我们沿82°E切出一个纵向剖面（图7）。P波速度在青藏高原地壳中明显较低，可以看到大量的延迟到达波（图7）。在1975年至2011年间发生在50 km宽度范围内的地方地震（震级 >3.0）也显示在纵向横断面上（图7）。三个明显的高速区（图7）为：第一个发育在塔里木盆地从表面到约110 km深度范围，并且具有一个很尖锐的下边界；第二个也是最大的一个出现在剖面中部100～300 km深处；第三个存在于剖面南部的地壳中。

　　为了确定我们的层析图像的主要特征，我们进行了更多的合成测试（图8）。除了输入模型外，合成测试的步骤与检测板测试相同。试验结果（图8）表明，图7中的三个高速区是可靠的。"羚羊计划"剖面的接收函数图像（Zhao et al., 2010）表明，北部的高速区已经向南延伸接近金沙江缝合带（JRS），可能与图7中的第二个高速异常区相遇。然而，这两个纵波高速异常区被一个从地表到400 km深度的低速异常所分隔（图7）。我们的综合测试结果表明，该低速异常不是人为或成像误差造成的，而是比较可靠的低速异常区。因此该结果可能表明，藏北的上地幔温度较高。

◆ 3　讨　论

　　本次研究结果最显著的特征是在青藏高原下发现了高速异常区，高速区向北延伸至金沙江缝合带（JRS）附近（图7）。在青藏高原上地幔中，高速异常通常被解释为俯冲的印度岩石圈地幔。Li等（2008）利用走时成像技术提出，印度板块在青藏高原之下

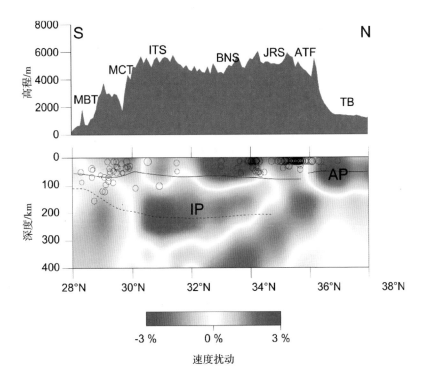

剖面位置见图1所示。红色和蓝色分别表示低速和高速，速度扰动比例显示在图的底部。实线和虚线表示的莫霍不连续面和印度岩石圈—软流圈分界面，它们分别来自接收函数结果（Zhao et al.，2010）。空心圆表示发生在沿剖面50公里宽的地震（M≥3）。层析图像之上为地形起伏。

MCT：主中央逆冲断裂；ITS：雅鲁藏布缝合带；BNS：班公—怒江缝合带；JRS：金沙江缝合带；ATF：阿尔金断裂；TM：塔里木盆地；IP：印度板块；AP：亚洲板块。

图7 南北向P波成像结果

以近水平方向延伸至阿尔金断裂，这与目前的结果基本一致。与印度板块向北俯冲相比，亚洲板块向南俯冲的现象相对较弱，但亚洲板块在塔里木盆地清晰可见，并且其延伸到阿尔金断裂（图7）。在研究区域400 km深度范围的上地幔我们找不到任何高速异常与俯冲的亚洲板块相对应（图7）。对塔里木盆地缓慢沉积层和地壳厚度突变进行校正后，塔里木盆地高速区P波速度仍比一维速度模型（iasp91 和 CRUST 2.0）快2%～3%。Kao 等（2001）利用远震接收函数技术清楚地得到了塔里木盆地近水平分布的地壳，认为它是一个刚性块体。我们同意前人的观点，塔里木盆地之下的高速异常反映了亚洲岩石圈地幔（Wittlinger et al.，2004；Liang & Song，2006；Li et al.，2008），其厚度约为100 km，向南延伸至阿尔金断裂。Zhao 等（2010）的接收函数图像也揭示了这一特征，但高速区向南的范围与我们目前的层析成像略有不同。总的来说，近南—北走向的塔里木—青藏高原汇聚与GPS观测（Wang et al.，2001）和该地区下地壳地震的震源机制解（Huang et al.，2011）是一致的。

在我们的图像中，另一个重要的特征是，在300～400 km的深度范围内，印度和亚洲的岩石圈被大约100 km宽的低速区分开，这与前人的研究结果相似（Kumar et al.，

2006；Wittlinger et al.，1996；Zhang et al.，2012）。西阿尔金第四纪玄武岩喷发的研究表明，阿尔金断裂穿过整个地壳，它是玄武岩岩浆从上地幔向地表迁移的通道（Yin & Harrison，2000），但这不能很好地解释藏北上地幔的高温现象。在西藏中部，以前的远震成像发现了一个低速区，它切断了阿尔金断裂下的整个地壳（Wittlinger et al.，1998）。然而，在我们的研究区域，我们并没有发现低速区贯穿整个地壳。我们的成像结果显示的是相对于平均一维速度模型（isap91 和 CRUST2.0）的扰动，而接收函数法利用转换波和直达 P 波（或 S 波）之间的延迟时间来识别速度不连续界面。因此，层析成像显示的是横向速度变化，它在深度方向的分辨率较低。如果存在一个贯穿整个地壳的低速区，应检测到相对模糊的岩石圈—软流圈边界（LAB）和莫霍面。然而，利用相同的数据接收函数结果似乎显示了一个连续的、相对平坦的 Moho 和在印度和欧亚板块下的岩石圈与软流圈之间的界面（LAB）（Zhao et al.，2010）。此外，地壳中的地幔物质将被成像为地壳中的高速异常。

虽然印度岩石圈北端与接收函数观测（Zhao et al.，2010）和层析成像（Bijwaard & Spakman，2000）的结果非常一致，但欧亚板块向南的延伸范围不同。由于阿尔金断裂周围缺乏地震台站，我们无法较好地获得 50 ～ 150 km 深度范围的结构信息。亚洲的LAB 可能存在于该区域。对于阿尔金断裂之下低速异常的一种解释是由于流体的存在而引起的部分熔融（Sato et al.，1989），它们被向北俯冲的印度板块带到了深部，或者是印度板块脱水造成（Zhao et al.，2011）。另一种解释是地幔上涌，这是在研究西藏中部时提出的（Tilmann et al.，2003），他们认为印度岩石圈的下沉可能导致了软流圈物质的上升。这种解释在这里似乎更有道理（如图 8 所示，倾斜的高速异常可能是由垂直拖尾效应造成的），因为流体的存在不会降低地壳岩石的熔化温度而导致部分熔融。

在青藏高原的中部和北部，岩浆活动最可能的热源是一系列的地幔上涌，它导致了加厚的地幔岩石圈的对流（Chen & Tseng，2007）。他们进一步认为，印度地幔岩石圈在欧亚板块下水平俯冲，并继续向北推进，使羌塘地体下的地幔岩石圈增厚。脱层作用在约 15Ma 前发生并诱发热流上升，在高原北部形成火山作用，分离的欧亚大陆地幔岩石圈下沉到地幔过渡带底部。这种情况似乎与我们在青藏高原最西部的研究结果一致。然而，印度岩石圈俯冲的程度与接收函数结果（Zhao et al.，2010）和我们的层析图像（图7）略有不同，我们的结果显示，印度岩石圈已经向北水平推进至金沙江缝合带（JRS）附近。因此，我们认为更可能的情况是西藏西部羌塘岩石圈下沉要早于青藏高原中部。目前，在西藏松潘—甘孜地体之下岩石圈地幔发生了对流移动。此外，我们相信，在青藏高原的西部，拆离的羌塘岩石圈已经下沉到更大的深度（>660 km），因为在高原西部，在沿剖面的地幔过渡带没有观测到高速异常（Zhao et al.，2010）。

印度板块现今和过去俯冲之间的关系很难解释。古地磁研究表明，喜马拉雅山脉下被消耗的印度大陆岩石圈的总长度约为 1500 km（Patzelt et al.，1996）。早期层析结果表明，大陆岩石圈地幔俯冲至 1700 km 的深度（van der Voo et al.，1999）。Maheo 等（2002）根据新第三纪岩浆岩的位置和地球化学演化，提出俯冲印度板块的断裂发生在约 25 Ma 前，高原北部发生超钾岩浆活动可能与北部岩石圈地幔的对流变薄有关。西藏

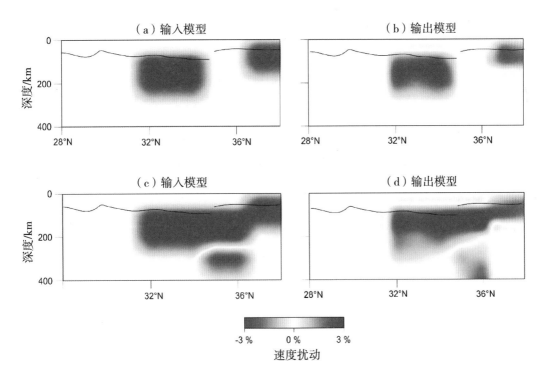

图8　合成测试的输入模型（a、c）和反演结果（b、d）

剖面位置如图1中的绿线所示。颜色和实线含义与图7相同。

北部的岩浆活动发生在阿尔金断裂和高原中部之间，与藏南的岩浆活动无关（Maheo et al.，2002）。此外，研究表明，高原北部和南部的火山岩均来自上地幔，而北部的火山岩与下地壳的部分熔融物质混合（Ding et al.，2007）。Barron 和 Priestley（2009）研究了电磁波与频率相关的传播效率，认为高原北部之下的上地幔高速盖层不存在完全的脱层，Moho 之下的上地幔是热的，在浅部可能有一定的熔体。综合这些结果，我们认为印度板块较早的俯冲（断离之前）并没有延伸到金沙江缝合带（JRS），因为超钾质火山岩并没有像预期的那样在相应的年代被发现（Ding et al.，2007）。在高原西部沿82°E的地球动力学过程如图9所示。其中，最后一个剖面［图9（d）］描绘了本次研究结果，而其余剖面则显示了早期的研究结果，这些结果被地球化学、地质和地球物理等研究结果所支持。值得注意的是，这些示意图只反映了青藏高原西部的总体演化，而不是整个高原。例如，高原最东端的印度板块俯冲模式与高原西部明显不同（Li et al.，2008；Zhao et al.，2010）。

本次研究认为，西藏西部的构造演化经历了以下阶段和过程。①在距今65—55 Ma期间，特提斯洋板块的牵引力将与之相连的印度大陆岩石圈拉至更深处（Chemenda et al.，2000；Zhang et al.，2010）［图9（a）］。②约50 Ma前，古地中海的海洋板从印度板块分离（Kohn & Parkinson，2002），印度板块停止向下移动，因为它比亚洲的地幔岩石圈更难融，本质上比亚洲的地幔岩石圈具有更大的浮力（Fielding，1996）。在距今55—25 Ma期间，印度板块在雅鲁藏布缝合带（ITS）和班公—怒江缝合带（BNS）之

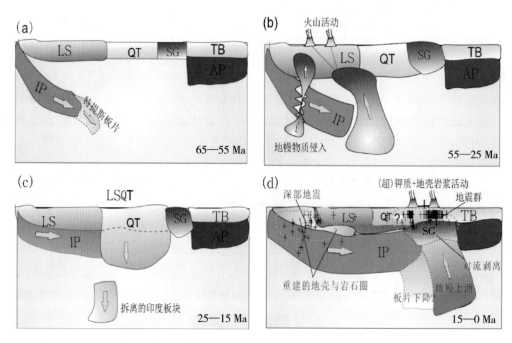

（d）中的绿色虚线表示两个地震丛集区（十字叉），详情见正文。

LS：拉萨地体；QT：羌塘地体；SG：松潘—甘孜地体；IP：印度板块；AP：亚洲板块。

图9　青藏高原的构造演化

间发生断裂，在断裂处发生地幔上涌，在该地区丰富的新第三纪岩浆和爱达克基岩（Ernst，2010；Guan et al.，2011）［图9（b）］就是证据。在距今30 Ma左右，由于印度岩石圈地幔向北俯冲，增厚的西藏岩石圈在拉萨地体下拆离（Chen & Tseng，2007）。考虑到碰撞增厚的拉萨岩石圈厚度可能已经达到大约300 km（Fielding，1996），岩石圈主体几乎全被移走，使得浮力更大的印度地幔岩石圈继续向北移动（Chung et al.，2005）。在25—15 Ma前，较热的地幔物质取代了拉萨地体的岩石圈根，致使超钾质岩浆和埃达克岩生成（Chung et al.，2003）。与此同时，印度板块脱落的部分掉落到地幔深处，而剩下的印度板块部分继续向北移动［图9（c）］。在西藏中部，岩浆活动在距今13—10 Ma左右停止，这是由于印度冷地幔岩石圈向北俯冲，此时岩石圈应该已经到达班公—怒江缝合带（BNS），从而切断了软流圈的热源（Chung et al.，2005）。据估计，西藏西部的这些岩浆活动在距今20—16 Ma之间停止（Chung et al.，2005），这意味着印度板块在高原西部比高原中部更早地向班公—怒江缝合带（BNS）推进。如果我们假设汇聚的速度在青藏高原不同地区是相同的，这一假设也可以解释青藏高原之下印度岩石圈向北推进的距离的不同。在这一阶段结束时，印度岩石圈地幔开始挤压羌塘地体的岩石圈地幔，导致羌塘地体下的岩石圈地幔在距今15 Ma左右迁移（Chen and Tseng，2007）。羌塘和松潘—甘孜地区发育相对较薄、较弱的岩石圈促进了这一过程的产生（Chung et al.，2005）。从约15 Ma前到现在，向北推进的印度板块到达了金沙江缝合带（JRS）。此时，松潘—甘孜岩石圈开始下沉，同时印度岩石圈地幔在高原西部下沉，与高原中部相似（Tilmann et al.，2003）。然后，在松潘—甘孜地体下发生了软流圈上涌和物质对流［图 9（d）］。软流圈物质上涌不仅可以解释上地幔的高温（根据穿过青藏高原的区域相位观测所估算），同时还可以解释超钾质活动的同质性，而这种同质性与软流圈上涌所导致的岩石圈地幔熔融的单级作用是一致的（Maheo et al.，2002）。如果我们假设拉萨地体、羌塘地体和松潘—甘孜地体之下的岩石圈在同一时期拆沉，我们就不可能很好地解释广泛分布在藏南和藏北的火山岩在年龄和成分的显著差异。在较浅的深度（Moho 以上），虽然研究区域内大部分地区的 P 波速度较低，其满足地壳流动条件，但是图像中的高速区也是不容忽视［图 6（a）（b）和图 7］。30°N 以南地区由于缺乏地震监测站而分辨率较差（图 4），如图 5 所示的分辨率测试结果。即便如此，大量的分辨率测试结果表明，成像结果中的高速异常至少在 30°N 以北是可信的（图 4、图 5）。这一特征可能反映了一种复杂的地壳流动模式，与青藏高原东部相似（Bai et al.，2010；Zhang et al.，2012）。印度板块下地壳的榴辉岩化是中下地壳高速异常的一种可能解释［图 6（a）(b)］，因为榴辉岩一般具有比上地幔更高的 P 波速度（Ji et al.，2002）。此外，一些研究表明，西藏南部的中深源地震也是由榴辉岩化作用或部分榴辉岩化作用引起的（Jackson et al.，2004；Schulte-Pelkum et al.，2005；Liang et al.，2011）。接收函数研究表明，下地壳中存在一个高速层，其 P 波速度超过 7 km／s，Moho 转换能量较弱（Schulte-Pelkum et al.，2005），这也表明了地壳底部附近（部分）存在榴辉岩化作用。我们的成像结果与前一种情况一致，但没有在这个剖面上发现一个微弱的（或模糊的）Moho（Zhao et al.，2010）。因此，不能简单地将拉萨地体的高速区归结为（部分）榴辉岩作用，特别是在较浅的深度（40 km）。古老而低温的印度克拉通的下部仍然可能在西藏南部造成 90 km 深度的地震（Searle et al.，2011）。结合拉萨地体广泛分布的超钾质岩和埃达克岩，我们认为，高速区可能是西藏地壳和拉萨岩石圈重建的产物，如前面所述。

4 结　论

利用羚羊－I 剖面所布设的 68 个地震台站记录的大量、高质量地震走时数据，我们对青藏高原西部深至 400 km 的地壳和上地幔开展了高分辨率 P 波层析成像研究。我们非常仔细地从 748 个远震和 1052 个地方和区域地震的原始地震记录中拾取了共 35 115 个到时数据。研究结果表明，在早期印度板块断裂后，印度板块继续向北推进，现在已经近水平地达到金沙江缝合带（JRS）之下，俯冲深度为 100～250 km。高原北部和南部新第三纪火山活动的主要差异可能就是由这一过程引起的。考虑到这些地球动力学过程，我们认为青藏高原南部的高速异常反映的是一个冷的地壳，它会阻隔地壳的大范围流动。亚洲板块在塔里木盆地下约 100 km 深处也被清楚地探测到，它没有俯冲到青藏高原西部之下。由于印度板块俯冲所引起的松潘—甘孜地体的地幔上涌可能导致青藏高原西北部地壳变弱、变暖；但是，地幔上涌可能没有穿透整个地壳。

X◆致　　谢

这项研究工作得到了国家自然科学基金（40930317、41104055、41021001）、SinoProbe－02项目的资助。其中一些仪器由中国科学院地质与地球物理研究所提供。我们感谢 Alan Aitken 教授（编辑）和两位匿名评审员，他们提出了建设性的评论和建议，改进了手稿。走时拾取采用了 Seismic Handler 地震软件包。本文使用通用绘图软件包（Generic Mapping Tools package）（Wessel & Smith，1995）制作所有图件。

X◆说　　明

本文已发表在 *Gondwana Research*：Zhao J M，Zhao D P，Zhang H，Liu H B，Huang Y，Cheng H G，Wang W，2014a．P-wave tomography and dynamics of the crust and upper mantle beneath western Tibet．Gondwana Research，25（4）：1690－1699．http：//dx. doi. org/10. 1016/j. gr. 2013. 06. 020.

X◆参 考 文 献

Acton C E，Priestley K，Gaur V K，et al.，2010．Group velocity tomography of the Indo－Eurasian collision zone．Journal of Geophysical Research－Solid Earth，115（B12）：B12335．http：//dx. doi. org/10. 1029/2009JB007021．

Argand E，1924．La tectonique de l'Asie//Congrès Géologique International．Extrait compterendu du XIIIe congrès géologique Internationale，Brussels：171－372．

Bai D H，Unsworth M J，Meju M A，et al.，2010．Crustal deformation of the eastern Tibetan plateau revealed by magnetotelluric imaging．Nature Geoscience，3：358－362．

Bao X Y，Sandvol E，Ni J，et al.，2011．High resolution regional seismic attenuation tomography in eastern Tibetan Plateau and adjacent regions．Geophysical Research Letters，38：L16304．http：//dx. doi. org/10. 1029/2011GL048012．

Barron J，Priestley K，2009．Observations of frequency-dependent S_n wave propagation in northern Tibet．Geophysical Journal International，179：475－488．

Bassin C，Laske G，Masters G，2000．The current limits of resolution for surface wave tomography in North America．Eos，Transactions of the American Geophysical Union，81：897．

Beaumont C，Jamieson R A，Nguyen M H，et al.，2001．Himalayan tectonics explained by extrusion of a low-viscosity crustal channel coupled to focused surface denudation．Nature，414：738－742．

Bijwaard H，Spakman W，2000．Non-linear global P-wave tomography by iterated linearized inversion．Geophysical Journal International，141：71－82．

Bird P，1991．Lateral extrusion of lower crust from under high topography in the isostatic limit．Journal of Geophysical Research－Solid Earth，96（B6）：10275－10286．

Chemenda A I，Burg J P，Mattauer M，2000．Evolutionary model of the Himalaya－Tibet system：geopoem：

based on new modelling, geological and geophysical data. Earth and Planetary Science Letters, 174 (3 – 4): 397 – 409.

Chen W P, Martin M, Tseng T L, et al., 2010. Shear-wave birefringence and current configuration of converging lithosphere under Tibet. Earth and Planetary Science Letters, 295: 297 – 304.

Chen W P, Tseng T L, 2007. Small 660-km seismic discontinuity beneath Tibet implies resting ground for detached lithosphere. Journal of Geophysical Research – Solid Earth, 112(B5): B05309. http://dx. doi. org/10. 1029/2006JB004607.

Chung S L, Chu M F, Zhang Y Q, et al., 2005. Tibetan tectonic evolution inferred from spatial and temporal variations in post-collisional magmatism. Earth – Science Review, 68: 173 – 196.

Chung S L, Liu D Y, Ji J Q, et al., 2003. Adakites from continental collision zones: melting of thickened lower crust beneath southern Tibet. Geology, 31: 1021 – 1024.

Dewey J F, Shackleton R M, Chang C F, et al., 1988. The tectonic evolution of the Tibetan Plateau. Philosophical Transactions of the Royal Society A: Mathematical Physical and Engineering Sciences, 327: 379 – 413.

Ding L, Kapp P, Yue Y H, et al., 2007. Postcollisional calc-alkaline lavas and xenoliths from the southern Qiangtang terrane, central Tibet. Earth and Planetary Science Letters, 254 (1 – 2): 28 – 38.

Ernst W G, 2010. Subduction-zone metamorphism, calc-alkaline, magmatism, and convergent-margin crustal evolution. Gondwana Research, 18 (1): 8 – 16.

Fielding E, Isacks B, Barazangi M, et al., 1994. How flat is Tibet. Geology, 22: 163 – 167.

Fielding E J, 1996. Tibet uplift and erosion. Tectonophysics, 260: 55 – 84.

Guan Q, Zhu D C, Zhao Z D, et al., 2011. Crustal thickening prior to 38 Ma in southern Tibet: evidence from lower crust-derived adakitic magmatism in the Gangdese batholith. Gondwana Research, 21 (1): 88 – 99.

Huang J L, Zhao D P, 2006. High-resolution mantle tomography of China and surrounding regions. Journal of Geophysical Research – Solid Earth, 111. http: //dx. doi. org/10. 1029/2005JB004066.

Huang W C, Ni J F, Tilmann F, et al., 2000. Seismic polarization anisotropy beneath the central Tibetan Plateau. Journal of Geophysical Research – Solid Earth, 105: 27979 – 27989.

Hung S H, Chen W P, Chiao L Y, 2011. A data-adaptive, multiscale approach of finite-frequency, traveltime tomography with special reference to P and S wave data from central Tibet. Journal of Geophysical Research – Solid Earth, 116(B6): B06307. http://dx. doi. org/10. 1029/2010JB008190.

Jackson J A, Austrheim H, McKenzie D, et al., 2004. Metastability, mechanical strength, and the support of mountain belts. Geology, 32: 625 – 628.

Ji S C, Wang Q, Xia B, 2002. Handbook of Seismic Properties of Minerals, Rocks and Ores. Montreal: Polytechnic International Press: 630.

Kao H, Gao R, Rau R J, et al., 2001. Seismic image of the Tarim basin and its collision with Tibet. Geology, 29: 575 – 578.

Kennett B L N, Engdahl E R, 1991. Traveltimes for global earthquake location and phase identification. Geophysical Journal International, 105: 429 – 465.

Kind R, Yuan X, Saul J, et al., 2002. Seismic images of crust and upper mantle beneath Tibet: evidence for Eurasian plate subduction. Science, 298: 1219 – 1221.

Kohn M J, Parkinson C D, 2002. Petrologic case for Eocene slab breakoff during the Indo – Asian collision.

Geology, 30: 591 – 594.

Kosarev G, Kind R, Sobolev S V, et al., 1999. Seismic evidence for a detached Indian lithospheric mantle beneath Tibet. Science, 283: 1306 – 1309.

Kumar P, Yuan X H, Kind R, et al., 2006. Imaging the colliding Indian and Asian lithospheric plates beneath Tibet. Journal of Geophysical Research – Solid Earth, 111 (B6): B06308. http://dx. doi. org/10. 1029/2005JB003930.

Law R D, Searle M P, Simpson R L, 2004. Strain, deformation temperatures and vorticity of flow at the top of the Greater Himalayan Slab, Everest Massif, Tibet. Journal of the Geological Society of London, 161: 305 – 320.

Levshin A L, Yang X N, Barmin M P, et al., 2010. Mid-period Rayleigh wave attenuation model for Asia. Geochemistry, Geophysics, Geosystems, 11(8): Q08017. http://dx. doi. org/10. 1029/2010GC003164.

Li C, van der Hilst R D, Meltzer A S, et al., 2008. Subduction of the Indian lithosphere beneath the Tibetan Plateau and Burma. Earth and Planetary Science Letters, 274 (1 – 2): 157 – 168.

Liang C T, Song X D, 2006. A low velocity belt beneath northern and eastern Tibetan Plateau from P_n tomography. Geophysical Research Letters, 33 (22): L22306. http://dx. doi. org/10. 1029/2006GL027926.

Liang X F, Sandvol E, Chen Y J, et al., 2012. A complex Tibetan upper mantle: a fragmented Indian slab and no south-verging subduction of Eurasian lithosphere. Earth and Planetary Science Letters, 333: 101 – 111.

Liang X F, Shen Y, Chen Y J, et al., 2011. Crustal and mantle velocity models of southern Tibet from finite frequency tomography. Journal of Geophysical Research – Solid Earth, 116(B2): B02408. http://dx. doi. org/10. 1029/2009JB007159.

Maheo G, Guillot S, Blichert-Toft J, et al., 2002. A slab break off model for the Neogene thermal evolution of South Karakorum and South Tibet. Earth and Planetary Science Letters, 195: 45 – 58.

Nabelek J, Hetenyi G, Vergne J, et al., 2009. Underplating in the Himalaya – Tibet collision zone revealed by the Hi-CLIMB experiment. Science, 325: 1371 – 1374.

Owens T J, Zandt G, 1997. Implications of crustal property variations for models of Tibetan plateau evolution. Nature, 387: 37 – 43.

Paige C C, Saunders M A, 1982. LSQR: An algorithm for sparse linear Equations and sparse least squares. ACM Transactions on Mathematical Software, 8: 43 – 71.

Patzelt A, Li H M, Wang J D, et al., 1996. Palaeomagnetism of Cretaceous to Tertiary sediments from southern Tibet: evidence for the extent of the northern margin of India prior to the collision with Eurasia. Tectonophysics, 259: 259 – 284.

Pei S P, Zhao J M, Sun Y S, et al., 2007. Upper mantle seismic velocities and anisotropy in China determined through P_n and S_n tomography. Journal of Geophysical Research – Solid Earth, 112 (B5): B05312. http://dx. doi. org/10. 1029/2006JB004409.

Pei S P, Sun Y S, Toksoz M N, 2011. Tomographic P_n and S_n velocity beneath the continental collision zone from Alps to Himalaya. Journal of Geophysical Research – Solid Earth, 116 (B10): B10311. http://dx. doi. org/10. 1029/2010JB007845.

Priestley K, Debayle E, McKenzie D, et al., 2006. Upper mantle structure of eastern Asia from multimode surface waveform tomography. Journal of Geophysical Research – Solid Earth, 111 (B10): B10304. http://dx. doi. org/10. 1029/2005JB004082.

Replumaz A, Karason H, van der Hilst R D, et al., 2004. 4-D evolution of SE Asia's mantle from geological reconstructions and seismic tomography. Earth and Planetary Science Letters, 221: 103 – 115.

Royden L H, Burchfiel B C, King R W, et al., 1997. Surface deformation and lower crustal flow in eastern Tibet. Science, 276: 788 – 790.

Royden L H, Burchfiel B C, van der Hilst R D, 2008. The geological evolution of the Tibetan plateau. Science, 321: 1054 – 1058.

Sato H, Sacks I S, Murase T, et al., 1989. Q_P – melting temperature relation in peridotite at high-pressure and temperature—attenuation mechanism and implications for the mechanical-properties of the upper mantle. Journal of Geophysical Research – Solid Earth, 94: 10647 – 10661.

Schulte-Pelkum V, Monsalve G, Sheehan A, et al., 2005. Imaging the Indian subcontinent beneath the Himalaya. Nature, 435: 1222 – 1225.

Searle M P, Elliott J R, Phillips R J, et al., 2011. Crustal-lithospheric structure and continental extrusion of Tibet. Journal of the Geological Society of London, 168: 633 – 672.

Searle M P, Simpson R L, Law R D, et al., 2003. The structural geometry, metamorphic and magmatic evolution of the Everest massif, High Himalaya of Nepal – South Tibet. Journal of the Geological Society of London, 160: 345 – 366.

Seyferth M, Henk A, 2004. Syn-convergent exhumation and lateral extrusion in continental collision zones—insights from three-dimensional numerical models. Tectonophysics, 382: 1 – 29.

Sol S, Meltzer A, Burgmann R, et al., 2007. Geodynamics of the southeastern Tibetan Plateau from seismic anisotropy and geodesy. Geology, 35: 563 – 566.

Tapponnier P, Xu Z Q, Roger F, et al., 2001. Geology-oblique stepwise rise and growth of the Tibet plateau. Science, 294: 1671 – 1677.

Tilmann F, Ni J, Team I I S, 2003. Seismic imaging of the downwelling Indian lithosphere beneath central Tibet. Science, 300: 1424 – 1427.

van der Voo R, Spakman W, Bijwaard H, 1999. Tethyan subducted slabs under India. Earth and Planetary Science Letters, 171: 7 – 20.

Wang Q, Zhang P Z, Freymueller J T, et al., 2001. Present-day crustal deformation in China constrained by global positioning system measurements. Science, 294: 574 – 577.

Wei W B, Jin S, Ye G F, et al., 2010. Conductivity structure and rheological property of lithosphere in southern Tibet inferred from super-broadband magnetotelluric sounding. Science China – Earth Sciences, 53: 189 – 202.

Wessel P, Smith W H F, 1995. New version of the Generic Mapping Tools released. Eos, Transactions of the American Geophysical Union, 76: 329.

Wittlinger G, Masson F, Poupinet G, et al., 1996. Seismic tomography of northern Tibet and Kunlun: evidence for crustal blocks and mantle velocity contrasts. Earth and Planetary Science Letters, 139: 263 – 279.

Wittlinger G, Tapponnier P, Poupinet G, et al., 1998. Tomographic evidence for localized lithospheric shear along the Altyn Tagh Fault. Science, 282: 74 – 76.

Wittlinger G, Vergne J, Tapponnier P, et al., 2004. Teleseismic imaging of subducting lithosphere and Moho offsets beneath western Tibet. Earth and Planetary Science Letters, 221: 117 – 130.

Xu Q, Zhao J M, Pei S P, et al., 2011. The lithosphere – asthenosphere boundary revealed by S-receiver functions from the Hi-CLIMB experiment. Geophysical Journal International, 187: 414 – 420.

Yang Y J, Ritzwoller M H, Zheng Y, et al., 2012. A synoptic view of the distribution and connectivity of the mid-crustal low velocity zone beneath Tibet. Journal of Geophysical Research – Solid Earth, 117 (B4): B04303. http://dx. doi. org/10. 1029/2011JB008810.

Yao H J, Beghein C, van der Hilst R D, 2008. Surface wave array tomography in SE Tibet from ambient seismic noise and two-station analysis—II. Crustal and upper-mantle structure. Geophysical Journal International, 173: 205 – 219.

Yin A, Harrison T M, 2000. Geologic evolution of the Himalayan – Tibetan orogen. Annual Review of Earth and Planetary Sciences, 28: 211 – 280.

Zhang H, Zhao D P, Zhao J M, et al., 2012. Convergence of the Indian and Eurasian plates under eastern Tibet revealed by seismic tomography. Geochemistry, Geophysics, Geosystems, 13(6):Q06W14. http:// dx. doi. org/10. 1029/2012GC004031.

Zhang H, Zhao J M, Xu Q, 2011. Seismic P-wave tomography in eastern Tibet: formation of the rifts. Chinese Science Buletin, 56: 2450 – 2455.

Zhang Z, Zhao G, Santosh M, et al., 2010. Late Cretaceous charnockite with adakitic affinities from the Gangdese batholith, southeastern Tibet: evidence for Neo-Tethyan mid-ocean ridge subduction?. Gondwana Research, 17: 615 – 631.

Zhao D, Hasegawa A, Horiuchi S, 1992. Tomographic imaging of P and S wave velocity structure beneath northeastern Japan. Journal of Geophysical Research – Solid Earth, 97: 19909 – 19928.

Zhao D, Hasegawa A, Kanamori H, 1994. Deep structure of Japan subduction zone as derived from local, regional and teleseismic events. Journal of Geophysical Research – Solid Earth, 99: 22313 – 22329.

Zhao D, Yanada T, Hasegawa A, et al., 2012. Imaging the subducting slabs and mantle upwelling under the Japan Islands. Geophysical Journal International, 190: 816 – 828.

Zhao D, Yu S, Ohtani E, 2011. East Asia: seismotectonics, magmatism and mantle dynamics. Journal of Asian Earth Sciences, 40: 689 – 709.

Zhao J M, Yuan X H, Liu H B, et al., 2010. The boundary between the Indian and Asian tectonic plates below Tibet. Proceedings of the National Academy of Sciences of the United States of America, 107: 11229 – 11233.

Zhao W L, Morgan W J, 1987. Injection of Indian crust into Tibetan lower crust—a two dimensional finite-element model study. Tectonics, 6: 489 – 504.

Zhou H W, Murphy M A, 2005. Tomographic evidence for wholesale underthrusting of India beneath the entire Tibetan plateau. Journal of Asian Earth Sciences, 25 (3): 445 – 457.

短周期密集台阵探测青藏高原东缘精细地壳结构

刘　震[1,2]，田小波[1,3]，高　锐[4]，王高春[1,2,5]，武振波[6]，周贝贝[1,2,3]，谭　萍[1,2,5]，
聂士谭[1,2,5]，俞贵平[1,2,5]，朱高华[7]，徐　啸[4]

◆ 0　引　言

约 60 Ma 前，印度与欧亚大陆的陆 – 陆碰撞造就了青藏高原（Molnar & Tapponnier，1978；Tapponnier et al.，2001），但是直到 13—4 Ma 前，青藏高原的东南缘和东北缘才开始明显地抬升（Clark et al.，2005b；Enkelmann et al.，2006；Zheng et al.，2010）。很多模型被提出来解释青藏高原的横向扩展及其东缘的抬升，但是由于数据覆盖稀疏以及深部分辨率不足，尚未达到共识。这些模型包括：下地壳流模型（Royden et al.，1997）、上地壳形变模型（Hubbard & Shaw，2009）、地壳形变模型（Guo et al.，2013）等。

在青藏高原东北缘和四川盆地北部之间，从松潘—甘孜块体向西秦岭南部地形平缓降低，形成了宽阔且平坦的高原边界（图1）。Clark 等（2005a）认为下地壳流的一个分支在松潘—甘孜东北部流向西秦岭。这一过程被认为是青藏高原物质向中国东部运移的主要形式。地震学研究结果（Jiang et al.，2014；Li et al.，2014）显示，该地区中下地壳存在低速层；此外大地电磁结果也显示，中下地壳存在高导异常（Zhao et al.，2012）。这些深部探测证据都支持下地壳流的存在。

根据下地壳流模型预测，高原边缘的抬升是深部中下地壳增厚引起的，因此上地壳不会明显缩短（Royden et al.，1997）。然而，高分辨地震反射实验却显示松潘—甘孜块体东部上、下地壳都发生了强烈的挤压变形（Gao et al.，2014；Wang et al.，2011）。下地壳流模型认为，中下地壳应该是近水平剪切和水平反射层，而深反射实验显示中地壳的倾斜反射界面和下地壳的逆冲结构，显然与下地壳流模型矛盾（Wang et al.，2011）。

1 中国科学院地质与地球物理研究所岩石圈演化国家重点实验室，北京，100029；2 中国科学院地球科学研究院，北京，100029；3 中国科学院青藏高原地球科学卓越创新中心，北京，100101；4 中山大学地球科学与工程学院，广州，510275；5 中国科学院大学，北京，100049；6 成都理工大学地球物理学院，成都，610059；7 香港中文大学，香港，999077。

基金资助：中国国家自然科学基金项目（41430213、41574048），中国科学院战略性先导科技专项B 类（XDB03010700）。

虽然地震层析成像结果显示该地区具有低速异常，但由于流变性强度的横向差异，弱的中下地壳在印度－欧亚大陆的碰撞下也不一定发生流动。因此，仅仅用地震层析成像方法来确定大陆地壳的流变性不足以约束大陆形变机制（Wang et al.，2011）。

针对龙门山地区的隆生机制，前人在青藏高原东缘做了许多地震学研究（Guo et al.，2013；Jia et al.，2010；Zhang et al.，2009）。但是若尔盖—岷山—西秦岭一线的地壳结构仍然因缺少东西向高分辨深部探测而不能很好地约束。为了更好地研究青藏高原向东扩展以及若尔盖盆地的抬升机制，我们在松潘—甘孜块体东缘向西秦岭造山带布设了一条短周期密集台阵（图1）。通过提取该台阵记录的远震事件的接收函数，获得了高分辨的地壳结构的横向变化。与传统深地震反射探测方法相比，接收函数对深部地壳结构具有更高的信噪比。因此我们的结果为青藏高原向西秦岭扩展的关键区域提供了更可靠的深部精细结构证据。

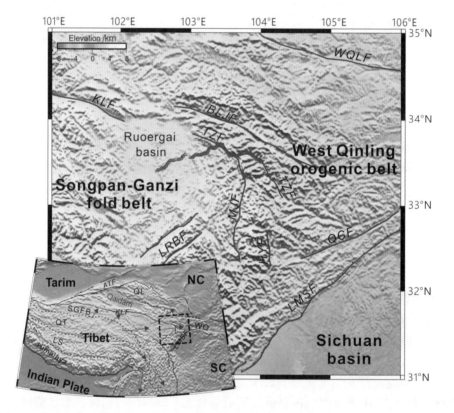

蓝色小三角形：2015年7—8月布设的短周期密集台阵观测位置；红色线：研究区的断层分布。左下插图：研究区（蓝色虚线框）与青藏高原的相对位置。红色箭头：下地壳流模型（Clark et al.，2005a；Clark & Royden，2000）预测的下地壳物质运动方向。

SPGZ：松潘—甘孜褶皱带；QT：羌塘地体；LS：拉萨地体；SC：华南块体；NC：华北块体；QL：祁连山褶皱带；WQ：西秦岭造山带；ATF：阿尔金断裂带；KLF：昆仑断裂带；LMSF：龙门山断裂带；TZF：塔藏断裂；MJF：岷江断裂；HYF：海源断裂；BLJF：白龙江断裂；WQLF：西秦岭断裂带；LRBF：龙日坝断裂带；QCF：青川断裂。

图1　青藏高原东缘、西秦岭、四川盆地地形

❌◆ 1 构造背景

松潘—甘孜块体位于四川盆地以西、青藏高原的东部，其北部和东北部分别与柴达木盆地和西秦岭造山带相接，东南和西南分别为华南块体和羌塘块体。作为青藏高原的重要组成部分，松潘—甘孜块体被认为是三叠纪古特提斯洋闭合时，华南、华北和羌塘三个块体共同作用的结果（Roger et al.，2010）。松潘—甘孜块体地壳有巨厚的复理石沉积，局部厚度甚至超过 10 km（Nie et al.，1994）。Roger 等（2010）认为松潘—甘孜块体是一个非典型的造山带，三角形的海洋盆地闭合造成的大量沉积物堆积阻碍了典型陆-陆碰撞造山带的形成。随着地壳的增厚（约 50 km）三叠纪岩石圈发生拆沉（Lease et al.，2012；Zhang et al.，2007）。因此三叠纪同构造埃达克型花岗岩广泛分布在松潘—甘孜块体东部（Zhang et al.，2006）。若尔盖盆地则在松潘—甘孜块体的东北角，被其北侧东昆仑断裂、东北塔藏断裂，东侧岷江断裂包围。

秦岭造山带是古特提斯洋闭合之后，华南—华北在三叠纪发生的陆-陆碰撞形成的（Meng & Zhang，1999）。西秦岭是古生代—中生代，四川盆地北部拼贴造山的结果，目前位于青藏高原东北缘。

昆仑断裂终止在若尔盖盆地（Kirby & Harkins，2013）。塔藏断裂或白龙江断裂最初被认为在其西侧，与东昆仑断裂相连（Chen et al.，1994；Kirby et al.，2000；Ren et al.，2013）。沿着昆仑断裂的走滑，可能驱动着青藏高原东缘与其相邻区域的壳内形变（Kirby et al.，2007）。GPS 观测同样显示青藏高原向东挤出速率穿过龙日坝、岷江断裂以及更东边的白龙江断裂有明显的降低（Gan et al.，2007；Shen et al.，2009；Shen et al.，2005）。南北走向的岷江断裂与塔藏断裂相连接（Chen et al.，1994）。Kirby 等（2007）的观测结果显示，塔藏断裂的走滑率相当低（约 <1 mm/a），与晚更新世以来岷江断裂极低的缩短率（1 mm/a）相符（Kirby et al.，2000）。岷山是新生代以来抬升的，其西侧是岷江断裂、东侧为虎牙断裂、东北侧是塔藏断裂。岷山的抬升和地体运动可能与昆仑断裂东端的挤压有关（Chen et al.，1994）。

磷灰石裂变径迹热年代学数据显示，西秦岭的快速隆生时间开始于约 9—4 Ma 前（Enkelmann et al.，2006），比青藏高原东缘稍晚几个百万年。左旋和右旋走滑断裂的活动或向东的下地壳流都能够解释该地区晚新生代的快速抬升。

❌◆ 2 数据和方法

2015 年 7 月 20 日—8 月 20 日，我们在青藏高原东缘北部，跨越若尔盖盆地、岷江断裂、岷山、塔藏断裂、西秦岭布设了一个 160 km 长的短周期密集台阵剖面来记录远震事件的波形数据。整个剖面共投入 330 个三分量短周期数字地震仪，台间距约为 500 m（图1）。经过筛选，共挑选出 35 个震中距范围在 30°～90°之间且原始波形记录信噪比较高的地震记录，并截取 P 波到时前 20 s 至后 60 s 的波形数据进行带通滤波（0.05 ～ 5.0 Hz）。

短周期仪器截止频率约为 2 Hz，但是对于大地震，低于 2 Hz 的地震信号仍然有充足的能量来提取接收函数（Yuan et al.，1997；Zhu，2000）。因此我们通过去仪器响应拓宽信号频带。根据反方位角将 ENZ 分量旋转到 RTZ 分量后，利用频率域反褶积（Ammon，1991），将垂向分量作为子波从径向分量去除，提取接收函数，高斯系数为 2.5。经过筛选，我们共得到 7500 条接收函数。虽然我们在数据处理过程中采用了低频滤波压制高频噪声，但是结果中仍然有相对于宽频带接收函数更强的高频信号。图 2（a）展示了 50 km 深度 Ps 转换点的分布。

由于其频带较窄、布台条件简陋，短周期流动台阵提取的接收函数与宽频带接收函数相比，具有信噪比低以及不稳定等特点。但是由于台间距小，更利于界面转换震相追踪，且通过相似路径大量的接收函数叠加可以压制噪声进而达到提高信噪比的效果。

图 2（b）—（e），展示了剖面记录的四个远震事件提取的接收函数时间序列。相同事件提取的接收函数按照台站号等间距排列。其中两个地震来自剖面东北侧，其震源位置相近 [图 2（b）（c）]。从这两个事件的接收函数事件序列可以看出转换波到时及形态基本一致。5～7 s 可以连续地追踪到 Moho 的 P-to-S 转换波震相；剖面西段壳内转换震相在 3.5 s 附近；东段在 2.5 s 附近。另外两个来自南侧相似位置的地震事件接收函数事件序列同样表现出相似的特征 [图 2（d）（e）]。Moho 在西侧（台站号 1～140）可以在 6 s 附近连续追踪 Moho 转换波震相，西倾的壳内转换波同相轴在台站 120（约 4.5 s）到台站 170（约 2 s）之间可以连续追踪。来自相似位置的地震提取的接收函数时间序列形态相似，说明我们的观测系统和处理方法满足壳内精细结构的探测需求。

由于南、北两个方向的接收函数时间序列具有明显不同的特征，我们对来自南侧和北侧的地震分别进行共转换点叠加成像（Dueker & Sheehan，1998）。对于来自东北边的地震沿着折线 ABCDE 进行成像；来自东南侧的地震沿着 FGHIJ 进行成像 [图 3（a）]。我们通过两步来实现共转换点叠加成像：首先，接收函数中 P 波之后的每个点的振幅都假设是射线路径产生的转换波。通过射线参数、反方位角和参考速度模型计算出相应时刻产生转换波的转换点，将振幅投影到转换点上。最后，将成像的空间划分成网格，将落进同一网格的振幅进行叠加平均，从而产生深部界面结构图像。

基于前人宽角反射/折射探测和宽频带接收函数的研究结果（Jia et al.，2010；Wang et al.，2010b），本研究采用的地壳平均速度为 6.3 km/s，波速比为 1.73。对于 50 km 厚的地壳，4% 的速度异常或波速比异常分别引起 Moho 的起伏为 1 km 和 3 km（Zhu，2000）。我们采用的网格尺度为 15 km 长，3 km 宽，0.5 km 高。相邻网格叠加 2 km 作为平滑水平网格的作用。在共转换点叠加图像中，振幅反映转换点出的速度变化，或者更准确地说是波阻抗。横向连续的振幅代表地震速度间断面。采用相同的方法，速度模型和叠加网格尺度，我们又做了两个东西向的和两个垂直于裂谷的共转换点叠加剖面，如图 4、图 5 所示。结果显示壳内界面形态均在断裂处发生明显跳变。

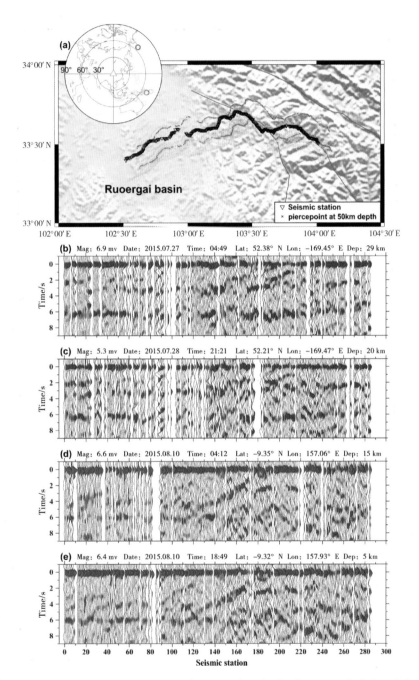

（a）台阵和 P 波接收函数 50 km 转换点分布，如图中彩色"×"所示：浅蓝色、浅红色、浅绿色分别代表来自东北、东南、西侧的地震事件在 50 km 的转换点分布。插图展示了台站（黑色三角形）和远震事件（彩色"○"）的相对位置。（b）（c）（d）（e）分别展示了四个地震事件的接收函数时间序列，每一个剖面接收函数都是按照台站号排列。（b）（c）展示了来自东北方位的两个的接收函数时间序列，地震和穿透点位置如（a）中蓝色"×"和"○"；（d）（e）展示了来自东南方位的两个的接收函数时间序列，地震和穿透点位置如（a）中红色"×"和"○"。

图 2　台阵分布与接收函数

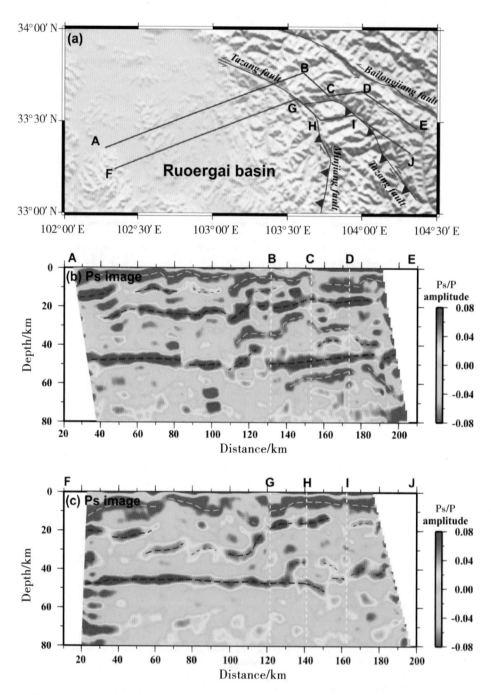

（a）展示了成像剖面在地表的投影位置。折线ABCDE（蓝线）和FGHIJ（红线）分别代表北侧和南侧的成像剖面；（b）展示利用来自研究区东北侧的地震，按照Ps转换波时深关系进行共转换点叠加成像的结果，代表剖面北侧的壳内结构；（c）展示利用来自研究区东南侧的地震，按照Ps转换波时深关系进行共转换点叠加成像的结果，代表剖面南侧的壳内结构。虚线是我们按照成像结果追踪的强的转换震相。

图3　沿地震剖面的共转换点叠加成像结果

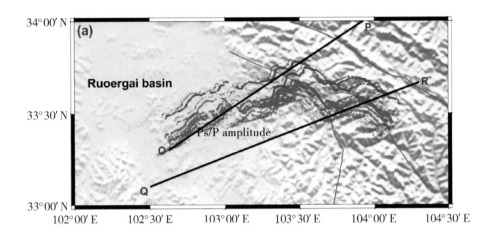

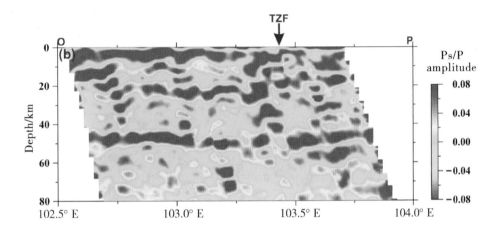

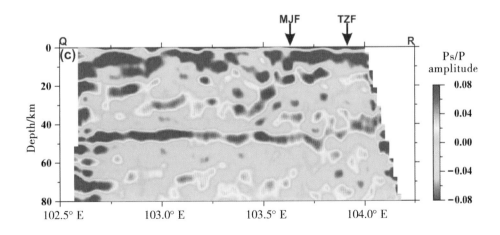

（a）剖面位置；（b）（c）共转换点叠加成像结果。

图 4 垂直于断裂的共转换点叠加成像

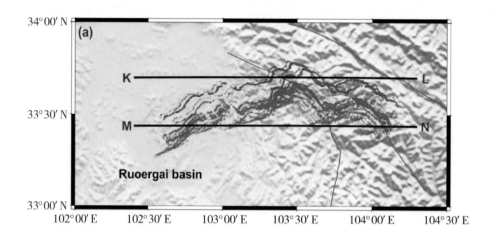

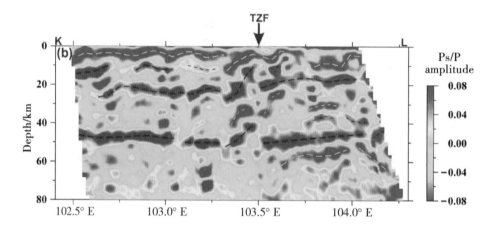

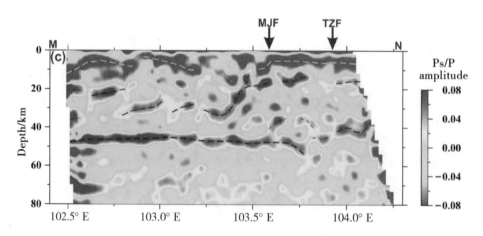

（a）剖面位置；（b）（c）共转换点叠加成像结果。

图5 东西向的共转换点叠加成像剖面

❖ 3 地壳结构

3.1 北侧剖面地壳结构

图 3（b）展示了北侧沿 ABCDE 剖面的地壳结构。Moho 在 40 ～ 60 km。在若尔盖盆地 Moho 深度约为 50 km，并且向东缓慢变深。穿过塔藏断裂以后，Moho 面向西秦岭下方逐渐变浅。壳内最显著的速度断面在 15 km 和 25 km：在若尔盖盆地下，壳内界面的深度在 20 ～ 25 km；在西秦岭下，壳内界面在 15 ～ 20 km，并且向西倾斜。壳内界面在塔藏断裂下方发生错断。此外，在剖面西侧，15 km 还存在另外一个浅的速度间断面。这一间断面向东变浅、变弱，在塔藏断裂西侧消失。整体来看，壳内界面和 Moho 都在塔藏断裂发生了明显的错断，表明塔藏断裂是一条地壳尺度的大型断裂，它切穿整个地壳，是若尔盖盆地与西秦岭的分界。

3.2 南侧剖面的地壳结构

图 3（c）展示了南侧沿 FGHIJ 剖面的地壳结构。在该剖面下，Moho 大约在 45 ～ 50 km。若尔盖盆地莫霍面水平呈现在 50 km，与深地震反射试验观测（Gao et al.，2014；Wang et al.，2011）、宽角反射实验（Jia et al.，2010）以及宽频带接收函数研究结果（Wang et al.，2010b；Ye et al.，2015）相符。南侧剖面的莫霍面在若尔盖盆地是水平的，并一直延伸到岷山附近，在岷山下方向东变深；在西秦岭下方向东变浅、呈现复杂形态。在若尔盖盆地以下，壳内间断面主要分布在 20 ～ 35 km 的深度范围内，由多个东西延续10 ～20 km 的西倾界面组成。在若尔盖盆地东侧，该界面呈坡状向东变浅至岷山和西秦岭下方约 15 km 深度，但被塔藏断裂切穿。连续的莫霍面和西倾的壳内界面表明，岷江断裂与西倾的壳内界面相连，而且并没有切穿地壳；而莫霍面与壳内界面在塔藏断裂下方的错断表明塔藏断裂是一个地壳尺度的深大断裂。

3.3 三维地壳结构

在若尔盖盆地以南，松潘—甘孜褶皱带下方普遍存在东西走向的三叠纪背斜构造（Roger et al.，2010）。虽然地表为草原覆盖的低缓山丘，但若尔盖盆壳内结构表现出一定的南北分带性（Wang et al.，2011）。四川省区域地质调查显示，三叠纪地层沿着河谷和道路的切面表现出西—西北走向的褶皱。壳内结构南北向的变化与三叠纪东西走向的褶皱带平行，表明若尔盖盆地及经历了垂直于褶皱的挤压变形。若尔盖盆地莫霍面的平直表明变形的下地壳可能已经被移除，这一解释类似于晚三叠纪—早侏罗纪榴辉岩拆沉（Guo et al.，2015）。

3.4 波速比

利用上述一维参考速度模型，我们沿着同测线对多次波进行共转换点叠加成像（图

6、图 7）。从多次波成像结果可以看出，Moho 可以被连续追踪，但是其深度与转换波成像有所差异。多次波与转换波成像结果中的 Moho 深度差异来自波速比沿剖面的横向变化，通过多次波与转换波的共同约束，我们获得了剖面下方 Moho 较平直区域的平均地壳速度比大约为 1.73。Wang 等（2010a）通过区域台网宽频带数据获得了相似的地壳厚度和波速比结果（52 km、1.73）。通过对波速比横向变化的校正，我们获得了更为精确的 Moho 起伏形态。

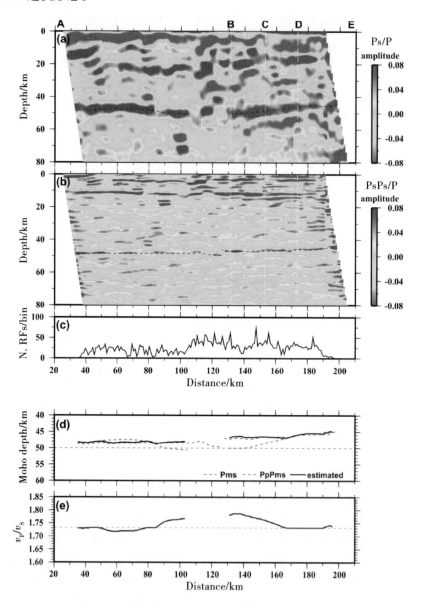

（a）和（b）分别为转换波和多次波共转换点叠加成像；（c）展示了剖面下 50 km 深度每个叠加网格内接收函数的叠加次数；（d）和（e）分别是多次波与转换波共同约束下的修正后的地壳厚度和地壳平均速度比。

图 6　北侧剖面转换波和多次波共转换点叠加成像

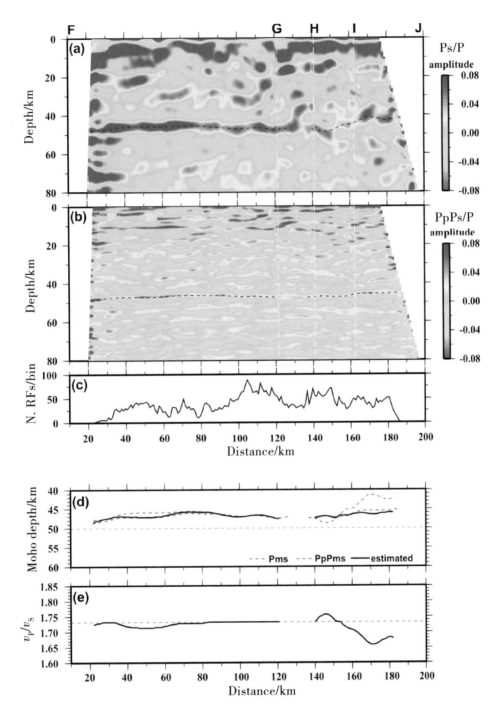

（a）和（b）分别为转换波和多次波共转换点叠加成像；（c）展示了剖面下50 km深度每个叠加网格内接收函数的叠加次数；（d）和（e）分别是多次波与转换波共同约束下的修正后的地壳厚度和地壳平均速度比。

图7 南侧剖面转换波共转换点叠加成像

◆ 4 讨　论

4.1　成像结果与下地壳流模型之间的矛盾

下地壳流模型认为，高原边界的抬升是由下地壳物质在这里堆积引起的地壳增厚造成的。与下地壳流模型预测的水平界面不同，我们的结果并没有在剖面下方看到水平连续的壳内速度间断面。我们的成像结果显示，研究区存在地壳尺度的断裂和厚的逆冲推覆构造，而且壳内速度间断面被岷江断裂与塔藏断裂切穿。此外，下地壳物质的注入会导致地壳平均速度比升高，但是我们的结果显示，研究区地壳平均波速比在 1.73 左右，低于全球平均值 1.77（Christensen，1996）。低地壳平均波速比可能与晚三叠纪—早侏罗纪部分下地壳拆沉有关（Guo et al.，2015）。

除波速比以外，南侧剖面西倾（向内倾斜）的壳内速度间断面都与下地壳流模型预测相矛盾。根据下地壳流模型，高原向外扩展通过下地壳增厚实现，下地壳向外扩展形成的壳内界面应该向外侧倾斜（Pan & Niu，2011）。下地壳流模型认为在上地壳与莫霍面之间存在一个弱的低黏度的软弱层（Royden et al.，1997）。根据这一模型预测，下地壳流的上界面应当穿过塔藏断裂，而不是塔藏断裂切穿整个地壳。

下地壳低速层的存在会增强莫霍面转换波振幅衰减，尤其是高频成分。但是从我们的结果看，莫霍面转换波振幅并没有强烈衰减的证据。

4.2　地壳形变模式

北侧剖面显示塔藏断裂近垂直地切穿地壳。西秦岭和若尔盖盆地没有发生明显的挤压变形，但塔藏断裂附近发生了错断。表明这一区域塔藏断裂主要表现为左旋走滑。若尔盖与西秦岭沿着塔藏断裂挤压的纯剪切作用造成了地壳增厚。

南侧剖面显示岷江断裂与西倾的速度间断面相连，这表明岷江断裂主要受控于逆冲运动并带有右旋走滑。这与地表构造研究结果相符（Chen et al.，1994）。通过野外调查和对位于剖面以南 100 km 左右的叠溪地震（1933 年，7.5 级）的研究，Zhang 等（2016）推测岷山下的西倾界面表现为向东推覆。

与北侧的剖面结构不同，南侧的剖面显示，塔藏断裂向西倾斜并切穿地壳。其下方莫霍面的错断表明岷山下地壳向东俯冲。这就暗示塔藏断裂主要表现为逆冲性质并伴随左旋走滑。西秦岭复杂的莫霍面结构可以看出塔藏断裂以东、西秦岭下地壳发生了明显的挤压增厚变形。

4.3　青藏高原东缘构造与东昆仑断裂之间的关系

Kirby 等（2007）认为青藏高原的侧向挤出主要受控于沿着东昆仑断裂的左旋走滑，东昆仑断裂的走滑量最终被青藏高原的地壳形变吸收。地表东昆仑断裂隐伏到若尔盖盆地之下。有研究认为，塔藏断裂与东昆仑断裂相连，在高原边界发生转向，将左旋走滑变为向东的逆冲推覆（Chen et al., 1994；Kirby et al., 2000；van der Woerd et al., 2002）。深部成像结果显示塔藏断裂西北端与东昆仑断裂相连，表现为 WNW—ESE 走向的左旋走滑。在若尔盖盆地以东，塔藏断裂的走滑方向转为 WNN—ESS，这样就使得 WNW—ESE 方向的走滑转变为向东的逆冲推覆，并引起地壳的缩短增厚（图 8）。塔藏断裂南侧与虎牙断裂相连，表现为伴有左旋的逆冲推覆（Chen et al., 1994）。

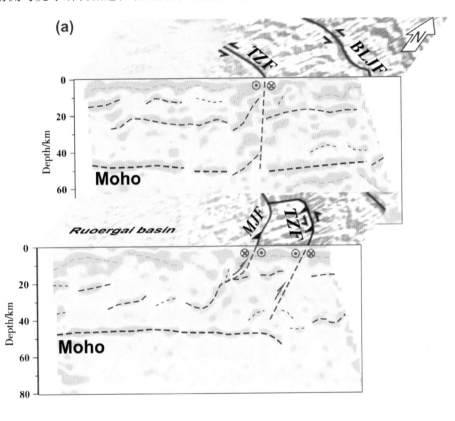

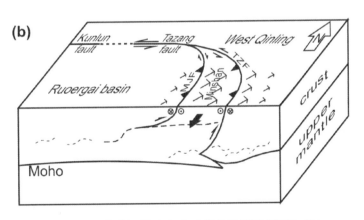

图 8　二维构造解释（a）和三维构造解释卡通图（b）

◆5 结 论

青藏高原的侧向生长和物质逃逸机制是地球动力学仍未解决的热门问题。Clark 等（2005a）认为地形的变化是软弱的下地壳流向高原边缘流动形成的。根据这一模型，地壳流绕过四川盆地向东南和东北流动，其中北侧一支经过若尔盖盆地、岷山一直向东流向西秦岭。为了验证这一模型，我们在若尔盖盆地、岷山至西秦岭，穿过岷江断裂和塔藏断裂布设了一个 160 km 长的短周期密集台阵观测剖面。共布设了 330 个短周期地震仪，台间距约 500 m，并连续记录了一个月的三分量远震波形数据。经过提取的接收函数进行共转换点叠加成像，获得了研究区地壳结构。通过转换波与多次波成像的共同约束获得了剖面下方精确的地壳厚度以及平均地壳波速比。结果显示：塔藏断裂切穿地壳；壳内发现西倾的界面与岷江断裂相连；研究区平均地壳波速比偏低。综上所述，青藏高原的侧向生长与地壳增厚主要受控于大型走滑断裂。东昆仑断裂与塔藏断裂相连，在若尔盖盆地以北表现为左旋走滑，并且在若尔盖盆地以东发生转向，左旋走滑变为向东的逆冲推覆，从而引起了地壳的缩短增厚和高原的扩张。

◆致 谢

感谢董树文研究员、王二七研究员、孟庆任研究员、张岳桥研究员、李秋生研究员、郭晓玉教授在文章写作过程中给予的有价值的讨论。感谢原文评委对本文提出的宝贵意见。感谢中国国家自然科学基金项目（41430213，41574048）和中国科学院战略性先导科技专项 B 类（XDB03010700）对本文的资助。感谢中国科学院地质与地球物理研究所短周期地震观测实验室提供的仪器设备。感谢 GMT（Generic Mapping Tools）免费提供的作图软件。

◆说 明

本文英文版发表信息：Liu Z, Tian X B, Gao G, et al., 2017. New images of the crustal structure beneath eastern Tibet from a high-density seismic array. Earth and Planetary Science Letters, 480：33–41. DOI：10.1016/j. epsl. 2017.09.048.

◆参考文献

Ammon C J, 1991. The isolation of receiver effects from teleseismic P-waveforms. Bulletin of Seismological Society of America, 81：2504–2510.

Chen S F, Wilson C J L, Qi D D, et al., 1994. Active faulting and block movement associated with large earthquakes in the Min Shan and Longmen mountains, northeastern Tibetan plateau. J. Geophys. Res. : Solid Earth, 99：24025–24038.

Christensen N I, 1996. Poisson's ratio and crustal seismology. J. Geophys. Res.: Solid Earth, 101: 3139 – 3156.

Clark M K, Bush J W M, Royden L H, 2005a. Dynamic topography produced by lower crustal flow against rheological strength heterogeneities bordering the Tibetan Plateau. Geophys. J. Int., 162: 575 – 590.

Clark M K, House M A, Royden L H, et al., 2005b. Late Cenozoic uplift of southeastern Tibet. Geology, 33: 525 – 528.

Clark M K, Royden L H, 2000. Topographic ooze: Building the eastern margin of Tibet by lower crustal flow. Geology, 28: 703 – 706.

Dueker K G, Sheehan A F, 1998. Mantle discontinuity structure beneath the Colorado Rocky Mountains and High Plains. J. Geophys. Res.: Solid Earth, 103: 7153 – 7169.

Enkelmann E, Ratschbacher L, Jonckheere R, et al., 2006. Cenozoic exhumation and deformation of northeastern Tibet and the Qinling: Is Tibetan lower crustal flow diverging around the Sichuan Basin?. Geol. Soc. Am. Bull., 118: 651 – 671.

Gan W J, Zhang P Z, Shen Z K, et al., 2007. Present-day crustal motion within the Tibetan Plateau inferred from GPS measurements. J. Geophys. Res.: Solid Earth, 112: 14.

Gao R, Wang H Y, Zeng L S, et al., 2014. The crust structures and the connection of the Songpan block and West Qinling orogen revealed by the Hezuo – Tangke deep seismic reflection profiling. Tectonophysics, 634: 227 – 236.

Guo X Y, Gao R, Keller G R, et al., 2013. Imaging the crustal structure beneath the eastern Tibetan Plateau and implications for the uplift of the Longmen Shan range. Earth Planet. Sci. Lett., 379: 72 – 80.

Guo X Y, Gao R, Xu X, et al., 2015. Longriba fault zone in eastern Tibet: An important tectonic boundary marking the westernmost edge of the Yangtze block. Tectonics, 34 (5): 970 – 985.

Hubbard J, Shaw J H, 2009. Uplift of the Longmen Shan and Tibetan plateau, and the 2008 Wenchuan (M = 7.9) earthquake. Nature, 458: 194 – 197.

Jia S X, Zhang X K, Zhao J R, et al., 2010. Deep seismic sounding data reveal the crustal structures beneath Zoige basin and its surrounding folded orogenic belts. Sci. China Earth Sci., 53: 203 – 212.

Jiang C X, Yang Y J, Zheng Y, 2014. Penetration of mid-crustal low velocity zone across the Kunlun Fault in the NE Tibetan Plateau revealed by ambient noise tomography. Earth Planet. Sci. Lett., 406: 81 – 92.

Kirby E, Harkins N, 2013. Distributed deformation around the eastern tip of the Kunlun fault. Int. J. Earth Sci., 102: 1759 – 1772.

Kirby E, Harkins N, Wang E Q, et al., 2007. Slip rate gradients along the eastern Kunlun fault. Tectonics, 26: 16.

Kirby E, Whipple K X, Burchfiel B C, et al., 2000. Neotectonics of the Min Shan, China: Implications for mechanisms driving Quaternary deformation along the eastern margin of the Tibetan Plateau. Geol. Soc. Am. Bull., 112: 375 – 393.

Lease R O, Burbank D W, Zhang H P, et al., 2012. Cenozoic shortening budget for the northeastern edge of the Tibetan Plateau: Is lower crustal flow necessary?. Tectonics, 31: 16.

Li H Y, Shen Y, Huang Z X, et al., 2014. The distribution of the mid-to-lower crustal low-velocity zone beneath the northeastern Tibetan Plateau revealed from ambient noise tomography. J. Geophys. Res.: Solid Earth, 119: 1954 – 1970.

Meng Q R, Zhang G W, 1999. Timing of collision of the North and South China blocks: Controversy and reconciliation. Geology, 27: 123 – 126.

Molnar P, Tapponnier P, 1978. Active tectonics of Tibet. Journal of Geophysical Research, 83: 5361 – 5375.

Nie S Y, Yin A, Rowley D B, et al., 1994. Exhumation of the Dabie Shan ultra high-pressure rocks and accumulation of the Songpan – Ganzi Flysch sequence, Central China. Geology, 22: 999 – 1002.

Pan S Z, Niu F L, 2011. Large contrasts in crustal structure and composition between the Ordos plateau and the NE Tibetan plateau from receiver function analysis. Earth Planet. Sci. Lett., 303: 291 – 298.

Ren J J, Xu X W, Yeats R S, et al., 2013. Millennial slip rates of the Tazang fault, the eastern termination of Kunlun fault: Implications for strain partitioning in eastern Tibet. Tectonophysics, 608: 1180 – 1200.

Roger F, Jolivet M, Malavieille J, 2010. The tectonic evolution of the Songpan – Garze (North Tibet) and adjacent areas from Proterozoic to Present: A synthesis. J. Asian Earth Sci., 39: 254 – 269.

Royden L H, Burchfiel B C, King R W, et al., 1997. Surface deformation and lower crustal flow in eastern Tibet. Science, 276: 788 – 790.

Shen Z K, Sun J B, Zhang P Z, et al., 2009. Slip maxima at fault junctions and rupturing of barriers during the 2008 Wenchuan earthquake. Nat. Geosci., 2: 718 – 724.

Shen Z K, Wang Q L, Burgmann R, et al., 2005. Pole-tide modulation of slow slip events at circum-Pacific subduction zones. Bull. Seismol. Soc. Amer., 95: 2009 – 2015.

Tapponnier P, Xu Z Q, Roger F, et al., 2001. Oblique stepwise rise and growth of the Tibet plateau. Science, 294: 1671 – 1677.

van der Woerd J, Tapponnier P, Ryerson F J, et al., 2002. Uniform postglacial slip-rate along the central 600 km of the Kunlun Fault (Tibet), from Al – 26, Be – 10, and C – 14 dating of riser offsets, and climatic origin of the regional morphology. Geophys. J. Int., 148: 356 – 388.

Wang C S, Gao R, Yin A, et al., 2011. A mid-crustal strain-transfer model for continental deformation: A new perspective from high-resolution deep seismic-reflection profiling across NE Tibet. Earth Planet. Sci. Lett., 306: 279 – 288.

Wang C Y, Lou H, Yao Z X, et al., 2010a. Crustal thicknesses and Poisson's ratios in Longmenshan mountains and adjacent regions. Quaternary Sciences, 30 (4): 652 – 661.

Wang C Y, Zhu L P, Lou H, et al., 2010b. Crustal thicknesses and Poisson's ratios in the eastern Tibetan Plateau and their tectonic implications. Journal of Geophysical Research, 115 (B11): B11301.

Ye Z, Gao R, Li Q S, et al., 2015. Seismic evidence for the North China plate underthrusting beneath northeastern Tibet and its implications for plateau growth. Earth Planet. Sci. Lett., 426: 109 – 117.

Yuan X H, Ni J, Kind R, et al., 1997. Lithospheric and upper mantle structure of southern Tibet from a seismological passive source experiment. J. Geophys. Res.: Solid Earth, 102: 27491 – 27500.

Zhang H F, Parrish R, Zhang L, et al., 2007. A-type granite and adakitic magmatism association in Songpan – Garze fold belt, eastern Tibetan Plateau: Implication for lithospheric delamination. Lithos, 97 (3 – 4): 323 – 335.

Zhang H F, Zhang L, Harris N, et al., 2006. U – Pb zircon ages, geochemical and isotopic compositions of granitoids in Songpan – Garze fold belt, eastern Tibetan Plateau: constraints on petrogenesis and tectonic evolution of the basement. Contrib. Mineral. Petrol., 152: 75 – 88.

Zhang Y, Li J, Li H, et al., 2016. Reinvestigation on Seismogenic Structure of the 1933 Diexi M_S 7.5 Earthquake, Eastern Margin of the Xizang (Tibetan) Plateau. Geological Review, 62 (2): 267 – 276.

Zhang Z J, Wang Y H, Chen Y, et al., 2009. Crustal structure across Longmenshan fault belt from passive source seismic profiling. Geophys. Res. Lett., 36: 4.

Zhao G Z, Unsworth M J, Zhan Y, et al., 2012. Crustal structure and rheology of the Longmenshan and Wenchuan M_W 7.9 earthquake epicentral area from magnetotelluric data. Geology, 40: 1139 – 1142.

Zheng D W, Clark M K, Zhang P Z, et al., 2010. Erosion, fault initiation and topographic growth of the North Qilian Shan (northern Tibetan Plateau). Geosphere, 6: 937 – 941.

Zhu L P, 2000. Crustal structure across the San Andreas Fault, southern California from teleseismic converted waves. Earth Planet. Sci. Lett., 179: 183 – 190.

冈底斯带重磁异常二维经验模态分解及地壳结构

胡　斌[1]，张贵宾[1]

◆ 0 引　言

青藏高原是由多个地体南北向拼合而成，在地表形成了东西向的山脉和构造，各地体呈东西延长、南北狭窄的形态，其岩石地层、生物也具有一定的东西向连续性。但是，在大陆拼合以后，作为整体的青藏高原还在继续受到印度板块北向俯冲的影响，在东西挤压力不均匀的情况下，必然导致各地体形态发生变化，形成青藏高原东西向的差异。孔祥儒等（1996）研究青藏高原西部吉隆—鲁谷—三个湖地球物理剖面资料，提出青藏高原西部构造与中东部有明显的不同，认为青藏高原可以分为西、中、东三部分；张进和马宗晋（2004）根据当时已有的重力场、地震层析成像、地震活动性、水平位移速度场以及地质等资料，认为高原内部存在两个重要的南北向构造，将高原划分为西、中、东三个各有构造特点的部分，西侧的南北向构造沿84°E—85°E延伸，东侧的近南北向构造位于92°E—94°E之间；薛典军等（2006）根据分析区域重磁场特征，认为青藏高原南北向断裂构造并非地壳上层的局部断裂，而是具有深层的原因——印度板块向北推进的过程中不是均匀地齐头并进，自中新生代以来就存在着一定差异，Moho的深度和地壳厚度都受到南北断裂的控制，导致区域重磁场的变化；滕吉文等（2011）基于综合地球物理场，进一步得出青藏高原东西分区构造格局，界带位于88°E—92°E范围内，认为在此界带两侧的重磁、地热、地震波场、深部介质与结构及其物质组成的属性均存在显著差异。这种深部物质的分区特征，表现在重磁场上会具有什么样的特征，还需要进一步研究。

另外，青藏高原地壳下（20±5）km深度范围内普遍存在低速高导层已被大量地球物理探测结果发现和证实（Nelson et al.，1996；Yuan et al.，1997；Alsdorf & Nelson，1999；Wei et al.，2001；Hetenyi et al.，2011；Xu et al.，2015；Xie et al.，2016；郭颖星等，2017），并且通常被解释为中下地壳的部分熔融。青藏高原中下地壳低密度异常可与这种部分熔融物质对应，因为地壳低密度异常反映中新生代地壳物质蠕动有关的区

---

1 中国地质大学（北京）地球物理与信息技术学院，北京，100083。

段，而物质蠕动多发生在流体或熔体活跃区段，结晶岩含流体时电阻率会明显降低（杨文采 等，2015）。在藏南地区，许多学者认为这种局部熔融主要集中在雅鲁藏布江缝合带北部，向北延伸至冈底斯地体中，而不向南延伸到喜马拉雅地体之下（Chen et al.，2011；Shi et al.，2015；Xie et al.，2016）。基于对管道流模型的研究（Clark & Royden，2000），对中下地壳局部熔融的尺度和分布范围的认识可以为地壳物质的流变运动提供证据。

区域重磁场蕴含了地壳内部由浅到深不同地质体的位场响应信息，充分挖掘异常信息是区域地球物理研究的主攻方向之一（张婉 等，2018）。近年来国内外学者将二维经验模态分解（bidimensional empirical mode decomposition，BEMD）方法用于重磁异常滤波和分离，并解决了一些关键地质问题，取得了较好的应用效果（周文纳 等，2010；陈建国 等，2011；曾琴琴、刘天佑，2011；Hou et al.，2012；王成彬 等，2014；朱振宇、刘国峰，2016；Al-Rahim，2016；张双喜 等，2015，2018）。本文研究了结合功率谱分析的二维经验模态分解位场分离方法，并将该方法应用于青藏高原冈底斯带区域重磁异常的分离，最后对青藏高原东西构造分区的区域重磁场特征和中下地壳低密度物质分布做了相关讨论。

◆ 1 重磁异常二维经验模态分解与功率谱分析

二维经验模态分解（BEMD）是一种非线性信号处理方法，其主要思路是将复杂信号（本文中的位场）分解为若干个固有模态函数（intrinsic made function，IMF）分量和一个剩余（RES）分量的组合。在分解的结果中，每个 IMF 分量和剩余分量都反映了信号的不同尺度特征，且先分解出的分量频率一定大于后分解出的（周文纳 等，2010）。据位场理论可知，重磁异常是地下从浅到深各种地质因素综合叠加引起的，不同深度场源引起的异常尺度不同，位场分离的目的是将叠加在一起的不同深度场源引起的综合异常分离开来，因此理论上可以利用 BEMD 法对叠加异常进行分离。位场的功率谱分析方法可以用来估计场源埋深，利用功率谱分析可以确定重磁场是否能够按照场源深度进行分解、可以分为几个等效层（杨文采 等，2015）。因此，在利用 BEMD 方法对位场进行分解时，可以借助功率谱分析使分解结果更加可靠。这种结合功率谱分析与 BEMD 的位场分离方法流程如图 1 所示。首先对输入场进行功率谱分析，计算场源分层和平均深度，并同时进行二维经验模态分解，当分解结果的分量数大于前面计算的等效层数时，对分解结果进行各种可能相加组合，使组合后的分量个数与等效层数一致，并计算其功率谱，估计各组合分量场源深度，最后找到与输入场功率谱估计场源深度接近的分量组合方式，得到不同埋深场源等效层对应的分量或分量组合。

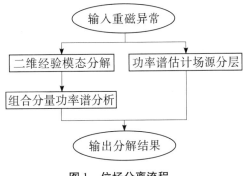

图 1 位场分离流程

1.1　二维经验模态分解基本原理

经验模态分解理论认为，任何复杂的时间（空间）信号（数据）都由从高频到低频的若干阶固有模态函数分量和剩余分量组成（Huang，1998）。固有模态函数满足下面两个条件：

（1）对整个信号来说，极值的个数与穿过零点的个数相同或相差为1。

（2）由局部极大值点形成的上包络面和局部极小值点形成的下包络面的平均值在任何一处均为零。

设二维信号$s(x，y)$（$x=1，2，\cdots，m；y=1，2，\cdots，n$），为了分解获得以上性质的 IMF 分量，对二维信号$s(x，y)$进行如下分解：

（1）初始化：$RES_0(x，y)=s(x，y)$，$j=1$（j指示 IMF 的序数）。

（2）提取第j个 IMF。

①初始化：$f_0(x，y)=RES_{j-1}(x，y)$，$i=1$。

②计算$f_{i-1}(x，y)$的局部极大值和局部极小值。

③分别利用局部极大值和局部极小值进行插值计算，得到包络面 $up_{i-1}(x，y)$ 和 $low_{i-1}(x，y)$。

④计算上、下包络面的均值：

$$mean_{i-1}(x，y)=\frac{up_{i-1}(x，y)+low_{i-1}(x，y)}{2}$$

⑤计算：

$$f_i(x，y)=f_{i-1}(x，y)-mean_{i-1}(x，y)$$

⑥计算停止准则 SD。

⑦如果 SD 小于阈值 ε，则 $IMF_j(x，y)=f_j(x，y)$；否则$i=i+1$，并且重复②—⑥。

（3）计算剩余值：

$$RES_j(x，y)=RES_{j-1}(x，y)-IMF_j(x，y)$$

（4）$j=j+1$，重复（2）（3）直到 $RES_j(x，y)$ 满足 BEMD 终止准则，最终得到BEMD 的结果。

在以上的分解计算过程中，存在4个关键技术影响分解结果，即二维信号局部极值的计算方式、包络面插值方法的选取、每个 IMF 分量计算中的停止准则和 BEMD 的终止准则。为了提高计算效率，获得较为可靠的分解结果，综合前人的研究，本文在进行BEMD 计算之前先进行扩边，以降低边界污染，获得更加准确的分解结果，采用 Blakely 和 Simpson（1986）的临近窗口极值提取方法；在包络面插值计算中，根据朱振宇和刘国峰（2016）对 BEMD 方法的模型计算研究成果，将边缘点数据同时视为极大值和极小值来抑制边缘效应，并利用径向基函数插值法进行计算；利用标准偏差 SD 作为 IMF 分量计算停止准则（Huang et al.，1998）；极大值和极小值点个数小于 3 作为 BEMD 终止准则。

1.2 功率谱分析与场源深度估计

考虑水平尺寸因子、磁化因子和位移因子归一化的情况，磁异常的谱为

$$T(r) = 2\pi J \mathrm{e}^{-hr}$$

重力异常的谱为

$$\Delta g(r) = 2\pi G\sigma \frac{1}{r} \mathrm{e}^{-hr}$$

其中，r 为径向波数；h 为场源深度；J 为磁化强度；G 为万有引力常数；σ 为剩余密度。若对重力异常的频谱乘 r（相当于求垂向一阶导数），则重磁异常的谱统一为

$$T(r) = A\mathrm{e}^{-hr}$$

根据功率谱定义有

$$E(r) = |T(r)|^2 = A^2 \mathrm{e}^{-2hr}$$

则对数功率谱为

$$\ln E(r) = \ln A^2 - 2hr$$

从上式可以看到，$\ln A^2$ 为常数，对数功率谱 $\ln E(r)$ 与径向波数 r 呈线性关系，该直线斜率为 $-2h$，因此，根据功率谱曲线拟合所得直线的斜率即可求得场源埋深。上述推导是理想条件下的，实际应用中，水平尺寸因子等对计算场源深度有一定的影响，但功率谱分析估计场源深度仍具有较好的参考价值。

1.3 模型试验

本文建立了一个两层密度模型用于验证 BEMD 与功率谱分析结合的可靠性（模型参数见表 1）。模型浅部由 4 个大小相同、深度位置一致的正方体组成，顶界面深度 100 m，底界面深度 500 m，中心深度 300 m，其正演异常视为局部异常，深部用两个长方体模型模拟一个台阶状构造，界面起伏深度为 600 ～ 800 m，其正演异常视为区域异常。采用 Chen 和 Zhang（2018）的正演算法计算得到了模型的局部异常、区域异常和叠加异常（图 2）。

表 1 模型试验参数

模型	x 范围/m	y 范围/m	z 范围/m	剩余密度/($\mathrm{g/cm^3}$)
正方体	−800 ～ −400	−800 ～ −400	100 ～ 500	0.5
正方体	−800 ～ −400	400 ～ 800	100 ～ 500	0.5
正方体	400 ～ 800	−800 ～ −400	100 ～ 500	0.5
正方体	400 ～ 800	400 ～ 800	100 ～ 500	0.5
长方体	−3200 ～ 0	−3200 ～ 3200	600 ～ 1000	0.5
长方体	0 ～ 3200	−3200 ～ 3200	800 ～ 1000	0.5

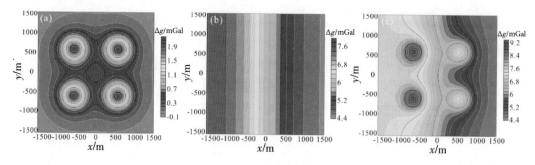

（a）局部异常；（b）区域异常；（c）叠加异常。

图 2　模型正演异常

　　首先计算叠加异常垂向一阶导数的径向对数功率谱［图 3（a）］，根据该曲线分两段的特征可知叠加异常是由不同深度的两个等效密度层所引起的，异常可以分解为两个分量组合，根据两条拟合直线的斜率可估计场源深度分别为 238.1 m 和 515.1 m。利用 BEMD 方法对上述计算的叠加异常进行分解计算，IMF 分解过程中的阈值 ε 设为 0.5，本次分解得到 1 个 IMF 分量和剩余分量 RES［图 4（a）（b）］，IMF_1 分量用于近似局部异常，RES 用于近似区域异常。对比图 2（a）与图 4（a）、图 2（b）与图 4（b）可以看出：分解出的分量与理论模型异常位置一致，形态和幅值基本相同。接下来分别计算 IMF_1 分量和 RES 分量垂向一阶导数的径向对数功率谱，并拟合谱中近似直线的低波数端的数据，根据其斜率估计 IMF_1 分量的场源深度为 361.0 m，RES 分量的场源深度为 625.5 m，基本反映了理论模型的场源深度。结果表明 BEMD 方法能够有效地分离模型叠加异常，并获得可靠的场源平均深度估计值。

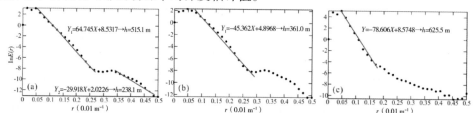

（a）叠加异常功率谱；（b）IMF_1 分量功率谱；（c）RES 分量功率谱。

图 3　模型叠加异常及 BEMD 结果径向对数功率谱曲线

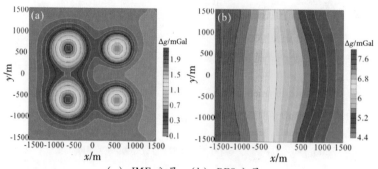

（a）IMF_1 分量；（b）RES 分量。

图 4　叠加异常 BEMD 结果

为了进一步验证该方法的可靠性，利用趋势分析法对叠加异常进行分离处理，分别选用一阶和二阶的趋势分析法求取模型叠加异常的趋势场，然后将求得的趋势场从叠加场中减去，获得剩余场结果（图5、图6）。从趋势分析的结果可以看出，分离出的异常与理论模型异常类似，计算二维经验模态和趋势分析各自分离场与理论场之间的均方差可以看出（表2）：与趋势分析法相比，经验模态分解法对该叠加异常分离效果较好，均方差最小，为 0.185 mGal。

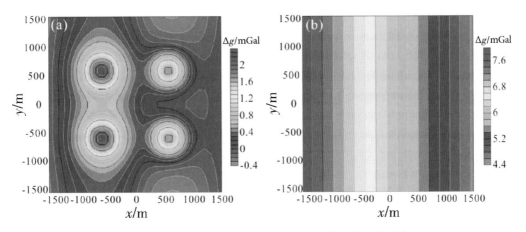

（a）一阶趋势分析局部异常；（b）一阶趋势分析区域异常。

图5　一阶趋势分析分离结果

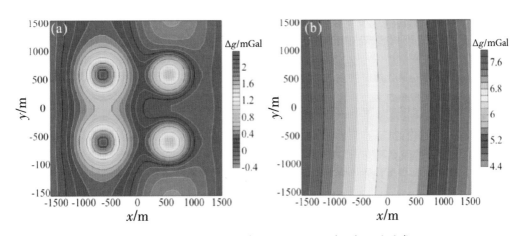

（a）二阶趋势分析局部异常；（b）二阶趋势分析区域异常。

图6　二阶趋势分析分离结果

表2　不同场分离方法均方差统计

参数	BEMD	一阶趋势分析	二阶趋势分析
均方差/mGal	0.185	0.232	0.25

◆2 冈底斯带区域重磁异常经验模态分解与深度估计

利用区域重磁异常来推断地壳深部结构是区域地球物理学研究的主要方向之一。本研究利用了冈底斯带 84°E—96.5°E, 28°N—33.5°N 布格重力异常和化极磁异常数据，布格重力异常融合了地面重力数据和周边地区卫星重力场数据（http://bgi. omp. obs-mip. fr/data-products/Grids-and-models/wgm2012），化磁极异常为航磁 ΔT 数据，进行了变倾角化极和扩边处理，布格重力异常数据内插到 8 km×8 km 网格后显示如图 7（a）所示，化极磁异常内插到 5 km×5 km 网格后显示如图 9（a）所示。

根据本文第二节的研究方法，首先计算了布格重力异常垂向一阶导数和化极磁异常的径向对数功率谱，结果如图 8（a）和图 10（a）所示。从图 8（a）可以看出，研究区地下场源可以分为 3 个密度等效层，估计等效层平均深度分别为 7017 m、28 019 m 和 59 018 m，接下来利用 BEMD 方法对布格重力异常进行分解，获得 4 个 IMF 分量和 1 个 RES 分量，对各种可能的分量组合进行功率谱分析，并结合原场功率谱分析结果和该区异常特征，最后以分量组合形式 IMF_1、$IMF_2 + IMF_3$ 和 $IMF_4 + RES$ 把异常分为三层，结果如图 7（b）—（d）所示，它们的功率谱深度估计［图 8（b）—（d）］分别为 7335 m、29 039 m 和 53 788 m，与总场功率谱分析结果相近。同理，对化磁极异常进行处理，获得的分量组合形式为 IMF_1、$IMF_2 + IMF_3$ 和 $IMF_4 + RES$，结果如图 9（b）—（d）所示，它们功率谱分析的深度估计［图 10（b）—（d）］分别为 7239 m、17 441 m 和 42 355 m。

图 7（b）反映了上地壳等效层深度 7017 m 密度扰动产生的重力异常特征，图 9（b）反映了上地壳等效层深度 7239 m 磁化率扰动产生的磁异常特征，浅部密度、磁化率等效层深度几乎相同。其中，高重力异常主要对应的是基性－超基性岩、混杂岩带或古老基底隆起等，低重力异常主要是由厚沉积盆地或中－酸性侵入岩引起的，高磁异常主要为岩浆岩和部分变质岩引起（熊盛青 等，2007）。上地壳岩石呈脆性，容易断裂，异常剧烈变化的区域反映了岩性剧烈变化的构造活动带。从图 7（b）和图 9（b）可以看到，线性重磁异常带或串珠状异常与缝合带或断裂带的位置有较好的对应关系。

图 7（c）反映了等效层深度 29 039 m 密度扰动产生的重力异常特征，认为是上、中地壳密度变化引起的，在研究区南部，特提斯喜马拉雅、南冈底斯和冈底斯弧背断隆带区域出现大面积的重力低，说明该区域上地壳底部与中地壳存在大面积的花岗岩基或含水熔融流体；在研究区北部是一醒目的区域性高异常区，与之对应的是青藏高原中上地壳密度较高的羌塘地体，属性与克拉通地体类似。图 9（c）反映了等效层深度 17 441 m 的磁异常体的异常特征，高磁异常位置与断裂带或缝合带位置基本一致，特别是雅鲁藏布江缝合带位置，线状异常仍然十分明显，贺日政等（2007）通过匹配滤波分析认为，约 18 827 m 深度为地壳底部受热开始出现消磁的分界线，本文计算结果与该深度基本一致。

图 7（d）与图 9（d）分别反映了该区等效平均深度为 53 788 m 和 42 355 m 的重磁异常特征，重力异常幅值反映的是南高北低的特征，而磁异常正好对应的是南低北高的特征，推测是印度板块北向俯冲导致该处莫霍面抬升和地壳物质升温引起的区域异常特征。

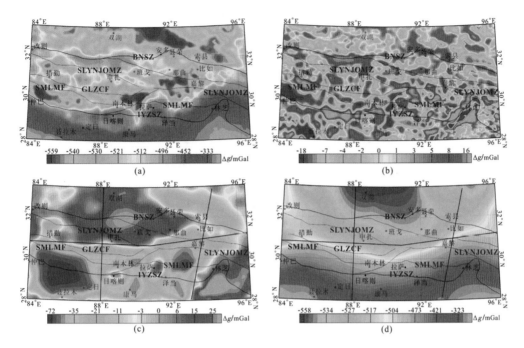

（a）冈底斯带布格重力异常；（b）冈底斯带重力异常 IMF_1 分量；（c）冈底斯带重力异常 $IMF_2 + IMF_3$ 分量；（d）冈底斯带重力异常 $IMF_4 + RES$ 分量。

SMLMF：沙莫勒—麦拉—洛巴堆—米拉山断裂带；GLZCF：噶尔—隆格尔—扎日南木错—措麦断裂带；SLYNJOMZ：狮泉河—拉果错—永珠—纳木错—嘉黎蛇绿混杂岩带；BNSZ：班公湖—怒江缝合带；IYZSZ：印度河—雅鲁藏布江缝合带。

图7 冈底斯带布格重力异常及 BEMD 结果

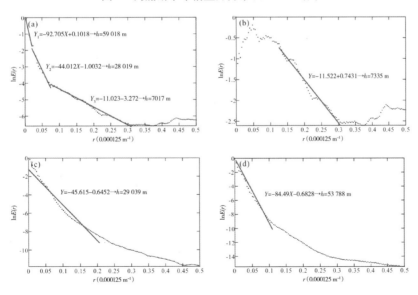

（a）重力异常垂向一阶导数功率谱曲线；（b）IMF_1 分量垂向一阶导数功率谱曲线；（c）$IMF_2 + IMF_3$ 垂向一阶导数功率谱曲线；（d）$IMF_4 + RES$ 垂向一阶导数功率谱曲线。

图8 布格重力异常及 BEMD 结果功率谱曲线

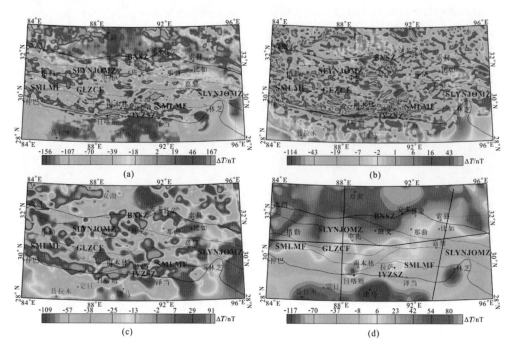

（a）冈底斯带化极磁异常；（b）冈底斯带化极磁异常 IMF_1 分量；（c）冈底斯带化极磁异常 $IMF_2 + IMF_3$ 分量；（d）冈底斯带化极磁异常 $IMF_4 + RES$ 分量。

图 9　冈底斯带化极磁异常及 BEMD 结果

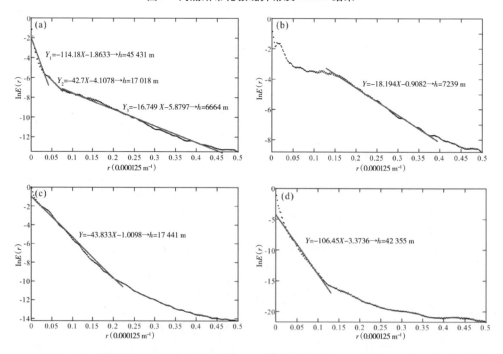

（a）化极磁异常功率谱曲线；（b）IMF_1 分量功率谱曲线；（c）$IMF_2 + IMF_3$ 分量功率谱曲线；（d）$IMF_4 + RES$ 分量功率谱曲线。

图 10　化极磁异常及 BEMD 结果功率谱曲线

❖ 3　青藏高原南部地壳结构讨论

3.1　东西分区的重磁证据

由几个东西向块体先后拼合而成的青藏高原，自中新生代以来，在南北向挤压和东西向扩张的综合力系作用下，形成了在南北构造分区基础上的东西分区，并且在地球物理场上都有良好的显示（张进、马宗晋，2004；薛典军 等2006；滕吉文 等，2011）。

上一节分析已经提到，反映深部结构的布格重力异常 $IMF_4 + RES$ 分量［图7（d）］和磁异常 $IMF_4 + RES$ 分量［图9（d）］在区域形态和幅值上具有明显南北分区的特征，而从异常圈闭和分布情况上看，异常在东西方向上也具有明显不同。南部高重力异常区呈现一个倒"3"字形态的异常特征，东、西部分往北凸出，中部往南凹陷；南部低磁区分西、中、东三个圈闭异常。另外，相当于中下地壳密度扰动的重力异常［图7（c）］也具有南北分区、东西分块的特征，南北分区以约31°N为界，东西分为西、中、东三块，分别以约88°E和93°E—95°E为界［图7（c）粗黑实线］。以上异常特征都反映了一个现象：青藏高原是南北地体的拼接，并且在形成之后持续受到印度板块不均匀地向北推进。也就是说，印度板块很可能是在不同时期，以不同的运动速率和不同的方向向北运移（滕吉文 等，2011），使喜马拉雅地体、冈底斯地体的深部物质属性在东西方向上以约88°E和93°E—95°E为界产生了显著的差异。最近的研究（Duan et al.，2017；Guo et al.，2018）证实俯冲的印度岩石圈板片在东西向已经撕裂成不同角度的板片，其反映的区域重磁异常必然会存在一定的差异，本文分离的区域重磁场特征也可以解释为印度岩石圈板片撕裂后呈不同角度向北俯冲导致的异常东西分区的结果。

3.2　中下地壳低密度区分布

大地电磁和地震研究均发现，青藏高原大部分地区中下地壳都存在广泛的低速高导体。基于对管道流模型的研究（Clark & Royden，2000），研究者们开始关注这些低速高导体的尺度和分布范围，为地壳物质的流变运动提供证据。

地壳低密度产生的原因有很多，如岩性变化、温度压力变化及流体物质增加等。温度及流体物质增加使岩石密度降低，也会使得地壳物质蠕动，从而具有低速高导的性质，因此异常在低速高导区域可能会存在低密度的特征（杨文采 等，2015）。图11是等效层深度29 039 m密度扰动的重力异常（$IMF_2 + IMF_3$）与MT三维反演结果30 km深度水平切片图和天然地震剖面上接收函数结果的对比图。MT三维反演区域和地震剖面位置分别如图11（a）中白框和白线所示，可以看到，低重力异常区域与高导体、低速体的位置和范围基本吻合，进一步说明中下地壳的低密度异常与广泛存在的低速高导体有一定的对应关系。

根据以上的重磁异常分离结果，圈定出了青藏高原南部区域中下地壳可能的低密度区域［图11（a）中红线］。前人认为青藏高原南部区域低速高导体主要集中在雅鲁藏布江缝合带北部，向北延伸至冈底斯地体中，而不向南延伸（Chen et al., 2011；Shi et al., 2015；Xie et al., 2016）。本文显示的 29 039 m 密度扰动的重力异常有三个横跨雅鲁藏布江缝合带的低异常区，南北向范围约为 28.3°N—30.8°N，且中部的康马低异常和东部的泽当—嘉黎低异常呈南北走向，分别被雅鲁藏布江缝合带分割为两个低异常区，西部的仲巴—定日低异常区无明走向。因此可以推断，青藏高原南部区域中下地壳的低密度体东西向是不连续的，且在研究区中、东部，南北向低密度体被雅鲁藏布江缝合带切割开。

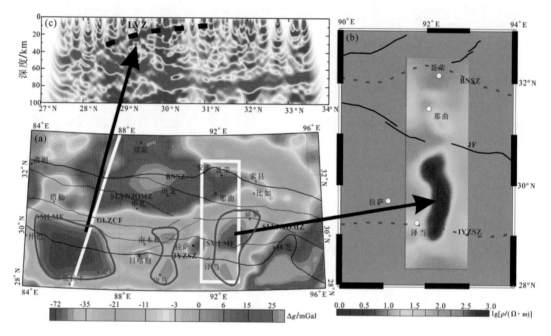

（a）重力异常 $IMF_2 + IMF_3$ 分量；（b）MT 三维反演结果 30 km 深度水平切片图（Xie et al., 2016）；（c）剖面接收函数结果（Xu et al., 2015）。

图 11　中下地壳重力异常与 MT 三维反演结果、接收函数结果对比

◆ 4　结　论

本文研究了结合 BEMD 和功率谱分析的位场分离方法，并将其分别应用于冈底斯带重磁异常分离和深度估计，各取得了三个等效层的异常分量和其对应深度，为研究青藏高原东西构造分区和中下地壳局部熔融体的位置以及范围提供了重要的佐证。

（1）通过模型试验验证，结合功率谱分析的二维经验模态分解方法能够分离叠加异常，并获得较为可靠的场源深度估计值。

（2）研究区深部重磁场具有南北分区、东西分块的特征，南北以约 31°N 为界，东西以约 88°E 和 93°E—95°E 为界，说明青藏高原的形成首先是南北地体的拼接，随后持续受到印度板块不均匀地向北俯冲挤压，使喜马拉雅地体、冈底斯地体的深部物质在东西方向上产生了明显的不同；

（3）布格重力异常 BEMD 分解结果表明藏南中下地壳有三个横跨雅鲁藏布江缝合带的低密度区，且在研究区中、东部，南北向低密度体被雅鲁藏布江缝合带切割开。

致　谢

感谢稿件评审专家和编委会提出的宝贵修改意见。

说　明

本文于 2019 年发表于《地球科学》杂志：冈底斯带重磁异常二维经验模态分解及地壳结构. 地球科学，44（6）：1797 – 1808.

参 考 文 献

Al-Rahim A M, 2016. Separating the Gravity Field of Iraq by Using Bidimensional Empirical Mode Decomposition technique. Arabian Journal of Geosciences, 9（1）：1 – 9. DOI：10. 1007/s12517 – 015 – 2118 – 7.

Alsdorf D, Nelson D, 1999. Tibetan Satellite Magnetic Low：Evidence for Widespread Melt in the Tibetan Crust?. Geology, 27（10）：943 – 946. DOI：10. 1130/0091 – 7613（1999）027 < 0943：TSMLEF > 2. 3. CO；2.

Blakely R J, Simpson R W, 1986. Approximating Edges of Source Bodies from Magnetic or Gravity Anomalies. Geophysics, 51（7）：1494. DOI：10. 1190 / 1. 1442197.

Chen J G, Xiao F, Chang T, 2011. Gravity and Magnetic Anomaly Separation Based on Bidimensional Empirical Mode Decomposition. Earth Science – Journal of China University of Geosciences, 36（2）：327 – 335.

Chen J L, Xu J F, Zhao W X, et al., 2011. Geochemical Variations in Miocene Adakitic Rocks from the Western and Eastern Lhasa Terrane：Implications for Lower Crustal flow Beneath the Southern Tibetan Plateau. Lithos, 125（3）：928 – 939. DOI：10. 1016/j. lithos. 2011. 05. 006.

Chen T, Zhang G, 2018. Forward Modeling of Gravity Anomalies Based on Cell Mergence and Parallel Computing. Computers & Geosciences, 120（7）：1 – 9. DOI：10. 1016/j. cageo. 2018. 07. 007.

Clark M K, Royden L H, 2000. Topographic ooze：Building the Eastern Margin of Tibet by Lower Crustal Flow. Geology, 28（8）：703 – 706. DOI：10. 1130/0091 – 7613（2000）28 < 703：TOBTEM > 2. 0. CO；2.

Duan Y H, Tian X B, Liang X F, et al., 2017. Subduction of the Indian slab into the mantle transition zone revealed by receiver functions. Tectonophysics, 702（2017）：61 – 69. DOI：10. 1016/j. tecto. 2017. 02. 025.

Guo X Y, Gao R, Zhao J M, et al., 2018. Deep-seated lithospheric geometry in revealing collapse of the Tibetan Plateau. Earth – Science Reviews, 185（2018）：751 – 762. DOI：10. 1016/j. earscirev. 2018.

07. 013.

Guo Y X, Wang D J, Zhou Y S, et al., 2017. Electrical conductivities of two granite samples in southern Tibet and their geophysical implications. Science China Earth Sciences (in Chinese), 47 (7): 860 – 870. DOI:10. 1007/s11430 – 016 – 9046 – 7.

He R Z, Gao R, Zheng H W, et al., 2007. Matched-filter Analysis of Aeromagnetic Anomaly in Mid-western Tibetan Plateau and its Tectonic Implications. Chinese J. Geophys. (in Chinese), 50 (4): 1131 – 1140.

Hetenyi G, Vergne J, Bollinger L, et al., 2011. Discontinuous Low-velocity Zones in Southern Tibet Question the Viability of the Channel Flow Model. Geological Society London Special Publications, 353 (1): 99 – 108. DOI:10. 1144/SP353. 6.

Hou W, Yang Z, Zhou Y, et al., 2012. Extracting Magnetic Anomalies Based on an Improved BEMD method: A Case Study in the Pangxidong Area, South China. Computers & Geosciences, 48 (9): 1 – 8. DOI:10. 1016/j. cageo. 2012. 05. 006.

Huang N E, Shen Z, Long S R, et al., 1998. The Empirical Mode Decomposition and the Hilbert Spectrum for Nonlinear and Non-stationary Time Series Analysis. Proceedings Mathematical Physical & Engineering Sciences, 454 (1971): 903 – 995.

Kong X R, Wang Q S, Xiong S B, 1996. Integrated Geophysics and Lithosphere in the Western Tibet Plateau Structural. Science in China (series D) (in Chinese), 26 (4): 308 – 315.

Nelson K D, Zhao W, Brown L D, et al., 1996. Partially Molten Middle Crust Beneath Southern Tibet: Synthesis of project INDEPTH results. Science, 274 (5293): 1684 – 1688. DOI:10. 1126/science. 274. 5293. 1684.

Shi D, Wu Z, Klemperer S L, et al., 2015. Receiver Function Imaging of Crustal Suture, Steep Subduction, and Mantle Wedge in the Eastern India – Tibet Continental Collision Zone. Earth & Planetary Science Letters, 414: 6 – 15. DOI: 10. 1016/j. epsl. 2014. 12. 055.

Teng J W, Zhang H S, Sun R M, et al., 2011. Geophysical Field Characteristics and Dynamic Response of Segmentations in East – West Direction and their Boundary Zone in Central Tibetan Plateau (in Chinese with English abstract). Chinese J. Geophys. (in Chinese), 54 (10): 2510 – 2527.

Wang C B, Chen J G, Xiao F, et al., 2014. Application of Empirical Mode Decomposition and Independent Component Analysis in Aeromagnetic Data Processing (in Chinese with English abstract). Journal of Geology, 38 (4): 623 – 629.

Wei W, Unsworth M, Jones A, et al., 2001. Detection of Widespread Fluids in the Tibetan Crust by Magnetotelluric Studies. Science, 292 (5517): 716 – 718. DOI: 10. 1126/science. 1010580.

Xie C, Jin S, Wei W, et al., 2016. Crustal Electrical Structures and Deep Processes of the Eastern Lhasa Terrane in the South Tibetan Plateau as Revealed by Magnetotelluric Data. Tectonophysics, 675: 168 – 180. DOI: 10. 1016 / j. tecto. 2016. 03. 017.

Xiong S Q, Zhou F H, Yao Z X, et al., 2007. Aeromagnetic Survey in Central and Western QingHai – Tibet Plateau (in Chinese with English abstract). Geophysical & Geochemical Exploration, 31 (5): 404 – 407.

Xu Q, Zhao J, Yuan X, et al., 2015. Mapping Crustal Structure Beneath Southern Tibet: Seismic Evidence for Continental Crustal Underthrusting. Gondwana Research, 27 (4): 1487 – 1493. DOI: 10. 1016/j. gr. 2014. 01. 006.

Xue D J, Jiang M, Wu L S, et al., 2006. East – west Division of Regional Gravity and Magnetic Anomalies on the QingHai – Tibet Plateau and its Tectonic Features (in Chinese with English abstract). Geology in

China, 33 (4)：912 –919.

Yang W C, Hou Z Z, Yu C Q, 2015. Three-dimensional density structure of the Tibetan plateau and crustal mass movement. Chinese J. Geophys. (in Chinese), 58 (11)：4223 –4234.

Yuan X, Ni J, Kind R, et al., 1997. Lithospheric and Upper Mantle Structure of Southern Tibet from a Seismological Passive Source Experiment. Journal of Geophysical Research Solid Earth, 102 (B12)：27491 –27500. DOI：10.1029 / 97JB02379.

Zeng Q Q, Liu T Y, 2011. EMD of Gravity and Magnetic Anomalies and its Application for Iron Deposit Exploration in Zhangfushan, Eastern Hubei. Progress in Geophysics (in Chinese), 26 (4)：1409 –1414.

Zhang S X, Chen C, Wang L S, et al., 2015. The Bidimensional Empirical Mode Decomposition and its Applications to Denoising and Separation of Potential Field (in Chinese with English abstract). Progress in Geophysics, 30 (6)：2855 –2862.

Zhang S X, Chen Z H, Wang T Q, et al., 2018. The Extraction of Abnormal Feature of Mobile Gravity in the Sichuan – Yunnan Region Using BEMD Method (in Chinese with English abstract). Journal of Geodesy and Geodynamics, 38 (4)：407 –413.

Zhang J, Ma Z J. 2004. East – West Segmentation of the Tibetan Plateau and its Implication (in Chinese with English abstract). Acta Geologica Sinca, 78 (2)：218 –227.

Zhang W, Zhang X J, Tong J, et al., 2018. Gravity and Magnetic Anomalies Characteristic and Its Geological Interpretation in Rizhao and Lianyungang Areas. Earth Sciences (in Chinese), 43 (12)：4490 –4497.

Zhou W N, Zeng Z F, Du X J, et al., 2010. Gravity Anomaly Separation Based on Empirical Mode Decomposition (in Chinese with English abstract). Global Geology, 29 (3)：495 –502.

Zhu Z Y, Liu G F, 2016. Analysis of Potential Field Data and its Application Based on Bidimensional Empirical mode Decomposition (in Chinese with English abstract). Progress in Geophys, 31 (2)：882 –892.

陈建国, 肖凡, 常韬, 2011. 基于二维经验模态分解的重磁异常分离. 地球科学（中国地质大学学报）, 36 (2)：327 –335. DOI：10.3799/dqkx.2011.034.

郭颖星, 王多君, 周永胜, 等, 2017. 青藏高原南部花岗岩电导率研究及地球物理应用. 中国科学：地球科学, 47：860 –870. DOI：10.1360/N072016 –00325.

贺日政, 高锐, 郑洪伟, 等, 2007. 青藏高原中西部航磁异常匹配滤波分析与构造意义. 地球物理学报, 50 (4)：1131 –1140.

孔祥儒, 王谦身, 熊绍柏, 1996. 西藏高原西部综合地球物理与岩石圈结构研究. 中国科学：地球科学, 26 (4)：308 –315.

滕吉文, 张洪双, 孙若昧, 等, 2011. 青藏高原腹地东西分区和界带的地球物理场特征与动力学响应. 地球物理学报, 54 (10)：2510 –2527. DOI：10.3969/j. issn.0001 –5733.2011.10.009.

王成彬, 陈建国, 肖凡, 等, 2014. 经验模态分解和独立分量分解在航磁数据处理中的应用. 地质学刊, 38 (4)：623 –629. DOI：10.3969/j. issn.1674 –3636.2014.04.623.

熊盛青, 周伏洪, 姚正煦, 等. 青藏高原中西部航磁概查. 物探与化探, 31 (5)：404 –407.

薛典军, 姜枚, 吴良士, 等, 2006. 青藏高原区域重磁异常的东西向分区及其构造地质特征. 中国地质, 33 (4)：912 –919.

杨文采, 侯遵泽, 于常青, 2015. 青藏高原地壳的三维密度结构和物质运动. 地球物理学报, 58 (11)：4223 –4234. DOI：10.6038/cjg20151128.

曾琴琴, 刘天佑, 2011. 重、磁异常的经验模态分解及其在鄂东张福山铁矿勘探中的应用. 地球物理学进展, 26 (4)：1409 –1414. DOI：10.3699/j. issn.1004 –2903.2011.04.036.

张进，马宗晋，2004. 西藏高原西、中、东的分段性及其意义. 地质学报，78（2）：218 - 227.

张双喜，陈超，王林松，等，2015. 二维经验模态分解及其在位场去噪和分离中的应用. 地球物理学进展，30（6）：2855 - 2862. DOI：10.6038/pg20150653.

张双喜，陈兆辉，王同庆，等，2018. 利用二维经验模态分解提取川滇地区流动重力异常特征. 大地测量与地球动力学，38（4）：407 - 413. DOI：10.14075/j.jgg.2018.04.016.

张婉，张玄杰，佟晶，等，2018. 日照—连云港地区重磁异常特征及其构造意义. 地球科学，43（12）：4990 - 4497. http://kns.cnki.net/kcms/detail/42.1874.P.20180302.1308.026.html.

周文纳，曾昭发，杜晓娟，等，2010. 基于经验模态分解的重力异常分离. 世界地质，29（3）：495 - 502. DOI：10.3969/j.issn.1004 - 5589.2010.03.019.

朱振宇，刘国峰，2016. 基于二维经验模态分解的位场数据分析及应用. 地球物理学进展，31（2）：882 - 892. DOI：10.6038/pg20160252.

青藏高原东缘地震各向异性、应力及汶川地震影响

高　原[1]，石玉涛，陈安国

✖◆ 0　引　言

2008 年 5 月 12 日，龙门山断裂带上发生了 M_S 8.0 级地震，该地震给中国造成了巨大的灾难，震动了大半个中国。欧亚板块与印度板块在青藏高原相互挤压造成物质东移，受到坚硬的四川盆地的阻挡，在青藏东部形成了海拔高度落差剧烈的逆冲推覆构造。长期的构造运动，在青藏高原东缘和四川盆地西侧形成了走向 NE 方向的龙门山断裂带（Royden et al.，1997；Zhang et al.，2008；Wen et al.，2011；Wu et al.，2004）。从构造和地形上，中国大陆被清晰地划分为东部和西部，其中间地带就是南北构造带（Zhang et al.，2003）。据地震活动性特性，该构造带也是一个地震活动强烈的地震带，称之为南北地震带。龙门山断裂带是青藏高原东缘最典型的重要构造，位于南北构造带中段，该构造带的北部和南部分别是青藏高原东北缘和青藏高原东南缘。2008 年的汶川 M_S 8.0 级地震，在龙门山断裂带上 NE 方向造成约 300 km 长的破裂（Zhang et al.，2008），但断裂带 WS 方向却没有产生破裂，并且保持了数年的平静。直到 2013 年 4 月 20 日，在汶川 M_S 8.0 级地震震中龙门山断裂带西南不到 100 km 的前山断裂上发生了芦山 M_S 7.0 级地震（Gao et al.，2014；Xu et al.，2013）。为了解析大地震发生前后可能引起的地壳介质物性的变化及周边区域的应力分布和变化规律，龙门山断裂带及周围区域的地震学特性与深部地球物理结构成为近年来的重要研究内容（Chen et al.，2013；Liu et al.，2014；Zhang et al.，2012；Wang Z et al.，2010，2017；Lei & Zhao，2009；Shi et al.，2009；Li et al.，2011；Zhan et al.，2013）。

青藏高原的隆升与印度板块向北推挤欧亚板块及华南地块的阻挡有关（Tapponnier et al.，1982），这种持续的构造运动导致青藏高原及周缘地区非常活跃的地震活动（Gao et al.，2000）。巴颜喀拉块体的东边界是龙门山断裂带，其东南边界的鲜水河断裂带是一条呈弧形的大型活动断裂带，分割了川滇块体和巴颜喀拉块体（Allen et al.，

1　中国地震局地震预测研究所（地震预测重点实验室），北京，100036。

基金项目：国家自然科学基金（41474032）资助。

1991）。该断裂带起自甘孜北，向东南延伸，经炉霍、道孚和康定，其东南端与龙门山断裂带的西南端交汇（Yi et al.，2015）。这两个断裂带围限了巴颜喀拉地块的东侧和西侧。沿鲜水河断裂带继续往南则为安宁河—则木河断裂带，这三个断裂带在该地区形成了一个"Y"字形典型构造（图1）。

龙门山断裂带是一个逆冲断裂带。剪切波分裂结果的分段性揭示出龙门山断裂带南段（或称西南段）和中段几乎都是纯逆冲，而其北段（或称东北段）则为逆冲加走滑的特征（Gao et al.，2014；Shi et al.，2009，2013）。汶川地震后的地质考察结果也证实，龙门山断裂带东北段有多个走滑性质的区域断裂（Zhang et al.，2008；Xu et al.，2008）。汶川地震震源破裂成像显示，汶川地震主事件以逆冲开始破裂，在破裂的后期出现了走滑分量（Zhang et al.，2008），汶川地震与芦山地震的余震定位与震源机制反演结果，证实了龙门山断裂带中、南段纯逆冲的特点（Zhao et al.，2011；Sun et al.，2016；Zheng et al.，2009；Zhao et al.，2013；Lou et al.，2015；Yi et al.，2016；Shan et al.，2013）。

GPS变形演化研究在探索大地震发生前的地表运动特征方面有独特的作用（Jiang et al.，2005）。早前的GPS测量结果显示，汶川地震发生前龙门山断裂带几乎没有位移（Zhang et al.，2008；Wu et al.，2013）。这种没有水平地表运动的现象曾一度让人困惑，但随着认识的深入，此种被称为"闭锁"的现象引起了极大关注。通过定量估算断裂带各分段滑动及应变速率，认为川滇块体东边界带的则木河—小江断裂带部分区域的主断层处于活动相对闭锁状态（Jiang et al.，2005），这种认识后来在研究川滇块体东边界带地震危险性方面发挥了重要作用.

最近的速度结构研究表明，向东挤压的青藏块体东缘下方的地壳物质东流受到四川盆地坚硬地壳的阻挡，迫使下地壳软弱物质向上逆冲形成龙门山断裂带（Zhang et al.，2012；Clark，2000）。龙门山断裂带地区的地壳速度结构不均匀性明显、横向变化剧烈、地壳厚度有显著变化（Liu et al.，2014；Zhang et al.，2009，2012；Wang et al.，2010）。龙门山断裂带域及青藏东南缘的地壳速度结构研究显示，汶川地震震源位于波速变化剧烈的地方（Li et al.，2009；Zheng et al.，2009），芦山地震的震源位于P波速度变化较大的区域（Lei & Zhao，2009；Lei et al.，2009）和电性结构变化剧烈的地方（Zhan et al.，2013）。Rayleigh波相速度和地震分布的关系研究认为，在青藏东南缘，7级以下地震主要发生在15 km以上深度（中上地壳），7级以上地震主要发生在15～30 km深度高低速分界部位并深入到相对高速的异常体内（Wang & Gao，2014），这个认识有益于对大地震发震位置的探索研究。

随着地球物理学研究的发展，人类关于地球性质的认识越来越深入，地壳、地幔和地核组成的地球每一个圈层都是各向异性的（Teng et al.，1992）地震与矿产资源都与人类的活动密切相关，矿产资源有益于人类科技文明的进步，而大地震的发生却往往伴随着深重灾害。探索地震的发震规律与有效开发地球矿产资源，都需要深入研究地壳的物性。地壳介质的地震各向异性与介质结构、应力及其变化有关，地震各向异性特征成为地壳介质一个非常重要的研究内容（Gao et al.，2012）。

地震各向异性特性与地球壳幔介质微裂隙或晶格的定向排列及软流圈定向流动密切相关，与区域应力、断裂、结构及变形等特征密切相关，因而有助于揭示复杂的深部构造和动力学机制（Gao et al.，2014；Shi et al.，2013；Crampin，1994；Crampin & Peacock，2005；Gao et al.，2011；Ding et al.，2008）。地震各向异性既是用于研究地壳及岩石圈变形机制的重要方法（Crampin & Peacock，2005；Gao et al.，2011；Ding et al.，2008；Lev et al.，2006；Wang et al.，2008；Gao et al.，2010；Kong et al.，2016），也是开展地壳应力环境及其变化研究的一个有效途径（Gao et al.，2011，2012；Ding et al.，2008）。区域近场地震记录的地壳剪切波分裂研究，可以揭示地震发生前后以及震前应力变化导致的剪切波分裂参数的变化（Gao et al.，1998；Crampin & Gao，2008，2012）。研究证据显示，剪切波分裂可用于地震应力预测研究（Crampin et al.，2008；Gao & Crampin，2004，2008）。

利用连续多年的地震观测资料，提取地壳裂隙诱发各向异性参数，分析其动态变化特征，对地震孕育发生过程的探讨具有重要意义。为获得青藏高原东缘及龙门山断裂带域的地壳各向异性分布及应力分布特征，探讨汶川地震前后地壳各向异性的区域空间分布及变化特征，我们利用固定地震台网和流动地震台阵观测，获得迄今为止最丰富的区域近场地震资料。使用地壳剪切波分裂研究方法，通过对区域覆盖相对更广、数据持续时间相对更长的资料进行分析，对大地震发生前后可能的地震学特性变化进行探讨，并对地震预测探索研究进行讨论。

◆ 1 资料与数据分析

汶川 $M_S8.0$ 级地震 2008 年 5 月 12 日发生在龙门山断裂带，之后在青藏高原东缘本研究区里发生了多个 $M_S5.0$ 级以上地震（表 1）。在汶川地震发生前，本研究区的国家地震台网固定台站比较少，大部分固定台站是"九五"期间（汶川地震发生之后）才建立的。汶川地震后，中国地震局系统各单位围绕龙门山断裂带建立了一些流动地震台站监测余震活动（Zhao et al.，2011，2013）。本研究收集的地震记录资料的起始时间为 2000 年 1 月（对于少数有记录的固定台站），大部分台站（包括流动地震台站）资料起始时间为 2008 年汶川地震之后，截止时间为 2017 年 12 月。

表 1　研究区 2008—2017 年地震（$M_S \geqslant 5.0$）目录

序号	地震代码	地名	发震时刻	经度（E）	纬度（N）	深度/km	震级 M_S
0	T0	四川汶川	2008 – 05 – 12 14：28：04	103.39°	31.00°	18	8.0
1	J0	四川道孚	2010 – 04 – 28 04：22：27	101.45°	30.60°	8	5.0
2	J1	四川炉霍	2011 – 04 – 10 17：02：42	100.80°	31.28°	10	5.4
3	J2	四川青川	2011 – 11 – 01 05：58：15	105.30°	32.60°	6	5.2

续表

序号	地震代码	地名	发震时刻	经度（E）	纬度（N）	深度/km	震级 M_S
4	J3	四川白玉	2013 – 01 – 18 20：42：50	99.40°	30.95°	15	5.5
5	T1	四川芦山	2013 – 04 – 20 08：02：47	102.97°	30.29°	17	7.0
6		四川得荣	2013 – 08 – 28 04：44：52	99.33°	28.20°	9	5.2
7		四川越西	2014 – 10 – 01 09：23：29	102.74°	28.38°	10	5.2
8	T2	四川康定	2014 – 11 – 22 16：55：28	101.68°	30.29°	20	6.4
9		四川康定	2014 – 11 – 25 23：19：09	101.75°	30.20°	16	5.9
10		四川金口河	2015 – 01 – 14 13：21：40	103.20°	29.30°	20	5.2
11		四川理塘	2016 – 09 – 23 00：47：13	99.60°	30.08°	19	5.2
12		四川理塘	2016 – 09 – 23 01：23：16	99.61°	30.11°	16	5.2
13		四川九寨沟	2017 – 08 – 08 21：19：48	103.82°	33.20°	10	7.0
14		四川青川	2017 – 09 – 30 14：14：37	105.05°	32.25°	10	5.4

汶川地震余震和芦山地震余震没有计入。

为了研究上地壳地震各向异性，我们使用区域内地震台站记录的近场地震波形资料，利用剪切波分裂分析技术，通过识别剪切波分裂的快慢波，获得每条有效波形记录的快波偏振方向和慢波时间延迟（即快慢波的时间差）。为了得到的数据具有可比较性，对慢波时间延迟进行了标准化（也称归一化）处理，单位为 ms/km（Shi et al.，2009；Wu et al.，2009；Gao et al.，1995，2009）。由于使用近场小地震的直达剪切波进行分析，受到地表全反射角的限制，只能选择"剪切波窗口"（入射角小于全反射角，约为35°）内的地震事件记录进行分析。实际数据分析中，采用文献 Crampin 和 Peacock（2005）与 Booth 和 Crampin（1985）的数据选择规则，即使用不计浅层低速层的单层模型而采用直线计算的45°入射角等效。本文把可供剪切波分裂分析的地震波形记录称为有效记录，获得有效记录的台站个数比实际地震台站数少。

◆2 快剪切波偏振方向空间分布及变化

2.1 快波偏振方向空间分布

使用剪切波分裂分析技术获得研究区每个台站的剪切波分裂参数，得到每条有效波形记录的快波偏振方向和慢波时间延迟，再计算统计获得的每个台站的平均快波偏振方向和慢波时间延迟（Gao et al.，1995）。最后，我们获得青藏高原东缘逆冲推覆构造域的平均快波偏振方向的空间分布（图1）。

近场直达波资料获得的地壳各向异性，主要反映的是应力作用下定向排列的充满流体的孔隙和微裂隙结构，即 EDA（extensive-dilatancy anisotropy）裂隙（Crampin &

Peacock，2005）。由于应力变化、不均匀构造、复杂断裂和不规则地表的影响，观测资料提取的快波偏振方向往往呈现复杂的图像。在本研究区，有些台站的快波平均偏振方向显示出两个方向。根据构造特点和已有的研究认识（Gao et al.，2014；Lei & Zhao，2009），我们把研究区划分为 7 个分区（图 1）。从图 1 及后文的分析可以看到，不同分区的剪切波分裂特征空间分布各有特点，且具有构造特点。A 和 B 区沿着龙门山断裂带主干部分；C 和 D 区主要为龙门山断裂带两端；E、F、G 区为龙门山断裂带域外地区，其中 E 区为华南地块与川滇块体东缘的交汇区，F 区在川滇块体北部，G 区在巴颜喀拉块体内部。透过台站快波平均偏振方向分布，能够看出龙门山断裂带主要部分依然可以分为南、北两段，而该断裂带的两端区域，则显示出不同构造交汇的影响。

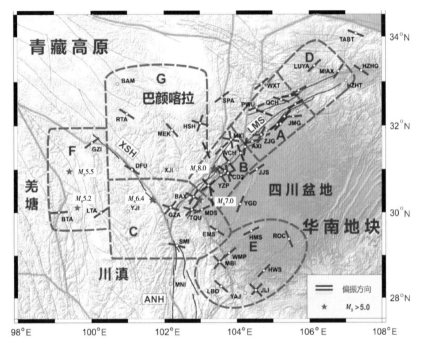

LMS：龙门山断裂；XSH：鲜水河断裂；ANH：安宁河断裂。

绿色虚线：分区线；暗褐色线：块体边界；黑色细线及浅色细线：断裂。短线段：台站平均快剪切波偏振方向；线段中心的圆圈：地震台站（蓝色：固定地震台站；棕色：流动地震台站；黄色：该台站用于表示平均值的有效记录不超过 2 条）。红色五角星：地震。M_S 8.0：汶川地震；M_S 7.0：芦山地震；M_S 6.4：康定地震；M_S 5.5：白玉地震；M_S 5.2：理塘地震（表 1）。

图 1　研究区构造背景与获得有效地震记录的台站平均快剪切波偏振方向分布

根据构造特点和数据结果，把研究区分为 A、B、……G 7 个区。

为了更清楚地分析分区特点，我们按分区把数据进行综合，获得每个分区的快波偏振方向统计结果，从而清晰地发现快波优势偏振方向的分区特征（图 2）。与早前的研究一样（Gao et al.，2014；Lei & Zhao，2009），我们把龙门山断裂带域分为 A 和 B 2 个区，A 区的快波优势偏振方向近似为 EW 方向，B 区的快波优势偏振方向有 2 个，分别为 NW 方向和 NE 方向。C 区为龙门山断裂、鲜水河断裂和安宁河断裂的交汇区，快波优势偏振方向也有 2 个, 分别为近 EW 方向和 NE 方向。D 区在龙门山断裂北端, 与其他构造相汇, 2 个快波优势偏振方向与 C 区类似, 分别为近 EW 方向和 NE 方向。E 区位于四川盆地南侧的盆山交汇地带, 2 个快波优势偏振方向分别为 EW 方向和 NE 方向, 与相邻的 B 区类似。F 区位于川滇块体北部, 快波优势偏振方向大致为 NE 方向。G 区位于巴颜喀拉块体, 快波优势偏振方向为 NW 方向。从 G、B、E 3 个区看过去, 可见跨越龙门山断裂带 NW 方向的 1 个区域, 快波优势偏振方向基本都为 NW 方向。表 2 给出了剪切波分裂参数的分区平均值。

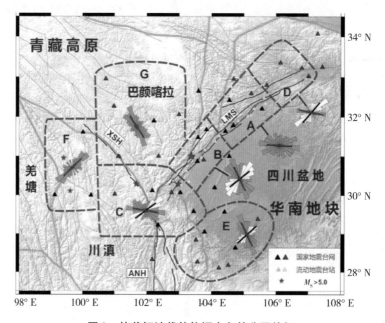

图 2　快剪切波优势偏振方向的分区特征

　　每个分区里给出了快剪切波偏振方向等面积投影玫瑰图, 显示出两个优势方向的分区玫瑰图用两种颜色显示, 并分别给出快剪切波平均偏振方向; 红、蓝色为一组, 黑、白色为一组, 分别对应相同的数据。实心三角形代表地震台站, 蓝色与黄色三角形代表该台站无有效数据, 其他符号和曲线等含义同图 1。

表 2　剪切波分裂参数分区结果

分区	台站数	有效事件数	快波偏振方向/(°)		慢波时间延迟/(ms/km)	
			平均值	标准差	平均值	标准差
A	13	2682	93.52	41.23	1.85	2.15
B	17	556	52.54	17.73	2.11	2.08
		941	153.42	28.09	2.24	2.25
C	8	158	53.57	11.05	2.37	2.55
		239	98.85	77.59	2.07	1.76

续表

分区	台站数	有效事件数	快波偏振方向/(°)		慢波时间延迟/(ms/km)	
			平均值	标准差	平均值	标准差
D	4	59	41.27	18.97	2.34	0.97
		22	101.82	17.96	2.26	1.36
E	8	90	50.59	18.83	3.37	2.90
		194	152.80	21.25	5.40	3.97
F	3	67	41.01	33.05	4.27	2.84
G	7	115	145.43	29.33	1.92	1.46

快波、慢波分别指快、慢剪切波；偏振方向值：正北方向为准，顺时针计算的角度。

2.2 汶川地震前后快波偏振方向空间分布及变化

剪切波分裂研究显示，发生地震和开采资源都会影响剪切波分裂参数的变化（Crampin & Peacock，2005；Gao & Crampin，2004；Peng & Ben-Zion，2004；Munson et al.，1995；Teanby et al.，2004；Wu et al.，2006），这种变化本质上反映了过程中的应力变化（Crampin & Peacock，2005；Gao & Crampin，2004）。为了分析汶川地震前后的剪切波分裂参数的变化特征，我们以汶川地震的发生时刻为时间点，把台站数据分为汶川地震前与汶川地震后两组，得到研究区域汶川地震前、后剪切波分裂参数的变化（图3，表3）。

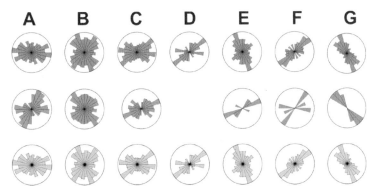

字母（A—G）为分区，含义同图1。从上往下，同一列小图为同一个分区。上排小图是全部数据结果；中、下排小图分别是汶川地震前、后的数据结果。

图3 不同分区的快剪切波偏振等面积投影玫瑰图

初步的计算结果显示，在围绕龙门山断裂带的区域，快波偏振方向在汶川地震前后显示出一定的变化，龙门山断裂带主要位于 A 和 B 2 个分区（图4、图5）。汶川 M_S 8.0 地震震源起始破裂在 B 区，汶川地震前，B 区 NW 优势偏振方向明显，但 NE 方向不清晰，汶川地震后可清楚分辨出 2 个方向。A 区在汶川地震前显示出 2 个优势偏振方向，汶川地震后就不易分辨出 2 个方向。位于 3 个断裂交汇区的 C 区，汶川地震前优势偏振方向清楚，为 NEE 向，汶川地震后则显示出 NE 和近 EW 2 个优势方向。E 区似乎显示出快波偏振方向的明显变化，汶川地震前，优势偏振方向为 NEE 向，与相邻的 C 区一致，但震后优势偏振方向则为 NNW 近 NW 方向。由于 E 区的震前有效数据只有 12 条，更为深入的分析还有待后续的工作。F 区相对离龙门山断裂带更远一点，汶川地震前有效数据仅有 6 条，并显示出不规则的离散，汶川地震后，快波偏振方向趋于一致，为 NE 向。从台站来看，F 区仅有 3 个台站，有效数据主要是 GZI 台记录。G 区的快波偏振方向没有明显变化，计算结果显示只有 7° 的变化。汶川地震前，仅收集到 1 个台站的 5 条有效记录，但这几条记录的快波偏振方向一致性很好（图 3—图 5）。

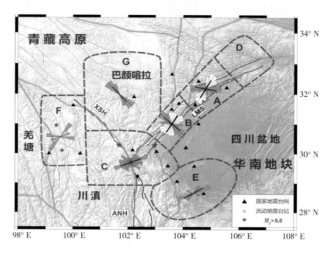

图 4　汶川地震前快剪切波优势偏振方向分区特征

图中等面积投影玫瑰图是分区里全部快波偏振数据的结果，蓝、粉色为一组，黑、白色为一组；图中其他符号和曲线等含义同图 2。

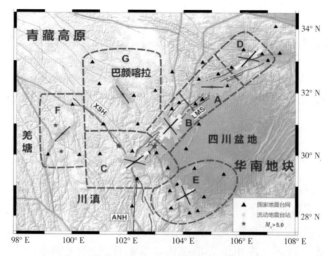

图 5　汶川地震后快剪切波优势偏振方向分区特征

蓝、绿色为一组，黑、白色为一组；图中其他符号和曲线等含义同图 4。

除了快波偏振方向的可能变化，最显著的现象是慢波时间延迟的变化（图6）。从分区看，龙门山断裂带主要部分（A和B区）显示出最大的慢波时间延迟的下降幅度，在龙门山断裂带南端（C区）及巴颜喀拉（G区）与川滇块体北部（F区）都显示出明显的慢波时间延迟的下降。但在E区，慢波时间延迟没有下降，还展示了稍有上升的现象。龙门山断裂带北端缺少震前资料，不做比较。

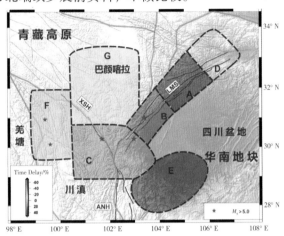

图6 汶川地震前后慢剪切波时间延迟变化分区

左下角色标，显示时间延迟相对变化率，即震后数据平均值相对震前数据平均值的相对变化率（偏红色为减少、蓝色为增加）。图中其他符号和曲线等含义同前。

2.3 汶川地震前后慢波时间延迟变化

根据计算得到的汶川地震前、后剪切波分裂参数（表3），我们把慢波时间延迟的相对变化按分区显示出来（图6）。已有研究认为，剪切波分裂参数（特别是慢波时间延迟）对应力变化非常敏感（Crampin，1994；Crampin et al.，2003）。地震孕育发生的过程中，应力的变化会改变地壳中EDA裂隙的几何结构，从而引起慢波时间延迟值发生显著的变化（Crampin et al.，2008；Gao & Crampin，2004，2008）。

表3 汶川地震前后慢剪切波时间延迟的变化

分区	汶川地震前				汶川地震后				时间延迟相对变化
	N_s	N_e	dt_1		N_s	N_e	dt_2		
A	4	38	5.76	7.75	13	2634	1.76	1.46	−69
B	10	255	4.19	3.79	10	1242	1.80	1.40	−57
C	4	102	3.27	3.15	8	295	1.82	1.43	−44
E	3	12	3.23	2.87	8	272	4.82	3.80	49
F	3	6	5.32	4.74	3	61	4.16	2.62	−21
G	1	5	2.19	1.50	7	110	1.91	1.46	−12

N_s和N_e分别表示台站数、有效事件数；dt_1和dt_2分别为汶川地震前、后慢剪切波时间延迟，单位同表2。时间延迟相对变化指（$dt_2 - dt_1$）/dt_1，以百分比表示。

从图6可以看到一个非常有趣的现象，汶川地震后慢波时间延迟相对变化最大的区域正好在龙门山断裂带域。汶川地震震中所在的龙门山断裂带中段（B区），慢波时间延迟明显减少，相对变化达57%，而龙门山断裂带北段（A区）慢波时间延迟减少幅度比B区更大。C区的慢波时间延迟减少幅度小于B区，F区、G区依次更小。但在E区，汶川地震后的慢波时间延迟却显示出增加。这种现象可能意味着在NW方向主压应力作用下，B区发生了汶川地震，并向NE方向破裂至A区，在龙门山断裂带北端产生更多的末梢分布，导致震后A区的地壳介质受到的破坏范围更广，应力变化、断裂错动、流体侵入都会导致更明显的剪切波分裂参数的变化。龙门山断裂带域的A、B、C三个区最强幅度的剪切波分裂变化，反映了汶川地震导致的介质物性变化的现实情况。位于逆冲断裂上盘的G区同样显示了慢波时间延迟的下降，但幅度明显小于龙门山断裂带域。E区没有展现出慢波时间延迟的下降，可能与处于下盘远处有关，而呈现出的上升现象可能反映了应力的继续增加，这种现象是否与后来发生在川滇块体东部的地震有关，尚有待于更深入的研究。

2.4 汶川地震前后与芦山地震前后的快波偏振方向的时间变化

为了分析剪切波分裂参数的时间变化，我们收集了国家地震台网固定台站的资料，收集资料的最早记录时间是2000年。通过对典型台站资料的快波偏振结果进行时间流程分析，部分台站资料显示出在大地震前后有一定的变化（图7）。通过结果分析，可以看到如下主要现象。

汶川台（WCH）与汶川 M_S 8.0 地震震中距57 km，汶川地震前的有效记录虽然不多，但快波优势偏振方向趋势一致，为近NS向，汶川地震后则主要为NE方向。对于相距较远的芦山 M_S 7.0 地震，快波优势偏振方向没有展示明显的变化。

安县台（AXI）与汶川地震震中距122 km，位于龙门山断裂带NE方向，汶川地震主破裂通过该地区。汶川地震前快波优势偏振方向为近NE向，地震后为NEE方向。对于相距更远的芦山地震，快波优势偏振方向没有明显变化。

石棉台（SMI）位于研究区三条主要断裂交汇区南部，在安宁河断裂附近，远离汶川地震，震中距221 km。虽然有效记录少，但结果的一致性显示，汶川地震前快波优势偏振方向有一定的变化，从NEE变为近EW。SMI与芦山地震的震中距比前面两个台站更近，优势偏振方向在芦山地震前后出现了从近EW到NW的不同。

油榨枰（YZP）是离汶川地震最近的台站，震中距约22 km。汶川地震发生在中央主断裂上，YZP位于东南方向的前山断裂附近。虽然结果略显离散，但汶川地震前后，快波优势偏振方向大致从近NS变为NNW。芦山地震相距YZP台86 km，震后快波优势偏振方向又变回近NS。

蒙顶山台（MDS）在龙门山断裂西南端附近，其位置处于构造边界走向转向NW—SE的地区，汶川地震前后快波优势偏振方向从NEE变为NE，一致性变得相对更离散。MDS与芦山地震震中距仅为25 km，从区间玫瑰图看，快波优势偏振方向在芦山地震前后变化不大，只是一致性变得更好。

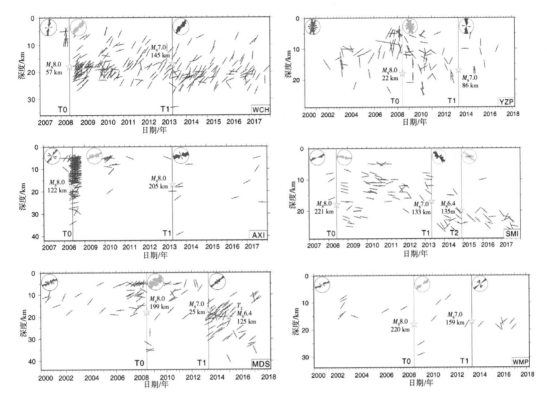

红色线段代表每个记录的快剪切波偏振方向，按水平方向显示，向上为正北方向。T0、T1 和 T2 为地震编号，分别代表汶川地震、芦山地震和康定地震（表1）。黄色五角星代表地震，图中震级下方给出该地震的震中距，贯穿图中的直立细线指示了地震发震时刻，代表时间分界线。每个小图顶部的等面积投影玫瑰图统计了时间段内的所有数据。右下角字母为台站代码，从上到下分别为 WCH、AXI、SMI、YZP、MDS 和 WMP 台站。

图7　汶川地震前后及芦山地震前后快剪切波偏振的时间分段特征与时间变化

五马坪台（WMP）在 MDS 的东南方向，更远离龙门山断裂带，在两个地震前后的快波优势偏振方向都不显著。这种情形有两种可能解释：①反映了 WMP 处于应力没有得到充分释放的地区；②暗示该位置对芦山地震及汶川地震前后的应力变化不太敏感。我们倾向于第 2 种解释。

◆ 3　青藏高原东缘构造域主压应力方向特征及变化

应力诱发的直立的定向排列充满流体的 EDA 孔隙和微裂隙结构是上地壳介质各向异性的重要原因（Crampin，1994；Crampin & Peacock，2005）。研究证实，快波偏振方向平行于 EDA 裂隙的定向排列方向，与观测台站的原地主压应力方向一致（Crampin，1994；Crampin & Peacock，2005；Gao et al.，2011；Gao et al.，2010；Peng & Ben-Zion，2004；Munson et al.，1995）。因此，利用区域内的地震台站，通过多个台站快波偏振方向的空间分布可推断这些台站覆盖区域的主压应力方向（Gao et al.，2012；Gao et al.，2010）。

根据对走滑断裂区域的剪切波分裂研究（Gao et al.，2011），位于断裂上的台站快波偏振方向受到断裂走向的影响，其优势偏振方向往往与走滑断裂的走向一致。结合龙门山断裂带的走向，B区主压应力方向为NW—SE方向，而NE方向则是断裂走向几何界面的影响。G区主压应力方向清楚地显示为NW—SE方向。E区的主压应力方向同样也为NW—SE方向，NE方向则是区域内NE向（隐伏）断裂走向的影响。G、B和E 3个区连成一片，可以看出大致以汶川地震震中为中心，跨龙门山断裂带北东走向的一大片区域内，主压应力都近似为NW—SE方向。A区和D区的主压应力方向大致为近EW方向，稍微偏向一点NWW—SEE方向。F区的主压应力方向则为NE—SW方向，但是由于该区使用的台站只有3个，还需更多资料的补充证实。值得注意的是C区，该区位于3条大断裂的交汇区，剪切波分裂的结果呈现出复杂性——显示了2个优势方向，参考龙门山断裂的走向和相邻B区和E区的结果，NE向的快波偏振方向是受到断裂的影响，而近EW方向（略偏向NWW—SEE方向）为这个3条断裂交汇的"Y"字形区域的主压应力方向。本研究推断了区域主压应力方向分布（图8），该结果与使用震源机制反演等方法得到的结果有很好的一致性（Zhang et al.，2008；Zhao et al.，2013；Luo et al.，2015；Cheng et al.，2003；Xu et al.，2003；Liu et al.，2007）。

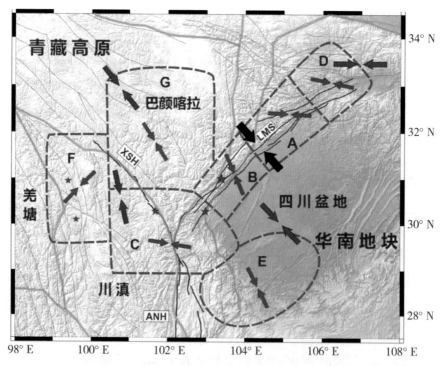

蓝色箭头对：震源机制反演得到的主压应力方向（数据参阅文献 Cheng et al.，2003；Xu et al.，2003；Liu et al.，2007；Zhang et al.，2008）；黑色箭头对：本研究综合的各类研究结果；红色箭头对：本研究得到的每个分区主压应力方向。其他符号和线等含义同图4。

图8　剪切波分裂资料推断的主压应力方向分布

◆ 4　结论与讨论

使用长达 18 年的地震记录，本研究通过剪切波分裂分析，得到青藏高原东缘构造域及龙门山断裂带域的上地壳各向异性特征；通过分析快波偏振和慢波时间延迟参数，获得了快波偏振的空间分布及汶川地震前后的空间分布统计特征。结果显示，快波偏振特征受到区域构造的影响很大。在龙门山断裂带上，应力场和断裂构造都影响到快波偏振特征，导致一些分区出现 2 个优势方向的结果，有的则呈现非常离散的现象。块体或断裂边界附近区域的快波偏振特征更为复杂，在块体内部则呈现相对优势明显。

在汶川地震前后，可以观察到一些台站或区域剪切波分裂参数的变化，既有快波偏振方向的改变，也有慢波时间延迟的变化。研究发现，展现明显变化的台站，大致符合 2 种情况，一是震中距较近，二是处于断裂/构造边界附近。

本研究发现，汶川地震前后，龙门山断裂带区域的慢波时间延迟的降幅显著大于周边区域，而龙门山断裂带北段的慢波时间延迟降幅大于龙门山断裂带中段，反映了汶川地震造成的破裂及应力释放的状态。龙门山断裂带南端与鲜水河断裂、安宁河断裂交汇区，慢波时间延迟降幅小于龙门山断裂带主要区域。剪切波分裂参数在不同区域的这种统计结果差异，反映了地壳应力状态及介质物性的状态。

通过分析剪切波分裂参数，在剥离或降低几何构造的影响后，本研究给出了龙门山断裂带域及周边区域的主压应力方向分布。应力空间分布特征符合其他独立的应力研究结果，表明剪切波分裂参数可用于分析应力状态。

早前对苏门答腊 M_S 9.2 级地震的研究显示，由于处在全球大型板块（洋中脊转换断层）边缘，远在上万千米远的台站也可能有所反应（Crampin & Gao，2012）。汶川 M_S 8.0 级地震前后的水压致裂原地应力测量结果显示，在发震的龙门山断裂带上，最大水平主应力值和最小水平主应力值分别降低了 29% 和 23%，证明大地震前后应力大小会明显改变；而在断层下盘的地应力测量结果在地震前后没有明显变化（Guo et al.，2009）。从这些研究得到的启示是，应力变化反映了地壳介质物性状态的变化，地震活动伴随应力状态的改变，可以通过解析地震波特性观测到应力变化，进而可应用于地震应力预测研究之中，但是观测位置的选择非常重要，只有在对应力变化敏感的地区开展观测研究，才有望得到好的结果。

本研究虽然使用了大量的波形记录，但限于大地震前有效记录的不足，得到的初步认识还有待后续更为深入的研究工作的检验或修正。对于本文的结果，如果不拘泥于定量的数字，而从定性上理解所观察到的现象，可能更有益于相关研究的深入。

◆ 致　　谢

四川省地震局张永久、邵玉平在数据处理方面对本研究有贡献。中国地震局地球物理研究所国家测震台网数据备份中心（DOI：10.11998/SeisDmc/SN）、四川和云南地震台网为本研究提供地震波形数据（Zheng et al.，2009）。

❖ 说　明

文章发表信息：高原，石玉涛，陈安国，2018. 青藏东缘地震各向异性、应力及汶川地震影响. 科学通报，63（19）：1934–1948. DOI：10.1360/N972018–00317.

❖ 参考文献

Allen C R, Lou Z L, Qian H, et al., 1991. Field study of a highly active fault zone：The Xianshuhe fault of Southwestern China. Geol. Soc. Amer. Bull., 103（9）：1178–1199.

Booth D C, Crampin S, 1985. Shear-wave polarizations on a curved wavefront at an isotropic free-surface. Geophys. J. Int., 83：31–45.

Chen Y T, Yang Z X, Zhang Y, et al., 2013. From Wenchuan earthquake to Lushan earthquake. Sci. China：Earth Sci. （in Chinese），43：1064–1072. ［陈运泰，杨智娴，张勇，等，2013. 从汶川地震到芦山地震. 中国科学（D 辑：地球科学），43：1064–1072.］

Cheng W Z, Diao G L, Lü Y P, et al., 2003. Focal mechanisms, displacement rate and mode of motion of the Sichuan–Yunnan block. Seismol. Geol. （in Chinese），25：71–87. ［程万正，刁桂苓，吕弋培，等，2003. 川滇地块的震源力学机制、运动速率和活动方式. 地震地质，25：71–87.］

Clark M, Royden L H, 2000. Topographic ooze：Building the eastern margin of Tibet by lower crustal flow. Geology, 28：703–706.

Crampin S, Chastin S, Gao Y, 2003. Shear-wave splitting in a critical crust：III—Preliminary report of multi-variable measurements in active tectonics. J. Appl. Geophys., 54：265–277.

Crampin S, Gao Y, Bukits J, 2015. A review of retrospective stress-forecasts of earthquakes and volcanic eruptions. Phys. Earth Planet Inter., 245：76–87.

Crampin S, Gao Y, Peacock S, 2008. Stress-forecasting（not predicting）earthquakes：A paradigm shift?. Geology, 36：427–430.

Crampin S, Gao Y, 2012. Plate-wide deformation before the Sumatra–Andaman Earthquake. J. Asian Earth Sci., 46：61–69.

Crampin S, Peacock S, 2005. A review of shear-wave splitting in the compliant crack-critical anisotropic Earth. Wave Motion, 41：59–77.

Crampin S, 1994. The fracture criticality of crustal rocks. Geophys. J. Int., 118：428–438.

Data Management Centre of China National Seismic Network, 2007. Waveform data of China National Seismic Network. Institute of Geophysics, China Earthquake Administration. DOI：10. 11998/SeisDmc/SN. http://www. seisdmc. ac. cn. ［国家测震台网数据备份中心，2007. 国家测震台网地震波形数据. 中国地震局地球物理研究所. DOI：10.11998/SeisDmc/SN. http://www. seisdmc. ac. cn.］

Ding Z F, Wu Y, Wang H, et al., 2008. Variations of shear wave splitting in the 2008 Wenchuan earthquake region. Sci. China Ser. D – Earth Sci. （in Chinese），38：1600–1604. ［丁志峰，武岩，王辉，等，2008. 2008 年汶川地震震源区横波分裂的变化特征. 中国科学（D 辑：地球科学），38：1600–1604.］

Gao Y, Crampin S, 2004. Observations of stress relaxation before earthquakes. Geophys. J. Int., 157：578–582.

Gao Y, Crampin S, 2008. Shear-wave splitting and Earthquake forecasting. Terra Nova, 20: 440 – 448.

Gao Y, Shi Y T, Wu J et al., 2012. Shear-wave splitting in the crust: Regional compressive stress from polarizations of fast shear-waves. Earthq. Sci., 25: 35 – 45.

Gao Y, Wang P D, Zheng S H, et al., 1998. Temporal changes in shear-wave splitting at an isolated swarm of small earthquakes in 1992 near Dongfang, Hainan Island, southern China. Geophys. J. Int., 135: 102 – 112.

Gao Y, Wang Q, Zhao B, et al., 2014. A rupture blank zone in middle south part of Longmenshan Faults: Effect after Lushan M_S 7. 0 earthquake of 20 April 2013 in Sichuan, China. Sci. China: Earth Sci., 57: 2036 – 2044. [高原, 王琼, 赵博, 等, 2013. 龙门山断裂带中南段的一个破裂空段: 芦山地震的震后效应. 中国科学: 地球科学, 43 (6): 1038 – 1046.]

Gao Y, Wu J, Cai J A, et al., 2009. Shear-wave splitting in southeast of Cathaysia block, South China. J. Seismol., 13: 267 – 275.

Gao Y, Wu J, Fukao Y, et al., 2011. Shear-wave splitting in the crust in North China: Stress, faults and tectonic implications. Geophys. J. Int., 187: 642 – 654.

Gao Y, Wu J, Yi G X, et al., 2010. Crust – mantle coupling in North China zone: Preliminary analysis from seismic anisotropy. Chin. Sci. Bull., 55: 3599 – 3605. [高原, 吴晶, 易桂喜, 等, 2010. 从壳幔地震各向异性初探华北地区壳幔耦合关系. 科学通报, 55: 2837 – 2843.]

Gao Y, Wu Z L, Liu Z, et al., 2000. Seismic source characteristics of nine strong earthquakes from 1988 to 1990 and earthquake activity since 1970 in the Sichuan – Qinghai – Xizang (Tibet) zone of China. Pure Appl. Geophys., 157: 1423 – 1443.

Gao Y, Zheng S H, Sun Y, 1995. Crack-induced anisotropy in the crust from shear wave splitting observed in Tangshan region, North China. Acta Seismol. Sin., 8: 351 – 363. [高原, 郑斯华, 孙勇, 1995. 唐山地区地壳裂隙各向异性. 地震学报, 17: 283 – 293.]

Guo Q L, Wang C H, Ma H S, et al., 2009. In-situ hydro-fracture stress measurement before and after the Wenchuan M_S 8. 0 earthquake of China. Chin. J. Geophys. (in Chinese), 52: 1395 – 1401. [郭启良, 王成虎, 马洪生, 等, 2009. 汶川 M_S 8. 0 级大震前后的水压致裂原地应力测量. 地球物理学报, 52: 1395 – 1401.]

Jiang Z S, Niu A F, Wang M, et al., 2005. Quantitative analysis for tectonic deformation on active rupture zones. Acta Seismol. Sin. (in Chinese), 27: 610 – 619. [江在森, 牛安福, 王敏, 等, 2005. 活动断裂带构造变形定量分析. 地震学报, 27: 610 – 619.]

Kong F S, Wu J, Liu K H, 2016. Crustal anisotropy and ductile flow beneath the eastern Tibetan Plateau and adjacent areas. Earth Planet Sci. Lett., 442: 72 – 79.

Lei J S, Zhao D P, Su J R, et al., 2009. Fine seismic structure under the Longmenshan fault zone and the mechanism of the large Wenchuan earthquake. Chin. J. Geophys. (in Chinese), 52: 339 – 345. [雷建设, 赵大鹏, 苏金蓉, 等, 2009. 龙门山断裂带地壳精细结构与汶川地震发震机理. 地球物理学报, 52: 339 – 345.]

Lei J S, Zhao D P, 2009. Structural heterogeneity of the Longmenshan fault zone and the mechanism of the 2008 Wenchuan earthquake (M_S = 7. 0). Geochem. Geophys. Geosyst., 10: Q10010. DOI: 10. 1029/2009GC002590.

Lev E, Long M D, van der Hilst R D, 2006. Seismic anisotropy in eastern Tibet from shear wave splitting reveals changes in lithospheric deformation. Earth Planet Sci. Lett., 251: 293 – 304.

Li Z W, Xu Y, Huang R Q, et al., 2011. Crustal P-wave velocity structure of the Longmenshan region and its implications for the 2008 Wenchuan earthquake. Sci. China: Earth Sci. (in Chinese), 41: 283 – 290. [李志伟, 胥颐, 黄润秋, 等, 2011. 龙门山地区的 P 波速度结构与汶川地震的深部构造特征. 中国科学: 地球科学, 41: 283 – 290.]

Liu P J, Diao G L, Ning J Y, 2007. Fault plane solutions in Sichuan – Yunnan rhombic block and their dynamic implications. Acta Seismol. Sin. (in Chinese), 29: 449 – 458. [刘平江, 刁桂苓, 宁杰远, 2007. 川滇地块的震源机制解特征及其地球动力学解释. 地震学报, 29: 449 – 458.]

Liu Q Y, van der Hilst R D, Li Y, et al., 2014. Eastward expansion of the Tibetan Plateau by crustal flow and strain partitioning across faults. Nat. Geosci., 30: 1 – 5.

Luo Y, Zhao L, Zeng F X, et al., 2015. Focal mechanisms of the Lushan earthquake sequence and spatial variation of the stress field. Sci. China: Earth Sci., 58: 1148 – 1158. [罗艳, 赵里, 曾方祥, 等, 2015. 芦山地震序列震源机制及其构造应力场空间变化. 中国科学: 地球科学, 45: 538 – 550.]

Munson C G, Thurber C H, Li Y, et al., 1995. Crustal shear wave anisotropy in southern Hawaii: Spatial and temporal analysis. J. Geophys. Res., 100: 20367 – 20377.

Peng Z, Ben-Zion Y, 2004. Systematic analysis of crustal anisotropy along the Karadere—Düzce branch of the North Anatolian fault. Geophys. J. Int., 159 (1): 253 – 274.

Royden L H, Burchfiel B C, King R W, et al., 1997. Surface deformation and lower crustal flow in eastern Tibet. Science, 276: 788 – 790.

Shan B, Xiong X, Zheng Y, et al., 2013. Stress changes on major faults caused by 2013 Lushan earthquake and its relationship with 2008 Wenchuan earthquake. Sci. China: Earth Sci. (in Chinese), 43: 1002 – 1009. [单斌, 熊熊, 郑勇, 等, 2013. 2013 年芦山地震导致的周边断层应力变化及其与 2008 年汶川地震的关系. 中国科学: 地球科学, 43: 1002 – 1009.]

Shi Y T, Gao Y, Wu J, et al., 2009. Crustal seismic anisotropy in Yunnan, Southwestern China. J. Seismol., 13: 287 – 299.

Shi Y T, Gao Y, Zhang Y J, et al., 2013. Shear-wave splitting in the crust in eastern Songpan – Garze block, Sichuan – Yunnan block and western Sichuan basin. Chin. J. Geophys. (in Chinese), 56: 481 – 494. [石玉涛, 高原, 张永久, 等, 2013. 松潘—甘孜地块东部、川滇地块北部与四川盆地西部的地壳剪切波分裂. 地球物理学报, 56: 481 – 494.]

Shi Y T, Gao Y, Zhao C P, et al., 2009. A study of seismic anisotropy of Wenchuan earthquake sequence. Chin. J. Geophys., 52: 138 – 147. [石玉涛, 高原, 赵翠萍, 等, 2009. 汶川地震余震序列的地震各向异性. 地球物理学报, 52: 398 – 407.]

Sun L, Zhang M, Wen L, 2016. A new method for high-resolution event relocation and application to the aftershocks of Lushan Earthquake, China. J. Geophys. Res.: Solid Earth, 121: 2539 – 2559.

Tapponnier P, Peltzer G, Le Dain A Y, 1982. Propagating extrusion tectonics in Asia: New insights from simple experiments with plasticine. Geology, 10: 611 – 616.

Teanby N A, Kendall J M, Jones R H, et al., 2004. Stress-induced temporal variations in seismic anisotropy observed in microseismic data. Geophys. J. Int., 156: 459 – 466.

Teng J W, Zhang Z J, Wang A W, et al., 1992. The study of anisotropy in elastic medium: Evolution, present situation and questions. Geophysl. Prog. (in Chinese), 7: 14 – 28. [滕吉文, 张中杰, 王爱武, 等, 1992. 弹性介质各向异性研究沿革、现状与问题. 地球物理学进展, 7: 14 – 28.]

Wang C, Flesch L M, Silver P G, et al., 2008. Evidence for mechanically coupled lithosphere in central Asia and resulting implications. Geology, 36：363 － 366.

Wang Q, Gao Y, 2014. Rayleigh wave phase velocity tomography and strong earthquake activity on the southeastern front of the Tibetan Plateau. Sci. China：Earth Sci., 57：2532 － 2542. ［王琼, 高原, 2014. 青藏东南缘背景噪声的瑞利波相速度层析成像及强震活动. 中国科学：地球科学, 44：2440 － 2450.］

Wang Z, Wang X B, Huang R Q, et al., 2017. Deep structure imaging of multi-geophysical parameters and seismogenesis in the Longmenshan fault zone. Chin. J. Geophys. (in Chinese), 60 (6)：2068 － 2079. ［王志, 王绪本, 黄润秋, 等, 2017. 龙门山断裂带多参数深部结构成像与地震成因研究. 地球物理学报, 60 (6)：2068 － 2079.］

Wang Z, Zhao D P, Wang J, 2010. Deep structure and seismogenesis of the north － south seismic zone in southwest China. J. Geophys. Res., 115：B12334. DOI：10. 1029/2010JB007797.

Wen X Z, Du F, Zhang P Z, et al., 2011. Correlation of major earthquake sequences on the northern and eastern boundaries of the Bayan Har block, and its relation to the 2008 Wenchuan earthquake. Chin. J. Geophys. (in Chinese), 54：706 － 716. ［闻学泽, 杜方, 张培震, 等, 2011. 巴颜喀拉块体北和东边界大地震序列的关联性与 2008 年汶川地震. 地球物理学报, 54：706 － 716.］

Wu J, Crampin S, Gao Y, et al., 2006. Smaller source earthquakes and improved measuring techniques allow the largest earthquakes in Iceland to be stress-forecast (with hindsight). Geophys. J. Int., 166：1293 － 1298.

Wu J, Gao Y, Chen Y T, 2009. Shear-wave splitting in the crust beneath the southeast Capital area of North China. J. Seismol., 13：277 － 286.

Wu Q J, Zeng R S, Zhao W J, 2004. The upper mantle structure of the Tibetan Plateau and its implication for the continent － continent collision. Sci. China Ser. D － Earth Sci. (in Chinese), 34：919 － 925. ［吴庆举, 曾融生, 赵文津, 2004. 喜马拉雅—青藏高原的上地幔倾斜构造与陆 － 陆碰撞过程. 中国科学 (D 辑：地球科学), 34：919 － 925.］

Wu Y Q, Jiang Z S, Wang M, et al., 2013. Preliminary results pertaining to coseismic displacement and preseismic strain accumulation of the Lushan M_S 7.0 earthquake, as reflected by GPS surveying. Chin. Sci. Bull. (in Chinese), 58 (20)：1910 － 1916. ［武艳强, 江在森, 王敏, 等, 2013. GPS 监测的芦山 7.0 级地震前应变积累及同震位移场初步结果. 科学通报, 58 (20)：1910 － 1916.］

Xu X W, Wen X Z, Han Z J, et al., 2013. Lushan M_S 7.0 earthquake：A blind reserve-fault earthquake. Chin. Sci. Bull. (in Chinese), 58：1887 － 1893. ［徐锡伟, 闻学泽, 韩竹军, 等, 2013. 四川芦山 7.0 级强震：一次典型的盲逆断层型地震. 科学通报, 58：1887 － 1893.］

Xu X W, Wen X Z, Ye J Q, et al., 2008. The M_S 8.0 Wenchuan earthquake surface ruptures and its seismogenic structure. Seismol. Geol. (in Chinese), 30：597 － 629. ［徐锡伟, 闻学泽, 叶建青, 等, 2008. 汶川 M_S 8.0 地震地表破裂带及其发震构造. 地震地质, 30：597 － 629.］

Xu X W, Wen X Z, Zheng R Z, et al., 2003. Up-to-date structural variation patterns and dynamic sources of active blocks in Sichuan and Yunnan. Sci. China Ser. D － Earth Sci. (in Chinese), 33 (S1)：151 － 162. ［徐锡伟, 闻学泽, 郑荣章, 等, 2003. 川滇地区活动块体最新构造变动样式及其动力来源. 中国科学 (D 辑：地球科学), 33 (S1)：151 － 162.］

Yi G X, Long F, Vallage A, et al., 2016. Focal mechanism and tectonic deformation in the seismogenic area of the 2013 Lushan earthquake sequence, southwestern China. Chin. J. Geophys. (in Chinese), 59：3711 － 3731. ［易桂喜, 龙锋, Vallage A, 等, 2016. 2013 年芦山地震序列震源机制与震源区构造

变形特征分析. 地球物理学报, 59: 3711 – 3731.]

Yi G X, Long F, Wen X Z, et al., 2015. Seismogenic structure of the M 6.3 Kangding earthquake sequence on 22 Nov. 2014, Southwestern China. Chin. J. Geophys. (in Chinese), 58: 1205 – 1219. [易桂喜, 龙锋, 闻学泽, 等, 2015. 2014 年 11 月 22 日康定 M 6.3 级地震序列发震构造分析. 地球物理学报, 8: 1205 – 1219.]

Zhan Y, Zhao G Z, Unsorth M, et al., 2013. Deep structure beneath the southwestern section of the Longmenshan fault zone and seimogenetic context of the 4.20 Lushan M_S 7.0 earthquake. Chin. Sci. Bull. (in Chinese), 58: 1917 – 1924. [詹艳, 赵国泽, Uusworth M, 等, 2013. 龙门山断裂带西南段 4.20 芦山 7.0 级地震区的深部结构和孕震环境. 科学通报, 58: 1917 – 1924.]

Zhang P Z, Deng Q D, Zhang G M, et al., 2003. Active tectonic blocks and strong earthquakes in the continent of China. Sci. China Ser. D – Earth Sci. (in Chinese), 33 (S1): 12 – 20. [张培震, 邓起东, 张国民, 等, 2003. 中国大陆的强震活动与活动地块. 中国科学 (D 辑: 地球科学), 33 (S1): 12 – 20.]

Zhang P Z, Xu X W, Wen X Z, et al., 2008. Slip rates and recurrence intervals of the Longmen Shan active fault zone and tectonic implications for the mechanism of the May 12 Wenchuan earthquake, 2008, Sichuan, China. Chin. J. Geophys. (in Chinese), 51: 1066 – 1073. [张培震, 徐锡伟, 闻学泽, 等, 2008. 2008 年汶川 8.0 级地震发震断裂的滑动速率、复发周期和构造成因. 地球物理学报, 51: 1066 – 1073.]

Zhang Y, Feng W P, Xu L S, et al., 2008. Spatio-temporal rupture process of the 2008 great Wenchuan earthquake. Sci. China Ser. D – Earth Sci. (in Chinese), 38: 1186 – 1194. [张勇, 冯万鹏, 许力生, 等, 2008. 2008 年汶川大地震的时空破裂过程. 中国科学 (D 辑: 地球科学), 38: 1186 – 1194.]

Zhang Z J, Chen Y, Tian X B, 2009. Crust-upper mantle structure on the eastern margin of Tibet Plateau and its geodynamic implications. Chin. J. Geophys. (in Chinese), 44: 1136 – 1150. [张忠杰, 陈赟, 田小波, 2009. 青藏高原东缘地壳上地幔结构及其动力学意义. 地质科学, 44: 1136 – 1150.]

Zhang Z J, Deng Y F, Chen L, et al., 2012. Seismic structure and rheology of the crust under mainland China. Gondwana Res., 23: 1455 – 1483.

Zhao B, Gao Y, Huang Z B, et al., 2013. Double difference relocation, focal mechanism and stress inversion of Lushan M_S 7.0 earthquake sequence. Chin. J. Geophys. (in Chinese), 56: 3385 – 3395. [赵博, 高原, 黄志斌, 等, 2013. 四川芦山 M_S 7.0 地震余震序列双差定位、震源机制及应力场反演. 地球物理学报, 56: 3385 – 3395.]

Zhao B, Shi Y T, Gao Y, 2011. Relocation of aftershocks of the Wenchuan M_S 8.0 earthquake and its implication to seismotectonics. Earthq. Sci., 24: 107 – 113.

Zheng X F, Ouyang B, Zhang D N, et al., 2009. Technical system construction of Data Backup Centre for China Seismograph Network and the data support to researches on the Wenchuan earthquake. Chinese J. Geophys. (in Chinese), 52: 1412 – 1417. [郑秀芬, 欧阳飚, 张东宁, 等, 2009. "国家测震台网数据备份中心" 技术系统建设及其对汶川大地震研究的数据支撑. 地球物理学报, 52: 1412 – 1417.]

Zheng Y, Ma H S, Lü J, et al., 2009. Source mechanism of strong aftershocks ($M_S \geqslant 5.6$) of the Wenchuan earthquake and the implication for seismotectonics. Sci. China Ser. D – Earth Sci. (in Chinese), 39: 413 – 426. [郑勇, 马宏生, 吕坚, 等, 2009. 汶川地震强余震 ($M_S \geqslant 5.6$) 的震源机制解及其与发震构造的关系. 中国科学 (D 辑: 地球科学), 39: 413 – 426.]

第二编
DIER BIAN
QITA DIQU DE YANJIU

其他地区的研究

华南扬子与华夏两块体拼合带的地震
与重磁综合研究

郭良辉[1]，高　锐[2,3]

◆ 0 引　言

华南大陆主要由两个前寒武纪块体（西北侧的扬子块体与东南侧的华夏块体）在新元古代碰撞拼合而成，经历了新元古代晚期陆内伸展裂谷和冰期、早古生代和早中生代两次陆内造山事件、晚中生代陆内构造改造，以及中新生代古亚洲洋、特提斯洋和古太平洋三大构造域汇聚围限而复合演变，最终形成现今基本面貌（舒良树，2012；张国伟 等，2013）。

扬子与华夏两大块体拼合带是华南构造演化与动力学研究富有争议的重要科学问题之一，长期争议之处体现在：两块体的名称、性质，以及拼合时间、位置、深部接触关系等等。两块体的名称存在有多种版本，比如扬子准地台和华南加里东褶皱带（任纪舜 等，1980），扬子古陆和华夏古陆（水涛 等，1986），扬子块体与华夏块体（舒良树，2012；Charvet，2013），扬子准克拉通和华南复合陆内造山区（张国伟 等，2013），等等。两块体的拼合时间存在新元古代早期、新元古代中晚期、早古生代及早中生代等之说（任纪舜 等，1980；许靖华 等，1987；舒良树，2006，2012；张国伟 等，2013）。两块体的拼合位置为大多数学者所认同的是大致沿桂北、黔东南，经湘西北、赣北和皖南到浙西的长条状的晚前寒武纪变质岩系，即江南古陆或江南造山带一线（杨明桂 等，1997；舒良树，2006，2012；张国伟 等，2013；Zhao & Cawood，2012；Charvet，2013）。其中，拼合带东段被认为沿着绍兴—江山—萍乡断裂带一线，由于缺乏关键地质标志，拼合带西段至今仍然不清且存在较大的争议。两块体拼合的深部接触关系存在扬子向华夏俯冲、华夏向扬子俯冲及扬子与华夏离散双俯冲等不同观点（许靖华 等，1987；舒良树，2006，2012；张国伟 等，2013；Charvet，2013；Zhao，2016）。

1 中国地质大学（北京）地球物理与信息技术学院；2 中山大学地球科学与工程学院；3 中国地质科学院地质研究所。

基金项目："深部探测技术与实验研究"国家专项项目二（SinoProbe‐02‐01）和国家自然科学基金项目（41374093、41774098）联合资助。

上述两块体拼合带长期争议的主要原因在于新元古代拼合形成的华南陆块受到后续多期次、不同方向构造改造及沉积覆盖，地质构造极其复杂，深部构造特征不清楚。揭露深部结构与构造特征是推动扬子与华夏两块体拼合带研究的重要途径。几十年来我国在华南大陆及周缘开展了许多深部地球物理探测，包含深地震测深、大地电磁测深及少量深地震反射剖面。此外，固定宽频地震台站近 300 个，平均台站间距近 70 km，而地面重力调查、航磁调查在 20 世纪已实现全区的高分辨率覆盖。部分学者利用这些探测资料对扬子与华夏两块体拼合带取得一些研究认识（Zhang et al.，2007，2008；He et al.，2013；Zhang et al.，2015）。但这些研究认识大都基于稀疏探测剖面或基于单一地球物理探测，或仅聚焦华南大陆某局部地区，尤其是缺少揭露岩石圈精细结构的深反射地震剖面，使得这些成果未能很好探讨上述拼合带问题。2011—2012 年"深部探测技术与实验研究"国家专项项目二（SinoProbe‑02）（高锐 等，2011）在华南大陆探测了横贯不同构造单元的深反射地震长剖面，以期切开地壳上地幔揭露深部结构与构造特征。Dong 等（2015）根据重庆—邵阳段深反射地震剖面发现雪峰山构造带深部存在古老造山带遗迹，时间可能在古元古代（约 2.0—1.9 Ga 前）。Gao 等（2016）根据绵阳—重庆段深反射地震剖面发现四川盆地下地壳底部存在一条切割地壳向东南延伸到上地幔顶部的俯冲带遗迹，时间可能是新元古代。

本文针对扬子与华夏两块体拼合带位置和深部接触关系问题，利用 SinoProbe‑02 的重庆—瑞金段深反射地震剖面，揭露沿线的岩石圈精细结构和深部构造特征，剖析沿线的拼合带位置和深部接触关系，进而利用区域重磁数据、区域宽频地震数据分别进行重磁综合研究及远震接收函数与重力联合估计，认识区域地壳结构、物质组成与构造特征，追踪拼合带位置的区域展布。虽然华南大陆两大块体的命名不一，但为了下文叙述方便，本文将西北侧块体称为扬子块体，东南侧块体称为华夏块体，两块体之间的晚前寒武纪变质岩系称为江南造山带。本文遵从近年来多数学者所认识的两块体拼合时间大致为新元古代中晚期（Wang et al.，2006；Li et al.，2009；Zhou et al.，2009；舒良树，2012；张国伟 等，2013；Yao et al.，2013）。本文相关研究成果已发表在 *Precambrian Research*（Guo & Gao，2018）和 *Earth and Planetary Science Letters*（Guo et al.，2019）期刊上，具体内容可详见这两篇文章。

❈◆ 1 深反射地震剖面构造解释

深反射地震剖面是揭露岩石圈精细结构的关键技术，垂向分辨率高。本文从 SinoProbe‑02 项目组（高锐 等，2011）收集到华南大陆重庆市—瑞金市的深反射地震剖面叠加图。它西起华蓥山东缘的重庆市，向东越过金佛山、梵净山、怀化盆地、雪峰山、衡阳盆地、井冈山、赣州盆地，抵达瑞金市，全长约 984 km，横向分辨率达 1∶50 000 比例尺。该剖面经过常规地震数据处理和特殊处理得到深反射地震叠加剖面（图 1）。

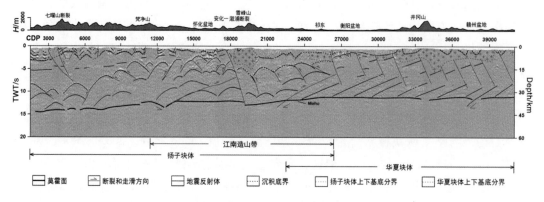

图1　重庆—瑞金段深反射地震剖面构造解释

从深反射地震剖面构造解释可知，以祁东县为界，西北侧深部呈现双层基底结构，上为弱反射特征，下为长条弧形的叠瓦的强反射体，分别对应为新元古代中晚期弱变质基底和具有造山性质的强烈变形的前南华纪结晶基底。自梵净山以东，深部双层基底向东南隆升形成江南造山带，但在安化—溆浦断裂带以东至祁东县，受地壳正断裂的作用，江南造山带双层基底略有沉降，并在雪峰山浅层发育团块较厚的具有弱反射特征的岩浆岩体。莫霍面总体平缓，但在梵净山自西向东陡升近4 km。

东南侧深部同样呈现双层基底结构，但其反射特征与西北侧的差异明显。上层基底的反射体很少且特征不清晰，大体呈现为少量西北倾的反射体与弱反射团块相间分布，推测为局部破裂的基底，下层基底呈现西北倾、叠瓦的强反射体，对应西北倾、叠瓦变形的前南华纪结晶基底，指示东南块体向西北汇聚之迹象。表层发育了面状分布的较厚的具有弱反射特征的岩浆岩体。衡阳盆地、井冈山和赣州盆地下方均呈现从莫霍面延伸到表层的直立弱反射体，推测为上地幔热岩浆沿地壳断裂破碎带上涌贯入及熔融形成的岩浆岩体，与表层面状分布的中酸性岩浆岩体密切相关。莫霍面总体平缓，在赣州盆地和邵阳下地壳底部呈现切割莫霍面而向西北倾的反射体，指示东南侧块体向西北汇聚之遗迹。

因此，祁东县两侧为两个块体，西北侧为扬子块体，东南侧为华夏块体，它们的地壳结构和构造变形特征显然差异。其间的江南造山带深部构造具有明显亲扬子构造的特征，北界可达梵净山深部隐伏的深断裂，而南界止于祁东—永州深断裂。两个块体的深部接触关系整体表现为，西北侧扬子块体双层基底向东南逆冲叠置到东南侧华夏结晶基底之上。根据区域地质地层资料，舒良树（2006，2012）认为萍乡—祁东—永州—桂林一带以西北为弱变质的前南华纪泥沙质岩、南华纪冰碛岩、震旦纪硅酸－碳酸盐岩和石炭纪—志留纪石煤、石灰岩、白云岩、碎片岩等，表现为亲扬子块体的构造属性；而以东南为强烈变质的前南华纪泥沙质岩、弱变质的南华纪—奥陶纪泥沙岩，南华纪没有冰碛岩，震旦纪—奥陶纪期间没有碳酸盐岩，表现为亲华夏块体的构造属性。因此，本文的深反射地震剖面构造认识与舒良树（2006，2012）的区域地质认识较为吻合。

◇ 2 重磁数据处理与构造解释

重磁方法是研究区域构造的重要方法之一，容易实现全区高分辨率覆盖，水平分辨率较高。本文从世界地质图委员会公布的世界重力图网格数据库 WGM2012 下载并网格化得到华南大陆布格重力异常数据，经纬度范围为 104°E—122°E、21°N—32°N，数据网度为 10 km×10 km。WGM2012 数据库是由国际重力测量局依据高分辨率的地球重力模型 EGM2008 和高程模型 ETOPO1，采用球谐方法计算得到的（Balmino et al.，2012），计算中考虑了实际的地球模型和大多数地表物质质量分布（空气、陆地、海洋、内陆海洋、湖泊、冰盖和冰架）。由于收集到的布格重力异常数据携带高频噪声，因此本文对之做带宽为 100 km 的低通滤波去噪处理。本文从中国国土资源航空物探遥感中心收集到华南大陆航磁异常数据，经纬度范围为 104°E—122°E、21°N—32°N，数据网度为 10 km×10 km。华南大陆布格重力异常总体趋势为从东向西逐渐降低，变化平缓。从湖北西部向南西经湖南武陵山至广西西部呈现一条鲜明的重力梯级带，宽约 50～100 km，它是一条反映岩石圈内部密度变化的重要界线。华南大陆航磁异常总体表现为西部为低强度且变化平缓，东部高低相间分布且变化频繁，走向主要为北东向。

由于布格重力异常不仅包含了地壳内部地质体与构造的影响，也包括了 Moho 深度起伏的影响，为了分析扬子与华夏不同块体地壳结构与构造的差异性，本文通过 100～800 km 的带通滤波分离出剩余重力异常，它主要反映地壳内部密度结构与构造。其中，高异常主要反映地壳内变质岩基底隆起与增厚或中基性岩浆岩，而低异常主要反映地壳内变质岩基底凹陷与减薄、沉积层增厚或中酸性岩浆岩。赣湘桂、苏皖及武夷、云开等地区呈现的高异常，反映地壳内基底隆起、增厚；四川盆地呈现的高异常，反映沉积盖层下覆的地壳基底隆起及可能发育有中基性岩浆岩；而皖南、赣北、湘西、桂西一线以东南的广大地区呈现的面状分布低异常，反映地壳表层和内部的中酸性岩浆岩，以西北的川东褶皱带、贵西地区呈现的低异常，反映地壳内基底凹陷、减薄。

华南大陆东部广泛发育面状分布的多期次多类型火山-侵入岩，它们大都具有一定的剩磁，造成区内磁性体总磁化方向复杂多变，与现今地磁场方向可能不一致。这样，常规化极磁异常难免会出现一些与真实地质的偏差，影响地质解释可靠性。总模量磁异常（Stavrev & Gerovska，2000）是磁异常的一种转换量，受剩磁影响小，能较好反映剩磁影响下的磁性体真实位置和轮廓。因此，本文对华南大陆航磁异常作换算得到总模量磁异常，其特征总体呈现为东西高、中间低。其中，中高强度异常对应为岩浆岩，而低强度异常对应为沉积岩和变质岩基底。可见，四川盆地的中高强度异常，反映沉积盖层下覆的基底内发育有中基性岩浆岩；云贵交界的中高强度异常，反映地壳表层的中基性岩浆岩；赣北、湘西、桂西一线以东南的广大地区的面状分布中高强度异常，反映地壳表层和内部的岩浆岩，表明此区域为岩浆活动强烈区，东部越强的异常，反映为中基性岩浆岩，以西北的川东褶皱带、贵州等地区的低强度异常，反映为地壳内变质岩基底和沉积岩，表明此区域为岩浆活动薄弱区。

以绍兴—江山—萍乡—祁东—永州—北海一线为界，西北侧呈现北东向、高低相间的重力异常特征和中低强度、平缓的总模量磁异常特征，反映扬子块体基底北东向隆升与凹陷有序并排、岩浆活动薄弱、川中结晶基底底部可能存在中基性岩浆底辟。宜昌—梵净山—百色一线呈现北北东走向的自西向东陡增的重力梯级带，反映深部莫霍面自西向东陡升地带。东南侧呈现广泛的低重力异常特征及密集的北东向条带状、串珠状高总模量磁异常特征，反映华夏块体深部构造被多期次、多方向改造而整体无序，未有基底隆升与凹陷并排之迹象，表层面状分布了中酸性岩浆岩，岩浆活动强烈。因此，扬子与华夏两块体地壳结构和构造变形明显差异，其间的江南造山带呈现与扬子块体类似的重磁异常特征，反映其深部构造具有亲扬子构造的特征。根据重磁异常特征，本文推测江南造山带南界沿绍兴—江山—萍乡—祁东—永州—贵港—北海一线展布，扬子与华夏两块体沿着江南造山带南界碰撞拼合。

◆ 3 接收函数与重力联合估计及构造解释

地壳厚度和泊松比参数是揭示地壳结构和物质组成的重要参数。地壳厚度参数可描述地壳增厚和减薄特征，而地壳泊松比均可用于描述地壳内部物质成分差异（Christensen，1996）。一般地，酸性岩（石英矿物含量高），如花岗岩、花岗闪长岩等，泊松比小于 0.26；中性岩，如闪长岩、中性麻砾岩等，泊松比在 0.26 ～ 0.28 之间；基性、超基性岩（铁镁质矿物含量高），如辉长岩、角闪岩等，泊松比在 0.28 ～ 0.30 之间；至于泊松比大于 0.3 的岩石，则预示着地壳岩石存在部分熔融、破碎带（孔隙度高、存在流体）或蛇纹岩化的断裂带等（Zandt & Ammon，1995；Christensen，1996）。

接收函数 $H-\kappa$ 叠加法（Zhu & Kanamori，2000）是估计地壳厚度和泊松比参数的常用方法，已在全球多个地区得到广泛应用。但实际应用中，部分台站往往由于台站下方构造复杂、波形数据质量差等问题，造成多次反射震相拾取困难和偏差，导致接收函数 $H-\kappa$ 叠加解的不确定性。布格重力异常通常包括了莫霍面起伏引起的重力异常，也包含了地壳内部物质成分密度不均匀引起的重力异常。地壳厚度可描述莫霍面起伏变化，泊松比则可描述地壳内部物质成分并与地壳密度相关（Christensen，1996）。因此，布格重力异常除了与地壳厚度和密度直接相关外，还与泊松比密切相关，通过布格重力异常反演这些参数，从而为接收函数 $H-\kappa$ 叠加法提供约束信息。

本文从中国地震局地球物理研究所国家测震台网数据备份中心收集到华南大陆固定地震台站的宽频地震观测的远震波形数据（郑秀芬 等，2009），经纬度范围为 104°E—122°E、21°N—32°N，共计 263 个台站，台站平均间距约 70 km。波形数据的远震范围为 30°～90°，观测时间为 2013—2015 年，提取远震到时 -20 ～ 600 s。经过数据预处理、接收函数计算和 $H-\kappa$ 叠加等，得到各台站地壳厚度和波速比的初始值，再应用接收函数与重力联合估计方法（Guo et al.，2019）最终获得 240 个台站地壳厚度和波速比的联合估计值。图 2 显示了湖南省 HN. JIS 台站的接收函数和重力联合估计结果，原始接收函数 $H-\kappa$ 叠加谱并不清晰但可拾取，结果为 $H=42.5$ km、$\kappa=1.7$，而接收函数与重力联合估计的 $H-\kappa$ 联合谱能量聚焦且清晰，拾取结果为 $H=35.5$ km、$\kappa=1.84$，拾取精度和效率都得到明显提高。

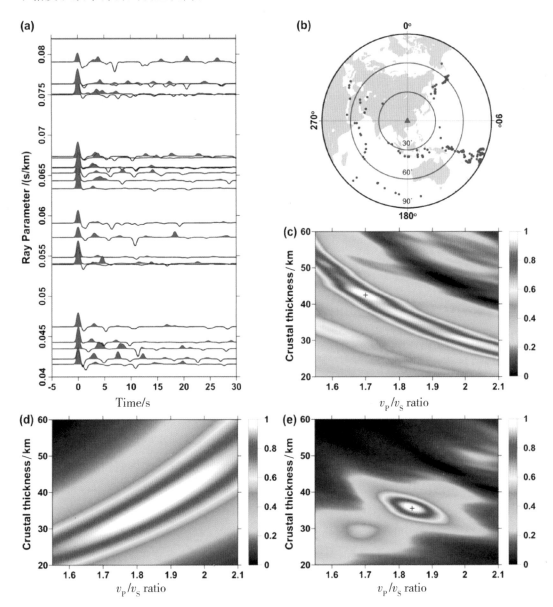

（a）接收函数；（b）远震分布；（c）接收函数 $H-\kappa$ 叠加谱；（d）重力 $H-\kappa$ 似然谱；（e）接收函数与重力的 $H-\kappa$ 联合谱。

图 2　湖南省 HN. JIS 台站接收函数与重力联合估计

以宜昌—梵净山—百色沿线为界，西北侧地壳厚度偏大（38～46.5 km）、变化平缓，东南侧地壳厚度偏小（26～34 km）、变化平缓。宜昌—梵净山—百色沿线呈现为北北东走向的地壳厚度梯级带，莫霍面向东陡升近 4 km，反映中生代岩石圈和地壳减薄自东向西延伸到宜昌—吉首—百色一线，这与沿线的重力梯级带较为一致。地壳厚度梯级带可能源于上地幔热岩浆上涌熔融及发生岩石圈拆沉作用，或中生代西太平洋板块西向长距离（>1000 km）平俯冲作用（Li & Li，2007）。

以江南造山带为界，西北侧块体地壳泊松比较大（0.25～0.31）、变化平缓，反映扬子块体下地壳较厚，地壳铁镁质矿物含量高，四川盆地及川东褶皱带下地壳底部可能存在中基性岩浆底辟。东南侧地壳泊松比相对低些（0.24～0.29）、变化较大，反映华夏块体下地壳较薄，地壳铁镁质矿物含量低些而石英矿物含量高些，浙闽粤沿海地区下地壳可能分布中基性岩浆岩或部分熔融介质，与表层面状分布的火山岩密切关联。因此，扬子块体与华夏块体地壳结构和物质成分存在差异。其间的江南造山带呈现鲜明的地壳泊松低值带（0.17～0.24），反映地壳石英矿物含量较高，存在褶皱和逆冲推覆叠置构造。本文推测上述鲜明的地壳泊松比低值带可能代表扬子与华夏两块体的拼合带，其北界沿石台—九江—益阳—吉首—百色一线展布，南界沿绍兴—江山—萍乡—祁东—永州—贵港—北海一线展布，与上述重磁推断较为一致。

4 结 论

本文针对新元古代中晚期扬子与华夏两块体拼合带位置和深部接触关系问题，综合利用深反射地震剖面、区域重磁数据和区域宽频地震数据，剖析两块体及拼合带的深部结构与构造特征，结果表明：扬子与华夏两块体地壳结构、物质成分和深部构造特征差异显著。江南造山带是两块体的过渡带，是华夏块体向扬子块体俯冲及扬子基底向华夏基底逆冲超覆形成的，其深部结构与构造具有亲扬子块体的特征。本文推测扬子与华夏两块体拼合带南界沿绍兴—江山—萍乡—祁东—永州—贵港—北海一线展布，北界沿石台—九江—益阳—吉首—百色一线展布，新元古代中晚期华夏块体沿拼合带向扬子块体俯冲碰撞拼合形成统一的华南陆块。本文获得的深部结构与构造特征为华南构造科学问题研究提供了深部依据，但由于华南地质构造极其复杂，而且地球物理解释存在一定的多解性局限，今后仍需要更精细、更高分辨率的地球物理探测与综合解释以及多学科交叉研究。

致 谢

感谢中国地震局地球物理研究所国家数字测震台网数据备份中心为本文研究提供远震波形数据。本文在研究期间得到张国伟院士、舒良树教授、牛宝贵研究员的热情讨论和宝贵建议，也得到中国地质科学院地质研究所岩石圈研究中心各成员的支持和帮助，在此一并表示感谢。

✕◆参 考 文 献

Balmino G, Vales N, Bonvalot S, et al., 2012. Spherical harmonic modelling to ultra-high degree of Bouguer and isostatic anomalies. Journal of Geodesy, 86: 499 – 520.

Charvet J, 2013. The Neoproterozoic – Early Paleozoic tectonic evolution of the South China Block: an overview. Journal of Asian Earth Sciences, 74: 198 – 209.

Christensen N. 1996. Poisson's ratio and crustal seismology. Journal of Geophysical Research, 101: 3139 – 3156.

Dong S, Zhang Y, Gao R, et al., 2015. A possible buried Paleoproterozoic collisional orogen beneath central South China. Precambrian Research, 264: 1 – 10.

Gao R, Chen C, Wang H, et al., 2016. SINOPROBE deep reflection profile reveals a Neo-Proterozoic subduction zone beneath Sichuan Basin. Earth and Planetary Science Letters, 454: 86 – 91.

Guo L, Gao R, 2018. Potential-field Evidence for the central and western Suture Zone Between the Yangtze and Cathaysia Blocks in South China. Precambrian Research, 309, 45 – 55.

Guo L, Gao R, Shi L, et al., 2019. Crustal thickness and Poisson's ratios in South China revealed by joint inversion of receiver function and gravity data. Earth and Planetary Science Letters, 510: 142 – 152.

He C, Dong S, Santosh S, Chen X, 2013. Seismic Evidence for a Geosuture between the Yangtze and Cathaysia Blocks. Scientific Reports, 3: 2200.

Li X H, Li W X, Li Z X, et al., 2009. Amalgamation between the Yangtze and Cathaysia Blocks in South China: Constraints from SHRIMP U – Pb zircon ages, geochemistry and Nd – Hf isotopes of the Shuangxiwu volcanic rocks. Precambrian Research, 174: 117 – 128.

Li Z, Li X, 2007. Formation of the 1300-km-wide intracontinental orogen and postorogenic magmatic province in Mesozoic South China: a flat-slab subduction model. Geology, 35: 179 – 182.

Stavrev P, Gerovska D, 2000. Magnetic field transforms with low sensitivity to the direction of source magnetization and high centricity. Geophysical Prospecting, 48: 317 – 340.

Wang X L, Zhou J C, Qiu J S, et al., 2006. LA – ICP – MS U – Pb zircon geochronology of the Neoproterozoic igneous rocks from Northern Guangxi, South China: implications for tectonic evolution. Precambrian Research, 145: 111 – 130.

Yao J, Shu L, Santosh M, Li J, 2013. Geochronology and Hf isotope of detrital zircons from Precambrian sequences in the eastern Jiangnan Orogen: Constraining the assembly of Yangtze and Cathaysia Blocks in South China. Journal of Asian Earth Sciences, 74: 225 – 243.

Zandt G, Ammon C J, 1995. Continental crust composition constrained by measurements of crustal Poissson's ratio. Nature, 374: 152 – 154.

Zhang L, Jin S, Wei W, et al., 2015. Lithospheric electrical structure of South China imaged by magnetotelluric data and its tectonic implications. Journal of Asian Earth Sciences, 98: 178 – 187.

Zhang Z, Wang Y, 2007. Crustal structure and contact relationship revealed from deep seismic sounding data in South China. Physics of the Earth and Planetary Interiors, 165 (1 – 2): 114 – 126.

Zhang Z, Zhang X, Badal J, 2008. Composition of the crust beneath southeastern China derived from an integrated geophysical data set. Journal of Geophysical Research, 113 (B4): B04417.

Zhao G C, 2016. Jiangnan Orogen in South China: Developing from divergent double subduction. Gondwana

Research, 27: 1173 –1180.

Zhao G C, Cawood P A, 2012. Precambrian geology of China. Precambrian Research, 222 –223: 13 –54.

Zhou J C, Wang X L, Qiu J S, 2009. Geochronology of Neoproterozoic mafic rocks and sandstones from northeastern Guizhou, South China: coeval arc magmatism and sedimentation. Precambrian Research, 170: 27 –42.

Zhu L P, Kanamori H, 2000. Moho depth variation in southern California from teleseismic receiver function. Journal of Geophysical Research, 105 (B2): 2969 –2980.

高锐, 王海燕, 张中杰, 等, 2011. 切开地壳上地幔揭露大陆深部结构与资源环境效应. 地球学报, 32 (S1): 34 –48.

任纪舜, 姜春发, 张正坤, 等, 1980. 中国大地构造及演化. 北京: 地质出版社.

任纪舜, 2013. 1:500 万国际亚洲地质图. 北京: 地质出版社.

舒良树, 2006. 华南前泥盆纪构造演化: 从华夏地块到加里东期造山带. 高校地质学报, 12 (4): 418 –431.

舒良树, 2012. 华南构造演化的基本特征. 地质通报, 31 (7): 1035 –1053.

水涛, 徐步台, 梁如华, 等, 1986. 绍兴江山古陆对接带. 科学通报, 31 (6): 444 –448.

许靖华, 孙枢, 李继亮, 1987. 是华南造山带而不是华南地台. 中国科学 (B 辑), 17 (10): 1107 –1115.

杨明桂, 梅勇文, 1997. 钦—杭古板块结合带与成矿带的主要特征. 华南地质与矿产, 9 (3): 52 –59.

张国伟, 郭安林, 王岳军, 等, 2013. 中国华南大陆构造与问题. 中国科学: 地球科学, 43 (10): 1553 –1582.

郑秀芬, 欧阳飚, 张东宁, 等, 2009. "国家测震台网数据备份中心" 技术系统建设及其对汶川大地震研究的数据支撑. 地球物理学报, 52 (5): 1412 –1417.

中亚造山带东段大兴安岭地壳精细结构和变形样式

——深地震反射剖面的揭示

侯贺晟[1,2]，王海燕[2]，高　锐[2,3]，李秋生[2]，李洪强[1,2]，熊小松[1,2]，李文辉[2]，童　英[2]

◆0 引　言

大兴安岭（图1）为中亚造山带（CAOB）东段（Sengör et al.，1993；Sengör & Natal'in，1996；Jahn et al.，2000，2001；Xiao et al.，2009），北部（306 km）比南部（97 km）宽得多，是世界上明显改造过的显生宙地壳增生带之一（Sengör et al.，1993；Wilde et al.，2001；Windley et al.，2001，Badarch et al.，2002；Xiao et al.，2003，2008，2009，2010）。中亚造山带东段包括中国东北和俄罗斯远东邻近地区，以显生宙时期微陆块碰撞为特征，标志着华北克拉通与西伯利亚克拉通之间的广泛碰撞带。与国际地质学界对中亚造山带中、西区段的大量调查相比（Dobretsov et al.，2003，2006；Xiao et al.，2003，2004，2008，2009，2010；Xiao et al.，2011，2013，2014；Buslov et al.，2004；Buslov，2011；Klemd et al.，2005；Charvet et al.，2007，2011；Windley et al.，2001，2007；Gao et al.，2009；Han et al.，2010a，2010b；Kröner et al.，2010，2012；Lehmann et al.，2010；Long et al.，2010，2012），有一小部分中国研究学者对东段进行了长期的研究（Wu et al.，2000，2002，2007a；Li et al.，2009；Xu et al.，2009；Liu et al.，2010；Zhou et al.，2009a，2009b，2010，2011）。在地球物理方面，已有部分研究采用地震方法获取该地区的地壳和上地幔结构（Lu & Xia，1993；Yang et al.，1996；Fu，1996；Fu et al.，1998；Huang & Zhao，2006；Tian et al.，2011；Zhao & Tian，2013；Zhang et al.，2013，2014a，2014b；Pan et al.，2014）。这些地震研究使用纵波、横波和环境噪声层析成像方法，提供了覆盖整个岩石圈和软流层的很多重要发现，尤其是地球内部某些重要边界的图像，例如 Moho、岩石圈—软流圈的边界（LAB）、410 km 和 660 km 的间断面。然而，中国东北部微陆块之间持续的汇聚不仅导致内部边界的上升和下降，而且使板块内部变形，从而使地壳结构更加复杂。因此，大兴安岭地壳的精细图像对于了解陆内造山运动的变形和动力学至关重要。

---

1 中国地质科学院，北京，100037；2 自然资源部深地动力学重点实验室，中国地质科学院地质研究所，北京，100037；3 中山大学地球科学与工程学院，广州，510275。

深部地震反射成像是认识地壳和上地幔精细结构的有效方法。在 20 世纪 90 年代初西藏南部构造演化的研究中（Brown et al., 1996；Nelson et al., 1996；Zhao et al., 1993），这种方法在世界范围内已经被证明是特别成功的（Brown, 2013），并在"深部探测技术与实验研究"专项（SinoProbe）项目、中国地质调查项目和其他基金的支持下丰富了我们对中国大陆构造背景的认识（Dong et al., 2011, 2013；Gao et al., 2010, 2011；Gao et al., 2013a, 2013b, 2013c；Hou et al., 2012；Lu et al., 2013；Guo et al., 2013；Lü et al., 2013；Wang et al., 2011；Wang et al., 2010, 2012, 2014；Zhang et al., 2014a, 2014b）。然而，在大兴安岭地区，利用地震反射方法进行地壳研究的仅有一次。20 世纪 90 年代中期在大兴安岭北部完成的深地震反射剖面只有 130 km，30 次覆盖（Yang et al., 1996）。因此，以往关于大兴安岭的所有研究的主要问题都是缺乏能够潜在地反映浅层构造和深部地壳构造（以汇聚为主导）的地震剖面。综上所述，2011 年开展了深地震剖面资料采集工作，在中国地质调查局地质调查项目的支持下，得到最新处理的穿越该带的深地震反射剖面。在本文中，我们报告了由这条 400 km 长的 72 次（叠加）覆盖的地震反射剖面所得到的地壳结构和变形（图 1）。

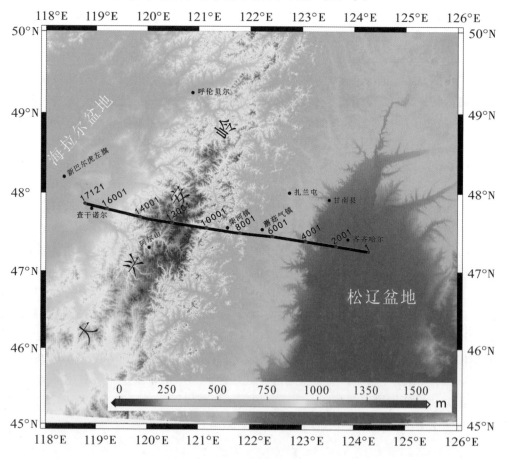

黑线：深地震反射剖面的位置。

图 1　大兴安岭及邻域地形

◈ 1　构造和地质背景

在构造上看，中国东北位于中亚造山带（CAOB）的东段。在古生代，该地区经历了古亚洲洋的演化和最终闭合，以及多个微陆块的聚合，从西到东包括额尔古纳、兴安、松嫩—张广才岭、佳木斯和兴凯地块（Sengör et al.，1993；Sengör & Natal'in，1996；Li et al.，1999；Jahn et al.，2004；Xiao et al.，2003，2009；Xu et al.，2013）。在其南侧，华北克拉通与这些地块被索伦—西拉木伦—长春—延吉缝合带分隔开。界定各种地块边界的断裂包括西北部的塔源—喜桂图断裂，其将额尔古纳地块和兴安地块分开；贺根山—嫩江—黑河断裂（或称为嫩江—八里罕断裂，嫩江断裂），其隔开兴安和松嫩—张广才岭地块；牡丹江断裂，其分隔松嫩—张广才岭地块和佳木斯地块；敦化—密山断裂，其分隔佳木斯地块和兴凯地块（Wu et al.，2007b；Xu et al.，2013）。

主要位于兴安地块上的大兴安岭，是中国最重要的山脉之一。它与太行山、雪峰山形成屏障，将中国分为东部和西部。其特殊的地理位置和构造特征，引起人们对大兴安岭研究的更多关注。

李四光（1939）认为大兴安岭是晚中生代新华夏构造体系的第三次隆升，并强调了其构造特征是东亚太平洋地区的特殊构造现象（Lee，1973）。黄汲清等（1980）将中生代构造岩浆活动强烈的大兴安岭作为太平洋构造域边缘，进一步指出太平洋板块向中国东缘的俯冲类似于安第斯型俯冲，中国东缘为活动大陆边缘（Huang et al.，1980）。

以上是早期关于大兴安岭中生代构造演化背景的两种主要观点，显然这两种观点关于大兴安岭的形成机制不同。前者认为挤压来自跨海陆的相对剪切运动，后者强调挤压来自洋陆板块汇聚，但两者的共同之处是认同大兴安岭是水平压缩造成的（Shao et al.，2007）。

在中生代，中国东北地区在东部受到环太平洋构造体系的影响（Li et al.，1999，2009；Wu et al.，2004，2007a；Xu et al.，2009，2013），西北部受蒙古—鄂霍茨克构造体系的影响（Qin et al.，1999；Li et al.，2009；Chen et al.，2010；Meng et al.，2011）。针对火成岩省的演化，学者们也提出了一些地球动力学模型（Zhou et al.，2009a，2009b；Zhang et al.，2011）：①地幔柱活动的结果（Lin et al.，1998；Ge et al.，1999）或者其他板块内的过程（Shao et al.，1994，2001a，2001b，2005）；②蒙古—鄂霍茨克洋板块俯冲与板片拆沉（Wang et al.，2002；Fan et al.，2003）；③与古太平洋俯冲有关的活动大陆边缘（Zhao et al.，1989，1994）；④岩石圈拆沉（Wang et al.，2006a）。

◈ 2　地震数据采集

大兴安岭东、西侧有着复杂多变的地质构造，火山岩覆盖地表和各种地质单元，大部分主干山脉森林茂密、水系发达，雷电天气是影响数据采集质量的主要因素。尽管在现场工作中遇到了很多困难，例如地表岩性的变化、地震检波器安放的恶劣条件、大片农田、大兴安岭地势起伏，但是我们仍然能够在严格的地震数据采集规定下，获得高质量的数据。考虑到大兴安岭的北北东趋势，以及现有的道路网，我们的测线比较接近东西向，垂直于主要的构造单元（图1）。该东西向的地震反射剖面东起松辽盆地的西缘，穿过黑龙江省齐齐哈尔市区嫩江东侧，经龙江县、碾子山区，进入内蒙古自治区扎兰屯市蘑菇气镇，向西经柴河横穿大兴安岭，最后到内蒙古自治区的查干诺尔结束。

根据测线沿线不同岩性的特点，共采用9种合计49台钻机，确保井深和炸药用量。使用SERCEL 428地震数据采集系统来记录震源爆炸产生的地震波。这些炮点装载大小不同的三种药量的炸药：24 kg炸药被放置在25 m深的井中，间隔250 m；96 kg炸药被放置在一个35 m或两个25 m深的井中，间隔1 km；每50 km激发500 kg炸药来提供地壳最深处的强反射能量信号。

记录的采样率为2 ms，总的双程走时为30 s，至少有720道接收。最小的偏移距是25 m。为了避免风的干扰，我们把检波器放在坑内，每天监控，以选择最佳的放炮时间并避免雷电天气。用SM 24（10 Hz）检波器记录的地震反射数据，平均72次共中心点（CMP）叠加，检波器组间隔50 m。具体采集参数见表1。

表1　大兴安岭深地震反射剖面采集参数

内容	主要参数	内容	主要参数
采集时间	2011年6—8月	测线长度	400 km
采集单位	中石化地球物理公司华东分公司	采集系统	Sercel 428XL
采集区域	黑龙江省的齐齐哈尔，内蒙古自治区柴河、阿尔山	采样率	2 ms
测线类型	2D	高截滤波	128 Hz
最小采集道数	720	药量	小炮24 kg、中炮96 kg、大炮500 kg
记录长度	中、小炮30 s，大炮60 s	总炮数	1664
检波器型号	SM 24（固有频率10 Hz）	正常炮井深	25 m
检波器组合	单串（12个）线性组合	炮间距	250 m
道间距	50 m	叠加次数	72次
最小偏移距	25 m	CMP间距	25 m
激发类型	炸药	CMP数	17 120

3　地震数据处理

结合ProMAX和CGG地震数据处理系统的优势，按照石油行业普遍采用的标准流程进行地震数据处理（表2）。为了提高成像质量，在处理之前测试了大量的程序和参数。主要处理步骤包括数据解编、观测系统定义、道编辑、层析静校正、地表一致性振幅恢复、多域叠前去噪、速度分析和剩余静校正、高阶动校正（normal move-out，NMO）、倾角时差校正（dip move-out，DMO）和共中心点叠加、偏移。

地形变化大、风噪声、能量传播深度不同是影响数据质量的主要因素。因此，为了获得高质量的数据，采用了几种关键的处理方法。

（1）层析静校正。在 200～1500 m 范围内高程的剧烈变化和近地表速度变化使剖面的静校正变得困难。层析静校正可以有效地消除地形起伏对长偏移地震数据的影响（Hou et al.，2010；Gao et al.，2013a，2013b）。

（2）多域叠前噪声压制。在大兴安岭，影响记录数据信噪比的因素主要包括暴风、面波、线性干扰和一些随机噪声。自适应衰减法能够很好地压制面波，并在多域（$f-x$，$f-k$）进行线性噪声和随机噪声的衰减。

（3）高精度的速度分析和剩余静校正的多次迭代。速度分析是处理工作的关键步骤，交互式速度分析工具与速度扫描结合使用，以 20 个 CMP 为间隔进行速度谱高密度分析，采用速度分析和剩余静校正多次迭代提高叠加成像精度。

（4）倾角时差校正。一般情况下，坚硬岩石覆盖的地下构造较为复杂，其特征是倾角大、反射面不连续、点散射（Lü et al.，2013）。因此，在叠加过程中使用 DMO 对于保持不同叠加速度下的不一致的倾角至关重要（Gao et al.，2013a，2013b；Lü et al.，2013）。结果表明，与 NMO 相比，DMO 得到了更好的叠加剖面。

表 2　大兴安岭深地震反射数据处理流程

处理流程	参数
输入 SEG－D 数据并输出 SEG－Y 数据	
定义二维观测系统	面元大小 25 m
道编辑	重采样 4 ms
全偏移距初至波拾取	
层析静校正	替换速度 1800 m/s、基准面高程 1200 m
球面扩散补偿和地表一致性振幅校正	
叠前多域（$f-x$，$f-k$）噪声衰减	
地表一致性预测反褶积	算子长度 160 ms
速度分析	间隔 40 CMP
剩余静校正	进行速度分析 5 次
高阶 NMO 校正	
倾角时差校正，CMP 叠加	
叠后滤波	
叠前时间偏移，克希霍夫偏移	

◆ 4　地震反射样式及讨论

从全球已采集到的大量地震反射剖面数据可以得出，大陆地壳的反射存在显著差异（Sadowiak et al.，1991）。这些大规模差异与数据采集和处理参数无关（Trappe et al.，1988）。大兴安岭下的反射样式非常不同且值得注意。该剖面的叠前时间偏移结果和解释如图 2 所示。地震反射样式的解释基于叠前时间偏移剖面。

4.1　兴安地块与松嫩地块之间的反射模式

中生代—新生代的松辽盆地，有着中国最大的非海相油田（Feng et al.，2010），前人认为其西缘为嫩江—八里罕断裂，而从反射剖面可以追踪到其西缘尖灭在嫩江以西约 38 km 处（超过 1500 个 CMP）。松辽盆地西缘与龙江盆地以断层相隔（图 3）。

在 CMP 1501 ～ 2001 范围内（图 3）可以识别松辽盆地（TWT 1.5 ～ 2.5 s）下的断陷，其下方 2 s 深处（TWT 4 s）为向斜构造。在 CMP 501 ～ 1001 和 CMP 2601 ～ 3801 的大致相同深度处，反射结构与两个盆地底部的几何形状都有相关性。我们将这种反射定义为上地壳与中地壳之间的界面（图 3，Interface between upper and middle crust of Songnen Massifs，IUMOSNM，松嫩地块的上地壳与中地壳之间的界面）。如果我们在 IUMOSNM 下更深入地研究，我们可以确定一系列由松嫩地块下一层组成的下地壳反射（Lower crust reflection of Songnen Massifs，LROSNM，松嫩地块下地壳反射）。该套地层被三条断裂带所分隔（图 3），断裂带起源于壳幔转换带。

蘑菇气镇附近存在较大的滑脱层（CMP 4001 ～ 6001），滑脱层从近地表 0.3 ～ 2.5 s 缓慢倾斜，而该层（断层）呈水平反射，然后向东倾斜得更深，向莫霍面倾斜得更深。由于断层两侧的反射特征和变形方式不同，说明该滑脱层（图 3，Muoguqi detachment layer、MGQDL、蘑菇气滑脱层）是一条分离松嫩地块和兴安地块的地壳尺度断层。

在 MGQDL（CMP 5301 ～ 7001，TWT 3 ～ 6 s）以西，在两个反射界面内存在自西向东变薄的褶皱层，该变形层（Fold strata of Xing'an Massifs，FSOXAM，兴安地块褶皱层）应受大兴安岭中生代和新生代隆升控制。

4.2　大兴安岭上地壳的反射样式

此剖面中有三个值得注意的特征。偏移剖面上最明显的特征是中上地壳的地壳尺度短而强的反射［图 2（c）和图 4］。这些不连续反射层（图 4）埋深最大（TWT 7 s），位于阿尔山西北部（CMP 12 501 ～ 13 501），在柴河镇附近有逐渐向东变薄的趋势，埋深较浅（TWT 3 s）。这些反射层没有任何的统一的优势倾向，而大多数反射层都有较小的弯曲。作者将这些反射解释为经历多期岩浆活动的火成岩堆积在下地壳之上。

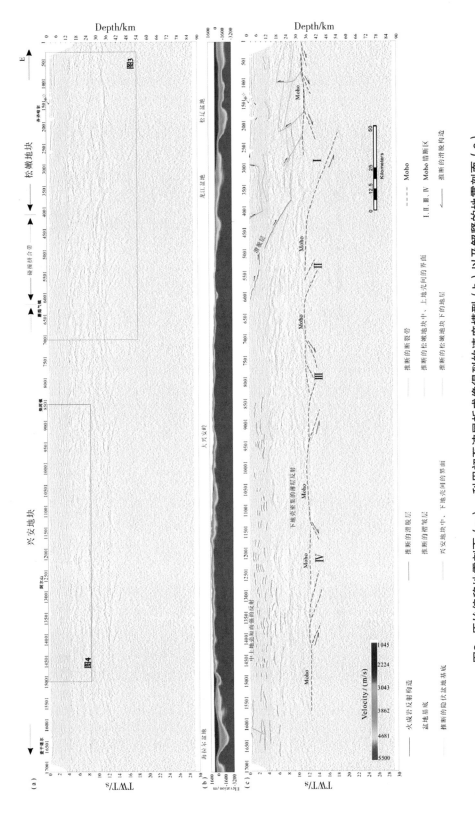

图2 原始偏移地震剖面（a）、利用初至波层析成像得到的速度模型（b）以及解释的地震剖面（c）

注意到大兴安岭主体下方的中上地壳内部结构而粗而强的反射和下地壳内密集的近水平反射。

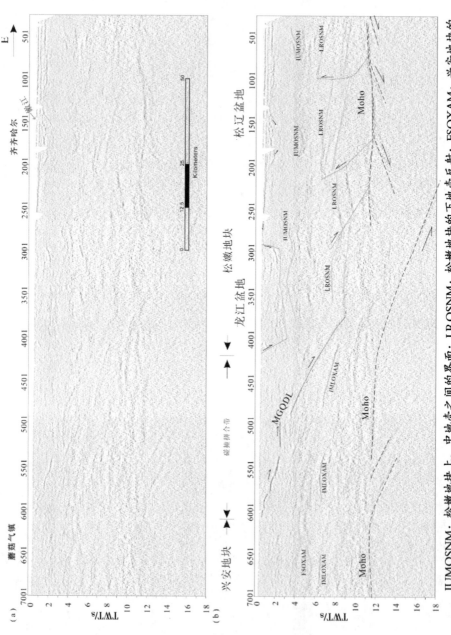

IUMOSNM：松嫩地块上、中地壳之间的界面；LROSNM：松嫩地块的下地壳反射；FSOXAM：兴安地块的褶皱地层；IMLOXAM：兴安地块中、下地壳之间的界面。

图3 对图2（a）原始偏移地震剖面的放大（a）与对应的地震解释剖面（b）

注意到莫霍反射表现出汇聚特征，并且滑脱层延伸到莫霍面，将两个地块分开。图例与图2相同。

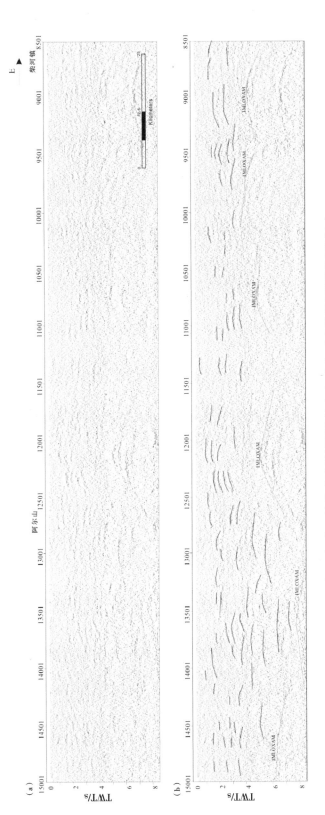

图4　对图2（a）原始偏移地震剖面的放大（a）与对应的地震解释剖面（b）

注意到大兴安岭主体下方上、中地壳分界面之上的短而强的反射。图例与图2相同。

4.3　下地壳和莫霍的反射样式

该偏移剖面上的另外两个明显特征是下地壳密集的片层反射和莫霍错断（具有相反倾向的反射）。下地壳的顶层（图 4，Interface between middle and lower crust of Xing'an Massifs，IMLOXAM，兴安地块的中、下地壳之间的界面）很容易识别，因为它们是一系列穿顶反射构造，它们将兴安地块下地壳中的薄层反射与中上地壳短弧形反射分隔开。

莫霍反射的几何形状是惊人的。此剖面显示了四处 Moho 错断［图 2（c）］。在兴安地块下方有两处 Moho 错断，均由倾向相反的反射界面组成［图 2（c）Ⅲ、Ⅳ］，每处 Moho 错断在莫霍面之下都有几个次平行倾斜反射或反射带。最大的错断区［图 2（c）Ⅰ］出现在兴安地块和松嫩地块的连接处，看起来像是一系列向西倾斜的反射，延伸到松嫩地块下方的地幔，被延伸到 TWT 18 s 处的向东倾斜反射切割。

下地壳和莫霍面的这些反射样式表明韧性剪切以及下地壳、莫霍面和上地幔的流变学在影响反射特性方面起重要作用。

✕◆ 5　讨　论

5.1　地壳结构和变形

与满洲里—绥芬河地学断面相比（Jin & Yang，1994），兴安地块与松嫩地块碰撞带下的莫霍面汇聚特征相似。新的地震反射剖面与满洲里—绥芬河地学断面的不同之处在于提供了精细的高分辨率壳幔结构，以便重新厘定兴安地块和松嫩地块的深部构造边界。

从图 2 到图 4 可以看出，大兴安岭下方的大量的地壳反射表现出不同的反射样式。在地震剖面上清楚地识别出不同的结构样式和变形特征，既有与古碰撞或碰撞后事件有关的莫霍面挤压构造，也有松嫩地块中地壳内的断裂系统［图 2（c）、图 3］，与伸展有关的拆离层（图 3），或原始的挤压构造与连贯的褶皱、穿顶反射构造分隔了薄层反射的兴安地块下地壳与短弧形反射的中上地壳［图 2（c）、图 4］。这些地壳地震反射构造意味着碰撞后的构造格局由挤压向伸展转变，地壳形变变得不均匀。

松嫩地块部分地区，上地壳的构造发育受中层（IUMOSNM，图 3）控制，中层受莫霍面深断裂控制。蘑菇气滑脱层（图 3 中的 MGQDL）最有可能代表一个碰撞后伸展构造，它是一个分离松嫩地块和兴安地块的地壳尺度断层。

Mooney 和 Brother（1987）的结论是，伸展区通常表现出强烈的下地壳反射，呈层状，而会聚区的反射较弱且更不连续。兴安地块下地壳片层和条带与大兴安岭主造山期多期岩浆活动导致的热环境下普遍韧性下地壳的剪切作用密切相关。在伸展过程中，中地壳岩石被拉伸成一系列具有弧形几何结构的分段，矿物排列整齐，在中上地壳中形成地震构造。

5.2 兴安地块与松嫩地块的碰撞带

岩石学、岩石地球化学、年代学研究（Wu et al.，2002，2011；Cui et al.，2013）和区域构造演化揭示，大兴安岭东段的这些晚石炭纪侵入体形成于兴安地块与松嫩地块碰撞的晚造山-后造山伸展构造背景下，两地块不晚于早石炭纪末拼合（Cui et al.，2013）。因为大兴安岭的东部为隆起并且松辽盆地的西部被覆盖，没有很好的露头，因此几乎没有与俯冲有关的地表地质的报道，只有一篇文章讨论了兴安地块和松嫩地块之间的拼合时间（Cui et al.，2013）。

在大量深地震剖面上通常观察到下地壳反射"楔入"莫霍面反射中（Cook et al.，1999；Calvert et al.，1995；Cook，2002）。通常，莫霍面以下反射，特别是"楔入"上地幔的反射被解释为与古碰撞有关的地幔反射（Calvert et al.，1995）。笔者推测松嫩地块下一套东倾反射［CMP 2301～4251，TWT 11.8～18 s；图2（c）、图3］与一系列西倾反射波相对延伸到上地幔的组构为构造遗迹和碰撞后的古残块镶嵌。中上地壳东倾结构（图3中的MGQDL）与兴安地块和松嫩地块碰撞后造山期的伸展机制有关。因此，这些反射体对认识中亚造山带的演化，施加了从"深（CMP 2301～4251）到浅（CMP 4201～6101）"的空间限制。

5.3 地幔反射体与松嫩地块演化动力转换

大兴安岭新生代岩浆活动的大地构造背景在大陆板块内部，岩浆活动与外围构造体系有关（Dong et al.，2008）。蒙古—鄂霍茨克洋的晚侏罗世—早白垩世闭合提供了与太平洋构造带向西应力场相反的应力场，以及随后华北—蒙古的拼合，这些综合应力触发了中国东北地区构造地块的反应性和广泛的火山活动。虽然这些地块在晚古生代拼合在一起，但没有连接成一个统一大陆（Ren et al.，1999）。两个对立应力的最终结果是在大兴安岭地区的地壳和上地幔内经历了从挤压到伸展的几个阶段。

地震反射结构显示出岩浆活动的特征，随大兴安岭下方的空间变化而迁移（图4）。晚侏罗世火山活动可能与鄂霍茨克洋的关闭有关，白垩纪火山活动很可能受古太平洋俯冲的拆沉和后撤控制（Zhang，2007）。本文对两种俯冲系统（蒙古—鄂霍茨克洋和西太平洋）引起这些莫霍面构造进行了解释，莫霍面是下地壳与上地幔之间的活跃开放边界（Amdt & Goldstein，1989），地幔岩石可通过莫霍面进入地壳中。

5.4 莫霍反射深度和年龄

莫霍反射的深度、几何形状及特征不一定与地表及近地表岩石的年龄有关（Cook，2002；Cook et al.，2010）。加拿大西北部的一个剖面清楚地说明了这一特征，加拿大西北部地表岩石从太古宙到中元古代，再到古生代，但莫霍反射保持了33～36 km的恒定深度（Cook，2002）。从图2可以看出，大陆莫霍面的复杂性质可能受到岩石圈构造和岩浆活动历史的强烈影响，许多深地震反射剖面证明了这一点（Hammer & Clowes，1997；Chadwick & Pharaoh，1998；Knapp et al.，1998；Brown，2013）。英国及其附近地区的地震莫霍反射显示出与上地壳结构的强相关性（Chadwick & Pharaoh，1998）。但当我们将地壳的平均速度 6 km/s 用作图 2（c）中地壳厚度的参考，本文的时间偏移剖面显示了大兴安岭下 36 km（12 s）莫霍的近平坦反射。莫霍面深度从松辽盆地最浅（小于30 km）到最深的大兴安岭（>40 km）不等。莫霍面形态特征与最近的研究结果基本一致（Zhang et al.，2014c），显示了中国东北地区不同深度莫霍面的强烈连续正转换。松辽盆地东缘以下的地壳或多或少是根据早期近垂直地震反射数据得出的估计值（32 km）（Yang et al.，2003）。对于进一步的工作，我们将尝试参考地震折射剖面获得的地壳速度结构进行深度转换，地震折射剖面是沿着地震反射剖面的。

6 结 论

通过严格的地震资料采集规范和精心选择的处理方法，获得了高质量的地震反射剖面，提供了详细的地壳尺度结构及其变形样式。为东北地区兴安地块与松嫩地块碰撞以来地壳演化提供了重要的地球物理证据。

初步处理结果反映了大兴安岭与邻近盆地的接触关系。松辽盆地西缘下地壳和上地幔结构较为复杂，松辽盆地和龙江盆地的底界面形态与受一系列深断裂系统控制的中地壳形态正相关。松辽盆地作为我国大型含油气盆地，其形成的构造背景仍需考虑其东缘的深部构造。

我们可以从火山体和复杂的莫霍反射事件中识别出许多弯曲的反射。在大兴安岭西部，下地壳上方广泛分布的短弧形反射可能是火成岩的反射，是经过多次岩浆活动后地壳增厚的产物。值得注意的是，强烈的莫霍反射似乎在空间上与古老的碰撞或俯冲带有关。这种情况可能表明多个空间相关的构造事件。大兴安岭西部的下地壳和莫霍反射特征表明，该区（带）曾多次发生过堆积和地壳增厚事件。它的形成反映了蒙古—鄂霍茨克构造体系和环太平洋构造体系的综合动力作用。

此剖面也表明，大兴安岭并不是在一次构造事件中建立的，简单的模型也无法阐明地壳幔边界附近的过程以及莫霍面不连续的瞬时性质。从这个剖面得出的更多深层反射的性质仍然是需要讨论的问题。

致 谢

感谢中石化地球物理公司华东分公司在数据采集过程中付出的努力以及北京派特森公司的数据处理工作。感谢肖文交教授邀请我们在《亚洲地质》上发表研究成果。

说 明

本文由国瑞、侯贺晟翻译自 2015 年发表在 *Journal of Asian Earth Sciences* 上的文章，具体文献信息如下：Hou H S, Wang H Y, Gao R, et al., 2015. Fine crustal structure and deformation beneath the Great Xing'an Ranges, CAOB: Revealed by deep seismic reflection profile. Journal of Asian Earth Sciences, 113: 491 – 500.

◈ 参 考 文 献

Arndt N T, Goldstein S L, 1989. An open boundary between lower continental crust and mantle: it's role in crust formation and crustal recycling. Tectonophys., 161 (3 – 4): 201 – 212.

Badarch G, Cunningham W D, Windley B F, 2002. A new terrane subdivision for Mongolia: implications for the Phanerozoic crustal growth of Central Asia. Journal of Asian Earth Sciences, 21: 87 – 110.

Brown L D, Zhao W, Nelson K D, et al., 1996, Bright Spots, Structure, and Magmatism in Southern Tibet from INDEPTH Seismic Reflection Profiling. Science, 274 (5293): 1688 – 1690.

Brown L D, 2013. From layer cake to complexity: 50 years of geophysical investigations of the Earth. The Geological Society of America Special Paper, 500: 233 – 258.

Buslov M M, 2011. Tectonics and geodynamics of the Central Asian Foldbelt: the role of Late Paleozoic large-amplitude strike-slip faults. Russian Geology and Geophysics, 52 (1): 52 – 71.

Buslov M M, Watanabe T, Fujiwara T, et al., 2004. Late Paleozoic faults of the Altai region, Central Asia: tectonic pattern and model of formation. Journal of Asian Earth Sciences, 23: 655 – 671.

Calvert A J, Sawyer E W, Davis W J, et al., 1995. Archean subduction inferred from seismic images of a mantle suture in the Superior Province. Nature, 375: 670 – 674.

Chadwick R A, Pharaoh T C, 1998. The seismic reflection Moho beneath the United Kingdom and adjacent areas. Tectonophysics, 299: 255 – 279.

Charvet J, Shu L S, Laurent-Charvet S, 2007. Paleozoic structural and geodynamic evolution of eastern Tianshan (NW China): welding of the Tarim and Junggar plates. Episodes, 30: 162 – 185.

Charvet J, Shu L S, Laurent-Charvet S, et al., 2011. Palaeozoic tectonic evolution of the Tianshan belt, NW China. Science China (Earth Sciences), 54: 166 – 184.

Chen Z G, Zhang L C, Lu B Z, et al., 2010. Geochronology and geochemistry of the Taipingchuan copper-molybdenum deposit in Inner Mongolia, and its geological significances. Acta Petrologica Sinica (in Chinese), 26 (5): 1437 – 1449.

Cook F A. 2002. Fine structure of the continental reflection Moho. Geological Society of America Bulletin, 114 (1): 64 – 79.

Cook F A, van der Velden A, Hall K, et al., 1999. Frozen subduction in Canada's Northwest Territories: Lithoprobe deep reflection profiling of the western Canadian Shield. Tectonics, 18: 1 – 24.

Cook F A, White D J, Jones A G, et al., 2010. How the crust meets the mantle: Lithoprobe perspectives on the Mohorovicic discontinuity and crust-mantle transition. Can. J. Earth Sci., 47: 315 – 351.

Cui F H, Zheng C Q, Xu X C, et al., 2013. Late Carboniferous magmatic activities in the Quanshenglinchang Area, Great Xing'an Range: Constrains on the Timing of Amalgamation between Xing'an and Songnen Massifs. Acta Geologica Sinica, 87 (9): 1247 – 1263.

Dobretsov N L, Buslov M M, Vernikovsky V A, 2003. Neoproterozoic to Early Ordovician evolution of the Paleo-Asian Ocean: Implications to the break-up of Rodinia. Gondwana Research, 6 (2): 143 – 159.

Dobretsov N L, Buslov M M, Zhimulev F I, et al., 2006. Vendian-Early Ordovician geodynamic evolution and model for exhumation of ultrahigh- and high-pressure rocks from the Kokchetav subduction-collision zone (northern Kazakhstan). Russian Geology and Geophysics, 47 (4): 424 – 440.

Dong S W, Li T D, Gao R, et al., 2011. A multidisciplinary earth science research program in China. Eos, Transactions of the American Geophysical Union, 93 (38): 313 – 314.

Dong S W, Li T D, Lü Q T, et al., 2013. Progress in deep lithospheric exploration of the continental China: A review of the SinoProbe. Tectonophysics, 606: 1 – 13.

Dong S W, Zhang Y Q, Chen X H, et al., 2008. The formation and deformational characteristics of East Asia multi-direction convergent tectonic system in Late Jurassic. Acta Geoscientica Sinica, 29 (3): 306 – 317.

Fan W M, Guo F, Wang Y J, et al., 2003. Late Mesozoic calc-alkaline volcanism of post-orogenic extension in the northern Da Hinggan Mountains, Northeastern China. Journal of Volcanology and Geothermal Research, 121: 115 – 135.

Feng Z Q, Jia C Z, Xie X N, et al., 2010. Tectonostratigraphic units and stratigraphic sequences of the nonmarine Songliao basin, northeast China. Basin Research, 22: 79 – 95.

Fu W Z, 1996. Deep earthquakes in Northeast China and their tectonic significance. J. Changchun Univ. Sci. Technol. (in Chinese), 26 (3): 316 – 321.

Fu W Z, Yang B J, Liu C, et al., 1998. Study on the seismology in Manzhouli – Suifenhe geoscience transect of China. J. Changchun Univ. Sci. Technol. (in Chinese), 28 (2): 206 – 212.

Gao J, Long L L, Klemd R, et al., 2009. Tectonic evolution of the Southern Tianshan orogen, NW China: geochemical and age constraints of granitoid rocks. Int. J. Earth Sci., 98: 1221 – 1238.

Gao R, Chen C, Lu Z W, et al., 2013b. New constraints on crustal structure and Moho topography in Central Tibet revealed by SinoProbe deep seismic reflection profiling. Tectonophysics, 606: 160 – 170.

Gao R, Hou H S, Cai X Y, et al., 2013c. Fine Crustal Structure beneath the Junction of the Southwest Tianshan and Tarim Basin, NW China. Lithosphere, 5 (4): 382 – 392.

Gao R, Lu Z W, Liu J K, et al., 2010. A result of interpreting from deep seismic reflection: revealing fine structure of the crust and tracing deep process of the mineralization in Luzong deposit area. Acta Petrol. Sin. (in Chinese), 26: 2543 – 2552.

Gao R, Wang H Y, Wang C S, et al., 2011. Lithospheric deformation shortening of the northeastern Tibetan plateau: evidence from reprocessing of deep seismic reflection data. Acta Geosci. Sin. (in Chinese), 32 (5): 513 – 520.

Gao R, Wang H Y, Yin A, et al., 2013a. Tectonic development of the northeastern Tibetan Plateau as constrained by high-resolution deep seismic-reflection data. Lithosphere, 5 (6): 555 – 574.

Ge W C, Lin Q, Sun D Y, et al., 1999. Geochemical characteristics of the Mesozoic basalts in Da Hinggan Ling: evidence of the mantle-crust interaction. Acta Petrologica Sinica (in Chinese), 15: 397 – 407.

Guo F, Fan W M, Wang Y J, et al., 2001. Petrogenesis of the late Mesozoic bimodal volcanic rocks in the southern Da Hinggan Mts, China. Acta Petrologica Sinica, 17 (1): 161 – 168.

Guo X Y, Gao R, Keller G R, et al., 2013. Imaging the crustal structure beneath the eastern Tibetan Plateau and implications for the uplift of the Longmen Shan range. Earth and Planetary Science Letters, 379: 72 – 80.

Hammer P T C, Clowes R M, 1997. Moho reflectivity patterns—a comparison of Canadian LITHOPROBE transects. Tectonophysics, 269 (3 – 4): 179 – 198.

Han B F, Guo Z J, Zhang Z C, et al., 2010. Age, geochemistry, and tectonic implications of a late Paleozoic stitching pluton in the North Tian Shan suture zone, western China. Geological Society of America Bulletin, 122: 627 – 640.

Han C M, Xiao W J, Zhao G C, et al., 2010. In-situ U – Pb, Hf and Re – Os isotopic analyses of the Xiangshan Ni – Cu – Co deposit in Eastern Tianshan (Xinjiang), Central Asia Orogenic Belt constraints on the timing and genesis of the mineralization. Lithos, 120: 547 – 562.

Hou H H, Gao R, He R Z, et al., 2010. Near-surface velocity structure and static correction of basin-mountain junction zone: case study on the junction belt of western part of South Tianshan and Tarim Basin. Geophysical Prospecting For Petroleum, 49: 7 – 11.

Hou H S, Gao R, He R Z, et al., 2012. Lithospheric-scale tectonic relationship for the junction belt of western part of South Tianshan and Tarim basin-revealed from deep seismic reflection profile. Chinese J. Geophys. (in Chinese), 55: 4116 – 4125.

Huang J L, Zhao D P, 2006. High-resolution mantle tomography of China and surrounding regions. J. Geophys., 111 (B9): B09305.

Huang J Q, Ren J S, Jiang C F, 1980. Geotectonic evolution of China. Beijing: Science Press.

Jahn B M, Capdevila R, Liu D, et al., 2004. Sources of Phanerozoic granitoids in the transect Bayanhongor – Ulaan Baator, Mongolia: geochemical and Nd isotopic evidence, and implications of Phanerozoic crustal growth. J. Asian Earth Sci., 23 (5): 629 – 653.

Jahn B M, Wu F Y, Chen B, 2000. Massive granitoid generation in central Asia: Nd isotopie evidence and implication for continental growth in the Phanerozoic. Episodes, 23 (2): 82 – 92.

Jahn B M, Wu F Y, Chen B, 2001. Growth of Asia in the Phanerozoic: Nd isotopic evidence. Gondwana Research, 4 (4): 640 – 642.

Jin X, Yang B J, 1994. Study on Geophysical Field and Tectonic Characteristics in Depth of the Manzhouli – Suifenhe Geoscience Transect of China (in Chinese). Beijing: Seismological Press.

Klemd R, Brocker M, Hacker B R, et al., 2005. New age constraints on the metamorphic evolution of the high-pressure/low-temperature belt in the western Tianshan Mountains, NW China. Journal of Geology, 113: 157 – 168.

Knapp J H, Diaconescu C C, Bader M A, et al. , 1998. Seismic reflection fabrics of continental collision and post-orogenic extension in the Middle Urals, central Russia. Tectonophysics, 288: 115 – 126.

Kröner A, Alexeiev D V, Hegner E, et al., 2012. Zircon and muscovite ages, geochemistry, and Nd – Hf isotopes for the Aktyuz metamorphic terrane: Evidence for an Early Ordovician collisional belt in the northern Tianshan of Kyrgyzstan. Gondwana Research, 21 (4): 901 – 927.

Kröner A, Lehmann J, Schulmann K, et al., 2010. Lithostratigraphic and geochronological constraints on the evolution of the Central Asian Orogenic Belt in SW Mongolia: Early Paleozoic rifting followed by late Paleozoic accretion. American Journal of Science, 310 (7): 523 – 574.

Lee J S, 1939. Geology of China. Legge J (trans.). London: T. Murby.

Lee J S, 1973. An introduction to Geomechanic. Beijing: Science Press.

Lehmann J, Schulmann K, Lexa O, et al., 2010. Structural constraints on the evolution of the Central Asian Orogenic Belt in SW Mongolia. American Journal of Science, 310: 575 – 628.

Li J Y, Niu B G, Song B, et al., 1999. Crustal Formation and Evolution of Northern Changbai Mountains// Northeast China (in Chinese). Beijing: Geological Publishing House: 137.

Li J Y, Zhang J, Yang T N, et al., 2009. Crustal tectonic division and evolution of the southern part of the North Asian Orogenic Region and its adjacent areas. Journal of Jilin University (Earth Science Edition, in Chinese), 39 (4): 584 – 605.

Li Y K, Gao R, Yao Y T, et al., 2014. The crust velocity structure of Da Hinggan Ling orogenic belt and the basins on both sides. Progress in Geophysics (in Chinese), 29 (1): 73 – 83.

Lin Q, Ge W C, Sun D Y, et al., 1998. Tectonic implications of Mesozoic volcanic rocks in Northeastern China. Scientia Geologica Sinica (in Chinese), 33: 129 – 139.

Liu Y J, Zhang X Z, Jin W, et al., 2010. Late Paleozoic tectonic evolution in Northeast China. Geology in China, 37 (4): 93 – 951.

Long X P, Yuan C, Sun M, et al., 2010. Detrital zircon ages and Hf isotopes of the early Paleozoic flysch sequence in the Chinese Altai, NW China: new constrains on depositional age, provenance and tectonic evolution. Tectonophysics, 480: 213 – 231.

Long X P, Yuan C, Sun M, et al., 2012. Geochemistry and U – Pb detrital zircon dating of Paleozoic graywackes in East Junggar, NW China: Insights into subduction-accretion processes in the southern Central Asian Orogenic Belt. Gondwana Research, 21 (2 – 3): 637 – 653.

Lu Z W, Gao R, Li Y T, et al., 2013. The upper crustal structure of the Qiangtang Basin revealed by seismic reflection data. Tectonophysics, 606: 170 – 177.

Lu Z X, Xia H K, 1993. Geoscience transect from Dong Ujimqinqi, Nei Mongol, to Donggou, Liaoning, China. Acta Geophysica Sinica. (in Chinese), 36 (6): 765 – 772.

Lü Q T, Yan J Y, Shi D N, et al., 2013. Reflection seismic imaging of the Lujiang – Zongyang volcanic basin, Yangtze Metallogenic Belt: an insight into the crustal structure and geodynamics of an ore district. Tectonophysics, 606: 60 – 77.

Meng E, Xu W L, Yang D B, et al., 2011a. Zircon U – Pb chronology, geochemistry of Mesozoic volcanic rocks from the Lingquan basin in Manzhouli area, and its tectonic implications. Acta Petrologica Sinica (in Chinese), 27 (4): 1209 – 1226.

Mooney W D, Brocher T M, 1987. Coincident seismic reflection/refraction studies of the continental lithosphere: a global review. Rev. Geophys, 25: 723 – 742.

Nelson K D, Zhao W J, Brown L D, et al., 1996. Partially molten middle crust beneath southern Tibet: synthesis of project INDEPTH results. Science, 274: 1684 – 1688.

Pan J T, Wu Q J, Li Y H, et al., 2014. Ambient noise tomography in northeast China. Chinese J. Geophys. (in Chinese), 57 (3): 812 – 821.

Qin K Z, Li H M, Li W S, 1999. Intrusion and mineralization ages of the Wunugetushan porphyry Cu – Mo deposit, Inner Mongolia, Northwestern China. Geological Review (in Chinese), 45: 180 – 185.

Ren J S, Niu B G, Liu Z G, 1999. Soft collision, superposition orogeny and polycyclic suturing. Earth Science Frontiers, 6 (3): 85 – 93.

Sadowiak P, Wever T, Meissner R, 1991. Deep seismic reflectivity patterns in specific tectonic units of Western and Central Europe. Geophys. J. Int., 105: 45 – 54.

Sengör A M C, Natal'in B A, 1996. Paleotectonics of Asia: fragments of a synthesis//Yin A, Harrison M (eds.). The Tectonic Evolution of Asia. Cambridge: Cambridge University Press: 486 – 640.

Sengör A M C, Natal'in B A, Burtman V S, 1993. Evolution of the Altaid tectonic collage and Paleozoic crustal growth in Eurasia. Nature, 364: 299 – 307.

Shao J A, Li X H, Zhang L Q, et al., 2001a. Geochemical conditions for genetic mechanism of the Mesozoic bimodal dike swarms in Nankou – Guyaju. Geochemica (in Chinese), 30 (6): 517 – 524.

Shao J A, Liu F T, Chen H, et al., 2001b. Relationship between Mesozoic magmatism and subduction in Da

Hinggan – Yanshan area. Acta Geologica Sinica (in Chinese), 75: 56 – 63.

Shao J A, Zang S X, Mou B L, 1994. Extensional tectonics and asthenospheric upwelling in the orogenic belt: a case study from Hinggan – Mongolia Orogenic belt. Chinese Science Bulletin, 39 (6): 533 – 537.

Shao J A, Zhang L Q, Mu B L, et al., 2007. Upwelling of Da Hinggan Mountains and Its Geodynamic Background. Beijing: Geological Publishing House.

Shao J A, Zhang L Q, Xiao Q H, et al., 2005. Rising of Da Hinggan Mts in Mesozoic: A possible mechanism of intracontinental orogeny. Acta Petrologica Sinica (in Chinese), 21 (3): 789 – 794.

Tian Y, Liu C, Feng X., 2011. P-wave velocity structure of crust and upper mantle in Northeast China and its control on the formation of mineral and energy. Chinese J. Geophys. (in Chinese), 54 (2): 407 – 414.

Tong Y, 2012. Temporal and spatial distribution of the deep volcanic rocks in Songliao Basin, NE China and their oil and gas exploration significances. Postdoctoral research report. Beijing: China University of Geosciences.

Trappe H, Wever T, Meissner R, 1988. Crustal reflectivity pattern and its relation to geological provinces. Geophys. Prosp., 36 (3): 265 – 281.

Wang C S, Gao R, Yin A, et al., 2011. A mid-crustal strain-transfer model for continental deformation: a new perspective from high-resolution deep seismic-reflection profiling across NE Tibet. Earth and Planetary Science Letters, 306: 279 – 288.

Wang H Y, Gao R, Li Q S, et al., 2014. Deep seismic reflection profiling in the Songpan – west Qinling – Linxia basin of the Qinghai – Tibet plateau: data acquisition, data processing and preliminary interpretations. Chinese J. Geophys. (in Chinese), 57 (5): 1451 – 1461.

Wang H Y, Gao R, Lu Z W, et al., 2010. Fine Structure of the Continental Lithosphere circle revealed by deep seismic reflection profile. Acta Geologica Sinica, 84 (6): 818 – 839.

Wang H Y, Gao R, Yin A, et al., 2012. Deep geometry structure feature of Haiyuan Fault and deformation of the crust revealed by deep seismic reflection profiling. Chinese J. Geophys. (in Chinese), 55: 3902 – 3909.

Wang P J, Chen F K, Chen S M, et al., 2006. Geochemical and Nd – Sr – Pb isotopic composition of Mesozoic volcanic rocks in the Songliao Basin, NE China. Geochemical Journal, 40: 149 – 159.

Wang P J, Liu Z J, Wang S X, et al., 2002. 40Ar/39Ar and K/Ar dating of the volcanic rocks in the Songliao Basin, NE China: constraints on stratigraphy and basin dynamics. International Journal of Earth Sciences, 91: 331 – 340.

Wilde S A, Wu F Y, 2001. Timing of granite emplacement in the Central Asian Orogenic Belt of northeastern China. Gondwana Research, 4: 823 – 824.

Windley B F, Alexeiev D, Xiao W, et al., 2007. Tectonic models for accretion of the Central Asian Orogenic belt. Journal of the Geological Society of London, 164: 31 – 47.

Windley B F, Badarch G, Cunningham W D, et al., 2001. Subduction – Accretion History of the Central Asian Orogenic Belt: constraints from Mongolia. Gondwana Research, 4: 825 – 826.

Wu F Y, Jahn B M, Wilde S, et al., 2000. Phanerozoic crustal growth: U – Pb and Sr – Nd isotopic evidence from the granites in northeastern China. Tectonophysics, 328 (1): 89 – 113.

Wu F Y, Sun D Y, Ge W C, et al., 2011. Geochronology of the Phanerozoic granitoids in northeastern China. J. Asian Earth Sci., 41 (1): 1 – 30.

Wu F Y, Sun D Y, Jahn B M, et al., 2004. A Jurassic garnet-bearing granitic pluton from NE China showing tetrad REE patterns. Journal of Asian Earth Sciences, 23: 731 – 744.

Wu F Y, Sun D Y, Li H M, et al., 2002. A-type granites in northeastern China: Age and geochemical constraints on their petrogenesis. Chemical Geology, 187 (1 – 2): 143 – 173.

Wu F Y, Yang J H, Lo C H, et al., 2007b. The Heilongjiang Group: a Jurassic accretionary complex in the Jiamusi Massif at the western Pacific margin of northeastern China. The Island Arc, 16: 156 – 172.

Wu F Y, Zhao G C, Sun D Y, et al., 2007a. The Hulan Group: its role in the evolution of the Central Asian Orogenic Belt of NE China. Journal of Asian Earth Sciences, 30: 542 – 556.

Xiao W J, Han C M, Liu W, et al., 2014. How many sutures in the southern Central Asian Orogenic Belt: Insights from East Xinjiang – West Gansu (NW China)?. Geoscience Frontiers, 5: 525 – 536.

Xiao W J, Han C M, Yuan C, et al., 2008. Middle Cambrian to Permian subduction-related accretionary orogenesis of North Xinjiang, NW China: implications for the tectonic evolution of Central Asia. Journal of Asian Earth Sciences, 32: 102 – 117.

Xiao W J, Huang B C, Han C M, et al., 2010. A review of the western part of Altaids: A key to understanding the architecture of accretionary orogens. Gondwana Research, 18: 253 – 273.

Xiao W J, Windley B F, Allen M B, et al., 2013. Paleozoic multiple accretionary and collisional tectonics of the Tianshan orogenic collage. Gondwana Research, 23: 1316 – 1341.

Xiao W J, Windley B F, Hao J, et al., 2003. Accretion leading to collision and the Permian Solonker suture, Inner Mongolia, China: Termination of the central Asian orogenic belt. Tectonics, 22 (6): 1069. http://dx. doi. org/10. 1029/ 2002TC1484.

Xiao W J, Windley B F, Huang B C, et al., 2009. End-Permian to mid-Triassic termination of the accretionary processes of the southern Altaids: implications for the geodynamic evolution, Phanerozoic continental growth, and metallogeny of Central Asia. Int. J. Earth Sci., 98: 1189 – 1217. http://dx. doi. org/10. 1007/s00531 – 008 – 0407 – z.

Xiao W J, Zhang L C, Qin K Z, et al., 2004. Paleozoic accretionary and collisional tectonics of the Eastern Tianshan (China): Implications for the continental growth of central Asia. American Journal of Science, 304: 370 – 395.

Xiao Y, Zhang H F, Shi J A, et al., 2011. Late Paleozoic magmatic record of East Junggar, NW China and its significance: implication from zircon U – Pb dating and Hf isotope. Gondwana Research, 20: 532 – 542.

Xu W L, Ji W Q, Pei F P, et al., 2009. Triassic volcanism in eastern Heilongjiang and Jilin provinces, NE China: chronology, geochemistry, and tectonic implications. Journal of Asian Earth Sciences, 34: 392 – 402.

Xu W L, Wang F, Pei F P, et al., 2013. Mesozoic tectonic regimes and regional ore-forming background in NE China: Constraints from spatial and temporal variations of Mesozoic volcanic rock associations. Acta Petrologica Sinica, 29 (2): 339 – 353.

Yang B J, Li Q X, Tang J R, et al., 2003. The form and three-instantaneous information of the seismic reflection Moho in Songliao Basin and geological interpretation. Chin. J. Geophys. (in Chinese), 46 (3): 568 – 574.

Yang B J, Mu S M, Jin X, et al., 1996. Synthesized study on the geophysics of Manzhouli – Suifenhe geoscience transect, China. Chinese J. Geophys. (in Chinese), 39 (6): 772 – 782.

Zhang F, 2007. Early Cretaceous volcanic event in the Northern Songliao Basin and its Geodynamics. A Dissertation Submitted to Zhejiang University for the Academic Degree of Doctor of Science. Hangzhou: Zhejiang University.

Zhang F Q, Chen H L, Yu X, et al., 2011. Early Cretaceous volcanism in the northern Songliao Basin, NE China, and its geodynamic implication. Gondwana Research, 19: 163 – 176.

Zhang F X, Wu Q J, Li Y H, 2013. The traveltime tomography study by teleseismic P wave data in the Northeast China area. Chinese J. Geophys. (in Chinese), 56 (8): 2690 – 2700.

Zhang F X, Wu Q J, Li Y H, 2014a. A traveltime tomography study by teleseismic S wave data in the Northeast China area. Chinese J. Geophys. (in Chinese), 57 (1): 88 – 101.

Zhang R Q, Wu Q J, Sun L, et al., 2014b. Crustal and lithospheric structure of Northeast China from S – wave receiver functions. Earth Planet. Sci. Lett., 401: 196 – 205.

Zhang S H, Gao R, Li H Y, et al., 2014c. Crustal structures revealed from a deep seismic reflection profile across the Solonker suture zone of the Central Asian Orogenic Belt, northern China: An integrated interpretation. Tectonophysics, 612 – 613: 26 – 39.

Zhao D P, Tian Y, 2013. Changbai intraplate volcanism and deep earthquakes in East Asia: a possible link?. Geophys. J. Int., 195 (2): 706.

Zhao G L, Yang G L, Fu J Y, 1989. Mesozoic volcanic rocks in the central-southern Da Hinggan Ling range (in Chinese). Beijing: Beijing Press of Science and Technology: 260.

Zhao W, Nelson K D, and Project INDEPTH Team. 1993. Deep seismic reflection evidence for continental underthrusting beneath southern Tibet. Nature, 366: 557 – 559.

Zhao Y, Yang Z Y, Ma X H, 1994. Geotectonic transion from Paleo-Asian system and Paleo-Tethyan system to Paleo-Pacific active continental margin in eastern Asia. Scientia Geologica Sinica (in Chinese), 29 (2): 105 – 119.

Zhou J B, Wilde S A, Zhang X Z, et al., 2009. The onset of Pacific margin accretion in NE China: evidence from the Heilongjiang high-pressure metamorphic belt. Tectonophysics, 478: 230 – 246.

Zhou J B, Wilde S A, Zhang X Z, et al., 2011. A > 1300 km late Pan – African metamorphic belt in NE China: new evidence from the Xing'an block and its tectonic implications. Tectonophysics, 509: 280 – 292.

Zhou J B, Wilde S A, Zhao G C, et al., 2010. An intriguing dilemma: was the easternmost segment of the Central Asian Orogenic Belt derived from Gondwana. Journal of Geodynamics, 50: 300 – 317.

Zhou X H, Ying J F, Zhang L C, et al., 2009. The Petrogenesis of Late Mesozoic volcanic rock and the contributions from ancient Micro-Continents: constraints from the Zircon U – Pb dating and Sr – Nd – Pb – Hf isotopic systematics. Earth science (Journal of China University of Geosciences) (in Chinese), 34 (1): 1 – 10.

火山区岩浆房压力变形源的数值反演

——以长白山火山为例

黄禄渊[1]，程惠红[3]，张　怀[3]，高　锐[2]，石耀霖[3]

◈ 0 引　言

随着大地测量资料日趋丰富，火山地区地表形变分析计算已成为目前研究地下岩浆囊参数的重要方法。最早的火山区地表形变计算模型是 Mogi 球状点源模型（Mogi，1958），该模型给出了与岩浆房压力变化、深度和半径等参数相关的地表位移解析表达式。为更精确地描述岩浆房及其位移场，不同学者提出椭球状压力变形源计算方法：Davis（1986）提出半空间三轴椭球点状压力源解析表达式，Yang 等（1988）提出下倾的有限长旋转椭球压力源计算方法。另外，Okada（1985，1992）位错公式的扩张断层也可以用来模拟椭球压力源，例如朱桂芝等（2008）利用 Okada 三正交扩张点源 – 遗传算法反演长白山火山区变形源。此外，还有其他学者提出的例如水平圆形破裂岩浆房压力源（Fialko，Khazan，& Simons，2010）和管状压力源（Bonaccorso & Davis，1999）的地表位移计算方法。传统解析方法存在很大的局限性——难以考虑地形，尽管有学者提出一些解决办法，例如"变深度模型"（Williams & Wadge，1998）和"地形更正模型"（Williams & Wadge，2000），但"变深度模型"局限于对地表垂向位移的修正，无法精确考虑地形对地表水平位移的影响，"地形更正模型"需要满足地表坡度较小的假设，这些限制使得越来越多的学者开始在火山区地表形变中使用有限元方法考虑地形和岩浆房的复杂几何（Trasatti，Giunchi，& Agostinetti，2010；Charco & Sastre，2014）。但是传统有限元方法反演岩浆房压力源参数没有很好地解决网格问题，反演过程中每一次正演由于岩浆房位置和大小变化都需要重新生成一次网格，工作量巨大且耗时。据此，我们提出采用有限元"等效体力"方法来数值分析火山岩浆压力变形源，一方面可以克服传统火山区有限元反演每一次正演需要重新生成网格的难题，另一方面可考虑地形影响来分析地下压力变

1 应急管理部国家自然灾害防治研究院，北京，100085；2 中国地质科学院地质研究所，北京，100037；3 中国科学院大学，计算地球动力学重点实验室，北京，100049。

基金项目：本文得到国家自然科学基金重大项目（41590865、41590863）、国家自然科学基金重点项目（41430213）国家自然科学基金青年基金（41704097）、珠江人才计划项目（2017ZT07Z066）联合资助。

形源引起的地表形变和应力变化，并进一步计算岩浆应力扰动对周边断层稳定性的影响。

长白山天池火山是中国大陆仍在活动的新生代多成因复合火山（魏海泉　等，1997；赵大鹏　等，2004），并具有特殊的动力学环境，不同走向断层交汇于此（刘若新　等，1998）。目前，学者已分别从深部结构（汤吉　等，2001；张成科　等，2002；赵大鹏　等，2004）、地震活动性（吴建平　等，2005，2007）、火山气体（Xu et al.，2012）和地表形变（崔笃信　等，2007）等手段对长白山火山的活动性进行了研究。例如，在深部结构研究方面：大地电磁测深（汤吉　等，2001）揭示该区地壳存在低电阻层；深地震测深剖面（张成科　等，2002）表明该区壳内存在低速度、密度和电阻异常体；层析成像（赵大鹏　等，2004）显示该区存在显著低速异常。地震活动性研究方面：自2002年7月起长白山天池火山地震显著增多，且震中环天池分布［图1（b）—（d）］，深度在3.5～5 km（吴建平　等，2005，2007）；Hong 等（2004）认为这些小震丛集与美国圣海伦斯火山喷发前的相似。地球化学研究方面，Xu 等（2012）分析了2002—2006年长白山地区的二氧化碳、氦气和氢气等火山气体，获得了火山岩浆活动的证据。地表形变研究方面：长白山天池在2002年汪清地震之后建立了形变监测站（胡亚轩　等，2007），GPS、水准和地倾斜结果（崔笃信　等，2007）显示2002—2003年长白山火山区地表形变表现为典型岩浆上涌特征，即垂向位移在靠近火山口处快速隆升，水平位移以火山口为中心向外呈现辐射状衰减［图1（a）］，但在2002—2005年该区地震活动逐年减弱（胡亚轩　等，2007）。PS－InSAR 资料显示（Ji et al.，2013）2006—2008年地表形变表现为岩浆侵入的膨胀特征，而2008—2010年表现为反向的沉降特征。

前人利用不同的大地测量资料和理论模型进行了长白山火山区岩浆房源参数的反演（胡亚轩　等，2007；朱桂芝　等，2008；陈国浒　等，2008；崔笃信　等，2007；Ji et al.，2013），但这些工作尚未考虑地表地形，并且长白山地下岩浆压力变形源应力扰动对周边断层稳定性的影响的研究仍存在空白。为此，本文以长白山火山区为例，采用有限元"等效体力"方法，搭建三维高分辨率数值模型，分析不同地形坡度对地表位移的影响，并采用有限单元－遗传算法反演地下岩浆房压力变形源参数，最后根据岩浆房压力变形源参数计算岩浆应力扰动对周边断层稳定性的影响。

◈ 1 地下压力变形源的等效体力正反演方法

1.1　地下压力变形源的有限元等效体力方法

模拟地下压力源的有限元方法通常需要在网格划分阶段刻画出岩浆房形状，并在腔壁上施加压力边界条件（Trasatti，Giunchi，& Agostinetti，2010）。该类方法由于腔壁并不是严格的球面，需要尽量地细分单元以逼近球面，并且这样的网格划分容易出现单元形状畸变，对建模要求较高。当用此类方法处理反演问题时，由于每一次正演时岩浆房的形状、大小会发生改变，因此每一次正演都需要重新生成网格或者进行网格重划分。为了克服上述局限，我们采用"等效体力"方法，结合网格自适应加密技术，省去大量网格建模时间，同时能够规避单元畸形问题。

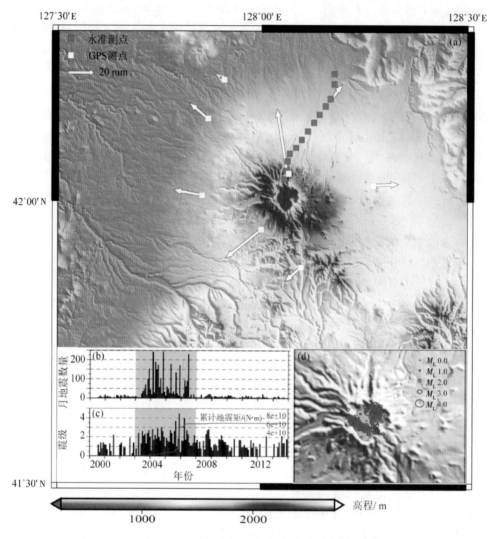

（a）长白山火山区形变监测；（b）月最大地震数；（c）月最大震级及累计地震矩；（d）2002—2003 年的地震震群。

图 1　长白山地表形变测量和地震活动性

对于球腔深度为 d，岩浆压力增量 Δp 的岩浆房，经典 Mogi 解（Mogi，1958）可表示如下：

$$U_r = \frac{3\Delta p a^3 r}{4\mu \ (r^2 + d^2)^{3/2}} = \frac{3\Delta V r}{4\pi \ (r^2 + d^2)^{3/2}} \tag{1}$$

$$U_z = \frac{3\Delta p a^3 d}{4\mu \ (r^2 + d^2)^{3/2}} = \frac{3\Delta V d}{4\pi \ (r^2 + d^2)^{3/2}} \tag{2}$$

其中，r 为观测点相对岩浆源的径向距离，a 为岩浆房半径，ΔV 为岩浆房等效体积变化，μ 为剪切模量。

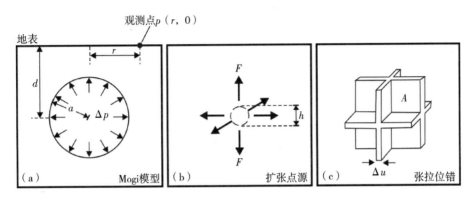

（a）球腔压力源；（b）三正交力偶；（c）三正交张拉位错。

图 2 各向同性点源模型（Mindlin，1936）

Mogi 模型代表的球状腔体压力源问题可以用 3 个正交扩张点源或 3 个正交张拉位错（Mindlin，1936）来等效（图 2），它们可以产生源外部相同的位移场。考虑如图 2 所示的 3 对正交力偶 Fh 产生的位移为

$$U_i(x) = M_{jk}G_{ik,j}(x) \tag{3}$$

式中，$G_{ik}(x)$ 是格林函数，代表源处 k 方向的单位力产生的接收点 x 处的 i 分量位移，并且矩张量为 $M_{jk} = Fh\delta_{jk}$。代入弹性半空间内部集中力的格林函数表达式（Mindlin，1936），当岩浆房半径 a 和岩浆房压力变化 Δp 满足 $\Delta pa^3 = \dfrac{Fh}{\pi}\dfrac{\mu}{K+(4/3)\mu}$，此时 3 个正交力偶可以产生等效于 Mogi 模型的位移场，且由 3 个正交力偶代表的体力项可以写成

$$\rho\boldsymbol{f} = f_0 \nabla \delta_{x=x'} \tag{4}$$

式中，$\delta_{x=x'}$ 是狄拉克函数，代表 x' 处（源处）的点源集中力；$\nabla\delta_{x=x'}$ 代表一对符号相反的脉冲（Burridge & Knopoff，1964；Aki & Richards，2002），每一对力偶的强度可表示为（Bonafede & Ferrari，2009）

$$f_0 = a^3 \Delta p \frac{\lambda(x') + 2\mu(x')}{\mu(x')}\pi \tag{5}$$

由于狄拉克函数可用高斯分布函数的极限来近似，即 $\delta(x) = \lim\limits_{a \to 0}\dfrac{1}{\alpha\sqrt{\pi}}e^{-x^2/a^2}$，因此可将体力项表达为高斯分布函数的形式（Charco & Sastre，2014）如下：

$$\rho\boldsymbol{f} = f_0 \frac{1}{\alpha_{x_1}\alpha_{x_2}\alpha_{x_3}\pi^{3/2}} \nabla\ e^{-[(x_1-x_1')^2/a_{x_1}^2 + (x_2-x_2')^2/a_{x_2}^2 + (x_3-x_3')^2/a_{x_3}^2]} \tag{6}$$

式中，x_1、x_2、x_3 为积分点坐标；x_1'、x_2'、x_3' 为岩浆房点源中心坐标。α_{x_i} 是高斯函数在 x_i 方向的变量，且 α_{x_i} 取值主要取决于网格大小，$\alpha_{x_1}\alpha_{x_2}\alpha_{x_3}\pi^{3/2}$ 代表了单位体积内高斯函数的正则化系数，这种处理保证了等效体力函数足够光滑。并且，体力函数可以用来模拟不同的岩浆房形状，例如，当 $\alpha_{x_1} = a$、$\alpha_{x_2} = b$、$\alpha_{x_3} = c$，且 $a \neq b \neq c$ 时，式（6）可以用来模拟椭球状岩浆房压力源，且椭球半轴分别为 a、b 和 c。其他形状的压力源可以根据弹性力学叠加原理，用式（6）的权重组合形式，地震矩张量来表示：

$$\rho f_i = \sum_j^3 M_{ij} \frac{\partial}{\partial x_j} e^{-[(x_1-x_1')^2/a_{x_1}^2 + (x_2-x_2')^2/a_{x_2}^2 + (x_3-x_3')^2/a_{x_3}^2]} \tag{7}$$

当式（7）应用于火山区地下岩浆房时，岩浆房椭球的 3 主轴可能并不平行于"北—东—下"坐标轴，这时可以通过坐标变换（朱桂芝 等，2008），由岩浆房主轴坐标系下的矩张量 **M** 变换得到笛卡尔坐标系下的矩张量 M_{ij}。

1.2 方法验证

为了验证方法有效性，利用开源 C++ 有限元库 Deal Ⅱ（Bangerth, Hartmann, & Kanschat, 2007）发展了并行有限元程序 DEF 3D，并采用网格自适应加密技术（Kelly et al.，1983）来使网格疏密程度达到最佳，既优化求解精度又能够平衡计算代价。这里我们提供了一个球形压力源算例，并和解析的 Mogi 模型对比，具体参数如下：岩浆房深度为 5 km，半径为 1 km，压力差为 10 MPa，剪切模量 $\mu = 3 \times 10^4$ MPa，泊松比为 0.25。图 3 给出了地表的三分量位移云图，图 3（d）给出了沿 A – A′剖面的有限元解和解析解的对比，可以看出数值计算结果与解析解完全吻合，进而也验证了等效体力方法的正确性和程序编写的可靠性。

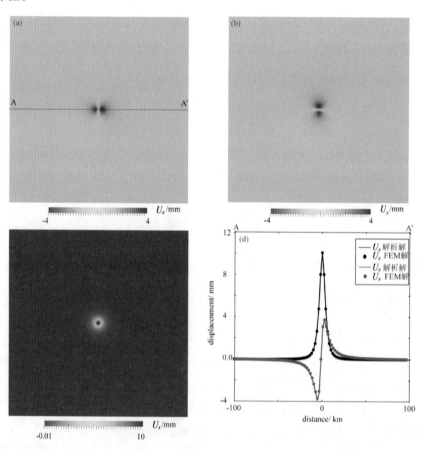

（a）东西向位移；（b）南北向位移；（c）垂向位移；（d）A – A′剖面有限元解与解析解后对比。

图 3 有限元与解析解的地表位移对比

1.3 遗传算法反演

地球物理优化问题往往是非线性的，导致反演问题存在许多局部最优，因此一些局部优化算法，如线性化矩阵反演、最速下降法、共轭梯度法等，容易过早地收敛于局部最优点，并且最优解极度依赖于初值的选择（Tiampo et al., 2004）。遗传算法是具有稳健全局搜索行能的并行算法，具有不需要求目标函数倒数、不依赖初值的优点，已在地震定位（Billings et al., 1994）、速度结构（Bhattacharyya et al., 1999）等地球物理反演中得到广泛应用，越来越多的学者采用遗传算法进行火山区岩浆房源参数反演（Fernández et al., 2001；Tiampo et al., 2004；朱桂芝 等，2008）。

为改善遗传算法达到最优解区域后收敛速度变慢的问题，我们采用"移民机制"和自适应交叉、变异的改进措施（朱守彪，2005）。在反演中完全随机地产生初始种群，种群规模始终保持 32，初始变异概率和交叉概率分别为 0.2 和 0.9，迭代停止步数为 100，采用的目标函数如下：

$$F = \sqrt{\frac{\sum (U_m - U_i)^2}{length(U_m)}} \tag{8}$$

其中，U_m 是位移模拟值，U_i 是形变观测值（GPS 和水准测量）。经过倒数变换，即构成遗传算法反演模型的适应度函数：$Fit = 1/F$。待反演参数为椭球岩浆房的深度、经度、纬度、主轴长度、主轴走向、主轴倾角。

本文采用有限单元 – 遗传算法，即正演采用 1.1 节所述的有限元方法计算。每次正演过程中，在有限元的载荷向量组装阶段，每个单元积分点的体力项采用式（7）计算，然后形成总体刚度矩阵，求解线性方程组，最后得到位移场，GPS 和水准测点上的位移和反演计算中的 U 是相对应的。相比解析方法，有限元计算代价较大，为了平衡计算代价，反演计算中采取逐步逼近方法（石耀霖、Assumpeao，2000），即每次迭代步数为 100，连续计算 10 次，再根据这 10 个最佳模型，收缩搜索区间，给出新一轮反演的搜索范围，并在最终的一轮反演中适当加密网格。本文采用并行有限元技术，一次粗网格反演耗时约 9 h，细网格反演耗时约 54 h。

❖ 2 地 形 影 响

为了定量化研究地形对膨胀压力源地表形变的影响，选取 200 km × 200 km × 200 km 的立方体区域为计算区域，计算如图 4 所示的不同深度和不同坡度条件下地形对地表位移的影响，材料参数和岩浆房压力同 1.2 节。

由于火山喷发的物理化学条件不同，因此火山在形态上有多种不同的类型，但火山总体上可以用圆锥来简化描述，我们分析了世界上一些知名火山圆锥底部半径在 5 ～ 20 km，因此在有限元模拟中固定圆锥底部半径 $r = 10$ km，通过调整圆锥高度来改变火山坡度，同时为了减少变量个数，固定岩浆房半径 $a = 1$ km。

地形对地表形变的影响主要受埋深和地形坡度控制：当坡度固定，埋深 d 越浅，a/d 越大，浅地表径向位移 U_r 和垂向位移 U_z 受地形影响越大。当 a/d 固定，坡度越大，地

形对地表径向位移 U_r 和垂向位移 U_z 的影响越大。当埋深很浅且坡度很大，例如当 $a/d = 0.5$，坡度为 30° 时，垂向位移 U_z 误差超过 200%。

同时地形还影响地表位移最大值的位置，不论是否有地形，地表最大径向位移 U_r 始终不在岩浆囊正上方。由图 4（d）—（f）可以看出，埋深越浅，地表最大径向位移 U_r 所在的位置越靠近岩浆囊中心，并且坡度越大，地表最大径向位移 U_r 所在的位置越偏离岩浆囊中心。无地形以及当坡度较小时〔图 4（a）（b）〕，地表最大垂向位移 U_z 所在的位置位于岩浆囊正上方，但当坡度达到 30° 时〔图 4（c）〕，最大垂向位移 U_z 所在位置不再位于岩浆囊正上方。因此，当坡度超过 30° 时，利用 Mogi 模型可能会给出错误的岩浆房位置。

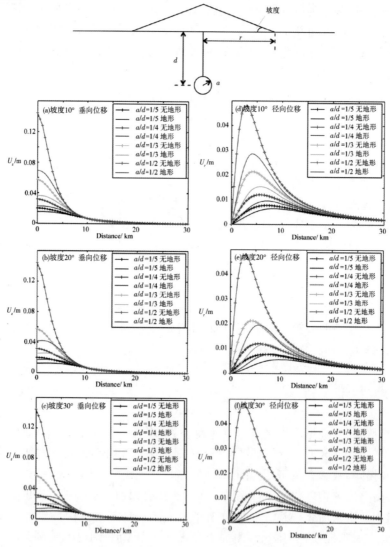

（a）—（c）：地表垂向位移，坡度分别为 10°、20° 和 30°；（d）—（f）：地表径向位移，坡度分别为 10°、20° 和 30°。

图4　地形对地表位移的影响

❌◆ 3 长白山火山区岩浆房计算

3.1 岩浆房源参数反演

长白山天池火山区已建成 13 个水准点和 8 个 GPS 站点，且均开展多期测量，地表形变（崔笃信 等，2007；Ji et al.，2013）、地震活动性（吴建平 等，2005，2007）和火山气体（Xu et al.，2012）等方面资料显示 2002—2003 年该区具有典型岩浆房活动。我们选用这一时间段该区域扣除东北地块整体运动背景场后的岩浆房引起的 GPS 水平位移和水准垂向数据（陈国浒 等，2008）作为目标约束。值得注意的是，采用水准测量作为反演约束时，由于水准测量给出的是其他测点相对 S0 基准点的相对垂向距离，距离长白山火山口最远的 S0 测点的绝对垂向位移是一个较小的未知值，但并不为 0。前人工作（陈国浒 等，2008）往往假设 S0 测点垂向位移绝对值为 0 会引起微小误差，为此本文参考朱桂芝等（2008）方法，在反演过程中不做 S0 测点垂向位移为 0 的简化。

计算网格经过三次迭代自适应加密，最终的六面体单元总数为 381 529，网格包含地表起伏（图 5）。边界条件施加如下：地表自由，侧面和底边界法向位移为零，岩浆房处施加等效体力。根据 PREM 模型，模型的介质参数为 $\nu_P = 6.7$ km/s、$\nu_S = 3.87$ km/s、$\rho = 2900$ kg/m^3。按照 1.3 节模拟反演方案对岩浆房压力变形源参数进行反演。

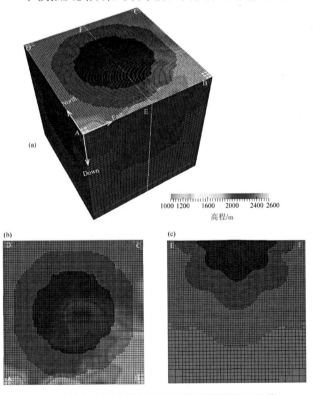

高程/m

图 5 长白山火山区岩浆压力变形源有限元网格

算例 1，只考虑一个单独的椭球状岩浆房，反演参数见表 1，平均拟合残差为 0.87 mm，但 P3 点观测值明显偏离火山口。朱桂芝等（2008）在反演中认为 P3 点的水平运动趋势相对其他测点明显偏离火山口中心，并把该点数据剔除。前人采用单独岩浆房的反演均难以拟合该点的水平运动（胡亚轩 等，2007；朱桂芝 等，2008），算例 1 只采用单独岩浆房也难以拟合 P3 点水平运动。对于水准测量垂向位移的拟合，整体趋势吻合，但水准测量的 S2 点比 S3 点距离火山口更远，垂向位移却更大，不排除 S2 点受局部张拉断层/岩浆侵入的影响。从地表形变的拟合情况看，椭球状压力膨胀源基本上能一阶近似描述长白山火山区地下的岩浆房。在反演中，压力差 Δp 和岩浆房大小有关，根据式（1）和式（2），对于 Mogi 模型，岩浆房等效体积变化 $\Delta V = \Delta p \cdot a^3$，唯一的地表形变对应唯一的岩浆房等效体积变化 ΔV，但压力差 Δp 和岩浆房半径 a 并不唯一。对于椭球岩浆房，压力差 Δp 和岩浆房三主轴的确定以能够最好拟合地表形变为原则。前人的模拟认为压力差 Δp 一般为 10 ～ 30 MPa 量级（Lisowski，2007；Trasatti，Giunchi，& Agostinetti，2010），经计算，当压力差 Δp 和岩浆房的三主轴如表 1 所示时，地表形变拟合最佳，同时岩浆房位置与电性结构等结果反映的岩浆房位置大体一致。

表 1   反演结果

岩浆房	Δp/ MPa	经度/ (°E)	纬度/ (°N)	深度/ km	半轴长 /m	走向/ (°)	倾角/ (°)	算例 1	算例 2	算例 3
椭球岩浆房	19	128.07	41.99	6.86	2000	77.5	44.3	√	√	√
					2710	324.5	69.1			
					3032	217.9	53.1			
球岩浆房 1	19	128.11	41.87	3.13	1000	—	—	×	√	√
球岩浆房 2	1.0	128.17	42.18	1.50	100	—	—	×	×	√

表中深度为海平面以下深度，与图 3（d）一致。

对于 P3 点的位移异常，陈国浒等（2008）结合反演和间白山地震活动性，认为在间白山西侧即 P3 点附近存在另一个岩浆房压力变形源，并且推测存在隐伏的北西西向断裂连接长白山天池岩浆房和间白山岩浆房。据此，在算例 2 模拟中，在 P3 的附近东南方增加了一个球状岩浆房压力变形源（球岩浆房 1），并且认为该岩浆房与主椭球岩浆房是连通的，因此二者的压力取相同值。椭球岩浆房加上球岩浆房 1 得到的拟合结果见图 6（b），此时 P3 处的拟合明显改善，算例 2 的平均拟合残差为 0.68 mm。

算例 1、2 均未能对 S2 点的垂向位移突变作出解释，因为垂向位移突变分布的范围较小，因此猜测 S2 点地下的干扰源应该较浅且较小。干扰源并不一定是岩浆房，也有可能是岩浆房压力作用下产生的微小张拉断层，但有限元处理张拉断层比较困难，此处算例 3 暂用一个半径较小的球岩浆房 2 来模拟 S2 点地下的干扰源，球岩浆房 2 的详细参数见表 1，算例 3 的拟合残差为 0.65 mm。

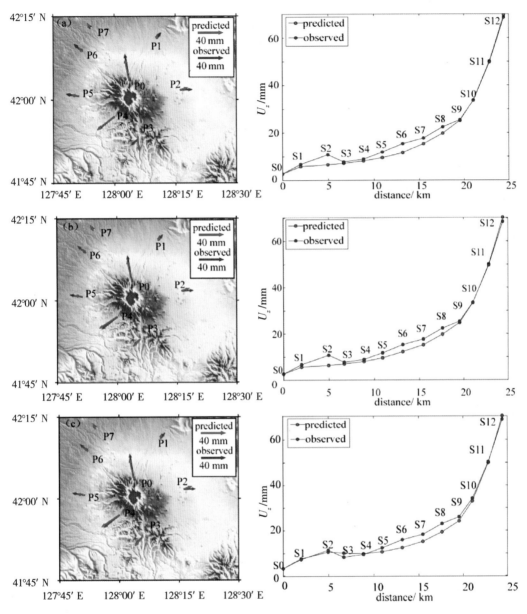

（a）—（c）分别为算例1—3模拟结果和GPS以及水准测量的比较。

P0—P7：GPS测点；S0—S12：水准测点。

图6 模拟结果和地表形变观测的比较

最终以算例3确定的岩浆房作为最优模型（图7），椭球岩浆房与2002—2003年环长白山天池小震群空间分布（吴建平 等，2005，2007）较为吻合，岩浆房深度范围在4～10 km之间，这和长白山火山区上地壳三维速度层析成像、电性结构等结果反映的岩浆房深度大体一致。

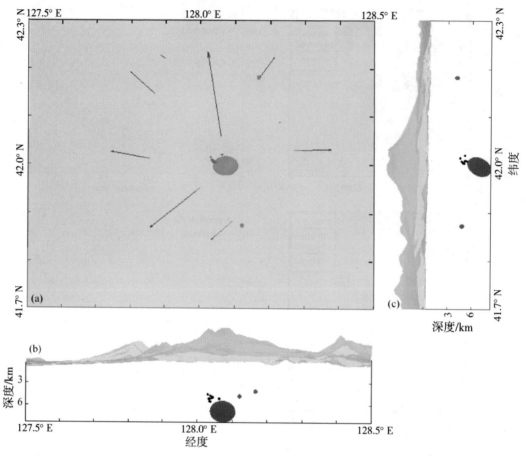

（a）顶视图；（b）南视图；（c）东视图。地形夸张5倍显示。

蓝色：岩浆房；黑点：地震分布；红色箭头：地表GPS。

图7　最优模型

3.2　对构造应力场的扰动

西太平洋板块和欧亚板块的碰撞作用控制下，长白山火山区现今以东西向挤压为主，该区最大主压应力为 NEE—SWW 方向（李春锋 等，2006）。张春山等（2016）在长白山天池周边开展了水压致裂地应力测量，发现现今最大水平主应力方向在天池西部大青川测点（DQC），以近 EW 向为主，与区域构造应力方向接近。但天池北部东清测点（DQ）和冰湖屯测点（BHT）以 NW—NNW 向为主，与区域构造方向近乎正交。为了解释这种现象，张春山等（2016）认为长白山天池附近的应力环境复杂，是区域构造和岩浆活动共同作用的结果。于是提出了问题，即岩浆房扰动应力场 $\Delta\sigma$ 和西太平洋板块俯冲主导的近 NEE—SWW 向区域构造应力场 σ_0 的叠加能否解释长白山天池周边的应力测量结果？为了回答这个问题，我们给出了 5 km 深度的 $\Delta\sigma_{xx}$、$\Delta\sigma_{yy}$、$\Delta\sigma_{xy}$ 云图 [图8（a）—（c）]，三分量均表现出明显花瓣特征，图8（d）是将有限元计算的扰动应力场通过平滑方法（Hansen & Mount，1990）得到的均匀网格点应力方向，整体趋势是天池西侧的 $\Delta\sigma$ 主方向以近 EW 向为主，天池北部 $\Delta\sigma$ 主方向以 NNE—近 NS 向为主，因此岩浆房扰动应力场 $\Delta\sigma$ 和区域构造应力场 σ_0 的叠加有可能造成天池西部近 EW 向，天池北部以 NW—NNW 向为主的现今应力方向。由于很难获取准确的构造应力场量值，本文未定量计算构造应力场和扰动应力场的叠加。除了构造应力和岩浆房扰动，地形地貌、断裂等因素也会影响局部应力，张春山等（2016）的地应力测点均选在地形较平缓丘陵区，因此地貌对地应力方向的影响较小，天池西侧和北侧地应力方向差异更细致的原因还需要对区域构造应力、断裂作用等因素有更深入了解后才能得到真正的定量解释。可以确定的是距离岩浆房较近部位更容易受应力扰动的影响，很可能影响近处的断层稳定性或者地震活动。

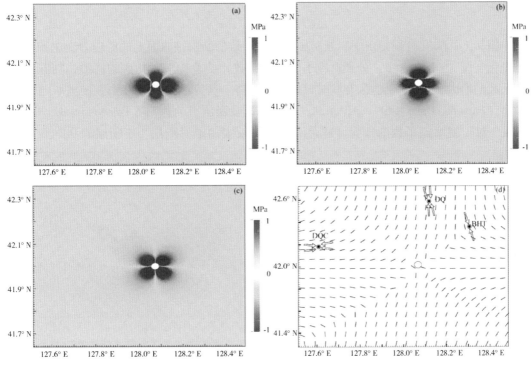

（a）$\Delta\sigma_{xx}$；（b）$\Delta\sigma_{yy}$；（c）$\Delta\sigma_{xy}$；（d）水平最大主应力方向。

DQC：大青川测点；DQ：东清测点；BHT：冰湖屯测点。

图 8　岩浆房引起的扰动应力场

3.3　对断层稳定性的影响

根据流动地震观测网记录（吴建平 等，2008），长白山天池火山地震自 2002 年 7 月后显著增多，震中环天池火山口分布，距天池水面深度小于 5 km，且震中多发生在天池东北和西南部。震群高精度定位揭示，震群断层面走向 NW，倾向西南，倾角约 80°。岩浆房压力扰动是否有利于该节面的地震发生？我们通过库仑应力变化的计算来回答上述问题，根据张春山等（2016），本区现今 NW 向断裂具有左旋走滑的性质，因此库仑应力变化的发震节面选择为走向 300°、倾角 80°、滑动角 0°。

我们采用库仑应力变化（ΔCFS）研究岩浆房扰动对断层稳定性的影响，通常 ΔCFS（Harris，1998；石耀霖、曹建玲，2010）被定义为：

$$\Delta CFS = \Delta\tau + \mu\left(\Delta\sigma_n + \Delta P\right) \tag{9}$$

式中：$\Delta\tau$ 是断层面剪应力变化；$\Delta\sigma_n$ 是断层面上正应力变化；ΔP 是孔隙压变化；μ 是断层摩擦系数。当库仑应力为正，扰动应力有利于断层滑动，反之则不利于断层滑动。

当岩石应力变化远快于岩石中流体压力扩散时，孔隙压变化 ΔP 可用 Skemptons 系数 B 表示，实际应用中常将视摩擦系数简化为断层摩擦特性和孔隙流体的综合参数，并取视摩擦系数 $\mu' = \mu\left(1 - B\right)$。本文采用这种简化，并讨论不同视摩擦系数下的库仑应力变化：

$$\Delta CFS = \Delta\tau + \mu'\Delta\sigma_n \tag{10}$$

图 9（a）（b）分别给出了岩浆房压力膨胀导致的断层接收面上的剪应力变化和正应力变化，图 9（b）—（d）分别对应了视摩擦系数 μ' 为 0、0.4、0.8 的情形，随着视摩擦系数的增大，ΔCFS 正值区有顺时针旋转的趋势。研究表明视摩擦系数的选取与断层类型（Parsons et al.，1999；Ali et al.，2008）以及断层滑动速率（Parsons et al.，1999）相关。对于视摩擦系数的选取，通常滑动速率较大的走滑断层、正断层取 0.2～0.4，

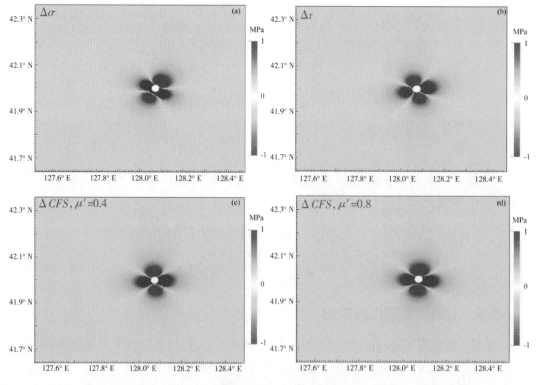

（a）$\Delta\sigma$；（b）μ' 为 0 时的 ΔCFS；（c）μ' 为 0.4 时的 ΔCFS；（d）μ' 为 0.8 时的 ΔCFS。

图 9 岩浆房引起的库仑应力变化

速率较小的逆断层取 0.6 ~ 0.8（Parsons et al.，1999）。由于区域内 NW 向断层主要表现出现左旋走滑和张扭性特征，因此视摩擦系数取为 0.4 较为合理，$\mu' = 0.4$ 取值下的库仑应力变化能够解释天池火山口 NW 向震群在空间上主要分布于火山口的西南和东北部。类似地火山活跃期伴随地震事件的现象，Vargas-Bracamontes 和 Neuberg（2012）发现火山喷发前往往伴随着 VT（volcano-tectonic）地震，并且地震节面相对于构造应力场方向旋转近 90°。

◆ 4 讨 论

4.1 不同作者反演结果的比较

Cayol 等（1998）利用有限元模型研究地形对岩浆房深度反演的影响。他们的结果显示，Mogi 模型反演的海平面以下岩浆房深度约等于有限元模型海平面以下岩浆房深度加上地表高程，即当把 Mogi 模型反演深度视为地表峰顶至岩浆房的垂向距离，Mogi 模型可以给出近乎准确的岩浆房深度。但 Mogi 模型高估了岩浆房体积变化量，例如地形坡度为 20°时，岩浆房体积变化量可能被高估 15% ~ 20%，当地形坡度为 30°时，岩浆房体积变化量可能被高估 50%。朱桂芝等（2008）未考虑地表地形的反演结果显示岩浆房深度为 9.2 km，我们考虑地形反演的海平面以下岩浆房深度为 6.9 km，考虑到长白山主峰约为 2.4 km，根据 Cayol 等（1998）的结论，二者反演的岩浆房深度并不矛盾，即岩浆房距离长白山主峰峰顶的深度约为 9.3 km。陈国浒等（2008）利用单源和双源 Mogi 模型反演岩浆房位置，单源结果显示岩浆房体积变化为 $5.2 \times 10^6 \text{ m}^3$，朱桂芝反演的等量三正交断层扩张量为 $2.9 \times 10^6 \text{ m}^3$。二者的扩张量不一样，这是由于二者采用的模型不一样，根据 Feigl 等（2000），Okada 位错理论的三正交等量扩张位错模型和 Mogi 模型引起相同地表位移时，二者的扩张量具有 $(1 + \nu) / (1 - \nu)$ 的比例关系，其中 ν 为泊松比。值得注意的是，我们采用跟朱桂芝等（2008）相同的分法，计算得到等量三正交断层扩张量约为 $2.5 \times 10^6 \text{ m}^3$，这也反映了解析方法虽然可以大致限定深度，却会高估断层扩展量。由于反演的多解性，不同作者采用的方法不一样，有些反演方法依赖初值，因此造成了不同作者反演结果的差别，但不同作者大体上的岩浆房参数基本上与长白山火山区上地壳三维速度层析成像、电性结构等观测所刻画的岩浆房特征相吻合。同时，陈国浒等（2008）得到的反演的双岩浆房分别位于长白山天池火山和间白山火山下方；本文的计算也支持在间白山底下存在和主岩浆房连通的小岩浆房时，反演效果更佳；胡亚轩等（2004）的计算认为，当考虑天池南侧的北西向隐伏断裂时，反演效果更佳，三者的结论较为接近，即长白山天池岩浆房和间白山岩浆房之间可能存在隐伏断裂连接，这也证明了不同作者反演模型的一致性。

4.2 构造应力场的影响

Vargas-Bracamontes 和 Neuberg（2012）在研究 VT 地震的时候发现，由于优势区域应力场的存在，火山区的断层滑动往往具有滑动方向和构造应力场方向一致或者接近的特点。并且他们的研究还考虑了岩浆房压力和构造应力场相对大小不同时，构造应力场对库仑应力变化的影响。根据张春山等（2016）的结果，浅表水平主应力为 2.31 ～ 12.39 MPa，深部应力难以获知，我们参考 Vargas-Bracamontes 和 Neuberg（2012）的方法，考虑构造应力偏应力 $\sigma_1 = 0.5\Delta p$ 和 $\sigma_1 = 0.1\Delta p$ 两种情况，分别计算库仑应力变化（图 10）。随着构造应力量值的增加，库仑应力变化值增大，这是因为现今的构造应力场有利于长白山地区现存的 NW 向断裂活动。尽管深部构造应力场很难获得定量结论，但我们仍然可以获得扰动应力场、构造应力场均有利于火山口附近 NW 向断裂发生的定性结论。

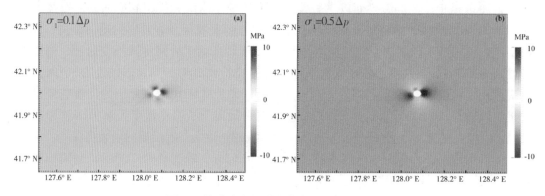

图 10　构造应力场对库仑应力变化的影响

4.3 该方法存在的问题与改进空间

值得注意的是，反映火山内部活动的还应有火山岩浆房的地震、重力、地磁探测等多种方法。本文的方法仅仅通过形变的方法来探索火山内部岩浆活动的趋势，对于缺乏形变数据的火山地区该方法有较大局限性。由于有限元方法的通用性，未来还可以求解岩浆房内部活动引起的重力变化（Cai & Wang，2005；Battaglia & Hill，2009），也应该进一步考虑岩浆房由于温度差异引起的热应力（Cattin et al.，2005）和孔隙流体作用对岩浆房稳定性的影响（Gerbault，Cappa，& Hassani，2012）。

◢◆5　结　　论

通过有限元等效体力方法考虑地表地形影响，开展长白山火山区的地下岩浆房源参数反演，并计算岩浆应力扰动对周边断层稳定性的影响，得到以下结论：

（1）在火山区地下压力变形源的地表形变计算中，地表地形影响难以忽略。岩浆房埋深越浅，地表位移受地形影响越大。埋深越浅，地表最大径向位移 U_r 所在的位置越靠近岩浆房。当坡度达 30°，最大垂向位移 U_z 所在位置不再位于岩浆房正上方。

（2）椭球状岩浆房压力源可较好模拟长白山火山地区 2002—2003 年间的地表形变测量。浅部可能存在局部张拉断层或岩墙侵入，可用较小的球状压力源近似拟合。

（3）岩浆房扰动应力场和区域构造应力场的叠加有可能造成天池西部近 EW 向，天池北部以 NW—NNW 向为主的现今应力方向。

（4）岩浆房压力引起的库仑应力变化能够解释天池火山口 NW 向震群在空间上主要分布于火山口的西南和东北部。

✕◆ 说　明

本文已发表在《地球物理学报》2020 年第 63 卷第 11 期，第 4050 – 4064 页。

文中图件使用 GMT 制图工具（Wessel & Smith，1995）绘制完成。

✕◆ 参 考 文 献

Aki K，Richards P G，2002. Quantitative Seismology. 2nd ed. University Science Books.

Ali S T，Freed A M，Calais E，et al.，2008. Coulomb stress evolution in Northeastern Caribbean over the past 250 years due to coseismic，postseismic and interseismic deformation. Geophysical Journal International，174（3）：904 –918.

Bangerth W，Hartmann R，Kanschat G，2007. deal. II—a general-purpose object-oriented finite element library. ACM Transactions on Mathematical Software（TOMS），33（4）：24.

Battaglia M，Hill D P，2009. Analytical modeling of gravity changes and crustal deformation at volcanoes：The Long Valley caldera，California，case study. Tectonophysics，2009，471（1 –2）：45 –57.

Bhattacharyya J，Sheehan A F，Tiampo K F，et al.，1999. Using genetic algorithms to model regional waveforms for crustal structure in the western United States. Bulletin of the Seismological Society of America，89：202 –214.

Billings S，Kennett B，Sambridge M，1994. Hypocenter location：genetic algorithms incorporating problem specific information. Geophysical Journal International，118：693 –706.

Bonaccorso A，Davis P M，1999. Models of ground deformation from vertical volcanic conduits with application to eruptions of Mount St. Helens and Mount Etna. Journal of Geophysical Research Solid Earth，104（B5）：10531 –10542.

Bonafede M，Ferrari C，2009. Analytical models of deformation andresidual gravity changes due to a Mogi source in a viscoelastic medium. Tectonophysics，471：4 –13.

Burridge R，Knopoff L，1964. Body force equivalents for seismic dislocations. Bull. Seismol. Soc. Am.，54：1875 –1888.

Cai Y，Wang C Y，2005. Fast finite-element calculation of gravity anomaly in complex geological regions. Geophysical Journal International，162（3）：696 –708.

Cattin R，Cécile Doubre，Chabalier J B D，et al.，2005. Numerical modelling of quaternary deformation and post-rifting displacement in the Asal-Ghoubbet rift（Djibouti，Africa）. Earth and Planetary Science

Letters, 239 (3 − 4): 352 − 367.

Cayol V, Cornet F H, 1998. Effects of topography on the interpretation of the deformation field of prominent volcanoes − application to Etna. Geophys. Res. Lett. , 25 (11): 1979 − 1982.

Charco M, Sastre P G D, 2014. Efficient inversion of three-dimensional finite element models of volcano deformation. Geophysical Journal International, 196 (3): 1441.

Chen G H, Shan X J, Wooil M Moon, et al., 2008. A modeling of the magma chamber beneath the Changbai Mountains volcanic area constrained by InSAR and GPS derived deformation. Chinese J. Geophys. (in Chinese), 51 (4): 1085 − 1092.

Cui D X, Wang Q L, Li K, et al., 2007. Analysis of recent deformation of Changbaishan Tianchi volcano. Chinese J. Geophys. (in Chinese), 50 (6): 1731 − 1739.

Davis P M, 1986. Surface deformation due to inflation of an arbitrarily oriented triaxial ellipsoidal cavity in an elastic half-space, with reference to Kilauea volcano, Hawaii. Journal of Geophysical Research: Solid Earth, 91 (B7): 7429 − 7438.

Feigl K L, Gasperi J, Sigmundsson F, et al., 2000. Crustal deformation near Hengill volcano, Iceland 1993 − 1998: Coupling between magmatic activity and faulting inferred from elastic modeling of satellite radar interferograms. J. geophys. Res, 105 (B11): 25655 − 25670.

Fernández J, Tiampo K F, Jentzsch G, et al., 2001. Inflation or deflation? New results for Mayon Volcano applying elastic-gravitational modeling. Geophysical Research Letters, 28 (12): 2349 − 2352.

Fialko Y, Khazan Y, Simons M, 2010. Deformation due to a pressurized horizontal circular crack in an elastic half-space, with applications to volcano geodesy. Geophysical Journal of the Royal Astronomical Society, 146 (1): 181 − 190.

Gerbault M, Cappa F, Hassani R, 2012. Elasto-plastic and hydromechanical models of failure around an infinitely long magma chamber. Geochem. Geophys. Geosyst., 13 (3): Q03009. DOI: 10. 1029/2011GC003917.

Harris R A, 1998. Introduction to special section: Stress triggers, stress shadows, and implications for seismic hazard. J. Geophys. Res., 103 (B10): 24347 − 24358.

Hansen, K M, Mount V S, 1990. Smoothing and Extrapolation of Crustal Stress Orientation Measurements. J. Geophys. Res., 95 (B2): 1155 − 1165.

Hong H, Kadlec B J, Yuen D A, 2004. Fast timescale phenomena at Changbaishan volcano as inferred from recent seismic activities. AGU fall meeting.

Hu Y X, Wang Q L, Cui D X, et al., 2004. Joint inversion of geometric deformation in Changbaishan volcanic area. Journal of Geodesy and Geodynamics (in Chinese), 24 (4): 90 − 94.

Hu Y X, Wang Q L, Cui D X, et al., 2007. Application of Mogi model at Changbaishan Tianchi volcano. Seismology and Geology (in Chinese), 29 (1): 144 − 149.

Ji L, 2013. Episodic deformation at Changbaishan Tianchi volcano, northeast China during 2004 to 2010, observed by persistent scatterer interferometric synthetic aperture radar. Journal of Applied Remote Sensing, 7 (1): 073499.

Li C F, Zhang X K, Zhang Y, et al., 2006. Analysis of tectonic setting of Changbaishan Tianchi Volcano. Seismology and Geomagnetic Observation and Research (in Chinese), 27 (5): 43 − 49.

Lisowski M, 2007. Analytical volcano deformation source models//Dzurisin D. Volcano Deformation. Berlin Heidelberg: Springer: 279 − 304.

Liu R X, Wei H Q, Li J T, et al., 1998. Modern eruption of Changbaishan Tianchi volcano (in Chinese). Beijing: Science Press.

Mindlin R D, 1936. Force at a point in the interior of a semi – infinite solid. Physics, 7: 195 – 202.

Mogi K, 1958. Relations between the Eruptions of Various Volcanoes and the Deformations of the Ground Surfaces around them. Bulletin of the Earthquake Research Institute University of Tokyo, 36 (2): 99 – 134.

Okada Y, 1985. Surface deformation due to shear and tensile faults in a half-space. Bulletin of the Seismological Society of America, 75 (2): 1018 – 1040.

Okada Y, 1992. Internal deformation due to shear and tensile faults in a half-space. Bull. Seism. Soc. Am., 82 (2): 1018 – 1040.

Parsons T, Stein R S, Simpson R W, et al., 1999. Stress sensitivity of fault seismicity: a comparison between limited-offset oblique and major strike-slip faults. J. Geophys. Res., 104: 20183 – 20202.

Shi Y L, Assumpcao M, 2000. Genetic algorithm-finite element inversion of stress field of Brazil. Chinese J. Geophys. (in Chinese), 43 (2): 166 – 174.

Shi Y L, Cao J L, 2010. Some aspects in static stress change calculation—Case study on Wenchuan earthquake. Chinese J. Geophys. (in Chinese), 53 (1): 102 – 110. DOI: 10. 3969/j. issn. 0001-5733. 2010. 01. 011.

Tang J, Deng Q H, Zhao G Z, et al., 2001. Electric conductivity and magma chamber at the Tianchi volcano area in Changbaishan Mountain. Seismology and Geology (in Chinese), 23 (2): 191 – 200.

Tiampo K F, Fernández J, Jentzsch G, et al., 2004. Volcanic source inversion using a genetic algorithm and an elastic-gravitational layered earth model for magmatic intrusions. Computers & Geosciences, 30 (9 – 10): 985 – 1001.

Trasatti E, Giunchi C, Agostinetti N P, 2010. Numerical inversion of deformation caused by pressure sources: Application to Mount Etna (Italy). Geophysical Journal International, 172 (2): 873 – 884.

Vargas-Bracamontes D M, Neuberg J W, 2012. Interaction between regional and magma-induced stresses and their impact on volcano-tectonic seismicity. Journal of Volcanology & Geothermal Research, 243 – 244: 91 – 96.

Wei H Q, Liu R X, Li X D, 1997. The ignimbrite-forming eruption and its climate effects at Tianchi volcano, Changbaishan. Earth Science Frontiers (in Chinese), 4 (1 – 2): 263 – 266.

Wessel P, Smith W H F, 1995. New version of the generic mapping tools. Eos, Transactions American Geophysical Union, 76 (33): 329.

Williams C A, Wadge G, 1998. The effects of topography on magma chamber deformation models: Application to Mt. Etna and radar interferometry. Geophysical Research Letters, 25 (10): 1549 – 1552.

Williams C A, Wadge G, 2000. An accurate and efficient method for including the effects of topography in three-dimensional elastic models of ground deformation with applications to radar interferometry. Journal of Geophysical Research Solid Earth, 105 (B4): 8103 – 8120.

Wu J P, Ming Y H, Zhang H R, 2005. Seismic activity at the Changbaishan Tianchi volcano in the summer of 2002. Chinese J. Geophys. (in Chinese), 48 (3): 621 – 628.

Wu J P, Ming Y H, Zhang H R, et al., 2007. Earthquake swarm activity in Changbaishan Tianchi volcano. Chinese J. Geophys. (in Chinese), 50 (4): 1089 – 1096.

Xu J, Liu G, Wu J, et al., 2012. Recent unrest of Changbaishan volcano, northeast China: A precursor of a future eruption?. Geophysical Research Letters, 39 (16): 16305.

Yang X M, Davis P M, Dieterich J H, 1988. Deformation from inflation of a dipping finite prolate spheroid in an elastic half-space as a model for volcanic stressing. Journal of Geophysical Research Solid Earth, 93 (B5): 4249 – 4257.

Zhao D P, Lei J S, Tang R Y, 2004. Origin of Chang Bai volcano in Northeast China: evidence of seismic tomography. Chinese Sci. Bull. (in Chinese), 49 (14): 1439 – 1447.

Zhu G Z, Wang Q L, Shi Y L, et al., 2008. Earthquake swarm activity in Changbaishan Tianchi volcano. Chinese J. Geophys. (in Chinese), 51 (1): 112 – 119.

陈国浒, 单新建, Moon W M, 等, 2008. 基于 InSAR、GPS 形变场的长白山地区火山岩浆囊参数模拟研究. 地球物理学报, 51 (4): 1085 – 1092.

崔笃信, 王庆良, 李克, 等, 2007. 长白山天池火山近期形变场演化过程分析. 地球物理学报, 50 (6): 1731 – 1739.

胡亚轩, 王庆良, 崔笃信, 等, 2004. 长白山火山区几何形变的联合反演. 大地测量与地球动力学, 24 (4): 90 – 94.

胡亚轩, 王庆良, 崔笃信, 等, 2007. Mogi 模型在长白山天池火山区的应用. 地震地质, 29 (1): 144 – 149.

李春锋, 张兴科, 张旸, 等, 2006. 长白山天池火山的地质构造背景. 地震地磁观测与研究, 27 (5): 43 – 49.

刘若新, 魏海泉, 李继泰, 等, 1998. 长白山天池火山近代喷发. 北京: 科学出版社.

石耀霖, Assumpcao M, 2000. 巴西构造应力场的遗传有限单元法反演. 地球物理学报, 43 (2): 166 – 174.

石耀霖, 曹建玲, 2010. 库仑应力计算及应用过程中若干问题的讨论: 以汶川地震为例. 地球物理学报, 53 (1): 102 – 110.

汤吉, 邓前辉, 赵国泽, 等, 2001. 长白山天池火山区电性结构和岩浆系统. 地震地质, 23 (2): 191 – 200.

魏海泉, 刘若新, 李晓东, 1997. 长白山天池火山造成伊格尼姆岩喷发及气候效应. 地学前缘, 4 (1 – 2): 263 – 266.

吴建平, 明跃红, 张恒荣, 等, 2005. 2002 年夏季长白山天池火山区的地震活动研究. 地球物理学报, 48 (3): 621 – 628.

吴建平, 明跃红, 张恒荣, 等, 2007. 长白山天池火山区的震群活动研究. 地球物理学报, 50 (4): 1089 – 1096.

张成科, 张先康, 赵金仁, 等, 2002. 长白山天池火山区及邻近地区壳幔结构探测研究. 地球物理学报, 45 (6): 862 – 871.

赵大鹏, 雷建设, 唐荣余, 2004. 中国东北长白山火山的起源: 地震层析成像证据. 科学通报, 49 (14): 1439.

朱桂芝, 王庆良, 石耀霖, 等, 2008. 各向同性膨胀点源模拟长白山火山区岩浆囊压力变形源. 地球物理学报, 51 (1): 112 – 119.

峨眉山大火成岩省地壳速度结构与古地幔柱活动遗迹

——宽角地震资料的约束

徐　涛[1,2]，白志明[1]，刘宝峰[3]，陈　赟[1]，田小波[1,2]，徐义刚[4]，滕吉文[1]

◆0　前　言

大火成岩省（large igneous provinces，LIPs）是指以短时间内（一般为几个百万年）巨量喷发为特征的富镁铁喷出岩和侵入岩所构成的岩浆建造（Richards et al.，1989；Campbell & Griffiths，1990；Coffin & Eldholm，1994；徐义刚，2002；夏林圻 等，2004；张招崇 等，2007）。作为地球上已知的最大规模火山作用，LIPs 记录了地球某一特定历史时期巨量物质和能量由地球内部向外的迁移，其形成与地球表面形态的变化、生物灭绝、区域性的巨量矿产资源的形成和富集等具有密切的关系，因而是地球科学领域重要的研究课题之一（Campbell & Griffiths，1990；Chung & Jahn，1995；Xu et al.，2001，2004，2007；Ali et al.，2005；Lo et al.，2002；朱炳泉 等，2002；徐义刚，2002；徐义刚 等，2001，2013；He et al.，2003）。

根据形成时间划分，地幔柱分为现代地幔柱和古地幔柱。形成于约 259 Ma 前的峨眉山大火成岩省是我国境内唯一被国际学术界认可的大火成岩省（Courtillot et al.，1999；徐义刚 等，2001，2013），其形成普遍被认为与古地幔柱活动有关（Chung & Jahn，1995；He et al.，2003；Xu et al.，2004；Zhang et al.，2006；Wu & Zhang，2012），其喷发可能引起了晚二叠世全球的气候、环境变化和生物大灭绝事件，所以峨眉山大火成岩省引起了国内外学者的广泛关注（Chung & Jahn，1995；徐义刚、钟孙霖，2001；张招崇 等，2006；Ali et al.，2005；Xu et al.，2001，2004，2007；He et al.，2003，2006，2007；Peate & Bryan，2008；Wignall et al.，2009；徐义刚 等，2013；Zhang et al.，2013；吴鹏 等，2014）。

现代地幔柱的鉴别方法主要是地球物理方法，即利用远震地震层析成像方法获得地球内部介质，如地壳和上、下地幔现今的结构影像，以此识别出现代地幔柱的迹象（Courtillot et al.，2003；Lei & Zhao，2006）。由于构造运动使得地表构造与深部结构之

---

1 中国科学院地质与地球物理研究所，岩石圈演化国家重点实验室，北京，100029；2 中国科学院青藏高原地球科学卓越创新中心，北京，100101；3 中国地震局地球物理勘探中心，郑州，450002；4 中国科学院广州地球化学研究所，同位素地球化学国家重点实验室，广州，510640。

间不一定存在空间上的对应关系，且古地幔柱活动区深部热异常结构因时间的流逝可能不复存在，因此该方法不一定适用于古地幔柱的鉴别（Xu et al.，2004，2007；Wu & Zhang，2012）。对于古老地幔柱事件的识别，Campbell（2001）从地质地球化学方面，总结为五大特征：火山作用前的地壳抬升、放射状岩墙群、火山作用的物理特征、火山链的年代变化或短时限火山作用、地幔柱产生岩浆的化学组成。峨眉山大火成岩省能满足其中的三至四个指标，故其古地幔柱成因获得广泛承认（He et al.，2003；Xu et al.，2004，2007；Zhang et al.，2006）。

由于古地幔柱的活动事件缺少来自地幔深部的现今热异常，因此在岩石圈地幔的更深尺度，由热异常引起的地震波速度异常等地球物理响应现今会消失。但是，古地幔柱的火山作用引起地壳和岩石圈地幔的热异常及岩浆侵入和喷发等，会造成壳幔内物质成分的改变，即古地幔柱的活动遗迹，其在地球物理方面的响应主要表现为地震波速度、速度比 v_P/v_S、密度、各向异性、流变性和磁性等相比于周围地区的变化。这种在岩石圈地幔，尤其在地壳内部岩石物理属性的变化，在没有受到明显的热 – 构造活动的影响下，不会因为时间推移产生根本性的改变。但要了解壳幔内的物理属性变化，通常需要获得壳幔内的精细结构和介质属性信息。因此，通过人工源深地震测深探测认识地壳及上地幔顶部精细结构和介质属性特征，有望为峨眉山大火成岩省的地幔柱成因提供地球物理约束和支持。

本文利用跨峨眉山大火成岩省的丽江—攀枝花—清镇人工源宽角地震反射/折射探测剖面（COMWIDE – ELIP 试验）资料，通过重建该地区的地壳速度结构，为甄别峨眉山古地幔柱的活动遗迹提供约束。

◆ 1 区域构造背景概况

峨眉山大火成岩省呈一长轴近似南北向的菱形，分布于扬子克拉通西缘，出露面积为 $2.5 \times 10^5 \text{ km}^2$，主要由亚碱性及偏碱性的基性火山熔岩及火山碎屑岩组成。其西南界为哀牢山—红河剪切带，西北界为龙门山—小金河逆冲断裂（徐义刚、钟孙霖，2001；Xu et al.，2001，2004，2007；He et al.，2003，2007；Peate & Bryan，2008；徐义刚等，2007，2013；Wu & Zhang，2012；Zhang et al.，2013）。峨眉山玄武岩邻近三江构造带，其形成时间约在 259 Ma 前（Zhou et al.，2002；Zhong et al.，2014）。其后，经历了印支期和燕山期运动；新生代以来，受青藏高原物质东流及阿萨姆（Assam）顶点楔入等的共同作用（Armijo et al.，1989；乔学军 等，2004；Chen et al.，2013）。复杂的构造运动历史使其遭受了强烈的变形和破坏，从而掩盖了部分原有的玄武岩分布特征。

峨眉山玄武岩下伏地层为茅口灰岩，它与上覆的峨眉山玄武岩为不整合接触。通过对茅口灰岩的厚度及生物地层进行对比，He 等（2003）认为上扬子西缘茅口灰岩在茅口组沉积之后、玄武岩喷发之前存在差异剥蚀，且剥蚀程度在空间上呈规律性变化，自西向东可将其划分为严重剥蚀的内带、部分剥蚀的中带和短暂沉积间断的外带（图1；He et al.，2003；Xu et al.，2004，2007）。内带范围包括云南西部和四川南部，直径大约 400 km，残留的茅口组地层厚度通常小于 100 m，大部分地区为 50 m。中带范围包括云南东部和四川北部的大部分地区，该地区茅口组地层厚度增加到 200 ～ 450 m。外带的茅口组地层剥蚀最少，其厚度在 250 ～ 600 m 之间。

丽江—清镇人工源深地震测深剖面横跨峨眉山大火成岩省，呈近东西向展布，由云南省的丽江市经过攀枝花到达贵州省的清镇市，长约 650 km（图 1）。剖面地处云贵川高原，海拔一般在 1500 ～ 2000 m 以上，多为中高山侵蚀地形，地质构造及地貌都比较复杂。测线沿途地表基本缺少第四纪沉积，主要分布早 – 中三叠世和中 – 上泥盆世的沉积地层和大面积出露的大陆溢流玄武岩。

丽江—清镇剖面由内带跨越中带，并到达外带，自西向东主要穿过的断裂有：丽江—小金河断裂、程海断裂带、元谋—绿汁江断裂、安宁河断裂、小江断裂、威宁—水城断裂等（图 1）。丽江—小金河断裂是一条南北向活动构造断裂，以左旋走滑运动为主（向宏发 等，2002）。程海断裂带北起宁蒗，南至弥渡，长逾 200 km，沿断裂带有超基性岩零星出露。元谋—绿汁江断裂是川滇地区重要的一条南北走向的活动性大断裂，为中部断陷盆地形态的主导断层（白志明、王椿镛，2003）。安宁河断裂为重要的大型走滑断裂，是青藏块体与华南块体的边界断裂之一（何宏林 等，2007）。小江断裂为一条大型活动断裂，总体呈近南北向展布，其南段与北西走向的曲江断裂和红河断裂相互交汇，构成一特殊而复杂的楔形断块构造（何宏林 等，1993；俞维贤 等，1997）。威宁—水城断裂位于贵州威宁—水城一带，是构成黔中地层小区与黔西北地层小区分区的断裂（张荣强 等，2009）。

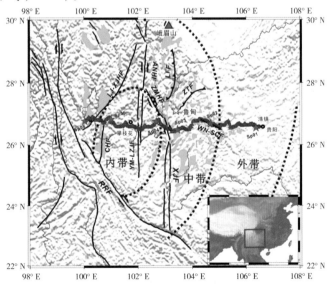

XJF：小江断裂；RRF：红河断裂；LJ – XJHF：丽江—小金河断裂；CHF：程海断裂；YM – LZJF，元谋—绿汁江断裂；ANHF：安宁河断裂；ZMHF：则木河断裂；WN – SCF：威宁—水城断裂；ZTF：昭通断裂；LFF：莲峰断裂。

红色实心五角星：人工源炮点；蓝色三角形：纵测线接收器；红色空心五角星：2014 年鲁甸 MS 6.5 级主震震中位置；粗点线：峨眉山大火成岩省的内、中、外带界线。

图 1　峨眉山玄武岩分布（绿色区域）及人工源深地震测深观测系统

✕◆ 2 丽江—清镇剖面宽角地震数据

2.1 地震数据采集

2012 年 6 月，中国科学院地质与地球物理研究所沿丽江—攀枝花—清镇近东西向纵测线实施了 6 炮人工源爆破（药量总计达 17.5 t TNT，单炮药量为 2.4 ～ 3.9 t），采取井下组合爆破激发方式，炮点间距 60 ～ 90 km。纵测线剖面长约 650 km，布设 323 台人工地震测深专用便携式三分量数字地震仪同时记录观测，接收器间距 1.5 ～ 2.0 km（图 1），记录来自地壳上地幔顶部不同深度范围、不同属性的深层地震波场信息。

2.2 震相分析与数据处理

震相识别包括 P_g、P_m、P_n 和 P_c。其中，P_g 为浅层地壳结晶基底的反射和折射震相，表现为初至波；P_m 来自一级间断 Moho 的反射强震相；P_n 为上地幔顶部弱速度梯度层的折射波震相，视速度为 8.0 ～ 8.1 km/s；地壳内部二级速度间断面的反射波，能量较弱，不同区域分为不同的几组，统称为 P_c 震相，本地区主要表现为 P_1、P_2 和 P_3 三组壳内反射震相。

2.2.1 初至波震相与上地壳速度结构

初至波 P_g 震相一般被认为是来自壳内结晶基底的折射波，其接收段几十至一百多千米。长接收段的初至波，可以来自上地壳的回折波和反射波等。炮点附近视速度迅速增大，随炮检距增大，视速度稳定在 6.0 ～ 6.3 km/s。P_g 震相走时曲线反映出地表沉积盖层厚度和地壳结晶层顶部介质速度结构，局部到时的超前、滞后一般与地表局部隆起、凹陷构造相关。

丽江—清镇剖面 6 炮初至波 P_g 震相清晰，信噪比高，沿测线在东西方向一般能追踪 60 ～ 120 km（图 2—图 7）。以 6.0 km/s 的折合速度，P_g 震相在 60 km 处的折合走时约为 0.5 s，震相近似水平，视速度接近 6.0 km/s。P_g 震相初步表明该剖面地表覆盖层不会太厚，且速度一般在 4.0 km/s 以上。在 6 炮初至波 P_g 震相拾取的基础上，通过有限差分反演上地壳的速度结构（Vidale, 1988；Hole, 1992；Zhao et al., 2004；Lan & Zhang, 2013a, 2013b；兰海强 等, 2012a, 2012b；刘一峰 等, 2012；赵烽帆 等, 2014；Ma & Zhang, 2014）。获得的上地壳速度结构（徐涛 等, 2014）可以作为进一步地壳速度结构反演的浅层地壳初始模型。

2.2.2 续至波震相与数据处理

和初至波震相清晰、易于追踪相比，云贵川地区较厚的 Moho 导致 P_c、P_m、P_n 等续至波震相信噪比较低。以云贵川地区 Moho 深度为参考信息（熊绍柏 等, 1993；滕吉文, 1994；Liu et al., 2001；王椿镛 等, 2002；白志明 等, 2003；Chen et al., 2010；Sun et al., 2012；Zhou et al., 2012；张恩会 等, 2013；Zhang et al., 2013；Teng et al.,

2013），根据震相两炮之间的走时互换原理，追踪得到续至波震相，结果见图2—图7。

通常来说，震相走时曲线的截距，即拾取的折合走时（折合速度6.0 km/s），主要反映反射界面的深度，如 P_m 折合走时越大，表明 Moho 越深；震相曲线斜率则主要反映界面之上地层的平均速度。对于 P_m 震相，大偏移距可能产生全反射，则能产生全反射的远偏移距处视速度即可近似为反射点所在下地壳的速度。以 Moho 的反射震相 P_m 为例：从东往西，第一炮西侧［图2（a）］，在偏移距150 km 左右，P_m 震相折合走时2.3 s 左右，而偏移距200 km 左右无追踪震相；第二炮西侧［图3（a）］，在偏移距150 km 左右，P_m 震相折合走时3.3 s 左右，而偏移距200 km 左右无追踪震相；第三炮西侧［图4（a）］，在偏移距150 km 左右无追踪震相，偏移距200 km 左右，P_m 震相折合走时2.2 s 左右；第四炮西侧［图5（a）］，在偏移距150 km 左右，P_m 震相折合走时2.7 s 左右。从东往西，P_m 震相折合走时呈现逐渐增大再减小的趋势，表明剖面的 Moho 从东往西逐渐变深再变浅的趋势（图10）。

经过模型的多次修正，并利用射线追踪正演计算进行多震相的走时拟合（Cerveny et al.，1988；Vidale，1988；Zelt & Smith，1992；Cerveny，2001；徐涛 等，2004；Xu et al.，2006，2010，2014；李飞 等，2013），获得最终的壳幔结构模型。资料处理过程中，震相识别对速度结构影响较大，因此需先建立该区域综合地球物理模型的先验约束；震相确立后，速度模型中界面的误差为 ±1 km，速度结构误差为 ±0.1 km/s。6炮最终的震相拟合、射线追踪及理论地震图见图2—图7。

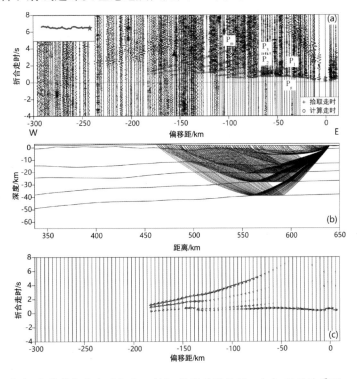

（a）地震震相和走时拟合；（b）射线追踪结果；（c）理论地震图。

图2 丽江—清镇宽角地震剖面 Sp01 炮

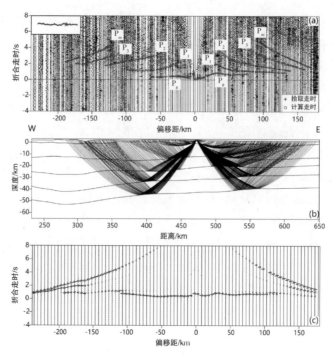

（a）地震震相和走时拟合；（b）射线追踪结果；（c）理论地震图。

图 3　丽江—清镇宽角地震剖面 Sp02 炮

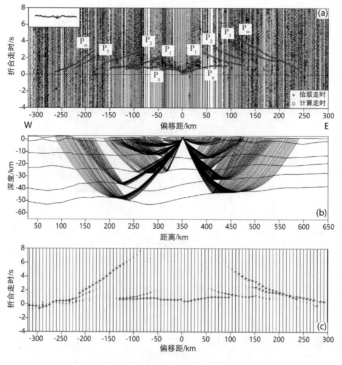

（a）地震震相和走时拟合；（b）射线追踪结果；（c）理论地震图。

图 4　丽江—清镇宽角地震剖面 Sp03 炮

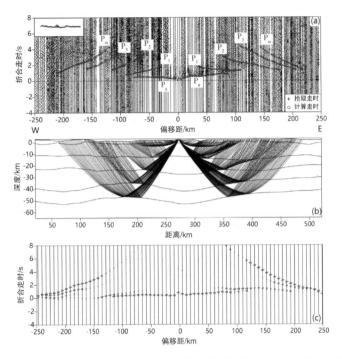

（a）地震震相和走时拟合；（b）射线追踪结果；（c）理论地震图。

图 5　丽江—清镇宽角地震剖面 Sp04 炮

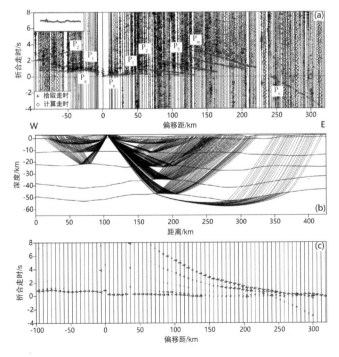

（a）地震震相和走时拟合；（b）射线追踪结果；（c）理论地震图。

图 6　丽江—清镇宽角地震剖面 Sp05 炮

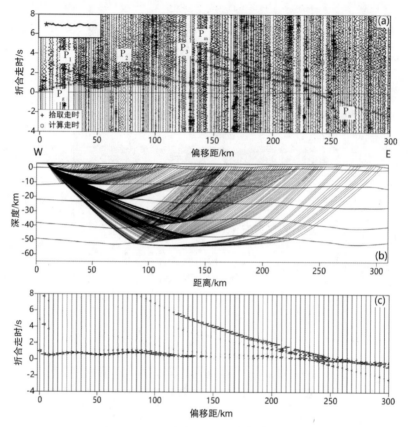

（a）地震震相和走时拟合；（b）射线追踪结果；（c）理论地震图。

图7　丽江—清镇宽角地震剖面 Sp06 炮

2.3　走时拟合和射线覆盖

丽江—清镇剖面6炮的走时拟合结果（图8）和射线覆盖图（图9）显示该区域剖面的射线覆盖较为密集，走时拟合比较理想，由走时拟合得到的二维速度结构是可靠的。

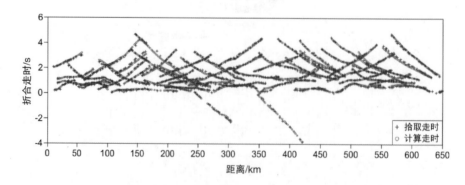

蓝色十字：拾取走时；红色圆圈：计算走时。

图8　丽江—清镇纵剖面6炮震相的走时拟合结果

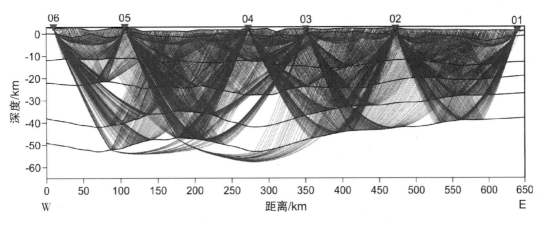

图9 丽江—清镇纵剖面6炮地震射线覆盖图

◈ 3 丽江—清镇剖面速度结构

3.1 剖面二维速度结构

丽江—清镇剖面地壳结构可以近似划分为上地壳（地表至 P_1）、中地壳（P_1 至 P_3）和下地壳（P_3 至 Moho）（图10）。从上地壳速度来看，小于 5.8 km/s 的区域，速度变化剧烈，等值线较密集；大于 5.8 km/s 的区域，速度变化较缓，等值线较为稀疏（图10）。参考中国大陆及云贵川地区的地壳速度结构（熊绍柏 等，1993；邓阳凡 等，2011；Teng et al.，2013；张恩会 等，2013），可以得出该剖面结晶基底的速度应该在5.8 km/s 左右，剖面结晶基底的深度在 2 km 左右，水平向呈现出明显的起伏变化特征（徐涛 等，2014），可能是剧烈的区域构造活动的结果。浅层地壳低速主要分布在元谋—绿汁江断裂（YM–LZJF）和安宁河断裂（ANHF）、小江断裂（XJF）的东侧、威宁—水城断裂（WN–SCF）的东侧3个区域，覆盖层速度低至 4.0 km/s。高速区则位于程海断裂东侧，位于内带范围内的基性和超基性岩石出露区，速度高至6.0 km/s 以上。

中地壳平均速度结构为 6.2～6.6 km/s，但沿剖面横向变化特征明显（图10）。内带局部呈现高速特征，异常幅值约为 0.1～0.2 km/s；在中带附近，受小江断裂带的影响，上中下地壳均呈现相对低速特征。下地壳速度，在内带为 6.9～7.2 km/s，在中带和外带偏低，为 6.8～7.0 km/s（图10）。

剖面 Moho 深度（本文 Moho 深度均指相对大地水准面深度）在内带范围内深约47～53 km，Moho 局部明显上隆；中带深一般在 42～50 km，外带深一般在 38～42 km，中带至外带，Moho 逐渐变浅（图10）。图10中，在中地壳区域，利用反射震相对应的射线路径反射点（圆圈），显示了相应的反射界面信息。

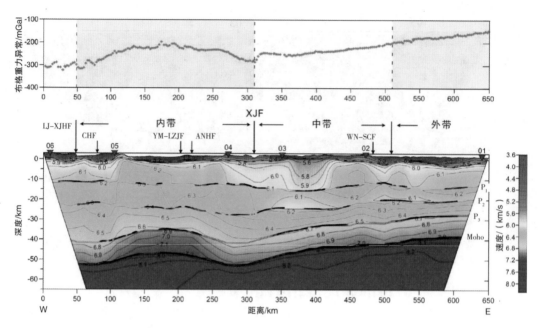

LJ-XJHF：丽江—小金河断裂；CHF：程海断裂；YM-LZJF：元谋—绿汁江断裂；ANHF：安宁河断裂；XJF：小江断裂；WN-SCF：威宁—水城断裂。

图10　丽江—清镇纵剖面卫星布格重力异常曲线（上）及二维地壳速度结构（下）

反射界面由射线路径的反射点（圆圈）组成。

3.2　速度分析和比较

从地壳的平均速度结构来看（图11），内带的平均速度一般在 6.3～6.5 km/s，中带在 6.2～6.4 km/s，外带约为 6.3 km/s。受小江断裂带的影响，断裂周围的平均速度偏低。从固结地壳（即结晶基底至 Moho 之间的部分，考虑一般性，本文分别计算了 5.8～6.1 km/s 的速度等值线至 Moho 之间的部分）的平均速度结构［图12（b）］可以明显地看出，去掉沉积层的影响，内带的平均速度最大，一般在 6.4～6.5 km/s，而中带至外带的平均速度一般在 6.3～6.4 km/s。图12（b）还可以看出，对于整个剖面，在靠近内带区域，如在水平桩号 100～260 km 区域等值线非常密集，其他区域等值线相对松散。密集等值线表明靠近内带区域，浅层地壳低速覆盖层较少，速度梯度大，呈现高速特征。在该区域内，表现为大量的高速基性和超基性岩石出露地表。

小江断裂两侧，尤其东侧地壳平均速度较低，而且固结地壳的平均速度也较低［图12（b）］，结合上地壳速度结构（徐涛 等，2014）以及地壳速度结构（图10），估计小江断裂至少延伸至 40 km 深，可能切穿整个地壳。

剖面速度结构一个显著的特征是小江断裂的东侧（模型桩号 300～400 km 及两侧），存在明显较厚的上地壳低速区，水平方向延伸逾 100 km，10～15 km 深度可能为其速度间断面，图13（a）中不同速度等值线到地表的厚度均显示该特征。

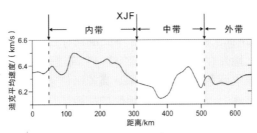

XJF：小江断裂。

图 11　丽江—清镇剖面平均地壳速度结构

虚线将剖面划分为内带、中带和外带。

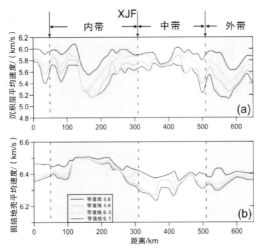

XJF：小江断裂。

图 12　丽江—清镇剖面沉积层平均速度（a）和固结地壳平均速度（b）

不同颜色代表不同速度等值线。

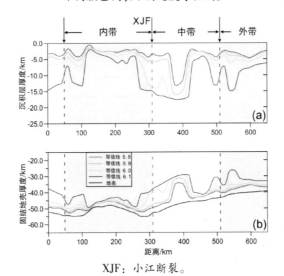

XJF：小江断裂。

图 13　丽江—清镇剖面沉积层厚度（a）和固结地壳厚度（b）

不同颜色代表不同速度等值线。

和丽江—攀枝花—清镇剖面相近的人工源深地震测深剖面为丽江—攀枝花—者海剖面（熊绍柏 等，1993）。该剖面长约 360 km，和本文剖面存在一定的交叉和重合。在相近的区域，该剖面结果显示上地壳存在四个低速区和一个高速区。低速区分别位于丽江附近、永胜附近、攀枝花以西至华坪之间及会理以东。高速区位于会理与攀枝花之间，该区域存在出露地表的基性和超基性岩，文章认为上地壳的高速体与攀枝花成矿岩体密切相关（熊绍柏 等，1993）。上述结果和本文剖面的上地壳精细特征基本一致（徐涛 等，2014）。

沿丽江—者海剖面，中地壳存在 5.5～5.7 km/s 的低速层；而本文剖面没有看到明显的震相支持。该剖面下地壳速度范围为 6.6～6.8 km/s，在攀枝花一带下方，速度等值线明显向上隆起，反映该区域上地壳的高速体可能有深部构造背景（熊绍柏 等，1993）。

丽江—清镇剖面呈现内带总体速度偏高、Moho 上隆的特征，也获得该地区固定/流动宽频带地震台阵观测的支持。环境噪声成像结果显示剖面经过的内带区域（Sp04 炮和 Sp05 炮之间）在上地壳 10 km 深度处，S 波速度结构呈现明显的高速异常特征（Liu et al.，2014）；在中地壳 25 km 处，局部区域同样呈现 S 波高速异常特征（Yao et al.，2008）；以及内带局部区域的整个地壳，S 波速度结构都显示高速异常特征（Zhou et al.，2012）。远震体波成像结果显示内带下地壳呈现约 20 km 左右的高速体特征（Liu et al.，2001）。P_n 波成像结果显示，大火成岩省区域上地幔顶部整体速度偏高（Lei et al.，2014）。中国大陆台网的远震接收函数结果显示，在内带区域，即 Sp04 炮和 Sp05 炮之间，Moho 上隆，Moho 深度为 48～58 km；内带至中带和外带区域，即 Sp03～Sp04 炮往东，Moho 逐渐变浅，深度为 46～48 km（Chen et al.，2010）；考虑到接收函数成像获得的是 Moho 至地表的厚度，去掉高程影响后，与本文宽角资料获得的 Moho 深度特征相近。分析云贵川区域台网的远震接收函数获得了类似的 Moho 深度分布，只是横向变化图像更平滑（Sun et al.，2012）。图 14 为不同方法沿丽江—清镇剖面测线方向获得的 Moho 深度结果对比。每种深度均已经进行地形高程校正，为大地水准面之下的 Moho 深度。可以看出，不同的 Moho 深度结果存在一定的差异，本文得到的 Moho 深度（黑色线条）介于几种方法的深度之间。图 14 还可以看出，在内带范围内，Moho 深度结果大部分呈现上隆的特征。

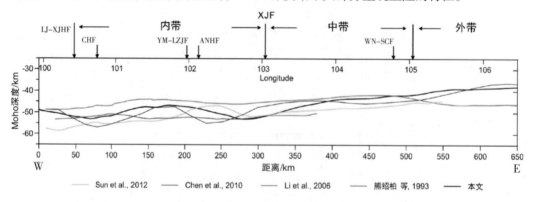

LJ - XJHF：丽江—小金河断裂；CHF：程海断裂；YM - LZJF：元谋—绿汁江断裂；ANHF：安宁河断裂；XJF：小江断裂；WN - SCF：威宁—水城断裂。

绿色（Sun et al.，2012）和蓝色（Chen et al.，2010）：天然源宽频带资料得到的深度；紫色（Li et al.，2006）和红色（熊绍柏等，1993）：人工源资料得到的深度；黑色线条：本文深度。

图 14　丽江—清镇剖面 Moho 深度比较

从图 10 的重力异常曲线可以看出，沿剖面从西往东，卫星布格重力异常从内带至外带，整体上呈现逐步增加的趋势，对应 Moho 整体上呈现逐步变浅的特征。剖面重力异常的显著特点为：在内带范围内，布格异常曲线呈现隆起的特征（Deng et al.，2014）。该特征表明，在内带区域内，深部结构和介质属性可能表现为：地壳呈现高密度异常，一般对应地震波高速异常或者 Moho 局部变浅。重力观测对速度模型的预期和本文的速度模型特征一致。

图 10 重力异常曲线显示，内带重力异常范围（波长）约在 250 km（横向位置一般在 50 ~ 300 km 之间），由密度异常的深度范围 z 与观测的重力异常范围（波长 λ）之间的经验关系式（Artemieva，2011）

$$\lambda \approx 2\pi z \tag{1}$$

可以得出 $z \approx 40$ km，即引起内带重力异常的原因主要为包括 Moho 形状在内的地壳尺度内的密度异常。根据地壳密度和速度在通常情况下的正相关性，该结果也支持本文的速度模型特征。

✖◆ 4　峨眉山大火成岩省与可能的古地幔柱活动遗迹

峨眉山大火成岩省内带的地壳抬升 – 剥蚀量最大（He et al.，2003），分布其中的玄武岩自下而上由低钛玄武岩变到高钛玄武岩，局部分布有苦橄岩（Zhang et al.，2006；Zhang et al.，2013），而中带主要由高钛玄武岩组成。形成低钛玄武岩的地幔部分熔融程度较大，而形成高钛玄武岩的部分熔融程度较小。根据地壳穹状隆起的结构、玄武岩的空间分布特征，Xu 等（2004）认为峨眉山大火成岩省内带对应于地幔柱柱头。内带地幔大程度的部分熔融会形成大量的岩浆，除一部分喷出地表外，另一部分以侵入岩和底侵岩浆的形式停留在地壳的不同深度。这些基性岩浆的加入应该在地震波速度结构中有所体现。

本文获得的宽角地震资料结果支持上述预测。在峨眉山大火成岩省的内带，Moho 呈局部上隆特征（图 10），且固结地壳呈现 P 波高速异常［图 10、图 11、图 12（b）］，这可能是二叠纪火山作用和岩浆侵入的痕迹。由地幔柱熔融产生的高温岩浆（MgO 含量约为 20%，Zheng et al.，2006，2013），对应较大的密度。当上升至 Moho 时，出现岩浆的密度大于周边地壳密度的情形，因此岩浆发生底侵作用，在这一过程中高镁岩浆发生结晶分离作用，比重较大的矿物，如尖晶石、橄榄石和单斜辉石等堆积在下地壳底部。残留的岩浆因比重降低而得以继续上升。类似的过程会出现多次，在地壳不同部位形成岩浆房或发生内侵作用（intra-plating）。对此地壳而言，这些过程均对应于基性岩浆的加入，从而形成高速异常特征（Farnetani et al.，1996；Xu et al.，2004；徐义刚等，2013）。图 10 还显示 Moho 局部呈上隆特征，这可能与地幔柱柱头在上升至岩石圈底部时的抬升和相互作用所致。岩浆的底侵作用可能先导致了地壳的减薄，产生的空间迅速为上涌岩浆所占据。当然，大火成岩省内带 Moho 的局部上隆特征也可能与包括青藏高原演化在内的后期区域构造活动有一定的关系。

▶ 5 结 论

古地幔柱作用的地壳和岩石圈地幔的地球物理响应可能表现为高速度、高 v_P/v_S、高密度等异常特征。利用丽江—清镇人工源宽角地震资料重建了该地区的地壳速度结构，结果显示：小江断裂两侧，尤其东侧地壳平均速度较低，且固结地壳的平均速度也较低，估计小江断裂至少往地下延伸至 40 km 以深，可能切穿整个地壳。内带Moho局部隆起，且（固结）地壳呈现高速异常特征，可能是二叠纪地幔柱活动引起的底侵作用及岩浆上侵的结果，为古地幔柱的活动遗迹，对峨眉山大火成岩省的古地幔柱成因提供了新的判别途径。当然，本结果是初步的，尚需要对速度比 v_P/v_S、密度、各向异性、流变性和磁性等深部物理场特征的进一步认识，还有待区域/流动台站地震数据以及综合地球物理信息的进一步约束。

▶ 致 谢

对参加野外地震数据采集工作的中国地震局地球物理勘探中心及中国科学院地质与地球物理研究所的所有工作人员表示衷心的感谢。谨以此文恭贺高锐院士七十寿辰，感谢高先生长期以来的关心和帮助。

▶ 说 明

文章发表信息：徐涛，张忠杰，刘宝峰，等，2015. 峨眉山大火成岩省地壳速度结构与古地幔柱活动遗迹：来自丽江—清镇宽角地震资料的约束. 中国科学：地球科学，45（5）：561–576. ［Xu T, Zhang Z J, Liu B F, et al., 2015. Crustal velocity structure in the Emeishan Large Igneous Province and evidence of the Permian mantle plume activity. Science China：Earth Sciences, 58（7）：1133–1147.］

▶ 参 考 文 献

Ali J R, Thompson G M, Zhou M F, et al., 2005. Emeishan large igneous province, SW China. Lithos, 79 (3)：475–489.

Armijo R, Tapponnier P, Han T L, 1989. Late Cenozoic right-lateral strike-slip faulting in southern Tibet. Journal of Geophysical Research, 94 (B3)：2787–2838.

Artemieva I M, 2011. The lithosphere：An interdisciplinary approach, Chapter 6.4. Cambridge University Press.

Campbell I H, 2001. Identification of ancient mantle plumes. Geological Society of America Special Papers, 352：5–21.

Campbell I H, Griffiths R W, 1990. Implications of mantle plume structure for the evolution of flood basalts.

EPSL, 99 (1): 79 – 93.

Cerveny V, 2001. Seismic ray theory. Cambridge University Press.

Červeny V, Klimeš L, Pšenčík I, 1988. Complete seismic-ray tracing in three-dimensional structures// Doornbos D J (ed.). Seismological algorithms. New York: Academic Press: 89 – 168.

Chen Y, Zhang Z J, Sun C Q, et al., 2013. Crustal anisotropy from Moho converted P_s wave splitting analysis and geodynamic implications beneath the eastern margin of Tibet and surrounding regions. Gondwana Research, 24 (3): 946 – 957.

Chen Y L, Niu F L, Liu R F, et al., 2010. Crustal structure beneath China from receiver function analysis. J. Geophys. Res., 115 (B3): B03307.

Christensen N I, Mooney W D, 1995. Seismic velocity structure and composition of the continental crust: A global view. J. Geophys. Res., 100 (B7): 9761 – 9788.

Chung S L, Jahn B M, 1995. Plume – lithosphere interaction in generation of the Emeishan flood basalts at the Permian – Triassic boundary. Geology, 23 (10): 889 – 892.

Coffin M F, Eldholm O, 1994. Large igneous provinces: crustal structure, dimensions, and external consequences. Rev. Geophys., 32 (1): 1 – 36.

Courtillot V, Davaille A, Besse J, et al., 2003. Three distinct types of hotspots in the Earth's mantle. EPSL, 205 (3): 295 – 308.

Courtillot V, Jaupart C, Manighetti I, et al., 1999. On causal links between flood basalts and continental breakup. Earth Planet. Sci. Lett., 166 (3): 177 – 195.

Deng Y, Zhang Z, Mooney W, et al., 2014. Mantle origin of the Emeishan large igneous province (South China) from the analysis of residual gravity anomalies. Lithos, 204: 4 – 13.

Farnetani C G, Richards M A, Ghiorso M S, 1996. Petrological models of magma evolution and deep crustal structure beneath hotspots and flood basalt provinces. Earth Planet. Sci. Lett., 143 (1): 81 – 94.

He B, Xu Y G, Chung S L, et al., 2003. Sedimentary evidence for a rapid, kilometer-scale crustal doming prior to the eruption of the Emeishan flood basalts. Earth Planet. Sci. Lett., 213 (3): 391 – 405.

He B, Xu Y G, Huang X L, et al., 2007. Age and duration of the Emeishan flood volcanism, SW China: Geochemistry and SHRIMP zircon U – Pb dating of silicic ignimbrites, post-volcanic Xuanwei Formation and clay tuff at the Chaotian section. Earth Planet. Sci. Lett., 255 (3 – 4): 306 – 323.

He B, Xu Y G, Wang Y M, et al., 2006. Sedimentation and lithofacies paleogeography in southwestern China before and after the Emeishan flood volcanism: new insights into surface response to mantle plume activity. The Journal of Geology, 114 (1): 117 – 132.

Hole J A. 1992. Nonlinear high resolution three dimensional seismic travel time tomography. J. Geophys. Res., 97 (B5): 6553 – 6562.

Lan H, Zhang ZJ, 2013a. Topography-dependent eikonal equation and its solver for calculating first – arrival traveltimes with an irregular surface. Geophys. J. Int., 193 (2): 1010 – 1026.

Lan H, Zhang Z J, 2013b. A High-order fast-sweeping scheme for calculating first-arrival travel times with an irregular surface. Bull. Seismol. Soc. Am., 103 (3): 2070 – 2082.

Lei J S, Li Y, Xie F R, et al., 2014. P_n anisotropic tomography and dynamics under eastern Tibetan plateau. J. Geophy. Res., Solid Earth, 119: 2174 – 2198.

Lei J S, Zhao D P, 2006. A new insight into the Hawaiian plume. Earth Planet. Sci. Lett., 241: 438 – 453.

Li S L, Mooney W D, Fan J C, 2006. Crustal structure of mainland China from deep seismic sounding data. Tectonophysics, 420 (1−2): 239−252.

Liu J H, Liu F T, He J K, et al., 2001. Study of seismic tomography in Panxi paleorift area of Southwestern China: structural features of crust and mantle and their evolution. Science in China Series D: Earth Sciences, 44: 277−288.

Liu Q Y, van der Hilst R D, Li Y, et al., 2014. Eastward expansion of the Tibetan Plateau by crustal flow and strain partitioning across faults. Nature Geoscience, 7 (5): 361−365.

Lo C H, Chung S L, Lee T Y, et al., 2002. Age of the Emeishan flood magmatism and relations to Permian − Triassic boundary events. Earth Planet. Sci. Lett., 198 (3): 449−458.

Ma T, Zhang Z J, 2014. Calculating ray paths for first-arrival travel times using a topography-dependent eikonal equation solver. Bull. Seismol. Soc. Am., 104 (3): 1501−1517.

Peate I U, Bryan S E, 2008. Re-evaluating plume-induced uplift in the Emeishan large igneous province. Nature Geosciences, 1 (9): 625−629.

Richards M A, Duncan R A, Courtillot V E, 1989. Flood basalts and hot-spot tracks: plume heads and tails. Science, 246 (4926): 103−107.

Sun Y, Niu F L, Liu H F, et al., 2012. Crustal structure and deformation of the SE Tibetan plateau revealed by receiver function data. Earth Planet. Sci. Lett., 349−350: 186−197.

Teng J W, Zhang Z J, Zhang X K, et al., 2013. Investigation of the Moho discontinuity beneath the Chinese mainland using deep seismic sounding profiles. Tectonophysics, 609: 202−216.

Vidale J, 1988. Finite-difference calculation of travel times. Bull. Seismol. Soc. Am., 78 (6): 2062−2076.

Wignall P B, Sun Y D, Bond D P G, et al., 2009. Volcanism, mass extinction and carbon isotope fluctuations in the Middle Permian of China. Science, 324: 1179−1182.

Wu J, Zhang Z J, 2012. Spatial distribution of seismic layer, crustal thickness, and v_P/v_S ratio in the Permian Emeishan mantle plume region. Gondwana Research, 22 (1): 127−139.

Xu T, Li F, Wu Z B, et al., 2014. A successive three-point perturbation method for fast ray tracing in complex 2D and 3D geological model. Tectonophysics, 627: 72−81.

Xu T, Xu G M, Gao E G, et al., 2006. Block modeling and segmentally iterative ray tracing in complex 3D media. Geophysics, 71 (3): T41−T51.

Xu T, Zhang Z J, Gao E G, et al., 2010. Segmentally iterative ray tracing in complex 2D and 3D heterogeneous block models. Bull. Seismol. Soc. Am., 100 (2): 841−850.

Xu Y G, Chung S L, Jahn B, et al., 2001. Petrologic and geochemical constraints on the petrogenesis of Permian − Triassic Emeishan flood basalts in southwestern China. Lithos, 58 (3): 145−168.

Xu Y G, He B, Chung S L, et al., 2004. Geologic, geochemical, and geophysical consequences of plume involvement in the Emeishan flood-basalt province. Geology, 32 (10): 917−920.

Xu Y G, He B, Huang X, et al., 2007. Identification of mantle plumes in the Emeishan Large Igneous Province. Episodes, 30 (1): 32−42.

Yao H J, Beghein C, van der Hilst R D, 2008. Surface-wave array tomography in SE Tibet from ambient seismic noise and two-station analysis − Ⅱ. Crustal and upper mantle structure. Geophys. J. Int., 173 (1): 205−219.

Zelt C A, Smith R B, 1992. Seismic traveltime inversion for 2-D crustal velocity structure. Geophys. J. Int.,

108：16－34.

Zhang Y，Ren Z Y，Xu Y G，2013. Sulfur in olivine-hosted melt inclusions from the Emeishan picrites：Implications for S degassing and its impact on environment. Journal of Geophysical Research，118（B8）：4063－4070.

Zhang Z C，Mahoney J J，Mao J W，et al.，2006. Geochemistry of picritic and associated basalt flows of the western Emeishan flood basalt province，China. Journal of Petrology，47：1997－2019.

Zhang Z J，Deng Y F，Chen L，et al.，2013. Seismic structure and rheology of the crust under mainland China. Gondwana Research，23（4）：1455－1483.

Zhao A H，Zhang Z J，Teng J W，2004. Minimum travel time tree algorithm for seismic ray tracing：Improvement in efficiency. J. Geophys. Eng.，1（4）：245－251.

Zhou L Q，Xie J Y，Shen W S，et al.，2012. The structure of the crust and uppermost mantle beneath South China from ambient noise and earthquake tomography. Geophys. J. Int.，189：1565－1583.

Zhou M F，Malpas J，Song X Y，et al.，2002. A temporal link between the Emeishan Large igneous province （SW China）and the end-Guadalupian mass extinction. Earth Planet. Sci. Lett.，196（3－4）：113－122.

Zhong Y T，He B，Mundil R，et al.，2014. CA－TIMS zircon U－Pb dating of felsic ignimbrite from the Binchuan section：Implications for the termination age of Emeishan large igneous province. Lithos，204：14－19.

白志明，王椿镛，2003. 云南地区上部地壳结构和地震构造环境的层析成像研究. 地震学报，25（2）：117－127.

邓阳凡，李守林，范蔚茗，等，2011. 深地震测深揭示的华南地区地壳结构及其动力学意义. 地球物理学报，54（10）：2560－2574.

何斌，徐义刚，王雅玫，等，2005. 用沉积记录来估计峨眉山玄武岩喷发前的地壳抬升幅度. 大地构造与成矿学，29（3）：316－320.

何斌，徐义刚，肖龙，等，2003. 峨眉山大火成岩省的形成机制及空间展布：来自沉积地层学的新证据. 地质学报，77（2）：194－202.

何斌，徐义刚，肖龙，等，2006. 峨眉山地幔柱上升的沉积响应及其地质意义. 地质论评，52（1）：30－37.

何宏林，池田安隆，2007. 安宁河断裂带晚第四纪运动特征及模式的讨论. 地震学报，29（5）：537－548.

何宏林，方仲景，李坪，1993. 小江断裂带西支断裂南段新活动初探. 地震研究，16（3）：291－298.

兰海强，张智，徐涛，等，2012a. 地震波走时场模拟的快速推进法和快速扫描法比较研究. 地球物理学进展，27（5）：1863－1870.

兰海强，张智，徐涛，等，2012b. 贴体网格各向异性对坐标变换法求解起伏地表下地震初至波走时的影响. 地球物理学报，55（10）：3355－3369.

李飞，徐涛，武振波，等，2013. 三维非均匀地质模型中的逐段迭代射线追踪. 地球物理学报，56（10）：3514－3522.

刘一峰，兰海强，2012. 曲线坐标系程函方程的求解方法研究. 地球物理学报，55（6）：2014－2026.

乔学军，王琪，杜瑞林，2004. 川滇地区活动地块现今地壳形变特征. 地球物理学报，47（5）：805－811.

滕吉文，1994. 康滇构造带岩石圈物理与动力学. 北京：科学出版社.

王椿镛，Mooney W D，王溪莉，等，2002. 川滇地区地壳上地幔三维速度结构研究. 地震学报，24

（1）：1 – 16.

吴鹏，刘少峰，窦国兴，2014. 滇东地区峨眉山地幔柱活动的沉积响应. 岩石学报，30（6）：1793 – 1803.

夏林圻，夏祖春，徐学义，等，2004. 天山石炭纪大火成岩省与地幔柱. 地质通报，23（9）：903 – 910.

向宏发，徐锡伟，虢顺民，等，2002. 丽江—小金河断裂第四纪以来的左旋逆推运动及其构造地质意义：陆内活动地块横向构造的屏蔽作用. 地震地质，24（2）：188 – 198.

熊绍柏，郑晔，尹周勋，等，1993. 丽江—攀枝花—者海地带二维地壳结构及其构造意义. 地球物理学报，36（4）：434 – 444.

徐涛，徐果明，高尔根，等，2004. 三维复杂介质的块状建模和试射射线追踪. 地球物理学报，47（6）：1118 – 1126.

徐涛，张明辉，田小波，等，2014. 丽江—清镇剖面上地壳速度结构及其与鲁甸 M_S 6.5 级地震孕震环境的关系. 地球物理学报，57（9）：3069 – 3079.

徐义刚，2002. 地幔柱构造、大火成岩省及其地质效应. 地学前缘，9（4）：341 – 353.

徐义刚，何斌，黄小龙，等，2007. 地幔柱大辩论及如何验证地幔柱假说. 地学前缘，14（2）：1 – 9.

徐义刚，何斌，罗震宇，等，2013. 我国大火成岩省和地幔柱研究进展与展望. 矿物岩石地球化学通报，32（1）：25 – 39.

徐义刚，钟孙霖，2001. 峨眉山大火成岩省：地幔柱活动的证据及其熔融条件. 地球化学，30（1）：1 – 9.

俞维贤，刘玉权，1997. 云南小江断裂带现今地壳形变特征与地震. 地震地质，19（1）：17 – 21.

张恩会，楼海，嘉世旭，等，2013. 云南西部地壳深部结构特征. 地球物理学报，56（6）：191 – 192.

张荣强，周雁，汪新伟，等，2009. 贵州西南部威—紫—罗断裂带构造特征及演化. 地质力学学报，15（2）：178 – 189.

张招崇，董书云，2007. 大火成岩省是地幔柱作用引起的吗?. 现代地质，21（2）：247 – 254.

张招崇，王福生，赵莉，等，2006. 峨眉山大火成岩省西部苦橄岩及其共生玄武岩的地球化学：地幔柱头部熔融的证据. 岩石学报，22（6）：1538 – 1552.

赵烽帆，马婷，徐涛，2014. 地震波初至走时的计算方法综述. 地球物理学进展，29（3）：1102 – 1113.

朱炳泉，常向阳，胡耀国，等，2002. 滇—黔边境鲁甸沿河铜矿床的发现与峨眉山大火成岩省找矿新思路. 地球科学进展，17（6）：912 – 917.

"松科二井" 邻域岩石圈精细结构特征及动力学环境

——深地震反射剖面的揭示

符　伟[1]，侯贺晟[1*]，高　锐[2,3,4]，刘　财[4]，杨　瑨[1]，国　瑞[1]

◆0　引　言

松辽盆地位于我国的东北部，跨黑、吉、辽及内蒙古三省一区，是世界上典型的陆相沉积盆地之一。早期的研究主要是围绕盆地内的石油勘探进行的，主要包括油气田的分布、地层的划分、沉积体系和储集层特征的研究（王衡鉴、曹文富，1981；程学儒，1982；李德生，1983；杜博民 等，1984；崔同翠，1988），其研究成果实践并丰富了陆相盆地成油理论（Pan，1941；Huang，1947；杨万里 等，1986），之后的研究逐渐开始关注盆地基底（王成文 等，2009；庞庆山 等，2002；王五力 等，2014；Liu et al.，2017；周建波 等，2016）和松辽盆地的形成演化与地球动力学过程（关德范，1981；杨万里 等，1982；刘光鼎 等，1989；刘德来 等，1996；云金表 等，2008；刘和甫 等，2000；杨宝俊 等，2002；Wang et al.，2016；胡望水 等，2005；周建波 等，2009），对盆地内能源资源勘探的研究也逐渐转向深部（任收麦 等，2011；张兴洲 等，2008；冯志强 等，2011；Dai，2017）。近年来，随着地球科学的发展，学者们越来越认识到深部地球动力学过程与地表—近地表地质过程之间紧密关系的重要性（董树文，2014），因此对松辽盆地的研究需要着眼于深部，并结合区域大地构造环境来进行。

地球物理是剖析地球内部结构的利器，满洲里—绥芬河地学断面利用重力、磁力、大地电磁（MT）、地震等地球物理方法研究了松辽盆地基底构造、与东西边缘的构造关系、莫霍面特征以及岩石圈结构等（杨宝俊 等，1996；傅维洲 等，1998；金旭、杨宝俊，1994）。盆地内部开展的大地电磁以及区域重磁场的研究也对松辽盆地的深部基底特征和盆地边界特征进行了探讨（刘殿秘，2008；李成立 等，2011；刘财 等，2011）。深地震反射技术已被国际地学界公认为揭示岩石圈精细结构的有效手段。1996—1999年，为勘探大庆油田，在松辽盆地内部布设了6个深地震反射剖面，为研究盆地内部地

1 中国地质科学院，北京，100037；2 中山大学地球科学与工程学院，广州，510275；3 中国地质科学院地质研究所，北京，100037；4 吉林大学地球探测科学与技术学院，长春，130026。

基金项目：中国地质调查局二级项目（DD20160207、DD20190010）、国家自然科学基金项目（41474081、41430213、41590893）联合资助。

壳细结构、基底构造对盆地形成演化的控制作用、盆地深层油气资源的构造条件以及莫霍面特征等提供可靠的资料（杨宝俊 等，2001）。众多学者基于此对松辽盆地深部的地震反射样式、莫霍面（Moho）特征进行了研究，对松辽盆地深部的构造特征、盆地形成的动力学因素进行了探讨（杨光 等，2000；云金表 等，2003；陈志德 等，2003；高君 等，2002）。但是，受资料品质（60 次覆盖）和接收时间（TWT 15 s 接收）的限制，前人并未对松辽盆地岩石圈上地幔反射特征及结构做出详细描述与解释。

近年来实施的松辽盆地大陆科学钻探工程，为研究盆地盖层和基底结构提供了标尺，其中"松科二井"（王璞珺 等，2017；Sun et al.，2016）位于北部徐家围子断陷区，完钻井深 7018 m。本文利用过松科二井的南北向深地震反射剖面资料（图 1），进行了深部反射特征描述与构造解释，为探讨松辽盆地形成原因、构造背景及动力学因素提供新视野。

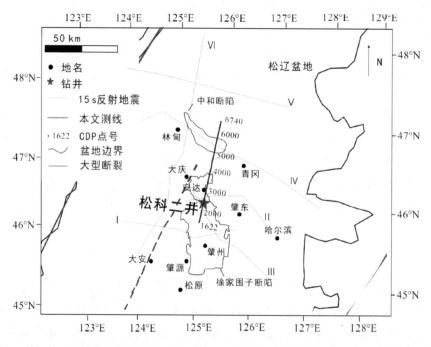

图 1　过松科二井深地震反射剖面位置（据王璞珺 等，2017；杨宝俊 等，2001 等修改）

◆ 1　区域地质构造概况

松辽盆地坐落于中亚造山带的东段（Sengör & Natal'in，1996），处于古亚洲洋、蒙古—鄂霍茨克洋和古太平洋三大构造域叠合区域，盆地基底松嫩地块的演化过程对松辽盆地的形成具有重要的控制作用。随着古生代古亚洲洋的闭合，松嫩地块与周边的微陆块拼合，并最终于二叠纪末期到早三叠世沿索伦—西拉木伦—长春缝合带与华北克拉通相接（吴福元、叶茂，1995；Hou et al.，2015；Liu et al.，2017；张兴洲 等，2015；Zhou et al.，2018）。有学者认为松嫩地块并非一个整体，而是古生代造山建造与寒武纪建造拼合的复合基底（彭玉鲸、王占福，1996；章凤奇 等，2008；梁爽 等，2009）。

松辽盆地内及周边发育完整的上古生界沉积体系（余和中，2001；王成文 等，2009），表明这一时期松嫩地块的构造环境相对稳定，沉积时期以石炭—二叠系为主，既有海相、海陆交互相，又有陆相沉积。三叠纪及侏罗纪早期，北方蒙古—鄂霍茨克洋呈东西剪刀差式闭合（Yang et al.，2015；Wang et al.，2015），同时古亚洲洋闭合进入后期造山垮塌阶段，区域内火山活动频繁，松科二井岩心记录到大规模三叠纪火山岩（侯贺晟 等，2018）。侏罗纪晚期［（165±5）Ma 前］，东亚地区呈现以中朝地块为中心，来自北东、南西不同板块向东亚大陆"多向汇聚"的构造体系，并紧随着早白垩世剧烈的大陆岩石圈伸展和火山岩浆活动（董树文 等，2007），松嫩地块便在这样的构造背景之下进入盆地演化阶段。

盆地演化早期（同裂谷期，150—110 Ma 前；Wang et al.，2016），在区域张应力作用下，深部地幔上隆引发地壳张裂，主要发育北北东向断裂体系（迟元林 等，2002），盆地基底断块相应地产生了北西—南东向的拆离和差异沉降（胡望水 等，2005），形成一系列分割的断陷盆地群。中、晚期的盆地演化则主要受古太平洋构造域影响（后裂谷期，110—79.1 Ma 前），盆地发育拗陷沉积层序，呈逐层上超状披盖在下伏断陷群和基底之上，其沉降机制是火山期后热挠曲沉降、早期岩浆房垮塌与区域走滑拉分沉降的叠加；之后进入构造反转期（79.1—40 Ma 前），古太平洋板块向欧亚大陆边缘近于正向俯冲产生区域挤压应力，盆地沉积沉降中心向西北方向迁移并快速萎缩消亡，这一时期地层表现出强烈的同生变形作用。

本文所展示的深地震反射剖面由南向北依次穿过徐家围子断陷区、任民—永安断隆、中和断陷以及明水阶地。其中，松科二井所在的徐家围子断陷位于松辽盆地东南断陷区，断陷范围内发育有完整的白垩纪沉积序列，断陷整体呈 NNW 向展布（图1），东侧与尚家—朝阳沟隆起带呈斜坡过渡，西侧与古中央隆起带以断层相隔，以徐西断裂为控陷断裂呈西断东超复式箕状，在南北方向具有"凹隆相间、南北分块、东西分带的特征"（陈俊安 等，2014）。徐家围子断陷以北约 30 km 为中和断陷，总体展布呈东西向，其构造线仍为 NNE 向（迟元林 等，2002），对其深层结构的研究尚有不足。

❖ 2 数据采集与处理

深地震反射剖面数据野外采集工作完成于 2016 年 11 月，采用直线施工，满覆盖全长 100 km，北起黑龙江省青冈县，经安达市南至肇东市，南端经过松辽盆地大陆科学钻探"松科二井"（图1）。正常炮间距 200 m，重点区域适当增加炮点数，以提高覆盖次数（图2）。为兼顾地壳上、中、下层数据成像，采用三种药量进行激发：正常小炮（20 kg）、中炮（72 kg）、大炮（480 kg），共采集 651 炮，其中小炮采集 523 炮，中炮采集 123 炮，大炮采集 5 炮。小炮采用单井激发，中炮和大炮采用多井组合激发，小炮井深为 25 m，中炮和大炮单井组合井深 30 m。采用长排列接收，小炮和中炮双边 800 道接收，道距 50 m，在松科二井邻近区域加密接收（道间距 25 m），大炮单边不少于 1000 道。具体采集参数见表 1。

表1　深地震反射采集参数

内容	主要参数
仪器型号	428XL
前放增益	12 dB
低截滤波	不加滤波
高截滤波	250 Hz
记录道数	小炮、中炮（双边800） 大炮（单边不低于1000）
检波器型号	20 – DX（固有频率10 Hz）
检波器组合	单串（12个）线性组合
记录格式	SEG – D
记录长度	50 s
采样率	2 ms
道间距	50 m、25 m（松科二井邻域）
炮间距	小炮200 m、中炮1000 m、大炮25 km
最小偏移距	25 m
最大偏移距	68 975 m
排列方式	19975 – 25 – 50 – 25 – 19975（小炮、中炮）
叠加次数	100次、>200次（加密段）
激发类型	炸药
正常炮井深	25 m
中、大炮井深	30 m×3（3井组合）、30 m×12（12井组合）
药量	小炮20 kg、中炮72 kg、大炮480 kg

　　数据处理过程以"突出深部反射，兼顾浅、中层有效反射"为目标，根据资料特点，采用高保真、高保幅的处理流程并选取合理参数：采用组合静校正方法解决测线静校正问题；采用叠前多域组合去噪技术进行噪声压制，同时应用预测反褶积技术削除多次波；采用球面扩散补偿、几何扩散补偿以有效补偿深层和大偏移距能量；采用地表一致性振幅补偿和振幅一致性反褶积以解决振幅、频率一致性问题。在此基础上，通过高精度速度分析和剩余静校正的多次迭代解决剩余静校正问题，利用多聚焦成像技术提高了资料的品质，应用各向异性叠前时间偏移技术获得精确的偏移成像速度，并对复杂构造进行精确成像归位。结合松科二井测井数据进行高精度的井震标定和时深转换，获得精确的深度域剖面。具体处理流程和参数见表2，典型单炮的处理效果如图2所示。

表2　深地震反射剖面数据处理流程及参数

数据处理流程	主要参数
输入 SEG – D 数据并输出 SEG – Y 数据	
定义二维观测系统	面元大小 25 m
道编辑	重采样 4 ms
常通滤波	6 – 10 – 44 – 50 Hz（浅层）、2 – 4 – 24 – 30 Hz（深层）
全偏移距初至波拾取	
层析静校正	替换速度 2000 km/s，基准面高程 1000 m
球面扩散补偿和地表一致性振幅校正	
叠前多域（$f–x$ 域和 $f–k$ 域）噪声衰减	
地表一致性预测反褶积	算子长度 200 ms
速度分析	间隔 40 CMP
剩余静校正	大校正量剩余静校正、自动剩余静校正
高阶 NMO 校正	手工切除
多聚焦成像	
叠前时间偏移，克希霍夫偏移	偏移孔径 100 000，偏移角度 45°
叠加和叠后滤波	
结合测井数据的时深转换和井震标定	

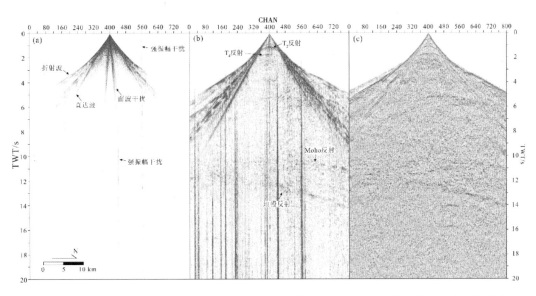

（a）原始单炮记录；（b）少量处理的单炮记录（带通滤波：8 – 10 – 40 – 50；固定振幅增益显示）；（c）精细处理后的单炮记录（处理包括顶切、静校正、去噪、反褶积及振幅补偿）。

图2　徐家围子断陷典型单炮处理效果对比

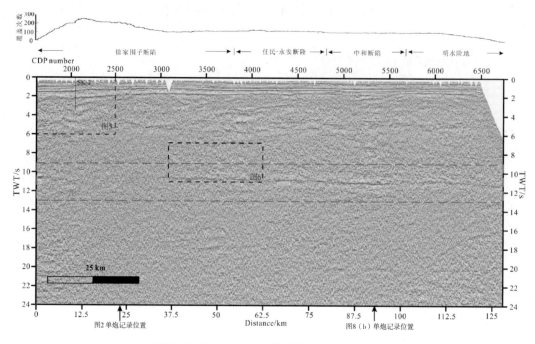

图3 过松科二井近南北向深地震反射剖面（CDP 点距为 25 m）

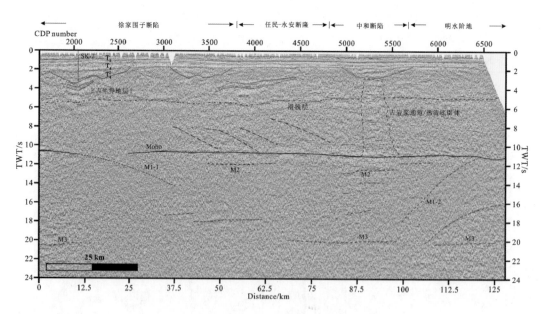

SK－2：松科二井；T_2：泉头组顶界面；T_4：营城子组顶界面；T_4^2：沙河子组底界面。

图4 过松科二井近南北向深地震反射剖面解释

3 深地震反射剖面特征

精细处理后的深地震反射剖面（图3）和深度域成像剖面（图5）揭示了松辽盆地北部的深部构造特征。其上、中、下地壳反射波组强，莫霍面反射形态特征清晰，岩石圈上地幔反射明显，本文逐一进行详细描述与解释（图4），以提高对松辽盆地深部构造和演化特征以及松辽盆地油气成因的认识。

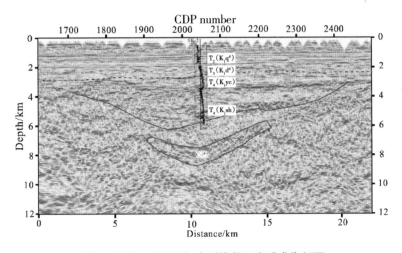

图5　松科二井周围加密测线段深度域成像剖面

3.1 白垩纪沉积盖层特征

测线范围内沉积盖层的厚度约为 3000～6500 m，营城子组顶部为区域不整合面（T_4），明显区分上覆拗陷层（登娄库组—嫩江组）与下伏断陷层（火石岭组—营城组），呈现"下断上拗"的构造格局（Wang et al.，2016）。拗陷层范围为 0～2 s，对应深度约为 3000 m，表现为近水平层状强反射同相轴，横向连续性好，厚度变化小，南部徐家围子断陷地区厚度稍大于北部地区。其中，泉头组顶部（T_2）为横向连续性较好的强反射同相轴，在松科二井声波测井曲线上表现为明显的速度间断面，波阻抗差异明显，因而产生较强的反射，本测线的井震标定工作中，其作为标志层进行了标定。而登娄库组顶界面（T_3）反射同相轴能量则相对较弱，波形不稳定，且横向连续性较差。

T_4 反射轴之下呈现隆凹相间的构造格局，断陷层厚度变化大，单个凹陷单元横向延续仅有 10 km 左右，表现为强烈断陷期小型湖盆沉积反射特征（蔡全升 等，2017）。测线范围内，南部两个凹陷为徐家围子断陷内的凹陷单元，北部的凹陷则属于中和断陷（图1）。声波测井曲线显示营城子组地层波速相比上层登娄库组和下层沙河子组沉积地层高，在地震剖面上表现为连续强反射（T_4 和 T_4^1）。沙河子组沉积地层主要为砂泥岩薄互层，波阻抗差异不明显，因此内部反射较弱，横向连续性差。底部为较强的席状强反射（T_4^2），单侧连续性较好，结合测井曲线分析，其形成强反射的原因主要是底部的砂砾岩与上部砂泥岩和下部火石岭组火山岩存在明显的速度差异。沙河子组沉积地层之下为火石岭组火山岩，其与下伏基底波阻抗差异不明显，呈"蚯蚓"状杂乱反射，振幅较弱，其底界面（T_5）很难通过反射同相轴追踪。

3.2　基底和上地壳特征

传统认为松辽盆地的沉积盖层为晚侏罗世以来以白垩系地层为主的沉积层，而断陷层 T_5 反射轴之下为盆地基底。近年来，有人认为松辽盆地广泛发育有石炭—二叠纪沉积地层和中生代花岗岩，且晚古生界地层不是松辽盆地的变质结晶基底，而是具有准盖层性质的陆相—海相沉积盖层（张兴洲 等，2008；周建波 等，2009）。深反射地震剖面显示 T_5 不整合面之下主要为杂乱弱反射，零星分布层状反射结构，推断其可能为上古生界地层。这样的层状强反射主要有两处，一处位于徐家围子断陷下方，CDP 号 2000～2200，双程走时在 3.5～4.2 s 范围内，成层性明显，横向延续达数千米，并表现出一定的弯曲褶皱，同相轴的展布与上部沙河子组底部同相轴的形态相接近，呈近平行分布，表明该地层的构造特征与断陷期构造活动存在联系。而另一处明显的层状强反射分布在测线中部断隆区，CDP 号 3700～4500，双程走时在 3～4 s 范围内，其水平特征保存相对较好，且横向延续更长。由此可见，测线范围内白垩纪沉积盖层之下存在明显的层状地层，但其在后期断陷活动中遭受强烈的改造，具体的地层性质、分布特征仍有待进一步揭示。

研究区上地壳底界面在 5～6 s，对应深度 15～18 km，上地壳整体在地震剖上表现为明显的纵向分层性和横向不连续性，同相轴多呈平行、亚平行展布，有时被斜反射切割或被弱反射分隔，振幅强弱多变。近平行断续强反射是区分于下伏地壳的主要反射特征，也是本文划分上地壳底界面的主要依据。上地壳底部的强反射断续界面可能对应上地壳和中地壳之间的构造拆离带。值得一提的是，前人认为松嫩地块是在前寒武纪变质结晶基底上发育起来的，但其并不像通常稳定的克拉通地块可以大面积存在，而是与多期古生代—中生代岩浆体并置共存（章凤奇 等，2008），这可能与上地壳下部断续层状反射存在一定联系。

3.3　中下地壳特征

受到地幔上隆的影响，松辽盆地内部中下地壳减薄，与上地壳厚度相当，本文将其作为统一进行描述。与上地壳不同的是，中下地壳反射整体呈现杂乱弱反射，下部可观察到一系列向北倾斜的近平行反射（图6），走时范围为 7～10 s，倾向一致向北，并被深部莫霍面反射所截切，可能反映了下地壳韧性剪切特征，其倾向代表了构造应力方向。剖面局部呈近水平强反射（CDP 号 5000～5500），具有高强振幅，横向延续数千米，单个反射呈透镜状展布，并在深度上表现出明显的重复性，表明这些强反射的成因具有一定的联系，推测这种反射特征可能与深部物质上涌形成的热流底辟体（迟元林 等，2002）有关。

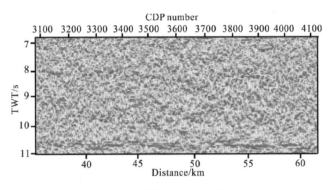

图6 下地壳倾斜反射

3.4 莫霍面及地幔反射特征

深地震反射剖面揭示的研究区莫霍面深度大约为33 km（对应双程走时11 s），CDP点号3000以北方向莫霍面反射同相轴近乎水平且连续性好、振幅强，并截切上覆地壳倾斜反射。反射莫霍面的成因至今仍然存在争议（Mooney & Brocher，1987；Cook et al.，2010），结合区域岩石圈大规模伸展的构造背景，本文更倾向于认为，研究区莫霍面是软流圈上涌过程中，早期地壳在高温条件下剥离出熔点较低的轻质岩石成分，留下与地幔物质相近的成分而重新形成的壳幔分界面。莫霍面的强反射同相轴通常包含2～3个波组，具有带状特征，前人称其为壳幔转换带（Hale & Thompson，1982；吴福元、张世红，1994），我们将层状反射的底界面作为下地壳的底界面。松科二井所在的徐家围子断陷之下存在一个明显的莫霍面弱反射区，而瞬时振幅属性显示中和断陷之下对应异常高振幅的莫霍面反射（图7）。若按6 km/s的地壳平均速度来计算，测线范围内的莫霍面深度一般在32～34 km。

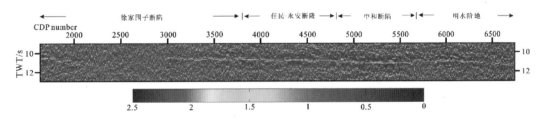

红色：强振幅；蓝色：弱振幅。

图7 莫霍面附近（9～13 s）瞬时振幅属性

深地震反射剖面上可观察到明显的岩石圈地幔反射，在单炮数据上就表现出明显的反射特征（图2），Steer等（1998）将莫霍面下的地幔反射分为4类：Ⅰ. 起源于下地壳并可延伸至上地幔的倾斜反射，通常认为其与俯冲过程有关；Ⅱ. 广泛分布于各个深度，连续性较差，横向延伸只有几千米的近水平反射，其形成原因还有待探讨；Ⅲ. 连续性好且延伸长达数十千米的近水平反射，可能对应上地幔中的局部剪切作用；Ⅳ. 与岩石圈底界有关的超深反射。本文总结了3种地幔反射：一是对应Ⅰ类地幔反射，一处位于徐家围子断陷深部（CDP 点号 2000～3000，11～14 s）的倾斜反射 ［M1-1，图 2 (b)、图 4］，可能为古亚洲洋闭合时期南北向俯冲构造事件的残留物，另一处是位于测线最北端的一组近平行倾斜反射（M1-2），向下延伸可达 20 s，其反射较为清晰，延续性好，且呈现明显的块体特征，形成时间应比前者更晚，推断为蒙古—鄂霍茨克洋东部关闭阶段某个块体的俯冲残留物；二是位于莫霍面下方 1～2 s 的近水平反射（M2），其延续长度 10 km 左右，在大别—苏鲁地区也出现了层状地幔反射体（杨文采，2003），推断其为早先增厚地壳的底界面；三是出现在大约 20 s 的超深地幔反射（M3），呈近水平分布，横向延续超过 10 km，若将 11 s 之前的地壳取平均速度 6 km/s，11～20 s 之间的地幔取平均速度 8 km/s，此处对应的深度大约为 69 km，这与前人估计的现今松辽盆地安达附近的岩石圈厚度相当（王清海、许文良，2003；Guo et al.，2014），因此推断 M3 反射代表岩石圈的底界面，对应第 IV 类地幔反射。

◆ 4 讨 论

4.1 热流底辟体的反射特征

松辽盆地深部广泛分布着早中生代火山岩和岩浆侵入岩，其地壳深部曾经必然存在大量的岩浆活动通道。剖面北部中和断陷之下，存在一系列近平行强反射同相轴，并向下延伸至地幔中，形成周边反射弱，内部反射特征明显的"蘑菇云"，将其解释为热流底辟体（迟元林 等，2002）。热流底辟体从莫霍面延伸至基底，其温压条件变化很大且经历多期热分异作用，故成分不可能是单一的，容易在其内部形成这种近水平分布的强反射同相轴。与此同时，热流底辟体之下也存在一系列近平行的地幔反射，在空间位置和反射特征与地壳中透镜状平行反射似乎具有一定的联系，本文认为这种热流底辟体是由于早期的地壳物质因在后期软流圈物质上涌过程中被加热产生分异作用而形成的，较轻的物质在地壳伸展过程中上涌，留下较重残留物逐渐演化成地幔，形成这样上下近平行且具有一定延续性的强反射。因此，热流底辟体是伸展构造环境中形成产物，后期的冷却与垮塌也应当是形成断陷的重要原因之一。

4.2 徐家围子断陷与中和断陷深部反射特征的比较

徐家围子断陷与北部中和断陷深部反射特征存在明显差别（图 3），从单炮数据也可以明显观察出来（图 8），主要表现为三点。一是中下地壳反射存在差异：徐家围子断陷几乎表现为透明的反射特征，而中和断陷中下地壳存在多个近水平透镜状强反射；二是莫霍面反射特征存在明显差异：徐家围子断陷莫霍面反射较弱，之前在此区域采集的多个不同方位的深地震反剖面（杨宝俊 等，2001）也表现出同样的特征，而中和断陷表现为异常高强振幅的莫霍面反射（图 7、图 8）；三是徐家围子断陷深部地幔反射为较弱的北倾斜反射，而中和断陷深部地幔中则存在丰富的近水平强反射和南倾斜反射（图 3）。以上反射特征的差异代表着不同的构造遗迹，其似乎表明徐家围子断陷与中和断陷的形成对应着不同的深部构造演化过程，这应当与松辽盆地断陷期及之前复杂的动力学环境相关。

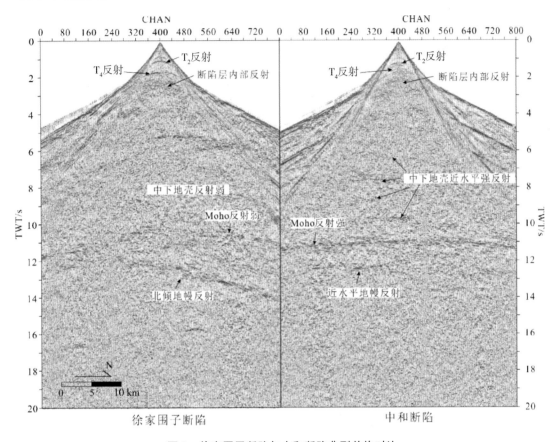

图 8　徐家围子断陷与中和断陷典型单炮对比

4.3　地幔反射体与松嫩地块演化动力转换

前文描述的地幔反射体（图 4）对揭示松辽盆地深部动力学过程具有重要意义。松嫩地块在演化历史上经历了两个不同的演化阶段。前期松嫩地块处于古亚洲洋构造域中，华北板块与西伯利亚板块在南北方向上挤压拼贴，古亚洲洋消亡。在这一演化阶段中，松嫩地块可能经受了多个地体碎片的拼合过程，形成前寒武纪建造与古生代造山建造拼合的复合基底，倾斜的地幔反射体 M1 - 1 可能正是这一过程的构造遗迹。之后松嫩地块的演化逐渐由古亚洲洋构造域转换为蒙古—鄂霍茨克构造域和古太平洋构造域叠合区域，在北部鄂霍茨克洋的俯冲作用力下，某个地块俯冲至松嫩地块之下，形成 M1 - 2 反射体。同时持续挤压过程导致了地壳增厚，M3 反射体可能代表了增厚地壳的底界面。后期发生了岩石圈减薄，伴随着软流圈上涌，早期地壳底部逐渐转化成地幔成分，一些较轻的组分被熔融，并在拉伸环境中向上运移，留下与地幔成分相接近的残留物，形成 M2 反射界面。松辽盆地大规模火山活动之后，其深部岩石圈厚度又逐渐增加，并到达我们今天所观测到的 M3 反射界面的位置，介于 M2 反射和 M3 反射之间短小的近水平反射可能正是岩石圈减薄再增厚过程的产物。因此，这些地幔反射正是松嫩地块演化动力转换的标志，对其进一步的研究还需结合更多地质、地球化学的研究来展开。

5 结 论

本文对过松科二井近南北向的深地震反射剖面进行了分析，主要得出以下结论：

（1）松辽盆地白垩纪沉积盖层之下存在残存的层状反射，受后期构造及岩浆活动改造较大，在深部呈零星、断续分布，本测线识别出两处明显的层状反射，可能为松辽盆地上古生界地层。

（2）徐家围子断陷与中和断陷深部反射特征存在明显差异，前者中下地壳、莫霍面及地幔反射较弱，而后者深部存在一个包含若干水平透镜状强反射的热流底辟体，并以强莫霍反射为特征。

（3）深地震反射剖面揭示出明显的地幔反射，可能是松嫩地块经历古亚洲洋构造域、蒙古—鄂霍茨克构造域与古太平洋构造域转变的构造遗迹，而 20 s 左右对应的地幔反射代表着现今岩石圈的底界面。

致 谢

深部地质调查工程首席科学家董树文研究员对剖面部署提出了具体建议，张兴洲教授、周建波教授对区域地质概况研究给予了悉心指导，中石化地球物理公司华东分公司 6411 队全体野外工作人员在冬季施工过程中艰辛付出，张金昌研究员及邹长春教授及时提供了松科二井测录井资料，在此一并表示衷心的感谢。

说 明

本文已于 2019 年发表于《地球物理学报》第 4 期上，引文格式：符伟，侯贺晟，高锐，等，2019.“松科二井”邻域岩石圈精细结构特征及动力学环境：深地震反射剖面的揭示. 地球物理学报，62（4）：1349－1361. DOI：10.6038/cjg2019M0370.

参考文献

Cai Q S, Hu M Y, Hu Z G, et al., 2017. Sedimentary filling evolution of small-scale lake basins during intensive faulting: an example from the Shahezi Formation of Songzhan region in Xujiaweizi fault depression, Songliao Basin. Oil & gas geology (in Chinese), 38 (2): 259－269.

Chen J A, Zhao Z H, Jiang L, 2014. The establishment of sequence stratigraphic framework and its models of the Shahezi Formation in Xujiaweizi Fault Depression, Songliao Basin. Science Technology and Engineering (in Chinese), 14 (10): 183－190.

Chen X R, 1982. Situation of Songliao Basin in the plate tectonics and its hydrocarbon occurrence. Petroleum

Exploration and Development (in Chinese) (6): 43 – 52.

Chen Z D, Yang W C, Li L, et al., 2003. χ^2 distribution processing of deep seismic reflection in north of Songliao basin and its deep geological feature. Oil Geophysical Prospecting (in Chinese), 38 (6): 654 – 660.

Chi Y L, Yun J B, Meng Q A, et al., 2002. Deep structure, basin formation dynamics and hydrocarbon accumulation in songliao basin (in Chinese). Petroleum industry press.

Cook F A, White D J, Jones A G, et al., 2010. How the crust meets the mantle: Lithoprobe perspectives on the Mohorovičić discontinuity and crust – mantle transition. Canadian Journal of Earth Sciences, 47 (4): 315 – 351.

Cui T C, 1988. Discovery of Eosestheria in Songliao Basin and its significance. Petroleum Geology & Oilfield Development in Daqing (in Chinese), 7 (1): 27 – 32.

Dai J X, 2017. Large Coal-Derived Gas Fields and Their Gas Sources in the Songliao Basin//Dai J X. Giant Coal-Derived Gas Fields and their Gas Sources in China. Beijing. Science Press: 371 – 445.

Dong S W, Li T D, Chen X H, et al., 2014. SinoProbe revealed crustal structures, deep processes, and metallogenic background within China continent. Earth Science Frontiers (in Chinese), 21 (3): 201 – 225.

Dong S W, Zhang Y Q, Long C X, et al., 2007. Jurassic Tectonic Revolution in China and New Interpretation of the "Yanshan Movement". Acta Geological Sinica (in Chinese), 81 (11): 1449 – 1461.

Du B M, Xing S Q, Zhou S X, 1984. Characteristics of reservoir rocks and their diagenetic evolution in the northern part of Songliao Basin. Oil & Gas Geology (in Chinese), 5 (2): 122 – 131.

Feng Z Q, Liu J Q, Wang P J, et al., 2011. New oil and gas exploration field: volcanic hydrocarbon reservoirs—Enlightenment from the discovery of large gas field in Songliao Basin. Chinese Journal of Geophysics (in Chinese), 54 (2): 269 – 279.

Fu W Z, Yang B J, Liu C, et al., 1998. Study on the seismology in Manzhouli – Suifenhe geoscience transect of China. Journal of Changchun University of science and technology (in Chinese), 28 (2): 206 – 212.

Gao J, Li Z L, Li Q X, 2002. Crustal Structure beneath Northern Songliao Basin and Songliao Basin Genesis Mechanism. Petroleum Geology & Oilfield Development in Daqing (in Chinese), 21 (1): 20 – 22.

Guan D F, 1981. The formation and development of Songliao Basin. Journal of Daqing Petroleum Institute (in Chinese), 12 (4): 1 – 10.

Guo Z, Cao Y, Wang X, et al., 2014. Crust and upper mantle structures beneath Northeast China from receiver function studies. Acta Seismologica Sinica, 27 (3): 265 – 275.

Hale L D, Thompson G A, 1982. The seismic reflection character of the continental mohorovicic discontinuity. Journal of Geophysical Research: Solid Earth, 87 (B6): 4625 – 4635.

Hou H S, Wang C S, Zhang J D, et al., 2018. Deep continental scientific drilling engineering in Songliao Basin: Resource discovery and progress in earth science research. Geology in China (in Chinese), 45 (4): 641 – 657.

Hou H S, Wang H Y, Gao R et al., 2015. Fine crustal structure and deformation beneath the Great Xing'an Ranges, CAOB: Revealed by deep seismic reflection profile. Journal of Asian Earth Sciences, 113: 491 – 500.

Hu W S, Lü B Q, Zhang W J, et al., 2005. An approach to tectonic evolution and dynamics of the Songliao

Basin. Chinese Journal of Geology (in Chinese), 40 (1): 16 – 31.

Huang T K, Young C C, Cheng Y C et al., 1947. Report on geological investigation of some oil-fields in Sinkiang. Geol. Memoi. A (21): 1 – 128.

Jin X, Yang B J, 1994. Geophysical field and deep structural characteristics of Manzhouli – Suifenhe geoscience transect (in Chinese). Beijing: Earthquake Press: 1 – 50.

Li C L, Cui R H, Liu Y Z, 2011. Comprehensive geophysical prediction method basement lithology— Example of Binbei area, Songliao Basin. Chinese Journal of Geophysics (in Chinese), 54 (2): 491 – 498.

Li D S, 1983. The geological characteristics of hydrocarbon generation and distribution in the Songliao Basin. Petroleum Geology & Oilfield Development in Daqing (in Chinese), 2 (2): 81 – 89.

Liang S, Peng Y J, Jiang Z L, 2009. Discussion on "multi-laminate structure" od basement in Songliao Basin and its significance. Global Geology (in Chinese), 28 (4): 430 – 437.

Liu C, Yang B J, Wang Z G, et al., 2011. The deep structure of the western boundary belt of the Songliao basin: the geoelectric evidence. Chinese Journal of Geophysics (in Chinese), 54 (2): 401 – 406.

Liu D M, 2008. Partial geophysical features of Songliao Basin and its Peripheral typical basins (in Chinese). Changchun: Jilin University.

Liu D L, Chen F J, Guan D F, et al., 1996. A study on lithospheric dynamic of the origin and evolution in the Songliao Basin. Chinese Journal of Geophysics (in Chinese), 31 (4): 397 – 408.

Liu G D, Feng F K, Wang T B, et al., 1989. Research and assessment of China's petroliferous basins. Oil & Gas Geology (in Chinese), 10 (4): 323 – 335.

Liu H F, Liang H S, Li X Q, et al., 2000. The coupling mechanisms of Mesozoic – Cenozoic rift basins and extensional mountain system in eastern China. Earth Science Frontiers (in Chinese), 7 (4): 477 – 86.

Liu Y J, Li W M, Feng Z Q, et al., 2017. A review of the Paleozoic tectonics in the eastern part of Central Asian Orogenic Belt. Gondwana Research, 43: 123 – 148.

Mooney W D, Brocher T M, 1987. Coincident seismic reflection/refraction studies of the continental lithosphere: A global review. Reviews of Geophysics, 25 (4): 723 – 742.

Pan C H, 1941. Geological notes: Non-marine origin of petroleum in North Shensi, and the Cretaceous of Szechuan, China. AAPG Bulletin, 25 (11): 2058 – 2068.

Pang Q S, Fang D Q, Zhai P M, et al., 2002. Distribution of carboniferous-permian system on the north base of Songliao basin. Journal of Daqing Petroleum Institute (in Chinese), 26 (3): 92 – 94.

Peng Y J, Wang Z F, 1996. Discussion of Songnen massif China. Geological and Technological Information of Jilin Province (in Chinese) (4): 2 – 10.

Ren S M, Qiao D W, Zhang X Z, et al., 2011. The present situation of oil & gas resources exploration and strategic selection of potential area in the Upper Paleozoic of Songliao Basin and surrounding area, NE China. Geological Bulletin of China (in Chinese), 30 (2): 197 – 204.

Sengör A M C, Natal'in B A, 1996. Paleotectonics of Asia: Fragments of a syn thesis//The Tectonic Evolution of Asia. United Kingdom: Cambridge University Press: 486 – 640.

Steer D N, Knapp J H, Brown L D, 1998. Super-deep reflection profiling: exploring the continental mantle lid. Tectonophysics, 286: 111 – 121.

Sun Y, Zhang F, Wang Q et al., 2016. Application of "Crust 1" 10k ultra-deep scientific drilling rig in Songliao Basin Drilling Project (CCSD-SKII). Journal of Petroleum Science & Engineering, 145: 222 –

229.

Wang C W, Sun Y W, Li N, et al., 2009. Tectonic implications of Late Paleozoic stratigraphic distribution in Northeast China and adjacent region. Science in China (in Chinese), 39 (10): 1429 – 1437.

Wang H J, Cao W F, 1981. A model of Cretaceous sedimentary facies in Songliao Basin. Oil & Gas Geology (in Chinese), 2 (3): 227 – 242.

Wang P J, Mattern F, Didenko NA et al., 2016. Tectonics and cycle system of the Cretaceous Songliao Basin: An inverted active continental margin basin. Earth – Science Reviews, 159: 82 – 102.

Wang P J, Liu H B, Ren Y G, et al., 2017. How to choose a right drilling site for the ICDP Cretaceous Continental Scientific Drilling in the Songliao Basin (SK2), Northeast China. Earth Science Frontiers (in Chinese), 24 (1): 216 – 228.

Wang Q H, Xu W L, 2003. The deep process of formation and evolution of Songliao Basin Mesozoic volcanic rock probe. Journal of Jilin University (Earth Science Edition) (in Chinese), 33 (1): 37 – 42.

Wang T, Guo L, Zhang L, et al., 2015. Timing and evolution of Jurassic – Cretaceous granitoid magmatisms in the Mongol – Okhotsk belt and adjacent areas, NE Asia: Implications for transition from contractional crustal thickening to extensional thinning and geodynamic settings. Journal of Asian Earth Sciences, 97 (Part B): 365 – 392.

Wang W L, Li Y F, Guo S Z, 2014. The northeast China block group and its tectonic evolution. Geology and Resources (in Chinese), 23 (1): 4 – 24.

Wu F Y, Ye M, 1995. Geodynamic model of the Manzhouli – Suifenhe geoscience transect. Earth Science, Journal of China University of Geoscience (in Chinese), 20 (5): 535 – 539.

Wu F Y, Zhang S H, 1994. The contribution of deep reflection seismic survey to modern geotectonics. Global Geology (in Chinese), 13 (1): 117 – 128.

Yang B J, Mu S M, Jin X, et al., 1996. Synthesized study on the geophysics of Manzhouli – Suifenhe geoscience transect. Chinese Journal of Geophysics (in Chinese), 39 (6): 772 – 782.

Yang B J, Tang J R, Li Q X, et al., 2001. Deep seismic reflection probing in Songliao Basin, China. Progress in Geophysics (in Chinese), 16 (4): 11 – 17.

Yang B J, Zhang M S, Wang P J, 2002. Composite Scale Analysis of Geology-Geophysics in the Major Basins and Surrounding Areas in the Eastern China. Progress in Geophysics, 17 (2): 317 – 324.

Yang G, Xue L F, Liu Z B, et al., 2001. Study of deep geology with seismic section interpretation in Songliao Basin. Oil & Gas Geology (in Chinese), 22 (4): 326 – 330.

Yang W C, 2003. Layered Mantle Reflectors in Dabie – Sulu Areas and their Interpretation. Chinese Journal of Geophysics (in Chinese), 46 (2): 191 – 196.

Yang W L, 1986. Theory of oil genesis in a continental lake basin and its application in searching for oil and gas. Petroleum Geology & Oilfield Development in Daqing, 5 (4): 5 – 16.

Yang W L, Li Y K, Gao R Q, 1982. Formation and evolution of nonmarine petroleum in the Songliao Basin, China. Journal of Changchun Institute of Geology (in Chinese) (1): 69 – 80.

Yang Y T, Guo Z X, Song C C, et al., 2015. A short-lived but significant Mongol – Okhotsk collisional orogeny in latest Jurassic – earliest Cretaceous. Gondwana Research, 28 (3): 1096 – 1116.

Yu H Z, 2001. Sedimentary facies and palaeogeography of the Songliao Basin and its peripheral areas during Carboniferous – Permian time. Sedimentary Geology and Tethyan Geology (in Chinese), 21 (4): 70 – 83.

Yun J B, Jin Z J, Yin J Y, et al., 2008. Reflection feature and geodynamic significance of deep seismic ref lection in Xujiaweizi region of north Songliao basin, China. Earth Science Frontiers (in Chinese), 15 (4): 307 –314.

Yun J B, Yin J G, Jin Z Y, 2003. Deep geological feature and dynamic evolution of the Songliao Basin. Seismology and Geology (in Chinese), 25 (4): 595 –608.

Zhang F Q, Chen H L, Dong C W, et al., 2008. Evidence for the existence of Precambrian basement under the northern Songliao basin. Geology in China (in Chinese), 35 (3): 421 –428.

Zhang X Z, Zeng Z, Gao R, et al., 2015. The evidence from the deep seismic reflection profile on the subduction and collision of the Jiamusi and Songnen Massifs in the northeastern China. Chinese Journal of Geophysics (in Chinese), 58 (12): 4415 –4424.

Zhang X Z, Zhou J B, Chi X G, et al., 2008. Late Paleozoic tectonic-sedimentation and petroleum resources in Northeastern China. Journal of Jilin University (Earth Science Edition) (in Chinese), 38 (5): 719 –725.

Zhou J B, Shi A G, Jing Y, 2016. The combined NE China blocks: tectonic evolution and supercontinent reconstructions. Journal of Jilin University (Earth Science Edition) (in Chinese), 46 (4): 1042 –1055.

Zhou J B, Wilde S A, Zhao G C et al., 2018. Nature and assembly of microcontinental blocks within the Paleo-Asian Ocean. Earth –Science Reviews, 186: 76 –93.

Zhou J B, Zhang X Z, Ma Z H, et al., 2009. Tectonic framework and basin evolution in Northeast China. Oil & Gas Geology (in Chinese), 30 (5): 530 –538.

蔡全升，胡明毅，胡忠贵，等，2017. 强烈断陷期小型湖盆沉积充填演化特征：以松辽盆地徐家围子断陷宋站地区沙河子组为例. 石油与天然气地质，38 (2): 259 –269.

陈俊安，赵泽辉，江黎，2014. 松辽盆地徐家围子断陷沙河子组层序地层格架建立与模式研究. 科学技术与工程，14 (10): 183 –190.

陈志德，杨文采，李玲，等，2003. 松辽盆地北部深反射地震X ～2分布处理及其深部地质特征. 石油地球物理勘探，38 (6): 654 –660.

程学儒，1982. 松辽盆地的板块构造位置与烃类产出特征. 石油勘探与开发 (6): 43 –52.

迟元林，云金表，蒙启安，等，2002. 松辽盆地深部结构及成盆动力学与油气聚集. 北京：石油工业出版社.

崔同翠，1988. 东方叶肢介 Eoestheria 在松辽盆地的发现及其意义. 大庆石油地质与开发，7 (1): 27 –30, 79 –80.

董树文，李廷栋，陈宣华，等，2014. 深部探测揭示中国地壳结构、深部过程与成矿作用背景. 地学前缘，21 (3): 201 –225.

董树文，张岳桥，龙长兴，等，2007. 中国侏罗纪构造变革与燕山运动新诠释. 地质学报，81 (11): 1449 –1461.

杜博民，邢顺全，周书欣，1984. 松辽盆地北部储集层特征及成岩演变. 石油与天然气地质，5 (2): 122 –131.

冯志强，刘嘉麒，王璞珺，等，2011. 油气勘探新领域：火山岩油气藏：松辽盆地大型火山岩气田发现的启示. 地球物理学报，54 (2): 269 –279.

傅维洲，杨宝俊，刘财，等，1998. 中国满洲里—绥芬河地学断面地震学研究. 长春科技大学学报，28 (2): 206 –212.

高君，李占林，李勤学，2002. 松辽盆地北部深部地壳结构及盆地成因机制. 大庆石油地质与开发，21 (1): 20 –22.

关德范, 1981. 松辽盆地的形成与发展. 东北石油大学学报, 12 (4): 1-10.

侯贺晟, 王成善, 张交东, 等, 2018. 松辽盆地大陆深部科学钻探地球科学研究进展. 中国地质, 45 (4): 641-657.

胡望水, 吕炳全, 张文军, 等, 2005. 松辽盆地构造演化及成盆动力学探讨. 地质科学, 40 (1): 16-31.

金旭, 杨宝俊, 1994. 中国满洲里—绥芬河地学断面地球物理场及深部构造特征研究. 北京: 地震出版社: 1-50.

李成立, 崔瑞华, 刘益中, 2011, 盆地基底岩性的综合地球物理预测方法: 以松辽盆地滨北地区基底岩性预测为例. 地球物理学报, 54 (2): 491-498.

李德生, 1983. 松辽盆地的油气形成和分布特征. 大庆石油地质与开发, 2 (2): 81-89.

梁爽, 彭玉鲸, 姜正龙, 2009. 松辽盆地基底"多层结构"的探讨及其意义. 世界地质, 28 (4): 430-437.

刘财, 杨宝俊, 王兆国, 等, 2011. 松辽盆地西边界带深部构造: 地电学证据. 地球物理学报, 54 (2): 401-406.

刘德来, 陈发景, 关德范, 等, 1996. 松辽盆地形成、发展与岩石圈动力学. 地质科学, 31 (4): 397-408.

刘殿秘, 2008. 松辽盆地及其周围典型盆地部分地球物理特征. 长春: 吉林大学.

刘光鼎, 冯福闿, 王庭斌, 等, 1989. 中国油气盆地研究及其评价. 石油与天然气地质, 10 (4): 323-335.

刘和甫, 梁慧社, 李晓清, 等, 2000. 中国东部中新生代裂陷盆地与伸展山岭耦合机制. 地学前缘, 7 (4): 477-486.

庞庆山, 方德庆, 翟培民, 等, 2002. 松辽盆地北部基底石炭—二叠系的分布. 东北石油大学学报, 26 (3): 92-94.

彭玉鲸, 王占福, 1996. 论松嫩地块. 吉林地质科技情报 (4): 2-10.

任收麦, 乔德武, 张兴洲, 等, 2011. 松辽盆地及外围上古生界油气资源战略选区研究进展. 地质通报, 30 (2): 197-204.

王成文, 孙跃武, 李宁, 等, 2009. 中国东北及邻区晚古生代地层分布规律的大地构造意义. 中国科学 (10): 1429-1437.

王衡鉴, 曹文富, 1981. 松辽湖盆白垩纪沉积相模式. 石油与天然气地质, 2 (3): 227-242.

王璞珺, 刘海波, 任延广, 等, 2017. 松辽盆地白垩系大陆科学钻探"松科2井"选址. 地学前缘, 24 (1): 216-228.

王清海, 许文良, 2003. 松辽盆地形成与演化的深部作用过程: 中生代火山岩探针. 吉林大学学报 (地球科学版), 33 (1): 37-42.

王五力, 李永飞, 郭胜哲, 2014. 中国东北地块群及其构造演化. 地质与资源, 23 (1): 4-24.

吴福元, 叶茂, 1995. 中国满洲里—绥芬河地学断面域的地球动力学模型. 地球科学, 20 (5): 535-539.

吴福元, 张世红, 1994. 深反射地震调查对现代大地构造学的贡献. 世界地质, 13 (1): 117-128.

杨宝俊, 穆石敏, 金旭, 等, 1996. 中国满洲里—绥芬河地学断面地球物理综合研究. 地球物理学报, 39 (6): 772-782.

杨宝俊, 唐建人, 李勤学, 等, 2001. 松辽盆地深部反射地震探查. 地球物理学进展, 16 (4): 11-17.

杨宝俊，张梅生，王璞珺，等，2002. 论中国东部大型盆地区及邻区地质：地球物理复合尺度解析. 地球物理学进展，17（2）：317 – 324.

杨光，薛林福，刘振彪，等，2001. 松辽盆地深部地震剖面解释与深部地质研究. 石油与天然气地质，22（4）：326 – 330.

杨万里，1986. 陆相湖盆成油理论及其在油气勘探中的应用. 大庆石油地质与开发，5（4）：5 – 16.

杨万里，李永康，高瑞祺，1982. 松辽盆地陆相石油的形成与演化. 吉林大学学报（地球科学版）（1）：69 – 80.

杨文采，2003. 大别苏鲁地区层状地幔反射体及其解释. 地球物理学报，46（2）：191 – 196.

余和中，2001. 松辽盆地及周边地区石炭纪—二叠纪岩相古地理. 沉积与特提斯地质，21（4）：70 – 83.

云金表，金之钧，殷进垠，等，2008. 松辽盆地徐家围子地区深反射结构及其盆地动力学意义. 地学前缘，15（4）：307 – 314.

云金表，殷进垠，金之钧，2003. 松辽盆地深部地质特征及其盆地动力学演化. 地震地质，25（4）：595 – 608.

章凤奇，陈汉林，董传万，等，2008. 松辽盆地北部存在前寒武纪基底的证据. 中国地质，35（3）：421 – 428.

张兴洲，曾振，高锐，等，2015. 佳木斯地块与松嫩地块俯冲碰撞的深反射地震剖面证据. 地球物理学报，58（12）：4415 – 4424.

张兴洲，周建波，迟效国，等，2008. 东北地区晚古生代构造 – 沉积特征与油气资源. 吉林大学学报（地球科学版），38（5）：719 – 725.

周建波，石爱国，景妍，2016. 东北地块群：构造演化与古大陆重建. 吉林大学学报（地球科学版），46（4）：1042 – 1055.

周建波，张兴洲，马志红，等，2009. 中国东北地区的构造格局与盆地演化. 石油与天然气地质，30（5）：530 – 538.

四川盆地东西陆块中下地壳结构存在差异

熊小松[1,2]，高　锐[3,2]，郭良辉[4]，张季生[2]，王海燕[2]

◆ 0　引　言

　　四川盆地是中上扬子克拉通的主要组成部分，航磁上表现为北东向展布的宽缓正磁异常夹弱磁异常，为扬子克拉通最稳定的区域（包茨 等，1985）。扬子克拉通经历了自太古代以来的长期演化，直到新元古代晚期与华夏板块发生碰撞拼合前，一直被认为是一个稳定的统一陆块。基底包括了新太古宙—新元古代岩层，其上被新元古代晚期至显生宙地层广泛覆盖，仅有约 2.95—2.9 Ga 基底岩石零星出露于扬子克拉通的西缘、西南缘和三峡地区（Greentree & Li，2008；Qiu et al.，2000；Wu et al.，2012），使得对于基底的性质和分布规模的认识十分有限，而基底断裂带和结构对于沉积盖层结构和后期构造演化具有重要的控制作用。重力方法是地球物理的主干方法之一，长期在区域地质构造研究中发挥着重要作用，是宏观刻画基底结构的有效方法，尤其是经过各项校正得到的布格重力异常，不仅包含了地壳内部各种偏离正常密度分布的矿体与构造的影响，也包括了地壳下界面起伏而在横向上相对上地幔质量的巨大亏损或盈余的影响，横向分辨率高，能够用于地壳结构和地质构造的解释研究。对盆地布格重力异常剥离沉积盖层和莫霍面起伏引起的重力异常后，所获得的重力异常能客观地反映沉积盖层以下、莫霍面以上的中下地壳结构和构造特征。同时，深地震反射剖面是揭示岩石圈精细结构的关键技术，其分辨能力从浅部几米到深部几十米，为我们认识克拉通的包括基底在内的深部结构提供了其他方法无法比拟的资料。本文以重力资料为主，结合航磁异常和深地震反射剖面资料等其他地球物理和地球化学资料，探讨了四川盆地中下地壳结构存在差异，这种差异可能代表了太古代—早元古代以四川盆地为主要组成的中上扬子克拉通存在东西两个陆核。

　　1 中国地质科学院地球深部探测中心，北京，100037；2 自然资源部深地动力学重点实验室，中国地质科学院，北京，100037；3 中山大学地球科学与工程学院，广州，510275；4 中国地质大学地球物理与信息技术学院，北京，100083。

　　基金项目：本文由国家自然科学基金项目（41104056、41374093、40974060）、中国地质科学院地质研究所基本科研科费（J1119）联合资助。

❌◆ 1 地质背景

四川盆地是中上扬子克拉通的主要组成部分，作为我国最复杂和最大的克拉通之一，扬子克拉通基底岩石包含太古代—早元古代结晶基底，被中元古代晚期到新元古代早期褶皱带环绕，并被新元古代中期的变质岩层和新元古代晚期未变质的岩层不整合覆盖（Zhao et al.，2012），出露的基底岩石主要是元古代岩石，太古代岩石则零星出露于扬子克拉通的西缘和北缘（图1）。随着年代学分析技术的不断发展，越来越多的太古代物质被确定（Jiao et al.，2009；Qiu et al.，2000；Zheng et al.，2006），可能说明了扬子克拉通广泛存在古老的结晶基底（Wang et al.，2013a；Zhang et al.，2006a；Zheng et al.，2006）。冷家溪群和相应的岩群过去常被认为是中元古代，最新的 SHRIMP 定年则限定了其820 Ma 的年龄，其上被820—750 Ma 前的板溪群所覆盖。冷家溪群为一套浅变质、强变形的类复理石沉积组合，以陆源碎屑岩为主，局部夹有少量的火山岩。这套地层与江西的双桥山群、皖南的溪口群以及桂北的四堡群、贵州东北部的梵净山群等相当，主要为一套灰色、灰绿色的绢云母板岩、条带状板岩、粉砂质板岩与岩屑杂砂岩、凝灰质砂岩组成的具复理石韵律特征的浅变质岩系，地层普遍发生褶皱变形，褶皱构造主要表现为强烈的紧闭线状褶皱；板溪群高角度不整合覆盖于冷家溪群之上，为一套火山－沉积岩系，几乎没有变质，变性作用微弱，大致相当于贵州地区的下江群、广西地区的丹洲群和皖南地区的历口群，在板溪群的底部往往发育底砾岩，而且仅在局部发育宽缓的褶皱构造。在岩石组合上，板溪群主要为一套成熟度较高的碎屑岩、局部发育双峰式火山岩及凝灰岩。在晋宁运动之后，扬子克拉通的褶皱基底固结，在其上沉积了厚

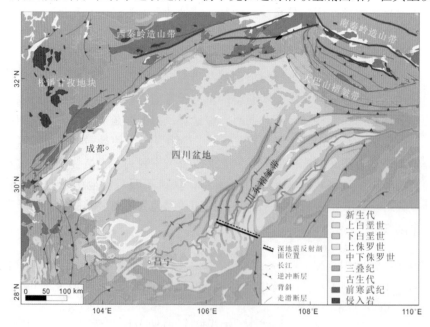

图1 中上扬子克拉通地质

达 10 km 的地层覆盖了扬子克拉通的大部分地区，包括南华系（0.75—0.635 Ga 前）、震旦系（0.635—0.542 Ga 前）和显生宙地层。震旦系是南华系南沱冰碛岩之上、寒武系牛蹄塘黑色页岩之下的一套碳酸盐岩和磷块岩层序。寒武纪、奥陶纪和中下志留世为一套海相沉积；早古生代晚期，扬子克拉通经历了隆升剥蚀，致使上志留系和中下泥盆系地层仅零星出露；晚古生代和中生代早期主要为一套滨海相—浅海相沉积；中生代中晚期以来又进入了陆相沉积（图 2）。

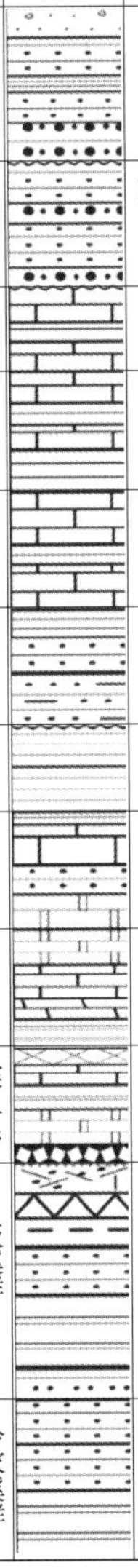

年龄/Ma	时代	地层柱	厚度/m	岩性	备注	沉积环境
145— present	白垩纪— 新生代			岩屑碎屑岩 泥岩 碎屑沉积物		陆相—湖相
235—145	上三叠世 —侏罗纪		1060～1190	砂岩 泥岩 砾岩		
250—247	中三叠世		260～1460	石灰岩 泥岩		浅海相—滨海相
300—250	二叠纪		400～1040	石灰岩 砾岩，板岩 燧石		
359—300	石炭纪		30～1720	砂岩 含煤石灰岩	只有C₂零星 出露	
393—359	中上 泥盆世		110～2030	砂岩 石灰岩 泥质砂岩		
443—427	（中下） 志留世		2500～4700	泥岩，板岩 粉砂岩		海相环境
488—443	奥陶纪		300～3360	石灰岩，板岩 砂岩 粉砂岩		
542—488	寒武纪		580～4000	石灰岩，页岩 粉砂岩，砂岩 板岩		
542—635	Pt₃ 震旦系		80～5060	冰碛岩，砂岩 燧石 石灰岩		陆相—滨海浅海相
785—815	板溪群		440～3800	砂岩，板岩 泥质岩 砾岩 碳酸盐岩 细臂岩 火山碎屑岩		陆相和火山喷发相
850—825	冷家溪群			砂岩 粉砂岩 复碎屑砾岩		复理石建造

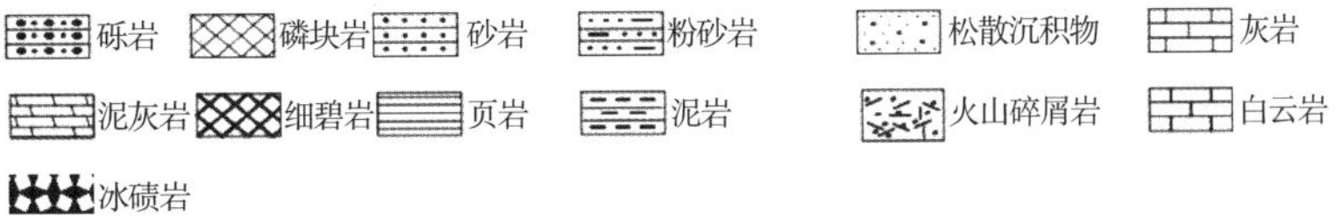

图例：砾岩、磷块岩、砂岩、粉砂岩、松散沉积物、灰岩、泥灰岩、细碧岩、页岩、泥岩、火山碎屑岩、白云岩、冰碛岩

图 2 上扬子地区地层柱状图（修改自 Jia et al., 2006；Ma et al., 2007；Zeng, 2010）

◆ 2　中下地壳重力异常

布格重力异常是地壳密度结构和区域地质构造研究的重要资料，不仅包含了地壳内部各种偏离正常密度分布的矿体与构造的影响，还包括了地壳下界面起伏而在横向上相对上地幔质量的巨大亏损或盈余的影响，横向分辨率高。本文通过对四川盆地及周缘深地震探测剖面的收集、重新整理并采样插值，获得了莫霍面深度和沉积厚度两个主要界面的起伏等值线图，在此基础上，我们对四川盆地布格重力异常剥离沉积盖层和莫霍面起伏引起的重力异常，获得反映沉积层以下、莫霍面以上的地壳内部密度不均匀体引起的重力异常。

2.1　四川盆地及周缘深地震探测程度

20 世纪 70 年代开始，在四川盆地及周缘开展了大量的深地震探测工作，包括了深地震测深、深地震反射和石油反射剖面采集，为该地区的地壳结构研究提供了基础的研究资料（图 3）。其中深地震测深可以追溯到 20 世纪 70 年代，中国地震局陆续完成了"唐克—蒲江—阆中"龙门山三角剖面、"奔子栏—唐克""巴塘—资中"等跨越龙门山的剖面，以及在渝东长江三峡地区完成了"奉节—观音垱"等剖面（陈学波 等，1988；王椿镛 等，2003）；中国科学院在攀西地区完成了"丽江—新市镇""丽江—者海""长河坝—拉鲊"和"西昌—渡口"等剖面（熊绍柏 等，1993；尹周勋 等，1992）；中国地质科学院则在实施"台湾—阿勒泰"地学断面过程中，完成了贯穿四川盆地及周缘东西的"花石峡—简阳""黑水—邵阳"剖面和两条支测线："南部—富顺"和"金川—唐克"剖面（曹家敏 等，1997；王有学 等，2005）。

近年来，为了研究华南大陆的深部结构和演化特征，中国地质科学院陆续在四川盆地及周缘完成了多个深地震反射剖面，形成了贯穿该区域的东西向大剖面，以及在四川盆地北缘大巴山褶皱带—秦岭构造带的 3 个剖面。同时，四川盆地是我国南方特别是古生界海相碳酸盐勘探领域的重要组成部分，经历了 50 多年的勘探开发，石油地震反射剖面在其中发挥了重要作用。同时，为了研究盆山间的结构关系，前人在龙门山褶皱带、米仓山褶皱带、大巴山褶皱带、川东褶皱带和大娄山褶皱带等四川盆地不同盆缘分别完成了多个剖面（Burchfiel et al., 1995；Hubbard et al., 2009；Hubbard et al., 2010；Jia et al., 2010；Li et al., 2013；Liu et al., 2012；Lu et al., 2012；Plesch et al., 2007；Wang et al., 2013b；Yan et al., 2009；Yan et al., 2003；Zhou et al., 2013）。

2.2　四川盆地莫霍面

本文对宽角反射与折射地震剖面的莫霍面深度间隔 5 ～ 10 km 采样，并在莫霍过渡带位置进行了加密采样，同时对深地震反射剖面资料获得的莫霍面双程走时，根据该地区的平均速度 6.2 km/s，转换成了深度，在此基础上，利用克里金插值法进行了插值，编制了四川盆地及周缘造山带的莫霍面深度图（图4），结果显示四川盆地莫霍面平均深度在40～42 km范围，在其北缘深度略深，可达44～46 km，西缘莫霍面较浅，在40 km左右。

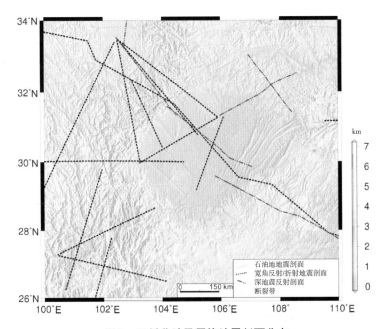

图3 四川盆地及周缘地震剖面分布

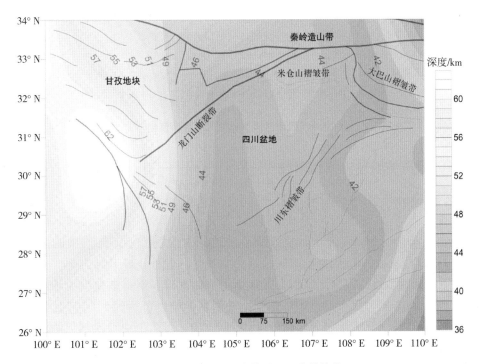

图4 四川盆地及周缘莫霍面深度等值线

2.3 四川盆地基底

在前人编制的四川盆地基底定界面等值线图（Zhou et al.，2006）的基础上，我们增补了近年来完成的石油反射剖面获得的基底顶界面深度（Burchfiel et al.，1995；Hubbard et al.，2009；Hubbard et al.，2010；Jia et al.，2010；Li et al.，2013；Liu et al.，2012；Lu et al.，2012；Plesch et al.，2007；Wang et al.，2013b；Yan et al.，2009；Yan et al.，2003；Zhou et al.，2013），同样通过克里金插值法获得了四川盆地的沉积厚度图，显示四川盆地存在有东西两个沉积中心，沉积厚度可达 10～12 km，在西南缘则存在一个基底隆起中心（图5）。

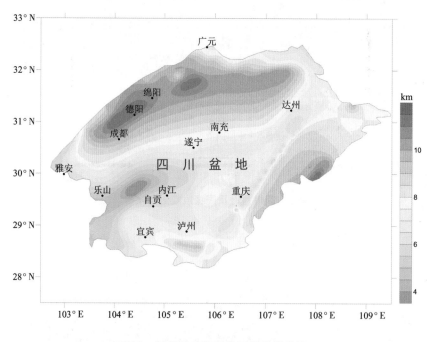

图5　四川盆地沉积盖层厚度等值线

2.4 四川盆地重力数据来源

本文利用地球重力场模型 EGM2008（Sandwell & Smith，2009）计算了四川盆地自由空气重力异常。EGM2008 是由美国国家地理空间情报局（National Geospatial Intelligence Agency，NGA）推出的官方版高阶地球重力场模型，该模型的阶次完全至 2159（另外球谐系数的阶扩展至 2190，次为 2159），空间分辨率约为 5′。由于采用了 GRACE 卫星跟踪数据、卫星测高数据及地面重力数据等，使得该模型无论在精度还是在分辨率方面均取得了巨大的进步。该模型在海域的精度可达到 $1:10^6$ 比例尺重力勘探的要求，在中国大陆大部分地区精度可达 10 mGal，可用于中等比例尺的海洋地质与资源调查和中小比例尺的大陆重力编图与构造研究。

利用 EGM2008 模型，我们计算了四川盆地自由空气重力异常（网度为 10 km），然后按照区域重力调查规范作地形校正和布格校正（中间层校正），得到四川盆地布格重力异常数据（网度为 10 km），最后利用优化滤波法（Guo et al.，2013；郭良辉 等，2013）有效压制数据中的高频噪声干扰，较好地保留了有效布格重力异常信息，结果如图 6 所示。四川盆地布格重力异常呈中间高、周围低的特征，走向北东，幅值为 −299 ～ −80 mGal，同前人的研究结果一致（江为为、刘伊克、宋海斌，2001）。其中，盆地中部呈现走向北东的异常高值圈闭，而向盆地边缘异常逐渐降低，并分布有串珠状或团块状的局部异常高，反映盆地中部存在古老基底隆起，及盆地中下地壳隐伏断裂带的存在和重要控制作用。在盆地西北角的龙门山断裂带及西南角邻区异常较低，反映这些地区莫霍面变深、地壳增厚。本文同时用 1 : 10⁶ 较高精度重力资料进行了检验，两者在数据网格和异常结果都与卫星数据一致，证明了本次结果的可靠性。

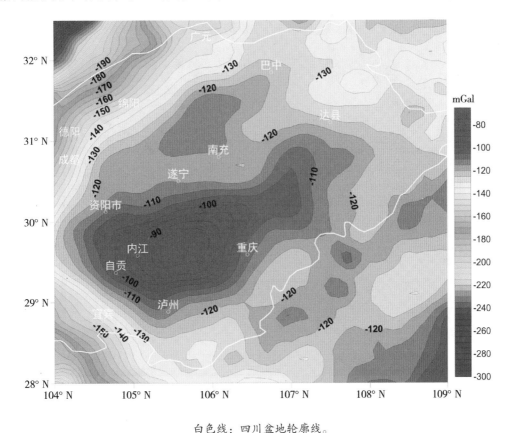

白色线：四川盆地轮廓线。

图 6　四川盆地及周缘布格重力异常等值线

2.5　四川盆地中下地壳重力异常

根据四川盆地区域岩矿石密度特征（屈燕微，2008），本文取沉积盖层平均密度为 2.55 g/cm³，结晶基岩平均密度取为 2.8 g/cm³，莫霍面以上的下地壳平均密度取为 2.9 g/cm³，上地幔平均密度取为 3.3 g/cm³。然后，根据四川盆地的莫霍面深度信息（图 4）和沉积基底深度信息（图 5），采用频率域正演方法（Parker，1973）分别正演计算盆地的莫霍面重力异常和沉积盖层重力异常。之后，对去噪后的盆地布格重力异常（图6）减去莫霍面重力异常和沉积盖层重力异常，最终获得的剩余重力异常即为中下地壳重力异常，如图7所示，它反映盆地的中下地壳密度不均匀分布。结果显示盆地中下地壳重力异常呈东西分块的特征，幅值−32～206 mGal。沿重庆—华蓥一线，西部明显有南北两个高重力异常圈闭，以内江、遂宁、南充和达州为中心，走向北东，异常值可达170 mGal左右，而在东侧则显示了一个高重力异常圈闭，走向北北东，异常达190 mGal左右（图7）。因此，重庆—华蓥一线东西两侧异常特征不同，从东向西异常圈闭变窄，轴向特征有差异，反映沿线两侧地壳结构存在差异，而重庆—华蓥一线是两侧高异常圈闭的衔接带，异常相对低些，走向北东，反映沿线深部可能存在隐伏断裂带，将重庆—华蓥一线两侧分割为两个不同的古陆块。

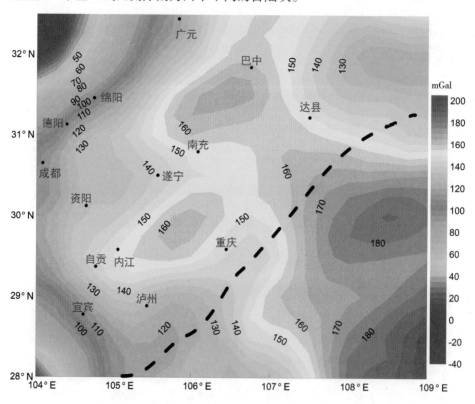

黑色虚线：指示研究区两侧重力异常存在明显差异。

图7 四川盆地及周缘中下地壳重力异常等值线

◆ 3 讨 论

重力异常结果显示四川盆地内部的中下地壳可能存在东西分块的特征，应该在新元古代南华系沉积之前具有不同的基底物质。同时，航磁异常代表了实测磁场总强度与背景场强度之差，突出了区域异常的分布特征，客观上反映了重要的区域构造轮廓，是了解盆地基底结构、划分构造单元最有效的地球物理方法之一。前人的航磁异常结果显示在重庆—华蓥一线，西侧以四川南充和达川为高航磁异常中心，而东侧则以贵州石柱为高航磁异常中心（Zhang et al.，2013；谷志东、汪泽成，2014；谷志东、张维、袁苗，2014；图8），航磁正异常一般揭示变质结晶基底的区域特征，因此该区域的航磁异常特征指示了四川盆地基底并不统一（谷志东、汪泽成，2014）。同时，前人在四川盆地东北缘和西北缘报道的太古宙—古元古代片麻岩的地球化学特征显示（图9），位于四川盆地东北缘三峡地区出露的崆岭杂岩呈现明显的 TTG 岩系特征（Gao et al.，1999；Zhang et al.，2006b），而西北缘出露的后河杂岩和鱼洞子杂岩则呈现钙碱性的岛弧特征（Wu et al.，2012；张宗清 等，2001），同样揭示了在扬子克拉通东西两侧存在不同岩系特征的古陆核。并且近期完成的四川盆地—雪峰山深地震反射剖面在川东褶皱带段中下地壳内显示，在重庆附近发育一系列自西向东、自中下地壳延伸至上地幔的反射波组（图10），一般认为在显生宙和元古代沉积盖层之下的中下地壳到上地幔的倾斜反射体常常是从顶部进入到上地幔的榴辉岩化的板片的俯冲作用（Morgan et al.，1994）或者是插入地幔的下部板片导致的逆冲作用所致（Calvert et al.，1995）。因此，该研究区发现的自西向东倾的中下地壳—上地幔反射波组可能代表了中上扬子克拉通（以四川盆地为主）在新元古代之前存在一期弧陆碰撞事件，而后四川盆地作为稳定的中上扬子克拉通主体，保留了早期的东西陆核特征和碰撞形迹。

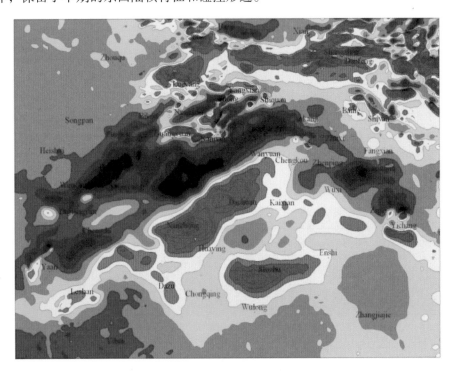

图8 川东褶皱带及周缘地区航磁异常（Zhang et al.，2013）

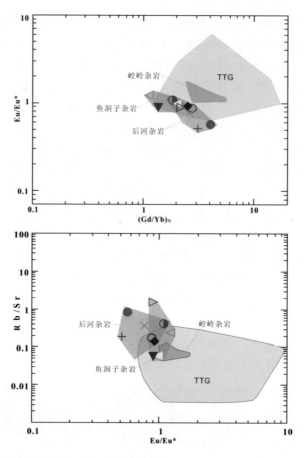

图9　东西扬子克拉通太古代—古元古代杂岩 Eu/Eu* – Rb/Sr 和（Gd/Yb）$_N$ – Eu/Eu* 图解

　　西扬子克拉通的鱼洞子杂岩和后河杂岩呈现典型的钙碱性岛弧特征，东扬子克拉通的崆岭杂岩则显示典型的 TTG 岩系特征，鱼洞子杂岩地球化学数据来源于张宗清等（2001），后河杂岩地球化学数据来源于 Wu 等（2012）。崆岭杂岩地球化学数据来源于 Gao 等（1999）和 Zhang 等（2006b），全球 TTG 数据来源于 Kemp 等（2005）。

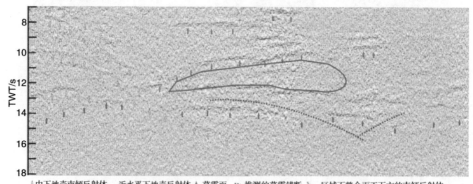

⇅ 中下地壳南倾反射体　　近水平下地壳反射体　⬇ 莫霍面　… 推测的莫霍错断　⬍ 区域不整合面正下方的南倾反射体
— 下地壳的透明反射区，地质剖面图例见图3

图10　川东褶皱带深地震反射剖面中下地壳主要反射特征（位置见图1）

◆4 结 论

本文通过四川盆地及周缘地震资料的采样插值获得了四川盆地的盖层厚度分布图和莫霍面深度图，而后对四川盆地布格重力异常剥离沉积盖层和莫霍面起伏引起的重力异常，所获得的中下地壳重力异常结果显示在四川盆地内部沿重庆—华蓥一线东西两侧存在不同的结构特征，结合航磁异常资料、出露的基底岩石的地球化学特征和深地震反射剖面显示的精细深部信息，认为四川盆地可能存在东西两个陆核，具有不同的基底物质。

◆致 谢

论文成稿过程中得到了李秋生、卢占武、李文辉和龚辰等人的帮助，特致谢意。

◆说 明

原稿已发表，具体发表信息如下：熊小松，高锐，张季生，等，2015. 四川盆地东西陆块中下地壳结构存在差异. 地球物理学报，58（7）：2413 – 2423. ［Xiong X S, Gao R, Guo L H, et al., 2015. The Deep Structure Feature of the Sichuan Basin and Adjacent Orogens. Acta geologica sinica（English edition），89（4）：1153 –1164.］

◆参考文献

Bao C, Yang X J, Li D X, et al., 1985. Characteristics of geological structure and predication of gas prospect of Sichuan basin. Natural gas industry（in Chinese），5（4）：1 – 11.

Burchfiel B C, Chen Z, Liu Y, et al., 1995. Tectonics of the Longmen Shan and Adjacent Regions, Central China. International Geology Review，37（8）：661 – 735.

Calvert A J, Sawyer E W, Davis W J, et al., 1995. Archaean subduction inferred from seismic images of a mantle suture in the Superior Province. Nature，375（6533）：670 – 674.

Cao J M, Wang Y X, 1997. Crustal velocity structure of Maowen – Shaoyang segment of Altyn – Taiwan profile//Geoscience transect in Alty – Taiwan（in Chinese）. Beijing：China University of Geosciences Press：82 – 86.

Chen X B, Wu Y Q, Du P S, et al., 1988. Crustal veolocity structure in the two sides of the Longmenshan tectonic belt//The deep structure research and progress of China continent（in Chinese）. Beijing：Geology Publishing house：97 – 123.

Gao S, Ling W, Qiu Y, et al., 1999. Contrasting geochemical and Sm – Nd isotopic compositions of Archean metasediments from the Kongling high-grade terrain of the Yangtze craton：Evidence for cratonic evolution and redistribution of REE during crustal anatexis. Geochimica et Cosmochimica Acta，63（13 – 14）：2071 – 2088.

Greentree M R, Li Z X, 2008. The oldest known rocks in south-western China: SHRIMP U – Pb magmatic crystallisation age and detrital provenance analysis of the Paleoproterozoic Dahongshan Group. Journal of Asian Earth Sciences, 33 (5 – 6): 289 – 302.

Gu Z D, Wang Z C, 2014a. The discovery of Neoproterozoic extensional structures and its significance for gas exploration in the Central Sichuan Block, Sichuan basin, South China. Science China: Earth Sciences (in Chinese), 44 (10): 2210 – 2220.

Gu Z D, Zhang W, Yuan M, 2014b. Zircon SHRIMP U – Pb dating of basal granite and its geological significance in Weiyuan area of Sichuan Basin. Chinese J. Geology (in Chinese), 49 (1): 202 – 213.

Guo L H, Meng X H, Shi L, et al., 2012. Preferential filtering method and its application to Bouguer gravity anomaly of Chinese continent. Chinese J. Geophys. (in Chinese), 55 (12): 4078 – 4088.

Guo L, Meng, X, Chen Z, et al., 2013. Preferential filtering for gravity anomaly separation. Computers & Geosciences, 51: 247 – 254.

Hubbard J, Shaw J H, Klinger Y, 2010. Structural Setting of the 2008 M_W 7.9 Wenchuan, China, Earthquake. Bulletin of the Seismological Society of America, 100 (5B): 2713 – 2735.

Hubbard J, Shaw J H, 2009. Uplift of the Longmen Shan and Tibetan plateau, and the 2008 Wenchuan ($M = 7.9$) earthquake. Nature, 458 (7235): 194 – 197.

Jia D, Li Y, Lin A, et al., 2010. Structural model of 2008 M_W 7.9 Wenchuan earthquake in the rejuvenated Longmen Shan thrust belt, China. Tectonophysics, 491 (1 – 4): 174 – 184.

Jia D, Wei G, Chen Z, et al., 2006. Longmen Shan fold-thrust belt and its relation to the western Sichuan Basin in central China: New insights from hydrocarbon exploration. AAPG Bulletin, 90 (9): 1425 – 1447.

Jiang W W, Liu Y K, Hao T Y, et al., 2001. Comprehensive study of geology and geophysics of Sichuan Basin. Progress in Geophysics (in Chinese), 16 (1): 11 – 23.

Jiao W, Wu Y, Yang S, et al., 2009. The oldest basement rock in the Yangtze Craton revealed by zircon U – Pb age and Hf isotope composition. Science in China Series D: Earth Sciences, 52 (9): 1393 – 1399.

Kemp A, Hawkesworth C, 2005. Generation and Secular Evolution of the Continental Crust. The crust, 3: 349.

Li Z G, Jia D, Chen W, 2013. Structural geometry and deformation mechanism of the Longquan anticline in the Longmen Shan fold-and-thrust belt, eastern Tibet. Journal of Asian Earth Sciences, 64: 223 – 234.

Liu S, Deng B, Li Z, et al., 2012. Architecture of basin – mountain systems and their influences on gas distribution: A case study from the Sichuan basin, South China. Journal of Asian Earth Sciences, 47: 204 – 215.

Lu R, He D, Suppe J, et al., 2012. Along-strike variation of the frontal zone structural geometry of the Central Longmen Shan thrust belt revealed by seismic reflection profiles. Tectonophysics, 580: 178 – 191.

Ma Y, Guo X, Guo T, et al., 2007. The Puguang gas field: New giant discovery in the mature Sichuan Basin, southwest China. AAPG Bulletin, 91 (5): 627 – 643.

Morgan J V, Hadwin M, Warner M R, et al., 1994. The polarity of deep seismic reflections from the lithospheric mantle: Evidence for a relict subduction zone. Tectonophysics, 232 (1 – 4): 319 – 328.

Parker R, 1973. The rapid calculation of potential anomalies. Geophysical Journal of the Royal Astronomical Society, 31 (4): 447 – 455.

Plesch A, Shaw J H, Kronman D, 2007. Mechanics of low-relief detachment folding in the Bajiaochang field,

Sichuan Basin, China. AAPG Bulletin, 91 (11): 1559 – 1575.

Qiu Y M, Gao S, McNaughton N J, et al., 2000. First evidence of >3.2 Ga continental crust in the Yangtze craton of south China and its implications for Archean crustal evolution and Phanerozoic tectonics. Geology, 28 (1): 11 – 14.

Qu W Y, 2008. A forward and inversion study on the main density interfaces in Sichuan basin. Xi'an: Northwest University.

Sandwell D T, Smith W H, 2009. Global marine gravity from retracked Geosat and ERS-1 altimetry: Ridge segmentation versus spreading rate. Journal of Geophysical Research: Solid Earth, 114 (B1): B01411.

Wang C Y, Wu J P, Lou H, et al., 2003. P-Wave Crustal Velocity Structure in Western Sichuan and Eastern Tibetan Region. Science in China Series D: Earth Sciences, 46 (2): 254 – 265.

Wang L J, Griffin W L, Yu J H, et al., 2013a. U – Pb and Lu – Hf isotopes in detrital zircon from Neoproterozoic sedimentary rocks in the northern Yangtze Block: Implications for Precambrian crustal evolution. Gondwana Research, 23 (4): 1261 – 1272.

Wang M, Jia D, Shaw J H, et al., 2013b. Active Fault-Related Folding beneath an Alluvial Terrace in the Southern Longmen Shan Range Front, Sichuan Basin, China: Implications for Seismic Hazard. Bulletin of the Seismological Society of America, 103 (4): 2369 – 2385.

Wang Y X, Mooney W D, Han G H, et al., 2005. Crustal P-wave velocity structure from Altyn to Longmenshan mountains along the Taiwan – Altay geoscience transect. Chinese J Geophys. (in Chinese), 48 (1): 98 – 106.

Wu Y B, Gao S, Zhang H F, et al., 2012. Geochemistry and zircon U – Pb geochronology of Paleoproterozoic arc related granitoid in the Northwestern Yangtze Block and its geological implications. Precambrian Research, 200 – 203: 26 – 37.

Xiong S B, Zheng Y, Yin Z X, et al., 1993. The 2-D structure and its tectonic implications of the crustal in the Lijiang – Panzhihua – Zhehai region. Chinese J. Geophys. (in Chinese), 36 (4): 434 – 444.

Yan D, Zhang B, Zhou M, et al., 2009. Constraints on the depth, geometry and kinematics of blind detachment faults provided by fault-propagation folds: An example from the Mesozoic fold belt of South China. Journal of Structural Geology, 31 (2): 150 – 162.

Yan D, Zhou M, Song H, et al., 2003. Origin and tectonic significance of a Mesozoic multi-layer over-thrust system within the Yangtze Block (South China). Tectonophysics, 361 (3 – 4): 239 – 254.

Yin Z X, Xiong S B, et al., 1992. Explosion seismic study for the 2-D crustal structure in Xichang – Dukou – Muding region. Chinese J. Geophys. (in Chinese), 35 (4): 451 – 458.

Zeng L, 2010. Microfracturing in the Upper Triassic Sichuan Basin tight-gas sandstones: Tectonic, overpressure, and diagenetic origins. AAPG Bulletin, 94 (12): 1811 – 1825.

Zhang J, Gao R, Li Q, et al., 2013. Characteristic of Gravity and Magnetic Anomalies in the Daba Shan and the Sichuan basin, China: Implication for Architecture of the Daba Shan. Acta Geologica Sinica – English Edition, 87 (4): 1154 – 1161.

Zhang S B, Zheng Y F, Wu Y B, et al., 2006a. Zircon isotope evidence for ≥3.5 Ga continental crust in the Yangtze craton of China. Precambrian Research, 146 (1 – 2): 16 – 34.

Zhang S B, Zheng Y F, Wu Y B, et al., 2006b. Zircon U – Pb age and Hf – O isotope evidence for Paleoproterozoic metamorphic event in South China. Precambrian Research, 151 (3 – 4): 265 – 288.

Zhang Z Q, Zhang G W, Tang S H, et al., 2001. On the age of metamorphic rocks of the Yudongzi group and the Archean crystalline basement of the Qinling orogen. Acta Gelogica Sinica（in Chinese），75（2）：198 −204.

Zhao G C, Cawood P A, 2012. Precambrian geology of China. Precambrian Research，222 −223：13 −54.

Zheng J, Griffin W L, O'Reilly S Y, et al., 2006. Widespread Archean basement beneath the Yangtze craton. Geology, 34（6）：417 −420.

Zhou M, Yan D, Wang C, et al., 2006. Subduction-related origin of the 750 Ma Xuelongbao adakitic complex（Sichuan Province，China）：Implications for the tectonic setting of the giant Neoproterozoic magmatic event in South China. Earth and Planetary Science Letters, 248（1 −2）：286 −300.

Zhou R, Li Y, Svirchev L, et al., 2013. Tectonic mechanism of the Suining（M_S 5. 0）earthquake, center of Sichuan Basin, China. Journal of Mountain Science, 10（1）：84 −94.

包茨，杨先杰，李登湘，1985. 四川盆地地质构造特征及天然气远景预测. 天然气工业，5（4）：1 −11.

曹家敏，王有学，1997. 阿尔泰—台湾剖面茂汶—邵阳段地壳速度结构//袁学诚，阿尔泰. 台湾地学断面论文集. 北京：中国地质大学出版社：82 −86.

陈学波，吴跃强，杜平山，等，1988. 龙门山构造带两侧地壳速度结构特征//中国大陆深部构造的研究与进展. 北京：地质出版社：97 −113.

谷志东，汪泽成，2014. 四川盆地川中地块新元古代伸展构造的发现及其在天然气勘探中的意义. 中国科学D辑，44（10）：2210 −2220.

谷志东，张维，袁苗，2014. 四川盆地威远地区基底花岗岩锆石 SHRIMP U −Pb 定年及其地质意义. 地质科学，49（1）：202 −213.

郭良辉，孟小红，石磊，等，2013. 优化滤波方法及其在中国大陆布格重力异常数据处理中的应用. 地球物理学报，55（12）：4078 −4088.

江为为，刘伊克，宋海斌，2001. 四川盆地综合地质，地球物理研究. 地球物理学进展，16（1）：11 −23.

屈燕微，2008. 四川盆地主要密度界面正、反演研究. 西安：西北大学.

王椿镛，吴建平，楼海，等，2003. 川西藏东地区的地壳P波速度结构. 中国科学D辑：地球科学，33（增）：181 −189.

王有学，韩果花，袁学诚，等，2005. 台湾—阿尔泰地学断面阿尔金—龙门山剖面的地壳纵波速度结构. 地球物理学报，48（1）：98 −106.

熊绍柏，郑晔，尹周勋，等，1993. 丽江—攀枝花—者海地带二维地壳结构及其构造意义. 地球物理学报，36（4）：434 −444.

尹周勋，熊绍柏，1992. 西昌—渡口—牟定地带二维地壳结构的爆炸地震研究. 地球物理学报，35（4）：451 −458.

张宗清，张国伟，唐索寒，等，2001. 鱼洞子群变质岩年龄及秦岭造山带太古宙基底. 地质学报，75（2）：198 −204.

呼和浩特—包头盆地岩石圈细结构的
深地震反射探测

鄢少英[1]，刘保金[1]，姬计法[1]，何银娟[1]，谭雅丽[1]，李怡青[1]

◆ 0 引 言

呼包盆地位于内蒙古自治区中部，是一个被阴山造山带和鄂尔多斯地块所夹持的中新生代断陷盆地，盆地结构和构造比较复杂。由于受北侧蒙古板块的向南挤压、南侧鄂尔多斯地块向北的夹击以及鄂尔多斯地块的逆时针旋转作用（陈小斌 等，2005；国家地震局《鄂尔多斯周缘活动断裂系》课题组，1988；邓起东 等，1999），盆地周缘多有地震发生（聂宗笙 等，2010；刘群，2012），近年来，该区中小地震活动频繁增强。有关专家（韩晓明 等，2013；冉勇康 等，2003）基于对鄂尔多斯盆地周缘主要活动断裂分布、强震背景及晚第四纪强震复发特征研究推测，呼包盆地具有发生 6 级以上中强地震的地质条件和动力背景，是未来强震可能发生的地区。

20 世纪 80 年代以来，很多学者在该区开展过地质与地球物理研究工作（刘正宏等，2002；郑亚东 等，1998；江娃利 等，2000；王谦身 等，2005；滕吉文 等，2008，2010；中华人民共和国地质矿产部航空物探总队，1989；王涛 等，2007；张洪双 等，2009；Tian et al.，2011）。另外，地矿、石油和地震等部门，也先后做过重力、航磁、石油勘探、活断层调查及古地震研究，积累了丰富的资料。这些成果对理解该区复杂的地质构造特征、深部构造背景和动力学过程、盆地形成和演化机制等提供了重要的基础资料。

受研究方法的限制，以往研究还不能对该地区的地壳、上地幔结构及断裂的深浅构造关系进行较为精细的刻画。对复杂地质结构和构造的研究需要高分辨率的地球物理方法提供证据（董树文 等，2005），深地震反射剖面探测方法是探测研究地壳精细结构和解决深部地质问题的有效技术手段，目前被国际地学界公认为是研究地壳、上地幔精细结构分辨率最高的探测技术（Clowes，1992；杨文采，1991；刘保金 等，2009；王海燕 等，2010）。为了研究华北盆地的岩石圈精细结构和断裂的深浅构造关系，2010 年，跨呼包盆地实施了一个长度为 91.8 km 的深地震反射剖面，取得了沿剖面较为清楚的岩

---

1 中国地震局地球物理勘探中心，郑州，450002。

石圈结构图像，揭示了该区的深部构造背景和断裂的深、浅构造特征，为理解呼包盆地的构造特征，以及盆地和周围地区的盆山耦合关系提供了地震学证据。

❖ 1　研究区地质概况和深地震反射剖面位置

呼包盆地是内蒙古河套地区的一个中新生代断陷盆地，是在晚侏罗世呼包隆起的基础上，受晚侏罗世挤压和早白垩世之后的拉张作用而形成的断陷盆地（刘群，2012；滕吉文 等，2010）。盆地呈东西向展布，北深南浅。北侧以大青山山前断裂，南侧以鄂尔多斯北缘断裂为界，盆地新生界地层厚达 7400 m，第四系厚度达 2400 m。

有关研究资料显示（王谦身 等，2005；中华人民共和国地质矿产部航空物探总队，1989；王涛 等，2007；马保起 等，2004），大青山和呼包盆地地区的布格重力异常分布与地形高程呈"同步型"的特异变化特征，无明显的下凹与上凸，无山根和负山根。鄂尔多斯盆地地壳厚度约 43～44 km，呼包盆地的莫霍面存在轻微的上隆，地壳厚度约 42 km，大青山地区约 43 km。

本文实施的深地震反射剖面位于土默特左旗—清水河一带。剖面北段沿大青山的朱尔沟布设，山区段长度约 14 km，北端点位于土默特左旗察素齐镇宿泥板村附近（坐标为 111.10°E，40.84°N）。剖面向南跨过呼包盆地，进入鄂尔多斯台地，南端点位于呼和浩特市清水河县喇嘛湾镇白泥窑沟村（坐标为 111.41°E，40.09°N），全长 91.8 km。剖面自北向南穿过的断裂主要有大青山山前断裂、鄂尔多斯北缘断裂和和林格尔断裂（图 1）。

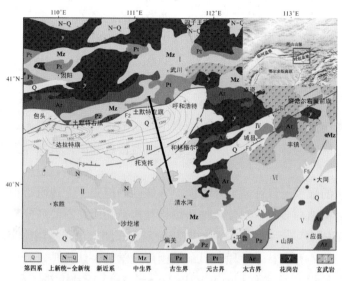

黑色实线：深地震反射剖面。F1：岱海北缘断裂；F2：大青山山前断裂；F3：鄂尔多斯北缘断裂；F4：和林格尔断裂；F5：口泉断裂；F6：岱海南缘断裂；Ⅰ：阴山隆起；Ⅱ：鄂尔多斯隆起；Ⅲ：河套断陷；Ⅳ：岱海断陷；Ⅴ：山西北部断陷；Ⅵ：吕梁隆起。

图 1　研究区地质概况和深地震反射剖面位置

✕◆ 2 数据采集与资料处理

呼包盆地深地震反射剖面数据采集采用 30 m 道间距、600 道接收、50 次覆盖、双边不对称接收的观测系统。地震记录长度 30 s，采样间隔 2 ms。地震波激发采用钻孔爆破震源，单井井深 25～30 m，药量 25～30 kg，炮间距 180 m。为了提高深部反射波的能量和信噪比，沿剖面平均间隔 1 km 左右布设一个药量为 80～100 kg 的大炮。数据采集仪器为法国 Sercel 公司的 SN408 数字地震仪。

数据处理中，根据原始资料情况，把改善地震资料的信噪比放在首位，在确保信噪比的前提下，适当兼顾剖面的分辨率。处理过程中进行了层析静校正、异常振幅消除、球面发散补偿与地表一致性振幅补偿、时变带通滤波与二维滤波、地表一致性反褶积、速度分析和剩余静校正的多次迭代、倾角时差校正和叠后剖面去噪等。通过上述数据处理方法得到了呼包盆地非常清楚的岩石圈结构和构造图像。

确定合理的地震波速度是获得良好反射波叠加剖面图像、计算反射界面埋深的关键。为求取剖面上不同深度反射波的叠加速度，数据处理中采用了不同的叠加速度求取方法，对于双程走时（简写为 TWT，下同）8 s 以上的反射波叠加速度，采用了速度谱分析方法；对于 TWT 8 s 以下的深层反射波组，除采用反射波速度扫描方法求取叠加速度外，还参照了中国地震局地球物理勘探中心 2012 年完成的江苏盐城—内蒙古包头 DSS 剖面①和滕吉文等（2010）及 Tian 等（2011）的深地震宽角反射/折射剖面的岩石圈二维 P 波速度结构资料。为计算剖面上不同深度界面反射波的埋深，根据获得的剖面反射波叠加速度数据，通过速度平滑和 DIX 公式得到了剖面沿线的岩石圈平均速度分布（图 2）。

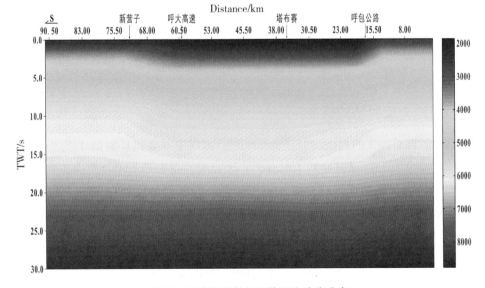

图 2 深地震反射剖面的平均速度分布

---

① 中国地震局地球物理勘探中心，"中国大陆活动断层探察"项目下"华北构造区"专题深地震探测研究报告，2012 年（内部报告）。

由图 2 的深地震剖面岩石圈平均速度分布可以看出，地震波平均速度在纵向上由浅到深逐渐增加，横向上呈现出南北两侧速度较高、中间速度较低的分布特征。TWT 4 s 以上，平均速度总体小于 4500 m/s；TWT 4 s 以下，平均速度逐渐增加，但变化幅度较缓，至 TWT 15 s 左右，平均速度增加至 6100 ～ 6200 m/s；大约在 TWT 23 s，平均速度约为 7300 ～ 7500 m/s，而在 TWT 26 s 之下，剖面平均速度大于 8000 m/s。

◆ 3 呼包盆地深地震反射剖面揭示的地壳结构与构造

3.1 深地震反射剖面的基本特征

图 3 为本项研究获得的深地震反射叠加时间剖面及其解释结果。由图可以看出，呼包盆地深地震反射剖面具有明显的横向分区、纵向分带特征。横向上，以大青山为界，南、北两侧具有明显不同的地壳反射结构特征，在桩号 14 km 以南的呼包盆地和鄂尔多斯台地上，剖面揭示了多组反射能量强、横向连续性较好的壳内反射波组，且具有不同的反射结构特点。而在桩号 14 km 以北的大青山地区，剖面图像总体表现为弱的反射性质。纵向上，以反射波组 T_g、R_{C1}、R_{C2}、R_M 和 R_U 为界，可分为沉积盖层、结晶基底、中下地壳、壳幔过渡带和岩石圈地幔等 5 个不同的部分，参照延川—满都拉深地震宽角反射/折射剖面结果（滕吉文 等，2008，2010），把剖面上 R_{C1} 以上的部分解释为上地壳，把 R_{C2} 解释为中下地壳的分界，R_M 解释为壳幔过渡带反射（其底界为莫霍面），而反射波 R_U 解释为岩石圈地幔反射。根据图 2 的地震波平均速度和图 3 中的界面反射波组的双程走时，可得到 R_{C1}、R_{C2} 的界面埋深分别为 13 ～ 16 km 和 22 ～ 26 km，地壳厚度（至 R_M 底界）为 45.3 ～ 48.8 km。在莫霍面之下的上地幔顶部（即 TWT 20.5 ～ 24.0 s 之间），深地震反射剖面还揭示了三组近于平行、北倾的上地幔反射 R_{U1}、R_{U2} 和 R_{U3}，根据图 2 的剖面平均速度，可得到反射波 R_{U1}、R_{U2} 和 R_{U3} 的界面埋深分别为 72 ～ 76 km、77 ～ 85 km 和 82 ～ 87 km。

3.2 上地壳反射结构特征

从 R_{C1} 反射界面以浅的剖面反射波特征来看，本区上地壳以反射波 T_g 为界，还可进一步划分为沉积盖层和结晶基底两个部分。在 T_g 反射波以上的沉积盖层内，剖面揭示了多组反射能量较强、横向连续性较好的地层反射。这些地层反射在剖面上自南向北倾伏，具有典型的沉积盆地反射特征，沉积最深处位于大青山山前，显示出呼包盆地为一个北深南浅的箕状断陷盆地。在大青山内的剖面段上，上地壳表现为弱反射特征。地质资料表明（马杏垣 等，1991），剖面北段的大青山地区，地表出露早前寒武纪变质岩，而古老的基岩地层在剖面上通常难以产生较强的反射。

图 4 给出了深地震反射剖面揭示的呼包盆地双程走时 4.0 s 以浅的反射图像。可以看到，剖面所揭示的沉积层反射有着较高的信噪比和分辨率，根据河套盆地的石油地震勘探剖面解释结果，反射波 T_Q 为第四系的底界面反射，T_N 为新近系的底界，T_E 为古近

纪地层的底界，T_g 为盆地的基底面反射，其下为早前寒武纪变质岩。在 T_g 反射波与 R_{C1} 反射波之间的上地壳下部，深地震反射剖面揭示的是一些反射能量较弱、横向上不能连续追踪的短小反射。呼包盆地沉积层之下为早前寒武纪变质岩，年代较老的结晶变质岩虽然有着较高的地震波速，但其内部的波阻抗差通常很小，因此，不能在剖面上产生可连续追踪的强反射。

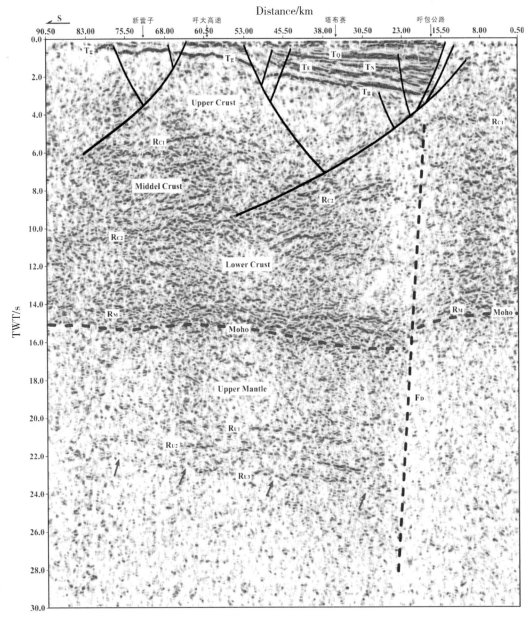

图3 呼包盆地深地震反射叠加时间剖面

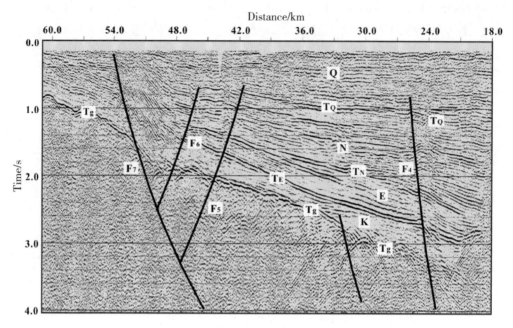

图4　呼包盆地的沉积层反射图像

3.3　中下地壳反射结构特征

本区中下地壳具有明显的反射性质。在反射波 R_{C1} 和 R_M 之间的中下地壳（图3），深地震反射剖面揭示了一系列能量较强的反射，这些反射震相在剖面上形态各异、横向延续长度不等，而且界面产状也明显不同，可能与中下地壳物质有着更强的侧向流变性有关。在剖面纵向上，这些中下地壳反射波的能量时强时弱，且持续时间和厚度也不同，反映了不同地质时期地壳物质之间的物性变化，这或许说明本区中下地壳曾经历过多期构造的强烈活动和深部物质的运移过程。有意思的是，本区中下地壳内的 R_{C2} 界面形态自南向北逐渐变浅，与剖面上部由南向北逐渐加深的沉积基底反射 T_g 呈镜像对应关系，且上地壳底部的 R_{C1} 界面出现上隆形态，这说明呼包盆地在侏罗世之前可能是一个古隆起，白垩纪时期呼包盆地开始下降，并逐渐演化为现今的新生代断陷盆地。

3.4　壳幔过渡带反射和莫霍面特征

壳幔过渡带反射 R_M 在剖面上表现为明显的叠层状反射结构，其厚度在鄂尔多斯北缘和大青山较薄，而在呼包盆地之下相对较厚。在桩号约60 km以南的鄂尔多斯北缘和大青山之下，壳幔过渡带厚约 2～3 km，呼包盆地之下，其厚度约为 4～5 km。本区莫霍面在鄂尔多斯北缘和呼包盆地之下，由南向北逐渐加深。剖面南端，壳幔过渡带底界反射出现的时间约为 TWT 15.0 s，大青山山前约为 TWT 16.0 s，而在大青山之下，莫霍面反射抬升至 TWT 14.6 s。根据图2的剖面平均速度，可得到莫霍面在鄂尔多斯北缘、呼包盆地、大青山下方的埋深分别为 45.7 km、48.8 km 和 45.3 km，莫霍面在大青山之下出现抬升，其最大抬升幅度约为 3.5 km。这一现象暗示大青山的隆升不是由地壳物质增厚所致，即表明大青山地区可能不存在"山根"特征。

✖◆ 4 深地震反射剖面的断裂构造特征

呼包盆地深地震反射剖面揭示的断裂构造特征较为清楚。依据剖面反射波的纵、横向展布特征、能量变化、反射波组的明显错断以及深、浅不同界面反射波的相互依赖关系，在图 3 的深地震反射剖面上解释了 11 条特征明显的断裂，现分别描述如下。

4.1 大青山山前断裂

深地震反射剖面桩号 14 km 处为大青山朱尔沟沟口，以南为山前冲洪积台地和地形平坦的呼包盆地，以北为大青山山脉。由图 5 可以看出，呼包盆地与大青山地区的上地壳反射结构图像明显不同，在呼包盆地内，沉积层反射丰富，反射波能量较强，界面展布特征清晰。在剖面桩号 14 ~ 16 km 之间的山前冲洪积台地之下，剖面反射波较为凌乱，地层显得非常破碎。在桩号 14 km 以北的大青山内部，反射层位稀疏，反射波能量较弱，地层界面产状复杂多变，显示出在剖面纵向上不同岩层的相互叠置，横向上岩性变化较大的特征。

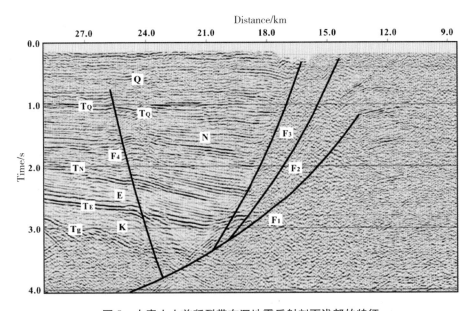

图 5　大青山山前断裂带在深地震反射剖面浅部的特征

深地震反射剖面揭示的大青山山前断裂特征非常清楚。在剖面桩号 14 ~ 16 km 之间，可看到一个宽约 2 km 的反射能量变化带，其南、北两侧的地层反射波特征和界面展布形态也明显不同，且在 F_2 断裂下方存在倾斜的断面反射波。根据强弱能量变化带内部出现的一些弱反射、倾斜反射以及变化带两侧反射波能量的突变等特征，我们认为，大青山山前断裂应是一条由断裂 F_1、F_2 和 F_3 组成的断裂带。断裂 F_1、F_2 和 F_3 在剖面上均为向南倾的正断层，大约在深度为 6 ～ 7 km 的基底面附近，这 3 条断裂合并为一个铲形正断层，并向下一直延伸至 TWT 9.0 s（深约 25 ～ 26 km）的 R_{C2} 界面上（图 2）。断裂 F_4 为呼包盆地内的一条隐伏断裂，该断裂在剖面上向北倾，其上部错断了第四系底界反射波 T_Q，向下切割多组沉积层反射，大约在 TWT 3.8 s（深约 8 ～ 9 km）归并到大青山山前断裂上，并与大青山山前断裂组成一个大型的 "Y" 字形断裂构造。

4.2 鄂尔多斯北缘断裂

鄂尔多斯北缘断裂 F_7 位于深地震反射剖面桩号 54.2 km 附近（图 4），该断裂在剖面上为向北倾的正断层，错断了剖面上的所有沉积层反射和基底反射波 T_g。由图 4 可以看到，断裂 F_7 两侧地层产状和反射波特征明显不同。F_7 的上升盘一侧，地层界面产状相对平缓，并略向北缓倾；而在其下降盘，地层倾角明显变陡，反射相位数增多，且随着深度的增加，地层倾角逐渐增大。断裂 F_5、F_6 分别位于深地震反射剖面桩号 41.5 km 和 46 km 左右，这 2 条断裂在剖面上均向南倾，为断裂 F_7 的反向正断层。从断裂两侧地层界面展布、反射波同相轴的错断等特征分析，断裂 F_5 和 F_6 的上部均错断了第四系底界反射波 T_Q，向下错断新近纪、古近纪、白垩纪地层，终止于向北倾的鄂尔多斯北缘断裂 F_7 之上。

4.3 断裂 F_8、F_9 和 F_{10}

断裂 F_8、F_9 和 F_{10} 位于鄂尔多斯台地上，在剖面桩号 61.5 km、68 km 和 79 km 左右可清楚地看到它们的存在（图 6）。由于剖面在 TWT 400 ms 以浅没有获得较为清楚的浅层反射，因此根据深地震反射剖面还不能可靠确定断裂向近地表的延伸情况。根据剖面浅部隐约可见的一些弱反射推测，断裂 F_{10} 向上有可能错断 TWT 400 ms（埋深约 360 m）的地层，断裂 F_8 向剖面浅部的延伸大致可追踪至 TWT 200 ms（埋深约 180 m）的新近纪底界面上。从 3 条断裂在深地震反射剖面上的特征及其所出现的位置，结合该区构造地质资料分析，我们认为断裂 F_{10} 应是和林格尔断裂在深地震反射剖面上的反映。

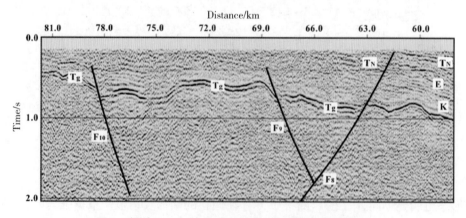

图 6　断裂 F_8、F_9 和 F_{10} 在深地震反射剖面浅部的特征

4.4　地壳深断裂

剖面揭示的地壳深断裂 F_D 位于大青山山前断裂带的下方（图 3），该断裂在剖面上倾角陡直，错断了剖面上埋深约 10 km 的 R_{C1} 反射层，向下切割中下地壳和莫霍面，延伸至上地幔。在剖面上判定地壳深断裂存在的主要依据是，断裂南北两侧剖面反射波特征、壳内界面展布、莫霍面形态和莫霍面埋深的明显变化。在深断裂以南的呼包盆地内，中下地壳反射较为丰富，在地壳底层可看到厚约 4～5 km 的壳幔过渡带，莫霍面自南向北逐渐加深，最深处位于深断裂附近；在深断裂以北的大青山地区，中下地壳反射能量和壳幔过渡带厚度都与呼包盆地不同，且莫霍面在大青山之下出现抬升。根据深断裂两侧的莫霍界面埋深，可得到地壳深断裂两侧的莫霍面落差约为 3.5 km。

◆ 5　结果与讨论

本项研究的深地震反射剖面获得了非常清晰的地壳上地幔精细结构与构造图像，为进一步分析研究呼包盆地深浅构造关系、深部构造环境、断裂活动性及呼包盆地和周围地区的耦合关系，提供了可靠的地震学证据。

（1）深地震反射剖面揭示的呼包盆地是一个北深南浅的箕状断陷盆地，上地壳分为沉积盆地和结晶基底两部分，中下地壳由一系列能量时强时弱、有一定延续度的反射波组构成，局部地段上还出现有拱弧状的强反射。杨文采和陈志德（2005）的研究结果认为，地壳中的拱弧状强反射通常出现在高大地热流值的岩石圈拉张区，与岩浆活动有关。已有研究认为，本区曾经历过多期的岩浆侵入和深部热物质的上涌（徐仲元　等，2001；钟长汀　等，2005）。大青山地区的上地壳总体表现为弱的反射特征，而中下地壳表现为一系列延续度较短的反射，反射能量较弱的短小反射可能意味着大青山地区的地壳物质相对均匀。滕吉文　等（2010）的结果显示，呼包盆地以北的阴山造山带地区，地壳速度较为均匀，在整体地壳中亦未见速度变异界面，仅在接近莫霍面时，有纵向的强速度梯度变化层。

（2）本区壳幔过渡带在剖面上表现为叠层状的反射结构。在鄂尔多斯北缘和大青山之下，壳幔过渡带厚约 2～3 km，呼包盆地之下，其厚度约为 4～5 km。剖面经过地区的莫霍面埋深在鄂尔多斯盆地为 45.7 km、呼包盆地之下为 48.8 km、大青山地区为 45.3 km，莫霍面在大青山之下出现约 3.5 km 的抬升，暗示大青山地形的隆升不是由地壳物质增厚所致，即大青山地区可能不存在"山根"特征。

（3）剖面揭示的断裂构造较为清楚。鄂尔多斯北缘断裂和大青山山前断裂分别为呼包盆地的南、北边界断裂，其中，大青山山前断裂在地壳上部表现为由 3 个南倾的正断层组成的断裂带，大约在深度 6～7 km 的基底面附近，这 3 条断裂合并为一个铲形正断层，并向下一直延伸至 TWT 9.0 s（深约 25～26 km）的 R_{C2} 界面上。断裂 F_4 为呼包盆地内的一条隐伏断裂，该断裂向北倾，与大青山山前断裂共同组成一个大型的"Y"字形断裂构造。鄂尔多斯北缘断裂由 3 条断裂组成，在剖面上呈"Y"字形分布，

其主断裂 F_7 向北倾，为上陡下缓的正断层，大约在深度 20 km 归并到大青山山前断裂上。由和林格尔断裂 F_{10} 以及断裂 F_8 和 F_9 组成了剖面上的另一个 "Y" 字形断裂构造，该组断裂控制了鄂尔多斯台地之上的基底变形和盖层沉积，大约在深度 15 ~ 16 km 终止于上地壳底界面 R_{C1} 上。

除了发育在上地壳的三组 "Y" 字形断裂构造外，在剖面桩号约 14 km 附近的大青山断裂带下方，剖面还揭示了一条错段莫霍面的地壳深断裂 F_D，该断裂在剖面上倾角陡直，向上错断了上、下地壳分界面反射，进入上地壳下部，向下切割中下地壳、莫霍面，并延伸至上地幔。深断裂的存在为深部热物质的上涌与能量强烈交换提供了通道，而上涌的软流层物质与岩石圈地幔发生交代和侵蚀作用导致岩石圈减薄，呼包盆地的形成可能与深部物质上涌造成的拉张效应有一定关系。

（4）在莫霍面之下的上地幔内，即剖面 TWT 20.5 ~ 24.0 s 之间，深地震剖面还揭示了 3 组北倾的上地幔反射 R_{U1}、R_{U2} 和 R_{U3}，其埋深分别为 72 ~ 76 km、77 ~ 85 km 和 82 ~ 87 km。张洪双等（2009）的研究表明，呼包盆地和阴山造山带地区的岩石圈底界埋深普遍较浅，岩石圈厚度约为 65 ~ 85 km，且上地幔 S 波平均速度较低，属异常地幔特征。陈凌等（2010）的研究结果显示，华北克拉通西部的岩石圈鄂尔多斯盆地南部的约 200 km，向北迅速减小为银川—河套裂陷区的约 80 km，在岩石圈最薄的银川—河套裂陷附近变化最快。我们认为，呼包盆地的岩石圈底部反射并不是一个尖锐的反射面，而是由 R_{U1}、R_{U2} 和 R_{U3} 反射波共同组成的一条厚约 10 ~ 12 km 的反射带，其下部的反射波 R_{U3} 为岩石圈的底界，相应的岩石圈厚度约为 82 ~ 87 km。

（5）呼包盆地位于阴山山脉和鄂尔多斯盆地的缝合部位（Tian et al.，2011），是在南部青藏块体 NE 向对鄂尔多斯块体挤压及北部燕山地块阻碍（陈小斌 等，2005）的共同作用下形成和发展的。同时，由于鄂尔多斯块体在周缘断陷盆地带形成过程中不断隆起，周边产生相应的拉张作用（邓起东 等，1999），因而使呼包盆地向鄂尔多斯块体外侧倾斜，盆地外侧的大青山山前断裂成为主控断裂，而内侧的鄂尔多斯北缘断裂为次生断裂。深地震反射剖面中下地壳的弧状强反射可能是下地幔岩浆沿大青山山前深断裂涌入的反映。岩浆的上涌，使下地壳相应部位升温、受挤压并发生侧向物质迁移，进一步推动了呼包盆地的发展及边缘断裂的扩大。

◆ 致　　谢

呼包盆地深地震反射剖面是中国地震局地球物理勘探中心在 2010 年 12 月完成数据采集的。在此，对冰天雪地里辛勤工作的现场人员表示衷心的感谢。匿名审稿人和编辑人员对本文提出了宝贵意见，使得文章质量得到进一步提升，在此表示诚挚感谢。

◆ 说　　明

本篇论文已发表在《地球物理学报》2015 年第 58 卷第 4 期，第 1158 - 1168 页。

参 考 文 献

Aero Geophysical Survey MGMR, P. R. C., 1989. The Aeromagnetic Anomaly Map of China and the Adjacent Sea Areas (in Chinese). Beijing: China Cartographic Publishing House.

Chen L, Chen C, Wei Z G, 2010. Contrasting structural features at different boundary areas of the North China craton and its tectonic implications. Advances in Earth Science (in Chinese), 25 (6): 571 – 581.

Chen X B, Zang S X, Liu Y G, et al., 2005. Horizontal movement of Ordos Block and the interaction of Ordos Block and adjacent blocks. Journal of the Graduate School of the Chinese Academy of Sciences (in Chinese), 22 (3): 309 – 314.

Clowes R M, 1992. Lithoprobe: An integrated approach to studies of crustal evolution. Geotimes, 37 (8): 12 – 14.

Deng Q D, Cheng S P, Min W, et al., 1999. Discussion on cenozoic tectonics and dynamics of Ordos Block. Journal of Geomechanics (in Chinese), 5 (3): 13 – 21.

Dong S W, Gao R, Li Q S, et al., 2005. A deep seismic reflection profile across a foreland of the Dabie Orogen. Acta Geologica Sinica (in Chinese), 79 (5): 595 – 601.

Han X M, Xue D, Han X L, 2013. Analysis on the activity background of strong earthquak and determination of its further trends on northern margin of the Ordos. Seismological and Geomagnetic Observation and Research (in Chinese), 34 (5): 1 – 6.

Jiang W L, Xiao Z M, Wang H Z, 2000. Sinistral strike-slip along western end of the piedmont Active fault of Daqingshan Mountain, Inner Mongolia, China. Earthquake Research in China (in Chinese), 16 (3): 203 – 212.

Liu B J, Hu P, Meng Y Q, et al., 2009. Research on fine crustal structure using deep seismic reflection profile in Beijing region. Chinese J. Geophys. (in Chinese), 52 (9): 2264 – 2272. DOI:10.3969/j. issn.0001 – 5733.2009.09.010.

Liu Q, 2012. Structural deformation characteristics of Daqingshan piedmont fault in Inner Mongolia. Global Geology (in Chinese), 31 (1): 113 – 119.

Liu Z H, Xu Z Y, Yang Z S, 2002. Mesozoic crustal overthrusting and extensional deformation in the Yinshan Mountains area. Geological Bulletin of China (in Chinese), 21 (4 – 5): 246 – 250.

Ma B Q, Li D W, Guo W S, 2004. Geomorphological response to environmental changes during the late Stage of late Pleistocene in Hubao basin. Quaternary Sciences (in Chinese), 24 (6): 630 – 637.

Ma X Y, Liu C Q, Liu G D, 1991. Xiangshui (Jiangsu Province) to Mandal (Nei Monggol) geoscience transect. Acta Geological Sinica (in Chinese), 65 (3): 199 – 215.

Nie Z S, Wu W M, Ma B Q, 2010. Surface rupture of the A. D. 849 earthquake occurred to the east of Baotou city, China, and discussion on its parameters. Acta Seismologica Sinica (in Chinese), 32 (1): 94 – 107.

Ran Y K, Chen L C, Yang X P, et al., 2003. The Character of strong earthquake occurred in Late Quaterary of main actively faults at Northern Erdos. Science in China (Series D) (in Chinese), 33 (S1): 135 – 143.

Teng J W, Wang F Y, Zhao W Z, et al., 2008. Velocity distribution of upper crust, undulation of sedimentary formation and crystalline basement beneath the Ordos basin in North China. Chinese J. Geophys. (in Chinese), 51 (6): 1753 – 1766.

Teng J W, Wang F Y, Zhao W Z, et al., 2010. Velocity structure of layered block and deep dynamic process in the lithosphere beneath the Yinshan orogenic belt and Ordos Basin. Chinese J. Geophys. (in Chinese), 53 (1): 67 – 85. DOI: 10.3969/j.issn.0001 – 5733.2010.01.008.

The Research Group on "Active Fault System around ordos Massif". SSB, 1988. Active Fault System around Ordos Massif. Beijing: Seismological Press.

Tian X B, Teng J W, Zhang H S, et al., 2011. Structure of crust and upper mantle beneath the Ordos Block and the Yinshan Mountains revealed by receiver function analysis. Physics of the Earth and Planetary Interiors, 184 (3 – 4): 186 – 193.

Wang H Y, Gao R, Lu Z W, et al., 2010. Fine structure of the continental lithosphere circle revealed by deep seismic reflection profile. Acta Geologica Sinina (in Chinese), 84 (6): 818 – 839.

Wang Q S, Teng J W, Wang G J, et al., 2005. The region gravity and magnetic anomaly fields and the deep structure in Yinshan Mountains of Inner Mongolia. Chinese J. Geophys. (in Chinese), 48 (2): 314 – 320.

Wang T, Xu M J, Wang L S, et al., 2007. Aeromagnetic anomaly analysis of Ordos and adjacent regions and its tectonic implications. Chinese J. Geophys. (in Chinese), 50 (1): 163 – 170. DOI: 10.3321/j.issn:0001 – 5733.2007.01.023.

Xu Z Y, Liu Z H, Yang Z S, 2001. Mesozoic orogenic movement and tectonic evolution in Daqingshan region, Inner Mongolia. Journal of Changchun University of science and Technology (in Chinese), 31 (4): 317 – 322.

Yang W C, Chen L D, 2005. The seismic reflection for rock layer survey. Progress in Geophysics (in Chinese), 6 (3): 61 – 67.

Yang W C, Chen Z D, 1991. Deep seismic structure of multiple arches in eastern China. Science in China (Series D) (in Chinese), 35 (12): 1120 – 1130.

Zhang H S, Tian X B, Liu F, et al., 2009. Structure of crust and mantle beneath the Hubao basin and its adjacent region. Progress in Geophysics (in Chinese), 24 (5): 1609 – 1615. DOI: 10.3969/j.issn. 10042903.2009.05.009.

Zheng Y D, Davis G A, Wang C, et al., 1998. Large thrusting tectonics in Daqingshan, Inner Mongolia. Science in China (Series D) (in Chinese), 28 (4): 289 – 296.

Zhong C T, Xi Z, Zhao W K, et al., 2005. Types, metallotects and exploration direction of the gold deposit in Daqingshan Mountain, Inner Mongolia. Geological Survey and Research (in Chinese), 28 (4): 240 – 249.

陈凌, 程骋, 危自根, 2010. 华北克拉通边界带区域深部结构的特征差异性及其构造意义. 地球科学进展, 25 (6): 571 – 581.

陈小斌, 臧绍先, 刘永岗, 等, 2005. 鄂尔多斯地块的现今水平运动状态及其与周缘地块的相互作用. 中国科学院研究生院学报, 22 (3): 309 – 314.

邓起东, 程绍平, 闵伟, 等, 1999. 鄂尔多斯块体新生代构造活动和动力学的讨论. 地质力学学报, 5 (3): 13 – 20.

董树文, 高锐, 李秋生, 等, 2005. 大别山造山带前陆深地震反射剖面. 地质学报, 79 (5): 595 – 601.

国家地震局《鄂尔多斯周缘活动断裂系》课题组, 1988. 鄂尔多斯周缘活动断裂系. 北京: 地震出版社.

韩晓明，薛丁，韩晓雷，2013. 鄂尔多斯北缘强震背景分析及未来地震趋势判断. 地震地磁观测与研究，34（5）：1-6.

江娃利，肖振敏，王焕贞，2000. 内蒙大青山山前活动断裂带西端左旋走滑现象. 中国地震，16（3）：203-212.

刘保金，胡平，孟勇奇，等，2009. 北京地区地壳精细结构的深地震反射剖面探测研究. 地球物理学报，52（9）：2264-2272. DOI：10.3969/j.issn.0001-5733.2009.09.010.

刘群，2012. 内蒙古大青山山前断裂构造变形特征. 世界地质，31（1）：113-119.

刘正宏，徐仲元，杨振升，2002. 阴山中生代地壳逆冲推覆与伸展变形作用. 地质通报，21（4-5）：246-250.

马保起，李德文，郭文生，2004. 晚更新世晚期呼包盆地环境演化与地貌响应. 第四纪研究，24（6）：630-637.

马杏垣，刘昌铨，刘国栋，1991. 江苏响水至内蒙古满都拉地学断面. 地质学报，65（3）：199-215.

聂宗笙，吴卫民，马保起，2010. 公元849年内蒙古包头东地震地表破裂带及地震参数讨论. 地震学报，2010，32（1）：94-107.

冉勇康，陈立春，杨晓平，等，2003. 鄂尔多斯地块北缘主要活动断裂晚第四纪强震复发特征. 中国科学（D辑），33（S1）：135-143.

滕吉文，王夫运，赵文智，等，2008. 鄂尔多斯盆地上地壳速度分布与沉积建造和结晶基底起伏的构造研究. 地球物理学报，51（6）：1753-1766.

滕吉文，王夫运，赵文智，等，2010. 阴山造山带鄂尔多斯盆地岩石圈层块速度结构与深层动力过程. 地球物理学报，53（1）：67-85. DOI：10.3969/j.issn.0001-5733.2010.01.008.

王海燕，高锐，卢占武，等，2010. 深地震反射剖面揭露大陆岩石圈精细结构. 地质通报，84（6）：818-839.

王谦身，滕吉文，王光杰，等，2005. 内蒙古阴山地区特异区域重磁场与深部构造. 地球物理学报，48（2）：314-320.

王涛，徐鸣洁，王良书，等，2007. 鄂尔多斯及邻区航磁异常特征及其大地构造意义. 地球物理学报，50（1）：163-170. DOI：10.3321/j.issn.0001-5733.2007.01.023.

徐仲元，刘正宏，杨振升，2001. 内蒙古大青山地区中生代造山运动及构造演化. 长春科技大学学报，31（4）：317-322.

杨文采，1991. 用于岩石层调查的深地震反射. 地球物理学进展，6（3）：61-67.

杨文采，陈志德，2005. 中国东部的多重拱弧地震构造. 中国科学（D辑），35（12）：1120-1130.

张洪双，田小波，刘芳，等，2009. 呼包盆地周缘壳、幔结构研究. 地球物理学进展，24（5）：1609-1615. DOI：10.3969/j.issn.10042903.2009.05.009.

郑亚东，Davis G A，王琮，等，1998. 内蒙古大青山大型逆冲推覆构造. 中国科学（D辑），28（4）：289-296.

钟长汀，席忠，赵维宽，等，2005. 内蒙古大青山地区金矿床类型、控矿规律及找矿方向. 地质调查与研究，28（4）：240-249.

中华人民共和国地质矿产部航空物探总队，1989. 中国及其毗邻海区航空磁力异常图. 北京：中国地图出版社.

华北克拉通北缘增生－碰撞带的深部构造特征：
基于怀来—二连深反射地震剖面的解释

张世红[1]，高　锐[2]，李海燕[1]，侯贺晟[2]，吴怀春[1]，李秋生[2]，杨　可[1]，

李文辉[2]，张继生[2]，杨天水[1]，G. R. Keller[3]，刘　勉[4]

⬦ 0 引　言

　　燕山、阴山及内蒙古中部是中国北方区域大地构造研究的经典地区之一，其核心问题是如何重建华北克拉通向北增生、古亚洲洋俯冲消减、地体拼贴碰撞的演化历史。索伦缝合带（Solonker suture）位于内蒙古中部复杂构造体系的核心部位，其演化及大地构造意义是近年来中国北方板块构造研究的前沿和热点问题，对了解中亚造山带的演化具有重要意义。中亚造山带占据了亚洲陆地面积的近30%，它记录了波罗的、西伯利亚、塔里木和华北克拉通之间的古亚洲洋长期俯冲消减以及众多大地构造亲缘性尚不清楚的构造地层地体（又称地块或微型大陆断块）之间的拼贴和碰撞。为了解释中亚造山带的构造演化，Sengor 等（1993）、Sengor 和 Natal'in（1996）、Windley 等（2007），Xiao 等（2003；2009）提出了许多大地构造模型，但相互之间仍存在较多分歧。位于中亚造山带东部的索伦缝合带地区后期又卷入了蒙古—鄂霍茨克洋关闭、印度—欧亚大陆的碰撞以及西太平洋俯冲所引起的更年轻的大陆构造变形，地质现象和大地构造问题就更为复杂。成功的大陆构造模型的建立多得益于地壳和上地幔的深部构造信息，但长期以来，对于检验颇具争议的中亚造山带大地构造模型，深部构造的信息相对匮乏。

　　SinoProbe-02 沿河北怀来、张家口，内蒙古温都尔庙、苏尼特右旗、二连浩特、查干敖包一线实施了深反射地震剖面（以下简称"怀来—二连深反射地震剖面"）探测。该剖面穿过华北克拉通与蒙古地体群之间的多个构造单元和索伦缝合带（图1），利用 CMP 技术获得的高分辨率地震剖面图像揭示出研究区地壳和上地幔的精细结构，为研究华北克拉通与内蒙古中部造山带深部构造提供了重要依据，成果发表在 *Tectonophysics*（Zhang et al., 2014）。借助于中国岩石圈深部构造研究中文结集出版的机会，本文简要概括该剖面所揭示的主要深部构造特征，讨论华北克拉通与内蒙古造山带的深部构造关系。

---

　　1 中国地质大学（北京）生物地质与环境地质国家重点实验室，北京 100083；2 中国地质科学院地质研究所，北京，100037；3 University of Oklahoma，Norman，73019；4 University of Missouri，Columbia，48063。

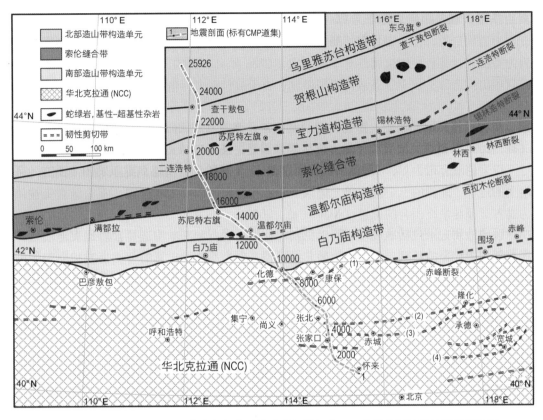

图1　华北克拉通北缘和内蒙古中部大地构造单元及怀来—二连浩特深反射地震剖面位置
（据 Xiao et al.，2003 修改）

✖◆ 1　大地构造单元和区域地质概况

已有的地质研究表明，怀来—二连深反射地震剖面穿越了 7 个不同的大地构造单元（图1）。这些构造单元从南向北依次为：①华北克拉通北缘，其北界位于白云鄂博—化德—赤峰一线，华北克拉通的鉴定性特征为广泛出露的太古宙—古元古代变质基底以及不整合覆盖在基底之上的约 17 亿年前开始的、以碎屑岩 - 碳酸盐岩为主的沉积盖层，在盖层内部存在若干特定时期的平行不整合，并发育不变质的中元古代时期的基性岩床或岩墙（Wang et al.，2005；Zhang et al.，2007，2009；Zhao et al.，2011）。②白乃庙构造带，位于白云鄂博—赤峰断裂以北、西拉木伦断裂以南，因发育早古生代具有弧岩浆性质的地质记录，多数研究者认为该带是华北克拉通早古生代的增生带（Xiao et al.，2003；Jian et al.，2008）。③温都尔庙构造带，位于西拉木伦断裂以北、林西断裂以南，以发育含蛇绿混杂岩的温都尔庙群（近期文献有称温都尔庙杂岩）为特征，一般认为代表古俯冲带和增生杂岩，但对俯冲带的年代、俯冲极性有强烈争议（Xiao et al.，2003；Jian et al.，2008；Shi et al.，2013）。④索伦缝合带，位于林西断裂以北、锡林浩特断裂以南，其中多处发育蛇绿混杂岩，该带还是古生代安加拉和华夏南北两大生物区系的分界（Xiao et al.，2003；Wang et al.，2005；Deng et al.，2009；Jian et al.，2010）。⑤宝力道构造带，位于锡林浩特断裂以北、二连浩特断裂以南，以发育锡林浩特变质杂岩为特征，对其板块构造属性有不同认识（Chen et al.，2000，2009；Xu et al.，2013）。⑥贺根山构造带，位于二连浩特断裂以北、查干敖包断裂以南，以贺根山地区发育蛇绿岩为特征（Miao et al.，2008；Jian et al.，2012）。⑦乌里雅苏台构造带，南界位于查干敖包断裂，北部延至境外。其上发育前寒武纪—寒武纪被动大陆边缘型沉积（Badarch et al.，2002）和石炭纪活动大陆边缘性岩浆活动记录（Xiao et al.，2003）。

以索伦缝合带为界，其南侧的三个构造带记录了华北克拉通向北（现代地理方位）增生的过程，北侧的三个构造单元记录了蒙古构造域向南增生的过程。索伦缝合带被认为是古亚洲洋最终闭合的位置（Xiao et al.，2003）。

区域地质记录包括地表填图可以见到的地层、岩石和基本构造要素。地表地质是开展深部构造解释的基础。华北克拉通北缘断裂表现为不连续出露的剪切带或指向南的推覆构造前沿，前述其他构造边界断裂多是基于重磁位场地球物理资料以及遥感资料解释出的隐伏断裂（图2）。

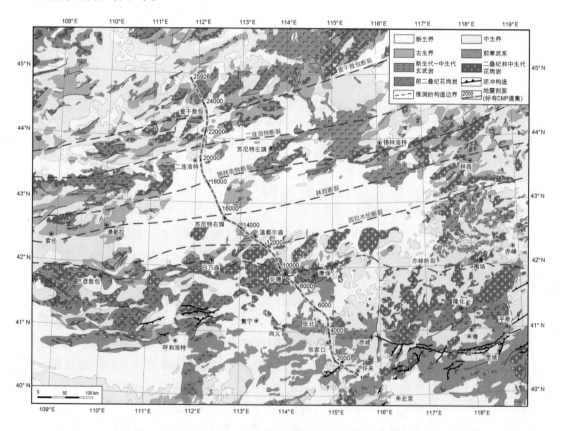

图2　研究区地质简图（资料来源于研究区各比例尺地质图）

✕◆ 2 地震剖面反射特征及其地质意义概述

图 3 至图 5 分段显示了地震剖面所经地表的构造地质要素 ［图 3 (a)、图 4 (a)、图 5 (a)］、地震反射特征的地质解释 ［图 3 (b)、图 4 (b)、图 5 (b)］ 和原始的地震图像 ［图 3 (c)、图 4 (c)、图 5 (c)］。

剖面上的地震图像特征有三种 ［图 3 (c)、图 4 (c)、图 5 (c)］：①地壳强反射和反射叠加；②地壳中的透明体和透明地幔；③半透明区域。地震剖面的地质解释主要基于反射信号特征和浅层构造地质剖面的对比以及理论分析。在剖面南部 1 ～ 3000 CMP 之间，仅有怀来盆地能跟踪到很浅层的地壳，下部地壳的反射信号十分微弱，目前还无法解释。

2.1 莫霍面

在地震反射剖面中，莫霍不连续界面（简称莫霍面）一般解释为下地壳强反射区和地幔相对透明区之间的界限 (Cook, 2002；Cook et al., 2010；Mints et al., 2009)。在怀来—二连剖面，在走时约 14.5 s 深度的大部分剖面中，莫霍面十分连续且平坦。结合 DSS 数据反演的结果 (Li et al., 2006)，使用地壳平均 P 波速率约为 6.4 km/s (Lu and Xia, 1993) 估计的莫霍面深度在 40 ～ 42 km 处。

2.2 花岗岩与地震剖面中的透明区域

在反射剖面中，地壳上部有许多透明区域，我们将其解释为未变形的花岗岩基底（规模大且形状不规则）或深成岩体（规模小，椭圆形或透镜体）。广泛分布在研究区的未变形的花岗岩和深成杂岩可能形成于碰撞后阶段 (Zhang et al., 2008)。由于它们的结构相当均一，未变形的花岗岩和侵入岩复合体一般没有反射，在反射剖面上构成"透明的区域"（例如 Mints et al., 2009；Hammer et al., 2010）。透明区域向上延伸到地表和花岗岩带，在地表露头的位置也比较一致，例如剖面最北端的乌里雅苏台带和贺根山带 (CMP 15800 ～ 24400)、白乃庙带 (CMP 8400 ～ 12400) 和北部的华北克拉通地区 (CMP 7000 和 5000 附近)。对于完全覆盖的地区，许多钻孔样品仍支持这一解释（例如 CMP 19 000 和 16 200 附近的钻孔）。

2.3 贯穿地壳的强反射结构

地壳中的强反射是该剖面最显著的结构特征，但不同构造带的深部反射特征有明显差异。

在剖面南段（图 3、图 4），揭示出深部存在一个巨大的克拉通地壳斜坡，从华北克拉通北缘，向北延伸到造山带的深部，其中包含了一系列向北倾的强反射体。每个反射体又由较小规模的平行或近乎平行的反射面集合组成 ［图 3 (b)］。我们认为这种反射体代表了向南逆冲的构造片体。它们加在一起形成了一个地壳楔形体，向北渐深渐薄，

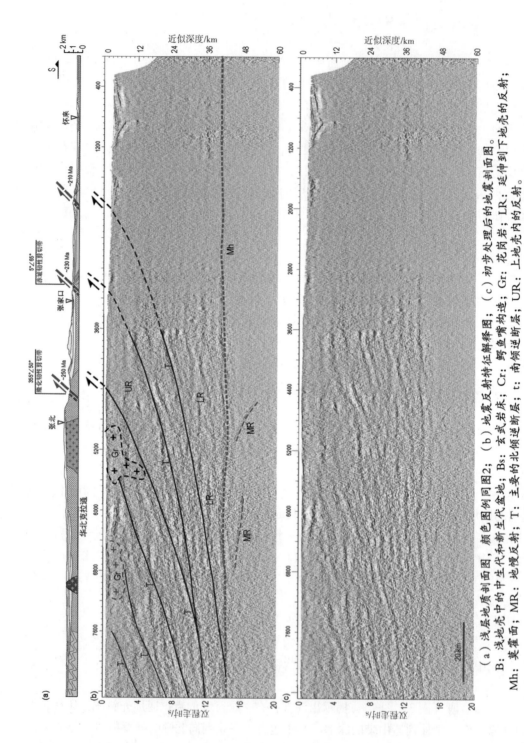

图3 怀来—二连浩特深反射地震剖面（南段）及其地质解释

（a）浅层地质剖面图，颜色图例同图2；（b）地震反射特征解释图；（c）初步处理后的地震剖面图。
B：浅地壳中的中生代和新生代盆地；Bs：玄武岩床；Cr：鳄鱼嘴构造；Gr：花岗岩；LR：延伸到下地壳的反射；
Mh：莫霍面；MR：地幔反射；T：主要的北倾逆断层；t：南倾逆断层；UR：上地壳内的反射。

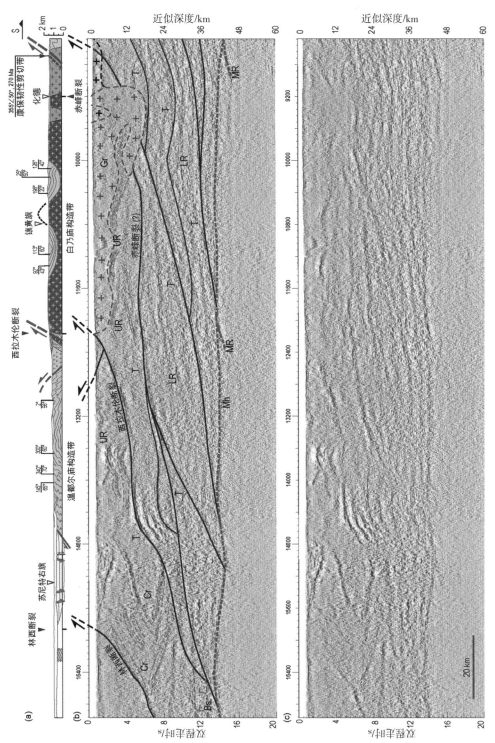

图4 怀来—二连浩特深反射地震剖面（中段）及其地质解释（图注同图3）

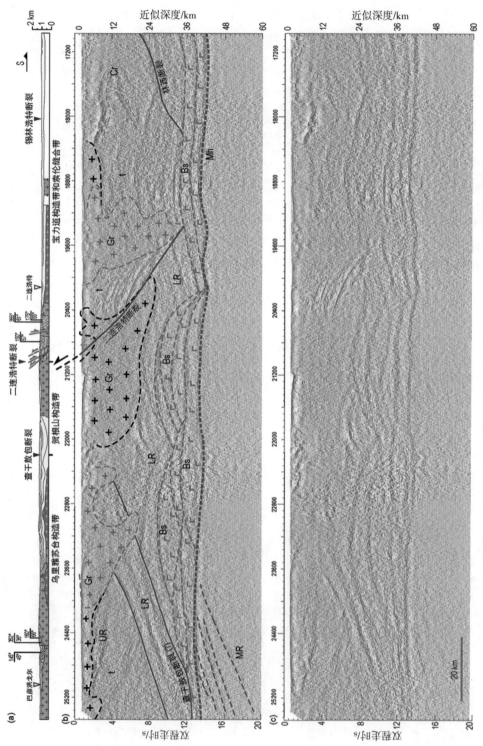

图5 怀来—二连浩特深反射地震剖面（北段）及其地质解释（图注同图3）

在二道井带（索伦缝合带）以下尖灭。大多数反射被莫霍面截断，说明莫霍面可能是更年轻的界面，也可能是这个逆冲系统的底滑脱构造界面。剖面最南部的某些地方，反射体向上延伸到浅层地壳和地表，对应着华北克拉通前寒武基底片麻岩地质体（图2，CMP 3000～8400）。因此，我们将此地壳楔形体解释为华北克拉通深地壳的一部分。每个反射体内的小规模次级反射很可能代表了片麻岩的条带以及变形岩石的面理。强反射界面可能代表了主推覆断层或剪切带。在华北克拉通北缘基底岩系及花岗岩中发育的普遍向北倾斜的面理（例如 Zhou & Wang，2012）应该是这些反射界面对应的构造现象。因此，概括地讲，该剖面揭示出华北克拉通地壳在中亚造山带之下向北延伸超过200 km，而不是像基于地表地质认识的那样被限制在赤峰断裂以南（图1）。在浅层地壳地区，反射结构通常被透明的、碰撞后侵位的花岗岩体图像所截断。另外，一些弱定向的短程反射的半透明地区与变形、变质的中生代或古生代地层露头相对应，它们的弱反射组构很明显也被花岗岩透明区截切。

在剖面中部（图4），白乃庙带呈现为一个大型的推覆块体由北向南推覆在华北克拉通壳楔之上，这个大型推覆体的底界面向上延伸至地表的赤峰断裂附近。同样，温都尔庙带也呈现为一个大型推覆块体由北向南推覆在白乃庙带之上，二者之间的界面向上延伸至地表的西拉木伦断裂带。温都尔庙带和索伦缝合带的深部可以识别出大量的"鳄鱼嘴"构造［CMP 18 000～148 000 之间的"Cr"；图4（b）、图5（b）］，指示强烈挤压的深部构造特征。

在剖面北段（图5，CMP 25 926～17 300）的反射特征更为复杂，反射和反射体较短且弱。深部揭示出一个向南倾斜的地壳楔形体，尖端也是到达二道井带（索伦缝合带）内的 CMP 17 200，但这个地壳楔形体是由几个向北倾斜的逆冲岩席组成的。每个逆冲岩席都表现为一个反射体，其中包含短的近水平、水平或向北倾斜的基本平行的微反射。我们认为这些反射体之间的界面是逆冲断层，表现为微反射的不连续性和反射特征的突变。地壳楔形体顶部可能是一个构造界面，在楔形体之上是大面积透明或半透明的图像。反射体变得稀少而短小，但在某些地区它们向南倾斜，例如二连浩特断层附近，CMP 20 400～19 700 和 CMP 19 600～17 400 的下方。这些反射体也明显被透明的花岗岩图像截断了，说明反射体形成于花岗岩侵位事件之前。

锡林浩特断裂带在近地表的构造剖面中为一系列北倾的推覆构造（Xiao et al.，2003；Xu et al.，2013），但该构造带在怀来—二连深反射地震剖面中并不明显。二连浩特断裂在深反射剖面上表现为一个向南倾的构造界面，地表位于 CMP 20 800 附近，深部却被接近莫霍面的一系列近乎水平的反射层所截断（见 CMP 19 600～19 000 之下近莫霍面处）。在剖面北段见到的这些莫霍面附近近乎平行于莫霍面的层状反射体截断大部分中下地壳部位的推覆构造，因而形成时代应该比较年轻，我们解释为造山后板底垫托作用（underplating）形成的基性岩席。

2.4　地幔反射特点

在地震剖面中也观察到了一些地幔反射。剖面北端（CMP 23 600 以北）的莫霍面以下可以观察到一组向北倾的反射［图 5（b）中的 MR］，它们与乌里雅苏台带之下的下地壳中向北倾的反射并存。这组地幔反射在向东约 60 km 的较短的平行地震剖面中更明显。剖面南端 CMP 6900 ～ 4400 之间观察到另一组地幔反射，但这组反射向南倾，延伸较短，而且较弱，明显与该地区的地壳反射不同。

通过对比世界上其他地震剖面中报道的地幔反射（Abramovitz et al.，1997；Balling，2000；Calvert et al.，1995；Hammer et al.，2010；Warner et al.，1996），我们认为本地震剖面中的地幔反射可能是洋壳的残留，展现的是一个残留的俯冲带。

2.5　解释性的地壳结构模型

我们曾把该地震剖面揭示的地壳结构概括为南部地壳表现为向北倾的逆冲推覆系统、北端地壳表现为向南倾的逆冲推覆系统。从整体上看，造山带地壳呈现双向逆冲，以索伦缝合带为中心（图6）。地幔反射又揭示南部造山带经历了向南的俯冲，而北部造山带经历了向北的俯冲。这两个俯冲 - 增生系统最终碰撞，形成了一个"兴"字形的造山带地壳—上地幔结构模型："兴"字的主横代表莫霍面，"兴"字的上部代表造山带地壳以索伦缝合带为中心向南北两侧的逆冲，"兴"字的下部代表古洋壳向南、向北双向俯冲的残余。

已有的构造年代学研究表明，剖面南部所揭示的向克拉通内部发展的前陆褶皱 - 逆冲带，其逆冲断层从北向南、从晚二叠纪到晚三叠纪［Wang et al.，2013；图 3（b）］逐渐变年轻，类似于喜马拉雅型的逆冲系统。这一逆冲系统截切了晚石炭纪以前的花岗岩体，被晚侏罗纪地层不整合覆盖。发育在燕山地区的逆冲和推覆构造系统晚于上述前陆褶皱冲断系统，他们截切的关系出露在北京西山等地（Davis et al.，2001；Wang et al.，2011；Zhao，1990）。白乃庙弧作为一个构造片，逆冲于华北克拉通地壳边缘之上，而后又被温都尔庙增生杂岩体所逆冲覆盖（图4）。我们认为这一解释与早古生代存在向南俯冲的构造模型并不矛盾。地震剖面是复杂的构造历史最终叠加的结果。如果华北克拉通之下向南倾的地幔反射［图 3（b），CMP 6800 ～ 4400 之间］是俯冲的残余，它们可能比其上向北倾的褶皱 - 逆冲系统老得多，后者则可能代表碰撞至碰撞后阶段的汇聚构造。

在剖面的北端，一些同碰撞期的构造可能被碰撞后的多期次、广泛发育的岩浆活动所截切和破坏（Chen et al.，2000，2009；Jian et al.，2012；Wu et al.，2002；Zhang et al.，2008）。但是，在地震图像和地质图上，向南倾的地壳结构仍很清晰［图 5（b）］，比如，锡林浩特断层及其附近的向南倾的反射［图 5（b）中的"t"］。索伦缝合带和宝力道带均处于双向逆冲碰撞造山带的中间。在 CMP 25 200 和 23 800 之间的地幔反射可能反映了向北俯冲的残余。

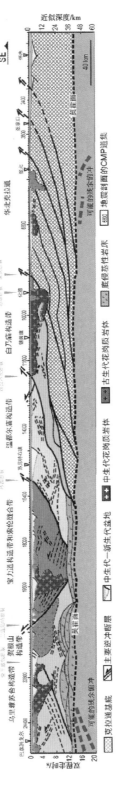

图6 穿过索伦缝合带的地震剖面的综合解

在地质图上，中亚地区分布了不同年龄的花岗岩体，但以前没有这些花岗岩体在地壳深部延伸的依据。利用地震剖面中的透明区域可以识别花岗岩体，研究其在纵向上的分布特征、即随深度的变化特征。很明显，本研究区的大部分花岗岩体均截切了解译的褶皱和逆冲构造，表明这些花岗岩体形成于碰撞之后。这一地区报道了多期次、广泛发育的岩浆活动，比如贺根山地区早石炭纪和早白垩纪的地幔熔融事件（Jian et al.，2012），锡林浩特地区晚二叠纪双峰式火山活动（Zhang et al.，2008），乌里雅苏台带二叠纪碱性花岗岩和沿华北克拉通北缘分布的三叠纪碱性花岗岩（Tong et al.，2010），以及苏尼特左旗地区的碰撞后花岗岩体（Chen et al.，2000）。这些例子表明大量的幔源物质和热量进入地壳，多期次碰撞后岩浆的底侵作用可能更新了莫霍面。剖面北部，莫霍面之上且紧靠莫霍面的水平层或近水平层可能是来自地幔的基性岩床，也解释为造山后板底垫托作用形成的下地壳大型基性岩席。

✕◆3 结 论

深反射地震剖面揭示华北克拉通北缘总体呈现向南仰冲的、喜马拉雅式前陆冲断带的构造特征，北倾的大型推覆构造面从地表向深部延伸、被莫霍面截断。传统认识中的白乃庙岛弧带和温都尔庙蛇绿混杂带均以构造板片的形式向南仰冲到华北克拉通基底之上。克拉通与造山带的这种接触关系与加拿大西部、北欧地台东部所见深部构造特征非常相似。在索伦构造带以北，尽管岩浆活动削弱了地壳中的反射影像，我们仍可以在中上地壳追踪出大量南倾的强反射界面，因此整个造山带呈现以索伦缝合带为中心、向南北两侧扇形双冲的地壳结构模型。推测这一基本的结构形成于碰撞期和碰撞后的构造缩短。碰撞后岩浆活动剧烈，在中上地壳形成大规模透明-半透明反射区域，这些区域可追踪到地表出露的花岗岩体或岩基。中生代花岗岩体透明反射区往往切断推覆构造的强反射界面，反映这些推覆构造早于花岗岩体的侵位。莫霍面相对平坦，出现在双程走时约 14.5 s 的深度（埋深约 40～45 km），构成了下地壳强反射区域和上地幔缺乏反射区域的边界。在索伦构造带及其以北地区，地壳底部出现近水平、薄层状反射体，推测为基性岩席，可能是造山后地幔岩浆板底垫托作用的产物。在莫霍面之下发现极少量但十分清晰的地幔反射带。在剖面南段的张北县一带，地幔反射带向南缓倾；剖面近北端的查干敖包一带，地幔反射带向北陡倾。地幔反射带可能代表了索伦缝合带碰撞前两侧活动大陆边缘洋壳俯冲的残余。

✕◆说 明

本文根据 Zhang 等（2014）在 *Tectonophysics* 上发表的文章翻译，为更适合中文读者，进行了改编。原文信息：Zhang S H, Gao R, Li H Y, et al., 2014. Crustal structures revealed from a deep seismic reflection profile across the Solonker suture zone of the Central Asian Orogenic Belt, northern China：An integrated interpretation. Tectonophysics，612 –613：26 –39. DOI：10. 1016/j. tecto. 2013. 11. 035.

▶◆参 考 文 献

Abramovitz T, Thybo H, Berthelsen A, 1997. Proterozoic sutures and terranes in the southeastern Baltic Shield interpreted from BABEL deep seismic data. Tectonophysics, 270 (3 - 4): 259 - 277.

Badarch G, Cunningham W D, Windley B F, 2002. A new terrane subdivision for Mongolia: implications for the Phanerozoic crustal growth of Central Asia. J. Asian Earth Sci., 21: 87 - 110.

Balling N, 2000. Deep seismic reflection evidence for ancient subduction and collision zones within the continental lithosphere of northwestern Europe. Tectonophysics, 329: 269 - 300.

Calvert A J, Sawyer E W, Davis W J, et al., 1995. Archaean subduction inferred from seismic images of a mantle suture in the Superior Province. Nature, 375: 670 - 674.

Chen B, Jahn B M, Tian W, 2009. Evolution of the Solonker suture zone: Constraints from zircon U - Pb ages, Hf isotopic ratios and whole-rock Nd - Sr isotope compositions of subduction- and collision-related magmas and forearc sediments. J. Asian Earth Sci., 34 (3): 245 - 257.

Chen B, Jahn B, Wilde S, et al., 2000. Two contrasting Paleozoic magmatic belts in northern Inner Mongolia, China: petrogenesis and tectonic implications. Tectonophysics, 328: 157 - 182.

Cook F A, 2002. Fine structure of the continental reflection Moho. Geol. Soc. Am. Bull., 114: 64 - 79.

Cook F A, White D J, Jones A G, et al., 2010. How the crust meets the mantle: Lithoprobe perspectives on the Mohorovicic discontinuity and crust - mantle transition. Can. J. Earth Sci., 47: 315 - 351.

Deng S, Wan C, Yang J, 2009. Discovery of a Late Permian Angara - Cathaysia mixed flora from Acheng of Heilongjiang, China, with discussions on the closure of the Paleoasian Ocean. Sci. China, Ser. D: Earth Sci., 52: 1746 - 1755.

Hammer P T C, Clowes R M, Cook F A, et al., 2010. The Lithoprobe trans-continental lithospheric cross sections: imaging the internal structure of the North American continent. Can. J. Earth Sci., 47: 821 - 857.

Jian P, Kröner A, Windley B F, et al., 2012. Carboniferous and Cretaceous mafic - ultramafic massifs in Inner Mongolia (China): A SHRIMP zircon and geochemical study of the previously presumed integral "Hegenshan ophiolite". Lithos, 142 - 143: 48 - 66.

Jian P, Liu D, Kröner A, et al., 2008. Time scale of an early to mid-Paleozoic orogenic cycle of the long-lived Central Asian Orogenic Belt, Inner Mongolia of China: Implications for continental growth. Lithos, 101: 233 - 259.

Jian P, Liu D, Kröner A, et al., 2010. Evolution of a Permian intraoceanic arc - trench system in the Solonker suture zone, Central Asian Orogenic Belt, China and Mongolia. Lithos, 118 (1 - 2): 169 - 190.

Li S, Mooney W D, Fan J, 2006. Crustal structure of Mainland China from deep seismic sounding data. Tectonophysics, 420: 239 - 252.

Lu Z X, Xia H K, 1993. Geoscience transect from Dong Ujimqin of Inner Mongolia to Donggou of Liaoning, China. Acta Geophys. Sin., 36: 765 - 772.

Miao L, Fan W, Liu D, et al., 2008. Geochronology and geochemistry of the Hegenshan ophiolitic complex: Implications for late-stage tectonic evolution of the Inner Mongolia - Daxinganling Orogenic Belt, China. J. Asian Earth Sci., 32 (5 - 6): 348 - 370.

Mints M, Suleimanov A, Zamozhniaya N, et al., 2009. A three-dimensional model of the Early Precambrian crust under the southeastern Fennoscandian Shield: Karelia craton and Belomorian tectonic province. Tectonophysics, 472 (1-4): 323-339.

Sengör A M C, Natal'in B A, 1996. Paleotectonics of Asia: fragments of a synthesis//Yin A, Harrison M (eds.). The Tectonic Evolution of Asia. Cambridge University Press: 486-641.

Sengör A M C, Natal'in B A, Burtman V S, 1993. Evolution of the Altaid tectonic collage and Palaeozoic crustal growth in Eurasia. Nature, 364 (6435): 299-307.

Shi G Z, Faure M, Xu B, et al., 2013. Structural and kinematic analysis of the Early Paleozoic Ondor Sum - Hongqi mélange belt, eastern part of the Altaids (CAOB) in Inner Mongolia, China. Journal of Asian Earth Sciences, 66: 123-139.

Tong Y, Hong D, Wang T, et al., 2010. Spatial and temporal distribution of granitoids in the middle segment of the Sino-Mongolian border and its tectonic and metallogenic implications. Acta Geoscientica Sinica (in Chinese), 31 (3): 395-412.

Wang H, Zhang S, He G, 2005. China and Mongolia//Richard C S, Cocks L R M, Plimer I R (eds.). Encyclopedia of Geology. Oxford: Elsevier: 345-357.

Wang Y, Zhou L, Zhao L, 2013. Cratonic reactivation and orogeny: An example from the northern margin of the North China Craton. Gondwana Research, 24: 1203-1222.

Warner M, Morgan J, Barton P, et al., 1996. Seismic reflections from the mantle represent relict subduction zones within the continental lithosphere. Geology, 24: 39-42.

Windley B F, Alexeiev D, Xiao W, et al., 2007. Tectonic models for accretion of the Central Asian Orogenic Belt. J. Geol. Soc., 164: 31-47.

Wu F, Sun D, Li H, et al., 2002. A-type granites in northeast China: Age and geochemical constraints on their petrogenesis. Chem. Geol., 187: 143-173.

Xiao W, Kröner A, Windley B, 2009. Geodynamic evolution of Central Asia in the Paleozoic and Mesozoic. Int. J. Earth Sci., 98: 1185-1188.

Xiao W, Windley B F, Hao J, et al., 2003. Accretion leading to collision and the Permian Solonker suture, Inner Mongolia, China: Termination of the central Asian orogenic belt. Tectonics, 22: 1069.

Xu B, Charvet J, Chen Y, et al., 2013. Middle Paleozoic convergent orogenic belts in western Inner Mongolia (China): framework, kinematics, geochronology and implications for tectonic evolution of the Central Asian Orogenic Belt. Gondwana Res., 23 (4): 1342-1364.

Zhang S, Gao R, Li H, et al., 2014. Crustal structures revealed from a deep seismic reflection profile across the Solonker suture zone of the Central Asian Orogenic Belt, northern China: An integrated interpretation. Tectonophysics, 612-613: 26-39.

Zhang S H, Zhao Y, Song B, et al., 2007. Carboniferous granitic plutons from the northern margin of the North China block: implications for a late Palaeozoic active continental margin. J. Geol. Soc., 164: 451-463.

Zhang S H, Zhao Y, Yang Z Y, et al., 2009. The 1.35 Ga diabase sills from the northern North China Craton: Implications for breakup of the Columbia (Nuna) supercontinent. Earth Planet. Sci. Lett., 288 (3-4): 588-600.

Zhang X, Zhang H, Tang Y, et al., 2008. Geochemistry of Permian bimodal volcanic rocks from central Inner Mongolia, North China: Implication for tectonic setting and Phanerozoic continental growth in Central Asian

Orogenic Belt. Chemical Geology, 249：262 –281.

Zhao G, Li S, Sun M, et al., 2011. Assembly, accretion, and break-up of the Palaeo-Mesoproterozoic Columbia supercontinent：record in the North China Craton revisited. Int. Geol. Rev., 53：1331 –1356.

Zhao Y, 1990. The Mesozoic orogenies and tectonic evolution of the Yanshan area. Geological Review (in Chinese), 36：1 –13.

Zhou L, Wang Y, 2012. Late Carboniferous syn-tectonic magmatic flow at the northern margin of the North China Craton—Evidence for the reactivation of cratonic basement. J. Asian Earth Sci., 54 –55：131 –142.

华北克拉通中西部及其邻区岩石圈结构的
接收函数成像研究

张耀阳[1,2]，陈　凌[3,4,5]，艾印双[1,4,5]，姜明明[1,4,5]

✕◆0　引　言

华北克拉通是由东、西两个太古代陆块在约 1.8 Ga 前发生碰撞拼合，通过中部造山带最终焊接而成的（Zhao et al.，2005）。从华北克拉通东西块体碰撞拼合到古生代之前，华北克拉通岩石圈一直保持构造稳定，表现为典型克拉通的特征。然而，晚侏罗纪—白垩纪期间，伴随燕山运动的发生，华北克拉通经历了大规模的热构造活化，发生了强烈的构造变形和广泛的岩浆、火山活动，其岩石圈结构和性质也经历了不同程度的减薄和破坏（e. g. Menzies et al.，1993；Gao et al.，2002；Xu，2007）。目前，大量的研究表明华北克拉通东部的岩石圈已发生了普遍的减薄和去根作用，其古老的、厚的、冷的和难熔型的典型克拉通岩石圈转变为现今年轻的、薄的、热的和相对饱满的大洋型岩石圈（e. g. Wu et al.，2008；Zhang et al.，2011；Zhu et al.，2011），且岩石圈破坏和减薄的程度及空间范围已经得到较好的约束（e. g. Chen，2010；Zhao et al.，2012）。

与东部普遍的岩石圈减薄相比，华北克拉通中西部可能仅仅经历了局部的岩石圈减薄和改造（Chen，2010；Chen et al.，2014；Wei et al.，2015）。西部构造稳定的鄂尔多斯块体表现为低地震活动性、少量岩浆活动（Zhai & Liu，2003）、低地表热流（Hu et al.，2000）、厚岩石圈（e. g. Chen et al.，2014；Wang et al.，2014b）和高速地幔根（e. g. Zhao et al.，2012；Jiang et al.，2013；Wang et al.，2017）的特征。而鄂尔多斯块体周边的部分新生代裂陷区却具有相对较高的地表热流（Hu et al.，2000）、薄的岩石圈（e. g. Chen et al.，2009）和上地幔低速异常（e. g. Zhao et al.，2012；Jiang et al.，2013）。岩石学和地球化学的证据也支持华北中部造山带岩石圈的破坏仅发生在部分裂

1 中国科学院地质与地球物理研究所地球与行星物理院重点实验室，北京，100029；2 中国地质科学院地球物理地球化学勘查研究所，廊坊，065000；3 中国科学院地质与地球物理研究所岩石圈演化国家重点实验室，北京，100029；4 中国科学院大学地球科学学院，北京，100049；5 中国科学院青藏高原地球科学卓越创新中心，北京，100101。

基金项目：国家自然科学基金项目（41688103、91414301、41574068）、中国科学院战略先导专项（B）（XDB18010301）、国家科技攻关计划（2016YFC06000201）共同资助。

陷区或构造边缘区域（e. g. Xu et al.，2004；Tang et al.，2006；Wang et al.，2006；Xu，2007）。虽然华北克拉通中西部自中生代以来经历了非均匀改造的认识已经初步形成，但是岩石圈减薄的程度及其区域变化和岩石圈结构的横向、垂向非均匀性等问题还存在诸多争议，很大程度是因为对岩石圈的厚度和内部精细结构缺乏深入认识。

目前大部分学者认为西太平洋板块的俯冲是导致华北克拉通东部岩石圈破坏的首要控制因素，大地构造、地球化学、地球物理等多学科观测资料证实两者具有密切的时空对应关系（e. g. Wu et al.，2005；Xu et al.，2009；Zhu et al.，2011，and references therein）。但是，深部地球物理资料揭示俯冲的太平洋板片滞留在太行山以东的地幔过渡带中（Huang & Zhao，2006；Chen & Ai，2009），太平洋板片俯冲对华北克拉通破坏的控制作用在南北重力梯度带以西将会逐渐弱化。华北克拉通中西部的岩石圈局部减薄和改造可能更多受控于同时期其他热构造事件，包括古亚洲洋古生代俯冲、扬子克拉通早中生代碰撞和新生代印度—欧亚大陆的碰撞（e. g. Xu，2007；Chen，2010；Zhu et al.，2011）等。受这些构造事件的影响，华北克拉通周围也形成了一系列的造山带和构造带，主要包括北部的中亚造山带（e. g. Xiao et al.，2003）、南部的秦岭造山带、东南部的大别—苏鲁造山带（Li et al.，1993）、东部的郯庐断裂带（Yin & Nie，1993）和西南部的祁连造山带（e. g. Xiao et al.，2009）。获得华北克拉通中西部及其周边造山带的岩石圈精细结构，对深入研究华北克拉通破坏的动力学控制因素和过程具有重要意义。

近年来全球范围内不同尺度、基于不同地震学观测资料和方法的研究，一致识别出一个上地幔浅部地震波速随深度下降的间断面以及对应的相对低速层结构（e. g. Rychert & Shearer，2009；Fischer et al.，2010；Selway，Ford，& Kelemen，2015），其深度范围约为60～150 km，但大多集中在约70～100 km。该间断面因区域构造背景的差异而反映出不同的构造意义：在构造活动活跃、岩石圈较薄的地区，该间断面往往被解释为岩石圈底界面（Lithosphere – Asthenosphere Boundary，LAB）（e. g. Ford et al.，2010；Hansen et al.，2015）。而在保留着厚岩石圈的构造稳定区，该上地幔浅部的速度间断面显然处于岩石圈内部，被称为岩石圈内部间断面（Mid-Lithosphere Discontinuity，MLD）（e. g. Abt et al.，2010；Yuan & Romanowicz，2010）。岩石圈内部间断面已在全球多个克拉通地区得到发现（e. g. Karato，Dlngboji，& Park，2015；Rader et al.，2015），近期华北克拉通鄂尔多斯块体和中部造山带厚岩石圈内部约80～100 km 深度处也发现了类似的间断面结构（Jiang et al.，2013；Chen et al.，2014；Wei et al.，2015；Sun & Kennett，2017）。但是，现有的MLD 结果仅局限于一条线性地震台阵下方，整个区域岩石圈内部间断面的深度和空间分布特征仍不清楚。

过去的 20 年中，华北克拉通中西部及其邻区密集地震台阵观测的发展，使得在该区域开展高分辨率岩石圈结构研究成为可能。本文基于研究区范围内的国家固定台网和流动台站数据，进行了 S 波接收函数波动方程偏移成像，并将成像结果与华北东部已有S 波接收函数资料整合，处理得到了华北地区的岩石圈厚度图和岩石圈内部间断面深度分布图，进而结合多学科观测资料，对华北克拉通中西部及其邻区的岩石圈构造演化和深部动力学过程进行了讨论。

▨◆ 1　数据和方法

本研究所用的远震数据来源于"华北克拉通内部结构探测"计划和国家数字地震台网，共涉及地震台站 314 个，包括 170 个流动台站（中科院 NCISP – Ⅶ台阵 64 个、NCISP – Ⅷ台阵 55 个和中国地震局地球物理研究所台阵 51 个）和 144 个固定台站。其中，NCISP – Ⅶ台阵观测时间为 2008 年 6 月—2009 年 8 月，NCISP – Ⅷ台阵观测时间为 2008 年 11 月—2010 年 2 月，中国地震局地球物理研究所台阵观测时间为 2010 年 7 月—2011 年 10 月（Wang et al.，2014a），国家台网固定台站观测时间为 2010 年 6 月—2012 年 9 月（郑秀芬 等，2009）。

接收函数方法已在地球深部结构研究中得到了广泛应用，而近年来发展起来的 S 波接收函数方法，因其利用的 Sp 转换震相不受浅层多次波干扰，故在岩石圈底界面等岩石圈地幔间断面探测方面发挥着独特的优势（Farra & Vinnik，2000；Yuan et al.，2006）。我们挑选震中距在 55°～85°范围内、震级大于 5.5 级的原始数据用于 S 波接收函数处理。计算接收函数采用时间域最大熵谱反褶积方法（吴庆举、曾融生，1998），所选取的高斯系数为 3，水准量为 0.001。获得原始 S 波接收函数后，再进行严格的手工挑选，遵循相近方位角波形相似原则，选取初动 S 波震相显著、Moho 界面 Sp 转换波震相清晰、信噪比高的结果。最终共得到 9880 条高质量的 S 波接收函数用于成像。

本研究采用修正后的中国东部速度模型（Chen et al.，2006）计算 Sp 转换波到时和穿透点位置，并进行偏移成像。根据地震台站和地震事件分布、地震射线穿透点位置和区域构造特点，最终在研究区设计了 8 个成像剖面（Zhang et al.，2019）。S 波接收函数成像采用由 Chen 等（2005）提出的基于波动方程的接收函数叠后偏移方法。该方法采用频率域波动方程波场传播算子，对共转换点（common conversion point，CCP）叠加后的接收函数进行反向波场延拓，来获得高精度的地下间断面结构图像。由于可以有效地处理横向速度变化，偏移图像与通常的 CCP 叠加图像相比，在压制噪声、恢复结构横向变化特征等方面表现出明显的优越性，因此特别适用于研究结构复杂或信号较弱的深部间断面。在时间域 CCP 叠加中，所用叠加单元为长方形，沿剖面步长为 5 km。叠加单元垂直于剖面方向的宽度保持不变，平行于剖面方向的宽度则可根据数据分布情况变化，叠加单元中接收函数数量下限设为 50。当接收函数不足时，叠加单元平行于剖面方向的宽度将会逐步增加，直至其中的接收函数数量达到设定的下限或该宽度达到人为给定的上限 ［图 1（a）—(d)］。频率域波场延拓中截止频率的选择至关重要，考虑到目标间断面的深度、地震信号的频谱范围以及分辨率的要求，所用截止频率下限设置为 0.03 Hz，上限设置为 0.2～0.5 Hz［图 1（e）—（j）］。

⯈ 2　成像结果

2.1　剖面成像结果

在时间域 CCP 叠加结果中，除了约 5 s 明显的正 Moho 信号和其负的旁瓣外，在 10～20 s 一致出现了可连续追踪的负信号［图 1（c）（d）］，反映出岩石圈上地幔中存在的由浅至深地震波速降低的间断面结构。下文将重点关注来自地壳下方岩石圈地幔中的负信号，并将最深的负信号定义为岩石圈底界面（LAB）信号，展开讨论分析。在叠后偏移图像中，红色代表由浅至深速度增加的间断面（如 Moho）所产生的信号，蓝色代表由浅至深速度降低的间断面（如 LAB）所产生的信号［图 1（e）—（j）、图 2］。

在评价成像结果可靠性和识别间断面信息时，应遵循以下几个原则（图 1）：①叠加单元内有足够多的接收函数以有效压制噪声；②成像结果在频率范围和成像参数发生改变时保持良好稳定性；③间断面信号较强且可以连续追踪；④不同剖面的重合位置所显示的结构特征一致；⑤提取的结构特征与已有观测资料相吻合；⑥受限于偏移方法，不过分解读剖面边缘位置的成像结果。

2.1.1　W1 剖面

在时间域 CCP 叠加图像中即可观察到间断面的转换波信号［图 1（c）］，与不同频率的偏移图像中显示的结构信息基本一致［图 1（e）（g）（i）、图 2（a）］。成像结果显示，剖面下方 LAB 的深度范围约为 100～170 km，在祁连造山带下方非常浅（约 100 km），进入鄂尔多斯块体后逐渐加深，在华北中部造山带达到约 170 km，但在南北重力梯度带附近从约 170 km 跳变至约 110 km。图 3（a）可以更好地反映出南北重力梯度带两侧的结构差异：在叠加单元 B 和 C 中，LAB 的转换波震相分别位于直达 S 波之前约 17 s 和约 11 s，反映了重力梯度带附近 LAB 有约 60 km 的深度变化。

鄂尔多斯和华北中部造山带的 LAB 信号之上有一个强的负信号［图 1（e）（g）（i）、图 2（a）］，深度范围约为 80～110 km。该信号在 S 波偏移成像中没有频率和方位角依赖性，反映了该区域厚岩石圈地幔内部波速随深度下降的间断面（MLD），与在鄂尔多斯南部另一条线性台阵中观察到的 MLD 相似（Chen et al.，2014；Wei et al.，2015）。剖面下方 MLD 在华北克拉通中西部边界附近略有隆升，大致对应于地表陕西—山西裂陷的位置。

2.1.2　W2 剖面

W2 剖面主要位于华北克拉通和扬子克拉通之间的秦岭—大别碰撞造山带。其 Moho 信号之下约 150 km 和约 110 km 深度有两个强的负信号，分别反映了剖面下方相应的 LAB 和 MLD［图 2（b）］。在剖面东段下方，深部位置无负信号出现，而浅部约 110 km 深度处的负信号可能来自 LAB。剖面东段明显减薄的岩石圈与 W1 剖面东段的观测结果相似（Chen et al.，2014）。

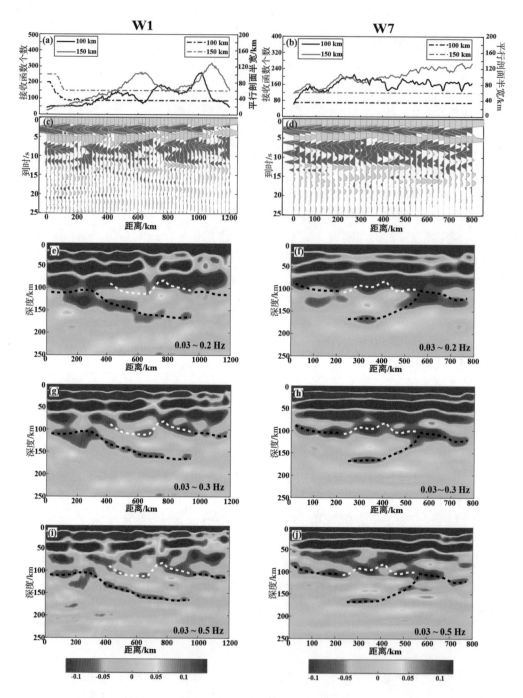

（a）（b）叠加参数资料图，实线代表叠加单元中接收函数个数变化，虚线代表叠加单元平行于剖面方向宽度的变化，不同颜色代表不同深度；（c）（d）时间域CCP叠加结果，频率范围为0.03～0.5 Hz；（e—j）S波接收函数叠后偏移图像：（e）（f）0.03～0.2 Hz，（g）（h）0.03～0.3 Hz，（i）（j）0.03～0.5 Hz。黑色虚线和白色虚线代表识别的岩石圈底界面和岩石圈内部间断面。

图1 典型剖面偏移成像示例

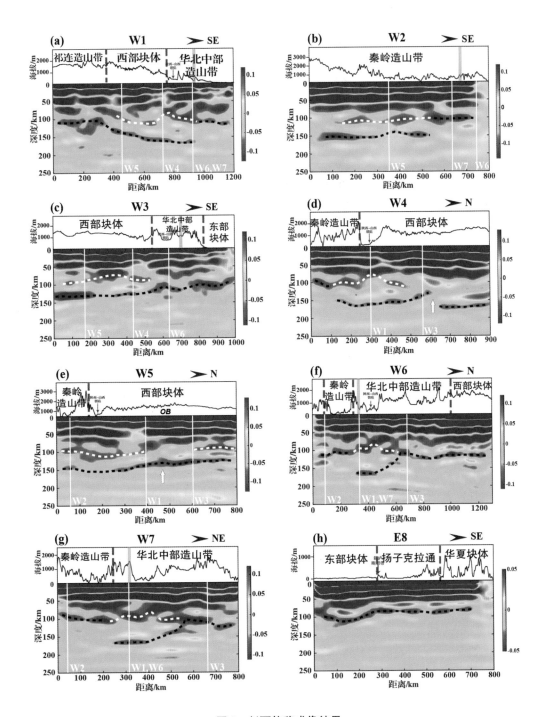

图2 剖面偏移成像结果

上半部分为地形和构造分区图,其中深灰色虚线和浅灰色粗实线分别代表构造边界和南北重力梯度带。下半部分为偏移成像结果,所用频率范围都为 0.03 ～ 0.4 Hz,其中黑色虚线和白色虚线代表识别的岩石圈底界面和岩石圈内部间断面,白色实线代表不同成像剖面交叉的位置,白色箭头指出岩石圈结构南北差异的临界位置。

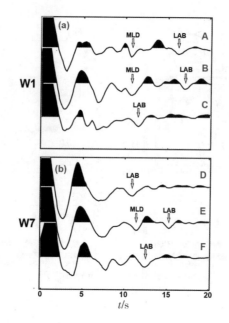

图 3　S 波接收函数时间域 CCP 叠加实例

叠加单元 A—F 都是边长为 150 km 的正方形，其中 A～C 沿着 W1 剖面方向，D—F 沿着 W7 剖面方向，各叠加单元中心位置参见 Zhang 等（2019）。图中白色箭头指示来自 LAB 和 MLD 的信号。

2.1.3　W3 剖面

W3 剖面穿过了华北克拉通三个主要的构造单元，剖面下方 LAB 的深度范围约 90～140 km，自西向东逐渐变浅［图 2（c）］。西部鄂尔多斯块体下方岩石圈较厚，最深可达约 140 km。华北中部造山带的岩石圈厚度变化比较大（约 100～130 km），结构复杂。尤其在陕西—山西裂陷下方，岩石圈之下可能存在局部的速度异常结构。华北克拉通东部的岩石圈厚度最薄，在鲁西隆起西侧减薄至约 90 km，与前人在郯庐断裂带附近的观测结果一致（Chen et al., 2006；Chen, 2010），而鄂尔多斯块体下方约 70～100 km 深度处还存在隆起的岩石圈内部间断面。Wang 等（2014b）在 W3 测线附近布设了一个长约 1500 km 的主动源深地震观测剖面，其结果揭示了鄂尔多斯块体下方存在两个岩石圈尺度的界面，可能分别对应于 W3 剖面成像结果中的 LAB 和 MLD。

2.1.4　W4 剖面

W4 剖面下方的岩石圈结构非常复杂，LAB 大体上呈三级阶梯状分布［图 2（d）］。第一级浅 LAB 位于东秦岭造山带，深度约为 100 km。第二级 LAB 深度范围约在 140～160 km，中间深、两侧浅，空间范围为华北克拉通南边界至剖面约 600 km 位置处（约 37°N）［图 2（d）中白色箭头］。第三级深 LAB 位于鄂尔多斯块体北部，深度约为 170 km，整体起伏比较小。剖面中段下方存在岩石圈内部间断面，深度范围约在 80～110 km，最浅的位置对应于地表陕西—山西裂陷。

2.1.5　W5 剖面

W5 剖面与 W4 剖面平行，其成像结果也显示鄂尔多斯块体岩石圈内部结构存在一定的南北差异性［图2（e）］。秦岭造山带中部和鄂尔多斯南部的LAB可以达到约150 km，而鄂尔多斯北部的LAB明显变浅至约130 km，且剖面的南段和北段下方岩石圈内部各自存在不连续的MLD。沿剖面LAB深度变化最快的位置和MLD的空白区大致对应于纬度约37°N［图2（e）中白色箭头］，与W4剖面中第二级和第三级LAB临界点的纬度基本一致。

2.1.6 W6剖面与W7剖面

W7剖面和W6剖面在华北中部造山带南部相交，其成像结果一致显示［图1（f）（h）（j）、图2（f）（g）］：剖面下方约100～120 km深度处有一负信号可从北至南连续追踪，但在华北中部造山带南部下方，还存在一个更深的负信号。如果造山带南部较浅负信号来自LAB，那么更深处的负信号则反映了软流圈内部强的波速下降间断面，从地球动力学角度这是不合理的。同时，W1剖面在与这两个剖面的相交位置也显示出深约160 km的LAB和约100 km的MLD。因此，我们认为深部的负信号来自LAB，而浅部的信号则反映了岩石圈内部的MLD。华北中部造山带强烈的岩石圈结构变化亦可通过图5b更加直观地体现出来，华北中部造山带南部的叠加单元E在约12 s和约17 s分别出现两个明显的负信号，而叠加单元D和F则只可见约12 s的负信号。

2.1.7 E1剖面

E1剖面完全位于南北重力梯度带的东侧，依次穿过了华北克拉通东部、下扬子克拉通和华夏块体三大构造单元。成像结果显示［图2（h）］，华北克拉通东南部的岩石圈已经被减薄和改造，岩石圈地幔结构比较简单，厚度约为90约110 km，与华北东北部岩石圈厚度水平相当（Chen，2010）。最深的LAB位于华北克拉通南部（约120 km），而下扬子克拉通和华夏块体的LAB深度不超过100 km。

2.2 整合成图结果

2.2.1 华北岩石圈厚度分布

将前文所得成像结果（图2）与华北地区已有的S波接收函数研究结果（Chen，2010；Chen et al.，2014）整合在一起，并进行高斯插值平滑，最终得到了华北克拉通岩石圈厚度的二维空间分布（图4）。其中最显著的特征是华北克拉通岩石圈厚度的东西差异性：华北克拉通东部的岩石圈明显较薄（约60～100 km），岩石圈厚度从东缘郯庐断裂带附近约60～70 km，向西逐渐增加至太行山附近约100～110 km。与东部相比，华北克拉通中西部岩石圈总体较厚，但同时存在强烈的横向不均匀性，厚于140 km的岩石圈主要分布于鄂尔多斯块体、华北中部造山带南部和秦岭造山带中部，薄于120 km的岩石圈主要位于环鄂尔多斯东北部地区、东祁连造山带和东秦岭造山带。华北克拉通西部岩石圈厚度的横向不均匀性还体现在明显的南北变化上，特别是在纬度约37°N—38°N区域内存在一个近E—W向、宽约100千米的条带，其岩石圈（厚度约110～140 km）明显薄于南北两侧（厚度大于150 km）。华北岩石圈厚度分布图可以直观地反映出华北克拉通中新生代改造和破坏的结果及程度。

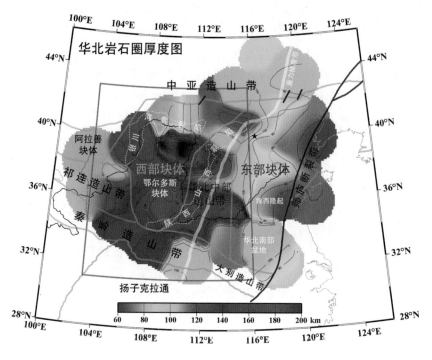

图中红框圈定出图5的范围，灰色细线为海岸线。在对剖面数据进行差值平滑时，E8剖面仅截取了北段的岩石圈深度数据，而华北东北部的岩石圈深度数据主要来自 Chen（2010）。

图4　华北克拉通岩石圈厚度分布

2.2.2　MLD 深度和空间分布

将本文和 Chen 等（2014）得到的 MLD 结果整合并插值处理后，得到了华北克拉通 MLD 的深度和空间分布图（图5）。由图可见，华北地区的岩石圈内部间断面主要位于鄂尔多斯块体、中部造山带南部和秦岭造山带中部的厚岩石圈中。地震面波层析成像结果显示，在鄂尔多斯块体下方高速体内部约 80～120 km 深度存在明显的地震波速下降（Jiang et al., 2013；Wei et al., 2015），且波速变化梯度最大的深度与图5显示的 MLD 深度范围大体一致，可能反映了类似的岩石圈地幔分层结构。与层析成像结果相比，本文给出的岩石圈内部间断面分布图分辨率更高、覆盖更广，所刻画的鄂尔多斯块体及周边造山带的岩石圈内部结构更为直观和全面。

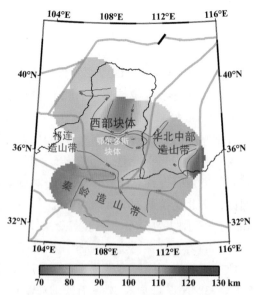

图5　岩石圈内部间断面的空间和深度分布

❉ 3 讨论和分析

3.1 鄂尔多斯块体

鄂尔多斯块体是华北克拉通西部块体的核心，通常被认为是中国东部最稳定的陆块之一（e. g. Huang et al.，2003；Li et al.，2006）。我们的结果（图4）显示，鄂尔多斯块体的岩石圈厚度整体超过140 km，符合其稳定克拉通的特征，但鄂尔多斯块体的岩石圈结构也同时存在横向不均匀性，表现为显著的南北差异。在鄂尔多斯块体中部纬度约37°N—38°N附近存在岩石圈厚度明显较薄的条带，且以该减薄条带为界鄂尔多斯南北两侧LAB的深度分布和MLD的结构特征也不相同［图2（d）（e）］。

不仅局限于岩石圈地幔尺度，鄂尔多斯块体的浅部结构也表现出南北差异性。赵红格（2006）的研究表明，鄂尔多斯内部在约37.5°N—38°N存在一条横向构造带，该构造带南北两侧构造线方向、主要构造带宽度和断层分布等均存在明显差别。P波接收函数研究（Wei et al.，2011）显示，鄂尔多斯块体地壳内部结构以约37.5°N为界存在南北差异。南部具有典型前寒武纪地台的κ值，地壳厚度变化与地表地形变化呈镜像，Moho处速度陡变；而北部的κ值在1.68～1.93之间波动，地壳整体加厚至约50 km，Moho处的速度变化也比较缓。大地电磁观测（Dong et al.，2014）表明，鄂尔多斯地区地壳和岩石圈上地幔的电性结构也表现为N—S模式：鄂尔多斯北部的下地壳和岩石圈地幔（约50～150 km）整体上表现为几欧至几十欧的低阻，但是南部的下地壳和岩石圈地幔却表现为约一百欧至数百欧的高阻，高阻区域和低阻区域形成的电性边界在约38°N附近。鄂尔多斯的南北差异在地表地形、基底埋深和布格重力异常（Wang et al.，2014a）等方面也有所体现。上述的南北差异一致以纬度约37°N—38°N为界，很有可能是鄂尔多斯块体从地表浅部至岩石圈尺度的共同特征。

Zhu和Zheng（2009）在鄂尔多斯块体南部和北部一致观测到从中地壳延伸至Moho的大规模低速体，他们把该低速体解释为华北克拉通东西块体在约1.85 Ga前碰撞拼合过程中残留的地壳物质。当今鄂尔多斯南北下地壳中相似的地壳物质残留和块体整体的构造稳定性表明，华北碰撞拼合后期的热构造事件并没有显著影响鄂尔多斯的岩石圈结构，更不会造成鄂尔多斯从浅部到岩石圈地幔尺度的南北差异。基于以上考虑，我们认为鄂尔多斯块体的南北差异性可能是华北克拉通东西块体碰撞拼合之前的构造事件所造成的，例如和约1.95 Ga前鄂尔多斯北部孔兹岩带形成有关的碰撞事件（Wei et al.，2011）。

3.2 造山带

3.2.1 华北中部造山带

华北中部造山带北部的岩石圈厚度约为100～120 km［图1（f）（h）（j）、图4］，与主动源深地震观测（Wang et al.，2014b）和大地电磁测深（Wei et al.，2008）揭示的岩石圈厚度大体一致，但整体比华北克拉通东部经历过显著减薄的岩石圈厚。在华北中部造山带的南部，岩石圈厚度自约 37.5°N 开始向南增加［图 2（f）（g）、图 3（b）］，直至在造山带的南边界和东边界从约 160 km 变为约 110 km。该局部加厚的岩石圈与地震层析成像中造山带中南部上地幔存在的高速异常（e. g. Tian et al., 2009；Zhao et al., 2012；Jiang et al., 2013；Bao et al., 2015）以及大地电磁测深中该区域下方深达约 155 km 的高阻体位置基本一致（Wei et al., 2008）。同时，厚岩石圈内部约 100 km 深度处也发现了岩石圈内部间断面（图 5）（Wei et al., 2015；Sun & Kennett, 2017）。相比邻区稳定鄂尔多斯块体下方的厚岩石圈，华北中部造山带南部的岩石圈空间上与其相连，内部结构相似，间断面深度也大致相同。我们认为华北中部造山带虽然经历了岩石圈的减薄，但是在其南部依然保留了厚的克拉通根，反映了华北中部造山带所经历的非均匀减薄和改造。

华北中部造山带自古元古代开始经历了漫长的碰撞造山过程（Zhao et al., 2005；Zhai & Santosh, 2011），其北部还受到华北克拉通与哥伦比亚超大陆碰撞的影响（e. g. Liu et al., 2010），可能自形成起岩石圈结构和属性就存在一定程度的南北不均匀性。随后，造山带不同方位又经历了一系列显生宙构造事件，包括北部华北克拉通和西伯利亚大陆的碰撞、南部华北克拉通和扬子克拉通的三叠纪碰撞、东侧太平洋板块的俯冲和新生代印度欧亚大陆在西南方的碰撞，造成造山带不同区域现今岩石圈结构对这一系列构造事件响应的差异性。太平洋板块俯冲对华北克拉通岩石圈减薄和改造的控制作用在重力梯度带以西将逐步弱化（Zhu et al., 2011, and references therein），因中部造山带地理位置的特殊性，太平洋板块俯冲对其影响远不及位于大陆边缘的华北克拉通东部，故相应的减薄和改造程度也较低，造成其北部虽减薄但厚于东部的岩石圈。总而言之，华北中部造山带现今复杂的岩石圈结构可能是岩石圈自身结构不均匀性和后期构造事件共同作用的结果。

3.2.2　秦岭造山带

秦岭造山带中部的岩石圈较厚（约 150 km），岩石圈内部存在连续的 MLD（约 100 km），而其东部的岩石圈很薄，且 LAB 在空间分布上与中部的 MLD 相连［图 2（b）、图 4、图 5］。秦岭造山带中部整体偏厚的岩石圈与以往对造山带岩石圈的认识有所不同，有助于重新认识秦岭造山带在显生宙构造演化的深部动力学过程。

新生代印欧大陆的碰撞被认为是造成华北克拉通中西部岩石圈减薄和改造的原因之一（e. g. Tang et al., 2006；Xu, 2007；Zhu et al., 2011）。各向异性研究表明，秦岭造山带下方 SKS 分裂快波方向为近东西向（e. g. Huang et al., 2008；Yu & Chen, 2016），可能是印度—欧亚碰撞驱动青藏高原地幔物质沿秦岭造山带向东运移所造成的。如果秦岭造山带下方存在大规模的热的地幔物质运移，运移通道对应的上地幔应该表现为地震波低速异常，而且岩石圈也会有一定程度的减薄和破坏。而本文的结果显示秦岭造山带中部岩石圈整体偏厚，最新的地震层析成像结果在秦岭造山带下方也未发现低速异常（e. g. Jiang et al., 2013；Wei et al., 2017），且秦岭造山带下方具有低地震活动性和厚地壳的特征（e. g. Wei et al., 2016）。我们推断秦岭造山带下方青藏高原地幔物质的运移可能仅仅局限于较小规模，并未显著影响秦岭造山带的岩石圈结构和上地幔速度结构。而秦岭造山带观测到的显著的 SKS 剪切波分裂时间延迟（e. g. Huang et al., 2008；Yu & Chen, 2016）可能是厚的岩石圈和岩石圈内部保留的"fossil anisotropy"（Silver & Chan, 1991）共同作用引起的。

3.2.3　祁连造山带

祁连造山带东部的岩石圈厚度约为 110 km，与相邻的鄂尔多斯块体形成了鲜明对比，两者岩石圈厚度显著变化的位置和构造边界具有很好的一致性（图1、图4）。祁连造山带东部岩石圈的减薄可能与印度—欧亚大陆碰撞引起的软流圈物质流动有关。根据 SKS 剪切波分裂的结果，Yu 和 Chen（2016）认为印度—欧亚大陆碰撞引起的软流圈物质东流会在鄂尔多斯块体西南部发生顺时针旋转。而位于鄂尔多斯西南部的祁连造山带构造历史复杂，岩石圈机械强度较弱，很容易受到热的软流圈物质的热化学侵蚀和破坏，发生岩石圈的减薄。

软流圈物质在鄂尔多斯块体厚岩石圈的阻挡下，除了少部分通过秦岭造山带向东运移，大部分将在秦岭造山带西侧发生转向，进一步通过热化学侵蚀和流体运移等作用，可能造成西秦岭造山带位于软流圈流通道上岩石圈的减薄。这一猜想也符合鄂尔多斯西南部部分区域薄岩石圈（An & Shi, 2006；Su et al., 2010；Zhang et al., 2012）、上地幔低速异常（e. g. Zhao et al., 2009；Jiang et al., 2013；Bao et al., 2015）和高地表热流（Hu et al., 2000）以及频繁地震和岩浆活动的构造特征。

3.3　岩石圈内部间断面

如图 5 所示，华北克拉通中西部及其邻区厚岩石圈内部约 80～110 km 深度处普遍存在波速随深度下降的间断面。实际上，类似的 MLD 和下覆的低速层在全世界很多克拉通地区都存在，例如北美克拉通（e. g. Hansen et al., 2015；Calò et al., 2016）、澳大利亚北部和西部（e. g. Ford et al., 2010）、南非克拉通（e. g. Sodoudi et al., 2013）、坦桑尼亚克拉通（e. g. Wölbern et al., 2012）、印度 Dharwar 克拉通（e. g. Kumar et al., 2013）和东欧克拉通（e. g. Kind et al., 2017）等。虽然目前 MLD 的形成机制争议很大，在全球范围内尚无定论，但无论是哪种成因，MLD 的存在都反映了岩石圈地幔的垂向不均匀性和分层性，以 MLD 为顶界面的相对低速层可能代表高强度的克拉通岩石圈地幔内部的一个相对力学薄弱层。中西部及其邻区 MLD 的发现进一步验证了全球范围内稳定克拉通地区岩石圈地幔的普遍分层性。

此外，图 5 中华北克拉通中西部及其邻区的 MLD（约 80～110 km）与图 4 中克拉通东部以及周缘具有较薄岩石圈的活动构造区的 LAB（约 80～120 km）大致处于同一深度水平。而在一些剖面成像结果［图 2（a）（b）（d）（f）（g）］中，厚岩石圈的 MLD 信号甚至与周边薄岩石圈的 LAB 信号相连。这一模式与世界上其他构造活跃区和构造稳定区交界处的观测结果相似，例如美国西部（e. g. Foster et al., 2014）和澳大利亚（e. g. Ford et al., 2010）等。这一特征不仅体现了华北克拉通东部和西部岩石圈结构的差异性，也反映出两者的构造演化及相关动力学过程可能存在某种相关性。Chen 等 (2014) 提出华北克拉通东部的岩石圈在未经历减薄和改造之前，内部可能也存在类似的薄弱带。在太平洋板块俯冲的影响下，该薄弱带可以从岩石圈内部加速岩石圈的改造和破坏，造成薄弱带下方岩石圈的缺失，最终形成华北东部较薄的岩石圈。本文的结果为该减薄和改造模式提供了新的观测证据。

4　结论和认识

（1）华北克拉通中西部及其邻区的岩石圈厚度变化范围在 100 ～ 170 km 之上，横向变化比较大。厚于 140 km 的岩石圈主要分布于鄂尔多斯块体、华北中部造山带南部和秦岭造山带中部，薄于 120 km 的岩石圈主要位于环鄂尔多斯东北部地区、东祁连造山带和东秦岭造山带。岩石圈厚度的横向非均匀性反映了华北克拉通中西部的非均匀减薄和改造。

（2）在鄂尔多斯块体内部纬度约 37°N—38°N 区域存在一条近东西向、宽约 100 千米的岩石圈减薄带，以此为界，鄂尔多斯从浅表至整个岩石圈尺度表现出南北差异性。鄂尔多斯的南北差异性可能是受古元古华北克拉通东西块体碰撞拼合之前的构造事件的影响。

（3）华北中部造山带虽然经历了岩石圈的减薄，但是在其南部依然保留了较厚的克拉通根。华北中部造山带现今复杂的岩石圈结构可能是岩石圈自身结构不均匀性和后期构造事件共同作用的结果。

（4）秦岭造山带中部下方超过 150 km 厚的岩石圈可能会对青藏高原热的地幔物质沿秦岭造山带向东运移起到阻挡作用，而使之在鄂尔多斯块体西南部发生转移，造成位于地幔流通道之上的祁连造山带东部和西秦岭造山带岩石圈的减薄。

（5）华北中西部及其邻区厚岩石圈内部约 80 ～ 110 km 深度处普遍存在岩石圈内部间断面。华北地区 MLD 的发现进一步验证了全球范围内稳定克拉通地区岩石圈地幔的普遍分层性。观测到的 MLD 与克拉通东部以及周缘具有较薄岩石圈的活动构造区的 LAB 大致处于同一深度水平，这为前人提出的华北克拉通东部岩石圈减薄和破坏从底部和中间同时发生的模式提供了新的观测证据。

致　谢

谨此祝贺高锐先生从事地球物理科研工作 50 周年。感谢中国科学院地质与地球物理研究所地震台阵实验室提供流动地震数据资料，感谢中国地震局地球物理研究所"国家数字测震台网数据备份中心"为本研究提供固定台站地震波形数据。

╳◆说　　明

此文章英文版及其勘误分别于 2019 年和 2020 年发表在 *Geophysical Journal International* 上，具体信息如下：Zhang Y Y, Chen L, Ai Y S, et al., 2019. Lithospheric structure beneath the central and western North China Craton and adjacent regions from S-receiver function imaging. Geophys. J. Int. , 219（1）：619 – 632. DOI：10. 1093/gji/ggz322. Zhang Y Y, Chen L, Ai Y S, et al., 2020. Erratum：Lithospheric structure beneath the central and western North China Craton and adjacent regions from S-receiver function imaging. Geophys. J. Int., 220（1）：201 – 201. DOI：10. 1093/gji/ggz438.

╳◆参考文献

Abt D L, Fischer K M, French S W, et al., 2010. North American lithospheric discontinuity structure imaged by Ps and Sp receiver functions. J. Geophys. Res., 115（B9）：B09301. DOI：10. 1029/2009jb006914.

An M J, Shi Y L, 2006. Lithospheric thickness of the Chinese continent. Phys. Earth Planet. Inter., 159（3 – 4）：257 – 266. DOI：10. 1016/j. pepi. 2006. 08. 002.

Bao X W, Song X D, Li J T, 2015. High-resolution lithospheric structure beneath Mainland China from ambient noise and earthquake surface-wave tomography. Earth Planet. Sci. Lett., 417：132 – 141. DOI：10. 1016/j. epsl. 2015. 02. 024.

Calò M, Bodin T, Romanowicz B, 2016. Layered structure in the upper mantle across North America from joint inversion of long and short period seismic data. Earth Planet. Sci. Lett., 449：164 – 175. DOI：10. 1016/j. epsl. 2016. 05. 054.

Chen L, 2009. Lithospheric structure variations between the eastern and central North China Craton from S- and P-receiver function migration. Phys. Earth Planet. Inter., 173（3 – 4）：216 – 227. DOI：10. 1016/j. pepi. 2008. 11. 011.

Chen L, 2010. Concordant structural variations from the surface to the base of the upper mantle in the North China Craton and its tectonic implications. Lithos, 120（1 – 2）：96 – 115. DOI：10. 1016/j. lithos. 2009. 12. 007.

Chen L, Ai Y S, 2009. Discontinuity structure of the mantle transition zone beneath the North China Craton from receiver function migration. J. Geophys. Res.：Solid Earth, 114（B6）：B06307. DOI：10. 1029/2008jb006221.

Chen L, Cheng C, Wei Z G, 2009. Seismic evidence for significant lateral variations in lithospheric thickness beneath the central and western North China Craton. Earth Planet. Sci. Lett., 286（1 – 2）：171 – 183. DOI：10. 1016/j. epsl. 2009. 06. 022.

Chen L, Jiang M M, Yang J H, et al., 2014. Presence of an intralithospheric discontinuity in the central and western North China Craton：Implications for destruction of the craton. Geology, 42（3）：223 – 226. DOI：10. 1130/G35010. 1.

Chen L, Tao W, Zhao L, et al., 2008. Distinct lateral variation of lithospheric thickness in the northeastern North China Craton. Earth Planet. Sci. Lett., 267（1 – 2）：56 – 68. DOI：10. 1016/j. epsl. 2007.

11. 024.

Chen L, Wen L X, Zheng T Y, 2005. A wave equation migration method for receiver function imaging: 1. Theory. J. Geophys. Res.: Solid Earth, 110 (B11): 165 – 174. DOI: 10. 1029/2005jb003665.

Chen L, Zheng T Y, Xu W W, 2006. A thinned lithospheric image of the Tanlu Fault Zone, eastern China: Constructed from wave equation based receiver function migration. J. Geophys. Res.: Solid Earth, 111 (B9): 535 – 540. DOI: 10. 1029/2005jb003974.

Dong H, Wei W B, Ye G F, et al., 2014. Three-dimensional electrical structure of the crust and upper mantle in Ordos Block and adjacent area: Evidence of regional lithospheric modification. Geochem. Geophys. Geosyst., 15 (6): 2414 – 2425. DOI: 10. 1002/2014gc005270.

Farra V, Vinnik L, 2000. Upper mantle stratification by P and S receiver functions. Geophys. J. Int., 141 (3): 699 – 712. DOI: 10. 1046/j. 1365 – 246x. 2000. 00118. x.

Fischer K M, Ford H A, Abt D L, et al., 2010. The Lithosphere – Asthenosphere Boundary. Annu. Rev. Earth Planet. Sci., 38 (1): 551 – 575. DOI: 10. 1146/annurev – earth – 040809 – 152438.

Ford H A, Fischer K M, Abt D L, et al., 2010. The lithosphere – asthenosphere boundary and cratonic lithospheric layering beneath Australia from Sp wave imaging. Earth Planet. Sci. Lett., 300 (3 – 4): 299 – 310. DOI: 10. 1016/j. epsl. 2010. 10. 007.

Foster K, Dueker K, Schmandt B, et al., 2014. A sharp cratonic lithosphere-asthenosphere boundary beneath the American Midwest and its relation to mantle flow. Earth Planet. Sci. Lett., 402: 82 – 89. DOI: 10. 1016/j. epsl. 2013. 11. 018.

Gao S, Rudnick R L, Carlson R W, et al., 2002. Re – Os evidence for replacement of ancient mantle lithosphere beneath the North China craton. Earth Planet. Sci. Lett., 198 (3 – 4): 307 – 322. DOI: 10. 1016/s0012 – 821x(02)00489 – 2.

Hansen S M, Dueker K, Schmandt B, 2015. Thermal classification of lithospheric discontinuities beneath USArray. Earth Planet. Sci. Lett., 431: 36 – 47. DOI: 10. 1016/j. epsl. 2015. 09. 009.

He L J, 2015. Thermal regime of the North China Craton: Implications for craton destruction. Earth Sci. Rev., 140: 14 – 26. DOI: 10. 1016/j. earscirev. 2014. 10. 011.

Hu S B, He L J, Wang J Y, 2000. Heat flow in the continental area of China: a new data set. Earth Planet. Sci. Lett., 179 (2): 407 – 419. DOI: 10. 1016/s0012 – 821x(00)00126 – 6.

Huang J L, Zhao D P, 2006. High-resolution mantle tomography of China and surrounding regions. J. Geophys. Res.: Solid Earth, 111 (B9): 4813 – 4825. DOI: 10. 1029/2005jb004066.

Huang Z C, Xu M J, Wang L S, et al., 2008. Shear wave splitting in the southern margin of the Ordos Block, north China. Geophys. Res. Lett., 35 (19): 402 – 411. DOI: 10. 1029/2008gl035188.

Huang Z X, Su W, Peng Y J, et al., 2003. Rayleigh wave tomography of China and adjacent regions. J. Geophys. Res.: Atmos., 108 (B2): 345 – 366. DOI: 10. 1029/2001JB001696.

Jiang M M, Ai Y S, Chen L, et al., 2013. Local modification of the lithosphere beneath the central and western North China Craton: 3-D constraints from Rayleigh wave tomography. Gondwana Res., 24 (3 – 4): 849 – 864. DOI: 10. 1016/j. gr. 2012. 06. 018.

Karato S I, Olugboji T, Park J, 2015. Mechanisms and geologic significance of the mid-lithosphere discontinuity in the continents. Nat. Geosci., 8 (7): 509 – 514. DOI: 10. 1038/Ngeo2462.

Kind R, Handy M R, Yuan X H, et al., 2017. Detection of a new sub-lithospheric discontinuity in Central Europe with S-receiver functions. Tectonophysics, 700 – 701: 19 – 31. DOI: 10. 1016/j. tecto. 2017.

02. 002.

Kumar P, Kumar M R, Srijayanthi G, et al., 2013. Imaging the lithosphere – asthenosphere boundary of the Indian plate using converted wave techniques. J. Geophys. Res.: Solid Earth, 118 (10): 5307 – 5319. DOI: 10. 1002/jgrb. 50366.

Li S G, Xiao Y L, Liou D L, et al., 1993. Collision of the North China and Yangtse Blocks and Formation of Coesite-Bearing Eclogites: Timing and Processes. Chem. Geol., 109 (1 – 4): 89 – 111. DOI: 10. 1016/0009 – 2541(93)90063 – O.

Li S L, Mooney W D, Fan J C, 2006. Crustal structure of mainland China from deep seismic sounding data. Tectonophysics, 420 (1 – 2): 239 – 252. DOI: 10. 1016/j. tecto. 2006. 01. 026.

Liu J G, Rudnick R L, Walker R J, et al., 2010. Processes controlling highly siderophile element fractionations in xenolithic peridotites and their influence on Os isotopes. Earth Planet. Sci. Lett., 297 (1 – 2): 287 – 297. DOI: 10. 1016/j. epsl. 2010. 06. 030.

Menzies M A, Fan W, Zhang M, 1993. Palaeozoic and Cenozoic lithoprobes and the loss of > 120 km of Archaean lithosphere, Sino-Korean craton, China. Geological Society, London, Special Publications, 76 (1): 71 – 81. DOI: 10. 1144/gsl. sp. 1993. 076. 01. 04.

Rader E, Emry E, Schmerr N, et al., 2015. Characterization and Petrological Constraints of the Midlithospheric Discontinuity. Geochem. Geophys. Geosyst., 16 (10): 3484 – 3504. DOI: 10. 1002/2015gc005943.

Rychert C A, Shearer P M, 2009. A global view of the lithosphere – asthenosphere boundary. Science, 324 (5926): 495 – 498. DOI: 10. 1126/science. 1169754.

Selway K, Ford H, Kelemen P, 2015. The seismic mid-lithosphere discontinuity. Earth Planet. Sci. Lett., 414: 45 – 57. DOI: 10. 1016/j. epsl. 2014. 12. 029.

Silver P G, Chan W W, 1991. Shear wave splitting and subcontinental mantle deformation. J. Geophys. Res.: Atmos., 96 (B10): 16429 – 16454. DOI: 10. 1029/91JB00899.

Sodoudi F, Yuan X H, Kind R, et al., 2013. Seismic evidence for stratification in composition and anisotropic fabric within the thick lithosphere of Kalahari Craton. Geochem. Geophys. Geosyst., 14 (12): 5393 – 5412. DOI: 10. 1002/2013gc004955.

Su B X, Zhang H F, Sakyi P A, et al., 2010. Compositionally stratified lithosphere and carbonatite metasomatism recorded in mantle xenoliths from the Western Qinling (Central China). Lithos, 116 (1 – 2): 111 – 128. DOI: 10. 1016/j. lithos. 2010. 01. 004.

Sun W J, Kennett B L N, 2017. Mid-lithosphere discontinuities beneath the western and central North China Craton. Geophys. Res. Lett., 44 (3): 1302 – 1310.

Tang Y J, Zhang H F, Ying J F, 2006. Asthenosphere – lithospheric mantle interaction in an extensional regime: Implication from the geochemistry of Cenozoic basalts from Taihang Mountains, North China Craton. Chem. Geol., 233 (3 – 4): 309 – 327. DOI: 10. 1016/j. chemgeo. 2006. 03. 013.

Tian Y, Zhao D P, Sun R M, et al., 2009. Seismic imaging of the crust and upper mantle beneath the North China Craton. Phys. Earth Planet. Inter., 172 (3 – 4): 169 – 182. DOI: 10. 1016/j. pepi. 2008. 09. 002.

Wang C Y, Sandvol E, Zhu L, et al., 2014a. Lateral variation of crustal structure in the Ordos block and surrounding regions, North China, and its tectonic implications. Earth Planet. Sci. Lett., 387: 198 – 211. DOI: 10. 1016/j. epsl. 2013. 11. 033.

Wang S J, Wang F Y, Zhang J S, et al., 2014b. The P-wave velocity structure of the lithosphere of the North China Craton—Results from the Wendeng – Alxa Left Banner deep seismic sounding profile. Sci. China Earth Sci., 57 (9): 2053 – 2063. DOI: 10.1007/s11430 – 014 – 4903 – 7.

Wang X C, Li Y H, Ding Z F, et al., 2017. Three-dimensional lithospheric S wave velocity model of the NE Tibetan Plateau and western North China Craton. J. Geophys. Res., 122 (18): 6207 – 6320. DOI: 10.1002/2017JB014203.

Wang Y J, Fan W M, Zhang H F, et al., 2006. Early Cretaceous gabbroic rocks from theTaihang Mountains: Implications for a paleosubduction-related lithospheric mantle beneath the central North China Craton. Lithos, 86 (3 – 4): 281 – 302. DOI: 10.1016/j.lithos.2005.07.001.

Wei W B, Ye G F, Sheng J, et al., 2008. Geoelectric structure of lithosphere beneath eastern North China: features of a thinned lithosphere from magnetotelluric soundings. Earth Sci. Front., 15 (4): 204 – 216. DOI: 10.1016/S1872 – 5791(08)60055 – X.

Wei X Z, Jiang M M, Liang X F, et al., 2017. Limited southward underthrusting of the Asian lithosphere and material extrusion beneath the northeastern margin of Tibet, inferred from teleseismic Rayleigh wave tomography. Journal of Geophysical Research Solid Earth, 122 (9): 7172 – 7189. DOI: 10.1002/2016JB013832.

Wei Z G, Chen L, Jiang M M, et al., 2015. Lithospheric structure beneath the central and western North China Craton and the adjacent Qilian orogenic belt from Rayleigh wave dispersion analysis. Tectonophysics, 646: 130 – 140. DOI: 10.1016/j.tecto.2015.02.008.

Wei Z G, Chen L, Li Z W, et al., 2016. Regional variation in Moho depth and Poisson's ratio beneath eastern China and its tectonic implications. J. Asian Earth Sci., 115: 308 – 320. DOI: 10.1016/j.jseaes.2015.10.010.

Wei Z G, Chen L, Xu W W, 2011. Crustal thickness and v_P/v_S ratio of the central and western North China Craton and its tectonic implications. Geophys. J. Int., 186 (2): 385 – 389. DOI: 10.1111/j.1365 – 246X.2011.05089.x.

Wölbern I, Rümpker G, Link K, et al., 2012. Melt infiltration of the lower lithosphere beneath the Tanzania craton and the Albertine rift inferred from S receiver functions. Geochem. Geophys. Geosyst., 13 (8): 147 – 155. DOI: 10.1029/2012gc004167.

Wu F Y, Lin J Q, Wilde S A, et al., 2005. Nature and significance of the Early Cretaceous giant igneous event in eastern China. Earth Planet. Sci. Lett., 233 (1 – 2): 103 – 119. DOI: 10.1016/j.epsl.2005.02.019.

Wu F Y, Xu Y G, Gao S, et al., 2008. Lithospheric thinning and destruction of the North China Craton. Acta Petrol. Sin., 24 (6): 1145 – 1174. DOI: 10.1016/j.sedgeo.2008.03.008.

Xiao W J, Windley B F, Hao J, et al., 2003. Accretion leading to collision and the Permian Solonker suture, Inner Mongolia, China: Termination of the central Asian orogenic belt. Tectonics, 22 (6): 8 – 1. DOI: 10.1029/2002tc001484.

Xiao W J, Windley B F, Yong Y, et al., 2009. Early Paleozoic to Devonian multiple-accretionary model for the Qilian Shan, NW China. J. Asian Earth Sci., 35 (3 – 4): 323 – 333. DOI: 10.1016/j.jseaes.2008.10.001.

Xu Y G, 2007. Diachronous lithospheric thinning of the North China Craton and formation of the Daxin'anling – Taihangshan gravity lineament. Lithos, 96 (1 – 2): 281 – 298. DOI: 10.1016/j.lithos.2006.

09. 013.

Xu Y G, Chung S L, Ma J L, et al., 2004. Contrasting Cenozoic lithospheric evolution and architecture in the western and eastern Sino-Korean craton: Constraints from geochemistry of basalts and mantle xenoliths. J. Geol., 112 (5): 593 – 605. DOI: 10. 1086/422668.

Xu Y G, Li H Y, Pang C J, et al., 2009. On the timing and duration of the destruction of the North China Craton. Chin. Sci. Bull., 54 (19): 3379 – 3396. DOI: 10. 1007/s11434 – 009 – 0346 – 5.

Yin A, Nie S Y, 1993. An indentation model for the North and South China collision and the development of the Tan – Lu and Honam Fault Systems, eastern Asia. Tectonics, 12 (4): 801 – 813. DOI: 10. 1029/ 93tc00313.

Yu Y, Chen Y J, 2016. Seismic anisotropy beneath the southern Ordos block and the Qinling – Dabie orogen, China: Eastward Tibetan asthenospheric flow around the southern Ordos. Earth Planet. Sci. Lett., 455: 1 – 6. DOI: 10. 1016/j. epsl. 2016. 08. 026.

Yuan H Y, Romanowicz B, 2010. Lithospheric layering in the North American craton. Nature, 466 (7310): 1063 – 1068. DOI: 10. 1038/nature09332.

Yuan X H, Kind R, Li X Q, et al., 2006. The S receiver functions: synthetics and data example. Geophys. J. Int., 165 (2): 555 – 564. DOI: 10. 1111/j. 1365 – 246X. 2006. 02885. x.

Zhai M G, Liu W J, 2003. Palaeoproterozoic tectonic history of the North China craton: a review. Precambrian Res., 122 (1 – 4): 183 – 199. DOI: 10. 1016/S 0301 – 9268(02)00211 – 5.

Zhai M G, Santosh M, 2011. The early Precambrian odyssey of the North China Craton: A synoptic overview. Gondwana Res., 20 (1): 6 – 25. DOI: 10. 1016/j. gr. 2011. 02. 005.

Zhang H F, Ying J F, Tang Y J, et al., 2011. Phanerozoic reactivation of the Archean North China Craton through episodic magmatism: Evidence from zircon U – Pb geochronology and Hf isotopes from the Liaodong Peninsula. Gondwana Res., 19 (2): 446 – 459. DOI: 10. 1016/j. gr. 2010. 09. 002.

Zhang H S, Teng J W, Tian X B, et al., 2012. Lithospheric thickness and upper-mantle deformation beneath the NE Tibetan Plateau inferred from S receiver functions and SKS splitting measurements. Geophys. J. Int., 191 (3): 1285 – 1294. DOI: 10. 1111/j. 1365 – 246X. 2012. 05667. x.

Zhang Y Y, Chen L, Ai Y S, et al., 2019. Lithospheric structure beneath the central and western North China Craton and adjacent regions from S-receiver function imaging. Geophys. J. Int., 219: 619 – 632.

Zhang Y Y, Chen L, Ai Y S, et al., 2020. Lithospheric structure beneath the central and western North China Craton and adjacent regions from S-receiver function imaging (vol. 219, pg. 619, 2019). Geophys. J. Int., 220: 201 – 201.

Zhao G C, Sun M, Wilde S A, et al., 2005. Late Archean to Paleoproterozoic evolution of the North China Craton: key issues revisited. Precambrian Res., 136 (2): 177 – 202. DOI: 10. 1016/j. precamres. 2004. 10. 002.

Zhao L, Allen R M, Zheng T Y, et al., 2009. Reactivation of an Archean craton: Constraints from P- and S-wave tomography in North China. Geophys. Res. Lett., 36 (17): 367 – 389. DOI: 10. 1029/2009 gl039781.

Zhao L, Allen R M, Zheng T Y, et al., 2012. High-resolution body wave tomography models of the upper mantle beneath eastern China and the adjacent areas. Geochem. Geophys. Geosyst., 13 (6): Q06007. DOI: 10. 1029/2012gc004119.

Zhu R X, Chen L, Wu F Y, et al., 2011. Timing, scale and mechanism of the destruction of the North

China Craton. Sci. China – Earth Sci., 54 (6)：789 – 797. DOI：10.1007/s11430 – 011 – 4203 – 4.

Zhu R X, Zheng T Y, 2009. Destruction geodynamics of the North China craton and its Paleoproterozoic plate tectonics. Chin. Sci. Bull., 54 (19)：3354 – 3366. DOI：10.1007/s11434 – 009 – 0451 – 5.

吴庆举，曾融生，1998. 用宽频带远震接收函数研究青藏高原的地壳结构. 地球物理学报，41 (5)：669 – 679.

赵红格，刘池洋，王峰，等，2006. 鄂尔多斯盆地西缘构造分区及其特征. 石油与天然气地质，27 (2)：173 – 179. DOI：10.11743/ogg20060206.

郑秀芬，欧阳飚，张东宁，等，2009. "国家数字测震台网数据备份中心" 技术系统建设及其对汶川大地震研究的数据支撑. 地球物理学报，52 (5)：1412 – 1417. DOI：10.3969/j. issn.0001 – 5733. 2009.05.031.

华南宽频带地震观测研究 10 年回顾

李秋生[1]

◆ 1 SinoProbe 宽频带地震观测实验

地质所岩石圈中心对华南开展宽频带地震观测研究始于 2008 年。之前，地质所在中国地质调查局野战军装备计划的支持下，于 2005 年首批采购了 60 套宽频地震仪。2008 年到货验收后，立即投入"台湾海峡及邻区地壳结构探测研究"（2006—2009 年）的地质调查项目使用，与 Francis Wu 教授（美国 NSF TAIGER 项目首席科学家）合作，在东南沿海开展野外实验。2008 年"深部探测技术与实验"（SinoProbe）专项启动，继续支持在华南大陆东南沿海地区的宽频带地震流动观测实验研究，SinoProbe－02 项目设立 03 课题，部署了 1 个自松潘—甘孜地块起始，横贯整个华南到东南沿海（泉州），长约 2000 km 的大剖面（中科院地质地球所承担）。同时，与南京大学、地科院资源所合作在东南沿海部署了 5 个剖面（3 个 NW 向，2 个 NE 向），构成对华夏地块的栅状覆盖观测。

SinoProbe 之前，对华南地区的岩石圈结构的认识主要来自天然地震固定台网不同尺度体波和面波层析成像的结果。这些结果主要揭示了华夏与扬子地块东部的上地幔速度低异常，粗略地推测扬子地块西部（四川盆地）岩石圈较厚（200 km 上下），而扬子地块东部与华夏陆块的岩石圈厚度较薄（100 km 上下）。P 波接收函数和横波分裂研究结果显示，我国东南部及沿海具有较薄（30 km 上下）的地壳（具弱各向异性），扬子地块—华夏地块快波方向有明显变化，反映其间的上地幔变形横向差异。华夏地块地幔过渡带厚度正常（Ai et al.，2007）。较早的宽频带流动观测是中德合作穿越大别山造山带的剖面，其接收函数结果揭示大别山及邻区具有异常薄的岩石圈（Sodoudi et al.，2006）。然而，由于固定台网台站稀疏和方法技术本身的局限性，各种结果之间相互差异较大。

SinoProbe（2008—2014 年）的宽频地震观测实验研究旨在检验该方法对我国不同地质、自然条件和人文环境的适用性和有效性。华南薄地壳、高温多雨和强人文干扰的

---

1 自然资源部深地动力学重点实验室（建），中国地质科学院地质研究所，北京，100037。

基金项目：本文由国家自然科学基金项目（91962110、41574092）资助。

突出特点，使之与青藏高原及周缘（厚地壳、高寒和无人区）、东北（巨厚盆地沉积、森林地貌、冬季低温）并列为3个重点实验地区。通过6年实验，摸索总结出了一些因地制宜的针对性办法，其中台址勘选，即适当选取台站地理位置，是降低环境噪声干扰水平以保证数据较高信噪比的最简单有效的措施。再配合适当的台基处理，使宽频地震流动观测在华南地区的数据回收率和数据质量达到了可接受的水平。台基建设方案中"防水"处理是关键，防水措施不到位是仪器发生故障造成断记的最常见原因。另外台站巡回间隔偏长，没有对台站运行状态实时监控，也是影响数据回收率和连续性的重要原因。曾经试验过用手机短信监控仪器工作状态，取得不错的效果。也尝试引进国外羚羊（Antelope）技术，但出于数据安全考虑，其使用受到限制。

SinoProbe实验主要从技术人才培养和野外观测技术两个方面，为在华南地区大规模开展宽频带地震观测研究奠定了基础。同时，通过对实验数据的分析计算，获得了各剖面下方壳幔几何结构特征和物性信息，刷新了对华南深部结构和动力学过程的认识：

（1）扬子地块与华夏块体的分界带位置。马尔康—泉州大剖面的远震接收函数波动方程偏移叠加剖面图像将扬子地块与华夏地块的分界带清楚地限定在雪峰山一线。位于雪峰山东南侧的华夏地块地壳向海岸方向一直减薄，地壳厚度平均为30 km，与雪峰山西北侧的扬子地块的较厚地壳（约45 km）形成强烈对比。

（2）地壳薄弱带和薄岩石圈。栅栏状剖面的接收函数分析结果发现，华夏地块地壳厚度平均为30 km（27～32 km）；韶关、赣州一线存在近北东向的Moho凸起带，与地表串珠状张性盆地相对应。华夏地块岩石圈较四川盆地岩石圈平均系统减薄50 km（张耀阳 等，2018）。华南东部岩石圈厚度平均80 km，扬子地块稍厚，东南沿海带只有约70 km（Li et al.，2013，叶卓 等，2014）。内陆也存在更薄的局部，例如庐枞盆地下方（Shi et al.，2013）和下扬子地区（Zheng et al.，2013）。

（3）古太平洋俯冲模式的适用性问题。基于IASP91模型，华南大剖面0～800 km接收函数CCP叠加图像和偏移图像未见可与俯冲板片相联系的地幔过渡带增厚现象，暗示华夏地块下方地幔过渡带内可能未必有滞留的俯冲板片。

（4）各向异性结构。XKS波分裂结果揭示，扬子克拉通各向异性结构复杂，快波方向分为两组（NW—SE和NEE—SWW）；华夏地块相对简单，快波优势方向为NE—SW方向。扬子地块的各向异性主要与区域构造变形有关，华夏地块的各向异性起源于软流圈物质定向流动。

SinoProbe宽频地震流动观测在一定程度上提高了华南地区的地震台站密度，但是由于剖面依然稀疏及线性剖面观测方式的局限性，各个关键地质单元的岩石圈结构三维特征未得到有效控制；在探讨华南东部岩石圈减薄的机制等重大科学问题时，各种观点还远未形成共识，制约了该区岩石圈动力学研究进展以及与资源环境相关问题的解决。

◆2 华南深部结构台阵探测

作为SinoProbe的延续和新的国家深部探测工程的准备，兼顾调查华南大规模爆发成矿深部背景的需求，2014 年，岩石圈中心与北京大学、南京大学、中国地震局地震预测研究所和中国地质科学院地质力学研究所合作承担地质调查项目"华南深部结构探测"，开始实施对华南东部的宽频带地震密集台阵观测。截至 2019 年年底，已经累计完成 3 个地调项目，申请获批 3 个国家自然科学基金项目和 1 个深地资源勘查开采专项专题（表 1）。累计布设宽频地震流动观测台站 400 台次以上，形成了对华南东部主要构造单元的分期分片覆盖（台站间距平均为 40 km），累计回收原始仪器记录格式连续记录数据 3650 GB（采样率 100），目前已完成和开展了 P 波、S 波接收函数分析、走时层析成像（FDtomo），部分数据的背景噪声成像（与中国科技大学合作）（Luo et al.，2018）和接收函数与面（瑞雷）波联合反演（Ye et al.，2019），获得了大陆岩石圈及更深地幔的三维结构图像，丰富了我们对华南东部岩石圈结构特征的了解，形成了中生代以来的华南岩石圈演化动力学过程的新认识。

表 1　已实施的华南深部结构地质调查项目

实施年份	项目名称/负责人	项目来源/经费	主要技术方法
2006—2009	台湾海峡及邻区地壳结构探测研究/高锐，李秋生	地调项目/120 万元	天然地震流动观测剖面
2010—2014	深部探测技术实验与集成/高锐	国家深部探测技术实验专项	反射剖面/大地电磁/天然地震流动观测/李秋生
2014—2016	华南深部结构探测（宽频地震观测）/李秋生	地调项目/600 万元	天然地震流动观测阵列（200 台）
2016—2017	钦杭结合带及邻区深部地质调查（宽频带地震观测）/李秋生	地调项目/350 万元	天然地震流动观测阵列（广东、广西 100 台）
2016—2019	南岭—武夷交汇区中生代构造转换的深部过程与动力学机制研究/李秋生	国家自然科学基金项目（面上）/83.9 万元	天然地震流动观测密集剖面（福建龙岩—广西桂林）
2016—2020	华南岩石圈三维速度结构研究/张洪双	国家深地资源勘查开采专项专题/70 万元	天然地震流动观测阵列资料多方法融合解释
2018—2021	华南东部岩石圈几何结构与伸展机制研究——密集宽频带地震台阵数据接收函数分析/张洪双	国家自然科学基金项目（面上）/70 万元	天然地震流动观测密集阵列资料深化处理解释

（1）地壳结构与属性。密集台阵观测的接收函数 $H-\kappa$ 结果和 CCP 剖面揭示，华南东部地壳厚度中值为 30 km，较四川盆地地壳薄 10 km 以上。位于内陆的扬子地块地壳厚度大于 32 km，沿海的华夏地块小于 30 km，台湾海峡为 24 ～ 28 km。总体呈从内陆向沿海线性减薄趋势，伴随数条张性断裂发育，如闽江断裂甚至切穿地壳。在地壳伸展背景上，存在一弧形地壳薄弱带起自广东沿海大致沿赣江断裂延伸（韩如冰 等，2019）。在赣东北（德兴、朱溪）地壳 5 ～ 10 km 深度范围存在部分熔融性质的局部低速（高导）体，其上升通道与深大断裂带高度相关，且与 Moho 局部凸起和岩石圈薄弱处有空间对应关系。方位各向异性特征显示出下地壳被地幔对流所改造（Shi et al.，2013）。

（2）岩石圈—软流圈边界。接收函数研究发现岩石圈—软流圈边界（LAB）埋深较四川盆地 LAB（约 150 km）浅约 50 km。中值为 80 km，局部有 5 ～ 10 km 起伏。LAB 深度向俯冲带板块后撤方向减小。东南沿海岩石圈具有陆洋过渡性质，厚度仅约 70 km。这样的岩石圈厚度特征与新元古末构造格局相差较大，也几乎与特提斯体制的近东西向构造地貌不相关。表现为更多受晚中生代以来古太平洋板块向欧亚板块（东亚大陆）俯冲的构造环境控制。也有人给出完全不同的结果，其原因是华南东部 LAB 并非一个波速差明显的尖锐界面。层析成像揭示在 150 ～ 300 km 深部存在低速结构，100 km 深度之上和 250 ～ 400 km 深度之间存在高速异常体，被解释为太平洋板块俯冲体制下的岩石圈拆沉、软流圈物质上涌等。但是，这些高速与低速异常通常差值较小，不确定性较大。

（3）地幔过渡带。基于密集阵列数据的接收器函数共转换点叠加成像揭示存在一条地幔过渡带结构分界线，投影到地表大致相当于 29°N 线或者江南隐伏断裂所在的位置。在分界线以北，扬子地块 660 km 不连续面深度有两处局部增大，与层析成像给出的高速异常体分布有很好的相关性，具有低温和低含水量特征。解释为滞留在地幔过渡带内的太平洋板块俯冲板片。而在分界线以南，华夏地块地幔转换带厚度在 250 km 左右，接近 IASP91 标准模型（黄晖 等，2013；Huang et al.，2015），660 km 不连续面附近相对富水（Han et al.，2020）。29°N 分界线反映了扬子地块与华夏地块中生代以来的地幔环境有系统差异。

（4）南岭—武夷构造转换的深部背景。南岭—武夷构造转折部位与岩石圈异常减薄的核心部位有显著的空间对应关系，其深部背景是古太平洋板块俯冲、软流圈上涌和小地幔柱的共同作用。

◆ 3 几个问题的思考

10 多年来我们持续在华南东部地区实施宽频地震观测，记录的连续波形数据超过 3 TB（采样率 100），在技术人才储备和野外工作经验等方面有了一定积累，初步具备了作为地球深部多圈层相互作用协同演变研究学科基地的条件。下一步的工作，有几个问题应给予关注和重视：

（1）观测方法技术。野外观测方面，应补齐台站监控的短板，以进一步保障仪器安全，提升数据回收率。在观测方式方面，未来 10 年阵列观测成为宽频地震流动观测数据采集的主流方式，全球陆域或将被密集台站所覆盖。短周期密集阵观测将获得越来越多的应用，并最终与宽频地震流动观测技术融为一体。

（2）数据深度利用。截至目前，除了接收函数、走时层析成像分析有初步成果，背景噪声成像、接收函数与面波联合反演刚刚尝试之外，我们在面波成像、全波形成像、联合反演成像和各向异性研究等方面还是十分薄弱，已采集到的海量数据蕴含着丰富的下地幔和地核结构的信息，尚有待挖掘（Wang et al.，2015）。

（3）学科交叉。2019 年国家自然科学基金委启动的"战略性关键金属超常富集成矿动力学"重大研究计划，拟通过研究岩石圈及相邻圈层物质和能量迁移过程中关键金属组分的分散与富集机制和时空演化规律，发展关键金属成矿理论。为地球物理深部结构研究与成矿学交叉提供了难得的机遇。

（4）地球系统科学观。我国大陆处于欧亚板块东南缘，中生代中晚期古太平洋板块俯冲对我国东部岩石圈变形和演化影响强烈，触发了大规模岩浆活动与成矿作用。必须从全球板块大格局，从地球内部包括岩石圈在内的更深圈层的相互作用和协同演变，去认识华南深部结构的动力学意义，去发现物质和能量向浅部运移和传递的动力源和机制。

4 结 束 语

岩石圈中心对华南开展宽频带地震观测研究已有 10 年以上，记录的连续波形数据达 3 TB（采样率 100）以上，积累了在该地区自然条件和人文环境工作的经验，为继续开展华南及邻区的深部结构探测和地球动力学研究奠定了一定基础，为"地球深部探测重大专项"启动实施储备了技术人才和一定的资料基础。本文介绍了一些基本信息和对几个问题的粗浅想法，供继续从事该地区宽频地震观测研究的同行参考，并借此机会向一路走来给予我们鼓励、支持和帮助的前辈、老师、同事、同行、朋友和学生们表示衷心感谢。

参考文献

Ai Y，Chen Q，Zeng F，et al.，2007. The crust and upper mantle structure beneath southeastern China. Earth and Planetary Science Letters，260（3 − 4）：549 − 563.

Han R B，Li Q S，Huang R，et al.，2020. Detailed structure of mantle transition zone beneath southeastern China and its implications for thinning of the continental lithosphere. Tectonophysics，789：228480.

Huang H，Tosi N，Chang S J，et al.，2015. Receiver function imaging of the mantle transition zone beneath the South China Block. Geochemistry，Geophysics，Geosystems，16（10）：3666 − 3678.

Li Q S，Gao R，Wu F T，et al.，2013. Seismic structure in the southeastern China using teleseismic receiver functions. Tectonophysics, 606: 24 – 35.

Liu Q Y, van der Hilst R D, Li Y, et al., 2014. Eastward expansion of the Tibetan Plateau by crustal flow and strain partitioning across faults. Nat. Geosci., 7 (5): 361 – 365.

Luo S, Yao H, Li Q, et al., 2019. High-resolution 3D crustal S-wave velocity structure of the Middle-Lower Yangtze River Metallogenic Belt and implications for its deep geodynamic settings. Sci. China Earth Sci., 62: 1361 – 1378. http://engine.scichina.com/DOI/10.1007/s11430 – 018 – 9352 – 9.

Shi D, Lu Q, Xu W, et al., 2013. Crustal structure beneath the middle-lower Yangtze metallogenic belt in East China: Constraints from passive source seismic experiment on the Mesozoic intra-continental mineralization. Tectonophysics, 606: 48 – 59.

Sodoudi F, Yuan X, Liu Q, et al., 2006. Lithospheric thickness beneath the Dabie Shan, central eastern China from S receiver functions. Geophysical Journal International, 166: 1363 – 1367.

Tao W, Song X D, Xia H H, 2015. Equatorial anisotropy in the inner part of Earth's inner core from autocorrelation of earthquake coda. Nature Geoscience, 8: 224 – 227. http://www.nature.com/DOIfinder/10.1038/ngeo2354.

Wang X R, Li Q S, LiG H, et al., 2018. Seismic triplication used to reveal slab subduction that had disappeared in the late Mesozoic beneath the northeastern South China sea. Tectonophysics, 727: 28 – 40. https://doi.org/10.1016/j.tecto.2017.12.030.

Ye Z, Li Q S, Zhang H S, et al., 2019. Crustal and uppermost mantle structure across the Lower Yangtze region and its implications for the late Mesozoic magmatism and metallogenesis, eastern South China. Physics of the Earth and Planetary Interiors, 297: 106324. https://doi.org/10.1016/j.pepi.2019.106324.

Zheng T Y, Zhao L, He Y M, et al., 2013. Seismic imaging of crustal reworking and lithospheric modification in eastern China. Geophys. J. Int., 196: 656 – 670.

韩如冰, 李秋生, 徐义贤, 等, 2019. 南岭—武夷交汇区的深部背景及地壳泊松比. 地球物理学报, 62 (7): 2477 – 2489. DOI: 10.6038/cjg2019M0207.

黄晖, 2013. 下扬子及邻区的地壳上地幔结构与各向异性. 南京: 南京大学地球科学与工程学院.

王晓冉, 李秋生, 张洪双, 等, 2018. 华南东部地区上地幔P波速度结构研究. 世界地质, 37 (2): 820 – 626.

叶卓, 李秋生, 高锐, 等, 2014. 中国东南沿海岩石圈减薄的地震接收函数证据. 中国科学: 地球科学, 44 (11): 2451 – 2460.

张耀阳, 陈凌, 艾印双, 等, 2018. 利用S波接收函数研究华南块体的岩石圈结构. 地球物理学报, 61 (01): 138 – 149.

华南岩石圈的伸展和减薄机制：大地电磁数据的研究

徐　珊[1]，胡祥云[1]，Martyn Unsworth[2]，Walter Mooney[3]

❖0　引　　言

克拉通是大陆地壳长期稳定的地质单元，其自身的浮力和下伏岩石圈的稳定性使得岩石圈通常能抵抗板块构造作用而保持稳定（Jordan，1978；Pollack，1986）。伸展作用可能导致大陆岩石圈的减薄，致使其产生窄或宽的裂谷，甚至造成大陆裂解（Buck，1991）。华南大陆主要由扬子地块和华夏地块两部分构成，在显生宙经历了复杂多期次的构造变动、复合、叠加与改造，不仅经历了早古生代及早中生代两期陆内造山作用，在华南东南部，晚中生代的构造岩浆作用尤为显著，中生代岩石圈伸展作用的驱动力及其构造响应一直是地学界探讨的热点。白垩纪期间，华南东部发育了大规模断陷活动，形成大量的半地堑式盆地，并诱发大规模的火山活动，盆地与花岗岩构成了复杂的华南盆岭构造，与北美的盆岭省（Basin and Range Province）相当（Gilder et al.，1991，1996；Faure et al.，1996；Dickinson，2002；Zhou et al.，2006；Wang & Shu，2012；Li et al.，2014）。华南的盆岭构造是中国东南部大裂谷的典型，对于了解欧亚大陆在中生代的演化历史至关重要，但中生代华南岩石圈伸展和断陷活动的深部动力学机制尚不清晰。目前，主要存在两个端元模型来解释岩石圈伸展作用的驱动力：①纯剪切模式伸展，其特征为塑性下部岩石圈和脆性上部岩石圈的整体对称性减薄（McKenzie，1978）；②简单剪切模式伸展，表现为低角度拆离断层存在时两侧岩石圈的不对称性减薄（Wernicke，1984）。然而，华南地区燕山运动的研究还较薄弱，华南中生代裂谷系统的实际伸展机制仍然是个谜，可能与华南东部地区晚中生代发育大面积的火山岩和侵入岩导致的露头较差有关。

华南大陆具有复杂的构造演化历史。扬子地块（约3.2 Ga；Qiu et al.，2000）和华夏地块（约2.5 Ga；Yu et al.，2012）在新元古代碰撞拼合，形成了统一的华南大陆（图1），是罗迪尼亚超大陆的一部分（Cawood et al.，2013）。在扬子和华夏地块之间，发育近北东走向约1500 km长、200 km宽的前寒武地质单元，称为江南造山带。随后罗

1 中国地质大学地球物理与空间信息学院，武汉，430074；2 Department of Physics，University of Alberta，Edmonton，AB T6G 0B9；3 US Geological Survey，Menlo Park，CA 94025。

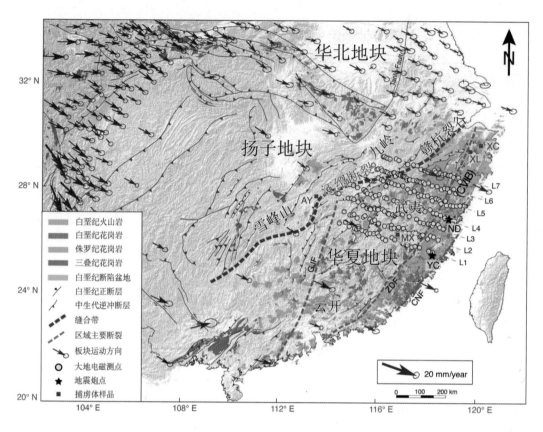

红色和灰色虚线：江绍断裂和主要断裂带的位置；蓝色箭头：相对于欧亚板块的运动（Liu & Shen, 2007）；黄色圆圈：大地电磁测点的位置；L1—L7：每条测线的名称；黑色星号：宁德（ND）和永春（YC）的爆破地震炮点位置（廖其林 等, 1990）；蓝色方块：分布在新昌（XC; Fan & Hooper, 1989; 林传勇 等, 1995; Xu et al., 1995; Liu et al., 2012）、溪龙（XL; Yu et al., 2003）、明溪（MX; Qi et al., 1995; Xu et al., 1998; 林传勇 等, 1999; Huang & Xu, 2010）和安源（AY, Zheng et al., 2004）的捕房体样品位置。

CVIB：东南沿海火山岩—侵入岩带；GJF：赣江断裂；ZDF：政和—大埔断裂；CNF：长乐—南澳断裂。

图1 大地电磁测点分布和华南地区构造简图（改编自 Li et al., 2017）

迪尼亚超大陆发生裂解，华南经历强烈的伸展裂陷作用，形成南华裂谷（Wang & Li, 2003）。南华裂谷接受了巨厚的新元古代中晚期至奥陶纪巨厚海陆互相沉积，晚奥陶纪华南武夷—云开一带经历了早古生代造山运动，南华裂谷发生夭折与关闭，并沿江绍断裂发生陆内俯冲作用，形成华南东部早古生代造山带（Faure et al., 2009）。三叠纪随着古特提斯洋的闭合，在华南大陆南北缘发生陆陆碰撞作用，并在华南内部形成广泛的陆内变形（Wu & Zheng, 2013）。早中生代沿雪峰山—九岭一带的造山作用使得华南地体整体抬升，经历了由海相环境向陆相环境的转换（Chu & Lin, 2014）。晚中生代，华南地区主要受太平洋板块俯冲作用的控制，中国东南地区经历了由挤压向伸展构造的转换，形成大量断陷盆地，多个伸展穹窿和广泛分布的岩浆岩，中生代的构造岩浆活动是对华南大陆影响最为深远的构造事件（Zhou & Li，2000；Li et al.，2014）。事实上，中生代东亚地区普遍存在大陆伸展和岩石圈减薄现象。例如，所谓的华北克拉通的破坏，其特征是岩石圈变薄（大约从下部岩石圈剥落了100 km）和岩石圈地幔性质的改变（Zhu et al.，2011；Zhu et al.，2012），与华南盆岭构造几乎是同时期产生的（Gilder et al.，1991）。

华南地区主要经历了两个阶段的伸展：第一阶段与新元古代晚期罗迪尼亚超大陆裂解（820—750 Ma 前）有关，在华南中部表现为以南华裂谷为主体的裂陷作用和同期岩浆活动（Wang & Li，2003）。第二阶段伸展发生在白垩纪早期，可能是由北西向俯冲的古太平洋板块回撤引起的（Seton et al.，2012），导致了沿东南大陆边缘北东向分布的强烈弧后裂陷和岩浆活动（Gilder et al.，1991；Ren et al.，2002；Zhou & Li，2000；Wang & Shu，2012），江绍断裂带内发育了大量断陷盆地，形成赣杭裂谷，沿江绍断裂延伸约450 km（Jiang et al.，2011），是华南大陆晚中生代较为突出的一个裂谷系统。

统计资料表明，全球大陆地壳厚度范围为30 ～ 45 km，平均厚度约40 km（Mooney et al.，1998）。据反射地震资料，扬子地块地壳厚度约为36 ～ 42 km，与全球平均值较为接近。然而，华夏地块地壳厚度仅为33 ～ 35 km，远小于全球平均厚度（Li et al.，2006）。扬子地块地表大地平均热流值为53 mW/m²，而华夏地块地表大地热流达到73 mW/m²。基于热结构和地震数据推断的扬子地块岩石圈厚度约为170 km，华夏地块岩石圈厚度仅为70 ～ 80 km（An & Shi，2006）。同时，华夏地块上地幔热流值也要高于扬子地块。华南东南部上地幔S波速度小于全球平均值，仅为4.45 km/s，甚至更低。S波在扬子地块岩石圈底部的速度大于4.50 km/s，但在华夏地块岩石圈底部波速仅为4.25 ～ 4.40 km/s（Zhu et al.，2002；Huang et al.，2003）。扬子地块上地幔均显示高速异常，相比之下，华夏地块上地幔不仅在50 ～ 80 km 深度范围内分布了大面积低速异常体，在150 km 处同样显示了一个深入地幔转换带的低速异常（Lebedev & Nolet，2003）。以上资料表明，扬子和华夏地块不论在岩石圈速度结构还是热结构上都存在明显差异，扬子地块岩石圈较"冷"而华夏地块较"热"，华夏地块的岩石圈可能经历了强烈的减薄作用，这可能与华夏在中生代经历的伸展作用有关，但对于扬子和华夏岩石圈差异性演化的原因和华夏地块伸展减薄的机制尚不清晰。除了地震方法以外（高锐等，2004；吕庆田 等，2004；董树文、李廷栋，2009；Gao et al.，2016），大地电磁法是研究壳幔结构的另一大支柱地球物理方法（魏文博 等，2010；Zhang et al.，2015），在世界范围内已有许多成功解决大陆动力学相关问题的范例。使用大地电磁方法研究华南大陆壳幔电性结构无疑为解决该地区深部地质问题做出不可替代的贡献。因此，鉴于扬子和华夏地块迥异的岩石圈结构特征，我们试图利用大地电磁资料构建华南岩石圈电性结构模型，揭示岩石圈差异性演化的机制。

岩石圈的导电性结构不仅与地下岩体本身的物质成分、孔隙度及孔隙流体有关，还与岩石圈内部的温度、压力、应变等物理状态密切相关，能够间接提供地下深部热状态和流变性特征，这对于揭示华南大陆的形成、演化与深部动力学机制具有重要的参考意义。大地电磁法利用天然电磁场作为场源，具有丰富的频谱信息，其勘探深度可达地下几十千米甚至上百千米，是探测岩石圈电性结构的主要方法（Cagniard，1953）。将大地电磁数据反演后可获得地下不同深度处的电阻率（或电导率）信息，利用电阻率与地下岩体物质成分、孔隙度及孔隙流体的关系，结合岩石高温高压试验结果和地震数据资料可间接获知岩石圈内部的温度、压力、应变等物理状态。例如，由大地电磁剖面所得到的上地幔非常低的电阻率特征有可能是地幔物质部分熔融的反映，这通常与地震剖面所获得的深部低速体相对应。地震资料显示扬子地块下方 80 ～ 200 km 深度范围内有较高的地震波速度，而在华夏地块下 100 ～ 400 km 的深度范围内存在低速异常（Schaeffer & Lebedev，2013），地幔中的低速异常可能表明华南大陆下部存在水合地幔（Karato & Jung，1998；Zhao et al.，2007；Liu et al.，2017）。但是，目前对大陆岩石圈中水的分布和水含量的研究还较为薄弱，水对岩石圈强度和稳定性的影响也不是很清晰。目前普遍认为，岩石圈的破坏始于岩石圈根部的弱化，可能与邻近俯冲带的岩石圈地幔的水合作用有关（Windley et al.，2010；Xia et al.，2013）。因此，岩石圈的含水量是控制岩石圈强度和黏度的关键因素之一（Dixon et al.，2004；Mei & Kohlstedt，2000a，2000b；Peslier et al.，2010），确定岩石圈地幔水含量对研究岩石圈的演化显得尤为重要。

本研究使用了在华南大陆东部面积约 180 000 km^2 范围内 225 个测点的宽频大地电磁数据，平均站点间距为 10 km，测线间距为 50 km，通过三维反演获得了扬子地块东缘与华夏地块的岩石圈三维电性结构模型（图 1）。结合已发表的地震、重力资料，同时归纳了华南地区地幔捕房体获得的热结构模型，重点探讨了华南大陆形成与中生代演化过程。

◈ 1 研 究 方 法

1.1 大地电磁方法概述

大地电磁法是一种利用在地表测得的天然的电场（E）和磁场（H）随时间和空间的变化来研究地下电阻率（或其倒数电导率）分布的地球物理技术（Cagniard，1953）。其基本的响应函数是复阻抗张量：

$$Z = X + iY \tag{1}$$

它描述了电场和磁场正交分量之间的线性关系。在笛卡尔坐标系中，将时间序列转化到频率域后，它可以通过张量形式表示：

$$\begin{pmatrix} E_x(\omega) \\ E_y(\omega) \end{pmatrix} = \begin{pmatrix} Z_{xx}(\omega) & Z_{xy}(\omega) \\ Z_{yx}(\omega) & Z_{yy}(\omega) \end{pmatrix} \begin{pmatrix} H_x(\omega) \\ H_y(\omega) \end{pmatrix} \tag{2}$$

与频率相关的复阻抗张量可以通过下式转换为视电阻率（ρ_a，单位为 $\Omega \cdot m$）和相位：

$$\rho_{a,ij}(\omega) = \frac{1}{\mu_0 \omega} |Z_{ij}(\omega)|^2$$

$$\phi_{ij}(\omega) = \arctan \frac{\mathrm{lm}(Z_{ij}(\omega))}{\mathrm{Re}(Z_{ij}(\omega))} \tag{3}$$

其中，μ_0 为真空中的磁导率；ω 为角频率。

1.2 大地电磁数据采集与处理

在本次研究中，电磁场的 4 个正交分量（E_x，E_y，H_x，H_y）是在 7 个西北—南东方向剖面上的 225 个站点记录的。每个站点的记录时间大约为 20 h，产生的数据周期范围为 0.003 ~ 1000 s。在进行数据分析和反演之前，我们去除了干扰较大的数据，并且使用远参考 Robust 估计方法对时间序列数据进行了处理（Egbert，1997；Gamble et al.，1979）。

1.3 相位张量与构造维性分析

我们采用相位张量分析方法对地下电导率结构的复杂性进行了研究。Caldwell 等（2004）将大地电磁相位张量定义为复阻抗张量实部与虚部的比值：

$$\boldsymbol{\phi} = \begin{pmatrix} \phi_{xx} & \phi_{xy} \\ \phi_{yx} & \phi_{yy} \end{pmatrix} \tag{4}$$

相位张量可以用椭圆来表示，地下介质结构的复杂性和三维性可以通过偏离角 β 来衡量（Caldwell et al.，2004）。

相位张量椭圆显示平行或垂直于地质体走向的电磁场有明显的极化（Booker，2014）。当电阻率为一维结构时，相位张量的椭圆退化为一个圆形。在二维情况下，相位张量是对称的，即偏离角 $|\beta| = 0$，相位张量可绘制为一个对称的椭圆。在三维情况下，张量是非对称的并且表现为一个非对称的椭圆，偏离角 $|\beta| \neq 0$。偏离角大于 5° 意味着地下介质更偏向于三维电阻率结构。在图 2 中，短周期处（$T = 1$ s 和 $T = 11$ s）$|\beta|$ 的较大值和高椭率反映了浅层电阻率结构强烈的横向不均匀性。当周期 $T = 105$ s 时，$|\beta|$ 在大部分测点上的减小表明介质三维度的减小。当周期 $T = 606$ s 时，相位响应主要受到深部电性结构的影响，不同相位张量椭圆主轴方向的快速变化和偏离角玫瑰图的散射状表明了一种复杂的三维导电结构。因此，相位张量分析表明，研究区需要进行三维反演才能得到真实的电阻率模型。三维反演方法利用全阻抗张量信息，能够反映出二维反演无法显示的结构信息。

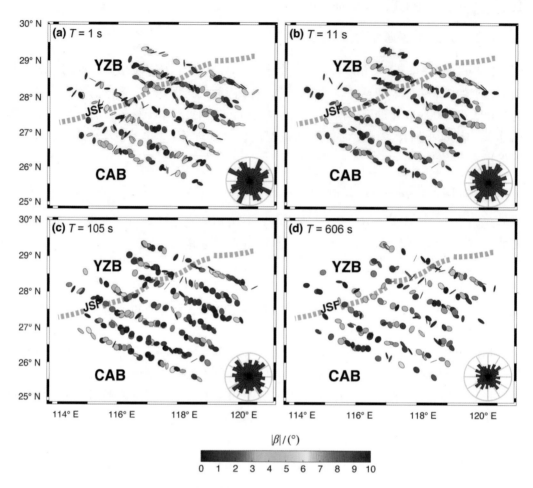

YZB：扬子地块；CAB：华夏地块；JSF：江绍断裂。

图2　不同周期对应的相位张量椭圆

1.4　大地电磁三维反演

对于三维反演，我们只使用了周期在 0.003 ～606 s 范围内的高质量大地电磁数据。通过计算 Bostick 穿透深度（Bostick，1997），发现除少数站点外，大多数站点的勘探深度在 100 ～300 km，因此，该数据集能够在岩石圈尺度或更深层次上对电阻率结构进行成像。

我们采用三维电磁反演程序 ModEM（Egbert & Kelbert，2012；Kelbert et al.，2014）对 225 个测点的全阻抗张量进行了三维反演。将研究区域中心用水平间距为 5 km 的网格进行剖分，并将测点外部的模型水平方向网格大小以 1.3 倍为增量进行扩边，减小边界效应的影响。在垂直方向上模型一共使用了 40 层，层厚度从 100 m 开始，以 1.2 倍的几何倍数增加。利用这种剖分方式依次在 x、y 和 z 方向上生成了 $110 \times 114 \times 40$ 的网格模型。

我们使用以下目标函数进行非线性共轭梯度反演：

$$R(m) = [f(m) - d]^T C_d^{-1} [f(m) - d] + \lambda (m - m_0)^T C_m^{-1} (m - m_0) \qquad (5)$$

其中，m_0 和 m 分别是初始电阻率模型和求解的电阻率模型，d 是数据向量，$f(m)$ 是非线性数据函数。C_d 和 C_m 分别是数据和模型的协方差矩阵，λ 为正则化因子。我们测试了一系列反演约束参数，包括不同的空间平滑因子和初始正则化因子，其中利用模型范数相对于数据误差的 L 曲线得出 0.078 为最优正则化因子。给阻抗张量 **Z** 的所有 4 个分量都分配 10% 的门槛误差，初始模型设置为 100 $\Omega \cdot m$ 的均匀半空间，在 0.003 ~ 606 s 的周期范围内，对 225 个站点在 32 个周期的全阻抗张量进行反演。我们首先将 0.3 的平滑因子应用于 x、y 和 z 3 个方向，以获得能够与实测数据良好拟合的模型。经过 200 次迭代后，使用了更大的平滑因子 0.8 再进行 100 次迭代以获得更光滑的模型。另外，我们还测试了带地形的模型反演，发现其反演结果与不考虑地形的模型非常相似，但该模型有更大的拟合差，并且收敛速度慢于不考虑地形的模型的收敛速度。另外，通过正反演也研究了海岸效应（Parkinson & Jones，1979；Ranganayaki & Madden，1980）的影响。通常海水的低电阻率会影响陆上大地电磁测量，然而，在我们的研究中，南海的邻近区域海水非常浅，发现海水的存在对最终的反演模型没有显著影响。因此，最终模型中没有加入海岸效应，首选的最终电阻率模型的拟合差为 1.46，在整个频段内大多数站点的均方根误差小于 2，数据拟合良好。

◆2　反演结果

三维反演获得的电阻率模型如图 3 和图 4 所示。总的来说，研究区地壳的电阻率结构在横向和纵向上均存在较大变化。上地壳以高阻为主（$> 100 \Omega \cdot m$），浅地表的低阻（约 10 $\Omega \cdot m$）为沉积盖层［图 3、图 4（a）］。中地壳（5 ~ 20 km）分布着北东走向的条带状低阻异常，并与高阻异常相间出现。其中较为显著的是一个走向北东方向、倾向南东方向的条带状低阻体 C1，其位置与扬子和华夏地块的分界线江绍断裂的位置相一致［图 3、图 4（b）］。在 C1 之下，一个高阻异常体 R1（$> 100 \Omega \cdot m$）从扬子地块斜向插入华夏地块下方深度 100 km 甚至以下的位置。在江绍断裂东南方向，剖面 L1 到 L3（图 3）中显示在赣江断裂带之下有两个北北东走向的低阻体 C2 近乎直立地从上地壳延伸至岩石圈地幔。在所有剖面中都存在一个北东走向的低阻异常带 C3 穿过莫霍面深入到上地幔中（图 3），C3 在空间上与政和—大埔断裂带相对应。剖面 L1 至 L4 的东南部位出现了一个地壳低阻带 C4，与长乐—南澳断裂带位置相对应。另外，不仅在断裂带附近存在低阻异常，在华夏地块中还分布着一个不连续的中地壳低阻层 C5。

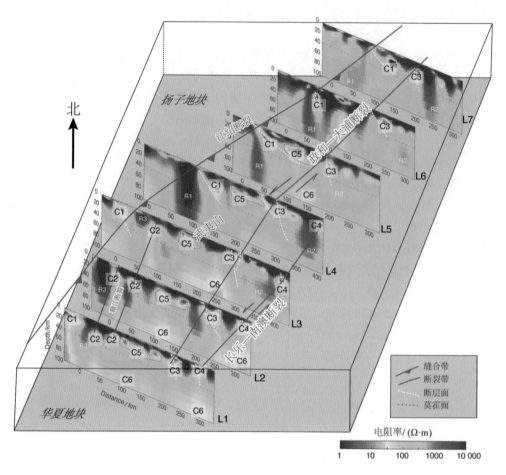

图 3　三维电阻率模型沿七条测线 L1—L7 的剖面

　　岩石圈地幔在扬子地块下方 70～100 km 深度范围内主要表现为高电阻率特征 [图 4（c）（d）]。在江绍断裂以东华夏地块的上地幔电阻率普遍降低。在东南沿海火山—侵入岩带 [图 4（c）（d）中的 CVIB] 存在一个低阻区域（C6），并向西延伸至武夷山下部。值得注意的是，在武夷山中部，C6 从岩石圈地幔上隆，形成一个穹隆状结构并一直延伸到莫霍面。华夏地块的高阻岩石圈 R2 主要位于东南沿海火山—侵入岩带的北部。在扬子板块西南部，模型显示上地幔的低阻异常，但是由于西部的测点分布稀疏，这些特征较难约束。

　　我们收集了华南地区岩浆岩包裹体样品所测得的地温值 [图 5（a）]，并绘制了武夷山附近测点下部的电阻率 – 深度曲线，显示了武夷山下部岩石圈的电阻率随深度的变化。可以看出，武夷山上地壳的电阻率值为 10 000 Ω·m 左右，在中地壳电阻率急剧降低。从下地壳到莫霍面，电阻率又开始增大，这标志着由基性地壳岩石向超基性上地幔岩石的转变。在更深的区域，电阻率值逐渐降低，到达岩石圈地幔处，电阻率降低至 30～100 Ω·m。

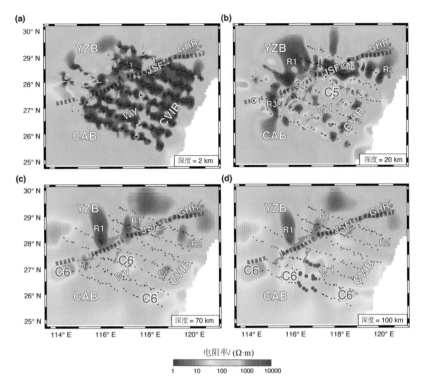

蓝点代表用来绘制图 5 中深度 – 电阻率剖面的测点。YZB：扬子地块；CAB：华夏地块；JSF：江绍断裂；GHR：赣杭裂谷。

图 4　三维电阻率模型的典型水平切片

（a）岩石圈不同深度处的电阻率值和地温变化；（b）不同深度的地震 P 波速度。

图 5　三维反演得到的电阻率曲线、地震波速度模型和地温曲线的比较

◆3 讨　论

3.1　地壳结构——主要断裂和缝合带

上地壳中的高阻体（>1000 Ω·m）通常对应干燥的致密结晶基底。三维电性结构显示，研究区地壳中存在两类低阻异常体：靠近地表的、通常具有一定倾向的低阻体（C1、C2、C3、C4），以及中地壳中的不连续低阻层（C5）；认为地壳中具有一定走向和倾向的低阻体对应于华南地区的主要缝合带和断层带：江绍断裂带（C1）、赣江断层带（C2）、政和—大埔断裂带（C3）和长乐—南澳断裂带（C4）。

断裂带和缝合带对于理解岩石圈的形成和演化至关重要，因为它们可能控制后期构造活动。断裂带和缝合带中往往存在流体、石墨层、硫化物或蛇纹石（Jones，1993），这使得他们在构造活动结束后相当长的地质时间内还可以引起电阻率的异常。由于脆性上地壳本身的温度相对较低，因此上地壳岩石中的孔隙流体无法通过变质反应完全被消耗掉（Selway，2014）。在这种情况下，孔隙流体的电阻率（ρ_w）会远低于岩石基质的电阻率，从而导致上地壳岩石整体电阻率降低。

为了确定孔隙流体是否可以解释上地壳的低电阻率，我们利用阿奇公式来研究全岩电阻率随孔隙度和孔隙流体电阻率的变化关系（Archie，1942），并通过实验获得的温度和盐度数据来约束孔隙流体的组成［图6（a）］（Ucok，Ershagi，& Olhnoeft，1980；Ussher et al.，2000）。实验数据表明，孔隙流体电阻率的范围通常在0.1～1 Ω·m，利用阿奇公式将饱和岩石的全岩电阻率与孔隙度、流体电阻率联系起来（Archie，1942），可以表示为

$$\rho = \rho_w \gamma^{-m}$$

其中，ρ 是全岩电阻率；ρ_w 是孔隙流体的电阻率；γ 是孔隙度；m 是固结系数，值在1和2之间，分别对应于连通良好和连通不良的岩石孔隙。在我们的计算中，使用3种不同的固结系数（$m=1.0$，1.5，2.0）来表示不同的孔隙连通性。图6（b）显示了当孔隙流体电阻率和岩石固结系数一定时，全岩电阻率随着孔隙度的变化。由于三维反演模型得出的上地壳低阻体的全岩电阻率约为10 Ω·m，推测孔隙度应该在1%～32%范围内，考虑到沉积岩孔隙度大于20%是不现实的，因此合理的孔隙度在1%～10%范围内。同时，当孔隙流体电阻率的范围在0.1～1 Ω·m时，在不同地壳温度下岩石中孔隙流体的盐度值为10 g/L即可满足上地壳的低电阻率异常特征。

如果岩石圈温度保持在730 ℃以下，则石墨的存在是浅层低电阻率异常的另一种解释（Yoshino & Noritake，2011）。当温度高于730 ℃时，石墨会变得不稳定，发生氧化反应转化为二氧化碳（Yoshino & Noritake，2011）。研究表明，硫化矿物（例如黄铁矿）的存在也会显著降低岩石电阻率（Jones et al.，1997，2005）。江绍断裂附近大量金矿化带（Ni et al.，2015）的出现表明江绍断裂上的浅层低阻异常很可能是由硫化矿物的富集导致的。但是硫化矿物不太可能解释地壳深部的低阻异常，因为硫化物矿物可以在氧

化变质条件下被破坏，特别是在有水的情况下（Rimstidt & Vaughan，2003）。鉴于江西东北部蛇绿岩套中蛇纹石化橄榄岩的发现（Li et al.，2008），江绍断裂中的低电阻率也可能归因于蛇纹石化。由于地幔的蛇纹石化可以产生导电的磁铁矿，磁铁矿量足够大并且相互连通，会导致电阻率的显著降低（Worzewski et al.，2010）。若江绍断裂中的低阻异常与蛇纹石化橄榄岩有关，那么很可能是由扬子和华夏地块碰撞造山后的折返作用导致的。

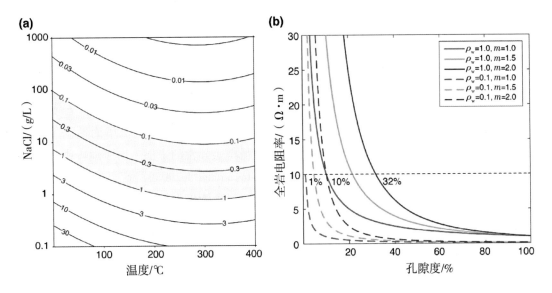

黑色虚线：大地电磁数据得到的电阻率模型中上地壳导体的电阻率（10 Ω·m）。

图6 孔隙流体的电阻率（以 Ω·m 为单位）随盐度和温度的变化（a），以及全岩电阻率随孔隙度和流体电阻率的变化关系（b）

3.2 中地壳低阻层

在前人的大地电磁工作中，已观察到许多分布在中下地壳的低阻异常体（例如 Hill et al.，2009；Wannamaker et al.，2008）。这些低阻体的存在通常被解释为石墨、流体或部分熔融物质（Selway，2014）。例如，在美国西部大盆地下 15 ~ 35 km 深度范围内探测到一个显著的低阻体，认为这反映了现代玄武质岩浆的底侵、变质作用和热液的共同作用（Wannamaker et al.，2008）。在我们的模型中，深度范围为 15 ~ 20 km 的不连续中地壳低阻层 C5 与地震低速 - 低品质因子（Q）层吻合较好［图5（b）］（廖其林 等，1990；Zhang et al.，2005）。虽然石墨会降低电阻率，但不会降低地震速度。普遍认为，低电阻率和低地震速度同时出现是由流体或部分熔融的存在造成的（Yang et al.，2012）。在此深度范围内，地壳温度在 600 ~ 700 ℃ ［图5（a）］，并可能在水饱和条件下发生部分熔融（Hyndman & Hyndman，1968）。然而，在下地壳 20 ~ 30 km 的深度处观察到的电阻率和地震速度的增加［图5（a）］暗示了角闪岩相向麻粒岩相的变质作用，下地壳岩石在变质作用过程中脱水会使其电阻率和地震波速度升高（Christensen &

Mooney，1995；Hyndman & Hyndman，1968）。因此，对于中地壳低阻异常的成因，较为合理的解释是下地壳变质作用产生的流体在浮力作用下上升，并被致密的结晶上地壳封存在了中地壳深度（Liebscher，2010）。地壳中的流体在脆性—韧性过渡带的形成中起重要作用（Burgmann & Dresen，2008）。华南的中地壳低阻层不连续的特征说明流体在横向分布的不均匀性。前人在安那托利亚东部的欧亚板块下地壳中也观察到了类似的不连续低阻体（Turkoglu et al.，2008）。此外，中国东南部地震震源集中在 20 km 以上深度，表明该中地壳低阻层的底部可能也是孕震带的底界面（Zhang et al.，2011）。

3.3 岩石圈地幔

在以往的大地电磁研究中测得的上地幔的电阻率通常都比纯橄榄岩的电阻率要低得多，需要额外的传导机制来解释华南上地幔深度大于 60 km 的低阻特征。石墨膜在 730 ℃ 以上的高温下不稳定（Yoshino & Noritake，2011），因此，根据华南地区上地幔大于 800 ℃ 的温度值，可以排除石墨作为上地幔低电阻异常的来源。由于地幔中较高氧逸度超出了大多数硫化物的稳定范围（Frost & McCammon，2008），因此硫化物也无法解释上地幔中的低阻体成因。地幔橄榄石中的流体包裹体为水合地幔橄榄石的存在提供了直接证据（Demouchy et al.，2006；Hao et al.，2014；Yu et al.，2011），少量水的存在就会极大降低橄榄石的电阻率（Karato，1990；Wang et al.，2006；Yoshino et al.，2009）。因此，上地幔低电阻率很可能是由于水合橄榄石和部分熔融物质造成的，如下文所述。

通过实验测定幔源包体中名义上无水矿物（橄榄石、斜方辉石、单斜辉石和石榴石；O'Reilly & Griffin，1996；Constable，2006）的水分（氢离子）含量可以估算地幔中的水含量。但是，当这些地幔岩包裹体被带到地表后，氢离子在名义上无水矿物中的溶解度会随着压力的下降而降低，并且氢离子可能会从矿物晶格中扩散出来（Ingrin & Skogby，2000）。尽管如此，在相同的橄榄石镁含量条件下，华夏地块包体样品中的水含量也高于华北克拉通样品所测定的水含量（Hao et al.，2014）。橄榄石是地球上地幔中含量最丰富的矿物，橄榄石中的氢离子可以充当电荷载体，从而降低干橄榄石的原始电阻率，同时也可降低其熔点。在此基础上，可以不直接测量包体含水量，而利用电阻率值来间接推断上地幔水和熔融物质的分布（Karato，1990；Wang et al.，2006；Yoshino et al.，2009；Rippe，Unsworth，& Currie，2013）。考虑到不同组合的氢离子含量和熔融物质百分比可能会产生相同的电阻率值，在此我们假设熔融物质完全是由于水含量增加引起的熔点降低而导致的，并且我们选择计算所需的最小水含量条件下的最大熔融百分比。结合 3 个已发表的实验数据模型（Karato，1990；Wang et al.，2006；Yoshino et al.，2009），利用三维反演获得的上地幔电阻率，我们计算了华南岩石圈 70 km 深度处的氢离子的含量和部分熔融百分比（图 7）。

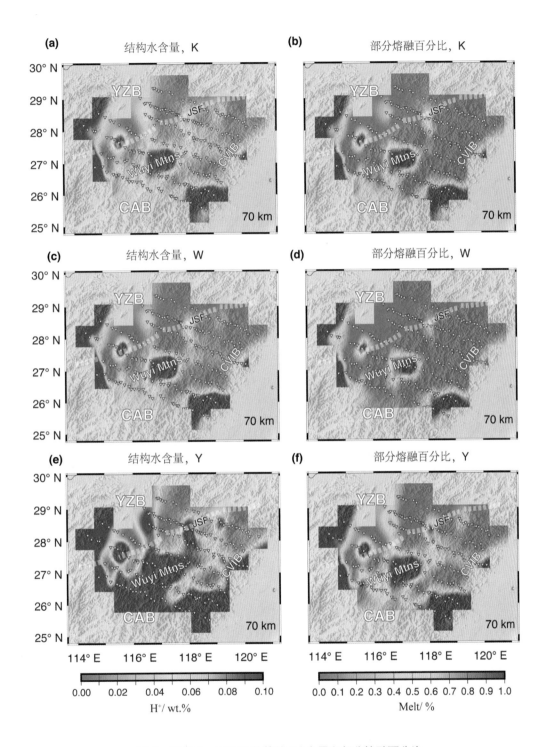

图7 在70 km深度处估算的 H⁺ 含量和部分熔融百分比

分别使用了 K [Karato (1990)]、W [Wang 等 (2006)] 和 Y [Yoshino 等 (2009)] 提出的实验结果模型。

总的来说，基于 3 个模型得到的结构水和部分熔融物质分布具有大致相同的位置，但在数值上存在差异。在江绍断裂、武夷山中部和东南沿海火成岩带的南部出现含水量升高 [图 7 (a) (c) (e)]。由于研究区西侧站点的分布较为稀疏，最西端估计的水含量和部分熔融百分比将不予讨论。基于 Karato (1990) [图 7 (a)] 和 Wang 等 (2006) [图 7 (c)] 模型估算的水含量和部分熔融百分比几乎相同，而 Yoshino 等 (2009) 的模型需要更多的水来解释观测到的电阻率异常 [图 7 (e)]，并且要求更高的部分熔融程度 [图 7 (f)]。虽然这 3 个模型计算的数值不尽相同，但是水含量的分布都表明南部比北部的水合程度更高，由于水和部分熔体物质的存在都会降低地幔的黏度，这意味着南部的岩石圈黏度较低，从而影响了岩石圈的流变性 (Karato & Jung, 1998；Mei & Kohlstedt, 2000a, 2000b)。东南沿海火成岩带的上地幔水含量较低，可能与白垩纪火山岩浆作用消耗了大量的水有关 (Karato, 2008；Zhou & Li, 2000)。

在武夷山中部以下 70 km 深度处，水含量高达 0.1 wt.%，部分熔融百分比高达 1%。因此，武夷山下部的低阻穹隆状结构 C6 可以通过水和部分熔融的共存来解释。华南东部岩石圈的水合作用似乎在空间上从西南向东北迁移，这与中生代岩浆岩从内陆到沿海逐渐年轻化的趋势一致，这可能是由于古太平洋板块的回撤所致。华夏地块的水合区域与低 Nd 同位素模型年龄的区域相吻合，这暗示着地壳与地幔之间可能存在玄武质岩浆的底侵作用 (Zhou et al., 2006)。

3.4 对华南大陆形成和演化的启示

江南造山带通常被认为是由扬子地块和华夏地块之间在中新元古代所形成的碰撞带，记录了两个板块的碰撞和最终的拼合，但是对于俯冲极性仍存在争议。此前的一些研究认为，在晚元古代时期的江南造山运动中，由华夏板块向扬子板块俯冲 (Charvet et al., 1996；Li et al., 2007；Zhao et al., 2011)。而江南造山带两侧均发现了新元古代 (1000—825 Ma 前) 的火山岛弧，表明扬子和华夏地块之间的大洋岩石圈可能经历了双向俯冲作用 (Zhao, 2015)。但由于江南造山带缺乏高级变质岩，也没有发现高级变质岩的折返作用，Li 等 (2009) 提出了 "软碰撞/对接" 假说。换句话说，江南造山带并不是一种因深俯冲形成的典型陆 - 陆碰撞带 (Zhao, 2015)，例如华北克拉通和华南大陆之间的秦岭—大别造山带 (Hacker et al., 2000)。如果江绍断裂是在扬子板块和华夏板块的软碰撞过程中形成的，那么我们的电阻率模型为华南大陆在显生宙的再造提供了有力的证据，电阻率模型中具有明显南东倾向的低阻异常可能是奥陶纪和三叠纪两期陆内造山运动共同造就的。在早古生代武夷—云开造山时期的江绍断裂被再次活化，成为一个岩石圈薄弱带 (Faure et al., 2009)。而最重要的变形时期似乎始于三叠纪，推断是北方的华北板块 (Wang et al., 2013)、西南方向的印支板块 (Lepvrier et al., 2004) 的碰撞和东南方向的古太平洋板块俯冲 (Li & Li, 2007) 共同作用的结果。早中生代构造事件很大程度上影响了现今江绍断裂的几何结构。构造地质学研究结果表明，在早中生代雪峰山—九岭陆内造山运动中，扬子岩石圈俯冲在华夏块体之下 (Chu & Lin, 2014；Faure et al., 2016)。这与电阻率模型所得出的南东向倾向的断裂形态较为一致。同时，我们的研究也与 P 波层析成像结果相一致（Huang et al.，2010）。在 P 波层析成像研究中，扬子地块下显示出明显的高异常，并向东南延伸至华夏地块下 200 多千米处。因此，位于南东倾向导体 C1（图 3，剖面 L4 和 L5）下方的巨厚高阻体（R1）可能代表华夏岩石圈基底下存在着扬子岩石圈的陆内俯冲。

江绍断裂也显示了一段漫长而复杂的改造历史，表现为上地幔的高阻体 R3 所造成的 C1 的不连续性［图 4（b）］。虽然古老的断裂带可能允许地壳中流体的聚集，但冷的岩浆岩却具有高电阻特征，沿古老的破碎带侵入冷却后会产生一系列高阻体（如R3）。R3 可能与 830—820 Ma 前的裂谷作用与同期镁铁质岩浆岩的侵入有关（Zhang et al.，2012）。另外，它也可能是由晚中生代大规模花岗岩体的存在所导致的。

3.5 对裂谷作用和岩石圈减薄的启示

克拉通内大陆裂谷作用主要发生在大型断裂带，特别是由简单剪切拉伸所形成的断裂带（Ruppel，1995）。赣杭裂谷主要沿着江绍断裂发育（图 1、图 4），向北东—南西方向延伸约 450 km（Jiang et al.，2011）。赣杭裂谷存在强烈的地形不对称，体现在其东部海拔为 1000 m 而西部海拔却不足 200 m［图 8（a）］。除了东南倾向的江绍断裂，正断层都被限制在裂谷的东侧发育（图 1）。此外，几乎所有的早白垩纪时期的火山活动也都分布在裂谷东部（图 1）。在我们的研究区域中，地壳和岩石圈地幔的减薄也是不对称的，其中减薄最明显的位置位于武夷山下。所有这些特征均表明，沿江绍断裂两侧存在着一种与简单剪切伸展一致的非对称性裂陷模式（Wernicke，1984），江绍断裂似乎为一个低角度的滑脱带。

在赣杭裂谷以东，海拔在武夷山达到最大，且伴随着布格重力异常的显著降低［图 8（a）］。在大多数情况下，造山带的高海拔是由较厚的地壳所支撑的（Monlnar & Lyon-Caen，1988）。有研究显示武夷—云开地区的同造山和造山后的熔融发生于约 450—430 Ma 前，冷却时间不早于约 420 Ma 前，表明其地壳增厚在 420 Ma 前就已经终止（Li et al.，2010）。考虑到现今华夏地块地壳相对较薄，其低重力异常和高海拔特征可能与美国西部类似（Wannamaker et al.，2008；Wernicke et al.，1996），即岩石圈上地幔被更热、密度更小的软流圈所取代，软流圈为造山带的高海拔提供了支撑。华夏地块中生代钾玄岩的发现也为软流圈的上涌和地幔富集提供了证据（Wang et al.，2006）。

在图 8（a）的电阻率模型中，江绍断裂表现为一个低阻带，其几何形状特征与低角度拆离断层一致。数值模拟结果表明，简单剪切模式在以较低的板块分离速率下发生位移的低角度剪切带中很少产生部分熔融（Buck et al.，1988）。因此，武夷山中部的高熔部分可能与上涌的软流圈有关。武夷山区的地壳在早古生代造山运动中发生了增厚，而古太平洋板块的俯冲将水引入了增厚的岩石圈中，岩石圈根的黏性和重力稳定性降低，使得岩石圈底部失稳甚至拆沉（Houseman & Molnar，1997；Molnar et al.，1998）。这也许可以解释武夷山在中侏罗纪时期的隆升，较高岩石圈地幔热流（Artemieva & Mooney，2001）以及武夷山西部沿东西向断裂双峰式火山岩的喷发的原因（Shu et al.，2009；Xu et al.，2000）。现今的岩石圈结构如图 8（b）所示。综上，可以

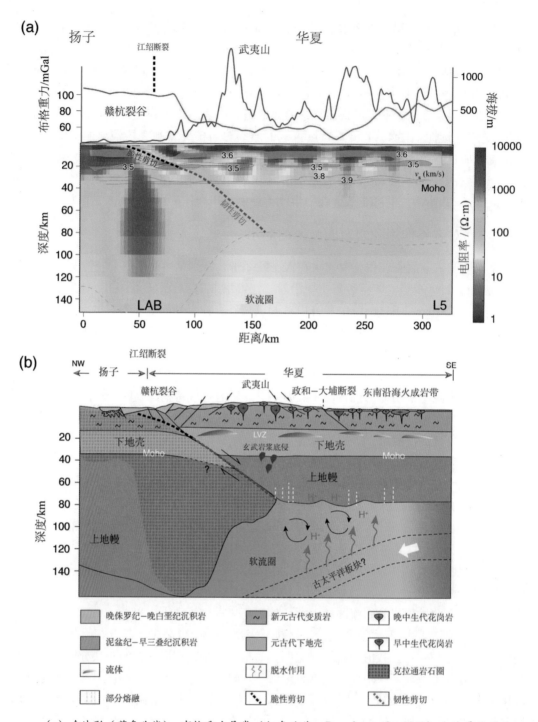

（a）含地形（蓝色曲线）、布格重力异常（红色曲线；Bonvalot et al., 2012）和地震波 S 波速度模型三维电阻率模型，LVZ 为地壳低速带；（b）推断的中国东南地区现今的岩石圈结构模型示意图。

图 8　华南岩石圈三维电阻率结构和岩石圈示意

用瑞雷－泰勒不稳定性模型来解释中国东南部岩石圈演化和变薄机制（图9）。岩石圈的演化可分为以下4个阶段：①早古生代时期陆内造山运动使得在武夷山下形成了加厚的地壳和岩石圈地幔（Li et al., 2010）。②中生代古太平洋板块俯冲将水带入了上覆岩石圈，降低了岩石圈的黏度并削弱了岩石圈根。岩石圈地幔在重力作用下变得不稳定，并逐渐下沉和拆离，下沉的地幔也为软流圈上涌和热对流营造了空间。③由于软流圈的上涌，武夷山在中侏罗纪时期成为隆升中心，岩石圈下部在不断地热对流下被剥蚀殆尽。④白垩纪晚期，古太平洋板块的回撤引起的伸展作用使地壳和岩石圈地幔发生拉伸，加快了岩石圈减薄的速率，并产生了许多正断层和断陷盆地。江绍断裂作为一个岩石圈薄弱带被再次活化，促进了单剪模式减薄和裂谷的发育。因此，虽然武夷山最初形成于早古生代的武夷—云开造山运动，但目前中国东南部大部分地形的形成仍被认为是中生代构造事件及后期改造的结果（Li et al., 2010）。

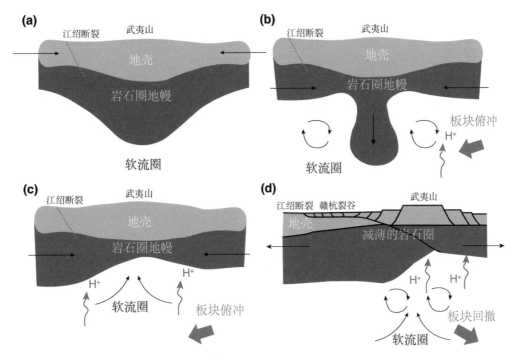

（a）早古生代沿着武夷—云开的陆内造山造成岩石圈挤压增厚；（b）中生代古太平洋板块俯冲带入了大量的水，加速了地幔对流，岩石圈底部含水量增加导致黏滞度和稳定性的降低，岩石圈在重力的作用下发生失稳，下沉的上地幔也为软流圈上涌营造了空间；（c）由于软流圈的上涌不断加热岩石圈，在中生代武夷山地表发生了隆起；（d）晚中生代古太平洋板块的回撤导致伸展，江绍断裂作为一个古老的岩石圈薄弱带被再次活化，发生低角度折离，两侧岩石圈发生不对称性减薄，即单剪模式减薄。

图9 中国东南地区瑞雷－泰勒不稳定和对流变薄的四个简化阶段

4 结 论

新的大地电磁电阻率模型为研究古缝合带、造山带和俯冲板块的相互作用，特别是它们在华南岩石圈演化中的作用提供了新的思路。三维电性结构模型显示华南东部的电性分层不显著，岩石圈在纵向和横向均存在较大变化，西部扬子地块电阻率普遍高于东部华夏地块。江绍断裂上独特的岩石圈结构显示出古老的缝合带对更年轻岩石圈的变形的重要性。研究区浅部 2 km 范围主要为低阻的中新生代沉积盖层，电阻率为 10 ～ 50 Ω·m，上地壳规模较大的低阻体通常起始于浅地表，有一定的倾向，这些低阻体与区域断裂的位置较为一致，认为是断层中聚集的流体导致。下伏高阻的元古代和中生代结晶基底，由于大规模花岗岩体的存在，使得下地壳电阻率高达 1000 ～ 10000 Ω·m。上地幔的电阻率在 1000 Ω·m 左右，并存在局部低阻体从软流圈贯穿至上地幔。因此华南岩石圈并不是简单的层状岩石圈，也不是前人认为的简单的"西厚东薄"特征。华南陆块已经不是一个稳定的前寒武克拉通，而是经历了多期次的活化和再造。在江绍断裂位置发现一南东倾向的低阻异常，认为该断裂在新元古代形成后经历了早古生代和早中生代两期陆内造山作用的改造，成为一个岩石圈薄弱带，它现今的构造形态暗示了一个岩石圈拆离带的存在，控制了华南晚中生代岩石圈伸展作用和裂谷构造。以江绍断裂为界，扬子地块和华夏地块的岩石圈结构存在较大差异，沿赣杭裂谷两侧呈现出不同的地形起伏、电性结构、布格重力异常特征和晚中生代岩浆分布，提出"非对称单剪模式伸展模型"作为解释华南晚中生代伸展和裂谷作用的机制和造成扬子地块和华夏地块不同的岩石圈演化样式的原因。中生代华夏受到更强烈的伸展和减薄作用，在赣杭裂谷东侧表现出高热流值特征，发育了一系列正断层和裂谷盆地。武夷山上地幔 70 km 以下发现一低阻异常，计算上地幔结晶水含量和部分熔融百分比后得出武夷山下部 70 km 处的结晶水含量可达 0.1 wt.%，可导致 1% 的部分熔融，上地幔较高的水含量可能是由于古太平洋板块俯冲带携带的流体水化岩石圈导致的。发现武夷山具有高海拔、低布格重力异常的特征，推断武夷山可能经历了岩石圈的拆沉，部分熔融物质存在可能暗示软流圈的上涌。由于中生代古太平洋板块俯冲带入了大量的水，加速了地幔对流，岩石圈底部含水量增加和有效黏滞度的降低导致岩石圈底部稳定性的降低，岩石圈底部在重力的作用下发生失稳和拆沉，下沉的上地幔也为软流圈上涌营造了空间。软流圈的上涌不断加热岩石圈，进而解释了中生代武夷山地表发生隆起的原因。因此，华南现今的岩石圈结构和构造形态是在板缘和板内共同作用下不断改造的结果。

致 谢

本研究得到了国家自然科学基金项目（41630317，41474055）和国家重点研发计划（2016YFC0600201 - 7）的资助。

❖说　明

文章发表信息：Xu S, Unsworth M J, Hu X, et al., 2019. Magnetotelluric evidence for asymmetric simple shear extension and lithospheric thinning in south China. Journal of Geophysical Research：Solid Earth, 124（1）：104 – 124. https：//doi. org/10. 1029/2018 JB016505.

❖参考文献

An M, Shi Y, 2006. Lithospheric thickness of the Chinese continent. Physics of the Earth and Planetary Interiors, 159（3 – 4）：257 – 266. https：//doi. org/10. 1016/j. pepi. 2006. 08. 002.

Archie G E, 1942. The electrical resistivity log as an aid in determining some reservoir characteristics. Transactions of the AIME, 146（1）：54 – 62.

Artemieva I M, Mooney W D, 2001. Thermal thickness and evolution of Precambrian lithosphere：A global study. Journal of Geophysical Research, 106（B8）：16387 – 16414. https：//doi. org/10. 1029/2000 JB900439.

Bonvalot S, Balmino G, Briais A, et al., 2012. World gravity map//Bureau Gravimetrique International （BGI）. Map, CGMW – BGI – CNES728. Paris, IRD.

Booker J R, 2014. The Magnetotelluric Phase Tensor：A Critical Review. Surveys in Geophysics, 35（1）：7 – 40. https：//doi. org/10. 1007/s10712 – 013 – 9234 – 2.

Bostick F X, 1977. A simple almost exact method of MT analysis. Workshop on Electrical Methods in Geothermal Exploration, Snowbird Utah.

Buck W R, 1991. Models of continental lithospheric extension. Journal of Geophysical Research, 96（B12）：20161 – 20178.

Buck W R, Martinez F, Steckler M S, et al., 1988. Thermal consequences of lithospheric extension：pure and simple. Tectonics, 7（2）：213 – 234.

Burgmann R, Dresen G, 2008. Rheology of the Lower Crust and Upper Mantle：Evidence from Rock Mechanics, Geodesy, and Field Observations. Annual Review of Earth and Planetary Sciences, 36（1）：531. https：//doi. org/10. 1146/annurev. earth. 36. 031207. 124326.

Cagniard L, 1953. Basic theory of the magneto-telluric method of geophysical prospecting. Geophysics, 18 （3）：605 – 635.

Caldwell T G, Bibby H M, Brown C, 2004. The magnetotelluric phase tensor. Geophysical Journal International, 158（2）：457 – 469. https：//doi. org/10. 1111/j. 1365 – 246X. 2004. 02281. x.

Cawood P A, Wang Y, Xu Y, et al., 2013. Locating South China in Rodinia and Gondwana：A fragment of greater India lithosphere?. Geology, 41（8）：903 – 906. https：//doi. org/10. 1130/G34395. 1.

Charvet J, Shu L, Shi Y, et al., 1996. The building of south China：collision of Yangzi and Cathaysia blocks, problems and tentative answers. Journal of Southeast Asian Earth Sciences, 13（3 – 5）：223 – 235. http：//dx. doi. org/10. 1016/0743 – 9547（96）00029 – 3.

Christensen N I, Mooney W D, 1995. Seismic velocity structure and composition of the continental crust：A global view. Journal of Geophysical Research: Solid Earth, 100 (B6): 9761 – 9788. https://doi. org/ 10. 1029/95JB00259.

Chu Y, Lin W, 2014. Phanerozoic polyorogenic deformation in southern Jiuling Massif, northern South China block: Constraints from structural analysis and geochronology. Journal of Asian Earth Sciences, 86: 117 – 130. http://dx. doi. org/10. 1016/j. jseaes. 2013. 05. 019.

Constable S, 2006. SEO3: A new model of olivine electrical conductivity. Geophysical Journal International, 166 (1): 435 – 437. https: //doi. org/10. 1111/j. 1365 – 246X. 2006. 03041. x.

Demouchy S, Geoinstitut B, Jacobsen S D, et al., 2006. Rapid magma ascent recorded by water diffusion profiles in mantle olivine. Geology, 34 (6): 429 – 432. https://doi. org/10. 1130/G22386. 1.

Dickinson W R, 2002. The Basin and Range Province as a composite extensional domain. International Geology Review, 44 (1): 1 – 38. https://doi. org/10. 2747/0020 – 6814. 44. 1. 1.

Dixon J E, Dixon T H, Bell D R, et al., 2004. Lateral variation in upper mantle viscosity: Role of water. Earth and Planetary Science Letters, 222 (2): 451 – 467. https://doi. org/10. 1016/j. epsl. 2004. 03. 022.

Egbert G D, 1997. Robust multiple-station magnetotelluric data processing. Geophysical Journal International, 130 (2): 475 – 496.

Egbert G D, Kelbert A, 2012. Computational recipes for electromagnetic inverse problems. Geophysical Journal International, 189 (1): 251 – 267. https://doi. org/10. 1111/j. 1365 – 246X. 2011. 05347. x.

Fan Q, Hooper P R, 1989. The mineral chemistry of ultramafic xenoliths of Eastern China: Implications for upper mantle composition and the paleogeotherms. Journal of Petrology, 30 (5): 1117 – 1158.

Faure M, Lin W, Chu Y, et al., 2016. Triassic tectonics of the southern margin of the South China Block. Comptes Rendus Geoscience, 348 (1): 5 – 14. https://doi. org/10. 1016/j. crte. 2015. 06. 012.

Faure M, Shu L, Wang B, et al., 2009. Intracontinental subduction: a possible mechanism for the Early Paleozoic Orogen of SE China. Terra Nova, 21 (5): 360 – 368. https://doi. org/10. 1111/j. 1365 – 3121. 2009. 00888. x.

Faure M, Sun Y, Shu L, et al., 1996. Extensional tectonics within a subduction-type orogen. The case study of the Wugongshan dome (Jiangxi Province, southeastern China). Tectonophysics, 263 (1 – 4): 77 – 106. https: //doi. org/10. 1016/S0040 – 1951 (97) 81487 – 4.

Frost D J, McCammon C A, 2008. The Redox State of Earth's Mantle. Annual Review of Earth and Planetary Sciences, 36 (1): 389 – 420. https://doi. org/10. 1146/annurev. earth. 36. 031207. 124322.

Gamble T D, Goubau W M, Clarke J, 1979. Magnetotellurics with a remote magnetic reference. Geophysics, 44 (1): 53 – 68.

Gao R, Chen C, Wang H, et al., 2016. SINOPROBE deep reflection profile reveals a Neo-Proterozoic subduction zone beneath Sichuan Basin. Earth and Planetary Science Letters, 454: 86 – 91.

Gilder S A, Coe S, Zhao X, 1996. Isotopic and paleomagnetic constraints on the Mesozoic tectonic evolution of south China. Journal of Geophysical Research, 101 (B7): 16137 – 16154.

Gilder S A, Keller G R, Luo M, et al., 1991. Eastern Asia and the western Pacific timing and spatial distribution of rifting in China. Tectonophysics, 197 (2): 225 – 243.

Hacker B R, Ratschbacher L, Webb L, et al., 2000. Exhumation of ultrahigh-pressure continental crust in east central China: Late Triassic – Early Jurassic tectonic unroofing. Journal of Geophysical Research: Solid Earth, 105 (B6): 13339 – 13364. https: //doi. org/10. 1029/2000JB900039.

Hao Y, Xia Q, Li Q, et al., 2014. Partial melting control of water contents in the Cenozoic lithospheric mantle of the Cathaysia block of South China. Chemical Geology, 380: 7 – 19. https://doi. org/10. 1016/j. chemgeo. 2014. 04. 017.

Hill G J, Caldwell T G, Heise W, et al., 2009. Distribution of melt beneath Mount St Helens and Mount Adams inferred from magnetotelluric data. Nature Geoscience, 2 (11): 785 – 789.

Houseman G A, Molnar P, 1997. Gravitational (Rayleigh – Taylor) instability of a layer with non-linear viscosity and convective thinning of continental lithosphere. Geophysical Journal International, 128 (1): 125 – 150. https://doi. org/10. 1111/j. 1365 – 246X. 1997. tb04075. x.

Hu S, He L, Wang J, 2000. Heat flow in the continental area of China: a new data set. Earth and Planetary Science Letters, 179 (2): 407 – 419. https://doi. org/http://dx. doi. org/10. 1016/S0012 – 821X (00)00126 – 6.

Huang X L, Xu Y G, 2010. Thermal state and structure of the lithosphere beneath Eastern China: A synthesis on basalt-borne xenoliths. Journal of Earth Science, 21 (5): 711 – 730. https://doi. org/10. 1007/ s12583 – 010 – 0111 – 3.

Huang Z, Su W, Peng Y, et al., 2003. Rayleigh wave tomography of China and adjacent regions. Journal of Geophysical Research: Solid Earth, 108 (B2): 897 – 901.

Huang Z, Wang L, Zhao D, et al., 2010. Upper mantle structure and dynamics beneath Southeast China. Physics of the Earth and Planetary Interiors, 182 (3 – 4): 161 – 169. https://doi. org/10. 1016/j. pepi. 2010. 07. 010.

Hyndman R D, Hyndman D W, 1968. Water saturation and high electrical conductivity in the lower continental crust. Earth and Planetary Science Letters, 4 (6): 427 – 432.

Ingrin J, Skogby H, 2000. Hydrogen in nominally anhydrous upper-mantle minerals: concentration levels and implications. European Journal of Mineralogy, 12 (3): 543 – 570.

Jiang Y H, Zhao P, Zhou Q, et al., 2011. Petrogenesis and tectonic implications of Early Cretaceous S- and A-type granites in the northwest of the Gan – Hang rift, SE China. Lithos, 121 (1 – 4): 55 – 73. https://doi. org/10. 1016/j. lithos. 2010. 10. 001.

Jones A G, 1993. Electromagnetic images of modern and ancient subduction zones. Tectonophysics, 219 (1 – 3): 29 – 45. https://doi. org/http://dx. doi. org/10. 1016/0040 – 1951(93)90285 – R.

Jones A G, Katsube T J, Schwann P, 1997. The longest conductivity anomaly in the world explained: Sulphides in fold hinges causing very high electrical anisotropy. Journal of Geomagnetism and Geoelectricity, 49 (11): 1619 – 1629. https://doi. org/10. 5636/jgg. 49. 1619.

Jones A G, Ledo, J, Ferguson I J, 2005. Electromagnetic images of the Trans-Hudson orogen: the North American Central Plains anomaly revealed. Canadian Journal of Earth Sciences, 42 (4): 457 – 478. https://doi. org/10. 1139/e05 – 018.

Jordan T H, 1978. Composition and development of the continental tectosphere. Nature, 274 (5671): 544 – 548. https: //doi. org/10. 1038/274544a0.

Karato S I, 1990. The role of hydrogen in the electrical conductivity of the upper mantle. Nature, 347: 272.

Karato S I, 2008. Deformation of earth materials: an introduction to the rheology of solid earth. Cambridge University Press. https://doi. org/10. 1007/s00024 – 009 – 0536 – 8.

Karato S I, Jung H, 1998. Water, partial melting and the origin of the seismic low velocity and high attenuation zone in the upper mantle. Earth and Planetary Science Letters, 157 (3 – 4): 193 – 207.

https://doi. org/10. 1016/S0012 – 821X(98)00034 – X.

Kelbert A, Meqbel N, Egbert G D, et al., 2014. ModEM: A modular system for inversion of electromagnetic geophysical data. Computers & Geosciences, 66: 40 – 53. http://dx. doi. org/10. 1016/j. cageo. 2014. 01. 010.

Lebedev S, Nolet G, 2003. Upper mantle beneath Southeast Asia from S velocity tomography. Journal of Geophysical Research: Solid Earth, 108 (B1): 2048.

Lepvrier C, Maluski H, Tich V, et al., 2004. The Early Triassic Indosinian orogeny in Vietnam (Truong Son Belt and Kontum Massif): implications for the geodynamic evolution of Indochina. Tectonophysics, 393 (1 – 4): 87 – 118.

Li J, Zhang Y, Dong S, Johnston S T, 2014. Cretaceous tectonic evolution of South China: A preliminary synthesis. Earth Science Reviews, 134: 98 – 136.

Li J, Zhang Y, Zhao G, et al., 2017. New insights into Phanerozoic tectonics of South China: Early Paleozoic sinistral and Triassic dextral transpression in the east Wuyishan and Chencai domains, NE Cathaysia. Tectonics, 36 (5): 819 – 853. https://doi. org/10. 1002/2016TC004461.

Li S, Mooney W D, 1998. Crustal structure of China from deep seismic sounding profiles. Tectonophysics, 288 (1): 105 – 113.

Li S, Mooney W D, Fan J, 2006. Crustal structure of mainland China from deep seismic sounding data. Tectonophysics, 420: 239 – 252.

Li W X, Li X H, Li Z X, et al., 2008. Obduction-type granites within the NE Jiangxi Ophiolite: Implications for the final amalgamation between the Yangtze and Cathaysia Blocks. Gondwana Research, 13 (3): 288 – 301. https://doi. org/10. 1016/j. gr. 2007. 12. 010.

Li X H, Li W X, Li Z X, et al., 2009. Amalgamation between the Yangtze and Cathaysia Blocks in South China: Constraints from SHRIMP U – Pb zircon ages, geochemistry and Nd – Hf isotopes of the Shuangxiwu volcanic rocks. Precambrian Research, 174 (1 – 2): 117 – 128. https://doi. org/10. 1016/j. precamres. 2009. 07. 004.

Li Z X, Li X H, 2007. Formation of the 1300-km-wide intracontinental orogen and postorogenic magmatic province in Mesozoic South China: A flat-slab subduction model. Geology, 35 (2): 179 – 182. https://doi. org/10. 1130/G23193A. 1.

Li Z X, Li X H, Wartho J A, et al., 2010. Magmatic and metamorphic events during the early Paleozoic Wuyi – Yunkai orogeny, southeastern South China: New age constraints and pressure – temperature conditions. Bulletin of the Geological Society of America, 122 (5 – 6): 772 – 793. https://doi. org/ 10. 1130/B30021. 1.

Li Z X, Wartho J A, Occhipinti S, et al., 2007. Early history of the eastern Sibao Orogen (South China) during the assembly of Rodinia: New mica ^{40}Ar/^{39}Ar dating and SHRIMP U – Pb detrital zircon provenance constraints. Precambrian Research, 159 (1 – 2): 79 – 94. https://doi. org/10. 1016/j. precamres. 2007. 05. 003.

Liebscher A, 2010. Aqueous fluids at elevated pressure and temperature. Geofluids, 10 (1 – 2): 3 – 19. https://doi. org/10. 1111/j. 1468 – 8123. 2010. 00293. x.

Liu C, Wu F, Sun J, et al., 2012. The Xinchang peridotite xenoliths reveal mantle replacement and accretion in southeastern China. Lithos, 150 (10): 171 – 187. https://doi. org/10. 1016/j. lithos. 2012. 03. 019.

Liu M, Yang Y Q, Shen Z K, et al., 2007. Active tectonics and intracontinental earthquakes in China: The kinematics and geodynamics//Stein S, Mazzotti S (eds.). Continental Intraplate Earthquakes: Science, Hazard, and Policy Issues. Geological Society of America Special Papers, volume 425: 299 – 318. https://doi.org/10.1130/2007.2425(19).

Liu X, Zhao D, Li S, et al., 2017. Age of the subducting Pacific slab beneath East Asia and its geodynamic implications. Earth and Planetary Science Letters, 464: 166 – 174. https://doi.org/10.1016/j.epsl. 2017.02.024.

McKenzie D A N, 1978. Some remarks on the development of sedimentary basins. Earth and Planetary Science Letters, 40: 25 – 32.

Mei S, Kohlstedt D, 2000a. Influence of water on plastic deformation of olivine aggregates: 1. Diffusion creep regime. Journal of Geophysical Research: Solid Earth, 105 (B9): 21457 – 21469.

Mei S, Kohlstedt D, 2000b. Influence of water on plastic deformation of olivine aggregates: 2. Dislocation creep regime. Journal of Geophysical Research: Solid Earth, 105 (B9): 21471 – 21481.

Molnar P, Houseman G A, Conrad C P, 1998. Rayleigh – Taylor instability and convective thinning of mechanically thickened lithosphere: effects of non-linear viscosity decreasing exponentially with depth and of horizontal shortening of the layer. Geophysical Journal International, 133 (3): 568 – 584.

Molnar P, Lyon-Caen H, 1988. Some simple physical aspects of the support, structure, and evolution of mountain belts. Processes in continental lithospheric deformation, 218: 179 – 207.

Mooney W D, Laske G, Masters T G, 1998. CRUST 5.1: A global crustal model at 5° × 5°. Journal of Geophysical Research: Solid Earth, 103 (B1): 727 – 747. https://doi.org/10.1029/97JB02122.

Ni P, Wang G G, Chen H, et al., 2015. An Early Paleozoic orogenic gold belt along the Jiang – Shao Fault, South China: Evidence from fluid inclusions and Rb – Sr dating of quartz in the Huangshan and Pingshui deposits. Journal of Asian Earth Sciences, 103: 87 – 102. https://doi.org/10.1016/j.jseaes.2014. 11.031.

O'Reilly S Y, Griffin W L, 1996. 4-D Lithosphere Mapping: methodology and examples. Tectonophysics, 262 (1): 3 – 18.

Parkinson W D, Jones F W, 1979. The geomagnetic coast effect. Reviews of Geophysics, 17 (8): 1999 – 2015.

Peslier A H, Woodland A B, Bell D R, et al., 2010. Olivine water contents in the continental lithosphere and the longevity of cratons. Nature, 467 (7311): 78 – 81. https://doi.org/10.1038/nature09317.

Pollack H N, 1986. Cratonization and thermal evolution of the mantle. Earth and Planetary Science Letters, 80 (1 – 2): 175 – 182. https://doi.org/10.1016/0012 – 821X(86)90031 – 2.

Qi Q, Taylor L A, Zhou X M, 1995. Petrology and geochemistry of mantle peridotite xenoliths from SE China. Journal of Petrology, 36 (1): 55 – 79.

Qiu Y M, Gao S, McNaughton N J, et al., 2000. First evidence of >3.2 Ga continental crust in the Yangtze craton of south China and its implications for Archean crustal evolution and Phanerozoic tectonics. Geology, 28 (1): 11 – 14. https://doi.org/10.1130/0091 – 7613(2000)028 < 0011: FEOGCC > 2.0. CO;2.

Ranganayaki R P, Madden T R, 1980. Generalized thin sheet analysis in magnetotellurics: an extension of Price's analysis. Geophysical Journal International, 60 (3): 445 – 457.

Ren J, Tamaki K, Li S, et al., 2002. Late Mesozoic and Cenozoic rifting and its dynamic setting in Eastern China and adjacent areas. Tectonophysics, 344 (3 – 4): 175 – 205. https://doi.org/http://dx.doi.

org/10. 1016/S0040 – 1951(01)00271 – 2.

Rimstidt J D, Vaughan D J, 2003. Pyrite oxidation: A state-of-the-art assessment of the reaction mechanism. Geochimica et Cosmochimica Acta, 67 (5): 873 – 880. https://doi. org/10. 1016/S0016 – 7037(02) 01165 – 1.

Rippe D, Unsworth M J, Currie C A, 2013. Magnetotelluric constraints on the fluid content in the upper mantle beneath the southern Canadian Cordillera: Implications for rheology. Journal of Geophysical Research: Solid Earth, 118 (10): 5601 – 5624. https://doi. org/10. 1002/jgrb. 50255.

Ruppel C, 1995. Extensional processes in continental lithosphere. Journal of Geophysical Research: Solid Earth, 100 (B12): 24187 – 24215.

Schaeffer A J, Lebedev S, 2013. Global shear speed structure of the upper mantle and transition zone. Geophysical Journal International, 194: 417 – 449. https://doi. org/10. 1093/gji/ggt095.

Selway K, 2014. On the causes of electrical conductivity anomalies in tectonically stable lithosphere. Surveys in Geophysics, 35 (1): 219 – 257. https://doi. org/10. 1007/s10712 – 013 – 9235 – 1.

Seton M, Müller R D, Zahirovic S, et al., 2012. Global continental and ocean basin reconstructions since 200 Ma. Earth – Science Reviews, 113 (3 – 4): 212 – 270. https://doi. org/10. 1016/j. earscirev. 2012. 03. 002.

Shu L S, Wang Y, Sha J G, et al., 2009. Jurassic sedimentary features and tectonic settings of southeastern China. Science in China, Series D: Earth Sciences, 52 (12), 1969 – 1978. https://doi. org/10. 1007/s11430 – 009 – 0159 – z.

Turkoglu E, Unsworth M, Caglar L, et al., 2008. Lithospheric structure of the Arabia – Eurasia collision zone in eastern Anatolia: Magnetotelluric evidence for widespread weakening by fluids?. Geology, 36 (8): 619 – 622. https://doi. org/10. 1130/G24683A. 1.

Ucok H, Ershagi I, Olhoeft G R, 1980. Electrical Resistivity of Geothermal Brines. Journal of Petroleum Technology, 32 (04): 717 – 727. https://doi. org/10. 2118/7878 – PA.

Ussher G, Harvey C, Johnstone R, et al., 2000. Understanding the resistivities observed in geothermal systems. Proceedings World Geothermal Congress: 1915 – 1920.

Wang D, Mookherjee M, Xu Y, et al., 2006. The effect of water on the electrical conductivity of olivine. Nature, 443 (7114): 977 – 980. DOI: 10. 1038/nature05256.

Wang D, Shu L, 2012. Late Mesozoic basin and range tectonics and related magmatism in Southeast China. Geoscience Frontiers, 3 (2): 109 – 124. https://doi. org/10. 1016/j. gsf. 2011. 11. 007.

Wang J, Li Z X, 2003. History of Neoproterozoic rift basins in South China: Implications for Rodinia break-up. Precambrian Research, 122 (1 – 4): 141 – 158. https://doi. org/10. 1016/S0301 – 9268(02) 00209 – 7.

Wang Y, Fan W, Zhang G, et al., 2013. Phanerozoic tectonics of the South China Block: Key observations and controversies. Gondwana Research, 23 (4): 1273 – 1305. https://doi. org/10. 1016/j. gr. 2012. 02. 019.

Wannamaker P E, Hasterok D P, Stodt J A, et al., 2008. Lithospheric dismemberment and magmatic processes of the Great Basin – Colorado Plateau transition, Utah, implied from magnetotellurics. Geochemistry, Geophysics, Geosystems, 9 (5): 1 – 38. https://doi. org/10. 1029/2007GC001886.

Wernicke B, 1984. Uniform-sense normal simple shear of the continental lithosphere. Canada Journal of Earth Sciences, 22: 108 – 125.

Wernicke B, Clayton R, Mihai D, et al., 1996. Origin of high mountains in the continents: The Southern Sierra Nevada. Science, 271: 190 – 193.

Windley B F, Maruyama S, Xiao W J, 2010. Delamination/thinning of sub-continental lithospheric mantle under eastern China: The role of water and multiple subduction. American Journal of Science, 310 (10): 1250 – 1293. https://doi.org/10.2475/10.2010.03.

Worzewski T, Jegen M, Kopp H, et al., 2010. Magnetotelluric image of the fluid cycle in the Costa Rican subduction zone. Nature Geoscience, 4 (2): 108 – 111. https://doi.org/10.1038/ngeo1041.

Wu Y, Zheng Y, 2013. Tectonic evolution of a composite collision orogen: An overview on the Qinling – Tongbai – Hong'an – Dabie – Sulu orogenic belt in central China. Gondwana Research, 23 (4): 1402 – 1428. https://doi.org/10.1016/j.gr.2012.09.007.

Xia Q K, Liu J, Liu S C, et al., 2013. High water content in Mesozoic primitive basalts of the North China Craton and implications on the destruction of cratonic mantle lithosphere. Earth and Planetary Science Letters, 361: 85 – 97. https://doi.org/10.1016/j.epsl.2012.11.024.

Xu Y G, Lin C Y, Shi L B, et al., 1995. A petrological paleogeotherm of the upper mantle of eastern China and its geological implications. Science in China (Series A), 25 (8): 874 – 881.

Xu X, O'Reilly S Y, Griffin W L, et al., 2000. Genesis of young lithospheric mantle in Southeastern China: an LAM – ICPMS Trace Element Study. Journal of Petrology, 41 (1): 111 – 148.

Xu X S, O'Reilly S Y, Griffin W L, et al., 1998. The nature of the Cenozoic lithosphere at Nushan, eastern China. Mantle Dynamics and Plate Interactions in East Asia, 27: 167 – 195.

Yang Y, Ritzwoller M H, Zheng Y, et al., 2012. A synoptic view of the distribution and connectivity of the mid-crustal low velocity zone beneath Tibet. Journal of Geophysical Research: Solid Earth, 117 (4): 1 – 20. https://doi.org/10.1029/2011JB008810.

Yoshino T, Matsuzaki T, Shatskiy A, et al., 2009. The effect of water on the electrical conductivity of olivine aggregates and its implications for the electrical structure of the upper mantle. Earth and Planetary Science Letters, 288 (1 – 2): 291 – 300. https://doi.org/10.1016/j.epsl.2009.09.032.

Yoshino T, Noritake F, 2011. Unstable graphite films on grain boundaries in crustal rocks. Earth and Planetary Science Letters, 306 (3 – 4): 186 – 192. https://doi.org/10.1016/j.epsl.2011.04.003.

Yu J, O'Reilly S Y, Griffin W L, et al., 2003. The thermal state and composition of the lithospheric mantle beneath the Leizhou Peninsula, South China. Journal of Volcanology and Geothermal Research, 122 (3 – 4): 165 – 189.

Yu J, O'Reilly S Y, Zhou M, et al., 2012. U – Pb geochronology and Hf – Nd isotopic geochemistry of the Badu Complex, Southeastern China: Implications for the Precambrian crustal evolution and paleogeography of the Cathaysia Block. Precambrian Research, 222: 424 – 449. https://doi.org/10.1016/j.precamres.2011.07.014.

Yu Y, Xu X S, Griffin W L, et al., 2011. H_2O contents and their modification in the Cenozoic subcontinental lithospheric mantle beneath the Cathaysia block, SE China. Lithos, 126 (3 – 4): 182 – 197. https://doi.org/10.1016/j.lithos.2011.07.009.

Zhang L, Jin S, Wei W, et al., 2015. Lithospheric electrical structure of South China imaged by magnetotelluric data and its tectonic implications. Journal of Asian Earth Sciences, 98: 178 – 187.

Zhang S, Wu R, Zheng Y, 2012. Neoproterozoic continental accretion in South China: Geochemical evidence from the Fuchuan ophiolite in the Jiangnan orogen. Precambrian Research, 220 – 221: 45 – 64.

https://doi. org/10. 1016/j. precamres. 2012. 07. 010.

Zhang Z, Badal J, Li Y, et al., 2005. Crust-upper mantle seismic velocity structure across Southeastern China. Tectonophysics, 395: 137 – 157. https://doi. org/10. 1016/j. tecto. 2004. 08. 008.

Zhang Z, Yang L, Teng J, et al., 2011. An overview of the earth crust under China. Earth Science Reviews, 104 (1 – 3): 143 – 166. https://doi. org/10. 1016/j. earscirev. 2010. 10. 003.

Zhao D, Maruyama S, Omori S, 2007. Mantle dynamics of Western Pacific and East Asia: Insight from seismic tomography and mineral physics. Gondwana Research, 11: 120 – 131. https://doi. org/10. 1016/j. gr. 2006. 06. 006.

Zhao G, 2015. Jiangnan Orogen in South China: Developing from divergent double subduction. Gondwana Research, 27 (3): 1173 – 1180. https://doi. org/10. 1016/j. gr. 2014. 09. 004.

Zhao J, Zhou M, Yan D, et al., 2011. Reappraisal of the ages of Neoproterozoic strata in South China: No connection with the Grenvillian orogeny. Geology, 39 (4): 299 – 302. https://doi. org/10. 1130/G31701. 1.

Zheng J, O'Reilly S Y, Griffin W L, et al., 2004. Nature and evolution of Mesozoic – Cenozoic lithospheric mantle beneath the Cathaysia Block, SE China. Lithos, 74: 41 – 65. https://doi. org/10. 1016/j. lithos. 2003. 12. 008.

Zhou X M, Li W X, 2000. Origin of Late Mesozoic igneous rocks in Southeastern China: implications for lithosphere subduction and underplating of mafic magmas. Tectonophysics, 326 (3): 269 – 287.

Zhou X M, Sun T, Shen W Z, et al., 2006. Petrogenesis of Mesozoic granitoids and volcanic rocks in South China: A response to tectonic evolution. Episodes, 29 (1): 26 – 33. https://doi. org/10. 18814/epigsi/2006/v29i1/62224.

Zhu J S, Cao J M, Cai X L, et al., 2002. High resolution surface wave tomography in east Asia and west Pacific marginal sea. Chinese J. Geophys., 45 (5): 679 – 698.

Zhu R X, Chen L, Wu F Y, et al., 2011. Timing, scale and mechanism of the destruction of the North China Craton. Science China Earth Sciences, 54 (6): 789 – 797. https://doi. org/10. 1007/s11430 – 011 – 4203 – 4.

Zhu R, Xu Y, Zhu G, et al., 2012. Destruction of the North China Craton. Science China Earth Sciences, 55 (10): 1565 – 1587. https://doi. org/10. 1007/s11430 – 012 – 4516 – y.

董树文, 李廷栋, 2009. SinoProbe: 中国深部探测实验. 地质学报, 83 (7): 895 – 909.

高锐, 董树文, 贺日政, 等, 2004. 莫霍面地震反射图像揭露出扬子陆块深俯冲过程. 地学前缘, 3: 43 – 49.

廖其林, 王振明, 邱陶兴, 等, 1990. 福州盆地及其周围地区地壳深部结构与构造的初步研究. 地球物理学报, 33 (2): 163 – 173.

林传勇, 史兰斌, 陈孝德, 等, 1999. 福建明溪上地幔热结构及流变学特征. 地质论评, 45 (4): 352 – 360.

林传勇, 史兰斌, 陈孝德, 等, 1995. 浙江新昌石榴石二辉橄榄岩包体的流变特征及其地质意义. 岩石学报, 11 (1): 55 – 64.

吕庆田, 侯增谦, 杨竹森, 等, 2004. 长江中下游地区的底侵作用及动力学演化模式: 来自地球物理资料的约束. 中国科学 D 辑: 地球科学, 34 (9): 783 – 794.

魏文博, 金胜, 叶高峰, 等, 2010. 中国大陆岩石圈导电性结构研究: 大陆电磁参数 "标准网" 实验 (SinoProbe – 01). 地质学报, 84 (6): 788 – 800.

中国北方东部复合造山带软流圈电性结构
与流变性研究

韩江涛[1]，慕　倩[1]，康建强[1]，刘　财[1,2]，刘文玉[1]，张雅晨[1,2]，王天琪[1]，
郭振宇[1]，袁天梦[1]，刘立家[1,2]

◆0　引　言

　　软流圈位于岩石圈和固结圈之间，地震波的波速在这里明显下降，故又称低速带。软流圈概念最早由美国地质学家 J. Barrell 在 1914 年根据地壳均衡理论提出（Barrell，1914）。1926 年古登堡通过对地震波的研究，证明了软流圈的存在。1960 年 5 月发生的智利大地震，证实了上地幔存在低速层。近年来地球物理学家们采取不同的地球物理方法（地震层析成像、接收函数、大地电磁测深等）证实了这一观点（Rychert & Shearer，2009；Tauzin，Debayle，& Wittlinger，2010；Debayle & Ricard，2012），并揭示大陆软流圈厚度薄于大洋软流圈，大陆克拉通的软流圈厚度薄、温度低，活动带地区软流圈厚度变化大，往往温度高（朱介寿，2005；任建业、李思田，2000）。软流圈具有低波速、低 Q 值和高电导率三大地球物理特征（顾芷娟 等，2001）。岩矿石高温高压实验表明：软流圈温度约为 1300 ℃，压力有 3 万个大气压，已接近岩石的熔点，因此形成了超铁镁物质的塑性体，在压力的长期作用下，以半黏性状态缓慢流动，熔融程度在 3% ～ 10% 之间。由于软流圈熔融程度较高，因此也为流变性的研究提供了理想的场所。

　　中国北方东部复合造山带位于欧亚板块中南部，是世界上最大的古生代复合造山带。复合造山带具有结构复杂性、活动长期性、过程多期性的特点，主要记录保存了板块汇聚和碰撞造山的地质信息（许志琴，2010）。北方东部造山带在演化历史中满足过程多期性的特点。自显生宙以来，造山带持续受到了古亚洲洋、蒙古—鄂霍茨克洋和古太平洋三大构造体制的直接或间接作用，在不同地质历史阶段、不同构造动力体制下发生了造山作用的复合改造过程。在改造过程中经历了南部的古亚洲洋闭合事件、北部的鄂霍茨克洋闭合事件以及东部的太平洋板块俯冲事件，多期次的消减与碰撞事件不仅在岩石圈留下丰富的记录，同时也改变了软流圈的形态。复杂的圈层结构蕴含着大量未解

　　1 吉林大学地球探测科学与技术学院，长春，130026；2 自然资源部应用地球物理重点实验室，长春，130026。

　　基金项目：国家自然科学金项目（41430322、41504076）、国家重点研发专项（2017YFC0601305）、国家深部探测专项（SinoProbe - 02）、中国地质调查项目（DD20160207、DD20160125）共同资助。

之谜，使其具有独特的地质魅力，吸引着广大地质专家长期致力于它的研究。然而以往工作主要侧重于复合造山带岩石圈的结构、构造及物质组成的研究，针对软流圈空间分布特征的研究工作相对匮乏。从重力均衡学说到板块构造学说再到大陆动力学理论的发展历程告诉我们，单独考虑岩石圈的结构、构造及物质组成是不科学的，作为承载和运移岩石圈、与岩石圈进行物质交换的软流圈，其作用是不能忽视的。尤其是在洋－陆俯冲、陆－陆碰撞整个构造运动过程中，"软流圈的形态、厚度是否会随之变化？" "如果发生变化，会是怎样的变化？" 这些最为关键的科学问题急需回答。而要解开此谜团，首要前提是查明复合造山带的软流圈分布特征。本文通过横跨东西向 1500 km 长和南北向 1800 km 长的长周期大地电磁测深数据揭示北方东部复合造山带软流圈的分布特征，力求为岩石圈俯冲、碰撞的构造运动过程中软流圈相应变化的研究拉开帷幕的一角。

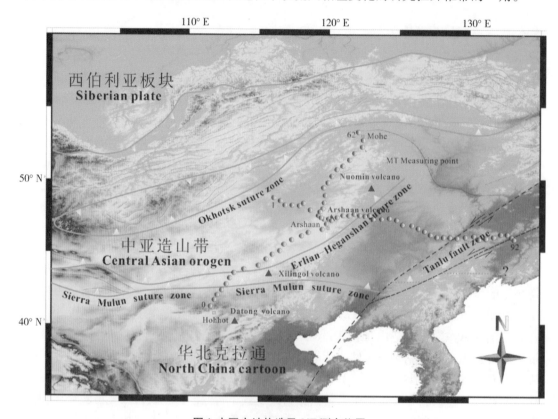

图 1 中亚大地构造及 MT 测点位置

◈ 1 复合造山带动力学概况

北方东部复合造山带横亘于西伯利亚克拉通与华北克拉通之间（图 1），其前身是开阔的古亚洲洋（吴根耀，2014）。540 Ma 左右 Rodinia 裂解形成古亚洲洋（李三忠等，2016）。进入古生代初期，随着古亚洲洋发展，在西伯利亚克拉通南侧形成沟弧盆系统，华北克拉通北侧形成大陆边缘系统。古生代末期，随着盘古（Pangea）超大陆南北向聚合，古亚洲洋进入消亡期，两侧大洋板片出现俯冲消减。北方劳伦西亚大陆（Laurussia）和南方冈瓦纳大陆（Gondwana）从点碰撞逐渐向东剪刀式闭合古亚洲洋，局部呈突刺状闭合（Kroner & Romer，2013；Kroner, Roscher, & Romer，2016）。至二叠纪末期西伯利亚克拉通与华北克拉通最终闭合（邓胜徽 等，2009），形成了宽达上千米的复合造山带，于华北克拉通北缘形成了以蛇绿岩为代表的西拉木伦河缝合带、二连—贺根山缝合带。其间，古亚洲洋板块向北俯冲产生的弧后引张导致蒙古—鄂霍茨克洋最初打开，开启了蒙古—鄂霍茨克洋板块向两侧地体的持续俯冲活动（黄始琪 等，2016）。侏罗纪时期，蒙古—鄂霍茨克洋自西向东闭合，在其两侧地体内形成与大洋板块俯冲相关的岩浆岩带，大洋残片至今还残留在西伯利亚克拉通之下（van der Voo，Spakman，& Bijwaard，1999）。复合造山带东部的圈层结构还受到叠加改造。中生代末期，复合造山带东段从古亚洲构造域逐步转为太平洋构造域，古太平洋板块逐渐向欧亚大陆俯冲，形成了 NNE 向火山岩带。新生代时期，受印度板块和欧亚板块近 SN 向挤压、碰撞的影响，加之西伯利亚板块持续向南挤压，形成了 SN 向的挤压构造应力环境，促使欧亚大陆东部物质向东逃逸，太平洋俯冲板片后撤，日本海随之张开，从而再次改造了北方东部复合造山带圈层结构。

2　数据采集与处理

2.1　数据采集与处理

在北方东部复合造山带腹部布置两个长周期大地电磁测深剖面，一个南北向，一个东西向，两个剖面在大兴安岭处汇合，呈十字交叉，横跨了复合造山带几大重要的地质构造单元。南北向剖面南起呼和浩特市，途经锡林郭勒市、阿尔山市和海拉尔区，北至黑龙江省漠河县，剖面全长约 1800 km，长周期大地电磁数据基本点距为 50 km，共完成 33 个长周期大地电磁测深点。东西向剖面覆盖整个东北地区的主要地质单元，西起额尔古纳地块、经兴安地块、松嫩板块、佳木斯地块等构造单元。测深剖面长 1500 km，平均点距 20 km，共完成 89 个长周期大地电磁测深点（图 1）。野外资料采集都使用乌克兰 LEMI－417 型大地电磁测深仪，数据采集过程中采用张量测量方式布极，每个测点测量 3 个磁场分量（B_x，B_y，B_z）和 2 个相互正交的水平电场分量（E_x，E_y），下标 x、y、z 分别代表南北方向、东西方向和垂直方向。长周期大地电磁测深点采集过程中使用 GPS 同步观测，采集时间在 120～168 h 之间。数据处理时，首先对原始时间序列数据进行快速傅里叶变换，将时间域信号转变为频率域数据，并通过"Robust"估计和功率谱挑选等处理技术，获得较高质量的阻抗张量信息。经过一系列处理后，最终得到剖面所有测点的视电阻率与相位曲线，长周期获得 100～20 000 s 有效数据，图 2 展示了部分测点的视电阻率和相位曲线，从图中可以看出曲线连续性好，无近源现象，数据质量为一级。个别点存在干扰，未参与反演。

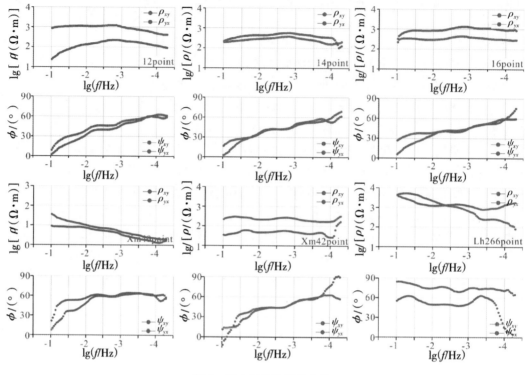

图2　视电阻率和相位曲线

2.2　维性与构造走向分析

大地电磁测深数据二维反演的前提是研究区具有二维性及明确的区域主轴方向。相位张量具有不受局部电场畸变影响的优点，因此在 MT 数据维性分析及区域构造走向判断方面具有独特的优点。计算剖面矢量相位，分析其维性特征。图3、图4给出了 2 个剖面的全部测点矢量相位随频率变化，可见 2 个剖面的二维偏离角普遍小于5°，说明了研究区数据具有明确的二维特征。运用阻抗张量分解技术获得研究区域构造阻抗和走向等参数。采用 G－B 分解方法对研究剖面进行了不同深度的构造识别，分别对 2 个剖面进行了构造主轴旋转。

2.3　数据反演

二维反演基于非线性共轭梯度（nonlinear conjugate gradient，NLCG；Rodi & Mackie，2000）二维反演算法，对 2 个剖面数据进行不同模式、不同反演参数条件下的大量的反演试算，最终选取 TM 模式。另外选用不同的正则化因子 τ 值进行反演，以各个模型的粗糙度（roughness）为横轴，均方根误差（RMS）为纵轴作 L 曲线图（图5、图7），处于曲线拐点处对应的 τ 值，既兼顾了模型的光滑程度，又与原始数据有很好的拟合关系（Farquharson & Oldenburg，2004），观察 2 个剖面的 L 曲线，均选择曲线的拐点值作为模型反演所需的最佳 τ 值。

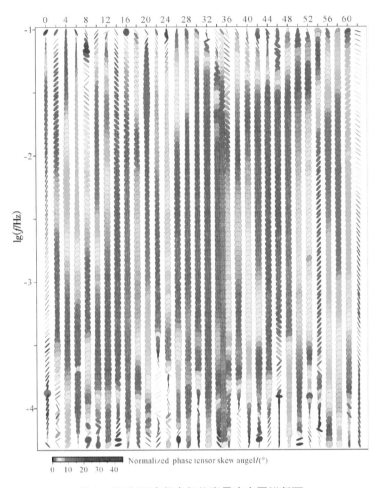

图3　NS 剖面全频点相位张量应变圆拟断面

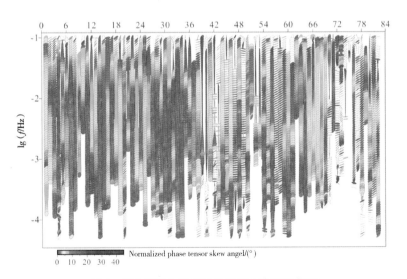

图4　EW 剖面全频点相位张量应变圆拟断面

最终反演参数：南北 1800 km 剖面的初始模型为 100 Ω·m 均匀半空间，网格剖分 90×76，选择对 TM 模式视电阻率和阻抗相位分别使用 10% 和 5% 的本底误差，正则化因子 $\tau=10$，横纵光滑比为 1。经过 166 次迭代计算，最终均方根误差（RMS）演拟合差降至 1.76。东西 1500 km 剖面的初始模型为 100 Ω·m 均匀半空间，以 201×98 进行网格剖分，选择对深部反演效果最佳的 TM 模式。阻抗相位和视电阻率均按照实际情况设置本底误差分别为 10% 和 10%，正则化因子 $\tau=10$，NLCG 算法进行约 189 次的反演迭代计算，最终的均方根误差为 2.29。从图 6、图 8 可以看出实测数据与相应数据基本一致，证明了电性结构模型的可靠性。

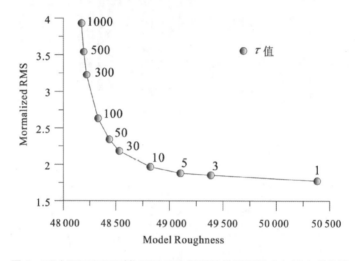

图 5　NS 剖面不同正则化因子反演得到的模型粗糙度与拟合差曲线

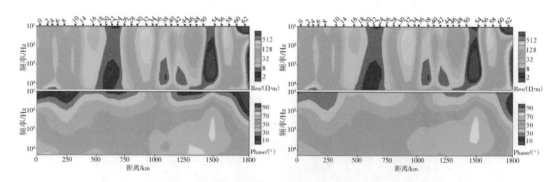

左图：实测视电阻率及相位拟断面，右图：响应视电阻率及相位拟断面。

图 6　NS 剖面大地电磁实测数据与响应拟断面

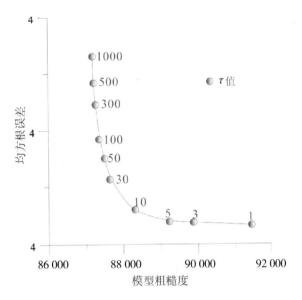

图 7　EW 剖面不同正则化因子反演得到的模型粗糙度与拟合差曲线

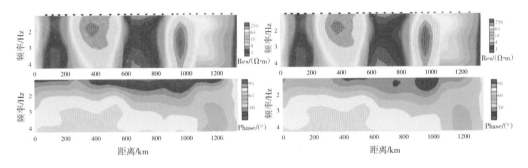

左图：实测视电阻率及相位拟断面；右图：响应视电阻率及相位拟断面。

图 8　EW 剖面大地电磁实测数据与响应拟断面

◆ 3　电性结构特征与流变性分析

3.1　岩石圈

根据南北向 1800 km 长剖面和东西向 1500 km 长剖面反演得到的二维电性结构来看，岩石圈的电阻率值总体而言一般分布较大，一般都在 $10^2 \sim 10^4 \, \Omega \cdot m$ 范围内。

在复合造山带的南北方向上，华北克拉通北缘阴山地区岩石圈厚度近 180 km，与前人结果一致，证明了在华北克拉通西部没有发生过岩石圈减薄事件。四子王旗新生代火山群在岩石圈存在小块低阻异常，埋深 50～60 km，推测火山下方可能是未冷凝的岩浆囊。二连盆地整个盆地在南北向上岩石圈厚度不一致，盆地南部岩石圈厚度与靠近南部的华北克拉通岩石圈厚度一致，在缝合带的下方出现了低阻异常，西拉木伦河缝合带和二连—贺根山缝合带处均出现了蘑菇状的低阻异常，电阻率 40 Ω·m 左右，可能为古亚洲洋闭合时所留下的碰撞痕迹。而二连盆地的北部岩石圈厚度骤减到 100 km 左右，同样在 50 km 埋深处发现了一些小的蘑菇状低阻异常，锡林郭勒新生代火山群位于岩石圈厚度变化的陡变带附近，地表出露大量玄武岩，这一系列现象均受控于深部软流圈上涌。剖面所揭示的大兴安岭南段岩石圈厚度约 200 km，而北段岩石圈厚度在 160 km 左右，可能与板块俯冲、碰撞事件岩石圈加厚有关。海拉尔盆地和拉布达林盆地岩石圈厚度相对较薄，在 65 ～ 80 km 之间，在盆地边缘的阿尔山火山群和科洛—诺敏河火山群附近岩石圈厚度最薄。

在复合造山带的东西方向上，剖面自西向东在岩石圈厚度以及结构上都呈现出不均一性。海拉尔盆地的岩石圈厚度约 100 ～ 120 km，电性为带状高导异常，向上延伸到地表。大兴安岭岩石圈厚度达到了 120 ～ 150 km，与周边地区相比，岩石圈厚度发生明显增厚，电性结构上表现为大块的高阻异常。与此形成对比的是松辽盆地的岩石圈厚度仅仅只有 70 ～ 80 km，这一特征同样也证实了前人提出的松辽盆地曾发生过减薄事件。小兴安岭地区的岩石圈厚度也达到了 120 ～ 150 km，岩石圈在电性上也主要为高阻异常，可能与岩浆活动有关。佳木斯地块的岩石圈厚度稍薄，在约 100 ～ 120 km，其电性结构分布杂乱，高阻异常与低阻异常交叉分布。

3.2 软流圈

通过对两个剖面进行比对分析，发现北方东部复合造山带最明显的电性特征是分布在软流圈的高导体，体积较大且电阻率值一般小于 10 Ω·m，埋深在 100 ～ 250 km 处。

在复合造山带南北剖面电性结构显示出软流圈总体呈现南薄北厚、两端隆起的特征（图9）。首先是分布在剖面最北端的华北克拉通北缘阴山地区软流圈厚度达到了 150 km；接下来二连盆地软流圈厚度在 100 km 左右，盆地南部缝合带区域软流圈埋深与华北克拉通北缘相当。在西拉木伦河缝合带和二连—贺根山缝合带处下方对应着两处与软流圈相通的形似蘑菇状的低阻异常。在盆地的北部下方 C1 和 C2 低阻异常的上方存在许多蘑菇状的低阻异常，推测这些蘑菇状的低阻异常是板块拼合阶段软流圈物质上涌造成的；海拉尔盆地和拉布达林盆地的下方是由 C3 和 C4 构成的软流圈上涌区，且软流圈厚度大于 200 km，位于海拉尔盆地和拉布达林盆地东部的阿尔山火山群和科洛—诺敏河火山群正位于该上涌区的顶部，反映出火山活动与深部软流圈上涌具有正相关性（图10）。大兴安岭软流圈厚度约为 150 km，向北到漠河盆地逐渐变薄至 100 km。

在复合造山带东西向剖面的电性结构其主要表现为 2 个较大的"U"形高导体，形状上都呈中间厚两边向上延伸的"U"形高导异常带，电阻率值一般小于 10 Ω·m（图11）。C2 高导体从上地幔一直连续延伸到地壳，与壳内高导层相连。C3 高导体只存在地幔软流圈中，未继续向上延伸。整体看来，复合造山带东段软流圈在东西方向上表现为东部高导体规模小、埋藏深；西部高导体规模大、埋深浅。这与层析成像结果中显示的该地区软流圈东西向呈现东厚西薄的特征相符合（韩江涛 等，2019）。

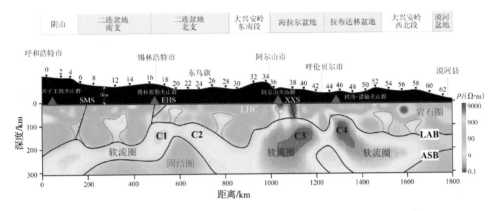

LHC：岩石圈高导层；LAB：岩石圈与软流圈界线；ASB：软流圈与固结圈界线；
XMS：西拉木伦河缝合带；EHS：二连—贺根山缝合带；XXS：新林—喜桂图缝合带；
C1、C2、C3 和 C4：软流圈上涌区。

图 9　NS 剖面大地电磁二维反演结果及解释

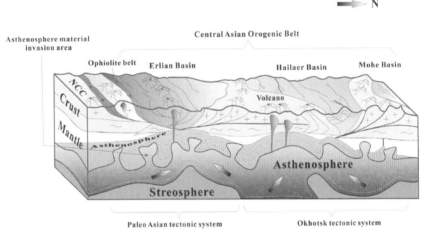

图 10　中亚造山带东段软流圈分布示意（箭头表示软流圈上涌方向）

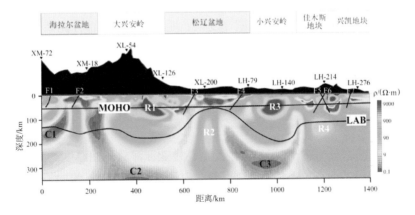

LAB：岩石圈与软流圈界线；C1、C2、C3：高导体；R1、R2、R3 和 R4：高阻体；F：断裂。

图 11　EW 剖面大地电磁二维反演结果及解释

3.3 流变性分析

流变性是描述圈层结构中物质的组成成分、流动能力的一种特性。流变性较好表现为部分熔融物质，流变性较差表现为固体岩石物质。流变性在电性结果中呈现为低阻，物质的组成成分对电阻率的影响较大，低阻体的成因目前被广为接受的有石墨导电（Duba & Shankland，1989）、孔隙流体导电（Hyndman & Shearer，1989；Marquis & Hyndman，1992）、含水矿物导电（Stesky & Brace，1973）、部分熔融导电（Hermance，1979）。根据前人的调查研究，目前在该研究区未发现地下石墨以及高孔隙、高渗透的特点，由于该地区的低阻形状特殊，在软流圈中形成了大片的高导层，我们将低阻体的主要成因归于部分熔融。电阻率值的高低在一定程度上反映了软流圈物质的部分熔融程度，电阻率值越低，熔融程度越高。观察北方东部复合造山带软流圈电阻率值的分布规律，发现分布在南部的二连盆地软流圈电阻率在 10 Ω·m 左右，而北部海拉尔盆地软流圈电阻率在 1 Ω·m 左右，因此，复合造山带在南北方向上北部的部分熔融程度要高于南部地区。同样分布在东部的小兴安岭、松辽盆地下方的软流圈电阻率在 0.1～2 Ω·m 范围内，而分布在西部大兴安岭下方的软流圈电阻率在 1～5 Ω·m 范围内。这也证明复合造山带在东西方向上东部地区部分熔融的程度要高于西部地区。

综上所述，北方东部复合造山带的软流圈具有如下特征：无论是在南北方向还是东西方向，软流圈在厚度上以及熔融程度上都呈现出不均一性；南北向呈现南薄北厚，东西向呈现东厚西薄。推测形成这种不均一性的原因可能与古亚洲洋、蒙古—鄂霍茨克洋闭合和古太平洋板块俯冲事件有关。

◆ 4 讨 论

根据以上二维电性结构，我们发现北方东部复合造山带软流圈南北方向和东西方向在厚度、埋深、温度和部分熔融程度等方面均存在明显差异。南北向上南部软流圈厚度薄、埋深大、温度低、部分熔融百分比低，而北部软流圈厚度大、埋深浅、温度高、部分熔融百分比高；东西向上东部软流圈厚度大、埋藏浅、熔融百分比高，西部软流圈厚度小、埋藏深、熔融百分比低。层析成像研究结果也表明欧亚大陆东侧软流圈厚度大于西侧（朱介寿 等，2002）。结合研究区地质背景与动力学概况，北方东部复合造山带软流圈在不同地质阶段受到了不同构造事件的影响。

4.1 古亚洲洋构造体系影响

早二叠纪末期之前，古亚洲洋处于俯冲期，古亚洲洋软流圈厚度约为 250 km（按现今大洋软流圈推算），而克拉通软流圈厚度相对较薄，约 150 km。俯冲板片会阻止软流圈物质在水平运移，导致在俯冲带前缘软流圈物质大量堆积而上涌，软流圈厚度得以增大，上覆的岩石圈受局部张应力作用，在浅表形成弧后盆地（图 12A）。随着板块俯冲和消亡，在二叠纪出现了复合造山带东段软流圈南北厚度、部分熔融程度不均一性，层析成像结果显示复合造山带软流圈东西向呈现东厚西薄的特征。结合区域地质构造演化史，提出复合造山带软流圈主要经历了古亚洲洋构造体系、蒙古—鄂霍茨克构造体系和太平洋构造体系三阶段的构造事件影响。复合造山带东段软流圈的南北向差异，很可能由古亚洲洋闭合早于鄂霍茨克洋闭合的时限差异所致，东西向差异则主要受太平洋构造体系的影响。

末期古亚洲洋闭合，华北克拉通和西伯利亚克拉通之间形成北方东部复合造山带的基本框架，复合造山带中部虽然继承了部分大洋软流圈厚度，但陆－陆碰撞导致此区域岩石圈显著增厚，垂向挤压作用导致软流圈物质向两侧逃逸，软流圈厚度变薄，造山带两侧的软流圈承接了大洋软流圈的厚度而逐渐增厚。此外，古亚洲洋板块向固结圈继续俯冲作用的影响，导致复合造山带的固结圈也处于挤压的构造环境，因此固结圈也可能随着古亚洲洋的闭合，与岩石圈、软流圈一同收缩，但由于固结圈刚性较强，收缩量要远小于岩石圈（图12B）。经历了古亚洲洋构造体系作用，复合造山带软流圈在南北方向奠定了中间薄、两边厚的形态格架。

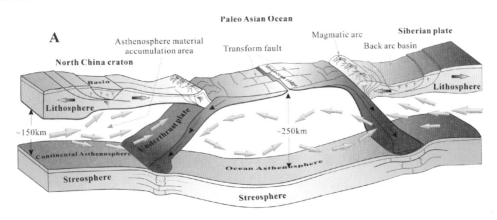

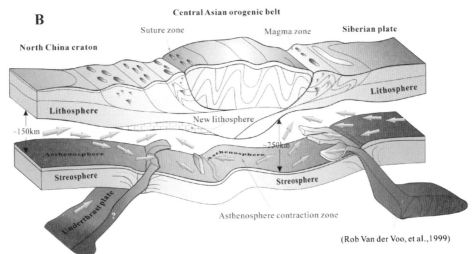

(Rob Van der Voo, et al.,1999)

（a）古亚洲洋俯冲早期，岩石圈受到局部张应力作用在浅表形成弧后盆地；（b）板块俯冲后期，古亚洲洋闭合形成中亚造山带。

图12　古亚洲洋构造体系作用下软流圈改造过程示意

4.2　蒙古—鄂霍茨克洋构造体系影响

在三叠纪—白垩纪初，位于俄罗斯东北部的科雷马—奥莫隆（Kolyma – Omolon）陆块与西伯利亚克拉通碰撞，西伯利亚克拉通发生了大规模的顺时针旋转，蒙古—鄂霍茨克洋自 SW 向 NE 迅速关闭，中国东北地块与西伯利亚克拉通发生碰撞，在中国北部和蒙古国形成了一个巨型高原。复合造山带的北部软流圈厚度受到强烈的叠加改造作用，进一步增厚。而复合造山带的南部地区则仅受微弱的改造作用，逐渐形成新的岩石圈。蒙古—鄂霍茨克洋的快速闭合说明软流圈的扰动更大，且距今时间较短，故软流圈热状态更高一些，部分熔融程度也较大。因此，这种快速闭合的方式加剧了复合造山带南北区的厚度、温度、部分熔融程度等的差异，形成了造山带东段南薄北厚的软流圈。

4.3　太平洋构造体系影响

白垩纪以后，随着西伯利亚板块和印度板块近南北向挤压作用，欧亚大陆软流圈物质向东部逃逸，西部软流圈物质减少，厚度变薄，岩石圈处于 EW 向张性环境，形成一系列伸展断陷盆地雏形，并伴随着大规模的岩浆活动。与此同时，太平洋板块也持续向欧亚板块俯冲，构造应力方向主要为 EW 或 NW，俯冲板块阻碍了软流圈物质向东进一步运移，导致在俯冲板块西侧大量堆积，软流圈增厚、上涌，持续的拉张作用使得松辽盆地进一步发展，以及日本海扩张。复合造山带的东部软流圈下方的熔融百分比高于西部软流圈的熔融百分比，形成这种差异的主要原因是太平洋俯冲的位置差异。太平洋板块向西俯冲直达大兴安岭处，太平洋板块伴随着大量的流体物质向亚欧板块俯冲，直接插入亚欧板块下方并停留在深部 440 ~ 610 km 处（田有 等，2019），流体物质转移到大陆板块中会直接影响亚欧板块的软流圈性质。松辽盆地、小兴安岭空间位置上离太平洋作用机制近，受到的改造程度深，大兴安岭地区在空间位置上属于太平洋作用机制的远程控制区，其距离远，所受影响小（图 13）。因此，在流变性的表现上形成了差异化。

综上所述，复合造山带软流圈的南北向差异，很可能由古亚洲洋闭合早于鄂霍茨克洋闭合的时限差异所致。东西向差异则主要受太平洋构造体系的影响。

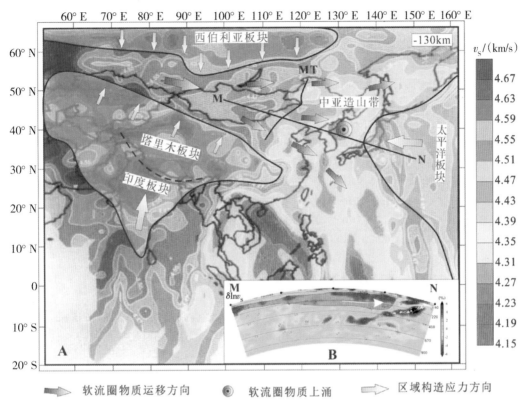

图 13　太平洋构造体系对软流圈分布的影响（A 据朱介寿 等，2003；B 由钮凤林会议报告提供）

✕◆ 5　结　　论

　　北方东部复合造山带南北向岩石圈内部存在多处低阻异常，地表多对应第四纪火山群或古缝合带，表明这些低阻异常与软流圈上侵有关。东西向岩石圈内部有大块高阻异常，多分布在大兴安岭、小兴安岭下方，可能与该地区发生岩浆运动有关。岩石圈与软流圈具有物质运移通道，低阻异常源于软流圈向上一直延伸到岩石圈内部，并与地底深部火山、缝合带、深大断裂对应。北方东部复合造山带软流圈呈现高导层，高导层在厚度上表现为南薄北厚、西薄东厚，在电阻率值范围上，北部比南部较小，东部比西部较小。这种电性结构特征体现了北方东部复合造山带软流圈南北向以及东西向厚度、部分熔融程度具有不均一性。结合区域地质构造演化史，提出复合造山带软流圈主要经历了古亚洲洋构造体系、蒙古—鄂霍茨克构造体系和太平洋构造体系三阶段的构造事件影响。中亚造山带东段软流圈的南北向差异，很可能由古亚洲洋闭合早于鄂霍茨克洋闭合的时限差异所致，东西向差异则主要受太平洋构造体系的影响。

✕◆ 致　　谢

　　真诚感谢吉林大学杨宝俊教授给予的大力支持与宝贵意见！

✕ 参 考 文 献

Barrell J, 1914. The strength of the earth's crust part Ⅱ. regional distribution of isostatic compensation. Journal of Geology, 22 (2): 145 – 165.

Cai J T, Chen X B, 2010. Refined techniques for data processing and two-dimensional inversion in magnetotelluric Ⅱ: Which data polarzation Mode should be used in 2D inversion. Chinese J. Geophys. (in Chinese), 53 (11): 2703 – 2714.

Debayle E, Ricard Y, 2012. A global shear velocity model of the upper mantle from fundamental and higher Rayleigh mode measurements. Journal of Geophysical Research Solid Earth, 117 (B10): 1 – 24.

Deng S H, Wan C B, Yang J G, 2009. Discovery of a Late Permian Angara – Cathaysia mixed flora from Acheng of Heilongjiang, China, with discussion on the closure of Paleoasian Ocean. Sci. China Ser. D: Earth Sci. (in Chinese), 52 (11): 1746 – 1755.

Duba A, Shankland T J, 1982. Free carbon and electrical conductivity in the Earth's mantle. Geophys. Res. Lett., 9: 1271 – 1274.

Farquharson C G, Oldenburg D W, Kowalczyk P, 2004. Three-dimensional inversion of MT data from the Turquoise Ridge mine, Nevada. Seg Technical Program Expanded Abstracts, 23 (1): 1195.

Gu Z J, Sun T Z, Tao J L, 2001. Experiment of wet peridotite under high temperature – pressure and asthenosphere genesis. Progress in Geophysics (in Chinese), 16 (3): 40 – 46.

Hermance J F, 1979. The electrical conductivity of materials containing partial melt. Geophys. Res. Lett., 6: 613 – 616.

Huang S Q, Dong S W, Hu J M, et al., 2016. The formation and tectonic evolution of the Mongol – Okhotsk Belt. Acta Geologica Sinica (in Chinese), 90 (9): 2192 – 2205.

Hyndman R D, Shearer P M, 1989. Water in the lower continental crust: Modeling magnetotelluric and seismic reflection results. Geophys. J. Int., 98: 346 – 365.

Kroner U, Romer R L, 2013. Two plates—Many subduction zones: The Variscan orogeny reconsidered. Gondwana Research, 24 (1): 298 – 329.

Kroner U, Roscher M, Romer R L, 2016. Ancient plate kinematics derived from the deformation pattern of continental crust: Paleo- and Neo-Tethys opening coeval with prolonged Gondwana – Laurussia convergence. Tectonophysics, 681: 220 – 233.

Li S Z, Yang C, Zhao S J, et al., 2016. Global early paleozoic orogens (Ⅱ): Subduction-accretionary-type orogeny. Journal of Jilin University (Earth Science Edition) (in Chinese), 46 (4): 968 – 1004.

Marquis G, Hyndman R D, 1992. Geophysical support for aqueous fluids in the deep crust: Seismic and electrical relationship. Geophys. J. Int., 110: 91 – 105.

Ren J Y, Li S T, 2000. Spreading and dynamic setting of marginal basins of the western pacific. Geoscience Frontiers (in Chinese), 7 (3): 203 – 213.

Rodi W, Mackie R L, 2000. Nonlinear conjugate gradients algorithm for 2-D magnetotelluric inversion. Geophysics, 66 (1): 174 – 187.

Rychert C A, Shearer P M, 2009. A Global View of the Lithosphere – Asthenosphere Boundary. Science, 324 (5926): 495 – 498.

Stesky R S, Brace W F, 1973. Electrical conductivity of serpentinized rocks to 6 kilobars. Geophys. Res.,

78（32）：7614 – 7621.

Tauzin B，Debayle E，Wittlinger G，2010. Seismic evidence for a global low-velocity layer within the earth's upper mantle. Nature Geoscience，3（10）：718 – 721.

van der Voo R，Spakman W，Bijwaard H，1999. Tethyan subducted slabs under India. Earth & Planetary Science Letters，171（1）：7 – 20.

Wu G Y，2014. Late Paleozoic evolution of south branch of Central Asian Orogenic Belt：With reference to creation of the Middle-Late Permian residual marine basins bordering Mongolia and China. Journal of Palaeogeography（in Chinese），16（6）：907 – 925.

Zhu J S，Cao J M，Cai X L，et al.，2002. High resolution surface tomography in east asia and west pacific marginal seas. Chinese J. Geophys.（in Chinese），45（5）：646 – 664.

Zhu J S，Cao J M，Cai X L，et al.，2003. Study for three-dimensional structure of earth interior and geodynamics in China and adjacent land and sea regions. Advance in Earth Sciences（in Chinese），45（5）：646 – 664.

Zhu J S，Xuan R Q，Liu K，et al.，2005. Studying the structure of crust and upper mantle in east Asia and west pacific marginal sea by Rayleigh surface wave. Computing Techniques for Geophysical and Geochemical Exploration（in Chinese），27（3）：185 – 193.

邓胜徽，万传彪，杨建国，2009. 黑龙江阿城晚二叠世安加拉—华夏混生植物群：兼述古亚洲洋的关闭问题. 中国科学（12）：1744 – 1752.

顾芷娟，孙天泽，陶京岭，2001. 高温高压下橄榄石含水实验和软流圈成因. 地球物理学进展，16（3）：40 – 46.

韩江涛，康建强，刘财，等，2019. 中亚造山带东段软流圈分布特征：基于长周期大地电磁探测的结果. 地球物理学报，62（3）：1148 – 1158.

黄始琪，董树文，胡健民，等，2016. 蒙古—鄂霍次克构造带的形成与演化. 地质学报，90（9）：2192 – 2205.

李三忠，杨朝，赵淑娟，等，2016. 全球早古生代造山带（Ⅱ）：俯冲 – 增生型造山. 吉林大学学报（地），46（4）：968 – 1004.

任建业，李思田，2000. 西太平洋边缘海盆地的扩张过程和动力学背景. 地学前缘，7（3）：203 – 213.

田有，马锦程，刘财，等，2019. 西太平洋俯冲板块对中国东北构造演化的影响及其动力学意义. 地球物理学报，62（3）：1071 – 1082.

吴根耀，2014. 中亚造山带南带晚古生代演化：兼论中蒙交界区中 – 晚二叠世残留海盆的形成. 古地理学报，16（6）：907 – 925.

许志琴，杨经绥，嵇少丞，等，2010. 中国大陆构造及动力学若干问题的认识. 地质学报，84（1）：1 – 29.

朱介寿，曹家敏，蔡学林，等，2002. 东亚及西太平洋边缘海高分辨率面波层析成像. 地球物理学报，45（5）：646 – 664.

朱介寿，曹家敏，蔡学林，等，2003. 中国及邻近陆域海域地球内部三维结构及动力学研究. 地球科学进展，18（4）：497 – 503.

朱介寿，宣瑞卿，刘魁，等，2005. 用瑞利面波研究东亚及西太平洋地壳上地幔三维结构. 物探化探计算技术，27（3）：185 – 193.

中亚造山带阿尔泰—准噶尔—东天山深部物质架构：
岩浆岩同位素填图的揭露

王 涛[1,2,3]，宋 鹏[3]，张建军[3]，童 英[3]，黄 河[3]，秦 切[3]

◆ 0 引 言

固体地球科学的一个重要任务是探测地球深部过程与不同圈层协同演变。地壳深部探测是当前固体地球科学研究的前沿课题，深部物质探测、地球物理结构探测和深钻一起构成深部探测的三大途径。岩浆岩"探针"及区域同位素（如全岩 Nd、锆石 Hf）示踪填图是深部物质探测的主要手段，可以用来揭示深部物质组成特征及时空变化，确定不同类型地壳省，划分大地构造边界，估算大陆地壳生长量、方式，分析区域成矿规律。

花岗岩在大陆地壳分布最广，最容易定年，它们记录了深部地壳同位素成分的信息。因此，常用花岗岩同位素示踪技术探测地壳深部物质组成。此外，大陆地壳生长是指幔源岩浆及其分异产物通过各种地质过程添加到陆壳中引起的陆壳面积和体积的增加。对于大陆生长的时间、构造部位、机制，特别是生长量和新生地壳机制等一直存在争论。开展花岗岩区域同位素填图提供了解决该争议问题的一个可行思路和有效手段，即以花岗岩体群作为一系列"探针"或者"浅钻"，提取一个地区深部地壳的组成信息，建立同位素省。据此，圈定深部新、老地壳物质分布范围，依据两者的时空变化，探讨地壳深部新老物质组成三维架构，揭示新生地壳/古老地壳/再造地壳的空间分布与时空演变（王涛、侯增谦，2018）。而且，可以提升区域成矿规律认识，提供深部物质制约证据，有助于成矿潜力的定量/半定量评价及其区域成矿预测（侯增谦、王涛，2018）。我们已经初步介绍了区域性同位素填图的原理、方法和实际运用，探讨了其在解决地质矿产领域重大科学问题的潜力。现在需要通过实践深入探索和应用，解决实际问题。

中国大陆是深部物质探测的良好实验室，需要解决的重大问题包括：多块体拼合的岩石圈及陆壳深部物质组成架构，不同类型造山带地壳生长与深部物质组成结构，不同

1 自然资源部深地动力学重点实验室，北京，100037；2 北京离子探针中心，北京，100037；3 中国地质科学院地质研究所，北京，100037。

基金项目：科技部项目（2019YFA0708604），国家自然科学基金项目（41830216、U1403291、41572052），中国地质调查局项目（DD20160123、DD20160345、DD20160024、DD2090685），国家重点研发计划"深地资源战略性研究项目"（2018YFC0603702）。

构造单元深部物质组成与成矿作用及其浅部成矿制约。中亚增生造山带是全球最大的增生造山带，也是地壳生长最显著的地区（Sengör，Natal'in，& Burtman，1993；Jahn，2004；Windley et al.，2007；Xiao et al.，2015；肖文交 等，2019）。北疆，特别是阿尔泰—准噶尔—东天山，是中亚造山带的最典型地区。但是，对该地区的大地构造单位划分、基底及深部物质组成长期以来存在不同认识。例如，阿尔泰最早认为存在前寒武纪古老基底或古老物质（Sengör，Natal'in，& Burtman，1993；Hu et al.，2000；Windley et al.，2002，2007；Wang et al.，2009），之后 Hf 同位素研究显示，似乎没有古老基底（Sun et al.，2008；Cai et al.，2011a，2011b），但又有一些研究揭示可能存在古老物质（Zhang et al.，2017；Song et al.，2019）。东准噶尔以前认识主要是年轻物质，但是最近有研究者认为存在大量古老物质及基底（Xu et al.，2015）。我们认为，这些问题的解决，仅仅依赖一点或有限范围的样品分析是不够的，开展全面的区域同位素填图是一个值得探索的方法。此外，该地区还是我国及中亚重要的金属矿产资源矿集区（董连慧 等，2010；朱永峰 等，2007；高俊 等，2019）。因此，该地区是探讨深部新老地壳分布架构及其成矿制约的最佳地区之一。

本文在已有研究的基础上，系统总结该区岩浆岩全岩 Sr – Nd 同位素和锆石 Hf 同位素填图以及捕获锆石信息填图的研究成果，进一步深入探索解决上述问题，为开展这方面的研究探索提供了一个范例。

◆ 1 区域地质背景及花岗岩时空分布

中亚造山带（Jahn et al.，2000a；Windley et al.，2007），或称为阿尔泰构造拼合体（Sengör，Natal'in，& Burtman，1993），在大地构造上北邻西伯利亚克拉通，南接塔里木和华北克拉通（据宋鹏 等，2018）。北疆及邻区位于中亚造山带西段，包含了阿尔泰、准噶尔、天山等造山带，是中亚造山带研究程度最高的地区之一。研究表明，该地区发育大量增生构造系和少量的古老地块，构成典型的构造拼合体，是中亚造山带的典型代表性区域（Xiao et al.，2004，2010，2013；李锦轶 等，2006）。

阿尔泰造山带横跨于中国、蒙古、俄罗斯和哈萨克斯坦四国之间，是中亚造山带中西部的重要组成部分。Windley 等（2002）将其由北向南划分为 6 个块体：块体 1 即北阿尔泰块体，主要由泥盆纪到早石炭世火山岩（英安岩和安山岩）和沉积岩组成；块体 2 由新元古代（震旦纪）—中奥陶世低级变质沉积—火山岩系组成（哈巴河组），夹少量的早泥盆世沉积岩和火山岩；块体 3 包括角闪岩相—绿片岩相的变质沉积岩、火山岩；块体 4 主要为志留纪—泥盆纪低级变质的弧火山岩。块体 5 主要由石炭纪高级变质岩（片岩和片麻岩）组成；块体 6 由泥盆纪岛弧和少量奥陶纪石灰岩及石炭纪火山岩组成，实际属准噶尔块体。块体 2 和块体 3 构成了中阿尔泰，被认为是阿尔泰微陆块的重要组成部分（Windley et al.，2002）。根据前人研究，块体 2 和块体 3 可能属于一个构造块体，具微陆块性质（Hu et al.，2000；Wang et al.，2006，2009）。块体 4 和块体 5 位于南阿尔泰。中国阿尔泰发育有大量的显生宙花岗岩类，从寒武纪到侏罗纪均有发育，岩石类型有（似斑状）花岗闪长岩、石英闪长岩、英云闪长岩、二长花岗岩和碱性花岗岩等。前人对此做了大量研究，尤其是锆石 U – Pb 测年识别出较多的早 – 中古生代花岗岩（童英 等，2005，2007；Wang et al.，2006；Yuan et al.，2007；孙敏 等，2009；Cai et al.，2011a，2011b；Liu et al.，2012），因此，阿尔泰造山带应是早 – 中古生代造山带（Wang et al.，2006）。该造山带花岗岩可大致分为早 – 中古生代（同造山 500—360 Ma 前）、晚古生代（后造山 290—270 Ma 前）和中生代（非造山 220—150 Ma 前）三个阶段（Wang et al.，2006，2014；王涛 等，2010）。

东准噶尔块体或构造带位于阿尔泰和天山山脉之间，北以额尔齐斯构造带与阿尔泰造山带为界，最南以卡拉麦里断裂带与天山造山带相接。东准噶尔构造带被阿曼台构造带分成两个块体（块体 6 和块体 7）。卡拉麦里混杂岩带，该蛇绿岩中辉长岩的 LA – ICP – MS 锆石 U – Pb 年龄 [（329.9 ± 1.6）Ma]，证明卡拉麦里蛇绿岩的形成时间为早石炭世（汪帮耀 等，2009）。东准噶尔块体主要发育晚古生代深成岩，形成于距今 330—265 Ma 之间，岩石类型多为钾长花岗岩、花岗闪长岩、二长花岗岩和碱性花岗岩等，存在典型的 A 型花岗岩，其空间范围往往不受重要地质界限（如蛇绿岩带）的限制（韩宝福 等，2006）。东准噶尔岩浆活动峰期在约 300 Ma 前，不同于阿尔泰的约 400 Ma 前。另外，在琼河坝地区发现的 411 Ma 前同造山花岗岩具有埃达克岩的性质，形成于岛弧环境（杜世俊 等，2010）。

东大山位于卡拉麦里—哈尔里克断裂带南侧，主要发育三期岩浆活动：①早古生代岩浆活动，岩体规模较小，侵位时代为晚奥陶世—早志留世（马星华 等，2015）；②晚石炭世岩浆活动，岩性为闪长岩、二长花岗岩、黑云母花岗岩和碱性花岗岩等，分布广泛，岩体规模较大，如八大石等岩体，侵位时代为 340—310 Ma 前（如黄伟，2014；宋鹏 等，2018；Du et al.，2019）；③早二叠世岩浆活动，侵位时代集中在 290—270 Ma 前（汪传胜 等，2009a，2009b；Yuan et al.，2010；陈希节，2010，2016）。

◆ 2 阿尔泰—东准噶尔—东天山同位素填图

2.1 阿尔泰—东准噶尔—东天山 Nd 同位素填图

根据作者开展的 Nd 同位素填图（如 Wang et al.，2009），阿尔泰造山带花岗岩类 Nd 同位素总体组成 $\varepsilon_{Nd}(t)$ 为 $-4.2 \sim +8.1$，即有正的，也有负的，模式年龄有老有新，T_{DM} 为 1.77—0.47 Ga。位于中阿尔泰的块体 2 的花岗岩类 $\varepsilon_{Nd}(t)$ 值范围为 $-3.3 \sim +0.9$，T_{DM} 为 1.77—1.28 Ga，块体 3 分别为 $-4.2 \sim +2.8$ 和 1.68—0.86 Ga；在南阿尔泰块体 4 的花岗岩类 $\varepsilon_{Nd}(t)$ 值为 $-3.5 \sim +8.1$，T_{DM} 为 1.47—0.47 Ga；在阿尔泰最南边的块体 5，花岗岩类同位素特征为 $\varepsilon_{Nd}(t)$ 值为 $+4.4 \sim +7.1$，T_{DM} 为 0.63—0.46 Ga。与阿尔泰南部相邻的东准噶尔块体 6 和块体 7 具有较为相似的同位素组成，花岗岩类 $\varepsilon_{Nd}(t)$ 值分别为 $+2.4 \sim +8.4$ 和 $+4.5 \sim +7.4$，相应的 T_{DM} 分别为 1.04—0.46 Ga 和 0.76—0.54 Ga。

在空间上，中国阿尔泰造山带花岗岩的 Nd 同位素特征具有明显的区块性，中部（块体 2 和块体 3）花岗岩具有低 $\varepsilon_{Nd}(t)$ 值和高 T_{DM}，显示含有众多的陆壳物质；而南缘花岗岩具有高 $\varepsilon_{Nd}(t)$ 值和低 T_{DM}，暗示以年轻（幔源）物质为主位。这种同位素特征的空间变化很好地刻画了阿尔泰造山带深部的物质组成结构，即中部老、南缘新。这与地表地层组成和构造单元划分相一致，即中部为（相对）古老地块，南缘为新增生地块。如果几个岩体显示低 $\varepsilon_{Nd}(t)$ 值和高 T_{DM} 不足以说明有老的基底物质（可能是搬运来的沉积物源）的话，那么成片的大量岩体显示近似一致的低 $\varepsilon_{Nd}(t)$ 值和高 T_{DM}，特别是周边显示年轻的物源基底，这应该说明在中部块体下部存在相对均匀的古老物质，即古老基底。这从一个侧面证实阿尔泰造山带存在古老的陆壳基底。这与上述早古生代同造山花岗岩的陆缘环境也相吻合。另外，值得注意的是，在同一构造块体中，无论是早古生代还是中生代花岗岩都具有大致相似的同位素特点，如位于中部块体的中生代花岗岩仍然显示低 $\varepsilon_{Nd}(t)$ 值和高 T_{DM} 特征，并遵循同位素的演化规律，而位于年轻块体（如块体 4 和块体 5）的中生代花岗岩仍然保持高 $\varepsilon_{Nd}(t)$ 值和低 T_{DM} 特征。这种特征暗示阿尔泰造山带构造单元（块体）在主期增生造山后没有发生垂向的相互叠置，构造单元之间仍然保持之前水平增生的结构，这可能是增生造山带的一种特征。

中亚增生造山带鉴别出大量增生地块和大量年轻物质加入地壳，被认为是中亚增生造山带形成的主要特点和基础。但近期，也有学者强调古老块体和物质再循环在该造山带形成发育中仍然起到重要作用（Kroner et al.，2014，2017）。因此，仔细鉴别古老块体和年轻物质成为准确了解陆壳生长和增生造山带形成演化的关键问题之一。中国阿尔泰造山带精细刻画的地壳结构与生长特点，为该问题的探讨提供了实例。阿尔泰及周边的组成与结构是中亚造山带的一个缩影，很好地反映了整个年轻增生地块中夹持有残留的古老（元古代）地块的结构特点。例如，在中亚造山带中的阿尔泰造山带，Windley 等（2002）划分出 6 个构造块体。而我们的阿尔泰花岗岩同位素填图揭示，阿尔泰中部原来第二和第三块体深部具有相同的物质组成特征，应该"合二为一"；原来在南部划分的第四块体中，其东、西段明显不同，应该"一分为二"。对比阿尔泰、东准噶尔和北山造山带，Nd、Hf 同位素填图剖面清楚展示，准噶尔造山带具有年轻的基底物质组成，北山以显示古老物质为主，阿尔泰造山带介于两者之间，显示混合地壳。

东天山地区花岗岩的 I_{Sr} 值变化范围为 0.6571 ～ 0.7113，I_{Sr} 值大多数为 0.7030 ～ 0.7110。东天山东北段哈尔里克山地区 $\varepsilon_{Nd}(t)$ 值为 +3.1 ～ +8.2，绝大多数为 +4.4 ～ +5.9，Nd 模式年龄为 0.92—0.52 Ga。东天山南段其他地区（如北山），花岗岩模式年龄 T_{DM} 值为 3170—440 Ma，集中在 1550—550 Ma，有两个峰值，一个是 1000—550 Ma，另外一个是 1550—1050 Ma（图 1、图 2），显示由两种不同的物源组成，其中前者可能来源于新生地壳，或者有大量的年轻幔源物质的贡献，而后者可能更多的是古老地壳的贡献，而 20 亿年左右的模式年龄表明东天山—北山地区应有较为古老的物质。

可以看出东天山各区块的花岗岩具有不同的 Nd 同位素组成（图 1、图 2）。星星峡以北地区的花岗岩 $\varepsilon_{Nd}(t)$ 值多为正值，具有较为年轻的 Nd 同位素模式年龄，其中雀儿山一带花岗岩类的 T_{DM} 值为 1450 ～ 440 Ma，$\varepsilon_{Nd}(t)$ 值为 -5.1 ～ +7.5；红石山—黑鹰山一带花岗岩类的 T_{DM} 值为 3170 ～ 450 Ma，$\varepsilon_{Nd}(t)$ 值为 -16.4 ～ +7.5；中部块体的花岗岩 $\varepsilon_{Nd}(t)$ 值集中在 -3 ～ 0，多靠近 0，模式年龄也集中在 1000 Ma 左右；北部带和中部带接合部位的花岗岩显示出较低的 $\varepsilon_{Nd}(t)$ 值和较老的模式年龄，是否暗示有古老块体的存在需要进一步研究。由中部往南，花岗岩的 $\varepsilon_{Nd}(t)$ 值逐渐升高，模式年龄则变化不大，总体来看，尽管由北往南，花岗岩的模式年龄有所变化，但都显示出有较年轻的模式年龄（小于 1.0 Ga），暗示了大量的新生幔源组分参与花岗岩的形成，或都说幔源物质在花岗岩的形成过程中扮演了重要角色（图3）。

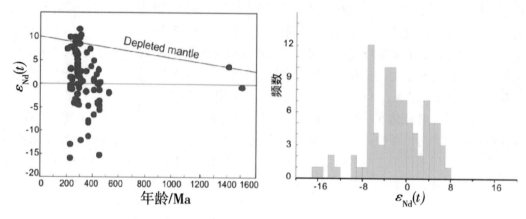

图1　东天山—北山地区花岗岩 ε_{Nd}（t）－年龄图解

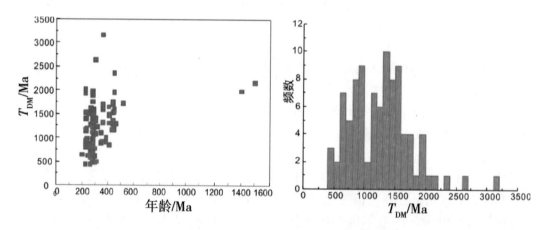

图2　东天山—北山地区花岗岩 T_{DM} － 年龄图解

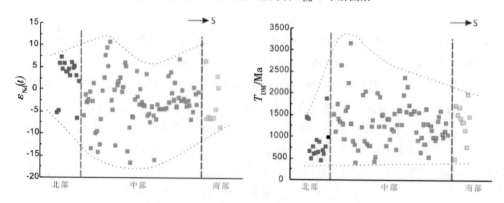

图3　东天山—北山各区块的花岗岩 Nd 同位素变化

总的来看，花岗岩类的 Nd 同位素填图显示出花岗岩类侵入岩的 $\varepsilon_{Nd}(t)$ 值从阿尔泰到东准噶尔和东天山哈尔里克山具有由北向南增加再到北山减小的趋势，它们的模式年龄相对应地具有由北向南变年轻再变老的趋势［图4（a）（b）］，这样的同位素变化指示了在该方向上物质来源的不同。

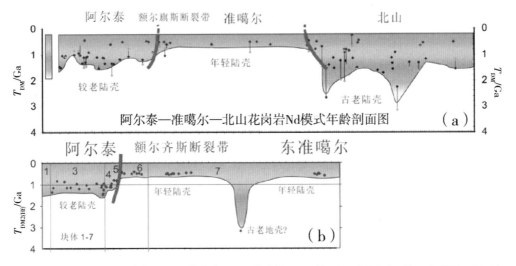

图4　北疆阿尔泰—准噶尔—北山花岗岩 Nd 同位素及 Nd、锆石 Hf 剖面（王涛、侯增谦，2018）

2.2　阿尔泰—东准噶尔—东天山 Hf 同位素填图

作为中亚造山带的关键组成部分，阿尔泰—东准噶尔深部物质组成及基底性质一直存在争议。例如，阿尔泰深部是否有古老物质，目前仍有不同认识。以往，前人根据区域上高级变质岩系和全岩 Nd 同位素研究认为，阿尔泰造山带具有前寒武纪基底。近年来，锆石 Hf 同位素研究显示正的 $\varepsilon_{Hf}(t)$ 值指示该区不存在前寒武纪基底。对于准噶尔造山带来说，存在同样的问题，一些研究认为其基底为年轻地壳，而一些学者发现了更为古老的物质组成。针对这些问题，我们依据全岩 Nd 同位素研究显示，阿尔泰造山带中部具有古老物质，可能暗示存在前寒武纪基底。在此基础上，又进一步开展系统的区域性 Hf 同位素填图和对比 Hf 同位素时空变化规律，揭示阿尔泰与东准噶尔深部物质组成截然不同的特征。

阿尔泰造山带，以前多认为是一个晚古生代造山带，近些年通过大量的高精度锆石 U－Pb 测年，在阿尔泰识别出较多的早－中古生代花岗岩。因此，阿尔泰造山带也被认为是早－中古生代俯冲－增生机制形成的造山带，其岩浆活动大致分为 460 Ma 前、400 Ma 前、375 Ma 前 3 个阶段，大约在 400 Ma 前岩浆作用达到顶峰。宋鹏等（2017）在阿尔泰造山带开展了系统的研究工作，在东南缘新获得的锆石 U－Pb 年龄分别为（382 ±4）Ma、（381 ±4）Ma、（385 ±5）Ma 和（363 ±6）Ma，揭示了两期（385—380 Ma 前和 363 Ma 前）岩浆事件，特别是新鉴别出的 370—360 Ma 的高钾钙碱性花岗岩，作为连接过渡的岩浆事件，为厘定古生代花岗岩浆由钙碱性演变到高钾钙碱性再到碱性提供了关键证据，进一步揭示了阿尔泰造山带的古生代造山旋回演化。然后，在上述研究基础上，通过实测和系统收集花岗岩锆石 Hf 同位素资料，完成 Hf 同位素填图，获得与 Nd 同位素填图一致的结果，证实阿尔泰造山带中部、深部存在古老物质，南侧及东准噶尔以年轻地壳为主。

Hf 同位素填图显示出阿尔泰造山带具有较为复杂的同位素组成（Song et al.，2019）。阿尔泰花岗岩类同位素总体组成 $\varepsilon_{Hf}(t)$ 值为 $-3.7 \sim +12.4$，$T_{DM2(Hf)}$ 为 1.50—0.39 Ga。在中阿尔泰，块体 2 的 $\varepsilon_{Hf}(t)$ 值范围为 $+4.7 \sim +8.4$，$T_{DM2(Hf)}$ 为 1.10—0.86 Ga，块体 3 的分别为 $-3.7 \sim +8.4$ 和 1.50—0.85 Ga；在南阿尔泰，块体 4 的花岗岩类 $\varepsilon_{Hf}(t)$ 值为 $+3.5 \sim +14.1$，$T_{DM2(Hf)}$ 为 1.14—0.54 Ga；在阿尔泰最南边的块体 5，花岗岩类同位素特征为 $\varepsilon_{Hf}(t)$ 值 $+7.5 \sim +10.7$，$T_{DM2(Hf)}$ 为 0.83—0.61 Ga。从空间上来看，东准噶尔块体 6 和块体 7 具有较为相似的同位素组成，花岗岩类 $\varepsilon_{Hf}(t)$ 值分别为 $+7.6 \sim +14.7$ 和 $+9.6 \sim +14.7$，相应的 $T_{DM2(Hf)}$ 分别为 0.81—0.38 Ga 和 0.81—0.39 Ga。只有块体 7 的一个样品例外，其 $\varepsilon_{Hf}(t)$ 值为 -28.1，$T_{DM2(Hf)}$ 为 3.12 Ga。东天山东北段哈尔里克山地区花岗岩类（320—289 Ma）的 $\varepsilon_{Hf}(t)$ 值为 $+5.4 \sim +16.9$，二阶段模式年龄（T_{DM2}）为 0.99—0.23 Ga。

本次 Hf 同位素填图和对比揭示，在空间上，花岗岩类的 $\varepsilon_{Hf}(t)$ 值从块体 2、3、4、5 到块体 6、7（东准噶尔）具有由北向南增加的趋势，它们的地壳模式年龄 T_{DM}^{c} 相对应地具有由北向南，即从阿尔泰向东准噶尔减少的趋势。这样的 Hf 同位素成分变化指示了在该方向上物质来源的不同，总体上与 Nd 同位素填图结果具有一致性。在时间上，从早–中古生代到晚古生代再到中生代，花岗岩类的 $\varepsilon_{Hf}(t)$ 值具有先增加后减少的特征，揭示了地壳生长过程中不同时代的变化（图 5）。

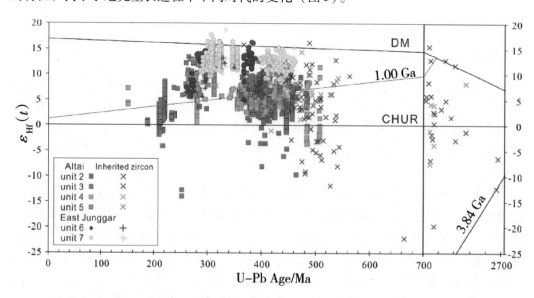

图 5 阿尔泰及东准噶尔不同块体花岗岩类 Age–$\varepsilon_{Hf}(t)$ 图解（Song et al.，2019）

在物质来源上，中阿尔泰花岗岩类物源为古老地壳与年轻物质相混合的不均匀地壳，古老大陆地壳锆石和镁铁质包体指示源区物质主要为前寒武纪大陆成分和少量年轻的幔源成分，南阿尔泰则主要以年轻物质为主和少量古老成分组成，而东准噶尔年轻物源可能与后碰撞新底侵的幔源岩浆有关。因此，阿尔泰和东准噶尔具有明显不同的物质来源，从北向南物源逐渐变年轻，中阿尔泰块体2、3具有相对古老的物质来源，块体4较老，块体5较年轻，而东准噶尔块体6、7具有相对年轻的物质来源。

在基底性质上，根据阿尔泰—东准噶尔 Hf 同位素填图结果，划分出 6 个同位素省（Ⅰ：>1.4 Ga；Ⅱ：1.4—1.2 Ga；Ⅲ：1.2—1.0 Ga；Ⅳ：1.0—0.8 Ga；Ⅴ：0.8—0.6 Ga 和Ⅵ：0.6—0.4 Ga）（Song et al., 2019）。同位素省Ⅰ—Ⅴ分布在阿尔泰，其中较老的同位素Ⅰ、Ⅱ、Ⅲ分布在中阿尔泰，为老地壳，解释为前寒武纪微陆块或者为古老的大陆碎片；同位素Ⅳ、Ⅴ主要分布在南阿尔泰，为较年轻地壳组成，东部存在古老物质。同位素省Ⅵ最为年轻，分布在几乎整个东准噶尔，因此东准噶尔以年轻地壳为主，尽管局部存在古老信息，东准噶尔基底性质以年轻物质为主。同位素省剖面揭示的阿尔泰与东准噶尔截然不同的地壳深部物质组成差异与额尔齐斯断裂带一致，为二者构造边界划分提供了深部依据（图6）。

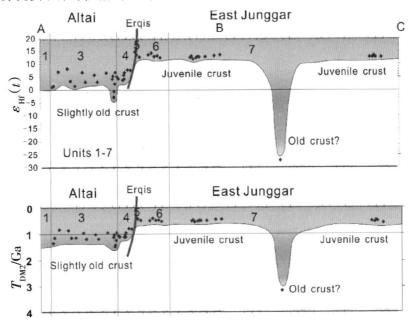

图6 阿尔泰—东准噶尔 Hf 同位素剖面（王涛、侯增谦，2018）

此外，根据新老地壳的划分，对地壳生长量进行了估算。相对较老的同位素省Ⅰ、Ⅱ、Ⅲ（>1.0 Ga）主要分布阿尔泰造山带，而东准噶尔主要为年轻的同位素省Ⅴ、Ⅵ，中亚造山带最为年轻的地壳区域，指示了显著的古生代垂向增长。因此，从整个阿尔泰和东准噶尔地区来看，年轻的同位素省Ⅳ、Ⅴ、Ⅵ占据了该区域大约78%的面积，其中阿尔泰同造山水平增生为27%，东准噶尔后碰撞垂向生长为51%，证实了显生宙中亚造山带北疆地区存在显著的地壳生长，且不同地区地壳生长具有不均一性。

2.3　阿尔泰—准噶尔花岗岩捕获/继承锆石信息填图

前已述及，阿尔泰—东准噶尔造山带深部地壳物质组成结构争议很大。圆满解决该争议问题的关键是如何利用多种有效手段对阿尔泰地区已有的深部地壳组成信息进行相互验证，对以上学者获取的深部物质信息的结果不一致现象进行合理解释（如岩浆岩全岩 Nd 和岩浆岩结晶锆石 Hf 同位素不一致）。新的研究显示，统计分析花岗岩及相关侵入岩中的捕获/继承锆石所记录的信息（捕获锆石信息填图），可能为探索地壳深部物质组成的一种可行的方法（Zhang et al., 2015）。

本研究进一步探索了利用岩浆岩捕获/继承锆石记录信息的统计集成来示踪地壳深部古老物质组成的新手段。阿尔泰及其邻区广泛分布的古生代侵入岩和火山岩已积累了大量年代学和同位素资料。许多研究中的花岗岩类的侵入岩，以及安山岩、流纹岩等火山岩样品中都识别出很多捕获/继承性锆石（Zhang et al., 2017）。这些岩浆岩中的捕获/继承锆石记录的信息可以集中反映出地壳深部古老物质具有什么样的组成特征，令人遗憾的是，目前还没有学者对这些捕获/继承锆石记录的信息进行分析整理和深入研究。

为了探究以上问题，我们研究了阿尔泰—东准噶尔及邻区大量发育的古生代岩浆岩中捕获、继承锆石年龄和 Hf 同位素特征空间分布。总体上将阿尔泰—东准噶尔及邻区地壳划分为 3 个岩浆岩捕获/继承锆石年龄省：①含最古老年龄省（Province Ⅰ），广泛存在 1600—1000 Ma 和 2500—1600 Ma 的捕获/继承锆石，其 $\varepsilon_{Hf}(t)$ 值变化大（$-15 \sim +7$）并具有古老的地壳模式年龄（2.9—1.5 Ga）；②含较老年龄省（Province Ⅱ），包含大量的 1000—541 Ma 捕获/继承锆石，其 $\varepsilon_{Hf}(t)$ 值主要为 $-6.8 \sim +8.1$，地壳模式年龄 $T_{DM}{}^C$ 约为 $1.0 \sim 1.3$ Ga；③无前寒武纪古老年龄省（Province Ⅲ），含有的捕获/继承锆石的年龄都 <541 Ma，具有高、正的 $\varepsilon_{Hf}(t)$ 值（$+5 \sim +16$）和年轻的地壳模式年龄（0.95—0.4 Ga）。这揭示出古老地壳物质组分广泛发育在中国阿尔泰的东段和东准噶尔的个别地区，可能为古老陆壳基底或微陆块的反应；东准噶尔地区主要是年轻地壳物质，额尔齐斯断裂带两侧的物质组成明显不同，进一步论证了其为区域上重要的构造界线。

◆ 3　阿尔泰—准噶尔—东天山地壳深部物质组成架构及其成矿制约

3.1　地壳生长及深部物质组成架构

地壳生长是地球科学最基本的问题。传统观点认为，地壳生长几乎都发生于前寒武纪。中亚是研究显生宙巨量地壳生长的最佳实验室，但是，新生地壳发育的位置、范围和量等始终未能准确确定。

阿尔泰—准噶尔—北山花岗岩 Nd 同位素填图（图 4）勾画出北疆东部地壳深部的基本组成部分及大陆地壳生长样式。阿尔泰中部和北山中南部花岗岩具有低 $\varepsilon_{Nd}(t)$ 值（$-6 \sim -1$）和老 T_{DM}（1.7—1.0 Ga）的特点，显示含有众多的陆壳物质；而准噶尔花岗岩具有高 $\varepsilon_{Nd}(t)$ 值（$+8 \sim +1$）和低 T_{DM}（0.7—0.5 Ga）的特点，暗示以年轻

（幔源）物质为主位；北山花岗岩总体显示有更低的 $\varepsilon_{Nd}(t)$ 值（-10~-3）和更老的 T_{DM}（1.9—1.3 Ga）。这种同位素特征的空间变化显示深部物质组合特点：阿尔泰中部较老，准噶尔较新，北山更老。这种深部物质组成结构是同造山水平生长和后造山垂向生长的结果。Hf 同位素填图也显示相似结果（Song et al., 2019），阿尔泰深部物质组成具有中部相对较老，南侧相对较新的结构，而东准噶尔深部物质主要具有相对新的（年轻地壳）结构组成（Hf 模式年龄 T_{DM2} 为 0.67—0.20 Ga）。西准噶尔深部地壳物质也同样以新生地壳组成为主（Nd 模式年龄 T_{DM} 为 0.92—0.13 Ga；Hf 模式年龄为 T_{DM2} 为 0.92—0.26 Ga）。说明 Nd 同位素揭示的"中老南新"的地壳深部结构是客观存在的。在地壳生长方式上，阿尔泰造山带应以陆壳水平生长为主，而准噶尔造山带应以垂向生长为主。在构造划分依据上，额尔齐斯断裂带应为阿尔泰与准噶尔块体的构造单元分界线。

另外，在天山，花岗岩同位素变化较大，揭示了复杂的深部地壳物质组成特点。Nd-Hf 同位素数据显示塔里木克拉通北缘和南天山的花岗岩类普遍具有相对"古老"的 Nd-Hf 同位素成分，暗示深部以古老地壳物质为主（Hf 模式年龄 T_{DM2} 为 2.84—0.90 Ga）；而中天山地块和伊犁地块南北缘花岗岩带，既有岩体显示"年轻"的 Nd-Hf 同位素成分，又有岩体呈"古老"的特征。中天山地块的地壳物质组成呈现出"南老北新"的特点。南侧花岗岩锆石 $\varepsilon_{Hf}(t)$ 值为 -17.6~+5.7，对应的模式年龄为 2.53—1.05 Ga；北侧花岗岩体锆石 $\varepsilon_{Hf}(t)$ 值为 -2.2~+12.5，对应的模式年龄位于 1.53—0.47 Ga。尤其值得注意的是，伊犁地块南北两条岩浆岩带的 Hf 同位素特征具有向陆内变年轻的趋势，说明深部新老物质共存，且新生物质的加入可能与后撤型俯冲（retreating subduction）所导致的弧后-弧内伸展环境有关。其次，东天山地区 Nd-Hf 同位素数据也同样显示较大的变化范围 [$\varepsilon_{Nd}(t)$ 值 -33.8~+9.09，相应模式年龄为 3.94—0.34 Ga；$\varepsilon_{Hf}(t)$ 值 -34.2~+19.6，相应模式年龄为 3.41—0.21 Ga]，并从南到北，深部地壳物质呈现由古老变年轻的趋势。而北天山地区的花岗岩类几乎都具有"年轻"的 Nd-Hf 同位素成分，暗示其深部几乎全部由年轻物质组成。

通过上述对北疆及邻区显生宙花岗岩同位素资料的总结，我们将中亚造山带花岗岩源区分为 4 种主要类型：①新生地壳，主要以具有非常年轻的 Nd 模式年龄（0.8—0.2 Ga）和正的 $\varepsilon_{Nd}(t)$ 值（0~+8），以及正的 $\varepsilon_{Hf}(t)$ 值为特征，主要范围为阿尔泰大部分地区、东准噶尔地区和西准噶尔地区。②轻度混染的源区，主要以具有略老的 Nd 模式年龄（1.0—0.8 Ga）和在 0 附近的 $\varepsilon_{Nd}(t)$ 值，以及略老的 Hf 模式年龄（1.0—0.6 Ga）为特征。③显著混染的源区，这些花岗岩的源区显示出明显的混合源区和混合同位素的特征，较前两类花岗岩具有较老的 Nd 模式年龄（1.6—1.0 Ga）和较低的 $\varepsilon_{Nd}(t)$ 值（-10~0），以及总体显示较老的 Hf 模式年龄（2.0—1.2 Ga）和变化范围较大的 $\varepsilon_{Hf}(t)$ 值（-15~+7）。部分中国阿尔泰地区的花岗岩就是一个典型。天山造山带内的伊犁地块中部分花岗岩类也起源于此类源区。④古老物质源区，这一源区通常显示非常老的 Nd 模式年龄（2.8—1.6 Ga）和非常低的 $\varepsilon_{Nd}(t)$ 值（-23~-6），以及非常老的 Hf 模式年龄（3.0—1.6 Ga）和 $\varepsilon_{Hf}(t)$ 值（-20~-5）。这些源区的花岗岩主要出露在一些前寒武纪微陆块上或者老地体之上，以再循环地壳物质为主，如中天山大部分地区、南天山等。

通过上述系统开展花岗岩同位素填图，在中亚南缘北疆地区圈定出不同年龄的新老地壳的分布（图7），年轻地壳（Nd 地壳模式年龄 < 0.8 Ga 的地壳区）面积约占 $8 \times 10^5 \text{ km}^2$，相对面积占 50% 以上，从而定量/半定量地确定了地壳生长量。这是目前确定的中亚乃至全球古生代造山带中最大、最年轻的地壳省，为解决显生宙地壳生长等问题提供了关键证据和范例。

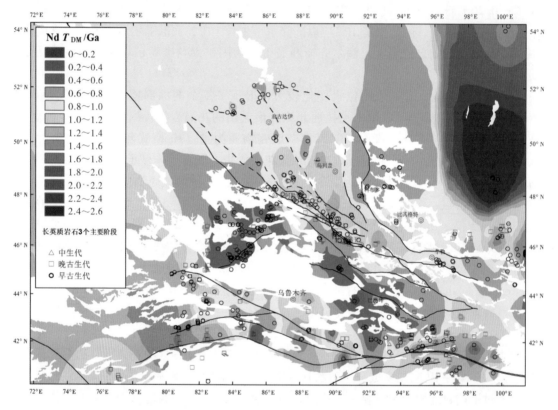

图 7　北疆及邻区花岗岩质岩石 Nd 模式年龄（王涛 等，2020）

3.2　新老地壳组成架构对成矿的制约

新疆北部阿尔泰—准噶尔—东天山—北山的同位素填图很好地展现了深部物质架构对矿产分布的制约作用（侯增谦、王涛，2018）。例如，阿尔泰同位素地质图显示，锂、铍、铌、钽等稀有金属矿产如伟晶岩矿、白云母矿主要分布于中部和南部局部地区，即深部相对古老物质发育的地带。该区域 $\varepsilon_{\text{Nd}}(t)$ 值为 $-4 \sim +2$，其模式年龄 $T_{\text{DM(Nd)}}$ 为 1.6—1.1 Ga；$\varepsilon_{\text{Hf}}(t)$ 值为 $+1.4 \sim +8.6$，模式年龄 $T_{\text{DM2(Hf)}}$ 为 1.3—0.9 Ga。而铜等金属矿产主要分布在南缘较年轻的块体中。该区域 $\varepsilon_{\text{Nd}}(t)$ 值为 $+1 \sim +6.1$，其模式年龄 $T_{\text{DM(Nd)}}$ 为 1.0—0.6 Ga；$\varepsilon_{\text{Hf}}(t)$ 值为 $+4.9 \sim +9.9$，模式年龄 $T_{\text{DM2(Hf)}}$ 为 1.0—0.7 Ga。

增生造山带中深部物质组成、地壳生长对斑岩型－热液型铜矿成矿系统的时空分布有较明显的制约。研究表明，天山造山带，乃至整个中亚造山带西段，在古生代都经历了数次俯冲样式的转换，即前进型俯冲（advancing subduction）和后撤型俯冲（retreating subduction）交替发生。前者会导致活动大陆边缘一侧显著的地壳增厚及岩浆活动中古老壳源物质的增加（这一阶段花岗质岩石中 Nd－Hf 模式年龄呈增大趋势），有利于硫化物聚集以及富水、高氧逸度的年轻玄武质岩浆在地壳底部的 MASH 过程；而后者会诱发地壳的伸展减薄（这一阶段花岗质岩石中 Nd－Hf 模式年龄呈减小趋势），有利于成矿物质被再次"抽取"至浅部地壳形成矿床。例如，在西天山，斑岩型铜（金）矿床集中分布在伊犁地块内部的"年轻地壳分布区"，与形成于晚泥盆世—早石炭世（后撤型俯冲阶段）、具有高 $\varepsilon_{Nd}(t)$－$\varepsilon_{Hf}(t)$ 值的花岗斑岩体有密切的成因联系，如肯登高尔、莱历斯高尔铜矿田。位于东大山著名的土屋—延东斑岩型铜矿田，西准噶尔地区的包古图、谢米斯台等斑岩型铜矿田也具有同样的特征。因此，同位素填图可以为查明斑岩型铜（金）矿床形成的有利时空位置提供重要依据。相较而言，与酸性岩浆活动有关的稀有稀土金属矿床则集中发育在古老克拉通边缘，成矿诱发机制与非造山伸展环境有关。在塔里木克拉通北缘及邻区，发育一条早二叠世偏碱性岩浆岩带，也是重要的稀有稀土金属成矿带。著名的波孜果尔碱性花岗岩型 Nb－Zr－REE 矿床就位于此带内。

◆ 4 结 论

（1）花岗岩类的 Nd－Hf 同位素填图以及捕获/继承锆石填图揭示，不同的块体具有不同的深部物质组成，阿尔泰中部块体存在大面积古老物质，为深部可能存在古老（元古代）基底提供了新证据，而南阿尔泰基底相对年轻。东准噶尔深部（基底性质）主要为年轻物质，局部存在古老物质。东天山深部地壳主要由古老物质组成。

（2）同位素示踪填图为厘定和证实额尔齐斯为重要的构造分界线提供了深部物质新证据，北侧深部以古老物质为主，南侧深部以年轻物质为主。

（3）中亚造山带阿尔泰—东准噶尔—东天山同位素廊带填图揭示了阿尔泰深部以较为古老的物质——东准噶尔—东天山古老物质为主的深部地壳物质剖面及组成架构。该深部物质组成架构对其成矿有明显制约。深部年轻地壳分布区制约了亲地幔的金属矿产（铜矿、铜镍矿）的形成与分布，古老地壳控制大型钼矿、铅锌矿、稀有金属等亲地壳的矿床形成，两者过渡地带常常发育铁矿和多金属矿产等。

◆致 谢

作为岩石圈中心的成员，借此机会感谢高锐院士的长期指导、帮助，以此祝贺高锐院士七十华诞。感谢洪大卫研究员、侯增谦院士、韩宝福教授，他们与我进行了许多有益讨论。

◆ 参 考 文 献

Cai K D, Sun M, Yuan C, et al., 2011a. Geochronology, petrogenesis and tectonic significance of peraluminous granites from the Chinese Altai, NW China. Lithos, 127（1－2）：261－281.

Cai K D, Sun M, Yuan C, et al., 2011b. Prolonged magmatism, juvenile nature and tectonic evolution of the Chinese Altai, NW China：evidence from zircon U－Pb and Hf isotopic study of Paleozoic granitoids. Journal of Asian Earth Sciences, 42（5）：949－968.

Du L, Zhang Y, Huang Z, et al., 2019. Devonian to carboniferous tectonic evolution of the Kangguer Ocean in the Eastern Tianshan, NW China：Insights from three episodes of granitoids. Lithos, 350－351：105243.

Hu A Q, Jahn B M, Zhang G X, et al., 2000. Crustal evolution and Phanerozoic crustal growth in northern Xinjiang：Nd isotopic evidence. Part I. Isotopic characterization of basement rocks. Tectonophysics, 328（1）：15－51.

Jahn B M, Wu F Y, Chen B, 2000. Granitoids of the Central Asian Orogenic Belt and continental growth in the Phanerozoic. Transactions of the Royal Society of Edinburgh：Earth Sciences, 91（1－2）：181－193.

Jahn B M, 2004. The Central Asian Orogenic Belt and growth of the continental crust in the Phanerozoic. Geological Society, London, Special Publications, 226（1）：73－100.

Kröner A, Kovach V, Alexeiev D, et al., 2017. No excessive crustal growth in the Central Asian Orogenic Belt：further evidence from field relationships and isotopic data. Gondwana Research, 50：135－166.

Kröner A, Kovach V, Belousova E, et al., 2014. Reassessment of continental growth during the accretionary history of the Central Asian Orogenic Belt. Gondwana Research, 25（1）：103－125.

Liu W, Liu X J, Xiao W J, 2012. Massive granitoid production without massive continental-crust growth in the Chinese Altay：Insight into the source rock of granitoids using integrated zircon U－Pb age, Hf－Nd－Sr isotopes and geochemistry. American Journal of Science, 312：629－684.

Sengör A M C, Natal'in B A, Burtman V S, 1993. Evolution of the Altaid tectonic collage and Palaeozoic crustal growth in Eurasia. Nature, 364（6435）：299－307.

Song P, Wang, T, Tong, Y, et al., 2019. Contrasting deep crustal compositions between the Altai and East Junggar orogens, SW Central Asian Orogenic Belt：Evidence from zircon Hf isotopic mapping. Lithos, 328－329：297－311.

Sun M, Yuan C, Xiao W J, et al., 2008. Zircon U－Pb and Hf isotopic study of gneissic rocks from the Chinese Altai：progressive accretionary history in the early to middle Palaeozoic. Chemical Geology, 247（3－4）：352－383.

Wang T, Hong D W, Jahn B M, et al., 2006. Timing, petrogenesis, and setting of Paleozoic synorogenic intrusions from the Altai Mountains, Northwest China：Implications for the tectonic evolution of an accretionary orogen. The Journal of Geology, 114（6）：735－751.

Wang T, Jahn B M, Kovach V P, et al., 2009. Nd－Sr isotopic mapping of the Chinese Altai and implications for continental growth in the Central Asian Orogenic Belt. Lithos, 110（1）：359－372.

Wang T, Jahn B M, Kovach V P, et al., 2014. Mesozoic intraplate granitic magmatism in the Altai accretionary orogen, NW China：Implications for the orogenic architecture and crustal growth. American Journal of Science, 314：1－42.

Windley B F, Alexeiev D, Xiao W J, et al., 2007. Tectonic models for accretion of the Central Asian Orogenic Belt. Journal of the Geological Society, 164 (1): 31 – 47.

Windley B F, Kröner A, Guo J H, et al., 2002. Neoproterozoic to Paleozoic Geology of the Altai Orogen, NW China: New Zircon Age Data and Tectonic Evolution. The Journal of Geology, 110 (6): 719 – 737.

Xiao W J, Huang B C, Han C M, et al., 2010. A review of the western part of the Altaids: A key to understanding the architecture of accretionary orogens. Gondwana Research, 18 (2 – 3): 253 – 273.

Xiao W J, Windley B F, Allen M B, et al., 2013. Paleozoic multiple accretionary and collisional tectonics of the Chinese Tianshan orogenic collage. Gondwana Research, 23: 1316 – 1341.

Xiao W J, Windley B F, Badarch G, et al., 2004. Palaeozoic accretionary and convergent tectonics of the southern Altaids: implications for the growth of Central Asia. Journal of the Geological Society, 161 (3): 339 – 342.

Xiao W J, Windley B F, Sun S, et al., 2015. A tale of amalgamation of three Permo – Triassic collage systems in Central Asia: Oroclines, sutures, and terminal accretion. Annual Review of Earth and Planetary Sciences, 43: 477 – 507.

Xu X W, Li X H, Jiang N, et al., 2015. Basement nature and origin of the Junggar terrane: New zircon U – Pb – Hf isotope evidence from Paleozoic rocks and their enclaves. Gondwana Research, 28: 288 – 310.

Yuan C, Sun M, Wilde S, et al., 2010. Post-collisional plutons in the Balikun area, East Chinese Tianshan: Evolving magmatism in response to extension and slab break-off. Lithos, 119: 269 – 288.

Yuan C, Sun M, Xiao W J, et al., 2007. Accretionary orogenesis of the Chinese Altai: Insights from Paleozoic granitoids. Chemical Geology, 242 (1): 22 – 39.

Zhang J J, Wang T, Tong Y, et al., 2017. Tracking deep ancient crustal components by xenocrystic/inherited zircons of Palaeozoic felsic igneous rocks from the Altai – East Junggar terrane and adjacent regions, western Central Asian Orogenic Belt and its tectonic significance. International Geology Review, 59 (16): 2021 – 2040.

Zhang J J, Wang T, Zhang L, et al., 2015. Tracking deep crust by zircon xenocrysts within igneous rocks from the northern Alxa, China: Constraints on the southern boundary of the Central Asian Orogenic Belt. Journal of Asian Earth Sciences, 108: 150 – 169.

陈希节, 舒良树, 2010. 新疆哈尔里克山后碰撞期构造 – 岩浆活动特征及年代学证据. 岩石学报, 26 (10): 3057 – 3064.

陈希节, 张奎华, 张关龙, 等, 2016. 新疆东天山哈尔里克二叠纪奥莫尔塔格碱性花岗岩特征、成因及构造意义. 岩石矿物学杂志, 35 (6): 929 – 946.

董连慧, 屈迅, 朱志新, 等, 2010. 新疆大地构造演化与成矿. 新疆地质, 28 (4): 351 – 357.

杜世俊, 屈迅, 邓刚, 等, 2010. 东准噶尔和尔赛斑岩铜矿成岩成矿时代与形成的构造背景. 岩石学报, 26 (10): 2981 – 2996.

高俊, 朱明田, 王信水, 等, 2019. 中亚成矿域斑岩大规模成矿特征：大地构造背景、流体作用与成矿深部动力学机制. 地质学报, 93: 24 – 71.

韩宝福, 季建清, 宋彪, 等, 2006. 新疆准噶尔晚古生代陆壳垂向生长 (Ⅰ): 后碰撞深成岩浆活动的时限. 岩石学报, 22 (5): 1077 – 1086.

侯增谦, 王涛, 2018. 同位素填图与深部物质探测 (Ⅱ): 揭示地壳三维架构与区域成矿规律. 地学前缘, 25 (6): 20 – 41.

黄伟, 2014. 东天山哈密地区石炭—二叠纪碱性花岗岩年代学、地球化学及成因. 北京：中国地质大学.

李锦轶, 何国琦, 徐新, 等, 2006. 新疆北部及邻区地壳构造格架及其形成过程的初步探讨. 地质学报, 80 (1): 148-168.

马星华, 陈斌, 王超, 等, 2015. 早古生代古亚洲洋俯冲作用: 来自新疆哈尔里克侵入岩的锆石 U-Pb 年代学、岩石地球化学和 Sr-Nd 同位素证据. 岩石学报, 31 (1): 89-104.

宋鹏, 童英, 王涛, 等, 2017. 阿尔泰东南缘泥盆纪花岗质岩石的锆石 U-Pb 年龄、成因演化及构造意义: 钙碱性—高钾钙碱性—碱性岩浆演化新证据. 地质学报, 91 (1): 55-79.

宋鹏, 童英, 王涛, 等, 2018. 新疆东天山哈尔里克山石炭纪花岗岩的锆石 U-Pb 年龄、成因演化及地质意义. 地质通报, 37 (5): 790-804.

孙敏, 龙晓平, 蔡克大, 等, 2009. 阿尔泰早古生代末期洋中脊俯冲: 锆石 Hf 同位素组成突变的启示. 中国科学: 地球科学, 39 (7): 935-948.

童英, 王涛, 洪大卫, 等, 2005. 阿尔泰造山带西段同造山铁列克花岗岩体锆石 U-Pb 年龄及其构造意义. 地球学报, 26 (Z1): 74-77.

童英, 王涛, 洪大卫, 等, 2007. 中国阿尔泰北部山区早泥盆世花岗岩的年龄、成因及构造意义. 岩石学报, 23 (8): 1933-1944.

汪帮耀, 姜常义, 李永军, 等, 2009. 新疆东准噶尔卡拉麦里蛇绿岩的地球化学特征及大地构造意义. 矿物岩石, 29 (3): 74-82.

汪传胜, 顾连兴, 张遵忠, 等, 2009a. 新疆哈尔里克山二叠纪碱性花岗岩—石英正长岩组合的成因及其构造意义. 岩石学报, 25 (12): 3182-3196.

汪传胜, 顾连兴, 张遵忠, 等, 2009b. 东天山哈尔里克山区二叠纪高钾钙碱性花岗岩成因及地质意义. 岩石学报, 25 (6): 1499-1511.

王涛, 童英, 李舢, 等, 2010. 阿尔泰造山带花岗岩时空演变、构造环境及地壳生长意义: 以中国阿尔泰为例. 岩石矿物学杂志, 29 (6): 595-618.

王涛, 侯增谦, 2018. 同位素填图与深部物质探测 (Ⅰ): 揭示岩石圈组成演变与地壳生长. 地学前缘, 25 (6): 1-19.

肖文交, 宋东方, Brian F W, 等, 2019. 中亚增生造山过程与成矿作用研究进展. 中国科学: 地球科学, 49 (10): 1512-1545.

朱永峰, 何国琦, 安芳, 2007. 中亚成矿域核心地区地质演化与成矿规律. 地质通报, 26 (9): 1167-1177.

中亚造山带岩石圈中的大陆碰撞遗迹

张洪双[1]，李秋生[1]，叶　卓[2]，王晓冉[1]

◆ 0　引　　言

中亚造山带（CAOB）是西伯利亚古陆与塔里木—中朝板块之间的古亚洲洋消减、多块体拼合而形成的规模宏大的增生型造山带（图1）（Badarch, Cunningham, & Windley, 2002；Buslov et al., 2001；Coleman, 1994；Dobretsov, Berzin, & Buslov, 1995；Heubeck, 2001；Hu et al., 2017；Jian et al., 2008, 2010；Xiao et al., 2003, 2009；Xu et al., 2013），是理解板块汇聚、大陆形成的理想场所。目前，关于中亚造山带形成机制和过程尚存在诸多争议。基于地表地质构造和岩石学特征，前人提出了多种动力学模型来解释古亚洲洋闭合和中亚造山带的构造演化（Chen et al., 2009；Jian et al., 2008, 2010；Windley et al., 2007；Xiao et al., 2003, 2009；Xu et al., 2013），然而，由于后期构造事件和变形的影响，例如蒙古—鄂霍茨克洋的闭合（Cogné et al., 2005；Kravchinsky et al., 2002；Meng, 2003）、青藏高原的隆升（De Grave et al., 2007；Jolivet et al., 2007；Molnar & Tapponnier, 1975；Tapponnier et al., 1982）和太平洋板块的俯冲（Guo et al., 2009；Wu et al., 2007；Wilde, 2015；Xu et al., 2009；Zhou et al., 2009；Zhou & Wilde, 2013），中亚造山带的地质构造和地层信息变得十分复杂。此外，研究区现在被广袤的戈壁和沙漠覆盖，露头非常罕见和分散。这些因素增加了地质分析的难度和不确定性，从而导致各个构造模型之间存在较大差异（Jian et al., 2008；Xiao et al., 2003；Xu et al., 2013），争论的焦点问题包括大洋岩石圈俯冲的极性和时间、华夏构造域与西伯利亚克拉通碰撞的位置，以及中亚造山带拼合过程中的岩石圈变形。地球深部结构能够为我们理解中亚造山带的演化提供重要信息，然而，由于该区缺少地震台站，现有的区域层析成像研究结果不足以精细刻画中亚造山带的岩石圈结构（Friederich, 2003；Huang & Zhao, 2006；Lei et al., 2012；Li & van der Hilst, 2010；

1 自然资源部深部深地动力学重点实验室，中国地质科学院地质研究所，北京，100037；2 中国地质调查局深部研究中心，中国地质科学院，北京，100037。

基金项目：国家自然科学基金项目（41774113、41174081），国家重点研发计划"深地资源勘查开采"专项（2016YFC0600201）联合资助。

Tian et al.，2009；Wang et al.，2014；Zhao et al.，2012），故此，获得高分辨的中亚造山带岩石圈结构对于理解其形成和演化至关重要。

区域大地构造显示，受青藏高原北向扩展的影响，中亚造山带西段正发生着挤压缩短变形（De Grave et al.，2007；Jolivet et al.，2007；Molnar & Tapponnier，1975；Tapponnier et al.，1982），受西太平洋板块俯冲的影响，中亚造山带东段正经历着伸展变形（Guo et al.，2009；Wu et al.，2007；Wilde，2015；Xu et al.，2009；Zhou et al.，2009；Zhou & Wilde，2013），因此，中亚造山带中段是认识古亚洲洋闭合和大陆汇聚过程的理想场所。

为了获得中亚造山带高分辨的岩石圈结构，沿张家口怀来—中蒙边境实施了一个综合地球物理探测剖面，包括深地震反射剖面（Zhang et al.，2014）、宽角反射和折射剖面（Li et al.，2013）、大地电磁测深剖面（梁宏达 等，2015）和宽频带地震剖面（龚辰 等，2016）。先前的研究多是侧重于揭示地壳精细结构，本文旨在利用宽频地震剖面的远震资料获得中亚造山带中段高分辨的岩石圈结构，特别是岩石圈—软流圈边界（LAB）形态，为古亚洲洋闭合和中亚造山带形成与演化提供更多的深部信息。

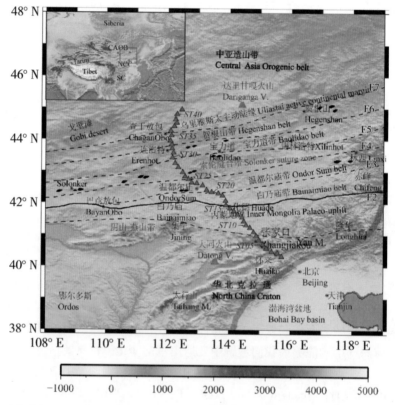

黑色填充区：蛇绿岩分布区；红色梯形：火山；红色粗线：南北重力梯度带。

F1：尚义—古北口—平泉断裂带；F2：巴彦敖包—赤峰断裂带；F3：西拉木伦断裂带；F4：林西断裂带；F5：锡林浩特断裂带；F6：二连浩特断裂带；F7：查干敖包断裂带。

图1　研究区地震台站分布和构造（参考 Xiao et al.，2003）

❖ 1　区域构造背景

　　本文地震剖面跨越华北克拉通北缘和中亚造山带南部，两基本构造单元的边界位于巴彦敖包—赤峰断裂带（图 1）（Shao，1991；Tang & Yan，1993；Wang & Mo，1995；Xiao et al.，2003；Zhao et al.，2005）。其中华北北缘可进一步划分为阴山—燕山带和内蒙地轴（或内蒙古隆起）2 个次级构造单元。由于中亚造山带地表被沉积层覆盖，块体划分主要依据航磁、重力异常图（BGMRIM，1991）和遥感影像地貌（Li，2012）推断。研究区内中亚造山带南部包含 6 个次级构造单元，自南向北依次为白乃庙弧带、温都尔庙带、索伦缝合带、宝力道带、贺根山带和乌利亚斯太主动陆缘。

　　华北克拉通是世界上最古老的前寒武纪克拉通之一，它自 1.85 Ga 形成至古生代，一直保持相对稳定状态（Deng et al.，1999；Liu et al.，1992；Wang et al.，2005；Wilde et al.，2002；Zhai et al.，2010；Zhao et al.，2011）。华北克拉通北缘内蒙地轴发育有一条晚石炭纪（约 320—300 Ma 前）钙碱性花岗岩和火山岩带，其岩石属性表明内蒙地轴为安第斯型大陆岛弧（Zhang et al.，2007）。中生代晚期，受太平洋板块俯冲作用影响，华北克拉通东部经历了显著的构造活化和去克拉通作用（Wu et al.，2005），其地壳和岩石圈遭受严重破坏，发生了显著减薄（Chen et al.，2008；Liu et al.，2005；Zhu et al.，2011，2012）。然而，由于缺乏高分辨率的岩石圈结构图像，华北克拉通破坏作用是否影响到中亚造山带的岩石圈尚不清楚。

　　索伦缝合带被认为是古亚洲洋最终闭合的位置（Chen et al.，2000，2009；Jian et al.，2008，2010；Xiao et al.，2003；Xu et al.，2013；Zhang et al.，2014a），高分辨离子微探针（SHRIMP）U - Pb 测量和地球化学分析显示，索伦缝合带发育有一套二叠纪时期的岛弧 - 海沟体系，据此，Jian 等（2010）提出古亚洲洋岩石圈向南俯冲的动力学模型。以索伦缝合带为界，中亚造山带被分为南部造山带和北部造山带（Jian et al.，2008），其中南部造山带被认为是向南俯冲的古亚洲洋的活动大陆边缘（Jian et al.，2008；Xiao et al.，2003）。白乃庙弧是在前寒武纪微陆块基础上形成的硅铝质岛弧构造，具亲塔里木和扬子克拉通属性，活跃于 520—420 Ma 前（Zhang et al.，2014b）。温都尔庙杂岩带岩石组成复杂，且经过了较长时间的增生历史，对其构造属性存在多种不同的认识（Xiao et al.，2003；Jian et al.，2008；Zhang et al.，2014a）。

　　索伦缝合带以北地区被称为中亚造山带北部造山带，反映了蒙古南部的演化进程（Sengör，Natal'in，& Burtman，1993；Sengör & Okurogullari，1991）。宝力道弧 - 增生杂岩带以北倾逆冲构造体系为主（Xiao et al.，2003；Xu et al.，2013），其构造背景至今仍不清晰（Xiao et al.，2003；Xu et al.，2013；Chen et al.，2000，2009）。变形的宝力道弧中的辉长闪长岩样品和未变形的哈拉图岩体中的花岗岩样品年龄分别为（310 ±5）Ma 和（234 ±7）Ma，被认为分别代表俯冲和碰撞时间（Chen et al.，2000，2009）。贺根山镁铁质—超镁铁质杂岩带岩石属性亦存在较大争议，有人认为是蛇绿岩（Miao et al.，2008；Nozaka & Liu，2002；Robinson et al.，1999；Xiao et al.，2003），也有人认为来自地幔（Jian et al.，2012）。野外填图表明，贺根山侏罗纪后的逆冲推覆体倾向分别向南和向北（Wang，1996；Xiao et al.，2003）。乌里雅斯太主动陆缘是在前寒武纪—寒武纪被动边缘上形成的（Badarch，Cunningham，& Windley，2002）。该地区在奥陶纪首次出现活动大陆边缘，西部地区为历时性发育，泥盆纪以一系列玄武岩、安山岩和火成碎屑沉积为主，后受石炭纪弧形花岗岩体侵入。Xiao 等（2003）认为该地区的俯冲带极性向北。

◆ 2　数据和方法

本研究使用的宽频带地震剖面南起于怀来盆地，向北经张家口—苏尼特右旗—二连浩特，北抵中蒙边境（巴音温多尔）（图1），共布设 41 个宽频带地震台站，台间距 15 km，工作时间超过 30 个月。

为了刻画研究区地壳和上地幔精细结构，本文同时提取了 P 波和 S 接收函数。对于 P 波接收函数，共挑选了 457 个高质量的远震事件，其震中距范围为 30°～90°，震级大于 5.8（M_S），具有良好的反方位角覆盖（图2）。首先将三分量波形记录进行带通滤波以消除高频噪声，频带范围为 0.03 Hz 和 2.0 Hz，然后将数据由 $Z-N-E$ 分量旋转到 $Z-R-T$ 分量，通过垂直分量（Z）对径向分量（R）反褶积来计算 P 波接收函数。反褶积方法采用 Ligorria 和 Ammon（1999）提出的时域反褶积方法，高斯参数 $\alpha=2.5$，去除信噪比较低的数据，最终选择了 3200 个高信噪比的 P 波接收函数用于下一步分析。

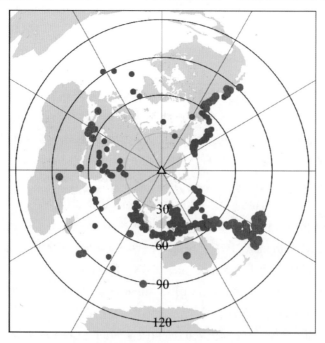

蓝色：P 波接收函数研究用到的地震事件；红色：S 波接收函数用到的地震事件。

图2　远震事件震中分布

在 S 波接收函数研究中，本文使用了 S 波和 SKS 波 2 种波形。远震记录中的 S/SKS 波的信噪比通常低于 P 波，研究中挑选了 145 个 S/SKS 震相清晰的远震事件，其震中距范围为 55°～85°（S 波）和 85°～120°（SKS 波）（图 2），震级大于 5.8（M_S）。首先对原始波形记录进行 0.03～0.75 Hz 的带通滤波以消除高频噪声，然后截取 S/SKS 波前 50 s 和后 20 s 的波形用于计算 S 波接收函数（图 3）。计算 S 波接收函数与计算 P 波接收函数方法相似，只是反褶积计算中的 Z 分量和 R 分量调换一下，即 R 分量对 Z 分量进行反褶积，最后将得到的时间序列的时间轴和振幅极性反转，使得 S 波接收函数与 P 波接收函数具有一致的物理意义。为了避免低信噪比数据的干扰，研究中挑选了 1800 条高信噪比的 S 波接收函数进行岩石圈结构成像。

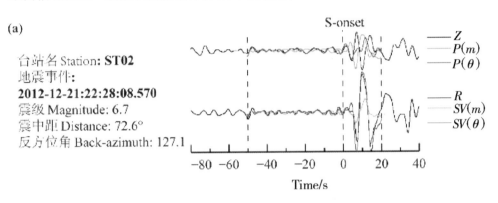

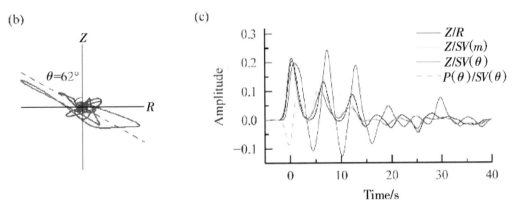

（a）远震 S 波波形，两段虚线之间的波形用于提取 S 波接收函数，黑色线为 Z–R 分量，红色线为以 θ 旋转得到的 P–SV 分量，表示为 P（θ）和 SV（θ），绿色线为由自由表面传递矩阵得到的 P–SV 分量，表示为 P（m）和 SV（m），近地表 P 波和 S 波速度由 Bostock 和 Rondenay（1999）提出的方法获得，$v_P = 6$ km/s，$v_S = 3.53$ km/s；（b）垂直平面 Z–R 中的质点振动，S 波偏振角通过拟合第二和第四象限质点振动来获得，$\theta = 62°$；（c）不同方法获得的 S 波接收函数波形。

图 3　确定 S 波偏振角度事例

为了提高 S 波接收函数的信噪比，本文使用 SV 分量来代替 R 分量。SV 分量是由 Z 分量和 R 分量在垂直面旋转构成的。R–T–Z 分量向 P–SV–SH 分量的旋转可通过自由表面传递矩阵来实现（Kennett，1991；Rondenay，2009），然而这种方法需要近地表 P 波和 S 波速度。通常，从地震波形中很难准确估计近地表地震波速度，从而导致难以实现 $P-SV$ 分量分离 [图 3 (a)]。本文采用 Yu 等（2013）的方法来估计 S 波偏振角 [图 3 (b)]。在各向同性层状介质中，无噪声影响时，P 波与 SV 波偏振方向相垂直，在 $Z-R$ 平面内，P 波偏振引起的质点振动位于第一和第三象限 [图 3 (b) 中的蓝色点]，S 波偏振引起的质点振动位于第二和第四象限 [图 3 (b) 中的红色点]，两个方向的质点振动轨迹经过原点，因此，通过拟合第二和第四象限的质点振动可估计 S 波偏振角度（θ）[图 3 (b) 中的黑色虚线]。利用得到的 S 波偏振角度（θ）可将 $Z-R$ 分量旋转到 $P-SV$ 分量 [图 3 (a)]，通过比较可看到 $Z/SV(\theta)$ 得到的 S 波接收函数较 Z/R 得到的 S 波接收函数信噪比更高 [图 3 (c)]。由于使用了不准确的近地表速度，导致利用自由表面传递矩阵得到的 $SV(m)$ 分量得到的 S 波接收函数差别较大 [图 3 (c)]。因此，可以认为本研究使用的提取 S 波接收函数方法更稳健。

本研究对得到的 P 波和 S 波接收函数进行共转换点（CCP）叠加（Kosarev et al.，1999；Zhu et al.，2006）来获得高分辨的华北克拉通北缘—中亚造山南部的地壳—上地幔速度间断面结构。CCP 图像的横向分辨率由 P 波和 S 波的 Fresnel 带半径长度来决定，可表示为 $\sqrt{\lambda z/2}$，其中 z 为成像深度，λ 为波长。对于 P 波接收函数，其主频通常为 1 Hz，Moho（约 35 km）附近 Fresnel 带半径约为 10 km，100 km 深度处 Fresnel 带半径约为 20 km；对于 S 波接收函数，其主频通常为 3 ~ 5 s，Moho（约 35 km）附近 Fresnel 带半径约为 20 km，100 km 深度处 Fresnel 带半径约为 30 km。CCP 成像过程中，根据 Fresnel 带半径长度来调整水平方向网格尺度。CCP 图像的垂直分辨率通常受到地壳和地幔岩石圈地震波速度和 v_P/v_S 值的不确定性的限制。在 Moho 深度附近，垂直分辨率范围从小于 1 km（假设地壳 P 波速度不确定性为 3%）到 2 km（假设地壳 v_P/v_S 值不确定性为 3%）。在岩石圈深度附近，垂直分辨率范围从小于 2 km（假设岩石圈 P 波速度不确定性为 5%）到 4 km（假设岩石圈 v_P/v_S 值不确定性为 5%）（Zhu & Kanamori，2000）。

3 研究结果

首先利用 IASP91 速度模型（Kennett & Engdahl，1991）计算 P 波和 S 波接收函数在 100 km 深度的转换点位置。根据转换点位置，本文设计了 2 个 NW—SE 向剖面，P 波接收函数沿 A - A′剖面成像，S 波接收函数沿 B - B′剖面成像（图 4），2 个剖面距离不超过 100 km，以便于进行岩石圈结构的对比。P 波接收函数具有更高的频率，可探测到 Moho 和地壳内部精细结构，S 波接收函数虽然频率低，但其不受壳内多次波影响，在探测地幔岩石圈结构方面具有一定优势，如岩石圈—软流圈边界（LAB）（Farra & Vinnik，2000；Li et al.，2007；Yuan et al.，2006）。

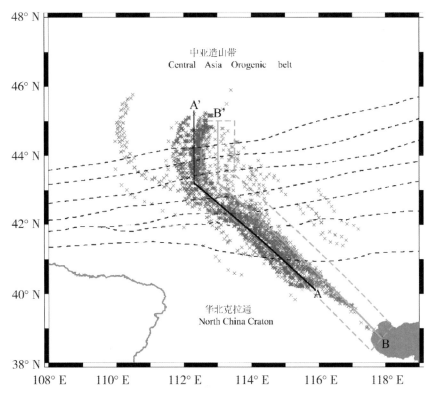

图 4　P 波（蓝色十字）和 S 波（红色十字）接收函数在 100 km 深度的转换点位置

黑色和绿色剖面分别为 P 波和 S 波接收函数 CCP 成像剖面，对于 S 波接收函数只有转换点位于
虚线框内的接收函数才进行叠加，宽度为 1.0°。

本文得到的地震图像显示，Moho 界面沿剖面平缓展布，其深度约 40 km（图 5）。P 波
接收函数高分辨图像更清晰地刻画了研究区 Moho 界面形态和壳内结构［图 5（a）］。结
果显示华北克拉通北缘 Moho 深度略大于中亚造山带南部，这 2 个构造单元的平均地壳
厚度分别为 42 km 和 40 km。中亚造山带中部的林西断裂带下方，即索伦缝合带南边界，
Moho 界面存在约 5 km 的局部隆起。此外，中亚造山带中部（跨索伦缝合带），地壳内
部存在一个向南倾斜的速度界面，其上方速度大于下方速度。该界面深度在宝力道弧 -
增生杂岩带为 15～16 km，在林西断裂带下方为 20 km。

　　图 5 显示，研究区下方地幔中存在 2 个负震相，深度分别为约 70 km 和 80～
130 km。研究表明，上地幔中存在 2 个明显的不连续面，即中岩石圈内部界面（MLD）
和岩石圈—软流圈边界（LAB）。MLD 主要分布于稳定克拉通下方（Karato，Olugboji，
& Park，2015），如澳大利亚（Ford et al.，2010）和北美克拉通（Abt et al.，2010）。
Chen 等（2014）首先在我国华北克拉通发现 MLD 的存在，其深度为 80～100 km。因
此，本文认为华北克拉通北部较浅的负震相为 MLD。中亚造山带是一个古生代造山带
而非一个长期稳定的大陆，因此，我们认为中亚造山带南部较浅的负震相应为一个发育
早期的 MLD，其下方 100～130 km 深度之间的负震相应是来自岩石圈底界（即 LAB）
的转换波震相。

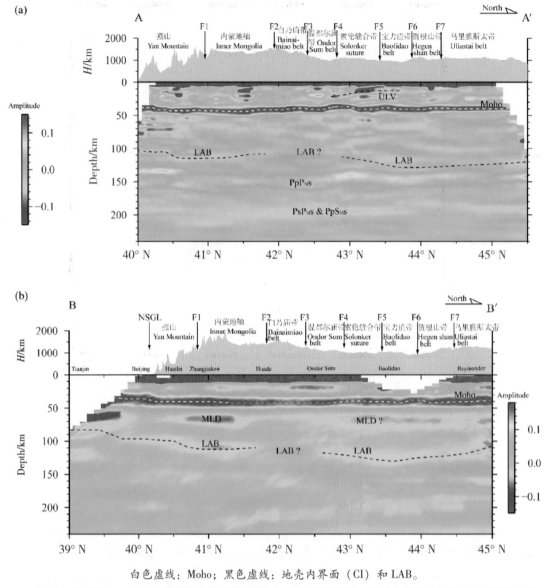

白色虚线：Moho；黑色虚线：地壳内界面（CI）和 LAB。

图 5　沿剖面 A–A′的 P 波接收函数 CCP 图像（a）及沿剖面 B–B′的 S 波接收函数 CCP 图像和高频 S 波接收函数（高斯系数为 2.0）叠加波形（叠加步长为 30 km）（b）

　　研究区内 LAB 界面沿剖面存在显著横向变化，特别是在华北克拉通北部，LAB 存在 2 个台阶式跃变区，分别在南北重力梯度带和尚义—古北口—平泉断裂带。渤海湾地区、燕山造山带和内蒙地轴的岩石圈厚度分别为 80 km、100 km 和 110 km。相反，中亚造山带南部 LAB 横向变化平缓得多，其深度为 110 ~ 130 km，最深处位于索伦缝合带北界的锡林浩特断裂带下方，呈对称式向两侧造山带下方抬升。此外，中亚造山带南缘的白乃庙弧下方 LAB 震相缺失。

◆ 4 分析与讨论

4.1 中亚造山带与华北克拉通岩石圈结构对比

本文展示的 P 波和 S 波接收函数图像显示，中亚造山带南部的地壳和岩石圈结构与华北克拉通均存在明显差异。华北克拉通东部岩石圈厚度为 60～80 km（Chen et al.，2008），且在南北重力梯度带和尚义—古北口—平泉断裂带存在 LAB 界面跃变；与华北克拉通东部相比，中亚造山带南部岩石圈厚了 30～50 km，且相对平缓，表明中亚造山带经历了与华北克拉通不同的变形过程。

此外，华北克拉通东部地壳厚度为约 33 km，平均地壳泊松比为 0.25～0.29（葛粲 等，2011；Wang et al.，2009），而中亚造山带南部地壳厚度为约 40 km，平均地壳泊松比为 0.23～0.26（龚辰 等，2016）。研究表明，在 SiO_2 含量为 55%～75% 的岩石中，泊松比值随着 SiO_2 含量的减少而呈线性增加（Christensen，1996）。因此，与华北克拉通东部相比，中亚造山带地壳中长英质物质含量更高。总体来看，从相对厚的岩石圈和偏长英质的地壳属性可以推测，华北克拉通东部岩石圈减薄事件对中亚造山带中段的影响较弱，该区更好地保存了古生代大陆拼合后的演化痕迹。

4.2 中亚造山带形成的地震学证据

根据古生代蛇绿岩分布特征，研究者认为索伦缝合带是古亚洲洋闭合的块体缝合带（Jian et al.，2008，2010；Xiao et al.，2003，2009；Xu et al.，2013）。本研究显示跨索伦缝合带存在较明显的地壳和岩石圈结构异常，缝合带南边界即林西断裂带下方，Moho 存在 5 km 的局部隆起［图 5（a）］；缝合带北边界即锡林浩特断裂带下方，岩石圈厚度最大（图 5）。自华北克拉通与蒙古板块拼合后，中—蒙块体作为一个整体而运动，后期构造事件如晚中生代的蒙古—鄂霍茨克洋闭合（Darby et al.，2001；Davis et al. 1996，2001，2002；Meng，2003；Yin & Nie，1996；Zorin，1999）和早白垩纪的太平洋板块俯冲（Guo et al.，2009；Wu et al.，2007；Wilde，2015；Xu et al.，2009；Zhou et al.，2009；Zhou & Wilde，2013）引起的板块岩石圈变形主要沿块体边缘发育，处于块体内部的索伦缝合带受到来自边界变形作用的影响较弱，其下方 Moho 和 LAB 异常应来源于古生代的构造事件和后期板内调整。

本研究还显示，跨索伦缝合带，地壳内部存在向南倾斜的低速层，它可能反映了古亚洲洋闭合的最终状态。引起壳内低速层存在的原因包括岩浆、部分熔融和低速物质加入。其中岩浆和部分熔融的存在会使地壳泊松比提高，通常都大于 0.3（Christensen，1996）。而中亚造山带地壳泊松不超过 0.26，且在索伦缝合带附近最低，只有 0.23～0.24（龚辰 等，2016），这表明该地区存在大量的长石质地壳。因此，我们认为，中亚造山带南部向南倾斜的壳内低速层主要来源于长英质地壳组分，类似于中上地壳物质，而不是岩浆或部分熔融。

正常状态下，地壳物质密度随着深度增加，如果没有大洋板块的牵引，中上地壳物质很难进入下地壳并保存下来。先前的研究显示，自晚古生代，华北克拉通与蒙古南部地体碰撞后，它们作为一个整体而处于全球板块中，岩石圈俯冲事件仅发生于块体边缘（Meng et al.，2003）。因此，我们推测跨索伦缝合带的壳内低速层应来源于古生代古亚洲洋的俯冲，记录了中亚造山带的形成和演化。Zheng 等（2009）在华北克拉通西部观测到类似的结构。

4.3　白乃庙弧下方的 LAB 震相缺失

本文 P 波与 S 波接收函数图像结果显示，位于华北克拉通与中亚造山带之间的白乃庙弧下方 LAB 震相缺失（图5），这一发现与大地电磁测深剖面研究结果一致（梁宏达 等，2015）。大地电磁研究显示，白乃庙弧岩石圈中存在高导体，并与上中地壳高导层相连，表明这里存在地幔物质上涌的通道，该通道的岩石圈—软流圈边界将受到上升地幔物质流的影响，因而 P 波与 S 波接收函数图像显示白乃庙弧下方 LAB 震相缺失。

在研究区域的南侧和北侧分布着 3 座第四纪火山，分别是华北克拉通中部的大同火山、蒙古戈壁滩的中戈壁火山和达里甘嘎火山（图1）。地震层析成像研究显示，这些火山下方的低速异常呈向深部延伸和汇聚的趋势，最终与华北克拉通东部地幔深部（300 ～ 500 km 深度）广泛存在的低速异常相连（Huang et al.，2006；Lei et al.，2012；Tian et al.，2009；张风雪 等，2014），张风雪等（2014）认为这 3 座火山可能具有相同的物质来源和交换。本研究中白乃庙弧刚好位于 3 座火山之间，层析成像显示这里的地幔中存在低速异常，且与大同火山的地幔低速异常连通（Lei et al.，2012；Wang et al.，2014）。因此，可以认为白乃庙弧下方 LAB 缺失现象应该为地幔物质上涌所致，关于其来源和动力还需要进一步的地质和地球物理证据。

4.4　中亚造山带南部的地球动力学演化

根据前人的地质、地球物理研究和本文揭示的岩石圈结构，我们构建了中亚造山带南部形成和演化的动力学模型（图6）。

早古生代之前，华北克拉通和蒙古南部地体被古亚洲洋分隔（Xiao et al.，2003）。直到二叠纪早期，古亚洲洋开始向南侧的华北克拉通和北侧的蒙古南部地体俯冲［图6（a）］（Jian et al.，2010；Xiao et al.，2003）。向南俯冲的持续时间可能比向北俯冲的持续时间更长，其具体细节和原因尚不清楚。

在二叠纪晚期，古亚洲洋岩石圈俯冲进入地幔，华北克拉通和蒙古南部地体的活跃大陆边缘沿索伦缝合带碰撞，形成了中亚造山带南部块体的雏形（Jian et al.，2010；Xiao et al.，2003）。两大陆块的碰撞不仅使得造山带下方地壳和岩石圈增厚，而且蒙古南部活动大陆边缘部分地壳受古亚洲洋板块牵引作用俯冲到华北克拉通活动大陆边缘下方［图6（b）］。

随后，在三叠纪早期，俯冲的古亚洲洋岩石圈断离，造山带岩石圈开始发生伸展变形（Jian et al.，2010；Xiao et al.，2003），由于伸展和浮力作用，俯冲进入地幔的地壳迅速抬升进入中下地壳，导致其下方 Moho 界面局部变形［图6（c）］。因此，P 波接收函数图像中向南倾斜的壳内负震相［图5（a）］为蒙古南部大陆边缘上地壳的顶界面，该界面构成南部造山带和北部造山带的边界。另外，由于缝合带下方上中地壳物质的加入，导致了该区平均地壳泊松比降低（龚辰 等，2016）。

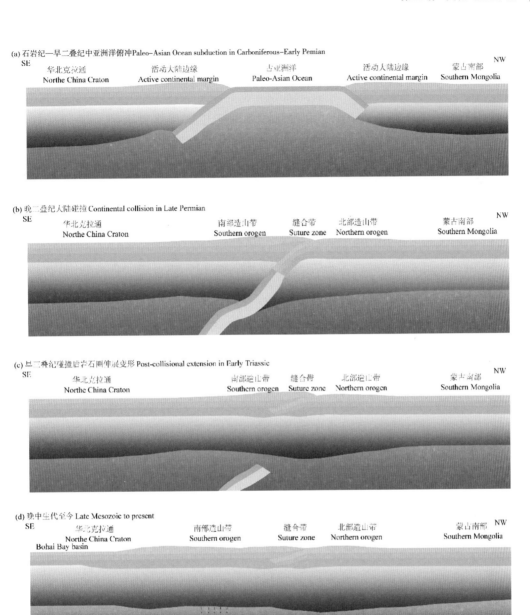

（a）早二叠世，古亚洲洋开始向南侧的华北克拉通和北侧的蒙古南部块体俯冲，导致两大块体持续汇聚；（b）二叠纪晚期，古亚洲洋岩石圈俯冲进入地幔，两侧活动大陆边缘沿索伦缝合带碰撞，碰撞带地壳和岩石圈增厚，蒙古南部大陆边缘地壳在古亚洲洋岩石圈的牵引下俯冲到华北克拉通地壳之下；（c）早三叠世，俯冲的古亚洲洋岩石圈断裂，大陆岩石圈经历强烈的拉张变形，俯冲的大陆地壳由于浮力作用向中下地壳抬升，导致 Moho 局部变形；（d）中生代晚期，受华北克拉通破坏和东部岩石圈减薄影响，白乃庙弧下方岩石圈—软流圈界面被破坏，地幔物质上涌进入岩石圈和地壳。

图6　中亚造山带岩石圈演化示意

华北克拉通与蒙古南部地体合并后形成中—蒙块体及中亚造山带南部块体，此后，该块体受到后期蒙古—鄂霍茨克洋闭合的影响，块体北部经历了早侏罗的伸展变形（Darby et al.，2001；Jin et al.，2000；Ritts，Darby，& Cope，2001）、中晚侏罗的挤压变形（Yin & Nie，1996；Zorin，1999）和晚侏罗后期—早白垩的再次伸展变形（Meng，2003）。虽然中亚造山带岩石圈南部经历了伸展和挤压，但变形主要发生在块体边界，块体内部受到的变形较弱，保存了古亚洲洋俯冲和大陆碰撞的重要信息。

中亚造山带南部的 Moho 界面平坦，地壳厚度约为 40 km，较全球造山带的平均地壳厚度偏薄，全球造山带的平均地壳厚度约为 46 km（Christensen & Mooney，1995）。研究区下方相对平缓和较浅的 Moho 形态应归因于大陆碰撞后的伸展变形和基性岩浆底侵对 Moho 的改造与更新作用（Zhang et al.，2014a）。

早白垩纪，太平洋板块向华北克拉通下方俯冲，导致了晚中生代和早新生代的华北克拉通构造活化（Wu et al.，2005；Zhu et al.，2011，2012）和克拉通东部岩石圈的明显减薄（Chen et al.，2008）。从本文研究结果看，该事件只对中亚造山带南缘的白乃庙弧岩石圈造成了影响，对其北部的岩石圈影响较小 ［图 6（d）］。

◆ 5 结　论

基于密集宽频地震台阵资料，本文利用 P 波和 S 波接收函数方法获得了华北克拉通北部和中亚造山带南部高分辨的地壳和岩石圈结构。本研究结果支持索伦带为华北克拉通与蒙古南部地体碰撞的缝合带，根据本研究结果和先前的地质、地球物理研究，笔者推测在两大陆岩石圈碰撞过程中，蒙古南部大陆边缘的地壳物质在古亚洲洋板块的牵引下俯冲进入地幔，大洋板块断离后，由于岩石圈伸展和浮力作用，俯冲的地壳物质抬升并滞留在缝合带下方的中下地壳，本研究 P 波接收函数图像中跨越索伦缝合带向南倾斜的壳内界面（图 5 中的 CI）代表了南部造山带和北部造山带之间的中上地壳边界。

◆ 致　谢

感谢中国科学院地质与地球物理研究所田小波研究员对文章提出了许多宝贵建议和建设性意见。

◆ 说　明

原发表的期刊的详细信息：Zhang H，Li Q，Ye Z，et al.，2018. New seismic evidence for continental collision during the assembly of the Central Asian Orogenic Belt. Journal of Geophysical Research：Solid Earth，123：6687 – 6702. https：//doi. org/10. 1029/2017JB015061.

◆参考文献

Abt D L, Fischer K M, French S W, et al., 2010. North American lithospheric discontinuity structure imaged by Ps and Sp receiver functions. Journal of Geophysical Research, 115: B09301. DOI: 10. 1029/2009JB00691.

Badarch G, Cunningham W D, Windley B F, 2002. A new terrane subdivision for Mongolia: Implications for the Phanerozoic crustal growth of central Asia. J. Asian Earth Sci., 21 (1): 87 – 110.

BGMRIM (Bureau of Geology Mineral Resources of Inner Mongolia), 1991. Regional Geology of Nei Mongol (Inner Mongolia) Autonomous Region (in Chinese with English summary). Beijing: Geological Publishing House.

Bostock M G, Rondenay S, 1999. Migration of scattered teleseismic body waves. Geophys. J. Int., 137: 732 – 736.

Buslov M M, Saphonova I Yu, Watanabe T, et al., 2001. Evolution of the Paleo-Asian ocean (Altai – Sayan region, central Asia) and collision of possible Gondwana-derived terranes with the southern marginal part of the Siberian continent. Geosci. J., 5: 203 – 224.

Chen B, Jahn B M, Tian W, 2009. Evolution of the Solonker suture zone: Constraints from zircon U – Pb ages, Hf isotopic ratios and whole-rock Nd – Sr isotope compositions of subduction- and collision-relatedmagmas and forearc sediments. J. Asian Earth Sci., 34 (3): 245 – 257.

Chen B, Jahn B M, Wilde S, et al., 2000. Two contrasting Paleozoic magmatic belts in northern Inner Mongolia, China: petrogenesis and tectonic implications. Tectonophysics, 328 (1 – 2): 157 – 182.

Chen L, Jiang M, Yang J, et al., 2014. Presence of an intralithospheric discontinuity in the central and western North China Craton: Implications for destruction of the craton. Geology, 42 (3): 223 – 226. DOI:10. 1130/G35010. 1.

Chen L, Tao W, Zhao L, et al., 2008. Distinct lateral variation of lithospheric thickness in the Northeastern North China Craton. Earth and Planetary Science Letters, 267: 56 – 68.

Christensen N I, Mooney W D, 1995. Seismic velocity structure and composition of the continental crust: a global view. J. Geophys. Res., 100 (B6): 9761 – 9788.

Christensen N L, 1996. Poisson's ratio and crustal seismology. J. Geophys. Res., 101 (B2): 3139 – 3156.

Cogné J P, Kravchinsky V A, Halim N, et al., 2005. Late Jurassic – Early Cretaceous closure of the Mongol – Okhotsk Ocean demonstrated by new Mesozoic palaeomagnetic results from the Trans-Baïkal area (SE Siberia). Geophys. J. Int., 163 (2): 813 – 832.

Coleman R G, 1994. Reconstruction of the Paleo-Asian Ocean. Utrecht, Netherlands: VSP Int. Sci. Publ.

Darby B J, Davis G A, Zheng Y, 2001. Structural evolution of the southern Daqing Shan, Yinshan belt, Inner Mongolia, China//Hendrix M S, Davis G A (eds.). Paleozoic and Mesozoic Tectonic Evolution of Central Asia: from Continental Assembly to Intracontinental Deformation. Geol. Soc. Am. Mem., 194: 199 – 214.

Davis G A, Darby B J, Zheng Y, et al., 2002. Geometric and temporal evolution of an extensional detachment fault, Hohhot metamorphic core complex, Inner Mongolia, China. Geology, 30: 1003 – 1006.

Davis G A, Qian X, Zheng Y, et al., 1996. Mesozoic deformation and plutonism in the Yunmeng Shan: a metamorphic core complex north of Beijing, China//Yin A, Harrison T M (eds.). The Tectonic Evolution of Asia. Cambridge: Cambridge Univ. Press: 253 – 280.

Davis G A, Zheng Y, Zhang C, et al., 2001. The Mesozoic Fengning – Longhua and Jiaoqier fault zone, North China: new interpretations of controversial structures. Geol. Soc. Am. Abstr. Programs, 33 (3): 47.

De Grave J, Buslov M M, van den haute P, 2007. Distant effects of India – Eurasia convergence and Mesozoic intracontinental deformation in Central Asia: constraints from apatite fission-track thermochronology. Journal of Asian Earth Sciences, 29 (2 – 3): 188 – 204.

Deng J, Wu Z, Zhao G, et al., 1999. Precambrian granitic rocks, continental crustal evolution and craton formation of the north China platform. Acta Petrologica Sinica, 15: 190 – 198.

Dobretsov N L, Berzin N A, Buslov M M, 1995. Opening and tectonic evolution of the Paleo-Asian ocean. Intern. Geol. Rev., 37: 335 – 360.

Farra V, Vinnik L, 2000. Upper mantle stratification by P and S receiver functions. Geophys. J. Int., 141: 699 – 712.

Friederich W, 2003. The S-velocity structure of the East Asian mantle from inversion of shear and surface waveforms. Geophys. J. Int., 153: 88 – 102.

Ford H A, Fischer K M, Abt D L, et al., 2010. The lithosphere – asthenosphere boundary and cratonic lithospheric layering beneath Australia from Sp wave imaging. Earth and Planetary Science Letters, 300: 299 – 310.

Heubeck C, 2001. Assembly of central Asia during the middle and late Paleozoic//Hendrix M S, Davis G A (eds.). Paleozoic and Mesozoic Tectonic Evolution of Central and Eastern Asia: From Continental Assembly to Intracontinental Deformation. Geological Society of America MEMOIRS, volume 194: 1 – 22.

Hu C, Li W, Huang Q, et al., 2017. Geochemistry and petrogenesis of Late Carboniferous igneous rocks from southern Mongolia: Implications for the post-collisional extension in the southeastern Central Asian Orogenic Belt. J. Asian Earth Sci., 144: 141 – 154.

Huang J, Zhao D, 2006. High-resolution mantle tomography of China and surrounding regions. J. Geophys. Res., 111: B09305. DOI: 10. 1029/2005JB004066.

Jian P, Liu D, Kröner A, et al., 2008. Time scale of an early to mid-Paleozoic orogenic cycle of the long-lived Central Asian Orogenic Belt, Inner Mongolia of China: implications for continental growth. Lithos, 101: 233 – 259.

Jian P, Liu D, Kröner A, et al., 2010. Evolution of a Permian intraoceanic arc – trench system in the Solonker suture zone, Central Asian Orogenic Belt, China and Mongolia. Lithos, 118 (1 – 2): 169 – 190.

Jian P, Kröner A, Windley B F, et al., 2012. Carboniferous and Cretaceous mafic – ultramafic massifs in Inner Mongolia (China): a SHRIMP zircon and geochemical study of the previously presumed integral "Hegenshan ophiolite". Lithos, 142 – 143: 48 – 66.

Jin J, Meng Q, Zhang Y, et al., 2000. Jurassic – Cretaceous evolution of the Yingen basin and its petroleum potential. Acta Petrol. Sin., 21: 13 – 19.

Karato S, Olugboji T, Park J, 2015. Mechanisms and geologic significance of the mid-lithosphere discontinuity in the continents. Nature Geoscience, 8: 509 – 514. DOI: 10. 1038/ngeo2462.

Kennett B L N, Engdahl E R, 1991. Travel times for global earthquake location and phase identification. Geophys. J. Int., 105: 429 – 465.

Kosarev G, Kind R, Sobolev S, et al., 1999. Seismic evidence for a detached Indian lithospheric mantle beneath Tibet. Science, 283 (5406): 1306 – 1309.

Kravchinsky V A, Gogné J P, Harbert W P, et al., 2002. Evolution of the Mongol – Okhotsk Ocean as constrained by new palaeomagnetic data from the Mongol – Okhotsk suture zone, Siberia. Geophys. J.

Int., 148 (1): 34 – 57.

Lei J, 2012. Upper-mantle tomography and dynamics beneath the North China Craton. J. Geophys. Res., 117: B06313. DOI: 10. 1029/2012JB009212.

Li C, van der Hilst R D, 2010. Structure of the upper mantle and transition zone beneath Southeastern Asia from traveltime tomography. J. Geophys. Res., 115: B07308. DOI: 10. 1029/2009JB006882.

Li W, Keller G R, Gao R, et al., 2013. Crustal structure of the northern margin of the North China Craton and adjacent region from SinoProbe 02 North China seismic WAR/R experiment. Tectonophysics, 606: 116 – 126.

Li X, Yuan X, Kind R, 2007. The lithosphere – asthenosphere boundary beneath the western United States. Geophys. J. Int., 170: 700 – 710.

Ligorria J P, Ammon C J, 1999. Iterative deconvolution and receiver-function estimation. Bulletin of the Seismological Society of America, 89 (5): 1395 – 1400.

Liu D, Nutman A P, Compston W, Wu J, et al., 1992. Remnants of > 3800 Ma crust in the Chinese part of the Sino-Korean Craton. Geology, 20: 339 – 342.

Liu J, Davis G A, Lin Z, et al., 2005. The Liaonan metamorphic core complex, Southeastern Liaoning Province, North China: a likely contributor to Cretaceous ration of Eastern Liaoning, Korea and contiguous areas. Tectonophysics, 407: 65 – 80.

Meng Q, 2003. What drove late Mesozoic extension of the northern China – Mongolia tract?. Tectonophysics, 369: 155 – 174.

Miao L, Fan W, Liu D, et al., 2008. Geochronology and geochemistry of the Hegenshan ophiolitic complex: Implications for late-stage tectonic evolution of the Inner Mongolia – Daxinganling Orogenic Belt, China. J. Asian Earth Sci., 32 (5 – 6): 348 – 370.

Molnar P, Tapponnier P, 1975. Cenozoic Tectonics of Asia: Effects of a Continental Collision. Science, 189 (4201): 419 – 426.

Nozaka T, Liu Y, 2002. Petrology of the Hegenshan ophiolite and its implication for the tectonic evolution of northern China. Earth Planet. Sci. Lett., 202: 89 – 104.

Ritts B D, Darby B J, Cope T, 2001. Early Jurassic extensional basin formation in the Daqing Shan segment of the Yinshan belt, northern North China, Inner Mongolia. Tectonophysics, 339: 239 – 258.

Robinson P T, Zhou M, Hu X, et al., 1999. Geochemical constraints on the origin of the Hegenshan Ophiolite, Inner Mongolia, China. J. Asian Earth Sci., 17: 423 – 442.

Rondenay S, 2009. Upper Mantle Imaging with Array Recordings of Converted and Scattered Teleseismic Waves. Surv. Geophys., 30: 377 – 405.

Sengör A M C, Okurogullari A H, 1991. The role of accretionary wedges in the growth of continents: Asiatic examples from Argand to Plate Tectonics. Eclogae Geol. Helv., 84: 535 – 597.

Sengör A M C, Natal'in B A, Burtman V S, 1993. Evolution of the Altaid tectonic collage and Paleozoic crustal growth in Eurasia. Nature, 364: 299 – 307.

Shao J A, 1991. Crustal Evolution in the Middle Part of the Northern Margin of Sino-Korean Plate (in Chinese with English abstract). Beijing: Peking University Press: 136.

Shao J, Mu B, Zhang L, 2000. Deep geological process and its shallow response during Mesozoic transfer of tectonic framework in eastern North China. Geol. Rev., 46: 32 – 40.

Tang K D, Yan Z, 1993. Regional metamorphism and tectonic evolution of the Inner Mongolia suture zone. Journal of Metamorphic Geology, 11: 511 – 522. DOI: 10.1111/j.1525 – 1314. 1993. tb00168. x.

Tapponnier P, Peltzer G, Le Dain A Y, et al., 1982. Propagating extrusion tectonics in Asia: New insights from simple experiments with plasticine. Geology, 10：611 –616.

Tian Y, Zhao D, Sun R, et al., 2009. Seismic imaging of the crust and upper mantle beneath the North China Craton. Phys. Earth Planet. Inter., 172：169 –182. DOI：10. 1016/j. pepi. 2008. 09. 002.

Wang H, Mo X, 1995. An outline of tectonic evolution of China. Episodes, 18：6 –16.

Wang H, Zhang S, He G, 2005. China and Mongolia//Richard C S, Cocks L R M, Plimer I R (eds.). Encyclopedia of Geology. Oxford：Elsevier：345 –357.

Wang J, Liu Q, Chen J, Li S, Guo B, Li Y, 2009. The crustal thickness and Poisson's ratio beneath the Capital Circle Region (in Chinese with English abstract). Chinese J. Geophys., 52 (1)：57 –66.

Wang J, Wu H, Zhao D, 2014. P wave radial anisotropy tomography of the upper mantle beneath the North China Craton. Geochem. Geophys. Geosyst., 15 (6)：2195 –2210. DOI：10. 1002/2014GC005279.

Wang Y, 1996. Tectonic Evolutional Processes of Inner Mongolia –Yanshan Orogenic Belt in Eastern China During the Late Paleozoic –Mesozoic. Beijing：Geological Publishing House.

Wessel P, Smith W, 1995. New version of the Generic Mapping Tools (GMT) version 3. 0 released, Eos Trans. AGU, 76：329. DOI：10. 1029/95EO00198.

Wilde S A, Zhao G C, Sun M, 2002. Development of the North China Craton during the late Archean and its final amalgamation at 1. 8 Ga：Some speculations on its position within a global Paleoproterozoic supercontinent. Gondwana Research, 5：85 –94. DOI：10. 1016/S1342 –937X(05)70892 –3.

Windley B F, Alexeiev D, Xiao W, et al., 2007. Tectonic models for accretion of the Central Asian Orogenic belt. Journal of the Geological Society, 164：31 –47.

Wu F, Lin J, Simon A W, et al., 2005. Nature and significance of the Early Cretaceous giant igneous event in eastern China. Earth Planet. Sci. Lett., 233：103 –119.

Xiao W, Windley B F, Hao J, et al., 2003. Accretion leading to collision and the Permian Solonker suture, Inner Mongolia, China：termination of the Central Asian orogenic belt. Tectonics, 22 (6)：1069. DOI：10. 1029/2002TC001484.

Xiao W, Windley B F, Huang B, et al., 2009. End Permian to mid-Triassic termination of the southern Central Asian Orogenic Belt. Int. J. Earth Sci., 98 (1)：1189 –1217. DOI：10. 1007/s0053 –008 – 0407 –z.

Xu B, Charvet J, Chen Y, et al., 2013. Middle Paleozoic convergent orogenic belts in western Inner Mongolia (China)：framework, kinematics, geochronology and implications for tectonic evolution of the Central Asian Orogenic Belt. Gondwana Res., 23 (4)：1342 –1364.

Yan G, Mu B, Xu B, et al., 2000. Geochronology and isotopic features of Sr, Nd, and Pb of the Triassic alkali intrusions in the Yanshan –Yinshan regions. Sci. China, 30：384 –387.

Yu C, Chen W, van der Hilst R D, 2013. Removing source-side scattering for virtual deep seismic sounding (VDSS). Geophys. J. Int., 195：1932 –1914.

Yuan X, Kind R, Li X, Wang R, 2006. The S receiver functions：synthetics and data example. Geophys. J. Int., 165：555 –564.

Yin A, Nie S, 1996. A Phanerozoic palinspastic reconstruction of China and its neighboring regions//Yin A, Harrison T M (eds.). Tectonic Evolution of Asia. Cambridge：Cambridge Univ. Press：442 –485.

Zhai M G, Li T S, Peng P, et al., 2010. Precambrian key tectonic events and evolution of the North China Craton//Kusky T M, Zhai M G, Xiao W J (eds.). The Evolving Continents：Understanding Processes of Continental Growth. Geological Society of London Special Publication, volume 338：235 –262.

Zhang S, Gao R, Li H, et al., 2014a. Crustal structures revealed from a deep seismic reflection profile across the Solonker suture zone of the Central Asian Orogenic Belt, northern China：An integrated interpretation.

Tectonophysics, 612 – 613: 26 – 39.

Zhang S, Zhao Y, Song B, et al., 2007. Carboniferous granitic plutons from the northern margin of the North China block: implications for a late Palaeozoic active continental margin. J. Geol. Soc., 164: 451 – 463.

Zhang S, Zhao Y, Ye H, et al., 2014b. Origin and evolution of the Bainaimiao arc belt: Implications for crustal growth in the southern Central Asian orogenic belt. GSA Bulletin, 126: 1275 – 1300. DOI: 10. 1130/B31042. 1.

Zhao G C, Sun M, Wilde S A, et al., 2005. Late Archaean to Palaeoproterozoic evolution of the North China Craton: key issues revisited. Precambrian Research, 136: 177 – 202. DOI: 10. 1016/j. precamres. 2004. 10. 002.

Zhao G, Li S, Sun M, et al., 2011. Assembly, accretion, and break-up of the Palaeo-Mesoproterozoic Columbia supercontinent: record in the North China Craton revisited. Int. Geol. Rev., 53: 1331 – 1356.

Zhao L, Allen R M, Zheng T, et al., 2012. High-resolution body wave tomography models of the upper mantle beneath eastern China and the adjacent areas. Geochem. Geophys. Geosyst., 13: Q06007. DOI: 10. 1029/2012Gc004119.

Zheng T, Zhao L, Zhu R, 2009. New evidence from seismic imaging for subduction during assembly of the North China craton. Geology, 5: 395 – 398. DOI: 10. 1130/G25600A.

Zhu D, Wu Z, Cui S, et al., 1999. Features of Mesozoic magmatic activities in the Yanshan area and their relation to intracontinental orogenesis. Geol. Rev., 45: 165 – 172.

Zhu L, 2000. Crustal structure across the San Andreas Fault, southern California from teleseismic converted waves. Earth Planet. Sci. Lett., 179: 183 – 190.

Zhu L, Kanamori H, 2000. Moho depth variation in southern California from teleseismic receiver functions. J. Geophys. Res., 105: 2969 – 2980.

Zhu L, Mitchell B J, Akyol N, et al., 2006. Crustal thickness variations in the Aegean region and implications for the extension of continental crust. J. Geophys. Res., 111: B01301.

Zhu R, Chen L, Wu F, et al., 2011. Timing, scale and mechanism of the destruction of the North China Craton. Sci. China Earth Sci., 54 (6): 789 – 797. DOI: 10. 1007/s11430 – 011 – 4203 – 4.

Zhu R, Yang J, Wu F, 2012. Timing of destruction of the North China Craton. Lithos, 149: 51 – 60. DOI: 10. 1016/j. lithos. 2012. 05. 013.

Zorin Y A, 1999. Geodynamics of the western part of the Mongolia – Okhotsk collisional belt, trans-Baikal region (Russia) and Mongolia. Tectonophysics, 306: 33 – 59.

葛粲, 郑勇, 熊熊, 2011. 华北地区地壳厚度与泊松比研究. 地球物理学报, 54 (10): 2538. DOI: 10. 3969/j. issn. 0001 – 5733. 2011. 10. 011.

龚辰, 李秋生, 叶卓, 等, 2016. 远震 P 波接收函数揭示的张家口 (怀来) —中蒙边境 (巴音温多尔) 剖面地壳厚度与泊松比. 地球物理学报, 59 (3): 897 – 911. DOI: 10. 6038/cjg20160312.

梁宏达, 高锐, 侯贺晟, 等, 2015. 碰撞后的地壳尺度伸展记录: 中亚造山带—华北克拉通北缘深部电性结构的揭露. 地球物理学报, 50 (2): 643 – 652.

张风雪, 吴庆举, 李永华, 等, 2014. 蒙古中南部地区的上地幔 P 波速度结构. 地球物理学报, 59 (9): 2790 – 2801. DOI: 10. 6038/cjg20140906.

穿过下扬子地区 300 km 的深反射地震剖面
对地壳结构、 变形及深部过程的启示

吕庆田[1,2], 刘振东[1,2], 孟贵祥[1,2], 严加永[1,2], 张　昆[1,2],

韩建光[1,2], 张　辉[1,2], SinoProbe – 03 – CJ 项目组

❖ 0 引　言

自 20 世纪 70 年代美国大陆深地震反射计划（COCORP）实施以来，反射地震已经成为揭示地壳精细结构最主要的方法。在过去的半个世纪里，很多国家实施了以深反射地震为主的重大地球科学探测计划，如加拿大的 LITHOPROBE、澳大利亚的 AUSCOPE、德国的 DEKORP，以及中国的 INDEPTH 和 SinoProbe 等（Brown，2013），剖面遍布各大洲，极大提升了关于造山带、克拉通、盆地结构及动力学的认识（如高锐 等，2010；Gao et al.，2016；Allmendinger et al.，1987；Zhao et al.，1993；van der Velden & Cook，2005；Goleby et al.，2009；Blewett et al.，2010）。大陆地壳保留着其形成和动力学演化过程的"痕迹"（Hawkesworth et al.，2013），这些"痕迹"就像一部部档案资料保留在地球"档案馆"中，而深地震反射技术则是打开这座"档案馆"的钥匙。

长江中下游地区是我国东部的"工业走廊"，矿产极为丰富。已经发现 200 多个矿床，集中分布在鄂东南、九瑞、安庆—贵池、庐枞、铜陵、宁芜和宁镇 7 个矿集区（Pan et al.，1999；常印佛 等，1991）。为什么在这个狭窄的地带发生了巨量金属堆积，形成如此多的金属矿床？控制成矿的地壳结构和深部动力学过程是什么？这些问题一直吸引着国内外矿床地质学家的极大兴趣。几十年来，一批矿床地质学家对该区的成岩、成矿作用进行了研究，发现与成矿关系密切的是一套高钾钙碱性岩石和橄榄安粗岩系列岩石，并具有类似埃达克岩（adakite）的性质（王强 等，2001；Wang et al.，2003，2006），岩浆源区来自幔源岩浆与地壳物质的混合，并且幔源物质对成矿的贡献大于壳源物质（唐永成 等，1998；邢凤鸣、徐祥，1996，1999；袁峰 等，2008；周涛发 等，2008）。

为了解释该区的成岩、成矿深部过程和成矿物质来源，已经提出了多种动力学模式。这些模式大致可以分为两类：一类观点认为与中生代以来的古太平板块俯冲有关，俯冲角度变化或俯冲板片后退、地幔楔的熔融及玄武岩浆的底侵是华南近千千米岩浆活动的成因

1 中国地质科学院地球深部探测中心，北京，100037；2 中国地质科学院，北京，100037。

基金项目：本文由国家科技专项"深部矿产资源立体探测技术与试验"（SinoProbe – 03）、国家自然科学基金重点基金项目（41630320）联合资助。

（如 Jahn et al.，1990；Zhou & Li，2000）；有学者提出古太平洋板块和伊泽奈崎（Izanagi）板块之间的洋脊俯冲在长江中下游之下，并用洋脊附近洋壳熔融、"板片窗"等模式来解释成矿带岩浆岩带的分布和 adakite 质岩石的成因（Ling et al.，2009；孙卫东 等，2010）。另一类观点认为中生代大规模岩浆活动和成矿作用与古太平洋板块俯冲无关，或源于华南与华北板块印支期碰撞造山之后造山阶段的伸展（董树文、邱瑞龙，1993；Zhang C et al.，2010），或源于中国东部岩石圈的拆沉和软流圈的上隆（邓晋福 等，1994，2001），甚至认为大规模岩浆活动或源于巨型地幔柱的作用（张旗 等，2001，2009）。

为了深入研究长江中下游成矿带的地壳结构和深部过程，深化认识陆内典型成矿带成岩、成矿的深部动力学过程，在国家深部探测专项（SinoProbe）支持下，作者在长江中下游成矿带完成了长约 300 km 的深地震反射剖面。本文重点介绍深地震反射剖面揭示的关键构造单元地壳结构以及其反映出的中生代构造变形和深部动力学过程，最后，结合区域成岩成矿特征，讨论其对认识长江中下游铁–铜成矿系统结构的启示。

1 剖面位置及地质概况

研究区位于长江中下游成矿带北段（图 1），反射地震剖面起自安徽天长县境内，终于浙江湖州市境内，全长约 316 km，满覆盖长度 275 km，呈 NW—SE 向展布。剖面由两段组成，第一段从合肥盆地到溧水盆地（转折点位于 CDP 8901）；第二段从溧水盆地到达剖面终点，两段夹角小于 3°，满足石油地震勘探规范要求。剖面位置经过精心选择，依次穿过合肥盆地、张八岭隆起、滁全坳陷、下扬子坳陷和皖南—苏南坳陷等构造单元，以及郯庐断裂（TLF）、淮阴—响水断裂（HXF）、滁河断裂（CHF）、江南断裂（JNF）等区域构造分界。各构造单元的基本地质概况如下。

合肥盆地位于大别造山带以北（以信阳—舒城断裂为界）、郯庐断裂以西，寿县—定远断裂以南，吴集断裂以东，四面均由边界断裂围限（刘国生 等，2006）。盆地形成于早侏罗世，经历了中晚侏罗世、早白垩世的发展，沉积了一套最厚达 7000 m 的陆相地层。自下而上充填了下侏罗统防虎山组、中侏罗统圆筒山组（盆地南缘为三尖铺组）、上侏罗统周公山组（盆地南缘为凤凰台组）和早白垩世朱巷组陆相碎屑岩沉积。早、晚白垩世之间存在沉积间断，上下呈角度不整合（Meng et al.，2012）。晚白垩世到早第三纪盆地以断陷盆地为主，形成局部条带"箕状"沉积盆地（陈海云 等，2004）。合肥盆地前侏罗世基底由元古界—古生界海相地层组成，分别受华北和华南板块碰撞和郯庐断裂走滑的影响，形成一系列向南倾斜的冲断岩片（赵宗举 等，2000）。

张八岭隆起位于胶南造山带南侧，西以郯庐断裂带为界，东到淮阴—响水断裂（张岳桥 等，2008），与滁全坳陷比邻，呈北北东向延伸。主要出露晚元古代（青白口纪）张八岭群和太古代—早元古代肥东群，东侧出露震旦—下古生界地层。构造上，张八岭隆起带表现为向南东方向的逆冲推覆构造（朱光 等，1999），并发生了强烈的剪切变形，地层面理与线理具有较为一致的北北东走向，且倾向较陡（张青 等，2008）。紧邻张八岭隆起东侧是滁州—巢湖褶皱–冲断带（涂荫玖 等，2001），沿剖面依次出露滁全坳陷新生代沉积地层、震旦系—下古生界地层。滁全坳陷或是苏北盆地的南部延伸，在研究区较浅，其下为古生界地层，构造上表现为以隔挡式褶皱为主，东南以张集—沙溪断裂（本文认为是长江断裂带西支）与下扬子坳陷相邻。

下扬子坳陷是长江中下游成矿带的主体部分，界于滁河断裂和江南断裂之间，总体上呈北东延伸。从西到东包括巢湖冲褶带、沿江坳陷、宁芜火山岩盆地和溧水火山岩盆地等次级构造单元。出露地层从上古生界到中三叠统海相地层，以及中侏罗纪以来的陆相火山岩、碎屑岩沉积地层。由于白垩纪以来伸展盆地的覆盖，大部分海相地层的变形构造不清。从出露地层的变形特征看，无论是元古—古生界海相地层，还是晚三叠世—中侏罗世的陆相地层，都遭受了强烈的挤压变形，构造以线性紧密褶皱、低角度逆冲和叠瓦状逆冲构造为特征。大致以长江为界，江北呈现出由 NW 向 SE 运动的逆冲推覆构造特征，江南则表现由 SE 向 NW 运动的逆冲推覆构造特征，总体上构成对冲的构造格局（朱光 等，1999）。

皖南—苏南坳陷界于江南断裂（JNF）和天目山—白际山断裂之间，主要出露震旦系—下古生界海相地层。地表变形以较宽缓的隔挡式褶皱和逆冲构造为特征，并受基底与盖层之间的滑脱面控制，江南断裂或是深切下地壳的大型逆冲构造（刘国生 等，1997），其基底很可能是江南造山带的北东向延伸。

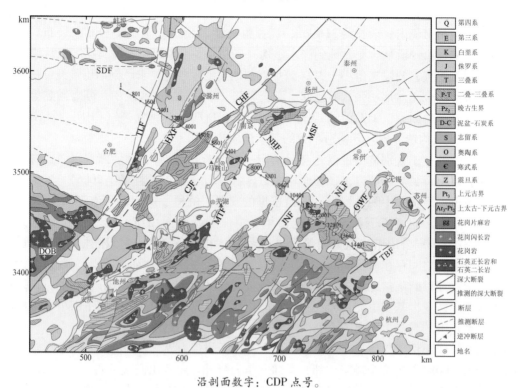

沿剖面数字：CDP 点号。

SDF：寿县—定远断裂；TLF：郯庐断裂；HXF：淮阴—响水断裂；CHF：滁河断裂；CJF：长江断裂；MTF：主逆冲断裂；MSF：茅山断裂；JNF：江南断裂；NLF：宁国—溧阳断裂；GWF：广德—无锡断裂；TBF：天目山—白际山断裂；NHF：南京—湖州断裂。DOB：大别山造山带；NCB：华北板块；SCB：华南板块。

图1 长江中下游中段地质简图和反射地震剖面位置（图中断裂位置及性质已修改）

◆2 数据采集与处理

2.1 数据采集

深地震反射数据采集的质量决定了成像的精度。采集参数是提高分辨率的重要因素，通常希望采用更密的炮点、更小的道间距，但往往经费不允许。因此，在采集前开展两项工作非常重要：一是理论上分析拟解决的核心地质问题是什么，目标体可能的空间尺度和深度；二是确定合理、经济的采集参数。由于深地震反射的成本很大程度上取决于炮点数，因此在投入有限的情况下，尽可能增加排列长度以提高覆盖次数。另外一个问题是测线选择，国内外很多造山带的深地震反射数据采集都采用弯线，比如沿已有的山路、公路部署测线等，这样可以节约成本，但是弯线采集会为后期数据处理带来很多问题，比如叠加剖面上易形成"白化带"、产生相关噪声等（Wu，1996）。因此，深地震反射测线部署要尽可能考虑直线方案，在必须采取弯线的测区，可以考虑使用折线，但要满足相关规范要求。除此之外，沿测线的噪声调查、有效减少干扰也是保障采集质量的关键，随着无人机技术的应用，测线周边噪声调查变得更加容易。

本次数据采集由中石化西南石油局云南物探公司承担，使用法国 Sercel 428 XL 数字地震仪，于 2010 年 12 月—2011 年 6 月完成。由于沿剖面激发岩性变化较大，数据采集前进行了不同岩性的激发试验，以获得最佳井深和药量。最终确定的激发参数：火成岩、老地层出露区和山区激发井深为 24～30 m、药量 20～24 kg；第四系沉积平原区激发井深为 18～22 m、药量 16～18 kg。实际采集中，根据实际地形、岩性变化情况，在保证安全的情况下适当增加激发井深和药量（最大药量 30 kg）。

深地震反射数据采集除了保证一定的井深和药量外，激发耦合和检波耦合也十分重要，决定了采集数据的质量。在激发耦合方面，为增加成型炸药与井壁的耦合，增加下传能量，采取了先下药、后封井、再激发的程序。使用泥浆、钻井岩屑进行封井，更重要的是在下药、封井完成后并不立即激发，等待一周后再激发，保证了炸药与井壁的充分耦合。在接收耦合方面，在水田和基岩裸露区，采用在压实土袋上布设检波器等措施，确保检波器与大地之间的耦合。实践证明，这种方法极大提高了深地震反射的数据采集质量。

观测系统采用中间激发、两边接收的观测系统。炮间距 240 m，接收道数 720 道，道间距 40 m，采样率 2 ms，记录长度 24 s，最大偏移距 14 400 m（详细参数见表 1）。剖面穿过宁芜矿集区时，为增加覆盖次数、提高信噪比和浅层分辨率，炮间距增加到 80 m。单炮数据分析显示，数据采集质量总体良好，主频集中在 10～30 Hz，很多单炮数据可以清晰看到地壳不同深度的反射。然而，由于沿剖面人口众多、工业发达，工业噪声、交通干扰、矿业活动对数据质量造成了一定的影响，在后续的数据处理中应特别注意。

表 1　下扬子深地震反射剖面（NW‑11）采集参数

Profile	NW‑11‑01
接收道数	720
最大偏移距	14 400 m
设计炮间距	240 m
设计 CDP 覆盖次数	60
道间距	40 m
记录长度	24 s
采样率	2 ms
震源类型	爆炸震源
检波器类型	20DX‑10
检波器组合	12 只
设计炮孔深度	24 ～ 30 m
设计药量	20 ～ 30 kg

2.2　数据处理

由于深地震反射剖面大多部署在硬岩地区（造山带），从数据采集到处理面临更多挑战。主要包括：①地质构造复杂，不均匀性强，一般很难满足水平层状介质条件；②地形条件复杂，剖面多穿过造山带，除了采集施工困难外，炮点和检波点也不在同一水平面上；③地表地震地质条件多变，激发可能在不同岩性中实现，造成炮与炮之间能量不平衡；近地表速度变化较大，获取准确的静校正速度十分困难；④探测深度大，目标反射弱。加之各种干扰严重，信噪比（S/N）通常较低，不易获得好的反射数据。因此，深地震反射数据处理要求更加仔细，每一步都要求反复试验，不仅是不同方法的试验，还包括参数的选择试验等。

影响数据质量的主要因素有地表速度变化大、矿业活动、工业噪声、有效能量不足和火山岩区的不均匀性等。本次处理对几个关键环节采取了针对性的技术，包括层析静校正、多域联合去噪、地表一致性预测反褶积、DMO 和叠前时间偏移等。经过反复的方法选择和参数测试，最终形成了本次处理的流程，详细描述见 Lü 等（2013）。主要处理步骤包括静校正、几何补偿、多域去噪、反褶积、速度分析、剩余静校、DMO、叠加和偏移。为便于清楚识别反射地震相的空间特征，作者使用 Li 等（1997）提出的句法模式识别方法，将叠前时间偏移剖面转换为反射线条图，以供地质解释之用。

❖ 3 地壳反射特征及地质解释

处理结果获得了近 300 km 叠前时间偏移剖面，清楚展示了沿剖面地壳结构特征。为方便叙述和图示，将整条剖面（NW-11）分为三段（北西段、中间段和南东段）展示其反射特征及可能的地质含义。

3.1 NW-11 剖面北西段（CDP 1～5000）

大致以郯庐断裂（TLF）为界，东西地壳反射特征存在较大差异（图 2）。西侧从上地壳到下地壳都表现为近水平的密集反射。上地壳 0～4 s（TWT）的反射特征反映出合肥盆地的结构、形态及与张八岭隆起的关系。盆地内部反射几乎近水平，靠近郯庐断裂带附近略有抬升，并有明显错断，反映在盆地形成后仍受到 NW 向挤压。盆地沉积层与基底反射清晰可辨，前者由几组强波组构成，后者存在明显的错断［图 2（c）］。根据合肥盆地油气勘探和深钻资料（赵宗举 等，2001），盆地反射的主要波阻界面可以解释为早侏罗世到第三纪的沉积间断面［图 2（c）］，盆地基底则为古生界—上元古的海相地层和更老的结晶基底。盆地的中下地壳表现为缓倾斜、密集的反射，倾斜方向多变，这种反射特征或是古老克拉通的典型特征（Allmendinger et al.，1987），记录了早期克拉通形成时，壳幔物质的多次交换过程。

郯庐断裂东侧，地壳呈现另外一种反射特征。上地壳 0～4 s（TWT）呈现密集的倾斜反射，CDP 2201～3401 反射同相轴向 SE 倾斜；而 CDP 3401～5501 之间反射同相轴一致向 NW 倾斜。反映出两个块体物质组成、结构及构造变形的差异。CDP 2201～3401 地质上对应张八岭隆起，它由晚元古界和太古界结晶基底组成。近年野外调查发现，在张八岭隆起带的南部（Zhu et al.，2005）发现数条基底韧性剪切带，剪切带中的糜棱岩叶理走向 N35°E，倾角 65°～80°SE；张八岭块体的东缘也发现宽度达 2.5 km 的基底韧性剪切带（胡博 等，2007）。韧性剪切带是地壳深部主要的反射体（Jones & Nur，1984），张八岭隆起带内部一系列 SE 倾斜的反射最合理的解释是地表系列陡立韧性剪切带的深部延伸。这些基底韧性剪切带的存在及其空间延伸也反映了张八岭隆起压扭挤出的动力学过程［图 2（c）］。CDP 3401～5501 对应滁州—巢湖褶皱-冲断带，浅地表呈现一个非对称断陷盆地形态，盆地底部反射清晰（深度≤3.0 km），并受控于系列 SE 倾斜的正断层，地质上称之为滁全坳陷。盆地下方出现一系列近似平行的、倾向 NW 的反射同相轴，并有规律地被切断。根据盆地两侧出露的老地层及其变形特征，这些 NW 倾斜的密集反射反映出盖层曾经历了强烈挤压变形，形成紧闭褶皱、冲断和叠瓦的构造式样。在后期伸展过程中，又被区域伸展拆离断层切断。淮阴—响水断裂以东一直到长江深断裂（CJF，图 2）中下地壳 4～10 s（TWT）总体反射稀疏，存在零星水平或缓倾斜反射，似乎没有受到挤压变形的影响。Moho 清晰水平，接近郯庐断裂附近缓慢向 NW 倾斜。根据反射地震特征，我们认为滁州—巢湖褶皱-冲断带为"薄皮"构造，褶皱和逆冲变形主要发育在盖层中（震旦—早古生界地层），区域拆离面位于盖层与基底之间；中下地壳的缩短由张八岭基底块体的整体挤出来平衡或吸收。淮阴—响水断裂

（HXF）是延伸到拆离面的区域拆离断层，而滁河断裂（CHF）或可能只是断陷盆地的边界断裂。

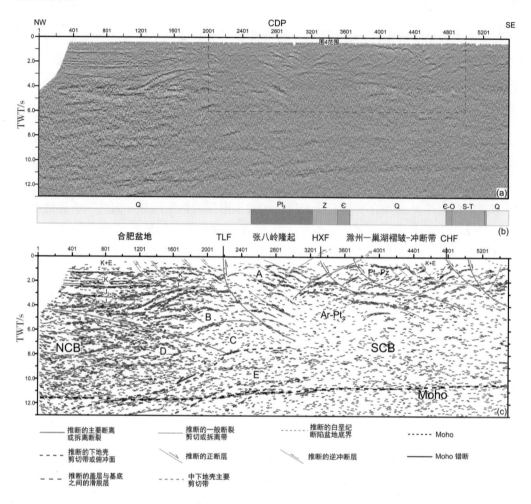

Ar-Pt₃：太古界-晚元古结晶基底；Pt₃-Pz：震旦系-古生界地层；J₁：下侏罗统防虎山组；J₂₊₃：中上侏罗统圆筒山组周公山组；K₁：下白垩统；K+E：中下白垩统及第三系地层，其底边界的推断参考了区域重力资料；NCB：华北板块；SCB：华南板块；A、B、C、D、E表示壳内相对完整的块体或岩片；TWT：双程走时。地质条带图例同图1。

图2　NW-11剖面北西段（CDP 1～5000）叠前时间偏移剖面（a）及地质解释（c）（据Lü et al., 2015a 修改）

　　郯庐断裂不仅是中国东部重要的巨型走滑断裂带，它还是华北板块（NCB）和华南板块（SCB）的结合带。反射地震剖面清晰地展现出两个板块之间的地壳结构，反映出陆内造山阶段板块之间的相互作用方式。首先看上地壳，郯庐断裂本身并不产生可识别的反射，主要原因推测是其近地表产状太陡，反射地震方法无法发现，但其深部似乎也没有类似其他大型剪切带的强反射，说明该断裂要么深部产状也很陡，要么是其他原因地震反射无法分辨。穿过郯庐断裂的已有地震反射剖面显示出相同的特征（Lü et al., 2013；李云平 等，2006；Zhang et al., 2015）。向北延伸到辽东，郯庐断裂发展为多组近垂直的走滑断裂，并控制辽河坳陷的发育，但在反射地震剖面上仍没有反射（Hsiao，Gramham，& Tilander，2004）。在 NW-11 反射地震剖面上，郯庐断裂的位置只能通过地表地质、区域重磁图像①（图3）加上其两侧的深部反射特征来推断（图4）。结果显示，郯庐断裂表现为向 SE 倾斜的逆冲断裂，张八岭隆起可能沿此逆冲断层挤出。断裂近地表存在类似走滑断裂的"负花状"构造，但深度很浅（≤10 km），可能是早第三纪以来的伸展活动形成的。张八岭隆起具有高密度、高磁性特征，重磁异常清晰反映出其平面的展布（图3）；垂向上由若干剪切带相隔的岩片组成，向 SE 倾斜。推测其形成过程可能是这样：中侏罗世受到古太平洋板块 NW 向俯冲的远程挤压，在块体边界形成基底岩片叠置（Duplex），随后在伸展阶段沿郯庐断裂整体出露，类似"变质核杂岩"的出露机制（Armstrong，1982）。

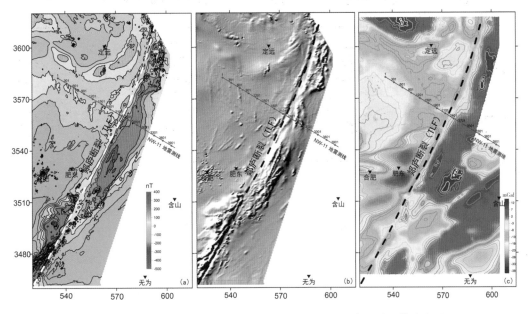

（a）航磁化极等值线图；（b）航磁化极阴影图；（c）布格重力等值线图。

图3 剖面穿过郯庐断裂周边的重磁异常

为便于描述，分别使用 A、B、C、D、E 来代表板块结合带地壳内不同的岩片（块体）。从反射特征看，位于郯庐断裂带西侧的岩片 B，具有与华北板块中下地壳相同的反射特征，应属于华北板块中下地壳物质（NCB 的元古界—古生界地层）。从它现在所处的位置和内部反射结构分析，它的原始位置可能在 D 岩片右侧，在张八岭块体挤出的过程中，受到华南板块（SCB）中下地壳物质（岩片 C）的挤压，沿壳内拆离带挤到现在的位置。郯庐断裂两侧 Moho 反射出现明显异常，除了向 NW 缓慢变深外，结构上明显由两组反射波阻组成（图2）。一组反射近水平，应该代表调整后的 Moho；另外一组反射倾向 NW，可从下地壳连续追踪到 15 s（TWT），到达岩石圈上地幔。作者认为这是下地壳和岩石圈地幔在陆内造山阶段发生拆离并"俯冲"或"挤入"的痕迹。下地壳和岩石圈上地幔顶部这种倾斜反射在宁芜火山岩盆地之下更加明显，具体描述见下节。

———————————————

① 1：10⁵ 航磁数据和布格重力数据来自中石化胜利物探研究院。

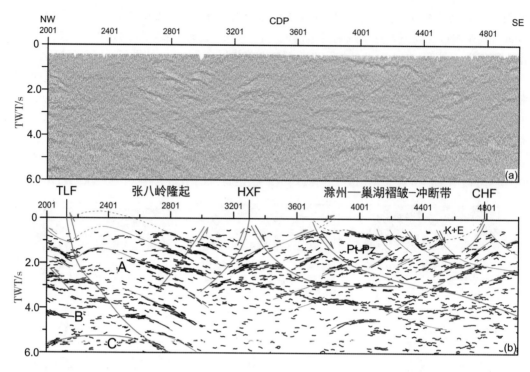

图4 郯庐断裂段（CDP 2001～5001）上地壳（6 s）叠前时间偏移剖面（a）及地质解释（b）（图例同图2）

3.2 NW–11 剖面中间段（CDP 5000～10 000）

剖面中段主体位于沿江坳陷范围，即长江中下游成矿带的主体内。该段包含"长江深断裂带"（常印佛 等，1991）、宁芜火山岩盆地、溧水火山岩盆地等次一级构造。纵观整个地壳反射特征，大致以长江为界（CDP 点 5500），剖面两侧反射特征迥异（图5）。西侧上地壳 0～4 s 总体保持了滁州—巢湖褶皱–冲断带的特征，呈现向 NW 倾斜的反射，但多被倾向 SE 的正断层切割。这种特征或可解释为盖层早期受到挤压，形成紧闭褶皱和冲断褶皱，后期伸展过程中被正断层拉开。长江深断裂以东（南东）到茅山断裂之间，整个地壳展现一种完全不同的反射特征。全地壳反射信息丰富、连续，且反映的构造形态清晰。上地壳总体呈现蜿蜒起伏的"波浪"式反射特征，比如 CDP 7100～8500 之间的不对称"波谷"式反射，宽约 28 km；CDP 9 000～10 100 之间的"波峰"式反射，宽约 22 km（图5 中的字母 G）；在"波谷"和"波峰"之间不乏较陡的冲断和推覆构造。这种反射特征或反映出盖层变形以大尺度、块体整体变形为特征，形成了地壳尺度的褶皱、冲断和叠瓦，与长江以北的小尺度紧闭褶皱、冲断和叠瓦形成鲜明对比；而且江南（南东）主要断裂构造表现为由 SE 向 NW 的逆冲，与长江以北（北西）形成"对冲"构造（朱光 等，1999）。

中下地壳反射更是显示出与长江以北（北西）的巨大差异，总体呈现密集、长距离连续的反射特征。在宁芜火山岩盆地和长江之下出现异常的"鳄鱼"反射形态，即中上地壳向上逆冲，中下地壳向下俯冲。为叙述方便，作者将宁芜之下的逆冲断裂带命名为主逆冲断裂带（MTF），而长江之下的逆冲断裂由于与传统的长江深断裂带吻合，故称为长江深断裂带。二者都由若干条逆冲断裂组成，形成具有一定宽度的逆冲带。主逆冲断裂带（MTF）向南至少延伸到了安庆—贵池矿集区（吕庆田 等，2015b），是否一直向南延伸到扬子板块内部，则需要更多的反射地震资料证实。空间上，主逆冲断裂带（MTF）与宁芜火山岩盆地岩浆活动最强烈的地方对应，可以推测，此逆冲断裂带在伸展期是岩浆/流体向上迁移的主要通道，控制着长江中下游成矿带铁（硫）－铜成矿系统的结构和分布。长江深断裂带（CJF）由 3 条逆冲断裂组成，伸展期这些逆冲断裂持续活动反转为正断层，控制了下扬子坳陷中心地带盆地的形成。中地壳（4.0～7.0 s，TWT）除了反映逆冲的倾斜反射外，反射波阻之间还相互截断或叠置，反映中地壳岩片之间的冲断和岩片之间的叠置关系，比如 F 块体沿 MTF 被向上挤出，H 块体插入其下［图 5（c）］。

下地壳（7.0～10.5 s，TWT）出现多组 NW 倾斜的强反射。从茅山断裂（MSF）开始，这些强反射从中地壳一直延伸到宁芜盆地的上地幔［图 5（c）］，并导致宁芜火山岩盆地和长江深断裂带之下 Moho 多处错断。这些 NW 倾斜的反射与 NE 倾斜的 MTF 反射和 CJF 反射相交于中地壳，构成明显的"鳄鱼嘴"构造，反映出在挤压过程中岩石圈（地壳）内部发生了拆离变形。20 世纪 70 年代，Oxburgh（1972）在研究东阿尔卑斯时已经注意到这种构造，称之为"岩片"构造（flakes tectonics），并分析了形成这种构造的动力学机制。中下地壳出现拆离的深度位于中、下地壳的分界（约 21 km，TWT 7.0 s），这一深度位于中国东部现今地震震源深度底界（19.0 km）之下约 2.0 km（张国民 等，2002），应该是地壳内部刚性强度最小的深度，物质处于塑性流动状态。Moho 反射清晰可见，深度在 30.0～31.5 km（10.0～10.5 s，TWT）之间变化，除了在宁芜盆地和长江之下有错断外基本处于水平，表明后期伸展作用对 Moho 进行了强烈改造。

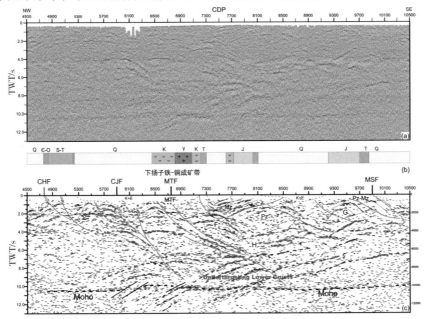

CJF：长江断裂；MTF：主逆冲断裂；TWT：双程走时；F、G、H 字母表示壳内相对完整的块体或岩片。图例同图 2。

图 5 NW‑11 剖面中段（CDP 5000～10 000）叠前时间偏移剖面（a）及地质解释（c）（据 Lü et al., 2015a 修改）

3.3 NW – 11 剖面南东段（CDP 10 000～15 000）

剖面南东段（CDP 10 000～15 000）跨过茅山断裂、江南断裂（阳新—常州断裂）进入皖南—苏南坳陷（朱光 等，1999）。整个地壳反射特征以及所反映的地壳变形与剖面中段类似（图6），上地壳表现为区域大尺度变形，以"波浪"式褶皱和冲断为代表；下地壳反射在强度和密集程度上虽然不如中段，但依然可以识别出多组倾向 NW 的反射，反映出下地壳岩片的叠置与剪切。

依据反射同相轴的疏密、连续程度、形态以及切割关系，上地壳（0～4.0 s，TWT）可以分为特征不同的两段。第一段 CDP 9500～11 100，地质上对应两条区域上具有重要意义的断裂带，即茅山断裂和江南断裂带，是扬子板块与江南造山带结合带的北部延伸（杨志坚，1981）。上地壳（TWT 2 s，深度约 6 km）的江南断裂带由一组倾向相反的断裂组成，以 CDP 10 600 为中心，形成"负花状"构造，反映区域伸展和走滑，茅山断裂是该"负花状"断裂系统西侧的主要一支，可能是代表了江南造山带在地表的位置。仔细观察江南断裂带的结构（图7），"负花状"结构的对称性较差，表明在"张扭"走滑过程中，两盘的运动并不均匀。中地壳（TWT 2～8 s）可以根据反射特征识别出江南断裂带为一倾向 SE 的地壳深断裂，一直延伸到下地壳。下地壳则表现为向 NW 缓倾的"楔状"构造，并伴随有 Moho 的错断。

第二段从 CDP 11 100 到剖面终点，构造上位于江南造山带的北延部分。根据地震反射特征，上地壳 CDP 11 700～13 500 之间存在一个巨大的"凹形"反射，我们解释为盖层（Pz–Mz）在基底滑脱面之上形成的一个巨型"向斜"构造，"半波长"超过 30 km。从 1:(5×10⁵) 地质图上分析[①]，该巨型向斜向南东方向一直延伸到安徽的宁国。CDP 13 500 到剖面尾端，上地壳反射零碎、连续性差。地质上分析可能有两种原因，一是反映盖层强烈变形，经历了挤压和伸展，变得支离破碎；二是该段测线与南京—湖州深断裂（常印佛 等，1991）重合，顺断裂走向，破碎岩石导致上地壳反射凌乱。笔者认为后者的可能性更大。

中地壳（TWT 4.0～7.0 s）反射密集，且振幅强，最显著的特征是多处出现叠置的反射同相轴，比如图6中 L、M、N、O、P 等位置，作者将其解释为结晶基底岩片的逆冲、叠瓦和双重构造（duplex）。中上地壳反射在空间上不连续，上地壳构造（反射）多终止在盖层与基底之间的滑脱面上，说明上地壳与中地壳在变形过程中是解耦（decoupling）的。上地壳变形受盖层与基底的滑脱面控制，中地壳变形则受上地壳和下地壳之间的 2 个滑脱层控制，在伸展环境下容易形成非对称的区域"布丁"构造、"涨缩"构造等（Gartrell，1997）。

下地壳（7.0～11.0 s，TWT）大致以江南断裂为界，东南段出现系列 NW 倾斜的

---

① 中国地质调查局，全国 1:50 万地质图，全国地质资料馆，http://www.ngac.org.cn/Map/List。

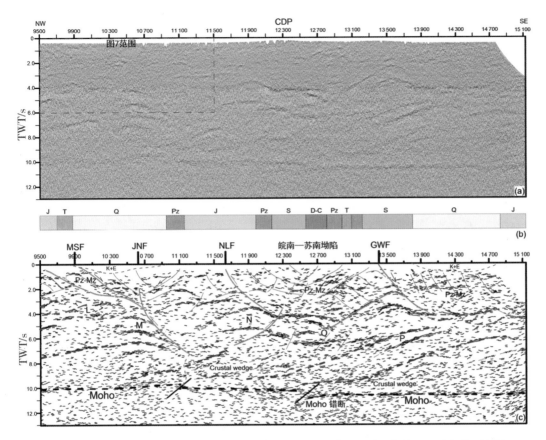

MSF：茅山断裂；JNF：江南断裂；NLF：宁国—溧水断裂；GWF：广德—无锡断裂；TWT：双程走时；L、M、N、O 和 P 字母表示壳内相对完整的块体或岩片。图例同图2。

图6　NW-11 剖面南东段（CDP 10 000～15 000）叠前时间偏移剖面（a）及地质解释（c）

（据 Lü et al.，2015a 修改）

反射，形成多个岩片叠置的"楔状"构造，特征类似剖面中段宁芜火山岩盆地的情形。在全球很多不同时代的碰撞造山带都可以看到中下地壳出现倾斜反射，有的甚至延伸到上地幔（Cook et al.，1998）。普遍认为它代表了被动板块地壳俯冲到主动板块地幔的地壳俯冲斜坡带（crust-scale ramps zone）（Allmendinger et al.，1987），是碰撞造山带的典型"标志"。碰撞造山运动一旦发生，它产生的构造痕迹（剪切带）将永远保留在地壳内，除非后期经历了强烈的伸展、热和混合岩化的改造（Meissner et al.，1991），把倾斜（楔状体）反射拉平。至今在加拿大古老的克拉通地壳内仍可以探测到元古代碰撞造山的痕迹（Cook et al.，1998）。江南造山带经历了新元古的碰撞造山、古生代和中生代的陆内造山演化过程。根据目前的资料显示，新元古代扬子与华夏陆块碰撞造山的岩浆活动并不强烈，古生代经历了陆内伸展运动，以地壳沉降为主，沉积了巨厚海相地层。因此，新元古时期的碰撞造山结构被彻底破坏的可能性不大。我们认为燕山运动强烈的 NW 向挤压，造成造山带再次"活化"，块体边界新元古代碰撞造山时期形成的

"俯冲"痕迹（倾斜反射）再次活动，甚至得到加强，并重新使下地壳和岩石圈地幔破裂、块体之间发生"俯冲"。燕山运动后期的伸展和岩浆活动又使"楔状"拉伸，形成现在的扁平"楔状"体保留在下地壳。Moho 总体平坦，在 CDP 11 100 和 12 500 附近存在 Moho 错断，表明晚燕山造山阶段伸展作用对 Moho 进行了调整。

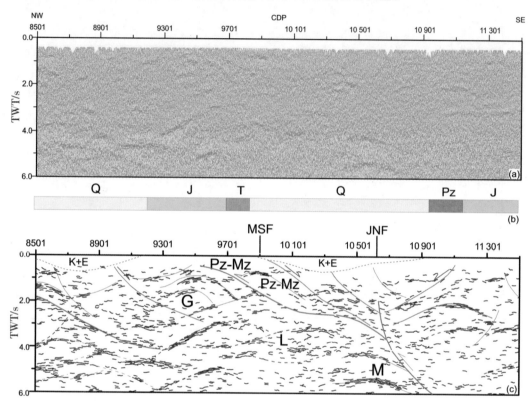

图 7　江南断裂段（CDP 8500 ～ 11 500）上地壳（6 s）叠前时间偏移剖面（a）及地质解释（b）（图例同图 2）

◆ 4　问题讨论

深反射地震剖面揭示出的地壳结构、变形，其动力学背景是什么，是该地区研究必须回答的问题。在前言中，已经归纳了研究区两种截然不同的动力学观点：或是与古太平洋板块斜向（NW）俯冲引起的燕山陆内造山过程；或是印支期华南（SCB）与华北板块（NCB）碰撞造山的后造山过程，与岩石圈拆沉和软流圈隆升有关。无论哪种模式，必须能解释：①研究区广泛存在的中侏罗世 NW 向挤压变形；②晚中生代大规模岩浆活动。

首先，我们对深地震反射剖面观测到的地壳变形特征做进一步的归纳和总结如下：

（1）从郯庐断裂带到扬子板块内部，地壳变形由靠近郯庐断裂的强烈挤压构造，比如，中下地壳物质挤出（张八岭块体）、紧闭褶皱、推覆、叠瓦等，逐渐过渡到扬子板块内部的区域大尺度平缓褶皱；基底和盖层之间广泛存在区域滑脱层，除了块体边界，沿剖面多数地方上地壳变形与中下地壳解耦（decoupling）。

（2）在主要的块体边界附近，如郯庐断裂带、长江深断裂、主逆冲断裂带和江南断裂带，下地壳均出现"楔状"构造，造成岩片叠置；Moho总体清晰且较为平缓，但仍然是在块体边界处存在明显的错断，同时下地壳"倾斜"反射延伸到岩石圈地幔。这种特征说明，上、下地壳之间变形是两套系统。上地壳通过逆冲、褶皱响应NW向的挤压应力，使地壳缩短；下地壳以岩片叠置和块体边界处向岩石圈地幔"挤入"的方式使地壳缩短。而中地壳的变形以滑脱面的叠置、错断等方式，或随上地壳逆冲，或随下地壳叠置，平衡上、下地壳的变形。这种特征尤其以主逆冲断裂（MTF）和长江深断裂之下最为明显，形成了类似造山带的"鳄鱼"构造。

（3）浅地表存在多个走向NE、近似平行排列的断陷盆地，这些断陷盆地深度一般较浅（≤10 km），反映晚白垩以来的NW—SE向伸展运动。

根据上述分析，可以推断：①研究区曾经存在一期强烈的NW向造山运动，而且其强度具有压倒一切的优势，对早期构造进行了改造，甚至隐蔽了前期构造变形行迹；②造山运动造成了整个研究区的岩石圈增厚，增厚的方式上地壳以褶皱、逆冲为主，而中下地壳以岩片叠置为主，在块体边界可能存在下地壳和岩石圈地幔的陆内"俯冲"。

前节已述及研究区自中生代以来经历了印支和燕山两次造山运动，越来越多的证据表明，这两次造山运动是相互独立的。印支运动是华北和华南板块南北向的碰撞造山，应该产生近东西向的构造变形，而下扬子地区的构造以NE向为主，显然不能解释广泛存在的中侏罗世NW向挤压变形。而且，越来越多的研究表明，郯庐断裂的形成是同造山构造，要么是大别—苏鲁之间的转换断层（Okey et al.，1993），要么是同造山剪切断层（Zhu et al.，2009），在印支期NCB和SCB碰撞造山过程中，下扬子地区没有产生强烈EW向挤压变形。

那么，是不是新元古华夏块体与扬子块体的碰撞造山结构一直保留到现在呢？从卷入褶皱、逆冲变形的地层年代看，大量古生界、中生界地层都卷入了变形，基本可以排除新元古代造山的可能性。那么只有一种可能，就是燕山期陆内造山运动。燕山运动起始于中侏罗世，大多数学者认为与古太平洋板块NW向俯冲的远程应力有关，但也有学者认为燕山运动不仅是古太平洋板块的汇聚，而且是东亚大陆多向汇聚的构造新体制（董树文 等，2007）。对于中生代大规模岩浆活动的成因，也有不同的认识，多数学者认为是古太平洋板块俯冲角度变化、后撤，以及地幔楔的熔融产生的。我们认为还有另外一种可能（图8），即在古太平洋板块NW向俯冲远程应力作用下，研究区及华南发生广泛的陆内造山运动，导致地壳和岩石圈地幔增厚。板内块体之间可能发生陆内俯冲，虽然不是长距离俯冲，但至少在块体边界导致岩石圈破裂。在古太平洋板块持续挤压和后撤的过程中，诱发增厚或破裂的岩石圈地幔拆沉、减薄，软流圈隆升和大规模的岩浆活动，这或是长江中下游成矿带中生代大规模成岩、成矿的最佳解释。

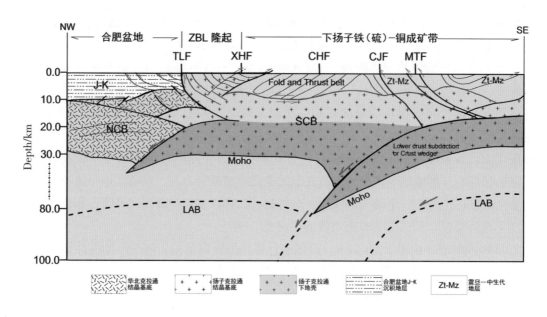

图8 下扬子地区地壳结构与动力学模型示意（图中断裂名称同图2和图5）

◆ 5 结 论

作者在长江中下游成矿带及邻区完成了长达 300 km 的深地震反射剖面，经过野外数据采集方案的精心设计、室内处理新技术的应用，获得了高信噪比的叠前时间偏移剖面，揭示出下扬子成矿带及邻区的地壳精细结构，并对形成这种结构的构造演化及深部过程提供了约束。

（1）沿剖面可以划分出反射特征不同的 4 个块体，依次为合肥盆地、滁州—巢湖褶皱-冲断带、下扬子成矿带（沿江坳陷带）和皖南—苏南坳陷（江南造山带）。块体之间分别以郯庐断裂、长江断裂和江南断裂为界。这些块体边界断裂现今都表现为具伸展性质的走滑断裂带，形成"负花状"构造，深度一般局限在上地壳 10 km 内。

（2）地壳可划分为上、中、下三层。上、下地壳变形特征完全不同，是解耦的，中地壳为过渡和调整层。上地壳的变形主要受盖层与基底之间的滑脱面控制，以褶皱、逆冲和推覆为特征，褶皱的形态沿剖面由紧闭变为宽缓；下地壳则以岩片叠置、"楔状"构造为特征，Moho 在块体边界出现错断，表明可能存在局部"俯冲"或岩石圈地幔破裂；郯庐断裂、长江和宁芜火山岩盆地之下地壳出现"鳄鱼"构造。沿剖面 Moho 总体呈向上的"弧"形，剖面两边深、中间（下扬子成矿带）浅，最深处约 34.5 km，最浅处约 30.0 km。

（3）根据区域构造演化史，作者认为中晚侏罗世古太平洋板块 NW 向的挤压，使本区发生了强烈的陆内造山（燕山运动），不仅使研究区地壳发生褶皱、逆冲和推覆，而且还使板内块体之间发生壳内俯冲，导致局部岩石圈增厚。随后，或缘于古太平洋板块挤压应力突然减弱的诱发，或缘于增厚岩石圈的密度反转，增厚的岩石圈发生了拆沉，软流圈物质上涌，引起大规模岩浆活动和相伴随的成矿作用。

✖◆致 谢

感谢高锐院士、卢占武研究员邀请撰写此文，并在《岩石圈探测与地球动力学论文集》中发表，十分荣幸。值此高锐院士七十华诞之际，谨以此文表示祝贺，衷心祝愿高先生健康长寿、学术之树长青。

感谢原国土资源部科技司、中国地质科学院的有关领导和 SinoProbe 专项首席科学家董树文研究员对本研究的大力支持。感谢高锐院士多年来在深地震反射数据采集、处理和解释中给予的学术指导。吉林大学的董世学教授和一些研究生参与了野外采集质量监控工作，北京派特森科技发展有限公司的薛爱民、李兵、高工参与了数据处理，在此一并表示衷心的感谢。

此文部分内容发表在 *Journal of Asian Earth Sciences* 2015 年 114 期。一条 300 km 的深地震反射剖面信息非常丰富，一篇文章很难涵盖所有现象、发现和认识，随着近年下扬子地区的研究不断深入，重新审视原来的地震剖面，又添很多新的认识和想法。借此机会，重新完善解释这条 300 km 的地震反射剖面。

✖◆参考文献

Allmendinger R W, Nelson K D, Potter C J, et al., 1987. Deep seismic reflection characteristics of the continental crust. Geology, 15: 304 – 310.

Armstrong R L, 1982. Cordilleran metamorphic core complexes—from Arizona to southern Canada. Ann. Rev. Earth Planet. Sci., 10: 129 – 154.

Blewett R S, Henson P A, Roy I G, et al., 2010. Scale-integrated architecture of a world-class gold mineral system: The Archaean eastern Yilgarn Craton, Western Australia. Precambrian Research, 183 (2): 230 – 250.

Brown L D, 2013. From layer cake to complexity: 50 years of geophysical investigation of the Earth. International Symposium on Deep Earth Exploration and Practices, Beijing, Oct 24 – 26//Bickford M E (ed.). The Web of Geological Sciences: Advances, Impacts, and Interactions. Geological Society of America Special Paper, volume 500: 233 – 258.

Chang Y F, Liu X P, Wu C Y, 1991. Iron – copper metallogenic belt in the middle and lower Yangtze River (in Chinese). Beijing: Geological Publishing House: 1 – 379.

Chen H Y, Shu L S, Zhang Y Y, et al., 2004. Mesozoic – Cenozoic Tectonic Evolution of the Hefei Basin. Geological Journal of China Universities (in Chinese), 10 (2): 250 – 256.

Cook F A, Hall K W, Roberts B J, 1998. Tectonic delamination and subcrustal imbrication of the Precambrian lithosphere in northwestern Canada mapped by LITHOPROBE. Geology, 26 (9): 839 – 842.

Deng J F, Mo X X, Zhao H L, et al., 1994. Lithosphere root/de-rooting and activation of the east China continent. Geoscience (in Chinese), 8: 349 – 356.

Deng J F, Wu Z X, 2001. Lithospheric thinning event in the lower Yangtze craton and Cu – Fe metallogenic belt in the middle and lower Yangtze river reaches. Geology of Anhui (in Chinese), 11 (2): 86 – 91.

Dong S W, Qiu R L, 1993. The magmatism and tectonism of Anqing – Yueshan region (in Chinese). Beijing: Geological Publishing House: 1 – 158.

Dong S W, Zhang Y Q, Long C X, et al., 2007. Jurassic tectonic revolution in China and new interpretation of the Yanshan movement. Acta Geologica Sinica (in Chinese), 81 (11): 1449 – 1461.

Gao R, Lu Z W, Klemperer S L, et al., 2016. Crustal-scale duplexing beneath the Yarlung Zangbo suture in the western Himalaya. Nature geoscience, 9: 555 – 560.

Gao R, Lu Z W, Liu J K, et al., 2010. A result of interpreting from deep seismic reflection profile revealing fine structure of the crust and tracing deep process of the mineralization in Lu – Zong deposit area. Acta Petrologic Sinica (in Chinese), 26 (9): 2543 – 2552.

Gartrell A P, 1997. Evolution of rift basins and low-angle detachments in multilayer analog models. Geology, 25: 615 – 618.

Goleby B R, Huston D L, Lyons P, et al., 2009. The Tanami deep seismic reflection experiment: An insight into gold mineralization and Paleoproterozoic collision in the North Australian Craton. Tectonophysics, 472 (1 – 4): 169 – 182.

Hawkesworth C, Cawood P, Dhuime B, 2013. Continental growth and the crustal record. Tectonophysics, 609: 651 – 660.

Hsiao L Y, Gramham S A, Tilander N, 2004. Seismic reflection imaging of a major strike-slip fault zone in a rift system: Paleogene structure and evolution of the Tan – Lu fault system, Liaodong Bay, Bohai, offshore China. AAPG Bulletin, 88 (1): 71 – 97.

Hu B, Zhang Y Q, 2007. Discovery of a basement strike-slip ductile shear zone on the eastern margin of the Zhangbaling uplift, Anhui, China, and its tectonic significance. Geological Bulletin of China (in Chinese), 26 (3): 256 – 265.

Jahn B M, Zhou X H, Li J L, 1990. Formation and tectonic evolution of southeastern China and Taiwan: Isotopic and geochemical constraints. Tectonophysics, 183 (1 – 4): 145 – 160.

Jones T D, Nur A, 1984. The nature of seismic reflections from deep crustal fault zones. J. Geophys. Res., 89: 3153 – 3171.

Li Q, Vasudevan K, Cook F A, 1997. Seismic skeletonization: A new approach to interpretation of seismic reflection data. J. Geophys. Res., 102 (B4): 8427 – 8445.

Li Y P, Wu S G, Han W G, et al., 2006. A study on geophysics features of deep structure of the Hefei Basin and southern Tan – Lu fault zone. Chinese J. Geophys. (in Chinese), 49 (1): 115 – 122.

Ling M X, Wang F Y, Ding X, et al., 2009. Cretaceous ridge subduction along the Lower Yangtze River belt, Eastern China. Economic Geology, 104: 303 – 321.

Liu G S, 1997. Deformation characteristics and evolution of the Jiangnan fault zone (segment of southern Anhui) since sinian period. Journal of Hefei University of Technology (in Chinese), 20 (3): 97 – 102.

Liu G S, Zhu G, Niu M L, et al., 2006. Meso-Cenozoic evolution of the Hefei basin (Eastern part) and its response to activities of the Tan – Lu fault zone. Chinese Journal of Geology (in Chinese), 41 (2): 256 – 269.

Lü Q T, Liu Z D, Dong S W, et al., 2015b. The nature of Yangtze River deep fault zone: evidence from deep seismic data. Chinese J. Geophys. (in Chinese), 58 (12): 4344 – 4359.

Lü Q T, Shi D N, Liu Z D, et al., 2015a. Crustal structure and geodynamics of the Middle and Lower reaches of Yangtze metallogenic belt and neighboring areas: Insights from deep seismic reflection profiling. Journal of Asian Earth Sciences, 114: 704 – 716.

Lü Q T, Yan J Y, Shi D N, et al., 2013. Reflection seismic imaging of the Lujiang – Zongyang volcanic area: an insight into the crustal structure and geodynamics of an ore district. Tectonophysics, 606: 60 – 78.

Meissner R, Wever T, Sadowiak P, 1991. Continental collisions and seismic signature. Geophys. J. Int., 105: 15 – 23.

Meng Q R, Li S Y, Li R W, 2007. Mesozoic evolution of the Hefei basin in eastern China: Sedimentary response to deformations in the adjacent Dabieshan and along the Tanlu fault. Geological Society of America Bulletin, 119 (7 – 8): 897 – 916.

Okay A I, Sengör A M C, 1993. Tectonics of an ultrahigh-pressure metamorphic terrane: the Dabie Shan/ Tongbai Shan orogeny, China. Tectonic, 12 (6): 1320 – 1334.

Oxburgh E R, 1972. Flake tectonics and continental collision. Nature, 239 (22): 202 – 204.

Pan Y, Dong P, 1999. The lower Changjiang (Yangzi/Yangtze River) metallogenic belt, east Central China: intrusion- and wall rock-hosted Cu – Fe – Au, Mo, Zn, Pb, Ag deposits. Ore Geology Reviews, 15 (4): 177 – 242.

Sun W D, Ling M X, Yang X Y, Fan W M, Ding H, Liang H Y, 2010. Ridge subduction and porphyry copper gold mineralization: An overview. Sci. China Earth Sci. (in Chinese), 40 (2): 127 – 137.

Tang Y C, Wu Y C, Chu G Z, et al., 1998. Geology of copper – gold polymetallic deposits in the along – Changjiang area of Anhui Province (in Chinese). Beijing: Geological Publishing House.

Tu Y J, Liu X P, Wang X Y, et al., 2001. Study on the Chuzhou – Chaohu foreland fold-thrust zone at the northern margin of the Lower Yangtze landmass. Geotectonica et Metallogenia (in Chinese), 25 (1): 9 – 26.

van der Velden A J, Cook F A, 2005. Relict subduction zones in Canada. J. Geophys. Res., 110: B08403.

Wang Q, Wyman D A, Xu J F, et al., 2006. Petrogenesis of Cretaceous adakitic and shoshonitic igneous rocks in the Luzong area, Anhui Province (eastern China): implications for geodynamics and Cu – Au mineralization. Lithos, 89 (3 – 4): 424 – 446.

Wang Q, Zhao Z H, Xiong X L, et al., 2001. Melting of the underplated basaltic lower crust: Evidence from the Shaxi adakitic sodic quartz diorite-porphyrites, Anhui Province, China. Geochimica (in Chinese), 30 (4): 353 – 362.

Wang Q, Zhao Z H, Xu J F, et al., 2003. Petrogenesis and metallogenesis of the Yanshanian adakite-like rocks in the Eastern Yangtze Blocks. Science in China (Ser. D), 46 (Supp.): 154 – 176.

Wu J, 1996. Potential pitfalls of crooked-line seismic reflection surveys. Geophysics, 61 (1): 277 – 281.

Xing F M, Xu X, 1996. AFC Mixing Model and Origin of intrusive rocks from Tongling area. Acta Petrologica et Mineralogica (in Chinese), 15 (1): 10 – 20.

Xing F M, Xu X, 1999. Magmatic belt and mineralization in Yangtze River Reaches of Anhui province (in Chinese). Hefei: Anhui People's Publishing House: 170.

Yang Z J, 1981. On the nature of a zone of abrupt stratigraphic, rock facies and paleontological changes in the Jiangnan Orogen. Geological Reviews (in Chinese), 27 (2): 123 – 129.

Yuan F, Zhou T F, Fan Y, et al., 2008. Source evolution and tectonic setting of Mesozoic volcanic rocks in Luzong basin, Anhui Province. Acta Petrologica Sinica (in Chinese), 24 (8): 1691 – 1702.

Zhang C, Ma C Q, Holtz F, 2010. Origin of high-Mg adakitic magmatic enclaves from the Meichuan pluton, southern Dabie orogen (central China): Implications for delamination of the lower continental crust and melt-mantle interaction. Lithos, 119 (3 – 4): 467 – 484.

Zhang J D, Hao T Y, Dong S W, et al., 2015. The structural and tectonic relationships of the major fault systems of the Tan – Lu fault zone, with a focus on the segments within the North China region. Journal of Asian Earth Sciences, 110: 85 – 100.

Zhang Q, Jin W J, Li C D, et al., 2009. Yanshanian large-scale magmatism and lithosphere thinning in Eastern China: Relation to large igneous province. Earth Science Frontiers (in Chinese), 16 (2): 21 – 51.

Zhang Q, Qian Q, Wang E Q, et al., 2001. An east China Plateau in Mid-late Yanshanian period: implication from adakites. Chinese Journal of Geology (in Chinese), 36: 248 – 255.

Zhang Q, Zhu G, Liu G S, et al., 2008. Sinistral transpressive deformation in the northern part of Zhangbaling uplift in the Tan – Lu fault zone and its ^{40}Ar/^{39}Ar dating. Earth Science Frontiers (in Chinese), 15 (3): 234 – 249.

Zhang Y Q, Dong S W, 2008. Mesozoic tectonic evolution history of the Tan – Lu fault zone, China: Advances and new understanding. Geological Bulletin of China (in Chinese), 27 (9): 1371 – 1390.

Zhao W J, Nelson K D, Project INDEPTH Team, 1993. Deep seismic reflection evidence for continental underthrusting beneath southern Tibet. Nature, 366: 557 – 559.

Zhao Z J, Li D C, Zhu Y, et al., 2001. The structure evolution and the petroleum system in Hefei basin. Petroleum Exploration and Development (in Chinese), 28 (4): 8 – 13.

Zhao Z J, Yang S F, ZhouJ G, et al., 2000. Comprehensive explanation of geology and geophysics of over-thrust bet in Hefei Basin and initial study of its tectonic attribute. Journal of Chendu University of Technology (in Chinese), 27 (2): 151 – 157.

Zhou T F, Fan Y, Yuan F, 2008. Advances on petrogensis and metallogeny study of the mineralization belt of the Middle and lower Reaches of the Yangtze River area. Acta Petrologica Sinica (in Chinese), 24 (8): 1665 – 1678.

Zhou X M, Li W X, 2000. Origin of Late Mesozoic igneous rocks in Southeastern China: implications for lithosphere subduction and underplating of mafic magmas. Tectonophysics, 326: 269 – 287.

Zhu G, Liu G S, Niu M L, et al., 2009. Syn-collisional transform faulting of the Tan – Lu fault zone, East China. Int. J. Earth Sci., 98 (1): 135 – 155.

Zhu G, Wang Y, Liu G S, et al., 2005. Ar/Ar dating of strike-slip motion on the Tan – Lu fault zone, East China. Journal of Structural Geology, 27: 1379 – 1398.

Zhu G, Xu J W, Liu G S, et al., 1999. Tectonic pattern and dynamic mechanism of the foreland deformation in the lower Yangtze region. Regional Geology of China (in Chinese), 18 (1): 73 – 79.

常印佛, 刘湘培, 吴言昌, 1991. 长江中下游铜铁成矿带. 北京: 地质出版社: 379.

陈海云, 舒良树, 张云银, 等, 2004. 合肥盆地中新生代构造演化. 高校地质学报, 10 (2): 250 – 256.

邓晋福, 莫宣学, 赵海玲, 等, 1994. 中国东部岩石圈根/去根作用与大陆"活化": 东亚型大陆动力学模式研究计划. 现代地质, 8: 349 – 356.

邓晋福, 吴宗絜, 2001. 下扬子克拉通岩石圈减薄时间与长江中下游 Cu – Fe 成矿带. 安徽地质, 11 (2): 86 – 91.

董树文, 邱瑞龙, 1993. 安庆—岳山地区构造作用及岩浆活动. 北京: 地质出版社: 158.

董树文, 张岳桥, 龙长兴, 等, 2007. 中国侏罗纪构造变革与燕山运动新诠释. 地质学报, 81 (11): 1449 – 1461.

高锐, 卢占武, 刘金凯, 等, 2010. 庐—枞金属矿集区深地震反射剖面解释结果: 揭露地壳精细结构, 追踪成矿深部过程. 岩石学报, 26 (9): 2543 – 2552.

胡博, 张岳桥, 2007. 安徽张八岭隆起东缘基底走滑韧性剪切带的发现及其构造意义. 地质通报, 26

（3）：256－265.

李云平，吴时国，韩文功，等，2006. 合肥盆地和郯庐断裂带南段深部地球物理特征研究. 地球物理学报，49（1）：115－122.

刘国生，1997. 江南断裂带（皖南段）的变形特征及震旦纪以来的构造演化. 合肥工业大学学报，20（3）：97－102.

刘国生，朱光，牛漫兰，等，2006. 合肥盆地东部中—新生代的演化及其对郯庐断裂带活动的响应. 地质科学，41（2）：256－269.

吕庆田，刘振东，董树文，等，2015b. "长江深断裂带"的构造性质：深地震反射证据. 地球物理学报，58（12）：4344－4359.

孙卫东，凌明星，杨晓勇，等，2010. 洋脊俯冲与斑岩铜金矿成矿. 中国科学：地球科学，40（2）：127－137.

唐永成，吴言昌，储国正，等，1998. 安徽沿江地区铜金多金属矿床地质. 北京：地质出版社：1－351.

涂荫玖，刘湘培，汪祥云，等，2001. 下扬子北缘滁州—巢湖前陆褶皱冲断带研究. 大地构造与成矿学，25（1）：9－26.

王强，赵振华，熊小林，等，2001. 底侵玄武质下地壳的熔融：来自安徽沙溪 adakite 质富钠石英闪长玢岩的证据. 地球化学，30（4）：353－362.

邢凤鸣，徐祥，1996. AFC 混合与铜陵地区侵入岩的成因. 岩石矿物学杂志，15（1）：10－20.

邢凤鸣，徐祥，1999. 安徽扬子岩浆岩带与成矿. 合肥：安徽人民出版社：1－170.

杨志坚，1981. 江南一条地层、岩相、古生物等突变带的性质问题. 地质论评，27（2）：123－129.

袁峰，周涛发，范裕，等，2008. 庐枞盆地中生代火山岩的起源、演化及形成背景. 岩石学报，24（10）：1691－1702.

张国民，汪素云，李丽，等，2002. 中国大陆地震震源深度及其构造意义. 科学通报，47（9）：663－668.

张旗，金惟俊，李承东，等，2009. 中国东部燕山期大规模岩浆活动与岩石圈减薄与大火山岩省的关系. 地学前缘，16（2）：21－51.

张旗，钱青，王二七，等，2001. 燕山中晚期的"中国东部高原"：埃达克岩的启示. 地质科学，36：248－255.

张青，朱光，刘国生，等，2008. 郯庐断裂带张八岭隆起北段的左旋走滑挤压变形及其 $^{40}Ar/^{39}Ar$ 定年. 地学前缘，15（3）：234－249.

张岳桥，董树文，2008. 郯庐断裂带中生代构造演化：进展与新认识. 地质通报，27（9）：1371－1390.

赵宗举，李大成，朱琰，等，2001. 合肥盆地构造演化与油气系统分析. 石油勘探与开发，28（4）：8－13.

赵宗举，杨树锋，周进高，等，2000. 合肥盆地逆掩冲断带地质：地球物理综合解释及其大地构造属性. 成都理工学院学报，27（2）：151－157.

周涛发，范裕，袁峰，2008. 长江中下游成矿带成岩成矿作用研究进展. 岩石学报，24（8）：1665－1678.

朱光，徐嘉炜，刘国生，等，1999. 下扬子地区前陆变形构造格局及其动力学机制. 中国区域地质，18（1）：73－79.

龙门山地区的岩石圈拆沉和软流圈上涌

贺传松[1]，董树文[2]，王仰华[3]

◢◆0 引　言

龙门山造山带长约500 km，30～50 km宽（邓起东、陈社发、赵小麟，1994；Li et al.，2003；Burchfiel，2004；Burchfiel et al.，2008；Kirby et al.，2008；Godard et al.，2009；Li et al.，2013），海拔高度约5 km（de Michele et al.，2010），位于南北地震带的中段，是柔性松潘—甘孜地壳与扬子地块刚性岩石圈的边界（Preface，2010；Sun et al.，2012）（图1）。

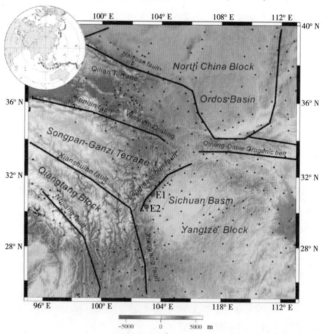

左上角插入图：用于本研究的远震事件。E1：2008 M_w 7.9 汶川地震；E2：2013 M_w 6.6 芦山地震。

图1　龙门山地区构造框架和地震台站分布

1 中国地震局地球物理研究所，北京，100081；2 南京大学矿床重点实验室，南京，210093；3 英国帝国理工大学资源地球物理研究院，伦敦，SW7 2BP。

龙门山造山带的变形和隆升发生在三叠纪中后叶，与印支期造山运动以及华北、华南和羌塘陆块的拼合有关（刘树根 等，2009；Chen & Wilson，1996；Roger et al.，2010）。新生代印度—亚洲板块碰撞期间，龙门山造山带变形剧烈，形成了世界上最大的陆地高差地形（Clark & Royden，2000；Kirby et al.，2002；Li et al.，2012）。龙门山造山带是评价中国中生代—新生代构造演化的关键地区（Sengör & Hsü，1984；Mattauer et al.，1985；许志琴 等，1992；Yin & Harrison，1996；Jia et al.，2010），被称为"亚洲之谜"（Enkin et al.，1992），该地区经历并记录了大陆碰撞、岩浆作用、盆地演化和地震活动等动力学过程（Xiao et al.，2007）。

关键的构造位置和频繁的地震使龙门山地区成为岩石学、GPS、数值模拟、地质年代学、地貌学和地球物理学等各学科研究的重点区域（Kirby et al.，2002；Jia et al.，2010；Burchfiel et al.，1995；Royden et al.，1997；Clark et al.，2004；Godard et al.，2010；Liu et al.，2015）。龙门山造山带变形和隆升机制的理论主要有2种：①逆冲断层大规模走滑使地壳增厚（Tapponnier et al.，2001；Xu et al.，2008；Hubbard & Shaw，2009）；②地壳中的熔融物质受到挤压，产生流动，致使地壳增厚（Burchfiel et al.，2008；Sun et al.，2012；Clark & Royden，2000；Royden et al.，1997；Zhang et al.，2009；Vanderhaeghe & Teyssier，2001）。显然，龙门山的隆升机制仍存在极大的争议（Watson et al.，1987；刘树根 等，2001；Yong et al.，2003；Weislogel，2008；Billerot et al.，2017；Harrowfield & Wilson，2005；Huang et al.，2003）。

为解释龙门山造山带的变形和隆升机制，该地区开展了大量的地球物理研究工作，包括深地震测深（Wang et al.，2005；Liu et al.，2006；Zhang et al.，2011；Zhang et al.，2013；Gao et al.，2014；Lu et al.，2014；Lu，2016）、接收函数（Zhang et al.，2009；He et al.，2014；Li et al.，2015；Sun et al.，2015）、大地电磁测量（Zhao et al.，2012）和层析成像（Pei et al.，2010；Wang et al.，2014；Li et al.，2014；Li et al.，2008；Wang et al.，2010；Lei & Zhao，2006）。这些研究从不同的视角刻画了龙门山造山带的深部结构，对于理解其变形和隆升机制具有重要的科学意义。但是，龙门山地区的地幔动力学过程仍有待进一步厘清（Watson et al.，1987；刘树根 等，2001；Yong et al.，2003；Weislogel，2008；Billerot et al.，2017；Harrowfield & Wilson，2005；Huang et al.，2003）。

本研究收集了中国地震台网记录的、高质量的固定台站地震数据，并利用远震P波走时层析成像技术，重建了龙门山地区的上地幔速度结构（图1）。结果显示，松潘—甘孜地体、鄂尔多斯盆地和四川盆地下方，分别存在3个高速扰动异常。这些高速异常的深度基本相同，大约在400～500 km深度范围内。我们认为这些高速异常可能与松潘—甘孜地层、鄂尔多斯盆地和四川盆地岩石圈拆沉有关。大规模的低速扰动异常几乎覆盖了松潘—甘孜地体，在其下方，在400～500 km的深度处，对应一个大规模的高速扰动异常体，可能是松潘—甘孜地体的岩石圈，这暗示松潘—甘孜地体的岩石圈可能完全拆沉，致使其下地壳直接接触热的软流圈地幔，在下地壳和上地幔之间形成滑脱面，利于松潘—甘孜地体的东向挤出。在新生代，由于印度—亚洲板块的碰撞导致的高原动向挤出，致使龙门山造山带的隆升和变形。四川盆地的刚性岩石圈阻碍了松潘—甘孜地块的东向挤压，这引发龙门山地区应力的积累和释放，产生了大级别的地震（Clark & Royden，2000；Royden et al.，1997）。

◢◆1 结　　果

研究区域的西部或龙门山造山带西部，各站相对走时残差的平均值为负，研究区域的东部为正值（图2），这暗示松潘—甘孜地体下方存在低速异常结构。

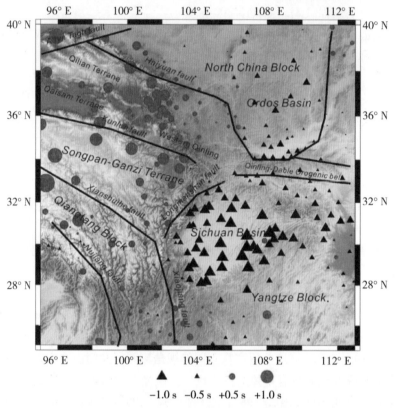

黑色三角形：高速区域；红色圆：低速区域。

图2　每一台站相对到时残差的平均值

60 km、110 km、200 km 和 300 km 的深度揭示龙门山造山带西部存在大规模的低速异常结构（Lv1）（图3）。Huang 等（2003）和 Yang 等（2015）也发现了相似的异常结构。Adjiont 层析成像（Yang et al.，2014）、噪声层析成像（Chen et al.，2015）、东亚地幔层析成像（Bao et al.，2015）和多尺度走时层析成像（Li et al.，2014）也显示松潘—甘孜地体下方存在低速异常体。鄂尔多斯盆地下方为高速结构（Hv1），该结构延伸至 200 km，在四川盆地下方也存在一个高速结构（Hv2）延伸至 300 km（图3），这与先前的研究结果基本一致（Huang et al.，2015；Yang et al.，2014；Li et al.，2006；Wei et al.，2016；Shen et al.，2016）。Xin 等（2019）还使用双差地震走时层析成像技术获得了类似的结果。Hv1 和 Hv2 是鄂尔多斯盆地和四川盆地岩石圈的根。

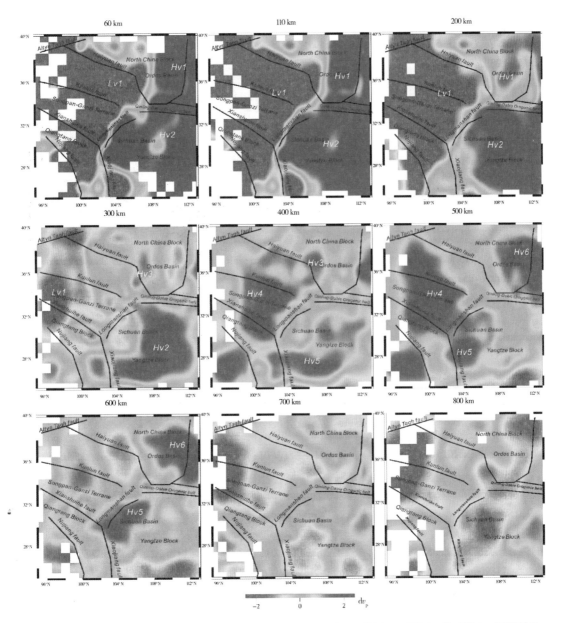

图3 60 km、110 km、200 km、300 km、400 km、500 km、600 km、700 km 和 800 km 深度的 P 波速度扰动

在剪切板实验中，输入模型低于20%恢复值的模型不显示。

在300 km和400 km的深度处，有一个小的高速扰动（Hv3）（图3），位于鄂尔多斯盆地下方。在400 km、500 km和600 km深度处，龙门山造山带西部、四川盆地和鄂尔多斯盆地下分别存在3个高速异常（Hv4，Hv5和Hv6）（图3）。

剖面（a）和剖面（b）显示 Lv1 约300 km厚，Hv2 约350 km厚［图4（a）（b）］。松潘—甘孜地体下方存在一个大规模的高速异常（Hv4），另一个高速异常（Hv5）在四川盆地下方（图4）。剖面（c）和剖面（d）显示四川盆地岩石圈厚度约350 km，鄂尔

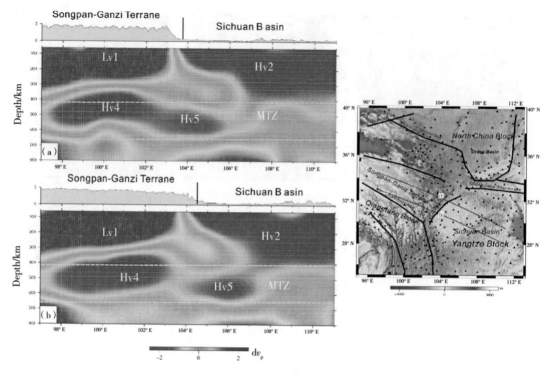

图4 剖面 (a) 和剖面 (b) 的 P 波速度扰动

多斯盆地的岩石圈厚度约 200 km（图 5），鄂尔多斯盆地下方存在一高速异常（Hv6）（图 5）。

Huang 等（2003）还揭示了松潘—甘孜地带南部和四川盆地下方，450 ～ 600 km 深度存在 2 个高速结构，但这些高速结构的深度和位置与我们的结果不同。Yang 等（2015）在四川盆地下方 300 ～ 500 km 的深度处，揭示一高速结构，这与我们的 Hv5 相似（图 3、图 4）。

但是，先前的研究并未揭示松潘—甘孜地体下方存在高速结构（Hv4）和鄂尔多斯盆地下方的高速结构（Hv6）。此外，这项研究确定的 3 个高速结构（Hv4，Hv5 和 Hv6）处于相同的深度（图 4、图 5）。我们的结果还显示，龙门山造山带是低速和高速扰动分界线（图 4）。

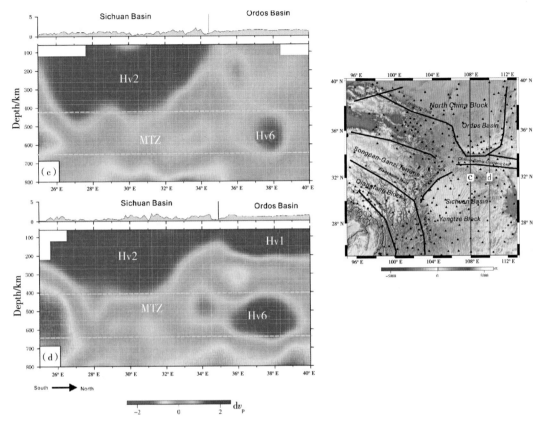

图5 剖面（c）和剖面（d）的 P 波速度扰动

在剪切板实验中，输入模型低于 20% 恢复值的模型不显示。

▶ 2 讨 论

2.1 岩石圈拆沉

大量的研究证实印支造山运动和喜马拉雅造山运动对该地区的速度建造和物质构成产生了重要影响（滕志文 等，2003），这些深部动力学的遗迹，如下地壳/岩石圈拆沉（或俯冲板片）和上升软流圈产生的高、低速物质可以保留数亿年，地震技术可以有效地刻画这些深部结构（Cook et al.，1999；Balling，2000；Svenningsen et al.，2007；Zhai et al.，2007；He，Santosh，& Dong，2015；Zhao，Hasegawa，& Horiuchi，1992；Xu et al.，2004；Shen et al.，2002）。松潘—甘孜地体和羌塘地体（图3、图4）下方的大规模高速扰动（Hv4）约 200 km 厚，相当于岩石圈的厚度，因此，我们认为该异常应当与增厚的下地壳/岩石圈地幔拆沉有关。该地区主要受到 2 个构造事件的影响：一个是三叠纪早期的印支造山运动，另一个是新生代的喜马拉雅造山运动。根据 Hv4 的规模和深度，我们推测该高速体可能形成于中生代印支期造山运动期间，与扬子、华北和羌塘地块之间碰撞有关。先前的层析成像研究显示，新生代喜马拉雅造山过程中，印度板块向北俯冲，导致青藏高原俯冲岩石圈的拆沉（Chen et al., 2016），因此，我们也不能排除高速体（Hv4）可能与新生代岩石圈的俯冲有关。

造山运动通常会导致岩石圈碰撞的同时或碰撞后发生拆沉（Replumaz et al., 2010）。地质研究表明，在早三叠世印支期造山运动中，由于扬子、华北和羌塘地块之间的陆陆碰撞和古老洋盆的闭合（Huang et al., 2003），松潘—甘孜地体的地壳强烈增厚（Yong et al., 2003；Weislogel, 2008；Billerot et al., 2017；van der Voo et al., 1999；Ueda et al., 2012；Zhang et al., 2007；Chen et al., 2017；Huang et al., 2003；Deschamps et al., 2017），下地壳增厚经历了榴辉岩相变质作用，密度增加，可能导致了中三叠纪松潘—甘孜地体下地壳/岩石圈拆沉（van der Voo et al., 1999）。

拆沉引起软流圈的上涌，填充由拆沉形成的空隙（de Sigoyer et al., 2014）。在 Hv4 的正上方是大规模的低速扰动（Lv1），因此，我们认为这种大规模的低速结构可能与软流圈上涌有关。

岩石学研究表明，松潘—甘孜和龙门山地区记录了中生代不同时期的岩浆活动（Zhang et al., 2007；Chen et al., 2017；Huang et al., 2003；Deschamps et al., 2017；Robert et al., 2010），这应该与软流圈上涌有关。软流圈上涌加热了下地壳的底部并引起熔融和（或）部分熔融，在下地壳形成埃达克质岩浆和（或）A 型花岗岩岩浆。地球化学研究表明，松潘—甘孜和龙门山地层的埃达克质和 A 型花岗岩岩浆作用发生在三叠纪晚期，形成于块体碰撞后的环境下（van der Voo et al., 1999）。

Hv5 和 Hv6（以及 Hv3）分别位于四川盆地和鄂尔多斯盆地下方。四川盆地岩石圈的根厚于鄂尔多斯盆岩石圈的根，Hv6 的规模大于 Hv5（图 4、图 5）。基于这种对比，我们认为，由于羌塘、扬子地壳和华北地块之间的强烈碰撞，晚三叠世四川盆地和鄂尔多斯盆地岩石圈发生了不同程度的拆沉（Robert et al., 2010）。Hv5 可能是早中生代四川盆地岩石圈的一部分，而 Hv6 可能是早期三叠纪的鄂尔多斯盆地岩石圈的一部分。

2.2　龙门山造山带的变形与隆升机制

中下地壳的通道流模型（Zhang et al., 2009；Sun et al., 2015；Kay & Kay, 1993；He & Santosh, 2017；Royden, 1996）被用于解释龙门山造山带的形成。松潘—甘孜和龙门山地区的泊松比（或 v_P/v_S）偏低，暗示其下地壳属于长英质为主（He et al., 2014；Klemperer, 2006），地壳增厚后，部分熔融体可以保留 20～30 Ma（Vanderhaeghe & Teyssier, 2001；Xu et al., 2015）。地球物理研究表明，在青藏高原南部 10 km 以下的深度，低速带与高电导率有关（Engand & Thompson, 1986）。因此，我们不能排除地壳增厚是由中下地壳的通道流产生的可能性。

此外，许多学者认为，龙门山地区发生的地壳增厚是由韧性变形引起的，而不是由逆冲断层或地壳缩短引起的（Burchfiel et al., 2008, 1995）。青藏高原的东向挤出被认为与沿着这些断层的快速走滑有关（Xu et al., 2013），沿主要走滑断层明显的相对运动，促进了地壳物质向东挤出（chang et al., 2012；Molnar & Tapponnier, 1975；Lev et al.，2006）。

我们的研究表明，松潘—甘孜和羌塘地体下方刚性的岩石圈的拆沉以及软流圈的上涌，加热下地壳产生柔性且易变形的下地壳。上涌软流圈直接接触下地壳，在下地壳与上地幔之间形成滑脱面，利于松潘—甘孜地体东向挤出，新生代的印度板块与欧亚板块之间的碰撞和东向挤出，以及四川盆地之下古老刚性的岩石圈（图3—图5）阻挡松潘—甘孜地体的东向挤出（Hubbard & Shaw，2009；Wang et al.，2014；Royden et al.，2008），导致该地区下地壳韧性变形和地壳变厚，在龙门山地区形成陡崖地形。我们用这一过程解释龙门山造山带的变形与隆升。

2.3 地震

在青藏高原中部，应变能与印度板块和欧亚板块碰撞产生的大陆变形有关，并沿昆仑断裂、鲜水断裂等活动的走滑断层释放应变能或发生强烈地震（Lin et al.，2011）。

1997年玛尼、2001年昆仑山口和2010年玉树地震的地表断裂，主要是沿西北向走滑断裂的左旋断裂，这表明西藏高原北部的大型走滑断裂为界的松潘—甘孜和羌塘地块的东向运动（Chang et al.，2012；Lin et al.，2011；Klinger et al.；2005；Peltzer，Crampé，& King，1999；Xu et al.，2006；Wang et al.，2014）。

同时，松潘—甘孜地块向四川盆地岩石圈挤出（Hv2）（图4）导致沿龙门山断裂带的应力积累。当应力超过阈值时，应力会通过沿断裂的剧烈破裂而突然被释放。龙门山地区是地震累积和释放的指标区域（Burchfiel et al.，2004；Liu et al.，2015；Luna & Hetland，2013），我们的结果支持松潘—甘孜地块的东向挤压可能导致应力集中在龙门山断裂带的底部，这被认为是造成2008年 M_w 7.9汶川地震和2013年 M_w 6.6芦山地震的原因（图1中的E1和E2）。因此，我们认为印度板块的北向运动，促使松潘—甘孜地块的向东挤出，引起了龙门山地区的应力积累和释放以及大地震。

3 结 论

由于华北、华南和羌塘大陆块体的强烈碰撞和拼合，在晚三叠世，龙门山及邻近地区发生了（大规模的）下地壳/部分岩石圈拆沉。岩石圈的大规模拆沉导致软流圈上升流，加热下地壳，导致更加柔性的松潘—甘孜地体，在新生代青藏高原的东向挤出作用下，该地区柔性的地壳增厚、变形，导致龙门山造山带的隆升。松潘—甘孜地块的东向挤出受到四川盆地刚性岩石圈的阻滞，在龙门山地区产生应力积累，当应力超过阈值时，沿断层应力释放，形成龙门山强烈地震高发区，如2008年7.9 M_w 汶川地震和2013年6.6 M_w 芦山地震。

◆ 4 数据和方法

本研究收集了 2007 年 7 月—2014 年 3 月中国地震台网（403 个地震台站）记录的 554 个远震事件（图 1）（Zheng et al.，2010）。选取震级 >6.0 和震中距为 30°～85°的 地震事件（图 1 左上角插入图）。在数字地震记录波初至前 15 s 和之后 50 s 进行波形切 割，并在 0.3～3 Hz 频率区间进行滤波。我们用时间互相关方法（van Decar & Crosson，1990）（附图 S1），从地震波形记录中提取 66 492 个 P 波初至。选用用 −2.5～+2.5 s 范围内相对走时残差的数据进行反演（附图 S2）。

横向网格间距为 1°，垂直网格间距为 60 km、110 km、200 km、300 km、400 km、500 km、600 km、700 km 和 800 km。用有效的三维射线追踪方法进行了射线路径和理 论走时计算。我们采用共轭梯度反演算法，通过平滑和阻尼正则化来确定稀疏观测方 程。三维层析成像反演以 IASP91 一维速度模型（van Decar & Crosson，1990）为初始 模型。

根据 Jiang 等人的方法，用 CRUST1.0 模型（Paige & Saunders，1982）对相对走时 残差进行了校正，消除了地壳厚度和速度（Kennett & Engdahl，1991）非均质性的影 响。根据层析成像反演的顶深度，我们对岩石圈以上 60 km 进行了地壳校正。结果表 明，校正值对相对走时残差的分布影响较大（附图 S3、附图 S4），较大的校正值主要分 布在研究区西部（图 4）。为了选择合适的阻尼参数用于层析成像反演，我们使用不同 的阻尼参数进行了多次反演，获得折中 L 曲线（Jiang et al.，2015；Zhao et al.，2006；Hansen，1992）。取阻尼值 11.0 用于反演最终的速度模型（附图 S5）。

采用检测版分辨率测试（CRT）评估所获得的层析图像的可靠性和射线覆盖率的充 分性。三维空间所有网格节点均分配 2.5% 的正、负速度扰动。附图 S6 显示了 CRT 结 果，总体而言，大部分区域具有良好的分辨率。在研究区西部深处 60 km、700 km 和 800 km 处的分辨率有所降低，这表明这些地方地震射线交叉性较差。

◆ 致　谢

感谢国家深地专项（2017YFC0601406）。波形数据由中国地震学科数据中心国家测 震台网数据备份中心提供（DOI：10.11998/SeisDmc/SN）。

✕◆附 图

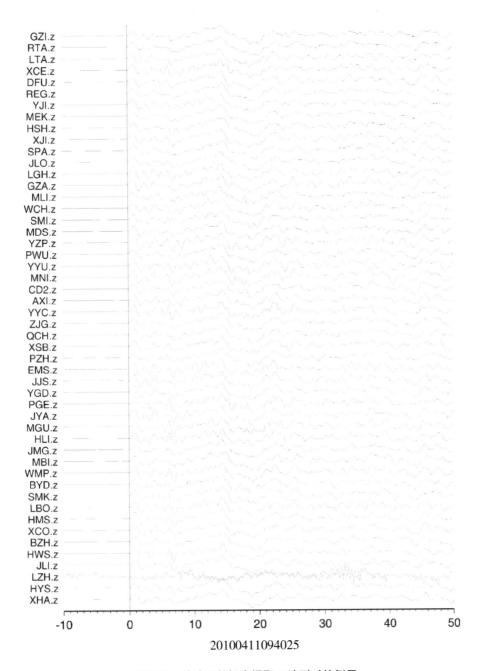

附图 S1 从波形数据中提取 P 波到时的例子

地震事件：20100411094025。波形是台站的垂直分量，红色波形是剔除的数据。http://gmt. soest. hawaii. edu/（by Chuansong He）。

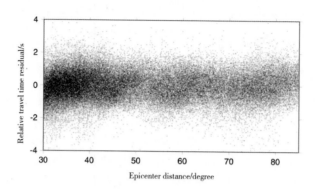

附图 S2　相对残差

-2.5～+2.5 s 的相对到时残差用于反演。

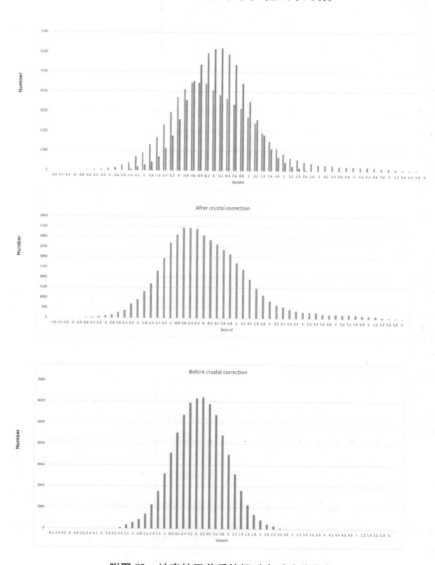

附图 S3　地壳校正前后的相对走时残差分布

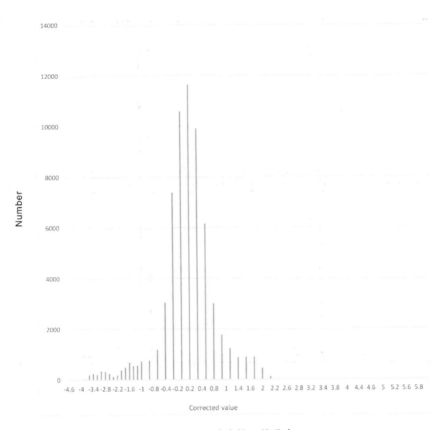

附图 S4　地壳校正值分布

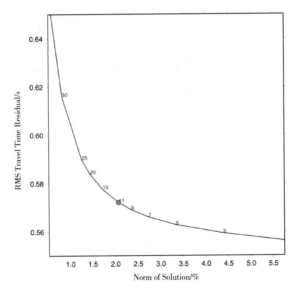

附图 S5　阻尼系数

经一系列反演实验，最终 11 的阻尼系数用于反演（红色图）。RMS 走时残差大约为 0.57209 s。

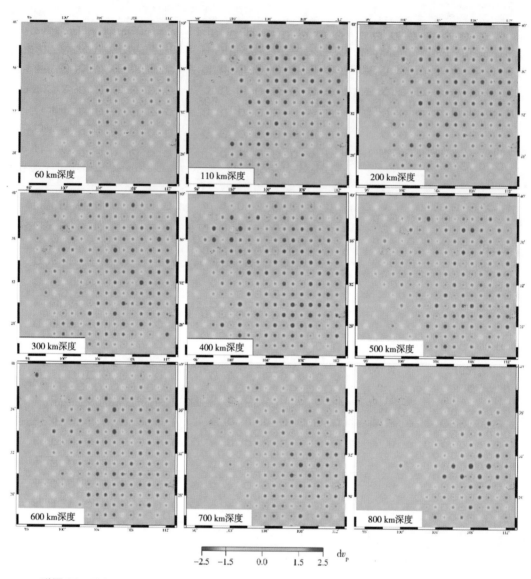

附图 S6　60 km、110 km、200 km、300 km、400 km、500 km、600 km、700 km 和 800 km 深度的检测版结果

参考文献

Balling N, 2000. Deep seismic reflection evidence for ancient subduction and collision zones within the continental lithosphere of northwestern Europe. Tectonophysics, 329: 269 - 300. https://doi.org/10.1016/S0040 - 1951(00)00199 - 2.

Bao X W, Song X D, Li J T, 2015. High-resolution lithospheric structure beneath Mainland China from ambient noise and earthquake surface-wave tomography. Earth Planet. Sci. Lett., 417: 132 - 141. https://doi.org/10.1016/j.epsl.2015.02.024.

Billerot A, Duchene S, Vanderhaeghe O, et al., 2017. Gneiss domes of the Danba metamorphic complex, Songpan Ganze, eastern Tibet. J. Asian Earth Sci., 140: 48 – 74. https://doi.org/10.1016/j.jseaes. 2017.03.006.

Boschi L, Becker T, Soldati G, et al., 2006. On the relevance of Born theory in global seismic tomography. Geophys. Res. Lett., 33: 178 – 196. https://doi.org/10.1029/2005GL025063.

Burchfiel B C, 2004. New technology, new geological challenges. GSA Today, 14: 4 – 10. https://doi.org/10.1130/1052 – 5173(2004)014 < 0004:NTNGC > 2.0.CO:2.

Burchfiel B C, Chen Z, Liu Y, et al., 1995. Tectonics of the Longmen Shan and adjacent regions, Central China. Int. Geol. Rev., 37: 661 – 735. https://doi.org/10.1080/00206819509465424.

Burchfiel B C, Royden L H, van der Hilst R, et al., 2008. A geological and geophysical context for the Wenchuan earthquake of 12 May 2008, Sichuan, People's Republic of China. GSA Today, 18 (7): 4 – 11. https://doi.org/10.1130/GSATG18A.1.

Chang C P, Chen G H, Xu X W, et al., 2012. Influence of the pre-existing Xiaoyudong salient in surface rupture distribution of the M_w 7.9 Wenchuan earthquake, China. Tectonophysics, 530 – 531: 240 – 250. https://doi.org/10.1016/j.tecto.2011.12.038.

Chen F S, Wilson C J L, 1996. Emplacement of the Longmen Shan Thrust – Nappe Belt along the eastern margin of Tibetan Plateau. J. Struct. Geol., 18: 413 – 430. https://doi.org/10.1016/0191 – 8141 (95)00096 – V.

Chen M, Niu F L, Tromp J, et al., 2016. Lithospheric foundering and underthrusting imaged beneath Tibet. Nature Communications, 8: 15659. https://doi.org/10.1038/ncomms15659.

Chen M, Niu F, Liu Q, et al., 2015. Multiparameter adjoint tomography of the crust and upper mantle beneath East Asia: 1. Model construction and comparisons. J. Geophys. Res., 120: 1762 – 1786. https://doi.org/10.1002/2014JB011638.

Chen W W, Zhang S H, Ding J K, et al., 2017. Combined paleomagnetic and geochronological study on Cretaceous strata of the Qiangtang terrane, central Tibet. Gondwana Res., 41: 373 – 389. https://doi.org/10.1016/j.gr.2015.07.004.

Clark M K, Royden L H, 2000. Topographic ooze: building the eastern margin of Tibet by lower crustal flow. Geology, 28: 703 – 706. https://doi.org/10.1130/0091 – 7613 (2000) 28 < 703:TOBTEM > 2.0. CO:2.

Clark M K, Schoenbohm L M, Royden L H, et al., 2004. Surface uplift, tectonics, and erosion of Eastern Tibet from large-scale drainage patterns. Tectonics, 23 (1): TC1006. https://doi.org/10.1029/2002TC0014022.

Cook F A, Velden A, Hall K W, et al., 1999. Frozen subduction in Canada's Northwest Territories: Lithoprobe deep lithospheric reflection profiling of the western Canadian Shield. Tectonics, 18: 1 – 24. https://doi.org/10.1029/1998TC900016.

de Michele M, Raucoules D, de Sigoyer J, et al., 2010. Three-dimensional surface displacement of the 2008 May 12 Sichuan earthquake (China) derived from Synthetic Aperture Radar: evidence for rupture on a blind thrust. Geophys. J. Inter., 183: 1097 – 1103. https://doi.org/10.1111/j.1365 – 246X.2010. 04807.x.

de Sigoyer J, Vanderhaeghe O, Duchêne S, et al., 2014. Generation and emplacement of Triassic granitoids within the Songpan Ganze accretionary-orogenic wedge in a context of slab retreat accommodated by tear faulting, Eastern Tibetan plateau, China. J. Asian Earth Sci., 88: 192 – 216. https://doi.org/10. 1016/j.jseaes.2014.01.010.

Deschamps F, Duchêne S, de Sigoyer J, et al., 2017. Coeval mantle-derived and crust-derived magmas forming two neighbouring plutons in the Songpan Ganze accretionary orogenic wedge (SW China). J. Petrol., 58: 2221 – 2256. https://doi. org/10. 1093/petrology/egy007.

England P C, Thompson A, 1986. Some thermal and tectonic models for crustal melting in continental collision zones. Geol. Soc. London Spec. Pub., 19 (1): 83 – 94. https://doi. org/10. 1144/GSL. SP. 1986. 019. 01. 05.

Enkin R, Yang Z, Chen Y, et al., 1992. Paleomagnetic constraints on the geodynamic history of the major blocks of China from the Permian to the present. J. Geophys. Res., 97: 13953 – 13989. https://doi. org/10. 1029/94JB01338.

Gao R, Wang H Y, Zeng L S, et al., 2014. The crust structures and the connection of the Songpan block and west Qinling orogen revealed by the Hezuo – Tangke deep seismic reflection profiling. Tectonophysics, 634: 227 – 236. https://doi. org/10. 1016/j. tecto. 2014. 08. 014.

Godard V, Lave J, Carcaillet J, et al., 2010. Spatial distribution of denudation in Eastern Tibet and regressive erosion of plateau margins. Tectonophysics, 491 (1 – 4): 253 – 274. https://doi. org/10. 1016/j. tecto. 2009. 10. 026.

Godard V, Pik R, Cattin L R, et al., 2009. Late Cenozoic evolution of the central Longmen Shan, eastern Tibet: insight from (U – Th) /He thermochronometry. Tectonics, 28 (5): 1 – 17. https://doi. org/ 10. 1029/2008TC002407.

Hansen P, 1992. Analysis of discrete ill-posed problems by means of the L-curve. SIAM Rev., 34: 561 – 580. https://doi. org/10. 1137/1034115.

Harrowfield M J, Wilson C J L, 2005. Indosinian deformation of the Songpan Garze Fold Belt, northeast Tibetan Plateau. J. Struct. Geol., 27: 101 – 117. https://doi. org/10. 1016/j. jsg. 2004. 06. 010.

He C S, Dong S W, Santosh M, et al., 2014. Seismic structure of the Longmenshan area in SW China inferred from receiver function analysis: Implications for future large earthquakes. J. Asian Earth Sci., 96: 226 – 236. https://doi. org/10. 1016/j. jseaes. 2014. 09. 026.

He C S, Santosh M, 2017. Mantle roots of the Emeishan plume: an evaluation based on teleseismic P-wave tomography. Solid Earth, 8: 1141 – 1151. https://doi. org/10. 5194/se – 2017 – 17.

He C S, Santosh M, Dong S W, 2015. Continental dynamics of Eastern China: insights from tectonic history and receiver function analysis. Earth – Sci. Rev., 145: 9 – 24. https://doi. org/10. 1016/j. earscirev. 2015. 02. 006.

Huang M H, Buick I S, Hou L W, 2003. Tectonometamorphic evolution of the Eastern Tibet plateau: Evidence from the Central Songpan – Garzê orogenic belt, Western China. J. Petrol., 44 (2): 255 – 278. https://doi. org/10. 1093/petrology/44. 2. 255.

Huang M H, Maas R, Buick I S, et al., 2003. Crustal response to continental collisions between the Tibet, Indian, South China and North China blocks: geochronological constraints from the Songpan – Garzê Orogenic Belt, Western China. J. Metamorph. Geol., 21 (3): 223 – 240. https://doi. org/10. 1371/ journal. pone. 0076732.

Huang Z C, Wang P, Xu M J, et al., 2015. Mantle structure and dynamics beneath SE Tibet revealed by new seismic images. Earth Planet. Sci. Lett., 411: 100 – 111. https://doi. org/10. 1016/j. epsl. 2014. 11. 040.

Hubbard J, Shaw J, 2009. Uplift of the Longmen Shan and Tibetan plateau, and the 2008 Wenchuan ($M =$ 7. 9) earthquake. Nature, 458: 194 – 197. http: //dx. doi. org/10. 1038/nature0783710. 1038/ nature07837.

Jia D, Li Y Q, Lin A M, et al., 2010. Structural model of 2008 M_w 7. 9 Wenchuan earthquake in the rejuvenated Longmen Shan thrust belt, China. Tectonophysics, 491 (1 – 4): 174 – 184. https://doi. org/10. 1016/j. tecto. 2009. 08. 040.

Jiang G M, Zhang G B, Zhao D P, et al., 2015. Mantle dynamics and Cretaceous magmatism in east-central China: Insight from teleseismic tomograms. Tectonophysics, 664: 256 – 268. https://doi. org/10. 1016/j. tecto. 2015. 09. 019.

Kay R W, Kay S M, 1993. Delamination and delamination magmatism. Tectonophysics, 219: 177 – 189. https://doi. org/10. 1016/0040 – 1951(93)90295 – U.

Kennett B, Engdahl E, 1991. Traveltimes for global earthquake location and phase identification. Geophys. J. Int., 105: 429 – 465. https://doi. org/10. 1111/j. 1365 – 246X. 1991. tb06724. x.

Kirby E, Reiners P W, Krol M A, et al., 2002. Late Cenozoic evolution of the eastern margin of the Tibetan Plateau: Inferences from ^{40}Ar/^{39}Ar and (U – Th)/He thermochronology. Tectonics, 21 (1): 1001. https://doi. org/10. 1029/2000TC001246.

Kirby E, Whipple K X, Harkins N, 2008. Topography reveals seismic hazard. Nat. Geosci., 1: 485 – 487. https://doi. org/10. 1038/ngeo265.

Klemperer S L, 2006. Crustal flow in Tibet: A review of geophysical evidence for the physical state of Tibetan lithosphere, in Channel Flow, Ductile Extrusion and Exhumation of Lower Mid-Crust in Continental Collision Zones. Geol. Soc. Spec. Publ., 268: 39 – 70. https://doi. org/10. 1144/GSL. SP. 2006. 268. 01. 03.

Klinger Y, Xu X W, Tapponnier P, et al., 2005. High-resolution satellite imagery mapping of the surface rupture and slip distribution of the M_w ~ 7. 8, 14 November 2001 Kokoxili Earthquake, Kunlun Fault, northern Tibet, China. Bull. Seismol. Soc. Am., 95 (5): 1970 – 1987. https://doi. org/10. 1785/0120040233.

Laske G, Masters G, Ma Z, et al., 2012. CRUST 1. 0: an updated global model of Earth's Crust. Geophys. Res. Abstracts, 14: EGU2012 – 37431.

Lei J S, Zhao D P, 2006. Global P-wave tomography: on the effect of various mantle and core phases. Phys. Earth Planet. Inter., 154: 44 – 69. https://doi. org/10. 1016/j. pepi. 2005. 09. 001.

Lei J S, Zhao D P, Steinberger B, et al., 2009. New seismic constraints on the upper mantle structure of the Hainan plume. Phys. Earth Planet. Inter., 173: 33 – 50. https://doi. org/10. 1016/j. pepi. 2008. 10. 013.

Lev E, Long M D, van der Hilst R D, 2006. Seismic anisotropy in Eastern Tibet from shear wave splitting reveals changes in lithospheric deformation. Earth Planet. Sci. Lett., 251: 293 – 304. https://doi. org/10. 1016/j. epsl. 2006. 09. 018.

Li C, van der Hilst R D, Meltzer A S, et al., 2008. Subduction of the Indian lithosphere beneath the Tibetan Plateau and Burma. Earth Planet. Sci. Lett., 274 (1 – 2): 157 – 168. https://doi. org/10. 1016/j. epsl. 2008. 07. 016.

Li C, van der Hilst R D, Toksöz M N, 2006. Constraining P-wave velocity variations in the upper mantle beneath Southeast Asia. Phys. Earth Planet. Inter., 154: 180 – 195. https://doi. org/10. 1016/j. pepi. 2005. 09. 008.

Li X, Santosh M, Cheng S, et al., 2015. Crustal structure and composition beneath the northeastern Tibetan plateau from receiver function analysis. Phys. Earth Planet. Inter., 249: 51 – 58. https://doi. org/10. 1016/j. pepi. 2015. 10. 001.

Li Y, Allen P A, Densmore A L, et al., 2003. Evolution of the Longmen Shan foreland basin (western Sichuan, China) during the late Triassic Indosinian orogeny. Basin Res., 15: 117 – 138. https://doi.

org/10. 1046/j. 1365 – 2117. 2003. 00197. x.

Li Z G, Jia D, Chen W, 2013. Structural geometry and deformation mechanism of the Longquan anticline in the Longmen Shan fold-and-thrust belt, eastern Tibet. J. Asian Earth Sci., 64: 223 – 234. https://doi. org/10. 1016/j. jseaes. 2012. 12. 022.

Li Z W, Liu S G, Chen H D, et al., 2012. Spatial variation in Meso-Cenozoic exhumation history of the Longmen Shan thrust belt (eastern Tibetan Plateau) and the adjacent western Sichuan basin: Constraints from fission track thermochronology. J. Asian Earth Sci., 47: 185 – 203. https://doi. org/10. 1016/j. jseaes. 2011. 10. 016.

Li Z W, Ni S D, Roecker S, 2014. Interstation P_g and S_g differential traveltime tomography in the northeastern margin of the Tibetan plateau: Implications for spatial extent of crustal flow and segmentation of the Longmenshan fault zone. Phys. Earth Planet. Inter., 227: 30 – 40. https://doi. org/10. 1016/j. pepi. 2013. 11. 016.

Lin A, Rao G, Jia D, et al., 2011. Co-seismic strike-slip surface rupture and displacement produced by the 2010 M_W 6. 9 Yushu earthquake, China, and implications for Tibetan tectonics. J. Geodyn., 52: 249 – 259. https://doi. org/10. 1016/j. jog. 2011. 01. 001.

Liu C, Zhu B J, Yang X L, et al., 2015. Crustal rheology control on earthquake activity across the eastern margin of the Tibetan Plateau: Insights from numerical modelling. J. Asian Earth Sci., 100: 20 – 30. https://doi. org/10. 1016/j. jseaes. 2015. 01. 001.

Liu M, Mooney W D, Li S, et al., 2006. Crustal structure of the northeastern margin of the Tibetan plateau from the Songpan – Ganzi terrane to the Ordos basin. Tectonophysics, 420: 253 – 266. https://doi. org/ 10. 1016/j. tecto. 2006. 01. 025.

Lu R, He D F, John S, et al., 2014. Structural model of the central Longmen Shan thrusts using seismic reflection profiles: Implications for the sediments and deformations since the Mesozoic. Tectonophysics, 630: 43 – 53. https://doi. org/10. 1016/j. tecto. 2014. 05. 003.

Lu R, He D, Xu X, et al., 2016. Crustal-scale tectonic wedging in the central Longmen Shan: Constraints on the uplift mechanism in the southeastern margin of the Tibetan Plateau. J. Asian Earth Sci., 117: 73 – 81. https://doi. org/10. 1016/j. jseaes. 2015. 11. 019.

Luna L M, Hetland E A, 2013. Regional stresses inferred from coseismic slip models of the 2008 M_W 7. 9 Wenchuan, China, earthquake. Tectonophysics, 584: 43 – 53. https://doi. org/10. 1016/j. tecto. 2012. 03. 027.

Mattauer M, Matte P, Malavieille J, et al., 1985. Tectonics of the Qinling belt: build-up and evolution of eastern Asia. Nature, 317 (6037): 496 – 500. http://dx. doi. org/10. 1038/317496a0.

Molnar P, Tapponnier P, 1975. Cenozoic Tectonics of Asia: effects of a continental collision. Science, 189: 419 – 426. https://doi. org/10. 1126/science. 189. 4201. 419.

Nelson K D, Zhao W J, Brown L D, et al., 1996. Partially molten middle crust beneath southern Tibet: Synthesis of project INDEPTH results. Science, 274 (5293): 1684 – 1688. https://doi. org/10. 1126/ science. 274. 5293. 1684.

Paige C C, Saunders M A, 1982. LSQR: an algorithm for sparse linear equations and spare least squares. ACM Trans. Math. Softw., 8 (1): 43 – 71.

Pei S P, Su J R, Zhang H J, et al., 2010. Three-dimensional seismic velocity structure across the 2008 Wenchuan M_S 8. 0 earthquake, Sichuan, China. Tectonophysics, 491 (1 – 4): 211 – 217. https://doi. org/10. 1016/j. tecto. 2009. 08. 039.

Peltzer G, Crampé F, King G, 1999. Evidence of Nonlinear Elasticity of the Crust from the M_W 7. 6 Manyi

（Tibet）Earthquake. Science, 286：272. https://doi. org/10. 1126/science. 286. 5438. 272.

Replumaz A, Negredo A M, Guillot S, et al., 2010. Multiple episodes of continental subduction during India/Asia convergence：insight from seismic tomography and tectonic reconstruction. Tectonophysics, 483：125 – 134. https://doi. org/10. 1016/j. tecto. 2009. 10. 007.

Robert A, Pubellier M, de Sigoyer J, et al., 1993. Structural and thermal characters of the Longmen Shan （Sichuan, China）. Tectonophysics, 491 （1 – 4）：165 – 173. https://doi. org/10. 1016/j. jnoncrysol. 2011. 06. 033（2010）.

Roger F, Jolivet M, Malavieille J, 2010. The tectonic evolution of the Songpan – Garzê （North Tibet） and adjacent areas from Proterozoic to Present：A synthesis. J. Asian Earth Sci., 39 （4）：254 – 269. https://doi. org/10. 1016/j. jseaes. 2010. 03. 008.

Royden L H, Burchfiel B C, King R W, et al., 1997. Surface deformation and lower crustal flow in eastern Tibet. Science, 276 （5313）：788 – 790. https://doi. org/10. 1126/science. 276. 5313. 788.

Royden L H, Burchfiel B C, van der Hilst R D, 2008. The geological evolution of the Tibetan plateau. Science, 321：1054 – 1058. https://doi. org/10. 1126/science. 1155371.

Royden L, 1996. Coupling and decoupling of crust and mantle in convergent orogens：Implications for strain partitioning in the crust. J. Geophys. Res., 101 （B8）：17679 – 17705. DOI：10. 1029/96JB00951.

Sengör A M C, Hsü K J, 1984. The Cimmerides of eastern Asia：history of the eastern end of Paleo-Tethys. Mem. Soc. Geol. Fr., 147：139 – 167.

Shen W S, Ritzwoller M H, Kang D, et al., 2016. A seismic reference model for the crust and uppermost mantle beneath China from surface wave dispersion. Geophy. J. Int., 206 （2）：954 – 979. https://doi. org/10. 1093/gji/ggw175.

Shen Y, Solomon S C, Bjarnason I T, et al., 2002. Seismic evidence for a tilted mantle plume and north – south mantle flow beneath Iceland. Earth Planet. Sci. Lett., 197 （3 – 4）：261 – 272. https://doi. org/ 10. 1016/S0012 – 821X（02）00494 – 6.

Sun S S, Ji S C, Wang Q, et al., 2012. Seismic properties of the Longmen Shan complex：Implications for the moment magnitude of the great 2008 Wenchuan earthquake in China. Tectonophysics, 564 – 565：68 – 82. https://doi. org/10. 1016/j. tecto. 2012. 06. 018.

Sun Y, Liu J, Zhou K, et al., 2015. Crustal structure and deformation under the Longmenshan and its surroundings revealed by receiver function data. Phys. Earth Planet. Inter., 244：11 – 22. https://doi. org/10. 1016/j. pepi. 2015. 04. 005.

Svenningsen L, Balling N, Jacobsen B H, et al., 2007. Crustal root beneath the highlands of southern Norway resolved by teleseismic receiver functions. Geophys. J. Inter., 170 （3）：1129 – 1138. https://doi. org/10. 1111/j. 1365 – 246X. 2007. 03402. x.

Tapponnier P, Xu Z Q, Roger F, et al., 2001. Oblique stepwise rise and growth of the Tibet Plateau. Science, 294 （5547）：1671 – 1677. https://doi. org/10. 1126/science. 105978.

Ueda K, Gerya T V, Burg J P, 2012. Delamination in collisional orogens：Thermomechanical modeling. J. Geophys. Res., 117：B08202. https://doi. org/10. 1029/2012JB009144.

van Decar C, Crosson S, 1990. Determination of teleseismic relative phase arrival times using multi-channel cross-correlation and least squares. Bull. Seismol. Soc. Am., 80：150 – 169. http://www. bssaonline. org/content/80/1/150. short.

van der Voo R, Spakman W, Bijwaard H, 1999. Mesozoic subducted slabs under Siberia. Nature, 397：246 – 249. https://doi. org/10. 1038/16686.

Vanderhaeghe O, Medvedev S, Fullsack P, et al., 2003. Evolution of orogenic wedges and continental plateaux: insights from crustal thermal-mechanical models overlying subducting mantle lithosphere. Geophys. J. Int., 153 (1): 27 – 51. https://doi. org/10. 1046/j. 1365 – 246X. 2003. 01861. x.

Vanderhaeghe O, Teyssier C, 2001. Crustal-scale rheological transitions during late-orogenic collapse. Tectonophysics, 335: 211 – 228. https://doi. org/10. 1016/S0040 – 1951(01)00053 – 1.

Vanderhaeghe O, Teyssier C, 2001. Partial melting and flow of orogens. Tectonophysics, 342 (3 – 4): 451 – 472. https://doi. org/10. 1016/S0040 – 1951(01)00175 – 5.

Wang H, Gao R, Zeng L S, et al., 2014. Crustal structure and Moho geometry of the northeastern Tibetan plateau as revealed by SinoProbe-02 deep seismic-reflection profiling. Tectonophysics, 636: 32 – 39. https://doi. org/10. 1016/j. tecto. 2014. 08. 010.

Wang Y X, Mooney W D, Han G H, et al., 2005. The crustal P-wave velocity structure from Altyn Tagh to Longmen Mountains along the Taiwan – Altay geoscience transection. Chin. J. Geophys., 48: 98 – 105. http://dx. doi. org/10. 1002/cjg2. 632.

Wang Z, Huang R, Pei S, 2014. Crustal deformation along the Longmen-Shan fault zone and its implications for seismogenesis. Tectonophysics, 610: 128 – 137. https://doi. org/10. 1016/j. tecto. 2013. 11. 004.

Wang Z, Zhao D, Wang J, 2010. Deep structure and seismogenesis of the north-south seismic zone in southwest China. J. Geophys. Res., 115: B12334. https://doi. org/10. 1029/2010JB007797.

Watson M P, Hayward A B, Parkinson D N, et al., 1987. Plate tectonic history, basin development and petroleum source rock deposition onshore China. Mar. Petrol. Geol., 4: 205 – 225. https://doi. org/ 10. 1016/0264 – 8172(87)90045 – 6.

Wei W, Xu J D, Zhao D, et al., 2012. East Asia mantle tomography: New insight into plate subduction and intraplate volcanism. J. Asian Earth Sci., 60: 88 – 103. https://doi. org/10. 1016/j. jseaes. 2012. 08. 001.

Wei W, Zhao D, Xu J, et al., 2016. Depth variations of P-wave azimuthal anisotropy beneath Mainland China. Scientific Reports, 6: 29614. https://doi. org/10. 1038/srep29614.

Weislogel A L, 2008. Tectonostratigraphic and geochronologic constraints on evolution of the northeast Paleotethys from the Songpan – Ganzi complex, central China. Tectonophysics, 451 (1 – 4): 331 – 345. https://doi. org/10. 1016/j. tecto. 2007. 11. 053.

Xiao L, Zhang H F, Clemens J D, et al., 2007. Late Triassic granitoids of the eastern margin of the Tibetan Plateau: Geochronology, petrogenesis and implications for tectonic evolution. Lithos, 96 (3 – 4): 436 – 452. https://doi. org/10. 1007/s12594 – 012 – 0134 – 8.

Xin H L, Zhang H J, Kang M, et al., 2019. High-Resolution Lithospheric Velocity Structure of Continental China by Double-Difference Seismic Travel-Time Tomography. Seism. Res. Lett., 90 (1): 229 – 241. https://doi. org/10. 1785/0220180209.

Xu Q, Zhao J, Pei S, et al., 2013. Distinct lateral contrast of the crustal and upper mantle structure beneath northeast Tibetan plateau from receiver function analysis. Phys. Earth Planet. Inter., 217: 1 – 9. https://doi. org/10. 1016/j. pepi. 2013. 01. 005.

Xu Q, Zhao J, Yuan X, et al., 2015. Mapping crustal structure beneath southern Tibet: Seismic evidence for continental crustal underthrusting. Gondwana Res., 27: 1487 – 1493. https://doi. org/10. 1016/j. gr. 2014. 01. 006.

Xu X, Yu G, Klinger Y, et al., 2006. Re-evaluation of surface rupture parameters and faulting segmentation of the 2001 Kunlunshan earthquake (M_W7. 8), Northern Tibetan Plateau, China. J. Geophy. Res., 111: B05316. https://doi. org/10. 1029/2004JB003488.

Xu Y G, He B, Chung S L, et al., 2004. Geologic, geochemical, and geophysical consequences of plume involvement in the Emeishan flood-basalt province. Geology, 32: 917 – 920. https://doi. org/10. 1130/G20602. 1.

Xu Z Q, Ji S C, Li H B, et al., 2008. Uplift of the Longmen Shan range and the Wenchuan earthquake. Episodes, 31 (3): 291 – 301.

Yang T, Wu J P, Wang W L, 2014. Complex Structure beneath the Southeastern Tibetan Plateau from Teleseismic P-Wave Tomography. Bull. Seismol. Soc. Am., 104: 1056 – 1069. https://doi. org/10. 1785/0120130029.

Yin A, 2010. A special issue on the great 12 May 2008 Wenchuan earthquake (M_W 7. 9): Observations and unanswered questions. Tectonophysics, 491: 1 – 9. https://doi. org/10. 1016/j. tecto. 2010. 05. 019.

Yin A, Harrison M, 1996. The Tectonic Evolution of Asia. Yin A, Nie S (eds.). Cambridge University Press: 442 – 485.

Yong L, Allen P A, Densmore A L, et al., 2003. Evolution of the Longmen Shan foreland basin (western Sichuan, China) during the Late Triassic Indosinian orogeny. Basin Res., 15: 117 – 138. https://doi. org/10. 1046/j. 1365 – 2117. 2003. 00197. x.

Zhai M G, Fan Q C, Zhang H F, et al., 2007. Lower crustal processes leading to Mesozoic lithospheric thinning beneath eastern North China: Underplating, replacement and delamination. Lithos, 96: 36 – 54. https://doi. org/10. 1016/j. lithos. 2006. 09. 016.

Zhang H F, Parrish R, Zhang L, et al., 2007. A-type granite and adakitic magmatism association in Songpan – Garze fold belt, eastern Tibetan Plateau: Implication for lithospheric delamination. Lithos, 97 (3 – 4): 323 – 335. https://doi. org/10. 1016/j. lithos. 2007. 01. 002.

Zhang Z J, Wang Y H, Chen Y, et al., 2009. Crustal structure across Longmenshan fault belt from passive source seismic profiling. Geophys. Res. Lett., 36: L17310. http://dx. doi. org/10. 1029/2009GL039580.

Zhang Z, Bai Z M, Klemperer S L, et al., 2013. Crustal structure across northeastern Tibet from wide-angle seismic profiling: Constraints on the Caledonian Qilian orogeny and its reactivation. Tectonophysics, 606: 140 – 159. https://doi. org/10. 1016/j. tecto. 2013. 02. 040.

Zhang Z, Klemperer S, Bai Z, et al., 2011. Crustal structure of the Paleozoic Kunlun orogeny from an active-source seismic profile between Moba and Guide in East Tibet, China. Gondwana Res., 19 (4): 994 – 1007. https://doi. org/10. 1016/j. gr. 2010. 09. 008.

Zhao D P, Lei J S, Inoue T, et al., 2006. Deep structure and origin of the Baikal rift zone. Earth Planet. Sci. Lett., 243: 681 – 691. https://doi. org/10. 1016/j. epsl. 2006. 01. 033.

Zhao D, Hasegawa A, Horiuchi S, 1992. Tomographic imaging of P- and S-wave velocity structure beneath northeastern Japan. J. Geophys. Res., 97: 19909 – 19928. https://doi. org/10. 1029/92JB00603.

Zhao G Z, Unsworth M J, Zhan Y, et al., 2012. Crustal structure and rheology of the Longmenshan and Wenchuan M_W 7. 9 earthquake epicentral area from magnetotelluric data. Geology, 40: 1139 – 1142. https://doi. org/10. 1130/g33703. 1.

Zheng X F, Yao Z X, Liang J H, et al., 2010. The role played and opportunities provided by IGP DMC of China National Seismic Network in Wenchuan earthquake disaster relief and researches. Bull. Seismol. Soc. Am., 100: 2866 – 2872. https://doi. org/10. 1785/0120090257.

邓起东, 陈社发, 赵小麟, 1994. 龙门山及其邻区的构造和地震活动及动力学. 地震地质, 16: 389 – 403.

刘树根, 李智武, 曹俊兴, 等, 2009. 龙门山陆内复合造山带的四维结构构造特征. 地质科学, 44: 1151 – 1180.

刘树根，赵锡奎，罗志立，等，2001. 龙门山造山带—川西前陆盆地系统构造事件研究. 成都理工学院学报，28：221 - 230.

滕吉文，张忠杰，白武明，等，2003. 岩石圈物理学. 北京：中国科学出版社：990.

许志琴，侯立玮，王宗秀，等，1992. 中国松潘—甘孜造山带的造山过程. 北京：地质出版社：190.

第三编

研究方法的探索

起伏地形下的高精度反射波走时层析成像方法

张新彦[1]，高　锐[2]，徐　涛[3]，白志明[3]，李秋生[1]

◆ 0　引　言

全球造山带及中国大陆中西部普遍具有强烈起伏的地形条件。随着油气能源、矿产资源勘探和地球动力学研究的日渐深入，剧烈起伏的地形变化给盆山耦合区高精度地震探测带来极大挑战（Teng et al.，1987，2003；Kaila & Krishna，1992；Zeng et al.，1995；Li & Mooney，1998；Gao et al.，2000，2005；Artemieva，2003；Thybo et al.，2003；Carbonell et al.，2004；Wu et al.，2005；Tian et al.，2010；Zhang & Wang，2007；Zhang et al.，2011；Zhang & Klemperer，2005，2010；高锐　等，2000，2004，2006；Zhao et al.，2006；Lei et al.，2008，2011）。传统基于平缓构造的探测方法在处理复杂地表区域采集的地震数据时受到很大限制，强烈起伏的地形常常会造成传统成像方法精度的损失甚至成像的失真。研究复杂地表条件下地震波的走时计算和层析反演问题，对于重建这些地区高精度和高分辨率的地壳地震波速度结构具有重要的意义。

起伏地表问题通常与浅层勘探密切相关，处理方式多为基于离散介质的波场理论或走时场理论。通常情况下，对介质进行网格离散剖分，包括规则网格和不规则网格。到目前为止，绝大多数可以处理起伏地表的地震波走时计算和层析反演方法是基于非规则网格的（Sethian，1999；Fomel，1997；Kao, Osher, & Qian，2004；Kimmel & Sethian，1998；Lelièvre et al.，2011；Qian et al.，2007，2008；Sethian & Vladimirsky，2000）。然而，无论是网格剖分阶段还是走时计算阶段，相比于基于规则网格的方法，基于非规则网格的方法需要更多的计算量。在传统的基于规则网格的起伏地表处理方法中，典型的是模型扩展方法（Hole，1992；Reshef，1991；Vidale，1988，1990），该方法的关键是把起伏地表处理成模型内部的分界面，通过在起伏地表上方填充低速介质，把不规则模型扩展为规则模型。其缺点在于起伏地表的阶梯状描述不但会造成精度的损失，而且填充低速的方法可能会产生许多虚假的绕射进而导致成像失真（Ma & Zhang，2014b）。

---

1 中国地质科学院地质研究所自然资源部深地动力学重点实验室，北京，100037；2 中山大学地球科学与工程学院，广州，510275；3 中国科学院地质与地球物理研究所，岩石圈演化国家重点实验室，北京，100029。

近几年，在贴体网格模型参数化基础上的地形"平化"策略被广泛应用于处理起伏地表问题（Haines，1998；Lan & Zhang，2011，2012，2013；兰海强 等，2011，2012a，2002b）。借助贴体网格和坐标变换，将笛卡尔坐标系中的物理模型和程函方程变换到曲线坐标系，把物理空间的不规则区域转化为计算空间的规则区域，理论上实现了对起伏地表精度无损的处理（图1）。

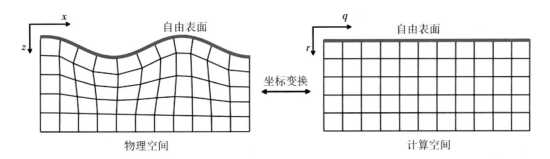

图1 地形"平化"策略：贴体网格下的笛卡尔坐标系和曲线坐标系的转换

与传统连续介质理论上的射线方法（Červený，1987；Zelt & Smith，1992；Zelt et al.，1999；Zelt，1999；Bai & Zhang，2007；Xu et al.，2006，2010，2014；徐涛 等，2004；李飞 等，2013）相比，基于离散介质的程函方程数值解方法（Hole，1992；Wang，2000，2007；Rawlinson & Sambridge，2003，2004a，2004b；Aldridge & Oldenburg，1993），采用"矩形网格"划分的模型参数化方法，健壮性好，适应性强，允许对模型进行高精度网格剖分。此外，该方法可有效克服传统射线方法难以避免的低速影区问题，获得稳定的初至波走时，因此是非常理想的初至波成像方法。利用贴体网格模型上的初至波成像方法，可以对具有起伏地表的浅层或上地壳速度结构进行准确成像（Lan & Zhang，2011，2012；Ma & Zhang，2014a，2014b，2015；Ma et al.，2014）。

初至波走时成像方法通常利用来自浅表沉积盖层的回折波或结晶基底顶部的折射波信息，主要应用于探测上地壳顶部地质体的分布特征（Hole，1992；王椿镛 等，1995；赵烽帆 等，2014；Ma & Zhang，2014a，2014b，2015；Ma et al.，2014），有效探测深度一般局限于上地壳。与此相比，深地震测深记录上通常可观察到来自地壳不同深度界面的清晰反射波。这些反射波的旅行时数据同时携带了地壳深部介质的速度分布和物性间断面（界面）形态等信息，其探测深度和能力可达到全地壳，乃至上地幔顶部反射界面。因此，充分利用地震资料中的反射波信息开展走时层析成像，是了解地壳深部介质物理特性和岩石层状态的重要途径，它不仅有效弥补和克服了初至波走时成像探测深度的不足，而且也是对偏移成像方法的天然补充（Rawlinson & Goleby，2012；Farra & Madariage，1988；Li & Mooney，1998；Knapp，Knapp，& Connor，2004；Scarascia & Cassinis，1997；Zhang et al.，2010；Farquharson，Ash，& Miller，2008）。

2004年，Rawlinson 和 Sambridge 运用分区多步技术（Multistage scheme + different computation domains），并与快速行进法（Fast Marching Method）相结合，实现了二维层状介质中的多次透射、反射波的追踪和波前数值模拟（Rawlinson & Sambridge，2004a）。

Bai 等人将分区多步技术和最短路径方法（shortest path method，SPM）相结合，实现了二维和三维的多次透射、反射波的追踪（Bai et al.，2009，2010；唐小平，2009a，2009b）。

为充分利用深地震测深资料中的反射波信息高精度重建壳幔速度结构，本文将基于前人对初至波成像的已有研究成果，沿用贴体网格模型参数化及曲线坐标系下初至波走时计算和射线追踪的方法，结合分区多步计算技术，完成起伏地表条件下层状介质中反射波的追踪计算，进而发展复杂地表条件下反射波走时反演的方法。

◆ 1　贴体网格模型参数化与地形"平化"策略

模型参数化是地震波走时层析成像的基础。对于复杂地表的介质，地形"平化"策略采用贴体网格剖分模型，贴体网格的网格边界与起伏的地表吻合以避免人为地产生边界散射，可以实现对起伏地形的精度无损描述（Hvid，1994；Thompson，1985；Lan & Zhang，2013a，2013b）。贴体网格通过由计算空间到物理空间的坐标变换来获得。通过坐标变换将曲线坐标系（q，r）映射到物理空间的笛卡尔坐标系（x，z）（图1）。

生成贴体曲线网格的方法主要有代数法、保角变换法及偏微分方程法等（Hvid，1994；Thompson，1985；蒋丽丽，2009；孙建国，2009）。其中偏微分方程法因其能方便地控制所生成网格点的疏密，且所生成的网格在边界处有良好的正交性而得到广泛的应用。本文中采用偏微分方程法生成贴体网格。

贴体网格生成之后，笛卡尔坐标系中的网格点与曲线坐标系中的网格点一一对应，即

$$x = x(q,r), z = z(q,r) \tag{1}$$

由链锁规则，我们有

$$\partial x = q_x \partial q + r_x \partial r \tag{2a}$$

$$\partial z = q_z \partial q + r_z \partial r \tag{2b}$$

$$\partial q = x_q \partial x + z_q \partial z \tag{2c}$$

$$\partial r = x_r \partial x + z_r \partial z \tag{2d}$$

这里 q_x 表示 $\partial q(x,z)/\partial x$，$q_z$、$r_x$、$r_z$ 的意义也类似。这些导数称为度量导数，把式（2a）（2b）分别代入式（2c）（2d），经过化简，可得

$$q_z = \frac{z_r}{J}, \ q_z = \frac{-x_r}{J}, \ r_x = \frac{-z_q}{J}, \ r_z = \frac{x_q}{J} \tag{3}$$

$J = x_q z_r - x_r \cdot z_q$ 是变换的雅克比矩阵。值得注意的是，即使映射关系式（1）有解析的形式，度量导数依然通过数值的方式来计算，以避免使用守恒形式的动量方程时系数偏导数引起的假源项（Thompson et al.，1985）。本文中所有例子的度量导数均是采用二阶差分计算的。

◆ 2 反射波射线追踪和走时计算

以下描述基于地形"平化"策略的初至波和反射波的走时计算和射线追踪方法。

2.1 与地形相关程函方程计算初至波走时场

传统的程函方程为

$$\left(\frac{\partial T}{\partial x}\right) + \left(\frac{\partial T}{\partial z}\right)^2 = s^2(x, Z) \tag{4}$$

方程（4）为笛卡尔坐标下的各向同性介质情况。方程给出了射线经过慢度为 s（x，z）的介质中的点（x，z）时的走时 T（x，z）。贴体网格模型"平化"策略下，利用方程（2a）（2b）和（4），对应的程函方程变换（Lan & Zhang，2013a，2013b）为

$$A \cdot \left[\frac{\partial T(x,z)}{\partial q}\right]^2 + B \cdot \frac{\partial T(x,z)}{\partial q}\frac{\partial T(x,z)}{\partial r} + C \cdot \left[\frac{\partial T(x,z)}{\partial r}\right]^2 = s^2(q, r) \tag{5}$$

其中：$A = \frac{1}{J^2}(x_r^2 + z_z^2)$；$B = -\frac{2}{J^2}(x_q x_r + z_q z_r)$；$C = \frac{1}{J^2}(x_q^2 + z_q^2)$。参数 A、B 和 C 是与地形相关的。当地表水平时，x_r、z_q 为 0，x_q、z_r 为 1，此时，雅克比 $J = 1$，上述程函方程就简化为笛卡尔坐标系下经典的程函方程。对该程函方程采用 Lax – Friedrichs 数值哈密尔顿的 Gauss – Seidel（G – S）扫描型算法（Kao，Osher，& Qian，2004）来求解，实现了对起伏地形的初至波走时场的模拟。

2.2 初至波走时梯度和射线路径计算

在初至波走时场基础上，需要沿着走时场的负梯度来进行射线追踪。笛卡尔坐标系下的走时梯度 grad T（Vidale，1988）为

$$\text{grad } T(x,z) = \frac{\partial T(x,z)}{\partial x}\boldsymbol{i} + \frac{\partial T(x,z)}{\partial z}\boldsymbol{k} \tag{6}$$

其中，$\boldsymbol{i}$ 和 $\boldsymbol{k}$ 分别为 x 和 z 方向走时梯度分量的单位向量。利用链式法则（2）和度量导数（3），可得曲线坐标系下相应的走时梯度分量

$$\frac{\partial T(x,z)}{\partial x} = \frac{z_r}{J} \cdot \frac{\partial T(x,z)}{\partial q} - \frac{z_q}{J} \cdot \frac{\partial T(x,z)}{\partial r} \tag{7}$$

$$\frac{\partial T(x,z)}{\partial z} = \frac{x_r}{J} \cdot \frac{\partial T(x,z)}{\partial q} + \frac{x_q}{J} \cdot \frac{\partial T(x,z)}{\partial r} \tag{8}$$

其中，x_q 表示 ∂x（q，r）$/\partial q$，其余的意义也类似。当地表水平时，x_z、z_q 为 0，x_q、z_r 为 1，此时，雅克比 $J = 1$，该走时梯度分量就简化为笛卡儿坐标系下的形式。

因为初至波射线路径走时最小，所以可以沿着走时梯度最速下降的方向，从检波器逆向追踪到炮点，获得初至波的射线路径（Ma & Zhang，2014a，2014b）。

2.3 分区多步反射波走时计算和射线追踪原理

分区多步方法是实现离散介质中反射波和多次波计算的高效技术（Rawlinson &

Sambridge，2004a，2004b；Bai et al.，2009，2010；唐小平 等，2009a，2009b）。本文采用快速扫描法处理曲线坐标系下的程函方程数值解（Lan & Zhang，2013a，2013b），并结合分区多步方法来实现二维层状介质中反射波的追踪计算。

对于二维模型，我们用一维网格点来描述界面，它与用于模型划分的矩形网格点相互独立，可以与之不重合，反射界面点的走时由该点所在的网格单元的节点走时线性内插得到［图2（a）］。

分区多步计算分为两个步骤：①分区。按照速度模型的分布进行物理分区，即按照模型速度界面将速度模型分为相对独立的层状或块状区域。②多步计算。在每个分区内进行上行波/下行波走时场的单独计算，然后按照波传统路径将这些独立分区的计算结果通过速度界面有机链接起来实现反射波、多次波等的追踪计算。由于本文只涉及反射波的模拟，故只在单层介质中进行上行波和下行波的计算。

单层介质的反射波分区多步计算步骤为：①下行波前的计算［图2（b）］。从震源开始，用快速扫描法扫描波前，当该分区的波前扫描计算结束时，波前停止在该区的反射界面上，同时保存反射界面上各点的走时和该区域的走时场（用于射线追踪计算）。②以界面离散点构成新的震源，扫描该分区的上行波波前［图2（c）］，扫描结束后，保存接收点处的走时（记录的反射波走时）和该区域的走时场（用于射线追踪）。

快速扫描法中，走时计算和射线追踪通常分开进行。在获得了上行波和下行波的波前走时后，沿着走时梯度最陡下降的方向，由检波器到反射界面再由反射界面到炮点（$R \to O$，$O \to S$），反向追踪获得反射波的射线路径［图2（b）（c）］。

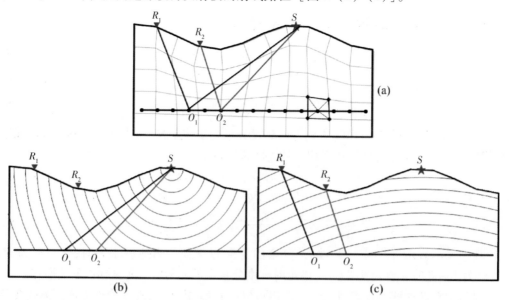

（a）反射界面（黑色圆点）用一系列一维节点描述，并与模型网格点相互独立，背景网格为用于模型参数化的贴体网格；（b）下行波走时场及射线追踪；（c）上行波走时场及射线追踪。

五角星 S：炮点；倒三角形 R_1、R_2：接收器；O_1、O_2：界面反射点。

图2 分区多步反射波走时计算和射线追踪示意

◆ 3　反射波走时反演

3.1　反射波走时反演

利用深地震测深记录的反射波旅行时数据反演岩石层速度分布通常分为 3 个过程：①反演岩石层平均速度及其底界面平均深度；②固定岩石层底界面形态，反演岩石层速度横向变化特征；③固定岩石层速度分布，反演其底部界面形态。为简单起见，本论文仅阐述固定岩石层底界面形态反演层速度分布的过程。

在通常的人工源地震探测试验中，观测系统采取地表激发和地表接收的方式。在理论模拟中，我们把震源放在起伏地形的表层，接收器也均匀分布于表层以接收来自各炮点的地震波信息（图3）。

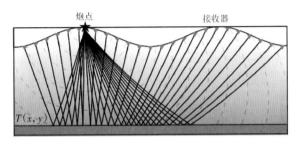

五角星为炮点，灰色倒三角为接收器，灰色背景为速度场，射线路径和走时场由黑实线和紫色虚线标出。

图3　起伏地表模型中的反射波地震勘探示意

地震波的走时 T 可表示为

$$T = \int_{l[s(x,z)]} s(x,z)\,\mathrm{d}l \tag{9}$$

式中：$s(x, z)$ 是慢度，或速度的倒数。因为积分是沿射线路径 $l[s(x, z)]$ 进行的，而射线路径取决于慢度 $s(x, z)$，所以 T 和 s 的关系是非线性的。

若给参考慢度 $s_0(x, z)$ 以微小的慢度扰动 ∂x，即 $s(x, z) = s_0(x, z) + \partial s(x, z)$，则根据费马原理，走时扰动值可写为

$$\partial T = T - T_0 = \int_{l[s_0(x,z)]} \partial s(x,z)\,\mathrm{d}l \tag{10}$$

在大多数情况下，方程（10）中走时残差和慢度扰动可以写成如下线性关系，即

$$L\Delta S = \Delta T \tag{11}$$

其中：L 是射线路径矩阵；ΔS 是慢度扰动矩阵；ΔT 是走时残差矩阵。因此，当获得了走时残差和相应的射线路径之后，慢度扰动可以通过求解方程（11）计算得到。依此思想，即实现了非线性问题（9）的线性化。

3.2　反投影反演方法

求解此线性问题，本文采用反投影算法（Humphreys & Clayton, 1988; Hole,

1992）。同其他的反演算法相比，此方法不进行复杂偏导数的计算和大型矩阵的反演，具有计算简单、占用内存少和计算效率高的优点。这种线性迭代的反演方法使正演与反演计算的成本最小，可密集采样，最终可得到速度结构的高分辨率图像。

其基本思想为：用矩形网格剖分模型空间，用程函方程有限差分的方法计算初至波走时场，根据走时场追踪射线路径，然后将走时残差平均分配到射线路径上，得到各网格单元内的慢度扰动值，即

$$\partial u = \frac{1}{K} \sum \frac{\partial T_k}{l_k}, k = 1, 2, \cdots, K \tag{12}$$

其中，K 为穿过该节点的单元射线数；∂T_k 为第 k 根射线的走时残差；l_k 为第 k 根射线的长度。

反演过程中的重采样和平滑可以降低个别网格上的大慢度扰动值而将其扩展到邻近的区域，增强网格间的约束性，减少虚假速度异常的出现。重采样和平滑因子的选择，需要保证模型依然能够很好地参数化和具有良好的分辨率。得到研究区域内各网格单元的慢度扰动值后，将其用于模型更新并作为下次迭代的初始模型。多次迭代直到走时残差达到稳定值且满足要求时停止迭代，此时得到的模型即为反演最终模型。

同时，为了保持速度模型的稳定更新和避免虚假速度异常的出现，反演采取先一维反演再二维反演的步骤。一维反演时保持速度横向不变，且横向光滑长度为整个排列长度，只进行速度在深度上的反演。得到一维反演的速度模型后，将其作为初始模型进行二维反演。

4 数值算例

我们通过以下数值算例分别验证了正、反演计算的正确性和有效性。

4.1 反射波正演走时计算和射线追踪

为了考察本文的反射波走时计算和射线追踪方法，选择一个起伏地表模型进行实验。模型表面是由 4 个山丘和 3 个凹陷组成的起伏型地表。模型大小为 100 km × 50 km，在 40 km 深度处为一水平反射界面。给该模型以向下增大的速度场，在模型左侧放炮，单边接收。一般地，复杂地表下的反射波走时很难用解析的方法进行刻画，所以我们选择采用最短路径方法（SPM）（Moster，1991）计算出其数值解并和本方法计算的数值解对比，来考察本方法求解反射波走时和射线路径的正确性。图 4 （a） 为对该模型的贴体网格剖分图，网格间隔为 1 km。最短路径方法用模型扩展和规则网格剖分，网格间隔为 0.2 km，以视作真实解。将两种算法的计算结果进行对比，结果见图 4 （b）。比较两个结果可得，虽然地形"平化"方法和最短路径方法的理论基础和计算方法不同，但两者走时和射线路径计算结果均吻合较好，其中反射波计算走时误差最大为 ±0.2 s。与最短路径方法计算结果的对比，验证了地形"平化"策略下反射波正演算法的正确性，这为我们进行可靠的反演计算提供了保障。

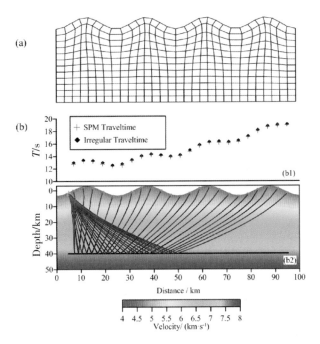

　　(a) 4 个山丘 3 个凹陷模型的贴体网格剖分图。为清楚起见，网格密度减小为原来的 1/3，模型大小为 100 km×50 km，网格大小为 101×51。(b) 起伏地表模型地形"平化"方法和最短路径方法正演走时计算和射线追踪结果对比：(b1) 走时计算结果，红色十字叉为最短路径方法，黑色菱形为地表"平化"方法；(b2) 射线追踪结果，红实线为最短路径方法，黑实线为地形"平化"法，背景场为速度场。

图 4　正演走时计算模型试验

4.2　初始模型试验

　　线性迭代的走时反演方法是一种局部最优化方法，因此初始模型的选择可能会影响最终的反演结果。为了测试初始模型对反演结果的影响性，选择一组起伏地表模型进行实验。模型依然采用 4.1 节中的山丘凹陷模型，模型大小和网格剖分均与 4.1 节相同。10 个炮点和 46 个检波器均匀置于起伏地表上。赋予该模型以 4 种不同速度场作为初始模型来对理论模型进行反演计算。图 5 (a) 中黑色实线和 4 条虚线分别为理论模型和 4 个初始模型的速度梯度。其中初始模型 1 (红色虚线) 整体速度偏低，初始模型 2 (浅蓝色虚线) 整体速度偏高，初始模型 3 和 4 (深蓝色虚线) 速度上高下低，但初始模型 3 在下层区域与理论模型偏差较大，初始模型 4 在上层区域偏差较大。这 4 种模型几乎包含了初始模型与理论模型的所有大小关系，因此能够对初始模型的影响性进行全面分析。

　　反演过程均采用先一维后二维的反演流程，且在一维反演过程横向光滑长度为整个排列长度。图 5 (b) 为一维反演的结果，可以看到，与初始模型相比，反演模型均缩小了与理论模型的速度差。图 5 (c)—(g) 右侧图为理论模型 (绿线)、初始模型 (虚线) 和一维反演模型 (实线)。图 5 (c)—(g) 左侧图为理论模型 [图 5 (c)] 和各模型二维反演结果 [图 5 (d)—(g)]。由图可知，不同的初始模型经过先一维再二维的反演过程之后，均实现了对理论模型的很好的重建，反演误差最大为 4% 左右。图 6 为 4 个初始模型反演迭代过程中的均方根走时残差收敛情况，各模型走时残差均很快地收敛到 0.036 ms 左右并保持稳定。该实验验证了本算法的健壮性和较小的初始模型依赖性。

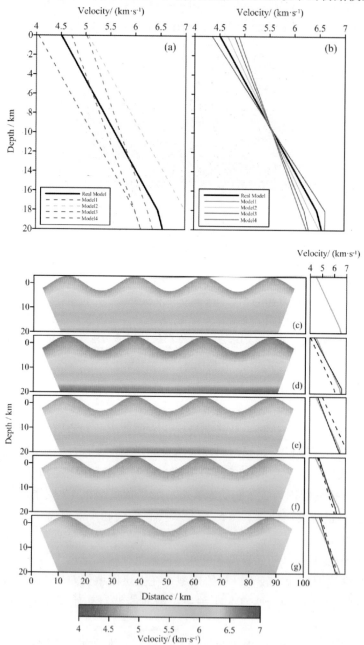

（a）一维初始模型（彩色虚线）和理论速度（黑色实线）；（b）一维反演模型（彩色实线）和理论模型（黑色实线）；（c）二维理论模型；（d）—（g）二维反演模型。其中，（c）—（g）右侧为前一步的一维模型：理论模型（绿色实线）、初始模型（黑色虚线）和一维反演模型（黑色实线）。

图 5　不同初始模型测试结果

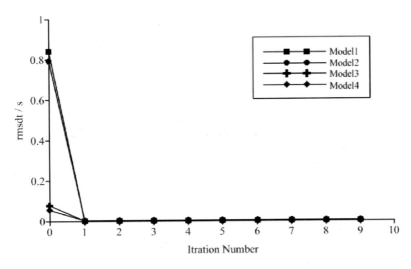

图6 不同初始模型迭代过程中均方根走时残差

最终 0.036 ms 左右保持稳定。

4.3 复杂起伏地形模型试验

为了考察本文的反射波走时反演方法，选取一个地表剧烈起伏的模型进行实验。模型大小为 100 km×40 km，在 20～35 km 深度范围为一起伏反射界面。用贴体网格剖分模型，网格间隔为 1 km×1 km，大小为 101×40（图7），10 个炮点和 46 个接收点均匀分布于起伏地表上。反演过程中选择重新抽样（网格化）因子为（3，3），滑动平均滤波器为（4，2），用于水平和垂直方向的慢度扰动计算，在走时残差收敛且稳定时停止迭代。

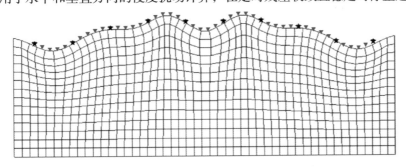

图7 贴体网格剖分

为表述清楚，进行了稀疏采样，稀疏因子为 3。炮点（五角星）和接收器（倒三角）均匀分布于起伏地表上。

由反演结果（图8）可以看出，即使在初始模型［图8（b）］和理论模型［图8（a）］相差较大时，通过迭代之后，反演结果在整个模型上也能实现对理论模型很好的恢复［图8（c）］。值得注意的是，在紧邻反射界面的下方区域，因为受到界面上方区域在反演时的平滑作用，所以也进行了模型更新，但由于没有真实数据约束，故而界面以下的模型不可靠。

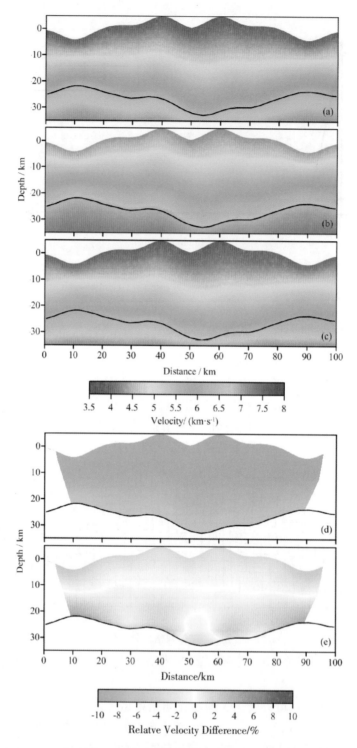

（a）理论模型；（b）初始模型；（c）最终反演模型；（d）与理论模型相比的初始模型相对误差图；（e）与理论模型相比的最终反演模型相对误差图。

图8　反射波走时层析成像方法获得的反演结果及模型相对误差

由图 9 可以看出，在深度 10 km 左右的中层区域射线交叉较多，这与速度误差图上所显示的零误差是相一致的。

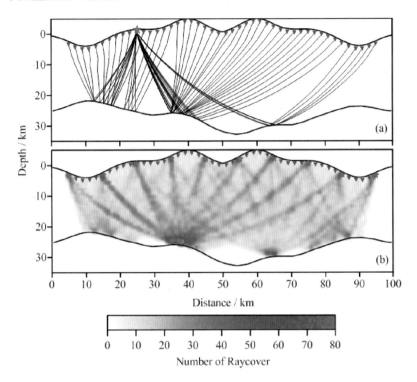

图 9　最终反演模型上第三炮反射波射线路径（a）和最终反演模型上各网格单元内射线覆盖数（b）

由迭代走时残差图（图 10）可以看出，均方根走时残差由最初的 0.83 s 降为一维反演的 0.03 ms，并经过二维反演后降为 0.002 ms 左右保持稳定，说明反演结果已经收敛。速度误差分布图〔图 8（d）（e）〕表明，与理论模型相比，初始模型与理论模型速度差较大，最大相对速度差超过 10%〔图 8（d）〕。经过反演迭代之后，最终反演模型上，速度差降低到 3% 以下〔图 8（e）〕，尤其是中层区域接近于零误差反演。对比图 10 和图 8（d）（e），说明走时残差的收敛和速度误差的收敛是一致的。

为了评价算法的纵横向分辨力，我们进行了检测板测试实验〔图 11（a）〕。在背景速度场上加以间隔为 7.5 km×7.5 km、大小为（0.25×sin x×sin z）km/s 的速度异常场合成理论检测板，用背景速度场作为初始模型来反演理论检测板〔图 11（a）〕。反演结果〔图 11（b）〕表明：在模型两侧和反射界面凹陷的区域由于射线覆盖较稀疏和方向交叉较少，检测板恢复稍差；在其他区域纵向和横向上速度异常均恢复较好。这验证了该算法的较高纵向和横向分辨能力。

在真实模型合成的走时数据上加以标准差为 0.1 s 的高斯白噪声（$\sigma=0.1$ s），用相同的初始模型进行反演〔图 8（b）〕，最终得到的反演模型和速度相对误差分布见图 12（b）。最终反演模型与真实模型〔图 8（a）〕较为一致，与无噪声反演的结果〔图 8（c）〕具有可比性。说明该算法具有较高的抗噪能力。

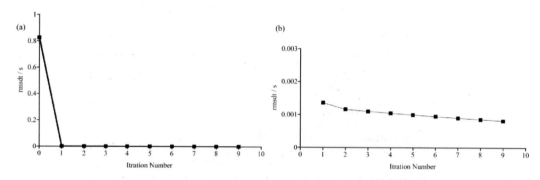

图 10　迭代均方根走时残差（a）和第 1—9 次迭代走时残差（b）

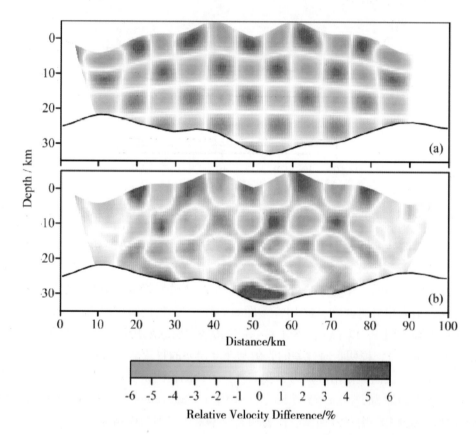

（a）理论检测板，速度异常值为（0.25×sin x×sin z）km/s，空间间隔为 7.5 km×7.5 km；
（b）反演检测板上速度异常场。

图 11　反射波走时层析成像检测板测试

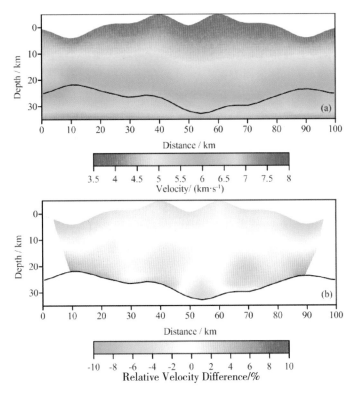

（a）最终反演速度模型；（b）最终模型与真实模型相比的速度相对误差分布图。

图12　噪声测试，在图8（a）模型的反射波走时上加以标准差 $\sigma = 0.1$ s 的高斯白噪声

值得强调的是，与常规基于射线追踪方法重建地壳速度结构（Zelt & Smith，1992；Zelt et al.，1999）相比，我们发展的正反演方法由于采用起伏地形条件下的程函方程进行走时场的正反演计算，避免了射线方法容易出现的低速影区问题等，使得走时成像更为精确可靠。同时我们的方法允许对层间速度模型进行非常精细的剖分，这也是传统射线反演方法难以比拟的。典型如当前测深资料处理解释领域经常使用的 Seis81 系列（Červený，1987）及 Rayinvr 技术（Zelt & Smith，1992）参数化模型，均采用在速度层顶界面和底界面取速度和深度节点的参数化方式，难以对某一速度层内局部速度异常进行准确刻画。我们发展的方法则不存在此问题，可以根据射线覆盖及研究需要进行任意精细剖分，这使得我们的方法相比之下具有显著优越性。可以预见，该方法在深地震测深资料处理解释领域有广泛应用空间，对于准确揭示不同构造域地壳精细速度结构有重要意义。

◤◢5　结　　论

全球造山带及中国大陆中西部普遍具有强烈起伏的地形条件，发展起伏地表下的地震波旅行时正反演计算方法对于盆山耦合区高精度地震探测和结构成像具有重要意义。

本文借助贴体网格和数学变换，在与地形有关的程函方程及其计算的初至波走时场的基础上，结合分区多步技术，发展了起伏地形条件下反射波走时计算和射线追踪的方法，实现了复杂地表条件下高精度的速度结构成像，为起伏地形下利用反射地震资料重建地壳精细速度结构提供了一种全新方案。该方案在深地震测深资料处理和解释领域有广阔应用前景和价值。数值算例验证了正演走时计算、射线追踪及反演结果的正确性和可靠性，并通过检测板实验和抗噪实验检验了算法的分辨率和稳定性。

致　谢

感谢深部探测技术与实验研究专项（SinoProbe－02），中国地震局公益性行业科研专项（201408023）和国家自然科学基金项目（41430213，41274070，41504074，41374062，41404073）的联合资助。感谢兰海强博士和马婷博士在算法上提供的支持和帮助。

参 考 文 献

Aldridge D F, Oldenburg D W, 1993. Two-dimensional tomographic inversion with finite-difference traveltimes. Journal of Seismic Exploration, 2: 257–274.

Artemieva I M, 2003. Lithospheric structure, composition, and thermal regime of the East European Craton: implications for the subsidence of the Russian platform. Earth and Planetary Science Letters, 213: 431–446.

Bai C Y, Huang G J, Zhao R, 2010. 2-D/3-D irregular shortest-path ray tracing for multiple arrivals and its applications. Geophysical Journal International, 183: 1596–1612.

Bai C Y, Tang X P, Zhao R, 2009. 2-D/3-D multiply transmitted, converted and reflected arrivals in complex layered media with the modified shortest path method. Geophysical Journal International, 179: 201–214.

Bai Z M, Zhang Z J, Wang Y H, 2007. Crustal Structure across the Dabie–Sulu orogenic belt revealed by velocity profiles. Journal of Geophysics and Engineering, 4: 436–442.

Carbonell R, Simancas F, Juhlin C, et al., 2004. Geophysical evidence of a mantle derived intrusion in SW Iberia. Geophysical Research Letters, 31: L11601.

Cervený V, 1987. Ray tracing algorithms in three-dimensional laterally varying layered structures//Nolat G (ed.). Seismic Tomography: With Applications in Global Seismology and Exploration Geophysics. Dordretcht: Springer: 99–133.

Farquharson C G, Ash M R, Miller H G, 2008. Geologically constrained gravity inversion for the Voisey's Bay ovoid deposit. Leading Edge, 27: 64–69.

Farra V, Madariage R, 1988. Non-linear reflection tomography. Geophysical Journal International, 95: 135–147.

Fomel S, 1997. A variational formulation of the fast marching eikonal solver. SEP–95: Stanford Exploration Project: 455–475.

Gao R, Huang D, Lu D, et al., 2000. Deep seismic reflection profile across the juncture zone between the

Tarim Basin and the West Kunlun Mountains. Chinese Science Bulletin, 45: 2281 – 2286.

Gao R, Lu Z, Li Q, et al., 2005. Geophysical survey and geodynamic study of crust and upper mantle in the Qinghai – Tibet Plateau. Episodes, 28: 263 – 273.

Haines A J, 1988. Multi-source, multi-receiver synthetic seismograms for laterally heterogeneous media using F – K domain propagators. Geophysical Journal, 95: 237 – 260.

Hole J, 1992. Nonlinear high-resolution three-dimensional seismic travel time tomography. Journal of Geophysical Research, 97 (B5): 6553 – 6562.

Humphreys E, Clayton R W, 1988. Adaptation of back projection tomography to seismic travel time problems. Journal of Geophysical Research, 93: 1073 – 1085.

Hvid S L, 1994. Three dimensional algebraic grid generation. Technical University of Denmark.

Kaila K, Krishna V, 1992. Deep seismic sounding studies in India and major discoveries. Current science, 62: 117 – 154.

Kao C Y, Osher S, Qian J, 2004. Lax – Friedrichs sweeping scheme for static Hamilton – Jacobi equations. Journal of Computational Physics, 196 (1): 367 – 391.

Kimmel R, Sethian J A, 1998. Computing geodesic paths on manifolds. Proceedings of the National Academy of Sciences of the United States of America, 95 (15): 8431 – 8435.

Knapp C C, Knapp J H, Connor J A, 2004. Crustal-scale structure of the South Caspian Basin revealed by deep seismic reflection profiling. Marine and petroleum geology, 21: 1073 – 1081.

Lan H Q, Zhang Z J, Xu T, et al., 2012. Influences of anisotropic stretching of boundary conforming grid on traveltime computation by topography-dependent eikonal equation. Chinese journal of geophysics, 55 (5): 564 – 579.

Lan H Q, Zhang Z J, 2011a. Comparative study of free-surface boundary condition in two-dimensional finite – difference elastic wave-field simulation. Journal of Geophysics and Engineering, 8: 275 – 286.

Lan H Q, Zhang Z J, 2011b. Three-dimensional wave-field simulation in heterogeneous transversely isotropic medium with irregular free surface. Bulletin of the Seismological Society of America, 101 (3): 1354 – 1370.

Lan H Q, Zhang Z J, 2012. Seismic wave-field modeling in media with fluid-filled fractures and surface topography. Applied Geophysics, 9: 301 – 312.

Lan H Q, Zhang Z J, 2013a. Topography-dependent eikonal equation and its solver for calculating first-arrival traveltimes with an irregular surface. Geophysical Journal International, 193 (2): 1010 – 1026.

Lan H Q, Zhang Z J, 2013b. A high-order fast-sweeping scheme for calculating first-arrival travel times with an irregular surface. Bulletin of the Seismological Society of America, 103 (3): 2070 – 2082.

Lei J S, Zhao D P, 2006. Global P-wave tomography: On the effect of various mantle and core phases. Physics of the Earth and Planetary Interiors, 154 (1): 44 – 69.

Lei J S, Zhao D P, Fu X, et al., 2011. An attempt to detect temporal variations of crustal structure in the source area of the 2006 Wen – An earthquake in North China. Journal of Asian Earth Sciences, 40: 958 – 976.

Lelièvre P G, Farquharson C G, Hurich C A, 2011. Computing first-arrival seismic traveltimes on unstructured 3-D tetrahedral grids using the Fast Marching Method. Geophysical Journal International, 184 (2): 885 – 896.

Li S, Mooney W D, 1998. Crustal structure of China from deep seismic sounding profiles. Tectonophysics,

288：105 – 113.

Ma T, Zhang Z J, Wang P, et al., 2014. Upper crustal structure under Jingtai – Hezuo profile in Northeastern Tibet from topography-dependent eikonal traveltime tomography. Earthquake Science, 27 (2)：137 – 148.

Ma T, Zhang Z J, 2014a. Calculating ray paths for first-arrival travel times using a topography-dependent eikonal equation solver. Bulletin of the Seismological Society of America, 104 (3)：1501 – 1517.

Ma T, Zhang Z J, 2014b. A model expansion criterion for treating surface topography in ray path calculations using the eikonal equation. Journal of Geophysics and Engineering, 11 (2)：1 – 9.

Ma T, Zhang Z J, 2015. Topography-dependent eikonal traveltime tomography for upper crustal structure beneath an irregular surface. Pure and Applied Geophysics, 172：1511 – 1529.

Moser T J, 1991. Shortest path calculation of seismic rays. Geophysics, 56 (1)：59 – 67.

Qian J, Zhang Y, Zhao H, 2007. Fast sweeping methods for Eikonal equations on triangular meshes. SIAM Journal on Numerical Analysis, 45：83 – 107.

Rawlinson N, Goleby B R, 2012. Seismic imaging of continents and their margins：New research at the confluence of active and passive seismology. Tectonophysics, 572：1 – 6.

Rawlinson N, Sambridge M, 2003. Irregular interface parametrization in 3-D wide-angle seismic traveltime tomography. Geophysical Journal International, 155 (1)：79 – 92.

Rawlinson N, Sambridge M, 2004a. Multiple reflection and transmission phases in complex layered media using a multistage fast marching method. Geophysics, 69 (5)：1338 – 1350.

Rawlinson N, Sambridge M, 2004b. Wave front evolution in strongly heterogeneous layered media using the fast marching method. Geophysical Journal International, 156 (3)：631 – 647.

Reshef M, 1991. Depth migration from irregular surfaces with depth extrapolation methods. Geophysics, 56：119 – 122.

Scarascia S, Cassinis R, 1997. Crustal structures in the central-eastern Alpine sector：a revision of the available DSS data. Tectonophysics, 271：157 – 188.

Sethian J A, Vladimirsky A, 2000. Fast methods for the Eikonal and related Hamilton – Jacobi equations on unstructured meshes. Proceedings of the National Academy of Sciences of the United States of America, 97：5699 – 5703.

Sethian J A, 1999. Fast marching methods. SIAM review, 41 (2)：199 – 235.

Sun J G, 2007. Method for numerical modeling of geophysical fields under complex topographical conditions：a critical review. Global geology (in Chinese), 26 (003)：345 – 362.

Sun Z Q, Sun J G, Zhang D L, 2009. 2D electric numerical modeling including surface topography using coordinate transformation method. Journal of Jilin University：Earth Science Edition, 39 (3)：528 – 534.

Taillandier C, Noble M, Chauris H, et al., 2009. First-arrival traveltime tomography based on the adjoint-state method. Geophysics, 74：WCB1 – WCB10.

Teng J, Wei S, Sun K, et al., 1987. The characteristics of the seismic activity in the Qinghai – Xizang (Tibet) Plateau of China. Tectonophysics, 134：129 – 144.

Teng J, Zeng R, Yan Y, et al., 2003. Depth distribution of Moho and tectonic framework in eastern Asian continent and its adjacent ocean areas. Science in China Series D：Earth Sciences, 46：428 – 446.

Thompson J F, Warsi Z U, Mastin C W, 1985. Numerical Grid Generation：Foundations and Applications. Amsterdam：North-Holland.

Thybo H, Janik T, Omelchenko V, et al., 2003. Upper lithospheric seismic velocity structure across the Pripyat Trough and the Ukrainian Shield along the EUROBRIDGE'97 profile. Tectonophysics, 371 (1 – 4): 41 – 79.

Tian X, Teng J, Zhang H, et al., 2010. Structure of crust and upper mantle beneath the Ordos Block and the Yinshan Mountains revealed by receiver function analysis. Physics of the Earth and Planetary Interiors, 194: 186 – 193.

Vidale J E, 1988. Finite-difference calculation of travel times. Bulletin of the Seismological Society of America, 78: 2062 – 2076.

Vidale J E, 1990. Finite-difference calculation of traveltimes in three dimensions. Geophysics, 55: 521 – 526.

Wang C Y, Han W B, Wu J, et al., 2007. Crustal structure beneath the eastern margin of the Tibetan Plateau and its tectonic implications. Journal of Geophysical Research, 112: B07307.

Wang C Y, Zeng R S, Mooney W D, et al., 2000. A crustal model of the ultrahigh-pressure Dabie Shan orogenic belt, China, derived from deep seismic-refraction profiling. Journal of Geophysical Research, 105 (B5): 10857 – 10869.

Wu C, Harris J M, Nihei K T, et al., 2005. Two-dimensional finite-difference seismic modeling of an open fluid-filled fracture: Comparison of thin-layer and linear-slip models. Geophysics, 70: T57 – T62.

Xu T, Li F, Wu Z B, et al., 2014. A successive three-point perturbation method for fast ray tracing in complex 2D and 3D geological models. Tectonophysics, 627: 72 – 81.

Xu T, Xu G, Gao E, et al., 2006. Block modeling and segmentally iterative ray tracing in complex 3D media. Geophysics, 71 (3): T41 – T51.

Xu T, Zhang Z J, Gao E, et al., 2010. Segmentally iterative ray tracing in complex 2D and 3D heterogeneous block models. Bulletin of the Seismological Society of America, 100: 841 – 850.

Zelt C A, Hojka A M, Flueh E R, et al., 1999. 3D simultaneous seismic refraction and reflection tomography of wide-angle data from the central Chilean margin. Geophysical Research Letters, 26: 2577 – 2580.

Zelt C A, Smith R B, 1992. Seismic traveltime inversion for 2-dimensional crustal velocity structure. Geophysical Journal International, 108 (1): 16 – 34.

Zelt C A, 1999. Modelling strategies and model assessment for wide-angle seismic traveltime data. Geophysical Journal International, 139 (1): 183 – 204.

Zeng R, Ding Z, Wu Q, 1995. A review on the lithospheric structures in the Tibetan Plateau and constraints for dynamics. Pure and applied geophysics, 145: 425 – 443.

Zhang J, Toksoz M N, 1998. Nonlinear refraction traveltime tomography. Geophysics, 63: 1726 – 1737.

Zhang J, Wang W, Wang S, et al., 2010. Optimized Chebyshev Fourier migration: A wide-angle dual-domain method for media with strong velocity contrasts. Geophysics, 75 (2): S23 – S34.

Zhang Z J, Deng Y F, Teng J W, et al., 2011. An overview of the crustal strucure of the Tibetan plateau after 35 years of deep seismic soundings. Journal of Asian Earth Sciences, 40 (4): 977 – 989.

Zhang Z J, Klemperer S L, 2005. West – east variation in crustal thickness in northern Lhasa block, central Tibet, from deep seismic sounding data. Journal of Geophysical Research: Solid Earth (1978—2012), 110: B09403.

Zhang Z J, Klemperer S L, 2010. Crustal structure of the Tethyan Himalaya, southern Tibet: New constraints from old wide-angle seismic data. Geophysical Journal International, 181 (3): 1247 – 1260.

Zhao D P, Lei J S, Inouea T, et al., 2006. Deep structure and origin of the Baikal rift zone. Earth and

Planetary Science Letters, 243 (3 - 4)：681 - 691.

高锐，董树文，贺日政，等，2004. 莫霍面地震反射图像揭露出扬子陆块深俯冲过程. 地学前缘，11 (3)：43 - 49.

高锐，黄东定，卢德源，等，2000. 横过西昆仑造山带与塔里木盆地结合带的深地震反射剖面. 科学通报，45 (17)：1874 - 1879.

高锐，王海燕，马永生，等，2006. 松潘地块若尔盖盆地与西秦岭造山带岩石圈尺度的构造关系：深地震反射剖面探测成果. 地球学报，27 (5)：411 - 418.

蒋丽丽，孙建国，2008. 基于Poisson方程的曲网格生成技术. 世界地质，27 (3)：298 - 305.

兰海强，刘佳，白志明，2011. VTI介质起伏地表地震波场模拟. 地球物理学报，54 (8)：2072 - 2084.

兰海强，张智，徐涛，等，2012a. 贴体网格各向异性对坐标变换法求解起伏地表下地震初至波走时的影响. 地球物理学报，55：3355 - 3369.

兰海强，张智，徐涛，等，2012b. 地震波走时场模拟的快速推进法和快速扫描法比较研究. 地球物理学进展，27 (5)：1863 - 1870.

李飞，徐涛，武振波，等，2013. 三维非均匀地质模型中的逐段迭代射线追踪. 地球物理学报，56 (10)：3514 - 3522.

孙建国，蒋丽丽，2009. 用于起伏地表条件下地球物理场数值模拟的正交曲网格生成技术. 石油地球物理勘探，44 (4)：494 - 500.

唐小平，白超英，2009a. 最短路径算法下三维层状介质中多次波追踪. 地球物理学报，52 (10)：2635 - 2643.

唐小平，白超英，2009b. 最短路径算法下二维层状介质中多次波追踪. 地球物理学进展，24 (6)：2087 - 2096.

王椿镛，陈学波，1995. 青海门源—福建宁德地学断面综合地球物理研究. 地球物理学报，38 (5)，590 - 598.

王椿镛，张先康，丁志峰，等，1997. 大别造山带上部地壳结构的有限差分层析成像. 地球物理学报，40 (1)：495 - 502.

徐涛，徐果明，高尔根，等，2004a. 三维复杂介质的块状建模和试射射线追踪. 地球物理学报，47 (6)：1118 - 1126.

徐涛，张忠杰，田小波，等，2014b. 长江中下游成矿带及邻区地壳速度结构：来自利辛—宜兴宽角地震资料的约束. 岩石学报，30 (4)：918 - 930.

赵烽帆，马婷，徐涛，2014. 地震波初至走时的计算方法综述. 地球物理学进展，29 (3)：1102 - 1113.

近垂直反射大炮单次剖面探测

李洪强[1]，高　锐[1,2,3]，李文辉[2]，王海燕[2]，卢占武[2]

✕◆ 0　引　言

深地震反射剖面采集排列长度远小于探测深度，但获得了远大于排列长度的深部反射信息，如下地壳、莫霍面、上地幔等反射信息；中美合作 INDEPTH－I 采用检波点距为 50 m、120 道 DFS－V 型检波器、排列长度为 6 km 的采集参数，在反射叠加剖面上获得了青藏高原 20 km 深的 MHT 反射和深达 72 km 的莫霍面反射（Brown et al.，1996；赵文津，1996）；SinoProbe－02 项目组采用 0～50 km 的接收排列在单炮记录获得了青藏高原厚达 70 km 的莫霍面反射信息（Gao et al.，2013）。根据油气地震勘探理论，反射地震勘探的最大探测深度与观测接收排列长度相当，深地震反射剖面为何能在较短的观测排列上获得远大于排列长度的深部反射信息呢？这实际与油气勘探原理并不相悖，因为油气勘探主要针对的是浅层反射信息，地层埋深浅，地震波以较大的入射角度投射到地层后以较大的出射角度反射，被地表的检波器接收。深地震反射剖面探测是对全地壳成像，尤其对于深部反射信息，如下地壳、莫霍面、上地幔反射信息等，界面的深度远大于观测排列长度，使入射角度和出射角度较小，可近似认为是近垂直入射和出射——近垂直反射。

✕◆ 1　近垂直反射原理

近垂直反射，是指入射波垂直透射到反射界面上。深地震反射剖面勘探的检波器一般都是近源布置的，因此震源到接收点之间的距离相对于地面震源到地下深达几十千米的波阻抗界面来说可认为是很小的，这样，从震源投射到弹性分界面再返回至地表的反射波是近法线出射的。震源激发的地震波传播过程是能量在波阻抗分界面处重新分配的过程，地震波能量分配是按 Zoeppritz 方程进行的。Zoeppritz 方程是 1919 年佐普里兹建

1 中国地质科学院，北京，100037；2 中国地质科学院地质研究所，北京，100037；3 中山大学地球科学与工程学院，广州，510275。

立的，它描述了弹性纵波在介质分界面上的反射和透射问题（图 1）。Zoeppritz 方程如公式（1）所示。

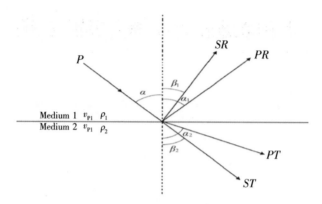

图 1　地震反射波和透射波传播示意

$$\begin{bmatrix} \sin a & \cos b & -\sin a' & \cos b' \\ \cos a & -\sin b & \cos a' & \sin b' \\ \sin 2a & \dfrac{v_{P1}}{v_{S1}}\cos 2b & \dfrac{v_{P1}}{v_{P2}}\dfrac{v_{S2}^2}{v_{S1}^2}\dfrac{\rho_2}{\rho_1}\sin 2a' & -\dfrac{\rho_2}{\rho_1}\dfrac{v_{P1}v_{S2}}{v_{P1}}\cos 2b' \\ \cos 2b & -\dfrac{v_{S1}}{v_{P1}}\sin 2b & -\dfrac{\rho_2}{\rho_1}\dfrac{v_{P2}}{v_{P1}}\cos 2b' & -\dfrac{\rho_2}{\rho_1}\dfrac{v_{S2}}{v_{P1}}\sin 2b' \end{bmatrix} \begin{bmatrix} R_{PP} \\ R_{PS} \\ T_{PP} \\ T_{PS} \end{bmatrix} = \begin{bmatrix} -\sin a \\ \cos a \\ \sin 2a \\ -\cos 2b \end{bmatrix} \quad (1)$$

在 P 波近垂直入射情况下，入射角 $\alpha = 0$，根据公式（2）可得：

$$\alpha = \alpha' = \beta = \beta'$$

$$\frac{\sin \alpha}{v_{P1}} = \frac{\sin \beta}{v_{S1}} = \frac{\sin \alpha'}{v_{P2}} = \frac{\sin \beta'}{v_{S2}} = P \quad (2)$$

Zoeppritz 方程结果很简明，在深地震反射剖面探测中，当地层埋深界面远大于炮检距离时，反射波的传播可以看作近垂直入射。近垂直入射情况下 Zoeppritz 方程简化为公式（3）：

$$\begin{cases} R_{PS} + T_{PS} = 0 \\ R_{PS} + T_{PS} = 1 \\ R_{PP} - \dfrac{\rho_2 v_{P2}}{\rho_1 v_{P1}} = -1 \\ R_{PS} - \dfrac{\rho_2 v_{S2}}{\rho_1 v_{S1}} = 0 \end{cases} \quad (3)$$

公式（3）表明：在近垂直入射和出射下，平面波垂直入射时不存在转换波，即不存在横波成分，这是因为纵波垂直入射时只会沿分界面法线方向引起位移，只会是介质产生伸展运动，这说明在近垂直入射情况下将产生较少的横波，波场简单，便于有效反射震相的识别。在两个界面阻抗差不相等的情况下能形成地震的反射界面。由此可知，反射波的能量越强，透射纵波的能量越弱。当下界面的阻抗大于上界面的阻抗时，入射波和反射波是同相位的；当上界面阻抗大于下界面阻抗时，入射波与反射波是反相位的；但无论上下界面的阻抗如何变化，透射波的震相与反射波都是同相位的。综上所述，在近垂直入射情况下，反射波地震波具有如下特点：波场简单，主要成分为反射波和透射波，地震波的反射能量强。

◆2 近垂直反射区定义

近垂直反射区是一个相对的概念，不同深度的反射层位对应的近垂直反射的区不同，在同一勘探区域，目标层位越深，对应的近垂直反射区域也就越广。通常，近垂直反射区可根据目标层位的深度、目标层位的反射主频、目标地壳地震波速度在目标层位的动校正时差小于子波1/4时对应的最大偏移距来确定。深地震近垂直反射数据处理中，根据不同反射层的频率、速度、深度，通过反射波旅行时公式估算近垂直反射范围。在动校止时差小于子波1/4时，时差校正公式为（4），对应的最人近垂直反射区可由公式（6）得出，对应的近似公式为（8）：

$$\sqrt{\frac{x^2}{v^2} + t_0^2} - t_0 \leqslant \frac{T}{4} \tag{4}$$

$$x \leqslant \sqrt{\left[\left(\frac{T}{4} + t_0 \right)^2 - t_0^2 \right] \cdot v^2} \tag{5}$$

在 $\frac{x}{2h} \leqslant 1$ 时，对公式（4）（5）用泰勒级数展开式得到简单的近似公式为

$$t = t_0 \left[1 + \frac{1}{2} \left(\frac{x}{2h} \right)^2 + \cdots \right] = t_0 \left[1 + \frac{1}{2} \left(\frac{x}{vt_0} \right)^2 + \cdots \right] \approx t_0 + \frac{1}{2} \frac{x^2}{vt^2} \tag{6}$$

$$\Delta t = t - t_0 = \frac{1}{2} \frac{x^2}{vt^2} \leqslant \frac{T}{4} \tag{7}$$

于是有
$$x \leqslant \sqrt{\frac{vt^2}{2} T} \tag{8}$$

其中，x 是近垂直反射区范围；T 是勘探层位地震子波的周期；t_0 是目标层位自激自收时间；v 是对应的传播速度；h 为地层深度。例如，假定莫霍面反射自激自收时在15 s左右，莫霍面反射主频在 $10 \sim 15$ Hz，参考莫霍面上的平均速度6.5 km/s，根据时距公式可得对应莫霍面反射的近垂直反射区在 $0 \sim 6.5$ km 范围内。

◆3 近垂直大炮单次剖面

深地震反射剖面数据采集通常采用多尺度震源组合激发技术（图2），即针对不同的目的层采用不同的激发药量，分为小炮（药量≤100 kg）、大炮（100 kg＜药量＜500 kg）、超级大炮（药量≥500 kg）。深地震反射大炮通常指大药量、深井激发（药量介于100～500 kg）、长排列接收的单炮，主要用于下地壳和 Moho 结构研究，较强的激发能量使大炮资料波形、相位有较好一致性，便于有效信息的识别和提取，大炮中、深反射波阻信息丰富、连续性好，尤其是下地壳、莫霍面具有较高的信噪比和较好的连续性（图3）。深地震反射资料剖面常规处理中往往使用同一套流程和参数无差别对待大

炮、中炮、小炮资料，忽视了大炮、中炮、小炮数据之间的差异性，未能深入挖掘大炮数据中包含的丰富的运动学、动力学信息，进而使一些在大炮数据上有较高信噪比的深部反射信息在剖面上却不能很好地体现，甚至不能成像。因此，针对大炮资料自身特点，采用针对性的参数和流程处理大炮数据可获得高信噪比的、高保真度的下地壳、莫霍面乃至上地幔的反射信息，尤其联合地理位置相邻的精细处理的大炮数据可形成覆盖整条测线的剖面，提供对下地壳和 Moho 构造的直接约束。

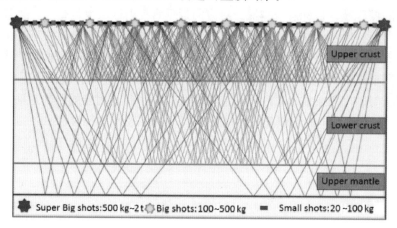

图 2　深地震反射剖面多尺度震源采集示意

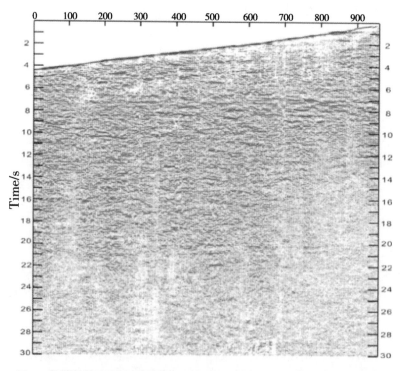

图 3　青藏高原深地震反射剖面大炮记录（1500 kg，据岩石圈中心资料）

近垂直深地震反射大炮单次剖面成像技术源于19世纪70年代，主要应用于海洋和洋陆结合带的岩石圈深部结构探测（Simon et al.，1986；Kawamura et al.，2003；Stern et al.，2015），较少应用于大陆造山带巨厚地壳深部结构探测。Klemperer 等（1986），采用大炮技术获得了内华达州深达莫霍面的地壳结构图像；Fuis 等（1995）采用 100 m 的道间距和 8 km 的炮间距，获得了双程走时 12 s 以上的大炮单次覆盖反射数据，揭示了加雷克斯和北极阿拉斯加地壳尺度的地下结构和构造图像；Kawamura 等（2003）在日本东部的中央构造线上利用 12 km 长的剖面、50 m 的道间距和位于测线两端的 2 个炮点，以大炮覆盖记录模式揭示了日本东部中央构造线的地壳深部结构，并获得了清楚的莫霍面反射信息；Stern 等（2015）在新西兰北岛地区用 12 个深地震反射大炮获得了高信噪比的莫霍面和岩石圈界面反射波，该成果已发表在 *Nature* 上；李洪强等利用秦岭地区 9 个深地震反射大炮资料获得了高信噪比的下地壳和 Moho 结构（图 6）（Li et al.，2017）。这些实例表明，大炮剖面可成功用于地壳深部精细结构和构造形态的探测，获得深部的精细构造形态（图 4）。但这些研究主要侧重于海洋和近海区域，中国地质科学院地质所岩石圈研究中心将该技术成功应用于大陆岩石圈结构探测，尤其是青藏高原巨厚地壳区的深部结构探测成功的应用，同时开发了配套关键技术，主要有大药量、深井激发技术、Moho 识别技术、近垂直反射区确定、大炮静校正技术、长排列动校正技术、分频去噪技术等技术。

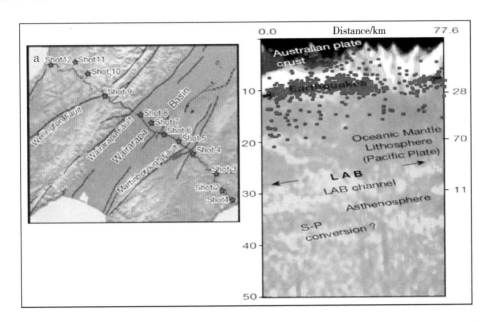

图 4　在新西兰北岛利用 12 个 500 kg 的反射大炮捕捉到高分辨率的莫霍面和 LAB 面反射结构
图为彩色变密度显示（Stern et al.，2015）。

近垂直深地震反射大炮成像技术可快速形成覆盖测线的单次剖面，得到下地壳、莫霍面乃至上地幔构造，并且能够像一个地壳剖面的"深地震钻井"，约束深地震反射数据采集质量和数据处理，追踪下地壳、莫霍面乃至上地幔的构造特征和样式，实施质量控制。近垂直深地震反射大炮单次剖面成像技术已经成功应用于中国大陆岩石圈深部结构的探测研究中（如青藏高原、四川盆地、秦岭、六盘山、大兴安岭等）（Li et al.，2017，2018）（图5、图6），获得了下地壳、莫霍面乃至上地幔的深部构造形态。这项技术也可用于深部地质调查，获得高信噪比的地壳结构信息。

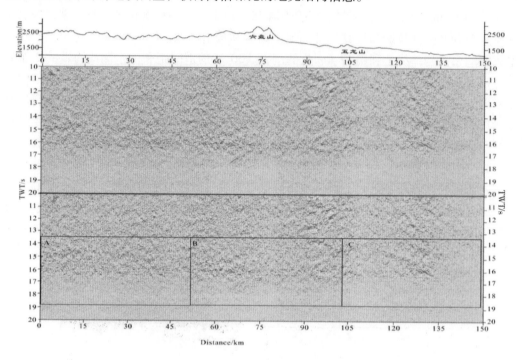

图5 六盘山地区近垂直大炮单次覆盖剖面（李洪强 等，2013）

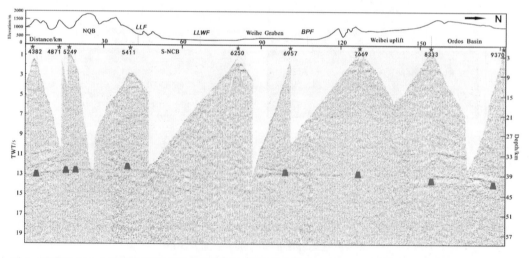

图6 秦岭地区9个深地震反射大炮资料获得了高信噪比的下地壳和Moho结构（Li et al.，2017，GJI）

❯◆ 4 结 论

本文据 Zoeppritz 方程，对推导近垂直反射波场特征，并对近垂直反射的范围进行了定义，对单次覆盖剖面和高信噪比的大炮在深部成像的作用进行了阐述，还对其在中国大陆的应用进行了介绍。深地震大炮反射数据形成近垂直单次覆盖剖面可提供可靠的、分辨率较高的深部构造形态，为深地震反射剖面后续的精细处理、解释提供质控。

❯◆ 参考文献

Brown L D, Zhao W, Nelson K D, et al., 1996. Bright spots, structure ans magmatism in Southern Tibet from INDEPTH seismic reflection profiling. Science, 274: 1688 – 1690.

Fuis G, Levander A, Lutter J, et al., 1995. Christensen seismic images of the Brooks Range, Arctic Alaska, reveal crustal – scale duplexing. *Geology*, 23: 65 – 68.

Gao R, Chen C, Lu Z W, et al., 2013. New constraints on crustal structure and Moho topography in Central Tibet revealed by SinoProbe deep seismic reflection profiling. Tectonophysic, 606: 160 – 170.

Klemperer S, Hauge A, Hauser E, et al., 1986. The Moho in the northern Basin and Range Province. Nevada, along the COCORP 40 degrees N seismic reflection transect. Geological Society of America Bulletin, 97: 603 – 618.

Kawamura T, Onishi M, Kurashimo E, et al., 2003. Deep seismic reflection experiment using a dense receiver and sparse shot technique for imaging the deep structure of the Median Tectonic Line (MTL) in east Shikoku, Japan. Earth Planets Space, 55: 549 – 557.

Li H Q, Gao R, Li W H, et al., 2018. The Moho structure beneath the Yarlung Zangbo Suture and its implications: Evidence from large dynamite shots. Tectonphysics, 747 – 748: 390 – 401.

Li H Q, Gao R, Xiong X S, et al., 2017. Moho fabrics of North Qinling Belt, Weihe Graben and Ordos Block in China constrained from large dynamite shots. Geophysical Journal International, 209 (2): 643 – 653. DOI: 10.1093/gji/ggx052.

Ryberg T, Bauer K, Haberland C, et al., 2017. A deep seismic transect across the landfall of Walvis Ridge onshore North Namibia. Tectonophysics (submittrecl).

Stern T A, Henrys S A, Okaya D, et al., 2015. A seismic reflection image for the base of a tectonic plate. Nature, 518: 85 – 88.

李洪强, 高锐, 王海燕, 等, 2013. 用近垂直方法提取莫霍面: 以六盘山深地震反射剖面为例. 地球物理学报, 56 (11): 3811 – 3818. DOI: 10.6038/cjg20131122.

张中杰, 秦义龙, 陈赟, 等, 2004. 由宽角反射地震资料重建壳幔反射结构的相似性剖面. 地球物理学报, 47 (3): 469 – 474.

赵文津, K. D. 纳尔, 1996. 印度板块俯冲到藏南之下的深反射证据. 地球学报, 17 (2): 131 – 137.

深地震反射剖面构造信息识别研究

李文辉[1,2]，高　锐[1,2,3]，王海燕[1,2]，李洪强[4]

✖ 0　引　　言

　　自 20 世纪 70 年代美国 COCORP 计划将反射地震勘探方法的原理和技术用于地壳结构探测以来，各国科学家以此为基础相继实施了一系列深部探测计划，并取得了丰硕成果（王海燕　等，2010）。目前，深地震反射方法已成为探测地壳上地幔精细结构的最有效手段之一（Gao et al.，2001，2005；王海燕　等，2006；卢占武　等，2009；酆少英等，2011；于长青　等，2012）。与石油地震勘探相比，深地震反射剖面探测深度 TWT 达 20 ～ 50 s，且经常要跨越造山带、盆山结合带等复杂地质条件区域，因此具有药量大、排列长、频率低、频带窄、深部信号弱、速度横向变化大等特点。受长距离传播能量吸收衰减和深部不同倾角的复杂地质体等因素的影响，深地震反射剖面中下地壳的地震波组经常表现为能量弱、不连续、带状或交织状，给地震资料的解释带来了困难（Li et al.，1997；徐明才　等，1999；王海燕　等，2007）。

　　为了清楚地反映深部地质构造格架，前人将地震波组以线条的形式表示，称为线划图。线划剖面视觉上一目了然、易于解释（陈沪生，1988），然而人工制作线划图费时费力，而且受主观因素影响很大（Xu & Gao，1999；Chen et al.，2003）。随着信息技术的进步，人们试图利用计算机绘制线划图，称为自动线条图技术。实现自动线条图的方法可归纳为基于数字图像处理和基于模式识别两大类。其中基于数字图像处理生成线条图的基本原理是将地震剖面的采样点转换为灰度图像像元，反射同相轴就相当于灰度图像的边缘，进而应用各种边缘检测算子实现同相轴的识别（陈志德　等，2003；高美娟等，2000；李红星　等，2007；陈学华　等，2008）。基于模式识别的自动线条图技术则通过建立描述波形的模式基元、构建描述模式基元之间关系的目标函数、迭代计算形成三元组、连接三元组等步骤实现剖面线条化（Li et al.，1997；Tϕdstheim，1978；Lu，

　　1 自然资源部深地动力学重点实验室，北京 100037；2 中国地质科学院地质研究所，北京 100037；3 中山大学，广州 510275；4 中国地质科学院深部探测中心，北京 100091。

　　基金项目：国家专项项目"深部探测技术实验与集成"（SinoProbe - 02）、中国地质调查项目（DD20190016、DD20190057）联合资助。

1982，1990；Cheng，1989；Le et al.，1990；郭良辉 等，2007；李文辉 等，2010）。相比而言，数字图像处理方法仅考虑地震波的振幅信息，易于实现，但其对复杂情况的识别效果一般。模式识别方法直接对波形特征进行分析，而且可以通过进一步分析识别过程中产生的属性信息来辅助解释（Li et al.，1997）。该方法在加拿大 LITHOPROBE 计划中得到了广泛应用（Eaton et al.，2004；Vasudevan，Eaton，& Cook，2005，2006），但其缺点是经验参数多，实现过程复杂。

本文在研究和总结上述两种方法的基础上，借鉴模式识别方法的基本思想，并汲取图像处理技术相关算法，提出一种新的深地震反射剖面构造格架识别方法。该方法通过数据预处理、振幅提取、对象识别、连续性计算和连续性滤波实现深地震反射剖面线条化，同时还可通过对象倾角计算对复杂区域进行属性分析。文章最后讨论了线条图在深地震反射剖面解释中的优点和不足，并展望了进一步研究的方向。

◆ 1　原理与设计

深地震反射资料能够获取地壳尺度的精细结构，其包含了岩性界面、构造运动（碰撞、剪切、走滑、推覆等）、岩浆岩分布及流体等丰富的地质信息，已成为地质学家研究地壳内部结构时首选的约束依据（陈志德 等，2003；Mooney et al.，1987）。由于这些信息在反射剖面上大都体现为同相轴，故本文所指构造信息的识别主要指同相轴的识别。

来自同一反射界面的同相轴由于波阻抗差使其振幅大于干扰波，而具有强振幅性。另外，同一界面反射波到达相邻接收点的射线路经相近，其相位、频率、到达时间也是相近的，因此在剖面上表现为连续平滑的曲线，称为同相性（姚姚，2007）。根据以上两个判别标志，本文采用的研究思路是：①根据振幅分布特征，按照一定阈值，提取强振幅信息；②对提取的信息进行对象识别，生成对象关系表；③计算对象连续性，并通过连续性滤波获得剖面线条图；④针对复杂区域进行定量倾角分析辅助解释。识别流程图如图 1 所示。

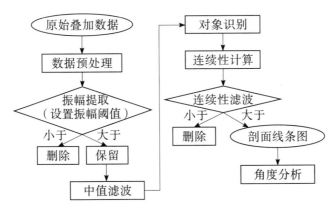

图 1　深地震反射剖面构造信息识别处理流程

◆ 2　实现与效果

本文选取实际剖面部分资料作为实验数据。为了便于后续处理，首先将原始叠加剖面转为二维数字矩阵，并按照 Bondar（1992）的方法将每个采样点的振幅值按线性关系将振幅范围和灰度级建立对应关系，形成地震数据灰度图像［图2（a）］。

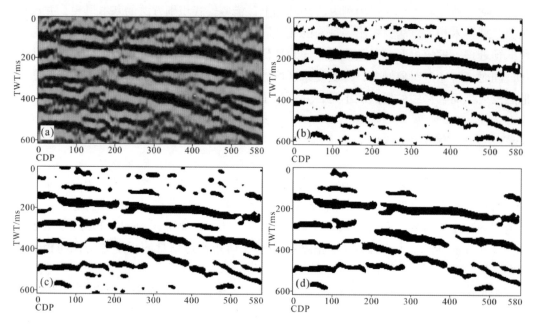

（a）数据灰度图像；（b）强振幅提取；（c）中值滤波；（d）连续性滤波。

图2　构造信息识别实验

2.1　强振幅提取

地震反射剖面中有效反射波组的能量较干扰波更强，且叠加（或偏移）剖面的采样率远高于有效波的尼奎斯特采样限制，因此根据振幅幅值分布特征按照合适阈值提取强振幅，不会影响剖面的基本反射特征。本文选择保留大于一定阈值的强振幅波峰信息，其中阈值按照公式（1）计算。

$$T = \alpha\ (max - min) \tag{1}$$

式中，T 为阈值；max、min 分别对应剖面中最大、最小振幅值；α 为振幅提取因子，其取值范围在 $-1 \sim 0$ 之间。经多次测试，α 取值在 $0.55 \sim 0.65$ 较为合理。图2（b）为根据图2a的振幅分布特征（图3）对其按 $\alpha = 0.6$ 提取强振幅的结果，结果显示提取后的图像保留了原数据主要反射特征。另外，为了便于对象识别，在振幅提取同时将灰度图二值化，即对振幅小于临界阈值的样点赋0值，大于临界阈值部分赋1值。

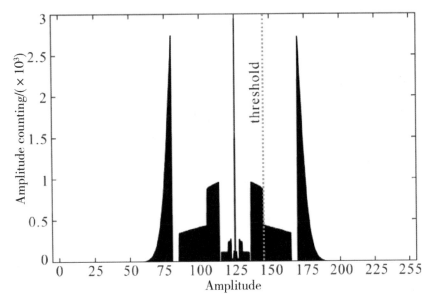

图3 剖面振幅分布

2.2 中值滤波

强振幅提取及二值化会使剖面图像产生大量椒盐噪声［图2（b）］。中值滤波是一种非线性空间滤波器，对于滤除椒盐噪声具有较好效果，而且在去噪时不会对连续性好的有效信息造成伤害（Gonzalez et al.，2002）。二维中值滤波可用公式（2）（3）（4）表达。

$$A = \{c \mid c = f(x + l, y + k), (l, k) \in W\} \tag{2}$$

$$c_1 \leqslant c_2 \leqslant c_3 \leqslant \cdots \leqslant c_n \in A \tag{3}$$

$$g(x, y) = Med(c_1, c_2, \cdots, c_n) = \begin{cases} c_{(n+1)/2} & n \text{ 为奇数} \\ [c_{n/2} + c_{(n+1)/2}]/2 & n \text{ 为偶数} \end{cases} \tag{4}$$

式中，$f(x, w)$代表原始图像x、y处的灰度值；W为邻域算子，它是由l和k组成的矩阵角码集合。其原理是提取原始数据$f(x, y)$周围某一邻域W内的所有n个元素c_1—c_n，记为集合A，对A包含的n个元素排序，并取其中值$g(x, y)$代替原始值$f(x, y)$。中值滤波邻域算子大小和形状的选择非常关键，其与剖面的采样率、子波频率有关。为保证滤波时不影响原始有效信息形态，图2（c）为采用10×5矩形邻域算子对图2（b）进行中值滤波的结果。

2.3 对象识别

定义二值图像中连通的区域为一个独立"对象"，为了后续连续性计算、滤波及属性分析，需对图像中的对象进行识别（对象矢量化）。识别过程按照经典8方向漫水填充（flood-fill）算法，通过对图像进行逐元素连通性搜索来实现，识别的同时对对象进行"染色"（编号）。对于该算法的具体计算原理，在此不再赘述。另外，我们引入模式识别方法中关系表的概念（Li et al.，1997），即建立以编号为关键字的关系数据库来存储每个对象的相关信息。本文采用的对象关系表由对象编号、元素个数、元素的位置、对象长度、对象倾角等组成。

2.4 连续性计算及长度滤波

连续性是评价反射同相轴的重要指标，连续性好的同相轴往往刻画了剖面的主要构造格架。本文通过计算对象长度来衡量同相轴的连续性。由于对象往往是狭长条状不规则图形，因此可用对象最小外接矩形的对角线长度近似对象的长度（图4）。最小外接矩阵可通过对原坐标系按一个小的角度增量旋转遍历获得。公式（5）（6）表示了最小外接矩阵的计算方法：

$$L_m = \max\ (x\cos\beta_m + y\sin\beta_m)\ -\min\ (x\cos\beta_m + y\sin\beta_m) \tag{5}$$

$$W_m = \max\ (y\cos\beta_m - x\sin\beta_m)\ -\min\ (y\cos\beta_m - x\sin\beta_m) \tag{6}$$

式中，L_m、W_m 代表矩阵的长和宽；β_m 为最小面积外接矩阵对应的坐标旋转角度；x、y 分别为对象所含元素位置坐标（矩阵角码）组成的数组；max 和 min 分别代表求取最大、最小值的函数。公式（7）中 OL 即为对象长度。

$$OL = \sqrt{L_m^2 + W_m^2} \tag{7}$$

值得注意的是，以上计算均以像元为单位，在时间剖面图像中一个像元在横向上代表一个 CDP 道，纵向上则代表一个时间采样点，因此该长度不具备实际物理量纲意义。通过连续性计算，将所有对象的长度信息存储在对象关系表中，便可按照需求对其通过长度条件判断实现连续性滤波形成线条图。图2（d）为按长度40 km进行连续性滤波的结果。

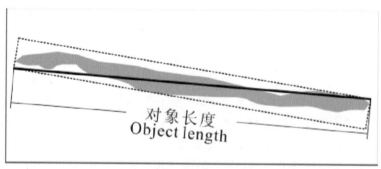

灰色区域：对象；虚线方框：最小外接矩阵；黑实线：近似对象长度。

图4 对象长度计算原理

图5分别为对华南庐枞地区一条长92 km的深地震反射叠加剖面按以上流程进行识别，并以长度≥20 km、≥40 km、≥60 km进行连续性滤波的结果（滤波长度选择愈小则剖面细节保留愈多）。与原始波形剖面（图6）的对比表明，图5能有效识别原始资料中的主要构造格架信息，尤其对深部信噪比低、能量较低弱部分效果显著。图7为对该剖面资料使用经图像边缘检测方法处理得到的结果，相比而言，本文所采用方法的效果较图像处理方法有明显改善。

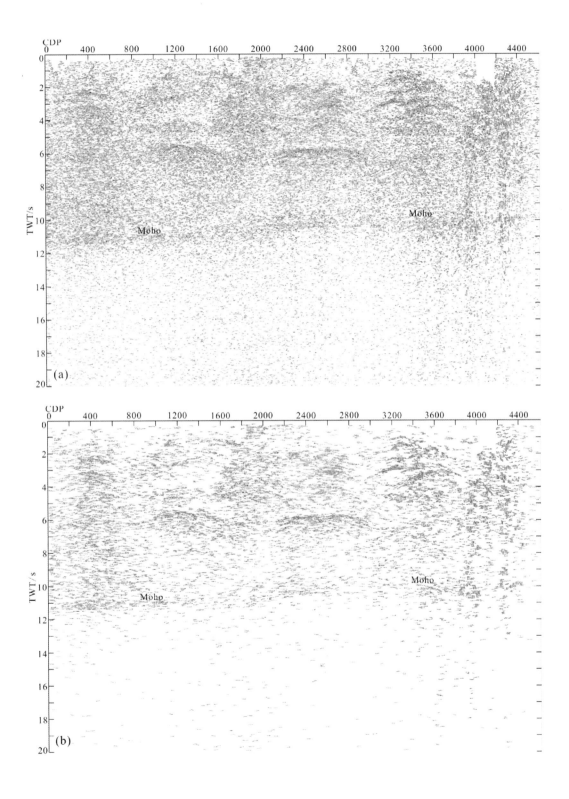

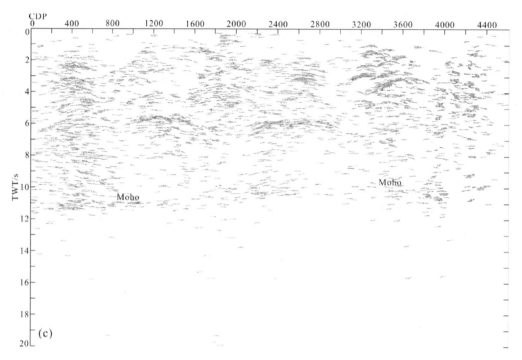

（a）长度≥20 滤波结果；（b）长度≥40 滤波结果；（c）长度≥60 滤波结果。

图 5　庐枞地区深地震反射剖面识别结果

图 6　庐枞地区深地震反射原始波形剖面

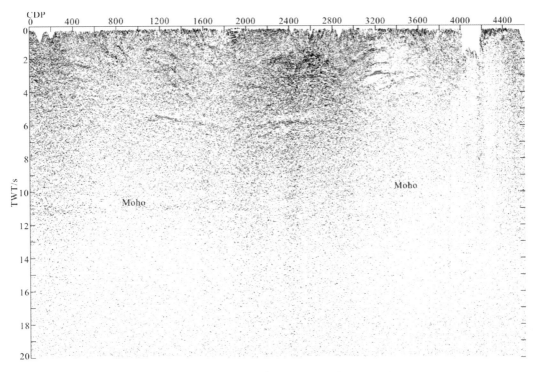

图7 庐枞地区深地震反射剖面数字图像处理边缘检测结果

2.5 复杂区域属性分析

深地震反射剖面中来自深层的地震波组往往并非由单一界面形成，而是众多不均匀条带叠加的结果，而且受不同期次大地构造运动的影响，构造产状从浅到深可能出现倾向相反的复杂情况（郚少英 等，2011）。为了帮助解释人员判断这些复杂情况，本文在对象识别、连续性滤波的基础上，对复杂区域中的对象进行倾角计算，并通过统计其分布规律达到定量分析的目的。对象倾角计算采用标准差椭圆法进行。该方法是一种常用的散点定向方法，其基本原理是在散点集的原始坐标系下，假设存在某一方向，所有点到该方向的标准差距离最小，那么该方向与原始坐标 X 轴的夹角即为散点集的方向（王宝军，2009）（图8）。对象倾角按照公式（8）计算：

$$\theta = \arctan\left[\frac{\sum_{i=1}^{n} X_i^2 - \sum_{i=1}^{n} Y_i^2}{2\sum_{i=1}^{n} X^i Y^i} + \frac{\sqrt{(\sum_{i=1}^{n} X_i^2 - \sum_{i=1}^{n} Y_i^2)^2 + 4(\sum_{i=1}^{n} X_i Y_i)^2}}{2\sum_{i=1}^{n} X_i Y_i}\right] \tag{8}$$

式中：θ 代表对象倾角；n 为对象所包含的元素个数。X_i、Y_i 可由公式（9）（10）求得

$$X_i = x_i - \frac{\sum_{i=1}^{n} x^i}{n} \tag{9}$$

$$Y_i = y_i - \frac{\sum_{i=1}^{n} y^i}{n} \tag{10}$$

其中 x_i、y_i 为对象中元素的坐标位置。

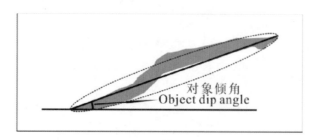

灰色区域：对象；虚线：对象标准差椭圆；黑实线与 X 轴夹角：对象倾角。

图8　对象倾角计算原理示意

为了测试其效果，我们从实际深反射资料截取一段剖面，识别结果显示该区反射密集且关系复杂（图9左图）。对该区进行倾角分析，右图显示该区同相轴主要分布在 $-30°\sim30°$ 之间，但总体以右倾方向为主。

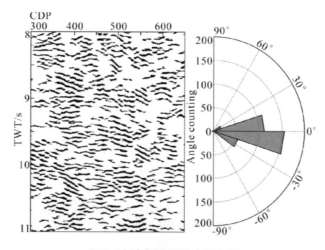

图9　复杂区域倾角分析结果

✖◆ 3　结论与认识

由于深地震反射剖面反映的深部构造信息无法由钻井数据约束，目前深反射剖面的解释仍以构造解译为主。线条图技术作为一项专门针对深地震反射资料解释的技术，具有特殊意义。我们通过实验及实际剖面数据测试，得到以下结论与认识：

（1）本文提出的方法能够识别深地震反射资料中的主要构造格架信息，其效果较图像处理方法有显著改善。另外，由于去除了波形特征描述和迭代等复杂步骤，与模式识别法相比更高效。

（2）本文在识别过程中对整条剖面使用相同的参数，而未考虑地震资料在横向上和纵向上的不均一性，应考虑改进为开窗并使用不同参数处理。

（3）深部结构特征是深地震反射剖面能够反映的最主要的构造信息，然而除此之外，地震波组的能量对比、频率变化同样包含了丰富的构造信息。例如通过亮点分析获取深部流体及熔融体特征（Kelly et al., 2012）、利用弱反射"透明体"追踪花岗岩基的分布等。因此，如何有效利用除结构特征外的其他构造信息并进行综合解释，是值得进一步研究的方向。

致　谢

感谢董树文教授、李秋生研究员、管烨研究员、张季生研究员、贺日政研究员、卢占武研究员、侯贺晟副研究员、熊小松副研究员对本研究的支持。

说　明

文章的原发表信息：李文辉，高锐，王海燕，等，2012. 深地震反射剖面构造信息识别研究. 地球物理学报，55（12）：4138－4146.

参 考 文 献

Bondar I, 1992. Seismic horizon detection using image processing algorithms. Geophysical prospecting, 40: 785－800.

Chen H S, 1988. Comprehensive geophysical survey of HQ-13 line in the lower YangZi reaches and its geological significance. Oil and Gas Geology（in Chinese），9（3）：211－222.

Chen X H, He Z H, Huang D J, 2008. Seismic data edge detection based on higher-order pseudo Hilbert transform. Progress In Geophysics（in Chinese），23（4）：1106－1110.

Chen Z D, Yang W C, Li L, et al., 2003. χ^2 distribution processing of deep seismic reflection in north of Songliao basin and its deep geological feature. Oil Geophysical Prospecting（in Chinese），38（6）：654－660.

Cheng Y C, Lu S Y, 1989. The binary consistency checking scheme and its applications to seismic horizon detection. IEEE Trans. Pattern Analysis, 11: 439－447.

Eaton D, Vasudevan K, 2004. Skeletonization of aeromagnetic data. Geophysics, 69（2）：478－488.

Feng S Y, Gao R, Long C X, et al., 2011. The compressive stress field of Yinchuan garben：Deep seismic reflection profile. Chinese Journal of Geophysics（in Chinese），54（3）：692－697.

Gao M J, Tian J W, Gao X Y, et al., 2000. Detection of seismic reflection event by edge detection. Journal of Daqing Petroleum Institute（in Chinese），24（3）：8－11.

Gao R, Li P W, Li Q S, et al., 2001. Deep process of the collision and deformation on the northern margin of the Tibetan plateau：revelation from investigation of the deep seismic profiles. Science in China（Series D），44：71－78.

Gao R, Lu Z W, Li Q S, et al., 2005. Geophysical probe and geodynamic study of the crust and upper Mantle in the Qinghai – Tibet plateau, China. Episodes, 28 (4): 263 – 273.

Gonzalez R C, Woods R E, 2002. Digital image processing (2nd ed.). Publishing house of electronics industry, Beijing: 14 – 19.

Guo L H, Meng X H, Xue A M, 2007. A simple algorithm for seismicskeletonization. Earth Science Journal of China University of Geosciences (in Chinese), 32 (4): 545 – 548.

Kelly C, Lu Z W, Klemperer S L, et al., 2012. SinoProbe seismic reflection imaging of an upper-crustal "bright spot" beneath the Karakoram fault, west Tibet. AGU 2012 fall meeting abstract.

Le L, Nyalnd E, 1990. Pattern analysis of seismic records. Geophysics, 55: 20 – 28.

Li H X, Liu C, Tao C H, 2007. The study of application of edge measuring technique to the detection of phase axis of the seismic section. Progress in Geophysics (in Chinese), 22 (5): 1607 – 1610.

Li Q, Vasudevan K, Cook F A, 1997. Seismic skeletonization: A new approach to interpretation of seismic reflection data. Journal of Geophysical Research (Solid Earth), 102 (B4): 8427 – 8445.

Li W H, Gao R, Wang H Y, 2010. Seismic skeletonization and its application in deep seismic reflection Profiles' interpretation. Progress in geophysics (in Chinese), 25 (4): 1161 – 1167.

Lu S Y, Cheng Y C, 1990. An iterative approach to seismicskeletonization. Geophysics, 55: 1312 – 1320.

Lu S Y. 1982. A string-to-string correlation algorithm for imageskeletonization. Proc. International Conference on Pattern Recognition, 6: 178 – 190.

Lu Z W, Gao R, Li Q S, et al., 2009. Testing deep seismic reflection profiles across the central uplift of the Qiangtang terrane in the Tibetan Plateau. Chinese Journal of Geophysics (in Chinese), 52 (8): 2008 – 2014.

Mooney W D, Brocher T M, 1987. Coincident seismic reflection/refraction studies of the continental lithosphere: global view. Review of Geophysics, 25 (4): 723 – 742.

Tφdstheim D, 1978. Improved seismic discrimination using pattern recognition. Physics of the Earth and Planetary Interiors, 16: 85 – 108.

Vasudevan K, Eaton D, Cook F A, 2005. Adaptation of seismicskeletonization for other geosciences applications. Geophysical Journal International, 161: 975 – 993.

Vasudevan K, Eaton D, Cook F A, 2006. Seismicskeletonization: A useful tool for geophysical data analysis. CSEG RECORDER, 31 (9): 36 – 42.

Wang B J, 2009. Theories and methods for soil grain orientation distribution in SEM by standard deviational ellipse. Chinese journal of geotechnical engineering (in Chinese), 31 (7): 1082 – 1087.

Wang H Y, Gao R, Lu Z W, et al., 2010. Fine structure of the continental lithosphere circle revealed by deep seismic reflection profile. Acta Geolocica Sinica (in Chinese), 84 (6): 818 – 838.

Wang H Y, Gao R, Ma Y S, et al., 2007. Static correction and noise removal for deep seismic reflection data from the contact zone of the Zoigê and the west Qinling orogen. Progress In Geophysics, 22 (3): 743 – 749.

Wang H Y, Gao R, Xue A M, et al., 2006. A NMO method adapted to deep seismic reflection in orogenic belt. Journal of Jilin University – Earth Science Edition (in Chinese), 36 (4): 622 – 626.

Xu M C, Gao J H, 1999. Methods of processing and interpretation about the deep seismic data. Computing techniques for geophysical and geochemical exploration (in Chinese), 21 (2): 151 – 158.

Yao Y, 2007. Seismic wave field and seismic exploration (in Chinese) . Beijing: Geological press house: 199 – 200.

Yu C Q, Zhao D D, Yang W C, 2012. Seismic reflection investigations of basement in Tarim basin. Chinese Journal of Geophysics（in Chinese）, 55（9）：2925 – 2938.

陈沪生, 1988. 下扬子地区 HQ – 13 线的综合地球物理调查及其地质意义. 石油与天然气地质, 9（3）：211 – 222.

陈学华, 贺振华, 黄德济, 2008. 地震资料的高阶伪希尔伯特变换边缘检测. 地球物理学进展, 23（4）：1106 – 1110.

陈志德, 杨文采, 李玲, 等, 2003. 松辽盆地北部深反射地震 χ^2 分布处理及其深部地质特征. 石油地球物理勘探, 38（6）：654 – 660.

鄷少英, 高锐, 龙长兴, 等, 2011. 银川地堑地壳挤压应力场：深地震反射剖面. 地球物理学报, 54（3）, 692 – 697.

高美娟, 田景文, 高兴友, 等, 2000. 利用边缘检测法检测地震反射同相轴. 大庆石油学院学报, 24（3）：8 – 11.

郭良辉, 孟小红, 薛爱民, 2007. 地震剖面线条化的一种简单算法. 地球科学（中国地质大学学报）, 32（4）：545 – 548.

李红星, 刘财, 陶春辉, 2007. 图像边缘检测方法在地震剖面同相轴自动检测中的应用研究. 地球物理学进展, 22（5）：1607 – 1610.

李文辉, 高锐, 王海燕, 2010. Skeletonization 技术及其在深地震反射剖面解释中的应用. 地球物理学进展, 25（4）：1161 – 1167.

卢占武, 高锐, 李秋生, 等, 2009. 横过青藏高原羌塘地体中央隆起区的深反射地震试验剖面. 地球物理学报, 52（8）：2008 – 2014.

王宝军, 2009. 基于标准差椭圆法 SEM 图像颗粒定向研究原理与方法. 岩土工程学报, 31（7）：1082 – 1087.

王海燕, 高锐, 卢占武, 等, 2010. 深地震反射剖面揭露大陆岩石圈精细结构. 地质学报, 84（6）：818 – 838.

王海燕, 高锐, 马永生, 等, 2007. 若尔盖盆地—西秦岭造山带结合部位深反射资料的静校正和去噪技术. 地球物理学进展, 22（3）：743 – 749.

王海燕, 高锐, 薛爱民, 等, 2006. 适用于造山带深地震反射资料的动校正方法. 吉林大学学报（地球科学版）, 36（4）：622 – 626.

徐明才, 高景华, 1999. 深部地震资料的处理和解释方法. 物探化探计算技术, 21（2）：151 – 158.

姚姚, 2007. 地震波场与地震勘探. 北京：地质出版社：199 – 120.

于常青, 赵殿栋, 杨文采, 2012. 塔里木盆地结晶基底的反射地震调查. 地球物理学报, 55（9）：2925 – 2938.

基于 W2 度量的青藏高原东缘壳幔结构
被动源伴随成像

董兴朋[1]，杨顶辉[1]，钮凤林[2]

◆0 引　言

波形层析成像是近年来发展起来的一种地震学方法，它通过最小化观测波形和合成波形之间的误差来获得地球内部高分辨率成像结果（e. g. Fichtner et al.，2009；Lailly，1983；Liu et al.，2017；Liu & Tromp，2006；Tape et al.，2010）。伴随层析成像通过卷积正传波场和伴随波场来构建敏感核（Fichtner et al.，2006a，2006b；Liu & Tromp，2006；Tromp et al.，2005），它可借由谱元法来高效地计算（Fichtner et al.，2009；Komatitsch & Tromp，2002a，2002b；Liu et al.，2017；Tape et al.，2009）。目前的伴随成像大多以观测数据和合成数据之间的 L2 范数为目标函数进行反演（e. g. Tape et al.，2009；Zhu et al.，2012；Chen et al.，2015；Fichtner & Villaseñor，2015）。

然而，L2 范数只能逐点测量振幅之间的差异，忽略了更为关键的相位信息。当观测波形和合成波形相位相差半个周期以上时，L2 范数会遇到难以克服的周期跳跃问题。在这种情况下，采用最小二乘法拟合信号会导致错误的模型估计，而这是无法通过迭代方法来解决这种最优化的局部极小值问题的。处理局部极值问题的一种策略是采用全局优化算法，如 Monte – Carlo 法（Kvoren et al.，1991；Sambridge & Mosegaard，2002），然而，三维全波形层析成像涉及数百万个离散参数，需要巨大的计算资源，这是不切实际的。目前，基于梯度下降的局部优化方法被广泛应用于全波形成像，它要求初始模型和实际模型足够接近才能避免周期跳跃问题。Luo 和 Schuster（1991）首次尝试通过观测波形和合成波形之间做互相关来提取走时差，以构造目标函数，目前该方法已经被应用到大尺度有限频率层析成像中（Dahlen, Huang, & Nolet, 2000；Tromp et al.，2005）。另一种策略是在时频域同时提取走时和振幅信息。例如 Fichtner 等（2008）提出了通过 Gabor 变换来提取相位差和包络差之和，且在走时反演中要求包络误差不增加；Bǒzdag 等（2011）采用 Hilbert 变换来提取瞬时相位和包络信息进行反演。Zhu 等（2016）提出采用自适应滤波方法来克服周期跳跃问题，扩大了收敛域，增加了模型收敛到全局最优解的概率。

---

1 清华大学数学科学系，北京，100084；2 莱斯大学地球、环境和行星科学系，休斯敦。

另一方面，如果我们从另外的角度去审视观测数据和合成数据之差的话，则可认为它们之间存在一种映射（Ma & Hale，2013；Engquist & Froese，2016；Métivier et al.，2016；Yang et al.，2016）。Engquist 和 Froese（2014）基于最优输运的数学理论提出了一种新的误差目标函数的度量方式。根据他们的研究和分析，基于二次 Wasserstein 度量的误差目标函数相对于时移周期单调，这使得克服周期跳跃问题成为可能。本文基于变分理论推导了基于 W2 度量的梯度和伴随源，数值实验表明基于 W2 度量（范数）的目标函数能有效克服周期跳跃问题。同时，在本研究中，我们还提出了多窗 Wasserstein 距离的概念，尤其适合处理大规模实际地震数据。

虽然前人已在青藏高原地下结构方面做了大量的研究（e.g. Priestley et al.，2006；Zhou & Murphy，2005），但其上地幔仍然没有得到很好的约束。青藏高原是在约 50 Ma 前印度和欧亚大陆碰撞形成的，它的生长和变形机制仍存在争议（Yin et al.，2000）。在青藏高原东缘，两种不同的岩石圈流变模型被用来解释高原内部物质的逃逸：刚性挤出模型（Tapponnier et al.，1982）和下地壳流模型（Clark et al.，2005）。前者认为青藏高原沿大型走滑断裂以刚性块体的形式整体向东挤出，后者则认为坚硬的四川盆地阻挡了下地壳物质的流动，导致地表抬升。造成这种争论的原因之一在于深部结构图像的空间分辨率不足，使得深部构造特征和浅部地表观测无法很好地吻合（Liu et al.，2014）。为此，本研究将基于 W2 度量的全波形成像最新方法应用到青藏高原东缘进行高分辨率结构成像，为该区域地质构造提供新的地震学约束。

1 基于二次 Wasserstein 度量的地震伴随成像方法

1.1 Wasserstein 距离的定义

数学上，我们考虑两个概率分布，$f: \Omega \rightarrow \mathbf{R}^+$ 和 $g: \Omega \rightarrow \mathbf{R}^+$，满足如下的方程：

$$\int_\Omega \mathrm{d}f = \int_\Omega \mathrm{d}g \tag{1}$$

我们寻求 Ω 到自身的同胚映射，如 $T: (\Omega, f) \rightarrow (\Omega, g)$，其满足两个条件：保持测度和最小化传输代价。

二次 Wasserstein 距离记为 $W^2(f, g)$，具体如下（Villani，2003；Engquist & Froese，2014）：

$$W^2(f, g) = \inf_{T_{f,g} \in M} \int_X |x - T_{f,g}(x)|^2 f(x)\,\mathrm{d}x \tag{2}$$

其中，M 表示从 f 到 g 所有映射的集合。

假定两个连续的一维概率分布 f 和 g，并且相应的累积分布函数为：

$$F(x) = \int_{-\infty}^x \mathrm{d}f, \qquad G(y) = \int_{-\infty}^y \mathrm{d}g \tag{3}$$

最优映射如下（Villani，2003）：

$$T(x) := G^{-1} \circ F(x) \tag{4}$$

对于实际地震数据，如果地震记录长度为 T_0，则二次 Wasserstein 距离的表达式如下（Yang et al., 2017）：

$$W^2(f,g) = \int_0^{T_0} |t - G^{-1}(F(t))|^2 f(t) \mathrm{d}t \tag{5}$$

1.2　Fréchet 梯度和伴随震源

伴随层析成像通常将反演表示为一个优化问题（Luo et al., 2013；Wang et al., 2019），因此 Fréchet 梯度和伴随震源的数学表示是关键，因为 Fréchet 梯度给出了模型更新的方向，而伴随震源是梯度计算的前提。为获得其数学表达式，我们可基于复合函数变分得：

$$
\begin{aligned}
\delta W^2(f_s,g) &= \frac{\mathrm{d}}{\mathrm{d}s}\Big|_{s=0} \int_0^{T_0} \big\{ [t - G^{-1}(F_s(t))]^2 f_s(t) \big\} \mathrm{d}t \\
&= \int_0^{T_0} 2[t - G^{-1}(F_0(t))] \frac{\mathrm{d}}{\mathrm{d}s}\Big|_{s=0} [t - G^{-1}(F_s(t))] f_0(t) \mathrm{d}t \\
&\quad + \int_0^{T_0} [t - G^{-1}(F_0(t))]^2 \delta f(t) \mathrm{d}t \\
&= \int_0^{T_0} 2[t - G^{-1}(F(t))]\Big(-\frac{\mathrm{d}G^{-1}(y)}{\mathrm{d}y} \Big)\Big|_{y=F_0(t)} \int_0^t \delta f(\tau) \mathrm{d}\tau f_0(t) \mathrm{d}t \\
&\quad + \int_0^{T_0} 2[t - G^{-1}(F(t))]^2 \delta f(t) \mathrm{d}t \\
&= \int_0^{T_0} -2[t - G^{-1}(F(t))] \frac{1}{g(G^{-1} \circ F(t))} \int_0^t \delta f(\tau) \mathrm{d}\tau f_0(t) \mathrm{d}t \\
&\quad + \int_0^{T_0} [t - G^{-1}(F(t))]^2 \delta f(t) \mathrm{d}t
\end{aligned}
\tag{6}
$$

式中 $f_0(t) = f(t)$，$F_0(t) = F(t)$，$g_0(t) = g(t)$，$G_0(t) = G(t)$，它们是推导变分过程的临时符号。伴随震源表达式如下：

$$\nabla W^2(t) = \Big\{ -2\boldsymbol{\Gamma}\mathrm{diag}\Big[\frac{f\Delta t}{g(G^{-1} \circ F(t))} \Big] + \mathrm{diag}[t - G^{-1} \circ F(t)] \Big\}[t - G^{-1} \circ F(t)]$$

$$\tag{7}$$

其中 $\boldsymbol{\Gamma}$ 表示非零元素为 1 的上三角矩阵。

为了比较 L2 范数和 W2 范数伴随震源的区别，我们给出了一个简单的数值例子。观测信号 f 为主频 10 Hz 的雷克子波，g 为 f 的时移信号。对于小时移情况（小于半个周期）［图 1（a）］，L2 范数和 W2 范数的伴随源均只有单个波形事件［图 1（c）（e）］。而当我们增加 f 和 g 之间的时移（即大于半个周期），L2 范数伴随源包含两个单独的波形事件［图 1（d）］，然而 W2 范数伴随源仍然只有一个波形事件［图 1（f）］，类似于小时移情况。

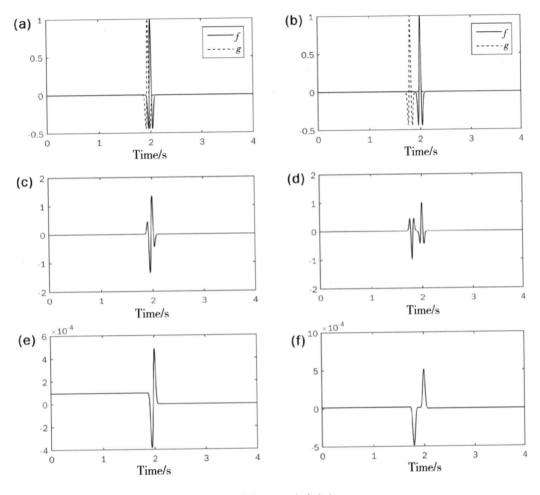

f：观测数据；g：合成数据。

（a）f 和 g 小时移；（b）f 和 g 大时移；（c）小时移 L2 范数伴随源；（d）大时移 L2 范数伴随源；（e）小时移 W2 范数伴随源；（f）大时移 W2 范数伴随源。

图 1　基于 L2 范数伴随源和 W2 范数伴随源的对比

1.3　误差函数性质

　　下面我们通过一个数值试验来对比说明基于 L2 范数和 W2 范数的误差函数性质，为此，选取两个如下的一维波形信号：

$$f(t) = \exp[2 - (t - 5.0)]\sin[2\pi f_0(t - 5.0)] \tag{8}$$

$$g(t) = (1.0 + \mathrm{d}A)\exp[-2(t - 5.0 + \mathrm{d}t)]\sin[2\pi f_0(t - 5.0 + \mathrm{d}t)] \tag{9}$$

其中，$f(t)$ 表示由高斯函数调制的正弦函数（图 S1）；$g(t)$ 是 $f(t)$ 的扰动，其相位和振幅由 $\mathrm{d}t$ 和 $\mathrm{d}A$ 控制，波形主频为 $f_0 = 3$ Hz。

　　我们将振幅和时移参数分别设置为 $[0.5, 0.5]$ 和 $[-1.0, 1.0]$，以观察基于 L2 范数和基于 W2 范数的误差函数性质。在图 S2 中，可以看到基于 L2 范数的误差函数存在很多的局部极小值点，而基于 W2 范数的误差函数为一个光滑的二次函数，具有很大的收敛域。为了更直观地显示这一性质，我们给出了图 S2 在 $dA = 0$ 的横截面（图 S3）。从图 S3 可以看到基于 W2 范数的误差函数关于时移是一个凸函数，特别适合采用梯度类优化方法进行反演。

1.4 多窗 Wasserstein 距离

在地震成像应用中，由于实际情况的复杂性，不同震相之间可能会出现异常波形，导致直接计算整个波形的 Wasserstein 距离并非一个好的选择。因此，我们提出了多窗 Wasserstein 度量的概念，其思想是先对目标震相进行框定，然后计算目标窗内波形信号的 Wasserstein 距离，进而避免了异常波形对伴随源的影响。为说明多窗 Wasserstein 距离的可靠性，我们选取一个数值算例，其合成波形 f 由主频为 10 Hz 的两个雷克子波组成，g 是 f 的时移波形（见图 S4），异常波形的幅度为雷克子波的 25%。与没有噪声的情况相比，伴随震源中出现了一段错误的噪声波形。我们使用多窗 Wasserstein 距离重新计算伴随源，可以看到该方法有效地阻止了异常波形噪声对伴随源计算的影响，得到了正确的波形序列（图 S5）。在实际地震信号处理时，我们首先计算时间窗内波形的信噪比（SNR），观测波形和合成波形的相关系数（CC），以及它们之间的互相关走时延迟（$\Delta\tau$）。在选择计算时间窗时，我们只选择满足以下条件的时间窗（Maggi et al., 2009）：

$$SNR \geq r_0(t_M)，CC \geq CC_0(t_M)，\Delta\tau_{min} \leq \Delta\tau \leq \Delta\tau_{max} \tag{10}$$

式中 t_M 表示参考时间窗。

◆ 2 数值实验

2.1 Camembert 模型

在小扰动的情况下，基于 L2 范数的全波形反演是有效的。然而，当速度扰动较大时，基于 L2 范数的目标函数可能会出现周期跳跃问题。为了说明这个问题，我们选取一个背景速度为 3000 m/s 的正方形、中间圆形异常区域为 3800 m/s 的模型作为真实模型［图 S6（a）］，选取速度为 3000 m/s 的均匀介质为初始模型，20 个震源和 101 个接收器分别均匀放置在 100 m 和 1900 m 的深度，震源为主频 10Hz 的 Ricker 子波，采用 L-BFGS优化方法进行反演。图 S6（b）和图 S6（c）分别显示了基于 L2 范数和 W2 范数的反演结果，误差收敛曲线如图 S6（d）所示。可以看到，基于 W2 误差函数，仅需 5 次迭代误差就减少了 99%，模型被较好重建。而基于 L2 误差函数的反演结果是错误的，原因在于其反演陷入了由周期跳跃问题而导致的局部极小值点。

2.2 检测板模型

检测板试验是大尺度地震层析成像中常用的分辨率测试方法。我们构建了 480 km × 480 km 的模型区域，其中有 25 个地震事件和 121 个均匀分布的台站（图 S7）。需要指出的是，青藏高原东缘固定地震台站分布更加稀疏和不规则，因此，该检测板测试结果

并不能直接说明青藏高原东缘的成像结果。真实模型中涉及最大速度扰动为 25%，如
图 S8（a）所示，初始模型是速度为 3500 m/s 的均匀模型，反演结果和误差收敛曲线
见图 S8（b）、图 S8（c）和图 S8（d）。可以看到，基于 L2 范数的反演结果不正确，
而基于 W2 范数的反演结果是正确和可靠的。

◆ 3 青藏高原东缘基于 W2 度量的全波形成像

青藏高原东缘地形和地质构造背景如图 2 所示，主要地质构造单元包括松潘—甘孜地
块（SGB）、扬子块体（YZB）、四川盆地（SCB）、川滇菱形地块（SYDB）、羌塘地块
（QTB）和喜马拉雅东构造结（EHS），它们之间被一系列的活动断层所分割（如龙门山、
鲜水河、小江、石棉、丽江和红河）。本次全波形成像一共使用了 60 个区域地震事件和
118 个固定地震台站接收到的波形数据（郑秀芬 等，2009）（图 2）。反演涉及 4 个径向各
向异性参数，分别为压缩波速度（v_C）、水平极 SH 波速度（v_{SH}）、垂直极化 SV 波速度
（v_{SV}）和密度（ρ）。对于单个波形窗口的 W2 距离，我们定义如下误差函数 χ_i：

$$\chi_i = \int_{T_0}^{T_1} \left| t - G^{-1}(F(t)) \right|^2 f(t)\,\mathrm{d}t \tag{11}$$

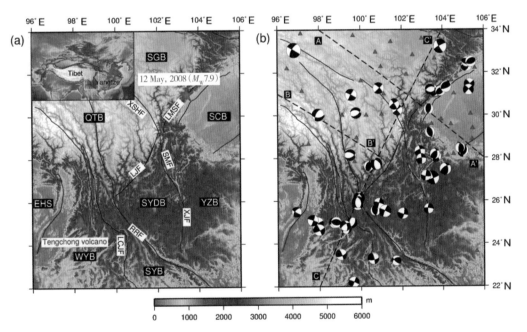

（a）黑线表示断层；红色五角星表示汶川地震；红色三角形表示腾冲火山。（b）沙滩球、黑线和
三角形分别表示震源机制、断层和台站；虚线表示垂向剖面。

　　SGB：松潘—甘孜地块；SCB：四川盆地；QTB：羌塘地块；YZB：扬子地块；EHS：东喜马拉雅构造结；
SYDB：川滇菱形地块；WYB：西云南地块；SYB：南云南地块；LMSF：龙门山断裂；XSHF：鲜水河断裂；
LJF：丽江断裂；SMF：石棉断裂；XJF：小江断裂；RRF：红河断裂；LCJF：澜沧江断裂。

图 2 青藏高原东缘地质构造

其中 T_0 和 T_1 分别表示窗口的起始和结束时间。误差函数的变分可以表示为模型扰动 Fréchet 敏感核的体积分（Zhu et al.，2012；Zhu Bǒzday，& Tromp，2015）：

$$\delta\chi = \int (Kv_C\delta\ln v_C + Kv_{SV}\delta\ln v_{SV} + Kv_{SH}\delta\ln v_{SH} + K_\rho\delta\ln\rho)\,dx^3 \tag{12}$$

Kv_C、Kv_{SV}、Kv_{SH} 和 K_ρ 分别对应压缩波、SV 波、SH 波和密度的敏感核。我们基于谱元程序 SES3D（Fichtner et al.，2009）对地震波的传播进行模拟并计算 Fréchet 导数。

反演是在 30 ～ 100 s 的地震波频带进行的，初始模型为 FEWA18（Tao et al.，2018）。自动选取走时窗软件 FLEXWIN（Maggi et al.，2009）被用来对特定的震相进行框定，之后我们计算这个波形窗口的误差和伴随震源。所有选定窗口的 W2 误差函数可以写成如下形式：

$$\chi(m) = \frac{1}{N_\omega}\sum_{e=1}^{E}\sum_{i=1}^{N_\omega^s}\int_{T_{i,start}}^{T_{i,end}}|t - G^{-1}(F(t))|^2 f(t)\,dt \tag{13}$$

式中，N_ω^s 表示单个地震事件 e 的波形窗口数；E 表示地震事件总数；$N_\omega = \sum_{e=1}^{E}N_\omega^s$ 表示所有选定的时间窗。所有敏感核求和即为梯度，它指示了模型更新的方向。我们采用共轭梯度法进行反演，上一次迭代的模型作为下一次迭代的初始模型，当两次迭代之间误差减少不明显时，终止了反演过程（图 S9）。

Royden 等（2008）提出青藏高原下地壳物质向东流动，在遇到坚硬的 SCB 阻挡后，分别向高原东北和东南缘逃逸。青藏高原东部低速的中下地壳已得到先前地震层析成像的支持（韦伟 等，2010；Liu et al.，2014；张凤雪 等，2018）。然而，由于地震测线分布或成像分辨率的限制，前人的研究结果不能很好地约束地壳低速区的空间范围及其与主要断层的关系。基于 W2 范数的全波形成像这一新技术使得我们能够获得该区域清晰的深部地下结构图像。图 3 显示了不同深度处一系列水平切片，显示了该区三维岩石圈和上地幔强烈的非均质性。在 5 km 深度处，SCB 的特征是巨厚的沉积层，而腾冲火山下方为高剪切波速，可能是浅层火山岩造成的，这与之前的研究结果一致（Bao et al.，2015）。在下地壳［图 3（b）］，最值得注意的特征是两个 LVZ，延伸至 SCB 的东南和东北部，它们以鲜水河断层为界，而之前的研究结果并未揭示这一特征（韦伟 等，2010；Liu et al.，2014；Bao et al.，2015；张凤雪 等，2018），因而我们现在的结果为下地壳流动模型提供了更详细的地震学证据（图 S10）（Clark & Royden，2000；Royden，Burchfiel，& van der Hilst，2008）。另一个特征是龙门山断裂带两侧 SGB 的低剪切波速与 SCB 内高剪切波速的显著对比。在 60 km 和 250 km 深度之间［图 3（c）—(f)］，腾冲火山表现出低剪切波速，表明该区可能存在岩浆囊。鲜水河、龙门山和丽江断裂在 60 km 深度图上清晰可见，说明它们均为超壳断裂。

垂向切片进一步表明该区域岩石圈结构横向变化强烈，青藏高原下方岩石圈结构复杂，而四川盆地下方岩石圈结构相对简单［图 2（b）］。A – A′剖面跨越 SGB 和 SCB，具有非常大的地貌高程差（约 3000 ～ 4000 m）；剖面 B – B′横跨 QTB；剖面 C – C′东西向穿越 SCB（Clark & Royden，2000；Royden，Burchfiel，& van der Hilst，2008）。在图 4 中，Moho 深度从 40 ～ 65 km逐渐减小，康拉德间断的深度从 SGB 到 SCB 从大约 14 ～

30 km 逐渐减小。Moho 和康拉德不连续面之间的下地壳为低剪切波速区（约 3.6 km/s），而 SCB 下地壳为高剪切波速度区（约 4.2 km/s）。SGB 下方 LVZ 显示正径向各向异性（$v_{SH} > v_{SV}$），表明可能存在水平向的下地壳流（Chen et al., 2015）。汶川地震发生在 3 个区域的交界处，即 SCB 低速沉积层、SCB 高速区和 SGB 下方的塑性下地壳物质（图 4）的交界处，坚硬的 SCB 阻隔让下地壳塑性物质在龙门山下堆积，使得脆性上地壳在龙门山断裂带产生高应变堆积，当应变超过断裂强度时，映秀—北川断层破裂，造成汶川"5·12"大地震。在垂向剖面 B—B′中，Moho 和康拉德不连续面的深度变化平缓，下地壳的 LVZ 和正径向各向异性（$v_{SH} > v_{SV}$）吻合很好，说明青藏高原下地壳塑性物质可能存在水平的流动（图 4）。在垂向剖面 C－C′中，最显著的特征是鲜水河断裂下方的高波速、低径向各向异性带切断了 QTB 和 SGB 下地壳的低速区，这一特征说明，来自高原的塑性下地壳物质在遇到刚性 SCB 后分岔，边界为鲜水河断裂。另一个值得注意的现象是澜沧江断裂带下 Moho 出现不连续性，QTB 和 WYB 的径向各向异性有明显的差别。因此，我们认为青藏高原东部塑性地壳流的南部边界可能是澜沧江断裂（图 4）。Bai 等（2010）表明高导下地壳含有流体，使其在地质时间尺度上流动。他们在青藏高原中下地壳观测到 2 个非常大的低阻异常，通过理论计算解释为弱物质流。瑞利波频散和接收函数的联合反演表明，2 个 LVZ 可能对应于弱物质流通道，然而，2 个 LVZ 位置和高导区并不匹配（Bao et al., 2015）。我们的成像结果显示 2 个 LVZ 位置与大地电磁成像高导区的位置吻合得很好。

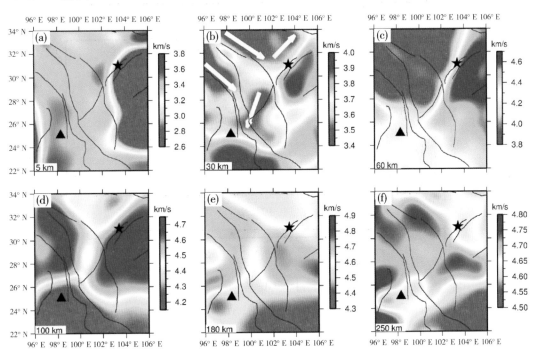

黑色五角星：汶川地震；黑色三角形：腾冲火山；白色箭头：可能存在的地壳流方向。

图 3　5 km、30 km、60 km、100 km、180 km、250 km 深度处 SV 波速度分布

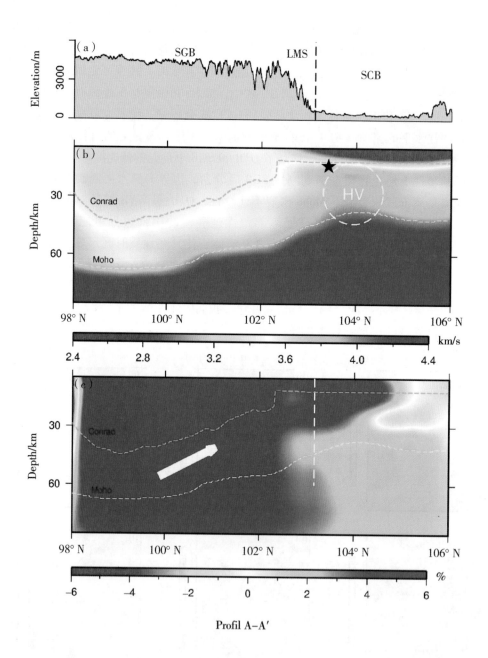

Profil A–A′

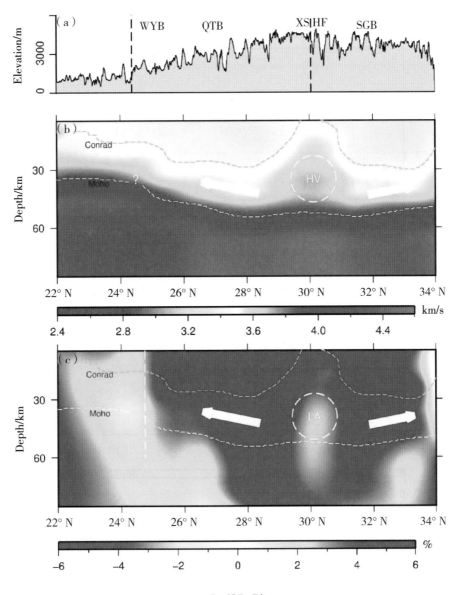

Profil B-B′

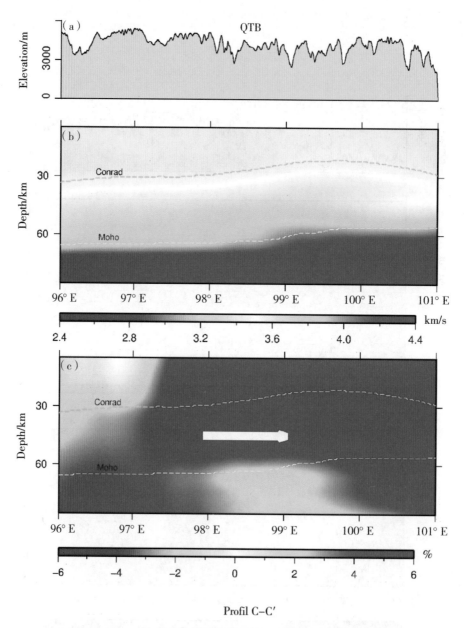

(a) 地表高程；(b) SV 波速度；(c) 径向各向异性 $(v_{SH} - v_{SV})/v_S$。

横轴：经纬度；黑色五角星：汶川地震；白色箭头：地壳流动方向；HV：高速；LA：低各向异性。

康拉德界面和 Moho 参考剪切波速度分别为 3.5 km/s 和 4.2 km/s。

图 4　沿剖面 A–A′、B–B′和 C–C′的地表高程、速度扰动和径向各向异性

　　根据刚性挤出假设，大陆变形以沿大型断层的走滑运动和块体的侧向滑动为主（Tapponnier et al., 1982）。与稳定的西伯利亚块体相比，西藏东部和华南地块向东挤压应占印度板块和欧亚板块会聚速率的 50% 以上（Peltzer, Tapponnier, & Armijo, 1989）；在青藏高原北部边界，阿尔金断裂的左旋走滑速率应为 20 ～ 30 mm/a，而在青藏高原东部边界，垂直于走滑方向的龙门山断裂缩短速率应大于 20 mm/a。然而，GPS 观测到阿尔金断裂带的左旋走滑速率仅为（5.1±2.5）mm/a，龙门山断裂带的压缩缩短速率仅为（6.7±3.0）mm/a（王琪 等，2001），并不支持青藏高原东部沿大型走滑断层向东大规模挤出的假设。研究结果表明，藏东地区存在 LVZ，径向各向异性图像表明，这些 LVZ 代表了可能存在的水平向物质流。地壳流动模型认为大陆变形主要表现为地壳增厚，走滑运动只是变形后期的次生现象，西藏东部相对于稳定西伯利亚的东移不超过印度板块和欧亚板块会聚速率的 20%（Peltzer，Tappounier，& Arnijo，1989），龙门山断裂的缩短率不应超过 10 mm/a，GPS 测量证实了这一点。

4 讨论与结论

本文基于变分法推导了基于 W2 度量的 Fréchet 梯度和伴随震源，研究表明，基于 W2 范数的目标函数具有较好的凸性，能够有效克服传统的基于 L2 范数目标函数所存在的周期跳跃问题。在数学上，Wasserstein 度量表征了预测信号和观测信号之间最优映射的测度，但是，地震台站记录的观测波形中不可避免地存在大量的噪声，这些噪声会影响梯度的计算，进而影响反演结果。针对这一问题，我们提出了多窗最优传输距离的概念，数值实验说明了该方法的优越性。

GPS 测量（Wang et al.，2001）和 SKS 各向异性（Wang et al.，2008）研究表明，青藏高原下方的地壳或岩石圈物质在向东逃逸过程中由于受到坚硬的四川盆地的阻挡而发生分岔（Clark & Royden，2000；Royden，Burchfiel，& van der Hilst，2008）。我们的成像结果揭示 2 个低速通道在遇到四川盆地阻挡后以鲜水河断裂为界分别向东北和东南方向延伸，这与 Clark 和 Royden（2000）提出的地壳流模型相一致。

致　谢

本研究得到国家重点研发计划（2017YFC1500301）、国家自然科学基金重点项目（U1839206）和中国博士后科学基金（2017M620791）的资助。文中使用的地震波形数据来自中国地震局地球物理研究所国家测震台网数据备份中心（http://www.seisdmc.ac.cn/），特此感谢。

说　明

原文：Dong X，Yang D，Niu F，2019．Passive Adjoint Tomography of the Crustal and Upper Mantle Beneath Eastern Tibet With a W2-Norm Misfit Function．Geophysical Research Letters，46（22）：12986 – 12995．

✕◆附　图

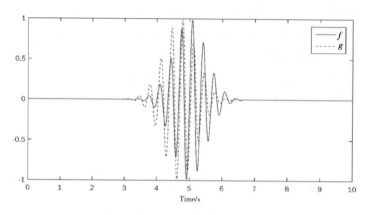

图 S1　一维波形序列

$f(t)$（蓝色实线）和 $g(t)$（红色虚线）为 $dA = 0.3$ 和 $dt = 0.3$ s 时 $f(t)$ 的扰动。它们之间的时移超过半个周期。

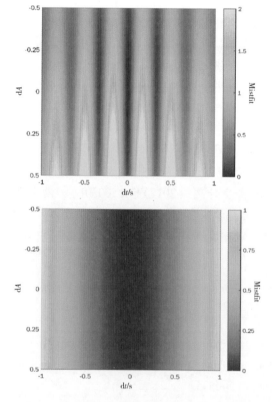

上图：L2 范数的结果；下图：W2 范数的结果。

图 S2　误差函数随和变化

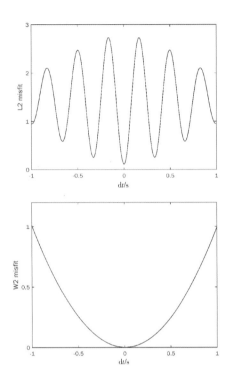

上图：L2 范数结果；下图：W2 范数的结果。

图 S3　图 S2 在 $dA = 0$ 时的切片

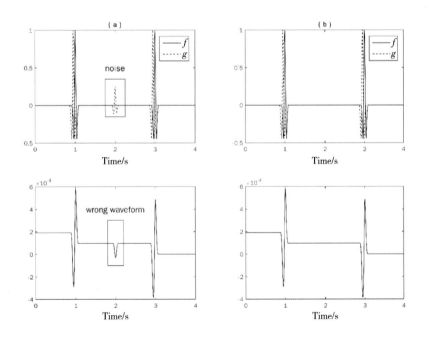

（a）g 有噪声；（b）g 无噪声。

图 S4　W2 范数伴随源在（a）和（b）两种情形下的对比

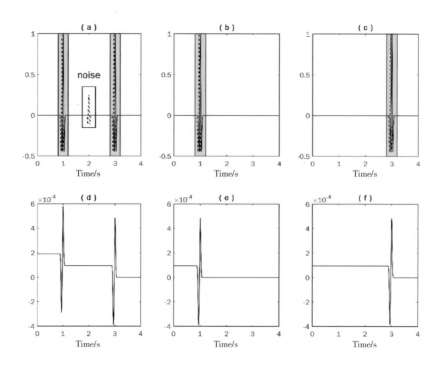

（a）f 和 g 有噪声；（b）第一个信号窗；（c）第二个信号窗；（d）两个信号窗时的伴随源；（e）第一个信号窗伴随源；（f）第二个信号窗伴随源。

图 S5　多窗 W2 范数伴随源

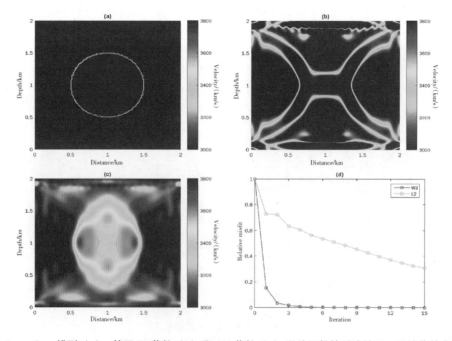

图 S6　Camembert 模型（a），基于 L2 范数（b）和 W2 范数（c）误差函数的反演结果，误差收敛曲线（d）

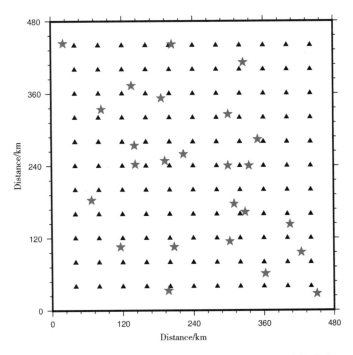

图 S7 震源（红色五角星）和台站（黑色三角形）空间分布

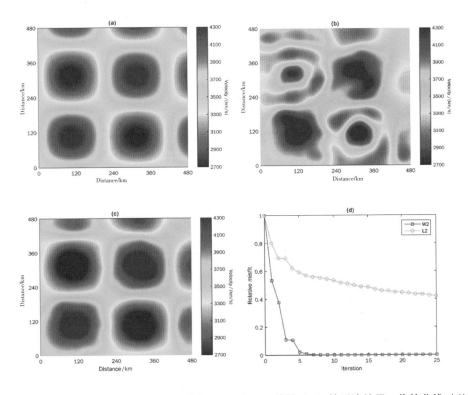

图 S8 检测板模型（a），基于 L2 范数（b）和 W2 范数（c）的反演结果，收敛曲线（d）

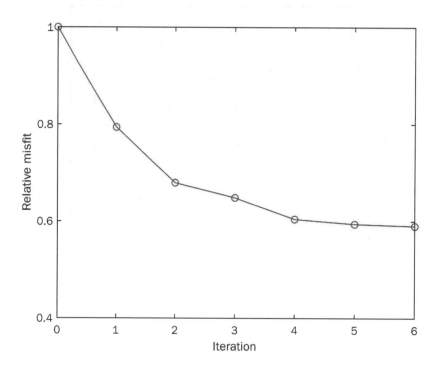

图 S9　误差函数随迭代次数变化曲线

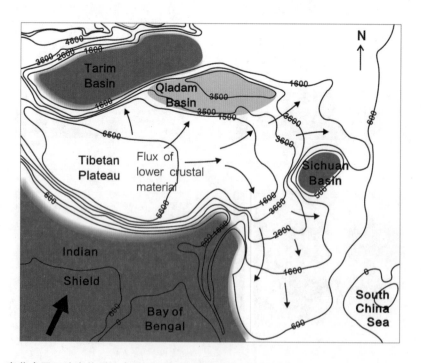

图 S10　青藏高原下地壳物质流在遇到坚硬的四川盆地阻挡后发生分岔（Clark & Royden，2000）

✖ 参 考 文 献

Bai D H, Martyn J U, Max A M, et al., 2010. Crustal deformation of the eastern Tibetan plateau revealed by magnetotelluric imaging. Nature Geoscience, 3: 358 – 362.

Bao X W, Sun X X, Xu M J, et al., 2015. Two crustal low-velocity channels beneath SE Tibet revealed by joint inversion of Rayleigh wave dispersion and receiver function. Earth and Planetary Science Letters, 415: 16 – 24.

Bŏzdag E, Trampert J, Tromp J, 2011. Misfit functions for full waveform inversion based on instantaneous phase and envelope measurements. Geophys. J. Int., 185: 845 – 870.

Chen M, Niu F L, Liu Q, et al., 2015a. Multiparameter adjoint tomography of the crust and upper mantle beneath East Asia: 1. Model construction and comparisons. J. Geophys. Res. Solid Earth, 120 (3): 1762 – 1786.

Chen M, Niu F, Tromp J, 2015b. Mantle-driven uplift of Hangai Dome: New seismic constraints from adjoint tomography. Geophysical Research Letters, 42 (17): 6967 – 6974. DOI: 10.1002/2015GL065018.

Clark M K, Royden L H, 2000. Topographic ooze: building the eastern margin of Tibet by lower crustal flow. Geology, 28: 703 – 706.

Dahlen F A, Huang S H, Nolet G, 2000. Fréchet kernels for finite-frequency traveltimes-I. Theory. Geophys. J. Int., 141 (1): 157 – 174.

Engquist B, Froese B D, 2014. Application of the Wasserstein metric to seismic signals. Communications in Mathematical Sciences, 12 (5): 979 – 988.

Engquist B, Froese B D, 2016. Optimal transport for seismic full waveform inversion. Communications in Mathematical Sciences, 14 (8): 2309 – 2330.

Fichtner A, Brian L N K, Igel H, et al., 2009. Full waveform tomography for upper-mantle structure in the Australasian region using adjoint methods. Geophys. J. Int., 179: 1703 – 1725.

Fichtner A, Bunge H P, Igel H, 2006a. The adjoint method in seismology-I. Theory. Phys. Earth Planet. Inter., 157: 86 – 104.

Fichtner A, Bunge H P, Igel H, 2006b. The adjoint method in seismology-II. Applications: traveltimes and sensitivity functionals. Phys. Earth Planet. Inter., 157: 105 – 123.

Fichtner A, Kennett B, Bunge H, et al., 2008. Theoretical background for continent and global scale full-waveform inversion in the time-frequency domain. Geophys. J. Int., 175: 665 – 685.

Fichtner A, Villaseñor A, 2015. Crust and upper mantle of the western Mediterranean – Constraints from full-waveform inversion. Earth Planet. Sci. Lett., 428: 52 – 62.

Komatitsch D, Tromp J, 2002a. Spectral-element simulations of global seismic wave propagation-I. Validation. Geophys. J. Int., 149 (2): 390 – 412.

Komatitsch D, Tromp J, 2002b. Spectral-element simulations of global seismic wave propagation-II. 3-D models, oceans, rotation, and self-gravitation. Geophys. J. Int., 150 (1): 303 – 318.

Kvoren Z, Mosegaard K, Landa E, et al., 1991. Monte Carlo estimation and resolution analysis of seismic background velocities. J. geophys. Res., 96: 20289 – 20299.

Lailly P, 1983. The seismic inverse problem as a sequence of before stack migrations//Conference on inverse scattering theory and application. Society for industrial and applied mathematics: 206 – 220.

Liu Q Y, van der Hilst R D, Li Y, et al., 2014. Eastward expansion of the Tibetan Plateau by crustal flow and strain partitioning across faults. Nature Geoscience, 7: 361 – 365.

Liu Q, Tromp J, 2006. Finite-frequency kernels based on adjoint methods. Bull. Seism. Soc. Am., 96: 2283 – 2297.

Liu S L, Yang D H, Dong X P, et al., 2017. Element-by-element parallel spectral-element methods for 3-D teleseismic wave modeling. Solid Earth, 8: 969 – 986.

Luo Y, Modrak R, Tromp J, 2013. Strategies in Adjoint Tomography//Freeden W, Nahed Z, Sonar T (eds.). Handbook of Geomathematics (2nd ed.). Berlin: Springer: 1 – 52.

Luo Y, Schuster G, 1991. Wave-equation traveltime inversion. Geophysics, 56: 645 – 653.

Ma Y, Hale D, 2013. Wave-equation reflection traveltime inversion with dynamic warping and full-waveform inversion. Geophysics, 78 (6): R223 – R233. http://dx.doi.org/10.1190/geo2013 – 0004.1.

Maggi A, Tape C, Chen M, et al., 2009. An automated time-window selection algorithm for seismic tomography. Geophysical Journal International, 178 (1): 257 – 281. https://doi.org/10.1111/j.1365 – 246X.2009.04099.x.

Métivier L, Brossier R, Mrigot Q, et al., 2016. Measuring the misfit between seismograms using an optimal transport distance: application to full waveform inversion. Geophys. J. Int., 205: 345 – 377.

Peltzer G, Tapponnier P, Armijo R, 1989. Magnitude of late Quaternary left-lateral displacements along the northern edge of Tibet. Science, 246: 1283 – 1289.

Priestley K, Debayle E, McKenzie D, et al., 2006. Upper mantle structure of eastern Asia from multimode surface waveform tomography. Journal of Geophysical Research, 111: B10304. https://doi.org/10.1029/2005JB004082

Royden L H, Burchfiel B C, van der Hilst R D, 2008. The geological evolution of the Tibetan plateau. Science, 321: 1054 – 1058.

Sambridge M, Mosegaard K, 2002. Monte Carlo methods in geophysical inverse problems. Reviews of Geophysics, 40 (3): 1009.

Tao K, Grand S P, Niu F L, 2018. Seismic structure of the upper mantle beneath eastern Asia from full waveform seismic tomography. Geochemistry, Geophysics, Geosystems, 19: 2732 – 2763. https://doi.org/10.1029/2018GC007460.

Tape C, Liu Q, Maggi A, et al., 2009. Adjoint tomography of the southern California crust. Science, 325: 988 – 992.

Tape C, Liu Q, Maggi A, et al., 2010. Seismic tomography of the southern California crust based on spectral-element and adjoint methods. Geophys. J. Int., 180: 433 – 462.

Tapponnier P, Peltzer G, Dain A, et al., 1982. Propagating extrusion tectonics in Asia: New insights from simple experiments with plasticine. Geology, 10: 611 – 616.

Tromp J, Tape C, Liu Q Y, 2005. Seismic tomography, adjoint methods, time reversal, and banana-doughnut kernels. Geophys. J. Int., 160: 195 – 216.

Villani C, 2003. Topics in Optimal Transportation//Graduate Studies in Mathematics, vol. 58. Rhode Island: American Mathematical Society.

Virieux J, Operto S, 2009. An overview of full-waveform inversion in exploration geophysics. Geophysics, 74 (6): WCC1 – WCC26. DOI: 10.1190/1.3238367.

Wang J, Yang D H, Jing H, et al., 2019. Full waveform inversion based on the ensemble Kalman filter method using uniform sampling without replacement. Science Bulletin, 64: 321 – 330.

Wang Q, Zhang P Z, Niu Z J, et al., 2001. Present-day crustal movement and tectonic deformation in China. Science in China (Series D). 31 (7): 529 – 536.

Wei W, Sun R M, Shi Y L, 2010. P-wave tomographic images beneath southeastern Tibet: Investigating the mechanism of the 2008 Wenchuan earthquake. Sci. China Earth, 40 (7): 831 – 839.

Yang Y, Engquist B, Sun J, et al., 2018. Application of optimal transport and the quadratic Wasserstein metric to full-waveform inversion. Geophysics, 83 (1): R43 – R62.

Yin A, Harrison T, 2000. Geologic evolution of the Himalayan – Tibetan orogen. Annu. Rev. Earth Planet. Sci., 28: 211 – 280.

Zhang F X, Wu Q J, Ding Z F, 2018. A P-wave velocity study beneath the eastern region of Tibetan Plateau and its implication for plateau growth. Chin. Sci. Bull (in Chinese), 63 (19): 1949 – 1961.

Zheng X, Ouyang B, Zhang D, et al., 2009. Technical system construction of Data Backup Center for China Seismograph Network and the data support to researches on the Wenchuan earthquake. Chinese J. Geophys. (in chinese), 52 (5): 1412 – 1417.

Zhou H W, Murphy M A, 2005. Tomographic evidence for wholesale underthrusting of India beneath the entire Tibetan plateau. Journal of Asian Earth Sciences, 25: 445 – 457.

Zhu H, Bozdaǧ E, Peter D, et al., 2012. Structure of the European upper mantle revealed by adjoint tomography. Nature Geosci., 5: 493 – 498.

Zhu H, Bozdaǧ E, Tromp J, 2015. Seismic structure of the European upper mantle based on adjoint tomography. Geophysical Journal International, 201: 18 – 51. DOI: 10.1093/gji/ggu492.

Zhu H, Fomel S, 2016. Building good starting models for full waveform inversion using adaptive matching filtering. Geophysics, 81 (5): 61 – 72.

王琪, 张培震, 牛之俊, 等, 2001. 中国大陆现今地壳运动和构造变形. 中国科学 (地球科学), 31 (7): 529 – 536.

韦伟, 孙若昧, 石耀霖, 2010. 青藏高原东南缘地震层析成像及汶川地震成因探讨. 中国科学 (地球科学), 40 (7): 831 – 839.

张风雪, 吴庆举, 丁志峰, 2018. 青藏高原东部P波速度结构及其对高原隆升的启示. 科学通报, 63 (19): 1949 – 1961.

郑秀芬, 欧阳飚, 张东宁, 等, 2009. "国家数字测震台网数据备份中心"技术系统建设及其对汶川大地震研究的数据支撑. 地球物理学报, 52 (5): 288 – 293.

青藏高原中西部航磁异常的匹配滤波
分析结果及其意义

贺日政[1,2]，高　锐[2]，郑洪伟[2]，张季生[2]

◆0　引　言

　　青藏高原不仅是全球海拔最高的高原，而且它还是变形规模最大和形成时代最晚的陆－陆碰撞造山带。青藏高原的形成与隆升是漫长的地质演化过程中不同地体间拼合的结果（常承法 等，1985），更是印度大陆板块与欧亚大陆自约 65 Ma 前（尹安，2001）以来直接碰撞作用的结果（Argand，1924）。因此，青藏高原是研究陆－陆碰撞过程中发生的诸多地学现象（高锐，1997）的最理想地区。为了探究这些科学问题，自 20 世纪 80 年代初开始各国科学家共同努力实施了大量多学科的深部地球探测工程，取得了大量科学认识。这为进一步认识青藏高原的隆升过程奠定了基础。随着认识的深入，青藏高原内部仍有很多地质构造和地球物理现象（高锐，1997）亟待研究，如青藏高原中部的北北东向负航磁异常带（熊盛青 等，2001）。

　　在地磁场作用下，地壳中的岩层、岩体和其他地质体都会不同程度地被磁化而具有磁性，并产生自身的磁场。而化极后的航磁 ΔT 异常场（下面简称航磁异常）是由地壳内磁性岩石和矿物的不均匀分布产生的，客观上反映了该区域内磁性矿体的分布和区域构造轮廓及其深部结构背景。作为地球基本现象之一的地球磁场，这为我们认识地球内部的结构和物质组成提供了另一种途径。

　　青藏高原特有的地形地貌给区域性航磁测量带来了很大的困难。20 世纪 80 年代进行的区域性航空磁力测量仅限于青藏高原中东部（杨华，1985），直到 1998 年 9 月—1999 年 4 月，中国国土资源航空物探遥感中心才在青藏高原中西部地区进行了 1:10⁶ 航磁普查（熊盛青 等，2001；周伏洪 等，2002）。至此，航磁测量才几乎覆盖了整个青藏

　　1 中国地质科学院深部探测中心，北京，100037；2 中国地质科学院地质研究所岩石圈中心，北京，100037。

　　基金项目：国家重点基础研究发展规划项目（G1998040800）、国家自然科学基金（40404011、40334035）联合资助、国家自然基金项目（41574086、41761134094）、科技部重点研发项目（2018YFC0604102、2016YFC0600301）和中国地质调查局项目（DD20190015）共同联合资助。

高原。这些航磁资料为我们从整体认识青藏高原奠定了基础。在此次区域性航磁测量之前，主要是通过地面磁测和卫星磁异常来研究青藏高原。

从青藏高原及邻区 MAGSET 磁卫星总强度图（安振昌　等，1996a；安振昌，1996b）来分析，青藏高原为一大面积的负异常区而在周边地区均为正异常区。反映的是来自地壳深部场源的信息。MAGSET 磁卫星数据，表明青藏高原的地壳深部在横向上与边缘地块有所不同，而且组成青藏高原的各地体的磁场特征也各有不同（余钦范　等，1990）。这种青藏高原的长波负异常是高原不断抬升，高原地区地壳底部受热消磁后磁性壳层比邻区减薄所致（杨华，1991）。青藏高原东部航磁（杨华，1991）和青藏高原中、南部航磁（熊盛青　等，2001）特征表明：沿雅鲁藏布江为东西向的强航磁异常带；在雅鲁藏布江北与念青唐古拉山南间为北东向的高磁异常场；念青唐古拉山与唐古拉山间整体表现为东西向的正磁异常场，局部为北西向，幅值较念青唐古拉山南的弱；唐古拉山与沱沱河间为宽缓的北西向航磁异常；沱沱河与昆仑山间的异常更加平缓，在青藏高原中西部航磁异常等值线比较零乱。不同上延高度（10 km、20 km、50 km）的航磁异常图像（熊盛青　等，2001）表明，改则、阿尔金断裂、双湖、安多和拉萨围成了一个北北东向（或称近南北向）的强负异常凹陷带。

本文利用匹配滤波方法重新处理了青藏高原中西部化极后的航磁 ΔT 异常场（熊盛青　等，2001）。结合其他地球物理证据，北北东向的负航磁异常区可能反映了青藏高原下的深部结构导致的热圈闭形态。

✕◆ 1　数据与方法

本次研究所用的航磁数据来自原国土资源部航测遥感中心于 1998—2000 年实施的青藏高原中西部 $1:10^6$ 航磁数据（化极后的航磁 ΔT 异常场）。而本文用到的数据比例尺为 $1:(1.5 \times 10^6)$。经过网格化后得到了本次研究所用的原始数据（图1）。

图1 清楚地显示了各块体的航磁特征的差异与高原中东部航磁异常（余钦范　等，1990）非常类似，而且青藏高原北部周缘的地体异常也很明显。塔里木盆地南缘部分的异常特征为一宽缓的北东向圈闭的正异常，而阿尔金左旋走滑断裂为与其走向相同的串珠状异常。柴达木盆地的异常形态受其南北两侧的造山带和其西部的阿尔金断裂的影响，也为一宽缓的圈闭异常。与塔里木南缘的异常相比，圈闭规模要小得多。昆仑—阿尼玛卿缝合带的异常特征东西向拉长的弱缓异常圈闭。在可可西里地体的西部尽管有大量的钾质火山岩（邓万明，1996；Hacker，2000；Chung et al.，2005），但其特征表现为相当宽缓的北东向异常，其幅值在 $-50 \sim +50$ nT 之间，一般为 10 nT 左右，这与该地体的走向大相径庭。羌塘地体内的异常特征是在北东向宽缓异常的背景上叠加了一些团状异常。这种团状异常主要分布在双湖以西地区。该地区不仅裂谷最为发育，同时也是羌塘内部钙碱性火山岩（邓万明，1996；Hacker，2000；Chung et al.，2005）大量出露的地方。在双湖以东，即在风火山和唐古拉山口一带也为北西向的团状异常，在该区出露了一些被认为是组成藏北下地壳的三叠系混杂岩（尹安，2001）。拉萨地体内航磁

异常的显著特征是东西向断续展布的革吉—改则南—措勤北—申扎北强磁异常带。在革吉—改则南—措勤北—申扎北以南的磁异常表现为近东西向展布的大面积的负异常，局部呈规模较小的团状，大致与冈底斯岩基分布范围相当。在雅鲁藏布江缝合带上，表现为强烈的东西向拉伸的正异常带，异常幅值达到 400 nT。而发育在拉萨地体内的大量伸展构造，由于其规模较小以及它们大都发育在冈底斯岩基上，使得它们的磁异常特征表现为不十分明显的负异常带。

总之，除雅鲁藏布江缝合带表现为强磁异常带（熊盛青 等，2001；周伏洪 等，2002；姚正煦 等，2002）。以外，发育在中西部地区的其他缝合带如班公湖—怒江缝合带和金沙江缝合带的磁异常并不明显。大致沿革吉—改则南—措勤北—申扎北一线以北，背景磁异常为北东向，仅在羌塘地体内出现与火山岩出露或者基性、超基性岩石出露位置相当的局部团状异常。

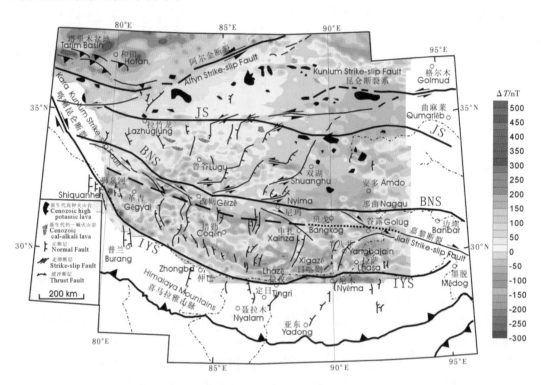

IYS：雅鲁藏布江缝合带；BNS：班公湖—怒江缝合带；JS：金沙江缝合带。

短虚线：本文提到的革吉北—改则南—措勤北—申扎北隐伏断裂；点虚线：申扎北—嘉黎隐伏断裂；点折虚线：河流（高锐 等，1990）。图3、图4同此注。

图 1　青藏高原中西部航磁 ΔT 异常场（构造底图引自 尹安，2001）

本次研究使用了匹配滤波方法。根据前人的研究经验（穆石敏 等，1990），匹配滤波法在磁力数据处理中是分离局部与区域异常场的重要手段之一，匹配滤波器是一种相关滤波器，它要求二者具有明显差异的波数成分，而航磁异常就满足这个条件。局部场大多为在浅部零散分布的岩浆岩体引起。提取区域场时它是一个低通滤波器，与数学解析向上延拓的不同之处在于它有一个较为复杂的类似于汉宁滤波器的窗函数。在提取高频成分时，它不会放大导致高频成分的振荡效应，因为高通时的滤波器渐近线为1。与向上延拓相比，该方法简单易行，而且还能够获取分离局部场与区域场的二者相关窗口宽度。其基本原理如下。

若不考虑水平尺寸因子、磁化因子和位移因子，我们假设频率域中的深部场源和浅部场源异常场的波谱分别为 $A_1(r)$、$A_2(r)$。深部场源的顶部埋深为 H 且向下无限延伸，而浅部场源顶部埋深为 h，其厚度为 $(H-h)$。为此，深部场源和浅部场源异常场可以写为

$$A_1(r) = Be^{-Hr}, \qquad A_2(r) = be^{-hr}[1 - e^{-(H-h)r}] \tag{1}$$

式（1）中的 B 和 b 表示深部场源和浅部场源的物性参数。H 和 h 表示以圆波数（r）为单位的深部场源和浅部场源的埋深。而单位圆波数（Δr）与空间域点距（Δx）的关系为

$$\Delta r = \frac{2\pi}{\Delta x} \tag{2}$$

若考虑到浅源场异常的高频成分趋于零，则对于实测磁异常等于这两部分之和，可用式（3）和式（4）表示：

$$A(r) = Be^{-Hr}\left[1 + \frac{b}{B}e^{(H-h)r}\right] \tag{3}$$

$$或 A(r) = be^{-hr}\left[1 + \frac{B}{b}e^{(h-H)r}\right] \tag{4}$$

令 $W_1 = \left[1 + \frac{b}{B}e^{(H-h)r}\right]^{-1}$ 和 $W_2 = \left[1 + \frac{B}{b}e^{(h-H)r}\right]^{-1}$。$W_1$ 和 W_2 分别称为提取深源场因子和浅源场因子。分离和提取深源场异常，只需要将 W_1 与式（3）相乘；同样，得到浅源场异常，只要将 W_2 与式（4）相乘即可。这样，就实现了匹配滤波。从上面公式可得必须知道 H、h 和 $\frac{B}{b}$，这3个参数可以通过径向平均对数功率谱（穆石敏 等，1990）来求得。由于实际数据是离散点，深部场源和浅部场源的径向平均对数功率谱 $E_N(r)$ 与圆波数 r 间的关系直线，见式（5）和式（6）。

$$\ln E_N(r) \approx -2Hr \tag{5}$$

$$\ln E_N(r) \approx 2\ln\frac{b}{B} - 2hr \tag{6}$$

在实际处理中，通过线性拟合可以得到式（5）和式（6）的斜率 k，而 $\frac{B}{b}$ 可以通过这两条斜线的截距差来表示。为了获得空间域中的 h 或 H，需要对式（2）进行换算，用式（7）表示：

$$h = -\frac{k}{2\Delta r} \tag{7}$$

▨ 2 结　果

利用匹配滤波分离场时，其关键在于是否具有良好的径向对数能谱曲线。因为滤波因子是通过径向对数能谱曲线获得的。图 2 给出了青藏高原中西部地区航磁异常的径向平均对数功率谱曲线以及相应的拟和直线。这两条拟和直线的斜率稳定，表明青藏高原下的地壳内部存在一个很稳定的界面。较为平缓的直线的斜率 k 为 -15.7642。用公式（7）换算后，该界面的平均深度为 18.8267 km，约 19 km。本次研究中得到的匹配滤波最佳窗口 19 km 可能是青藏高原的上、中地壳分界深度，将在下文中详细讨论。

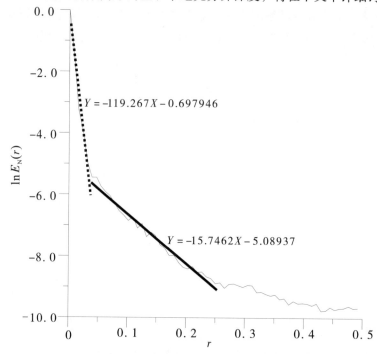

图 2　青藏高原中西部航磁 ΔT 径向平均对数功率谱曲线

图 3 给出的局部场与近地表的岩浆岩体的不均匀分布有关，幅值在 300 ～ 750 nT 之间。从该图可以看出有 4 个大的磁异常场分区，分别为塔里木北东向正负相间的圈闭异常区、柴达木盆地南部的北西西条带异常区、青藏高原中部异常区和拉萨地体内的近东西向展布的异常区。它们间的分界线为阿尔金断裂带、昆仑山断裂带和革吉—改则南—措勤北—申扎北。青藏高原中部异常区以羌塘地体为主体，该区为一弱北北东向背景场上叠加强近东西向局部异常的异常区。它与拉萨地体异常区的界线为革吉—申扎北一线。与图 1 相比，革吉—改则南—措勤北—申扎为一负条带异常变得更加清楚。在该分界线两侧，磁性结构发生了明显的差异。这表明，如图 1 中显示的阿尔金断裂带和雅鲁藏布江缝合带的特征一样，革吉—申扎北可能具有重要边界断裂性质的特征。南北向的裂谷（尹安，2001）展布方向与局部磁异常场方向垂直，革吉—申扎北一线以北近东

西走向的弱磁异常带是沿线展布的一系列断陷盆地（肖序常 等，2001）的表征。

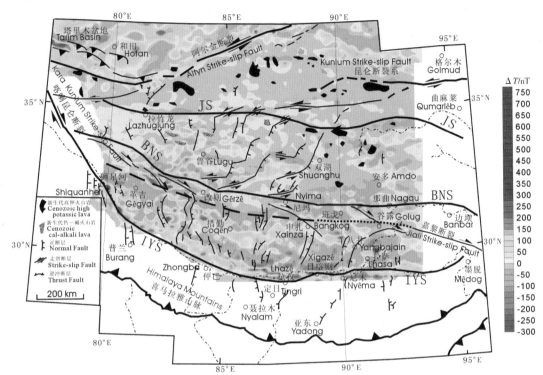

图3 青藏高原中西部航磁局部异常场

图4为与局部场分离后的青藏高原中西部区域场。图4清楚地显示，塔里木盆地为一个具有稳定的刚性地体的磁性特征（高锐 等，2001）。而在青藏高原内部为一北北东向的负异常带，这一结果与熊盛青等（2001）利用向上延拓方法得到的系列延拓高度异常形态（10 km、20 km、50 km）较为类似。向上延拓可以被看作是低通滤波器，但在向上延拓过程中，该方法常会使分离的异常形态发生畸变。在较小的上延高度中会产生一些高、中和低频率间混叠效应，随着上延高度变大，会产生过分平均化的低通效应，这样就会压制低频信号中的有效信息。而匹配滤波方法却能够很好地保留低频成分中的有效信息。与熊盛青等（2001）的结果相比，图4给出的区域场更能够给出详细的线性区域构造信息。该负异常带的南端位于拉萨地体内，为一东西向拉长的负异常。其拉长的轴线是将局部场（图3）分为两个区的革吉—改则南—措勤北—申扎北一线。革吉—改则南—措勤北—申扎北很有可能是一重要的规模巨大的区域性隐伏断裂带，否则它不会在同一位置处既控制和限制局部场（图3）的分布，又改变区域磁异常（图4）的形态。

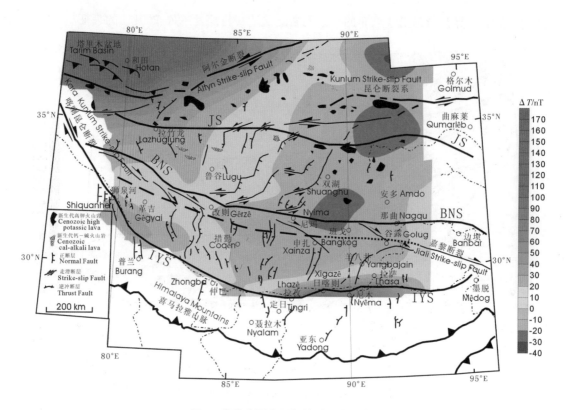

图 4 青藏高原中西部航磁区域异常场

◆ 3 讨 论

3.1 中、上地壳间分界面深度

通过匹配滤波方法估算获得局部异常与区域异常分离的最佳尺度为 19 km（图 2）。众多的地质、地球物理证据佐证了该深度是青藏高原内部中、上地壳的分界深度。

青藏高原发育有大量温泉、热泉、沸泉甚至爆炸泉（韩同林 等，1987；沈显杰 等，1990）表明，青藏高原整体表现为高地热（汪洋，1999），且在不同地体内部存在不同程度的局部熔融（沈显杰 等，1990），甚至在整个青藏高原下的地壳内部存在一个局部熔融层（Wei et al.，2001）。

拉萨地块的地温梯度是 40 ℃/km，而整个青藏地壳的平均地温梯度至少是 35 ℃/km（Pichon et al.，1997）。根据径向对数能谱得到最佳滤波窗口宽度（图 2），在此平均深度处的温度大约为 665 ℃。大陆地壳的结晶基底的主要构成成分为花岗闪长岩，它的最低熔融温度为 600～650 ℃（利布特里，1987）。因此，在约 19 km 深处，已达到了局部熔融程度。15～25 km 深度处的界面被认为是高原居里等温面深度的变化范围（杨华 等，1991；Alsdorf & Nelson，1999）。

深地震测深资料（滕吉文 等，1994）显示，在该深度范围内存在一个低速层。大地电磁测深结果（郭新峰 等，1992；Wei et al.，2001）表明在该深度附近存在一个低阻高导层。Brown 等（1996）根据深地震反射图像在该深度反射震相表现为亮点特征，推测在该深度可能有水或壳内部分熔融存在（Brown et al.，1996）。从哈佛大学地震数据中心收集了发生在青藏高原内部数千个地震，其大多数为地壳中的浅源地震，震源深度多在 15～25 km 的范围内（贺日政，2003）。根据矩张量定位法（Dziewonski et al.，1981；郑斯华 等，2001）定位结果显示，青藏高原的发震优势层的埋深在 20 km 左右。对浅源地震的发震原理普遍基于大陆地壳岩石介质在壳内不同深度上的物理力学性质来分析，将之解释为"壳内脆韧性转换带"（马宗晋，1992）。壳内脆韧性转换带实际上是地壳温度随深度增大而增高过程中具有某一个特定温度的深度层。而其他地震学研究结果（Shapiro et al.，2004；Sherrington et al.，2004）都一致认为，在该深度附近存在一个相当明显的界面。来自不同地球物理方法的证据一致性表明，19 km 是中、上地壳的分界深度。

3.2 区域性的北北东向负异常带形成深部背景

通过上述匹配滤波得到区域异常场特征（图 4）和向上延拓方法得到的不同上延高度异常场特征（熊盛青 等，2001）一致显示，在青藏高原中部存在一个区域性的北北东向负异常带（又称近南北向负异常带）。从前面的讨论以及图 4 表明，这个负异常带出现在居里等温面以下。岩石的磁性在居里等温面下以感应磁化为主。岩石的感应磁化与区域构造应力场有关（郝锦绮 等，1989；张家声 等，2001），而区域构造应力场是由区域性的深部结构和构造特征决定的。

周伏洪（2002）推测该北北东向负磁异常带可能是地壳深部热流上升的结果，即在印度板块向北挤压的初期造成了各地块南北方向缩短而东西方向拉长；在后期的北向挤压过程中，由于青藏高原在南北方向上不能够进一步缩短，才导致了青藏高原深部沿北北东方向形成与之正交的张裂或形成深部层间剪切带，深部热流沿北北东走向的构造通道上升，致使上部地壳具有较高的地温。然而，目前已有的深部地球物理探测研究和地球化学研究成果并不支持这一推测。

Shapiro 等（2004）利用穿过青藏高原中西部的地震波形数据拟合后，认为在青藏高原 20 km 下直至下地壳存在一个近南北向的低速带，v_{SH} 要小于标准速度约 8%。He 等（2006）利用远震 P 波层析成像方法研究了青藏高原中部的宽频带流动台站记录的地震波形数据。其结果显示，俯冲的印度板块的岩石圈地幔前缘向北延伸至羌塘地体中部之下（He et al.，2006），印度板块的俯冲前缘在高原中部较其两侧（西昆仑山下和高原的中东部）的延深较大（贺日政 等，2006；郑洪伟，2006）。这表明，高原下的印度板块的岩石圈地幔已经发生了变形，呈"勺子"状，而高原中部的区域性的北北东向负异常恰好位于该勺子的中央。位于青藏高原腹地的羌塘地体北部下有一个来自地幔的低速异常体（郑洪伟，2006；Zhou & Murphy，2005），其位置与低 P_n 波速度和 S_n 波无效区（McNamara et al.，1997）相同，而其顶部恰好是藏北火山岩广泛分布的区域。

这表明，印度板块岩石圈地幔前缘并没有与欧亚板块岩石圈地幔前缘（Wittlinger et al.，1996）缝合在一起，由此形成了一个来自地幔的低速异常体（郑洪伟，2006）。该低速体的位置可以与本文得到的北北东向航磁负异常位置对比。来自深部地幔的热异常物质沿着北北东向的勺状印度板块岩石圈地幔南向流动，同时也径直向上流动，这使得被勺状印度板块岩石圈地幔托起的青藏高原中南部下的原始岩石圈异常升温，形成了北北东向的热围陷异常带，进而使青藏高原中部岩石圈内部的磁性矿物发生热消磁作用。这样，就形成了区域性的北北东向航磁负异常带。

3.3 革吉—改则南—措勤北—申扎北隐伏断裂

不论是化极后的航磁 ΔT 异常场（图1），还是利用匹配滤波方法分离得到的局部场（图3）和区域场（图4），沿革吉—改则南—措勤北—申扎北一线都存在一个明显的磁异常特征分界线。如图1所示，在革吉—改则南—措勤北—申扎北以南的磁异常表现为近东西向展布的负异常。局部场（图3）显示，沿该线的异常表现为条带状的负异常，而且在其两侧的磁异常特征发生了根本性变化。在图4显示的区域场中，沿该线改变了区域场特征的形状，表现为异常形态沿该线拉长。而贺日政等（2004）利用样条小波分析方法研究了青藏高原的布格重力异常场，结果表明革吉—改则南—措勤北—申扎北限制了发育在拉萨地体内部的东西向伸展的裂谷（或称地堑）向北延伸。发生在青藏高原内部及周缘的地震事件参数及其震源机制解（贺日政，2003）表明青藏高原中北部的近东西向缝合带目前活动并不明显（Monlar & Tapponnier，1975），而沿着革吉—改则南—措勤北—申扎北发生的一系列地震事件大多具有东西向走滑 - 剪切分量（Armijio，1986；郑斯华，1992；Sandvol et al.，1997），且有数次地震震源深度在76 km以上。结合亚东—格尔木地学断面的成果（高锐 等，1990；孟令顺 等，1990；余钦范等，1990），显示申扎北—嘉黎断裂带为一个隐伏的块体边界断裂带。由此可以认为，革吉—改则南—措勤北—申扎北隐伏断裂带向东可以与申扎北—嘉黎断裂连在一起。由于青藏高原中部为凹陷带，接收了巨厚沉积，沿着革吉—改则南—措勤北—申扎北一线主要为一系列东西向展布的断陷盆地（肖序常 等，2000）。因此，嘉黎右旋走滑断裂向西延伸的形迹并不容易辨认，而最新的青藏高原空白区 1：(2.5×10^{5}) 区域地质调查成果（潘桂棠，青藏高原区域地质调查成果与展望，2005 - 1 - 8，口头报告）依据沿线的岩浆岩露头和地表构造形迹认为，该线为拉萨地体北部的一条重要的大地构造边界。地表地质、航磁异常分析以及重力异常小波分析结果（贺日政 等，2004）都表明革吉—改则南—措勤北—申扎北为一重要的隐伏断裂带，可以认为其是嘉黎右旋走滑断裂的西向延伸部分。因此，一系列的东西向断陷盆地可能是革吉—改则南—措勤北—申扎北—嘉黎右旋走滑 - 断裂作用的结果。因此，在青藏高原中西部，青藏高原东西向伸展主要受革吉—改则南—措勤北—申扎隐伏断裂带控制，而非地表地质认识上的喀喇昆仑—嘉黎断裂带的中段（班公湖至改则、洞错一段，大致沿班公湖—怒江缝合带分布）（Armijo，Tapponnier，& Han，1989）和东段（从洞错向东，该带分散为格仁错、班戈错、阿朋错等几条北西向右旋走滑断裂）（张培震 等，2001）。而这些发生在青藏高原中部的数条北西向右旋走滑断裂全部位于革吉—改则南—措勤北—申扎北—嘉黎右旋走滑断裂的南部，可能是该隐伏断裂在地表的形迹。由于本次研究使用的资料并没有能够覆盖整个喀喇昆断裂带，因此不能够确定革吉—改则南—措勤北—申扎北—嘉黎断裂带的西延部分是否与喀喇昆仑右旋走滑断裂相连。

4 结 论

利用匹配滤波方法重新提取了青藏高原中西部的局部和区域航磁异常场。结合前人研究成果，对其分析、讨论，得出如下结论：

（1）依据匹配滤波结果并结合其他地质、地球物理资料（韩同林 等，1987；沈显杰 等，1990；汪洋，1999；Wei et al.，2001；Pichon et al.，1997；利布特里，1987；杨华 等，1991；Alsdorf & Nelson，1999；滕吉文 等，1994；郭新峰 等，1992；Wei et al.，2001；Brown et al.，1996；贺日政，2003；Dziewonski et al.，1981；郑斯华 等，2001；马宗晋，1992；Shapiro et al.，2004；Sherrington et al.，2004）分析，青藏高原内的中、上地壳的分界深度为 19 km 。

（2）青藏高原中西部的区域航磁异常表现为北北东向负异常带。结合地震学研究成果（Wittlinger et al.，1996；McNamara et al.，1997；Shapiro et al.，2004；Sherrington et al.，2004；Zhou & Murphy，2005；贺日政 等，2006；郑洪伟，2006），表明俯冲的印度板块岩石圈地幔部分在其向高原下俯冲过程中发生了变形，导致了热异常被围陷在其下凹腹部。

（3）航磁异常、布格重力异常（贺日政 等，2004）以及地表地质（肖序常 等，2000；Armijo，Tapponnier，& Han，1989；张培震 等，2001）和地震活动性（贺日政，2003；Monlar & Tapponnier，1975）及其震源机制（贺日政，2003；Armijio，1986；郑斯华，1992；Sandvol et al.，1997）表明，发育在拉萨地体北缘的革吉—改则南—措勤北—申扎北隐伏断裂带不仅是申扎北—嘉黎右旋走滑断裂带（高锐 等，1990；孟令顺 等，1990；余钦范 等，1990）的西延部分，而且还限制了发育在拉萨地体内部的近南北向裂谷的北向扩展（贺日政，2003）。据此可进一步推测，革吉—嘉黎右旋走滑断裂很有可能与青藏高原西部的喀喇昆仑右旋走滑断裂构成了横亘在青藏高原中部的右旋走滑断裂，而非沿青藏高原中部的班公湖—怒江缝合带分布（Armijo，Tapponnier，& Han，1989）。

致 谢

非常感谢原国土资源部航磁遥感中心为本次研究提供 1：（1.5×10^6）航磁异常图件。

参 考 文 献

Alsdorf D，Nelson D，1999. Tibetan statellite magnetic low：Evidence for widespread melt in the Tibetan crust?. Geology，27（10）：943－946.

An Z C, Tan D H, Wang Y H, et al., 1996a. Magnetic anomalies for Qinghai Xizang (Tibetan) plateau and adjacent region derived from MAGSAT data. ACTA Geodaetica et Cartographica Sinica (in Chinese), 25 (3): 221 –225.

An Z C, Tan D H, Wang Y H, et al., 1996b. MAGSAT magnetic anomaly maps for Asia. ACTA Geophysica Sinica (in Chinese), 39 (4): 461 – 469.

Argand É, 1924. La Tectonique de L'Asie. Proc. 13th Int. Geol. Congress, 7: 171 –372.

Armijo R, 1986. Quaternary extension in southern Tibet: Field observations and tectonic implication. Journal of Geophysical Research, 91: 13803 – 13872.

Armijo R, Tapponnier P, Han T, 1989. Late Cenozoic right-lateral strike-slip faulting across southern Tibet. Journal of Geophysical Research, 94: 2787 – 2838.

Brown L D, Zhao W J, Nelson K D, et al., 1996. Bright Spots, Structure, and magmatism in Southern Tibet from INDEPTH Seismic Reflection Profiling. Science, 274 (6): 1688 – 1690.

Chang C F, Pan Y S, Zheng X L, et al., 1982. The Geological Tectonics of Qinghai – Xizang (Tibet) Plateau. Beijing: Science Press.

Chung S L, Chu M F, Zhang Y Q, et al., 2005. Tibetan tectonic evolution inferred from spatial and temporal variations in post-collisional magmatism. Earth Science Reviews, 68: 173 – 196.

Deng W M, Zheng X L, Matsumoto Y, 1996. Petrological characteristics and ages of Cenozoic volcanic rocks from the Hoh Xil Mts., Qinghai Province. Acta Petrologica et Mineralogica (in Chinese), 15 (4): 289 – 298.

Dziewonsk A M, Chou T A, Woodhouse J H, 1981. Determination of earthquake source parameters from waveform data for studies of global and regional seismicity. Journal of Geophysical Research, 86: 2825 – 2852.

Gao R, 1997. Thirty problems of the lithospheric structure and geodynamics in the Qinghai – Xizang plateau. Geological Reviews (in Chinese), 43 (5): 460 – 464.

Gao R, Guan Y, He R, et al., 2001. The integrated geophysical observation and research along the Xinjiang (XUAR) Geotransect and its surrounding areas. Acta Geoscientia Sinica (in Chinese), 22 (6): 527 – 533.

Gao R, Meng L S, Li L, 1990. Digital image process for trip gravity anomalies along Yadong – Golmud in Tibet plateau and present crustal structure. Bulletin of The Chinese Academy of Geological Sciences (in Chinese), 21: 163 – 174.

Guo X F, Zhang Y C, Cheng Q Y, et al., 1990. Magnetotelluric studies along Yadong – Golmud geosciences transect in Qinghai – Xizang plateau. Bulletin of The Chinese Academy of Geological Sciences (in Chinese), 21: 191 – 202.

Hacker B R, Gnos E, Ratschbacher L, et al., 2000. Hot and dry deep crustal xenoliths from Tibet. Science, 287: 2463 – 2466.

Han T L, 1987. Active tectonics in Xizang, Chinese Academy of Geological Sciences, Geological Special Ⅳ: Structure Geology and Geomechanics No. 4, Structure Evolution of Himalayan Lithosphere (in Chinese). Beijing: Geological Publishing House.

Hao J Y, Huang P Z, Zhang T Z, et al., 1989. The stress effect on remanent magnetization of rocks. ACTA Seismologica Sinica (in Chinese), 11 (4): 381 – 391.

He R Z, 2003. Lithospheric Structure of Near North – south Striking Rifts in Tibet Plateau and its

Geodynamical Process. Beijing: Chinese Academy Geological Sciences.

He R Z, Gao R, Zheng H W, 2004. Distribution characteristics for deep structure in N – S trending rifts area of Tibetan Plateau: From wavelet analyses result of Tibetan Bouguer gravity anomaly//Deep structure under Chinese mainland and geodynamics research. Beijing: Science Press: 743 – 751.

He R Z, Zhao D P, Gao R, et al., 2006. Teleseismic P-wave tomography of lithospheric mantle beneath west Kunlun orogenic belts. Chinese J. Geophys. (in Chinese), 49 (3): 778 – 787.

Lliboutry L, 1986. Tectonophysics and geodynamics (in Chinese). Beijing: Geological Publishing House.

Ma Z J, 1992. Continental Crustal Earthquake prone Layers (in Chinese). Beijing: Seismological Press.

McNamara D E, Walter W R, Owens T J, et al., 1997. Upper mantle velocity structure beneath the Tibetan plateau from Pn travel time tomography. Journal of Geophysical Research, 102 (B1): 493 – 505.

Meng L S, Gao R, Zhou F X, et al., 1990. Interpretation of the crustal structure in Yadong – Golmud area using gravity anomalies. Bulletin of Chinese Academy of Geological Sciences (in Chinese), 21: 149 – 161.

Molnar P, Tapponnier P, 1978. Active tectonics of Tibet. Journal of Geophysical Research, 83: 5361 – 5375.

Mu S M, Shen N H, Sun Y S, 1990. Method of regional geophysical data processing and application. Changchun: Jilin Science & Technology Press.

Pichon X L, Henry P, Goffé B, 1997. Uplift of Tibet: from eclogites to granulites—Implications for the Andean Plateau and the Variscan belt. Tectonics, 273 (1 – 2): 57 – 76.

Sandvol E, Ni J, Kind R, et al., 1997. Seismic anisotropy beneath the southern Himalayas – Tibet collision zone. Journal of Geophysical Research, 102: 17813 – 17824.

Shapiro N M, Ritzwoller M H, Molnar P, et al., 2004. Thinning and flow of Tibetan crust constrained by seismic anisotropy. Science, 305: 233 – 236.

Shen X J, Zhang W R, Yang S Z, 1992. Heat flow in Tibet plateau and evolution of terrane tectonics. Geophysical Memoir on Xizang – Qinghai Plateau (in Chinese). Beijing: Geological Publishing House: 83 – 85.

Sherrington H F, Zandt G, Frederiksen A, 2004. Crustal fabric in the Tibetan plateau based on waveform inversions for seismic anisotropy parameters. Journal of Geophysical Research, 109: B02312. DOI: 10. 1029/2002JB002345.

Teng J W, Yin Z X, Liu H B, et al., 1994. 3-D and 2-D structure of Tibetan lithosphere and continental dynamics. Chinese J. Geophys. (in Chinese), 37 (Suppl. II): 117 – 130.

Wang Y, 2001. Heat flow pattern and lateral variations of lithosphere strength in China mainland; constraints on active deformation. Physics of the Earth and Planetary Interiors, 126: 121 – 146.

Wei W B, Unsworth M, Jones A, et al., 2001. Detection of widespread fluids in the Tibetan crust by magnetotelluric studies. Science, 292: 716 – 718.

Wittlinger G, Masson F, Poupinet G, et al., 1996. Seismic tomography of northern Tibet and Kunlun; evidence for crustal blocks and mantle velocity contrasts. Earth and Planetary Science Letters, 139: 263 – 279.

Xiao X, Li T D, 2000. Tectonic evolution and uplift of Qinghai – Xizang (Tibet) plateau (in Chinese). Guangzhou: Guangdong Science & Technology Press.

Xiong S Q, Zhou F H, Yao Z X, et al., 2001. Aeromagnetic survey in Central and western Qinghai – Tibet plateau (in Chinese). Beijing: Geological Publish House.

Yang H, Liang Y M, Wang L, et al., 1991. Aeromagnetic character in eastern Tibetan plateau and its relationship with structural mineral belt (in Chinese). Beijing：Geological publishing House.

Yang H, 1985. Geophysical character revealed from aeromagnetic map of Qinghai – Tibet plateau and its tectonic significance. China Geophysical Journal (in Chinese), 28 (Suppl Ⅰ)：185 – 195.

Yao Z X, Zhou F H, Xue D J, et al., 2002. Aeromagnetic characteristics of the plate suture zones in the Central and Western part of Qinghai – Tibet plateau. Geophysical ET Geochemical Exploration (in Chinese), 26 (3)：165 – 170.

Yin A, 2001. Geologic evolution of the Himalayan – Tibtan orogen in the contect of phanerozoic continental growth of Aisa. Acta Geoscientia Sinica (in Chinese), 22 (3)：193 – 230.

Yu Q F, Lou H, Sun Y S, et al., 1990. Analyzing regional magnetic anomaly data along geoscience transect from Yadong to Golmud and terrane divisions. Bulletin of The Chinese Academy of Geological Sciences (in Chinese), 21：174 – 182.

Zhang J S, Lao Q Y, Li Y, 1999. Tectonic implication of aeromagnetic anomaly and evolution of Huabei – south Tarim – Yangtze superlandmass. Earth Science Frontiers (in Chinese), 6 (4)：379 – 390.

Zhang P Z, Wang Q, 2001. Present-day crustal movement and tectonic deformation in continental China GPS velocity field and active tectonic blocks，In Study on the recent deformation and dynamics of the lithosphere of Qinghai – Xizang Plateau (in Chinese). Beijing：Earthquake Press：21 – 35.

Zheng H W, 2006. 3-D velocity structure of the crust and upper mantle in Tibet and its geodynamic effect (in Chinese). Beijing：Chinese Academy Geological Sciences.

Zheng S H, 1992. Size relationship between focal tensor and focal parameters in Xizang plateau and its surroundings. Acta Earthquakes Sinica (in Chinese), 14 (4)：423 – 434.

Zheng S H, 1995. Focal depth of earthquakes under the Tibetan plateau and its tectonic implication. Earthquake research in China (in Chinese), 11 (2)：99 – 106.

Zhou F H, Yao Z X, Liu Z J, et al., 2002. The origin and implication of the NNE-trending deep negative magnetic anomaly zone in Central Qinghai – Tibet plateau. Geophysical & Geochemical Exploration (in Chinese), 26 (1)：12 – 16.

Zhou H W, Murphy M A, 2005. Tomographic evidence for wholesale underthrusting of India beneath the entire Tibetan plateau. Journal of Asian Earth Sci., 25：445 – 457.

安振昌，谭东海，王月华，等，1996a. 利用 MAGSAT 卫星数据研究青藏高原及其邻近地区磁异常. 测绘学报，25 (3)：221 – 225.

安振昌，谭东海，王月华，等，1996b. 亚洲 MAGSAT 卫星磁异常. 地球物理学报，39 (4)：461 – 469.

常承法，潘裕生，郑锡澜，1982. 青藏高原地质构造. 北京：科学出版社.

邓万明，郑锡澜，松本征夫，1996. 青海可可西里地区新生代火山岩的岩石特征与时代. 岩石矿物学杂志，15 (4)：289 – 298.

高锐，1997. 青藏高原岩石圈结构与地球动力学的30个为什么. 地质论评，43 (5)：460 – 464.

高锐，管烨，贺日政，等，2001. 新疆地学断面（独山子—泉水沟）走廊域及邻区地球物理调查综合研究. 地球学报，22 (6)：527 – 533.

高锐，孟令顺，李莉，1990. 青藏高原亚东—格尔木条带布格重力异常数字图像处理与地壳现代构造. 中国地质科学院院报，21：163 – 174.

郭新峰，张元丑，程庆云，等，1990. 青藏高原亚东—格尔木地学断面岩石圈电性研究. 中国地质科学院院报，21：191-202.

韩同林，1987. 西藏活动构造//中国地质科学院，主编. 中华人民共和国地质矿产部地质专报五：构造地质 地质力学第4号：喜马拉雅岩石圈构造演化. 北京：地质出版社.

郝锦绮，黄平章，张天中，等，1989. 岩石剩余磁化强度的应力效应. 地震学报，11：381-391.

贺日政，2003. 青藏高原近南北向裂谷的岩石圈结构及其动力学过程. 北京：中国地质科学院.

贺日政，高锐，郑洪伟，2004. 青藏高原南北向裂谷区深部构造的空间展布特征：来自青藏高原布格重力异常的小波分析结果//中国大陆地球深部结构与动力学研究. 北京：科学出版社，743-751.

贺日政，赵大鹏，高锐等. 2006. 西昆仑造山带下岩石圈地幔速度结构. 地球物理学报，49（3）：778-787.

利布特里，1986. 大地构造物理学和地球动力学. 北京：地质出版社.

马宗晋，1992. 大陆多震层研究. 北京：地震出版社.

孟令顺，高锐，周富祥，等，1990. 利用重力异常研究亚东—格尔木地壳构造. 中国地质科学院院报，21：149-161.

穆石敏，申宁华，孙运生，1990. 区域地球物理数据处理方法及其应用. 长春：吉林科学技术出版社.

沈显杰，张文仁，杨淑贞，等，1992. 青藏热流和地体构造演化//西藏地球物理文集. 北京：地质出版社.

滕吉文，尹周勋，刘宏兵 等，1994. 青藏高原岩石层三维和二维结构与大陆动力学. 地球物理学报，37（增刊Ⅱ）：117-130.

肖序常，李廷栋，2000. 青藏高原的构造演化与隆升机制. 广州：广东科技出版社.

熊盛青，周伏洪，姚正煦，等，2001. 青藏高原中西部航磁调查. 北京：地质出版社.

杨华，1985. 青藏高原航磁图展示的地球物理特征及其地质构造意义. 地球物理学报，28（增刊Ⅰ）：185-195.

杨华，梁月明，王岚，等，1991. 中华人民共和国矿产部地质专报七：普查勘探技术与方法第7号：青藏高原东部航磁特征及其与构造成矿带的关系. 北京：地质出版社.

姚正煦，周伏洪，薛典军，等，2002. 青藏高原中西部板块缝合带航磁特征. 物探与化探，26（3）：165-170.

尹安，2001. 喜马拉雅—青藏高原造山带地质演化：显生宙亚洲大陆生长. 地球学报，22（3）：193-230.

余钦范，楼海，孙运生，等，1990. 亚东—格尔木地学断面区域磁异常数据处理与地体划分. 中国地质科学院院报，21：174-182.

张家声，劳秋元，李燕. 1999. 航磁异常的构造解释和华北—塔南—扬子超陆块演化. 地学前缘，16（4）：379-390.

张培震，王琪，2001. 中国大陆现今地壳运动和构造变形-速度场与活动地块//青藏高原岩石圈现今变动与动力学. 北京：地震出版社：21-35.

郑洪伟，2006. 青藏高原地壳上地幔三维速度结构及其地球动力学意义. 北京：中国地质科学院.

郑斯华，1992. 西藏高原及其周围地区地震的地震矩张量及震源参数的尺度关系. 地震学报. 14（4）：423-434.

郑斯华，1995. 青藏高原地震的震源深度及其构造意义. 中国地震，1（2）：99-106.

周伏洪，姚正煦，刘振军，等. 2002. 青藏高原中部北北东向深部负磁异常的成因及其意义. 物探与化探，26（1）：12-16.

附　　录

生 日 贺 词

33 年前，我们相识于青藏高原，开启了高原深部结构与动力学的探索。

33 年后的今天，您已站在青藏学术研究之巅。

时光荏苒，在今天这个特殊日子，我愿献上：喜马拉雅的阳光，唐古拉山的白雪，羊卓雍措的圣水，布达拉宫的珍宝。祝福您生日快乐！安康幸福，学术之树长青。

中国地质科学院

吕庆田研究员

敬祝高锐先生七十寿辰，对联一副：

高山仰止，桃李枝叶茂，峭岸松柏长青，师表才情堪敬佩。

锐意进取，盛世春不老，陆地海洋勘进，古稀不愧仰弥高。

吉林大学刘财教授

敬祝高锐先生七十寿辰，对联一副：

高原授业解惑只为真理，追断层测莫霍剖析青藏。

拉雅身先士卒不惧艰险，闯昆仑踏祁连攀登喜马。

中国科学地质与地球物理研究所

田小波研究员

造山带和克拉通的关系：一个跨学科的命题

世界上有两种基本类型的大地构造单元，一种叫克拉通、一种叫造山带。克拉通是稳定型的大地构造单元，造山带是指以挤压型构造为标志的大地构造单元。在板块构造理论出现之前的大地构造学说里，造山带又叫"褶皱带"，因为它以大规模的褶皱变形为标志。在板块构造理论体系中，造山带是在汇聚的板块边缘背景下形成的构造区域。近年来，把不在板块边缘发生的岩石圈规模的挤压型构造区域叫作"板内造山带"。可见造山带的实质是挤压作用，这是任何一种大地构造理论都认可的地质特征。当然挤压环境中，既有变形、也有变质，也有岩浆作用，隆升剥蚀和沉积作用，等等。

造山带与克拉通之间的接触关系是大地构造学的一个经典命题。持槽台学说的苏联学者别洛乌索夫曾主张褶皱带和陆台（即克拉通）之间的关系是过渡的，所谓的界线是为了填图的方便而人为划定的。持板块构造观点的学者则相信在造山带内部存在一个截然的边界，边界的一侧属于一个板块，边界的另一侧属于另一个板块，不论板块汇聚的挤压多么强烈、不论后期的变形有多么复杂，这个界面从概念上一定是存在的。国家深部探测专项（SinoProbe）布设了一条从北京到二连浩特，长达 630 km 的深反射地震剖面，希望用这项新技术把埋藏在兴蒙造山带深部的华北板块的北界找出来。

2011 年春节，高锐师兄安排我参加这条剖面的地质解释任务。历时 3 年，经过野外考察、数据分析，我们终于完成了岩石圈尺度的全剖面地质解释，成果于 2014 年发表在 Tectonophysics 612 – 613 卷，26 – 39 页。从目前的影响看，这项成果在同期发表的同类论文中，引用次数是名列前茅的。我们发现华北克拉通北缘总体呈现向南仰冲的、喜马拉雅式前陆冲断带的构造特征，北倾的大型推覆构造面从地表向深部延伸，被莫霍面截断。传统认识中的白乃庙岛弧带和温都尔庙蛇绿混杂带均以构造板片的形式向南仰冲到华北克拉通基底之上。克拉通与造山带的这种接触关系与加拿大西部、北欧地台东部所见深部构造特征非常相似。在索伦构造带以北，尽管岩浆活动削弱了地壳中的反射影像，但仍可以在中上地壳追踪出大量南倾的强反射界面，因此，整个内蒙古造山带呈现以索伦缝合带为中心、向南北两侧扇形双冲的地壳结构模型。推测这一基本的结构形成于碰撞期和碰撞后的构造缩短。碰撞后岩浆活动剧烈，在中上地壳形成大规模的花岗岩类透明 – 半透明反射区域。莫霍面相对平坦，埋深约 40 ～ 45 km，构成了下地壳强反射区域和上地幔缺乏反射区域的边界。在索伦构造带及其以北地区，地壳底部出现近水平、薄层状反射体，推测为基性岩席，可能是造山后地幔岩浆底侵作用（Underplating）的产物。在莫霍面之下发现少量但十分清晰的地幔反射带。在剖面南段，地幔反射带向南缓倾；剖面近北端，地幔反射带向北陡倾。地幔反射带可能代表了索伦缝合带碰撞前两侧活动大陆边缘洋壳俯冲的残余。

通过这项研究工作，高锐师兄把我带进了一个崭新的领域。我 1994 年博士后出站后一直从事古地磁、全球古大陆重建和少量造山带的研究工作，但对地震剖面的认识非常肤浅。师兄比较欣赏我在地质方面的一些设想和实干精神，在地震研究方法方面不遗余力地帮助我，曾带我去过六物数据处理现场，和我不止数十次地反复讨论过每一个主要反射可能代表的构造意义。我们还一起参加过三次国际会议，使这个剖面在发表之前就已经广泛地接受北美的专家、欧洲的专家和俄罗斯的专家的检验。相信这条剖面的研究成果是经得起时间考验的！

我们都是从地质宫磁法教研室那几个房间里走出来的，风吹种子般的散落在世界各地。最难忘的是师兄弟之间的情谊，在先生去世 20 年之后仍然温暖如初、历久弥新。大家最得益的是师门包容和开拓的风气，使每个人都能发挥自己的长项、满足自己的兴趣。从磁法到重力、再到电法、地震、古地磁、深部构造、大地构造、古地理和前寒武纪，谁见过哪一个教授培养的弟子们在这样短的时间里有这样的专业广度吗？我们还获得了师门特有的坚忍不拔的意志，从国内到海外，无论走到哪里，不但能够站住脚、扎下根，师兄弟们还都取得了令人敬佩的成就！

今年是申老师的九十诞辰，大师兄的七十华诞，我们最小的师弟也已进入知天命之年。40 年的岁差，见证了我们的艰苦奋斗、砥砺耕耘，也见证了磁之为磁的永久亲和力！

适值高锐师兄生日，祝师兄生日快乐！祝海内外同门平安、健康、快乐！

张世红

2020 年 5 月 10 日

2019 年云南三江野外深反射数据采集中，高老师在放炮现场

2019 年云南三江野外深反射数据采集中，高老师在讲解野外岩石露头

2008 年青藏高原东北缘野外数据采集中期，高老师在野外检查、查看原始单炮记录

2010 年雪峰山深反射数据采集中期，高老师带领专家在野外现场检查

2011 年龙门山深反射数据采集中期，高老师在松潘县对野外监控剖面进行检查

2012 年六盘山深反射数据采集中期，高老师带领
财务专家和书记在野外仪器车上查看原始单炮记录

2019 年 8 月，高锐院士（右四）在祁连山深处吊大坂山口（海拔
4031 米）指导密集台阵野外观测工作中与野外工作团队成员合影

2004 年高老师带队首次进入羌塘开展反射地震实验

野外营地远景

野外陷车后，司机在车顶寻找通信信号，寻求救援

野外营地远景，高老师带领我们在反射剖面附近的钻井现场调查潜水面深度

野外住的帐篷，3 人挤在一起，（卢占武、贺日政、李朋武）